U0167047

多泥沙河流
水利水电工程泥沙处理

涂启华　安催花　万占伟　鲁俊 等　著

中国水利水电出版社
www.waterpub.com.cn
·北京·

内 容 提 要

本书重点阐述了多泥沙河流水利水电工程泥沙处理。全书共6章，第1章为多泥沙河流水利水电工程泥沙设计研究，第2章至第6章为工程实例研究，分别从工程坝址选择、工程规划、工程设计、施工兴建、后续改建和增建、工程运用等方面，系统地阐述和分析研究了水利水电工程的泥沙处理。本书理论联系实际，将科学研究成果与生产应用有效结合。

本书可供从事水利水电工程规划、设计、施工、运行、管理的工程技术人员阅读，也可供大专院校相关专业的师生参考。

图书在版编目（CIP）数据

多泥沙河流水利水电工程泥沙处理 / 涂启华等著. -- 北京 : 中国水利水电出版社, 2020.10
ISBN 978-7-5170-9072-4

Ⅰ. ①多… Ⅱ. ①涂… Ⅲ. ①多沙河流－水利水电工程－泥沙－处理 Ⅳ. ①TV14

中国版本图书馆CIP数据核字(2020)第207302号

书名	**多泥沙河流水利水电工程泥沙处理** DUO NISHA HELIU SHUILI SHUIDIAN GONGCHENG NISHA CHULI
作者	涂启华　安催花　万占伟　鲁俊 等 著
出版发行	中国水利水电出版社 （北京市海淀区玉渊潭南路1号D座　100038） 网址：www.waterpub.com.cn E-mail：sales@waterpub.com.cn 电话：(010) 68367658（营销中心）
经售	北京科水图书销售中心（零售） 电话：(010) 88383994、63202643、68545874 全国各地新华书店和相关出版物销售网点
排版	中国水利水电出版社微机排版中心
印刷	北京印匠彩色印刷有限公司
规格	184mm×260mm　16开本　23印张　560千字
版次	2020年10月第1版　2020年10月第1次印刷
印数	001—800册
定价	**160.00**元

前 言

中华人民共和国成立后，立即开展国民经济建设和江河治理，水利水电工程建设蓬勃发展。首先，进行黄河治理开发，除害利兴。修建三门峡水利枢纽工程，为防洪减淤、发电、灌溉和人民生活用水，做出历史性的贡献。紧接着兴建黄河上游刘家峡、盐锅峡、八盘峡、青铜峡、龙羊峡等水利枢纽和水电站；后续兴建黄河中游万家寨、龙口、天桥、小浪底水利枢纽。构建了黄河上、中、下游联合防洪、减淤、调水调沙、水资源利用的调控工程体系。对于多泥沙的黄河支流进行了积极治理，修建了蒲河巴家嘴水库，进行拦泥沙、防洪水、引水灌溉、供水和发电，并试验土坝加高，产生了巨大效益。在新疆昌吉的多泥沙流域修建了头屯河水库，为工业供水、农业灌溉、水库下游防洪以及工农业发展做出很大的贡献。

以上这些水利水电工程都进行了大量的研究工作，妥善处理了泥沙，充分发挥了水利水电工程的作用，主要研究成果：一是进行了泄洪排沙建筑物规模、特征水位确定等方面的泥沙问题研究，确保工程安全；二是考虑入库水沙特点，研究并优化水利水电工程的调度运用方式，进行调水调沙，长期保持水库的有效库容，优化水库的出库水沙过程，减少下游河道淤积；三是深入研究坝区工程泥沙问题，减少电站过机泥沙等。多泥沙河流水利水电工程运用研究的重点是泥沙处理，要把处理泥沙贯彻始终，并不断创新泥沙处理技术。

本书将多泥沙河流水利水电工程泥沙处理研究成果与工程实例相结合，系统地阐释和总结了多泥沙河流水利水电工程泥沙处理实践经验，对多沙和少沙的水利水电工程的规划、设计和生产运用有借鉴作用，也可为泥沙科学研究、泥沙教学研究提供参考。

本书作者为涂启华、安催花、万占伟、鲁俊、宋华力、张建、李全盛、赵自强。

对于本书疏漏之处，敬请指正，谨致谢忱。

涂启华

2020年1月

目　录

第 1 章

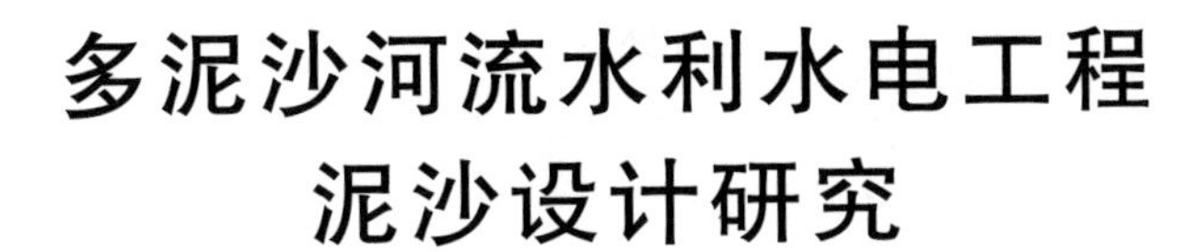

多泥沙河流水利水电工程泥沙设计研究

在多泥沙河流上修建水利水电工程，要研究泥沙问题，处理泥沙，进行工程泥沙设计，包括工程任务确定时的泥沙设计研究、工程规模和工程特征值的泥沙设计研究、枢纽防沙的泥沙设计研究、工程运用的泥沙设计研究、工程效益和工程影响的泥沙设计研究等多个方面（《水工设计手册》，2014）。

1.1 工程任务的泥沙设计研究

1.1.1 一般情况下的工程任务的泥沙设计研究

一般情况下，工程所在河流或河段的功能定位和开发任务确定，要研究流域泥沙问题。工程本身的开发任务要根据流域和河段需求，研究工程所涉及的泥沙问题。研究河流或河段与工程本身开发任务在泥沙问题上的相互关系。

1.1.2 泥沙因素占重要地位的工程任务的泥沙设计研究

在河床持续淤积抬高的河流上，防洪是突出的问题，河流防洪和减淤问题联系在一起。在这样的河流上修建拦蓄洪水的水库，只能是防洪减淤为主要开发任务，兼顾其他兴利要求进行综合利用。这类水利水电工程任务的泥沙设计，需要研究以下问题。

1.1.2.1 水库下游河道洪水泥沙特性、水库防洪任务和防洪库容

水库下游河道的洪水泥沙特性有自然条件下和受人类活动影响条件下两种不同情况。水库下游河道的排洪能力是在一定的河床条件下形成的。随着河床泥沙淤积，排洪能力不断减小。水库防洪任务和防洪库容是要考虑上述条件变化受到一定程度控制后才能确定。这需要研究在一定条件下的水库下游河道洪水泥沙特性、水库防洪任务和防洪库容。

1.1.2.2 水库为下游河道减淤运用的任务和减淤运用库容

水库为下游河道减淤运用的任务是水库合理拦沙和调水调沙，尽量调配形成下游河道

长距离输沙不淤积与微冲微淤的水沙条件，以塑造平衡输沙河床纵断面及河槽水力几何形态。

水库为下游河道减淤运用需要研究拦沙库容和调水调沙库容（涂启华、安催花，2000年）。水库运用分为初期运用和后期运用两个时期。初期运用是水库拦沙和调水调沙相结合运用，要完成拦沙形成淤积平衡形态和有效库容；后期运用也是水库拦沙和调水调沙相结合运用，要完成多年调沙任务，保持淤积平衡形态和有效库容。

1.1.2.3 水库兴利运用和兴利库容

水库兴利运用在汛期和非汛期进行。在汛期，水库拦沙和调水调沙相结合，在为下游河道减淤运用的同时进行兴利运用；在非汛期，水库主要进行蓄水调节兴利运用，非汛期兴利库容可以重复利用汛期预留给调洪和防洪的库容。

1.1.2.4 水库调洪库容和防洪库容

水库调洪库容是为水库保坝安全的设计洪水和校核洪水而设置的库容；水库防洪库容是为下游防护对象的设计标准洪水而设置的库容。调洪库容系校核洪水位至防洪限制水位（汛期限制水位）之间的水库容积；防洪库容系防洪高水位至防洪限制水位之间的水库容积。

1.1.2.5 水库长期有效库容

（1）淤积平衡水库。有的水库按照水库运用条件，将形成淤积平衡形态，则称为淤积平衡水库。水库淤积平衡形态形成后保留的有效库容供长期运用。在水库淤积平衡形态形成后的长期运用中仍有泥沙冲淤变化，因而有效库容也有一定的变化，有最大、最小和平均有效库容，要分析研究其变化条件和变化幅度。一般以水库淤积平衡形态形成的有效库容称为长期有效库容。

（2）非淤积平衡水库。有的水库按照水库运用条件，无法形成淤积平衡形态，称为非淤积平衡水库。在水库调水调沙运用周期内，蓄水淤积、降水冲刷交替进行，以不同的冲淤形态不断变化。

1.1.2.6 水库原始总库容

水库在最高水位以下的原始库容称为原始总库容。水库最高水位是以正常运用时期的校核洪水位为代表。它是按水库正常运用时期的有效库容曲线和泄流曲线经校核洪水调洪计算求得。

1.1.3 工程设计水平年和远景的泥沙设计研究

（1）工程设计水平年的泥沙设计研究。工程设计水平年是指选择工程规模及特征值所依据的国民经济计划发展的年份。根据国民经济发展的要求，分析工程设计水平年，进行工程设计水平年的泥沙设计研究。

（2）工程远景的泥沙设计研究。工程设计要与远景的发展相衔接，相应进行工程远景的泥沙设计研究。

1.2 工程规模和工程特征值的泥沙设计研究

在水利水电工程设计中，工程规模是表示工程大小的指标，工程特征值是表示工程特性的数值，工程规模和工程特征值是一体的。

工程规模主要有：水库总库容、水电站装机容量、供水水量、灌溉面积、泄水建筑物及引水建筑物的设计流量、排灌站的设计流量、船闸的通过能力和船舶吨位等。

工程特征值主要有：①水库设计水位，包括校核洪水位、设计洪水位、防洪高水位、正常蓄水位、防洪限制水位（汛期限制水位）、死水位、初始运用起调水位等；②水库设计库容，包括原始总库容（校核洪水位以下）、调洪库容、防洪库容、调节库容、死库容、有效库容、拦沙库容（在水库淤积末端高程以下）等。

工程规模及工程特征值的泥沙设计研究是工程设计的组成部分，从泥沙方面提出设计要求。工程的设计水位、设计库容、设计泄流规模是主要内容，以下分别说明。

1.2.1 水库死水位的泥沙设计研究

水库死水位的泥沙设计研究有两方面的内容。第一，是水库死水位为水库塑造新平衡输沙河道的侵蚀基准面水位，在水库死水位侵蚀基准面作用下，塑造新平衡输沙河道纵断面形态和横断面形态。水库的淤积末端，决定了河段梯级开发的上游梯级工程衔接条件。第二，是水库死水位为水库在正常运用的情况下，允许水库消落的最低水位。在水库设计淤积计算时期内，在正常蓄水位至死水位之间的调节库容，要受泥沙淤积而减小，要研究调节库容的变化。泥沙淤积的范围包括分布在正常蓄水位以上的淤积上延，在正常蓄水位至死水位之间的调节库容内以及在死水位以下的死库容内。因此，要研究水库运用的淤积量和淤积分布（淤积形态）：第一，是悬移质泥沙淤积平衡形态的研究和在设计淤积计算时期内推移质淤积推进的研究；第二，是水库蓄水、泄水调节径流兴利运用和调水调沙运用的泥沙非淤积平衡形态的研究。前者研究的水库死水位要满足河流梯级开发的控制性要求，后者研究的水库死水位要满足水库有效调节库容的要求，在这两方面的研究完成后，综合分析确定水库死水位。若在正常蓄水位至死水位之间的有效调节库容不足，可以适当提高正常蓄水位或适当降低死水位，以满足调节库容需要，但应以不影响河段梯级开发的工程衔接为控制条件。

1.2.1.1 以水库死水位为侵蚀基准面塑造新平衡输沙河道的泥沙设计研究

1. 坝址位置及坝址断面相关特征值的确定

（1）确定坝址断面位置。利用地形图绘制坝址断面图。注明施测日期和海拔高程系统。

（2）确定坝址河床和滩地平均高程，注明施测日期及流量和水位。

（3）确定坝址河床和滩地淤积物组成，绘制泥沙颗粒级配曲线和确定泥沙组成的中数粒径。

（4）确定坝址断面实测的水位流量关系，调查历史洪水流量及洪水位和发生时间。

（5）确定坝址断面水、沙特征值，需要有 20 年以上的年、月、日实测值。

（6）分析坝址断面河槽水力几何形态特性。

（7）分析坝址断面及河段的糙率特性：河床糙率、滩地糙率、岸壁糙率、综合糙率；分析糙率与水位、流量、含沙量、河床淤积物组成、滩地淤积物组成、岸壁组成等的关系；糙率与河相系数和宽深比的关系等。

（8）分析坝址断面以及附近河段的悬移质泥沙矿物组成和硬度。

（9）分析坝址断面及河段的冰情。

（10）分析坝址断面河段发生泥石流、塌岸、滑坡、垮山的险情。

（11）若坝址无水文观测资料，可类比分析采用相似性强的附近河流水文站观测资料，或设置坝址临时站观测水文资料。

2. 水库干流、支流天然河道特征值统计分析

（1）分析水库干流、支流天然河道范围。

（2）绘制水库干流、支流天然河道的横断面图，满足设计要求。

（3）绘制水库干流、支流天然河道河床和滩地的纵断面图（以河床和滩地的平均高程表示）；绘制水库干流、支流天然河谷宽度沿程变化图（对应水库最高水位）。

（4）统计水库支流河口的距坝里程、支流河口河床和滩地平均高程、河口断面形态、在水库最高水位下支流库容和支流回水长度。

（5）统计水库沿程支流汇入干流的水、沙特征值。

统计径流量、悬移质输沙量、悬移质含沙量、悬移质泥沙颗粒级配和中数粒径；推移质输沙量、推移质泥沙颗粒级配和中数粒径；洪水水沙特性、各频率洪水流量、洪水径流量、洪水输沙量、洪水含沙量、洪水泥沙颗粒级配等；实测系列年的年、月、日水沙过程等。

（6）分析水库干流和支流的淤积末端位置；淤积末端河段的河床冲淤特性和河床演变特性及水沙变化特性。

若以上资料欠缺，则应择其主要资料满足设计要求。

1.2.1.2 水库死水位侵蚀基准面平衡输沙河道河床纵断面形态设计研究

1. 基于水库侵蚀基准面抬高的设计研究

水库死水位即为水库侵蚀基准面水位。水库运用后侵蚀基准面抬高由水库运用的死水位所决定。水库侵蚀基准面抬高后，淤积造滩造槽，形成新的平衡输沙河道河床纵断面形态和高滩深槽的河床横断面形态。坝前河床平均淤积高程（以冲刷漏斗进口断面代表）由水库死水位减去造床流量平均水深而得。坝前河床平均淤积高程减去天然河床平均高程，即得水库坝前河床淤积高度，此为水库死水位侵蚀基准面抬高的数值。

水库侵蚀基准面抬高，水库发生淤积，河床淤积物颗粒组成变小，河床糙率减小，泥沙淤积物沿程水力分选明显，河床纵比降沿程变小，河槽变窄深。统计分析以悬移质泥沙淤积为主的水库资料，得到基于水库侵蚀基准面抬高的平衡输沙河道河床纵断面的计算方法。

（1）水库淤积长度和坝前河床淤积高度的计算（涂启华和杨赉斐，2006）。

1）水库淤积长度为

$$L_{淤}=0.485\left(\frac{H_{淤}}{i_0}\right)^{1.1} \qquad (1.2-1)$$

式中：$L_{淤}$为水库淤积长度，m；$H_{淤}$为坝前断面河床淤积高度（坝前断面指坝前冲刷漏斗进口的断面），m；i_0为水库天然河道纵比降（平均比降）。

若水库死水位已为规划所给定，则由死水位高程减去造床流量平均水深得坝前河床淤

积高程，减坝址天然河床高程，可求得坝前河床淤积高度，代入式（1.2－1）可计算水库淤积长度。按水库天然河道河床纵断面，由水库淤积长度求得水库淤积末端断面的位置，由淤积末端断面河床平均高程减去坝前河床淤积平均高程，除以水库淤积长度，即可求得水库（包括推移质和悬移质淤积体）的平衡输沙河道河床纵断面的平均比降。

2）坝前河床淤积高度计算。

由式（1.2－1）可得坝前河床淤积高度的计算式：

$$H_{淤}=1.93i_0L_{淤}^{0.909} \tag{1.2-2}$$

若水库淤积长度 $L_{淤}$ 已为规划所限定，则可按式（1.2－2）计算相应坝前河床淤积高度，加上坝前天然河床平均河底高程，得到坝前河床平均淤积高程，加上造床流量平均水深，求得水库死水位高程。由规划所限定的水库淤积长度，可以求得水库淤积末端位置和淤积末端断面的河床平均高程，减去坝前河床平均淤积高程，除以水库淤积长度求得水库（包括推移质和悬移质淤积体）平衡输沙河道河床纵断面平均比降。

（2）水库平衡输沙河道河槽的计算。水库平衡输沙河道即水库死水位下的平衡输沙河槽（在水库死水位至防洪限制水位之间的水库调蓄河槽，供水库调水调沙和调节径流兴利运用）。

水库死水位下的平衡输沙河槽按造床流量河槽设计。造床流量可按水库下游冲积型河道的平滩流量计算，它相当于多年平均洪峰流量，或相当于3～5年一遇的洪峰流量，也可按经实践检验的造床流量计算方法计算。

水库死水位造床流量河槽形态，按矩形过水断面计算河槽水面宽度和平均水深及过水断面面积，然后转换为梯形过水断面，其水面宽度和过水断面面积保持不变，只变水深。在水库死水位下造床流量河槽的边坡为水下边坡，坡度较缓。按两岸平均边坡计，在河槽岸高小于5m时，边坡系数为15～25；在河槽岸高大于5m时，边坡系数为10～20。

关于河槽水面宽度、平均水深、平均流速即河槽水力几何形态的计算。在少沙河流，只用实测资料建立河槽水力几何形态与流量的关系计算；在多沙河流，要用实测资料建立河槽水力几何形态与流量和含沙量的关系计算。一般可用拟建水库上下游的冲积性河流实测资料建立计算关系式。

（3）水库分段河床淤积物中数粒径和分段库长计算。统计分析已建水库以悬移质泥沙淤积为主，而尾部段为砂卵石推移质淤积或为粗泥沙推移质淤积的水库资料，得到分段河床淤积物中数粒径和分段库长的计算关系（表1.2－1），可供应用。

表1.2－1　悬移质泥沙淤积为主水库分段河床淤积物中数粒径和分段库长计算关系

库段	坝前段（1）	第2段（2）	第3段[①]（3）	尾部段（4）	附注
河床淤积物中数粒径/mm	D_1	$D_2=1.34D_1$	$D_3=1.54D_2$； $(D_3=1.11D_2)$	$D_4=(0.5\sim0.6)D_0$	D_0 为尾部段天然河床淤积物中数粒径
分段库长/m	$L_1=0.26L_{淤}$	$L_2=0.26L_{淤}$	$L_3=0.36L_{淤}$； $(L_3=0.48L_{淤})$	$L_4=0.12L_{淤}$	$L_{淤}$ 为水库淤积长度

① 对于尾部段为粗泥沙推移质淤积的水库，在表1.2－1中的第3段即为水库尾部段，其河床淤积物中数粒径 $D_3=1.11D_2$，分段库长 $L_3=0.48L_{淤}$。

表1.2－1中，D_1 为坝前段（第1段）河床淤积物中数粒径，按下式计算：

$$\lambda_D=\frac{D_1}{D_0}=0.059\times10^{-4}\frac{1}{(i_0)^{1.86}(H_{淤})^{1.14}} \tag{1.2-3}$$

式中：D_0 为坝前段天然河床淤积物中数粒径，mm；i_0 为天然河床纵比降；$H_{淤}$ 为坝前淤积高度，m。

（4）以推移质淤积为主的水库，水库内推移质淤积也呈三角洲形向前推进，其淤积量及推进的速度与推移质输沙量、流量和坝前水位有关。推移质三角洲的发展，一方面向下游推进，另一方面三角洲淤积河床缓慢抬升，并向上游淤积延伸。推移质三角洲淤积比降亦有三角洲尾部段比降、顶坡段比降、前坡段比降和前坡段以下的沿程淤积段比降。在三角洲尚未到达的深水区，水面比降很平缓或水面线呈水平线。在推移质淤积的尾部段和顶坡段的床面也要发生粗化，使淤积比降变大，随着三角洲河床粗化过程的完成，淤积比降达到相对平衡。当三角洲推进接近到坝前后，开始有推移质泥沙出库。

（5）悬移质与推移质混合淤积的水库先形成悬移质淤积的河床纵断面形态，推移质在悬移质淤积的床面上推进淤积，并向上游延伸淤积。推移质淤积平衡在小水库可能实现并出现推移质出库情形，在对于大水库推移质淤积距坝还较远，一般不出现推移质出库的情形。关于推移质在悬移质淤积体上的淤积推进，计算方法如下。

1）计算悬移质淤积平衡河床纵剖面（以河底平均高程表示的河底线）。从坝前淤积河床平均高程处开始划河底线，与上游天然河底相交，求得悬移质淤积末端位置，在悬移质淤积末端作一条向上垂直线，在此向上垂直线上设定一个推移质淤积高度，在此设定的推移质淤积高度上按设计的推移质淤积比降画线，向上游交于天然河底，求得推移质向上游延伸淤积的末端，向下游交于水库悬移质淤积河底，求得推移质向下游淤积的位置。推移质在沿悬移质淤积床面推进淤积时，要置换一定的深度的悬移质淤积物。其置换深度与流量大小有关，流量大的置换深度大，一般可按造床流量的平均水深计算置换深度，由此求得推移质淤积河底线。由此计算得到推移质淤积体的纵剖面面积。

2）计算推移质淤积体的横向宽度。推移质在河床上摆动淤积，最后要在全河床上占满推移质淤积物。在分析河床演变基础上，可以全河床断面计算推移质淤积体的横断面面积。

3）计算推移质淤积体的体积和推移质淤积体重量。以推移质淤积体的纵向横截面面积乘以推移质淤积体的横断面面积，求得推移质淤积体的体积。推移质淤积物的干容重变化比较大，粗泥沙推移质和砂卵石推移质的淤积物干容重不同，要用实测资料分析确定。一般平均干容重可按 1.8t/m^3 计。将推移质淤积体体积乘以推移质淤积物的平均干容重求得推移质淤积体重量。

4）计算推移质淤积年限。按推移质淤积体重量，除以多年平均年推移质输沙量，求得推移质淤积年限。若上述设定的在悬移质淤积末端的推移质淤积高度所得的推移质淤积体积，符合设计的推移质淤积年限，则完成了推移质淤积计算，否则重新设定在悬移质淤积末端的推移质淤积高度进行推移质淤积体计算，直至符合设计的推移质淤积年限为止。

5）对于水库支流的推移质淤积和悬移质淤积，分别进行计算。水库干流沿程分布的支流，其在各支流河口的河底和滩地的淤积高程为在相应部位的干流河底和滩地的淤积高程，以此作为支流淤积的河底和滩地的基准面，由支流自身的水沙条件淤积塑造支流河床和滩地的纵断面形态及河槽横断面形态。支流推移质淤积在其悬移质淤积平衡床面上推进，并向上游延伸和淤积，计算方法与干流的淤积计算相同。

6）要调查研究水库干流和支流推移质的来源和区分砂卵石推移质及粗泥沙推移质的来源和数量。要特别注意推移质能否运动至坝前，以及进入泄洪排沙建筑物系统和引水发电及供水、灌溉系统、通航系统等问题，解决推移质防沙和排沙问题，在枢纽防沙设计中要有专门设计。对近坝前的支流推移质要调查研究，注意防范。

（6）水库综合糙率计算。涂启华、孟白兰等分析黄河三门峡、盐锅峡、青铜峡、三盛公等水库实测资料，通过水库水面线和河床断面及河床组成的验算，获得水库综合糙率的计算关系式：

$$n=-a\lg\frac{B}{h}+b \tag{1.2-4}$$

式中：B 为水面宽度，m；h 为平均水深，m；a 和 b 值见表 1.2-2。

表 1.2-2　　水库综合糙率计算关系式表

水库综合糙率 $n=-a\lg\frac{B}{h}+b$								
$\frac{B}{h}$	项目	河床组成						
		细沙	中沙	粗沙	粗沙夹少量细砾	粗沙夹少量砾石	细颗粒砾卵石	粗颗粒卵石
<135	a	0.0267	0.0285	0.0305	0.0325	0.0345	0.0426	0.0465
	b	0.070	0.0747	0.080	0.0853	0.0906	0.112	0.121
≥135	n	0.012～0.013	0.014	0.015	0.016～0.017	0.018～0.019	0.020～0.021	0.022～0.023

（7）考虑侵蚀基准面抬高影响的输沙平衡河床纵比降的计算。

1）淤积比降和侵蚀基准面抬高的关系。涂启华等统计分析黄河、永定河、辽河等已建水库资料，得到建库前、后比降关系为

$$\frac{i}{i_0}=f(i_0^{0.56}H_{淤}^{0.68}) \tag{1.2-5}$$

式中：i_0、i 分别为建库前、后的比降；$H_{淤}$ 为坝前淤积高度，即水库侵蚀基准面抬高值，m。

2）淤积比降和淤积物粒径的关系。

a. 水库淤积物中数粒径的沿程变化计算。涂启华、李世滢、孟白兰统计分析黄河三门峡、青铜峡、盐锅峡水库和永定河官厅水库的资料，得到如下关系式：

粗沙夹砾卵石淤积河床的库段：

$$D_i=D_0\mathrm{e}^{-0.0422L_i} \tag{1.2-6}$$

悬移质淤积为主，夹有粗沙推移质淤积的沙质库段：

$$D_n=D_s\mathrm{e}^{-0.0109L_n} \tag{1.2-7}$$

式中：D_i、D_n 分别为粗沙夹砾卵石淤积河床的库段、悬移质淤积为主的沙质库段计算断面的河床淤积物中数粒径，mm；D_0、D_s 分别为水库推移质淤积段进口断面床沙中数粒径和沙质淤积段进口断面床沙中数粒径，mm；L_i 为距水库推移质淤积段进口断面的里

程，km；L_n 为距沙质淤积段进口断面的里程，km。

b. 淤积比降和泥沙淤积物中数粒径的关系。

涂启华、李世滢、孟白兰公式：

$$i=0.001D_{50}^{0.7} \tag{1.2-8}$$

钱宁、周文浩公式：

$$i=37D_{50}^{1.3} \tag{1.2-9}$$

式中的 D_{50} 以 mm 计，i 以‱计。

3）水库河床纵比降沿程变化与河床淤积物中数粒径沿程变化具有同步变化关系。

a. 对于淤积物颗粒较粗（受砂卵石推移质影响较大）的河床：

$$i=i_0\mathrm{e}^{-0.022L_1-0.0109L_n} \tag{1.2-10}$$

b. 对于淤积物颗粒较细（受砂卵石推移质影响较小）的河床：

$$i=i_0\mathrm{e}^{-0.0322L_1-0.0126L_n} \tag{1.2-11}$$

式中：i 为淤积比降；i_0 为水库天然河道比降；L_1 为水库尾部段（推移质淤积段）长度，km；L_n 为距水库淤积末端的里程，km。

2. 基于水沙条件和河床边界条件影响的设计研究

水库水沙条件和河床边界条件，影响水流挟沙力，影响塑造水库死水位侵蚀基准面平衡输沙河道的河床纵断面。涂启华等由水流连续公式、水流阻力公式、水流挟沙力公式和泥沙沉速公式联解，得河床纵断面比降为

$$i=k\frac{Q_{s出}^{0.5}d_{50}n^2}{B^{0.5}h^{1.33}} \tag{1.2-12}$$

式中：i 为河段河床纵断面比降；$Q_{s出}$ 为河段出口输沙率，t/s；d_{50} 为河段出口悬移质泥沙中数粒径，mm；n 为河段综合糙率；B 为河段流量水面宽度，m；h 为河段流量平均水深，m；k 为系数，与河段来沙系数（S/Q）成反比关系；S 为河段来水平均含沙量，kg/m^3；Q 为河段来水平均流量，m^3/s。

系数 k 值的采用，按实测资料的统计分析见表 1.2-3。

表 1.2-3　平衡比降公式（1.2-12）的系数 k 值表

$\left(\frac{S}{Q}\right)_{汛入}$	<0.0007	0.0007～0.001	0.001～0.003	0.003～0.007	0.007～0.01	0.01～0.05	0.05～0.10	0.10～0.20	0.20～0.40	0.40～0.60	0.60～1.4	1.4～2.8	2.8～6.2	6.2～10	10～20	20～40	>40
k	1200	1000	840	510	350	200	140	112	84	62	45	34	22	17	13	9	7.5

由于水库非汛期蓄水拦沙运用，汛期降低水位冲刷排沙运用，所以水库汛期要排泄全年的泥沙，形成汛期输沙平衡河床纵断面比降，式（1.2-12）用汛期各参数计算。而计算汛期输沙平衡河床纵断面比降采用的汛期平均水面宽度和汛期平均水深，则是按汛期平均流量计算。有的水库不是全汛期降低水位敞泄排沙运用，而是在汛期的 2～3 个月敞泄排沙运用，也能维持年内泥沙冲淤平衡，则式（1.2-12）应用于排沙期，用排沙期各参数计算。

式（1.2-12）经过验证，它适用于不同类型的水库和河流。在相同水沙条件和糙率条件下，河槽窄深比河槽宽浅的河床纵比降要小。

河道非平衡输沙时，河床纵断面比降亦可用式（1.2－12）计算。

水库沿程有支流汇入，应按沿程支流汇入后的水沙条件进行计算，并考虑支流水沙汇入后的来沙系数选取系数 k 值。

3. 水库尾部段比降计算方法

以上的计算包括了水库的尾部段，这里单独介绍水库尾部段比降计算方法，可以作为另一种补充。

水库尾部段一般为砂卵石或泥沙淤积河床，系由上游天然砂卵石或泥沙淤积河床过渡到下游砂卵石或泥沙淤积河床，称为过渡段淤积河床。以下介绍一些因素简单的水库尾部段比降计算式。

（1）焦恩泽根据15座水库资料得

$$i_{尾}=0.68i_0 \tag{1.2-13}$$

式中：i_0 为尾部段上游天然河道比降。

（2）涂启华、李群娃统计分析天然河道由上游的砂卵石或泥沙淤积河床过渡到下游的砂卵石或泥沙淤积河床的过渡段比降的资料，得

$$i_{尾}=0.054i_{上}^{0.67} \tag{1.2-14}$$

式中：$i_{上}$ 为水库尾部段上游砂卵石河床或泥沙淤积河床的天然河道比降。

（3）过渡段推移质淤积三角洲顶坡比降：

$$i_{顶}=\frac{i_0+i_k}{2} \tag{1.2-15}$$

式中：i_0 为上游天然河床比降；i_k 为水库悬移质淤积平衡比降。

4. 水库死水位下平衡河槽水力几何形态计算

（1）悬移质淤积沙质河床的河槽水力几何形态计算，经涂启华等统计分析，可按下式计算：

水面宽度（m） $$B=38.6Q^{0.31} \tag{1.2-16}$$

平均水深（m） $$h=0.081Q^{0.44} \tag{1.2-17}$$

过水断面面积（m^2） $$A=3.12Q^{0.75} \tag{1.2-18}$$

平均流速（m/s） $$v=0.32Q^{0.25} \tag{1.2-19}$$

如果受到狭窄河谷限制性影响，则在保持过水断面面积和平均流速关系不变的条件下，调整水面宽和平均水深，使过水断面变窄深。当河谷宽度小于600m时，$B=34.9Q^{0.31}$、$h=0.089Q^{0.44}$；当河谷宽度小于500m时，$B=29.8Q^{0.31}$、$h=0.105Q^{0.44}$；当河谷宽度小于400m时，$B=25.2Q^{0.31}$、$h=0.125Q^{0.44}$；当河谷宽度小于300m时，$B=18Q^{0.31}$、$h=0.173Q^{0.44}$；当水面宽度完全受河谷限制，则水面宽度等于河谷宽度，增大水深，保持同流量过水断面面积不变。

（2）推移质淤积河床的水力几何形态，对于河谷较宽，按下式计算：

$$B=73.5Q^{0.22} \tag{1.2-20}$$

$$h=0.207Q^{0.33} \tag{1.2-21}$$

$$A=15.2Q^{0.55} \tag{1.2-22}$$

$$v=0.066Q^{0.45} \tag{1.2-23}$$

当受河谷影响，河谷宽度小于300m时，按$B=24.8Q^{0.28}$、$h=0.304Q^{0.33}$计算。

以上河槽水力几何形态的计算式，在应用时要进行实测资料的验证。利用实测资料验证时，要分析实测资料对于设计水库的可应用性和代表性。

以上基于水沙条件和河床边界条件影响的设计研究和基于水库侵蚀基准面抬高的设计研究可结合进行，综合分析求得水库死水位侵蚀基准面控制的平衡输沙河道河床纵断面形态。水库河床纵剖面有多级比降，由推移质淤积段和悬移质淤积段组成，要进行水库分段计算。水库分段计算的依据主要是：①淤积物的沿程水力分选作用的变化；②水库河谷宽窄形态的变化；③支流汇入水沙条件的变化；④水沙条件和河床边界条件的变化等。水库长短并不是进行分段计算的条件，短水库如果具备分段计算的依据，也要进行分段计算。在表1.2-1中的水库分段计算，结合具体水库情况，可做适当的调整。

1.2.2 水库正常蓄水位的泥沙设计研究

水库正常蓄水位是水库正常运用满足兴利要求应蓄到的高水位。正常蓄水位至死水位之间的库容为兴利调节库容，它要受泥沙淤积调节库容的影响，需要研究水库调节库容的变化。

水库正常蓄水位的泥沙设计研究：设计研究水库蓄水拦沙运用的泥沙淤积量和淤积形态及其回水淹没影响；选定正常蓄水位和有效调节库容；进行水库运用的泥沙冲淤计算。

水库蓄水拦沙运用的淤积形态，一般是三角洲淤积形态，或带状淤积形态，或锥体及楔形（倒锥体）淤积形态。要从水库运用方式、来水来沙条件、水库地形等方面分析论证水库蓄水拦沙运用的淤积形态，并进行数学模型计算。

1.2.3 水库防洪限制水位的泥沙设计研究

水库防洪限制水位系水库在汛期允许蓄水的上限水位，要确保校核洪水位至防洪限制水位之间的设计洪水和校核洪水的调洪库容不受泥沙淤积影响。若要突破防洪限制水位进行非设计洪水的蓄水运用时，必须进行泥沙淤积计算，限制泥沙淤积不影响校核洪水位至防洪限制水位之间的调洪库容。若有一定的影响，则要按照校核洪水的调洪库容要求，计算校核洪水位的升高值，是否可以允许，若不允许，则要严格限制其突破防洪限制水位运用。

对于水库的防洪限制水位，要进行水库防洪限制水位运用下泥沙淤积形态的计算和水库有效库容的计算，分布在防洪限制水位以上的淤积形态和有效库容及分布在防洪限制水位以下的淤积形态和有效库容（包括干流、支流）。

关于水库滩地，要分析可以形成滩地的宽阔库段和不能形成滩地的狭窄库段。水库滩地以上的库容为防洪库容，若为了水库拦沙而淤高滩地，则要满足防洪限制水位以上的防洪库容要求。水库滩地纵断面比降按下式计算：

$$i_{滩}=50\times10^{-4}\frac{1}{Q_{洪}^{0.44}} \tag{1.2-24}$$

式中：$Q_{洪}$为洪水上滩时期的洪水平均流量。

水库滩地比降与河床比降有一定的关系。据实测资料统计，在水库上段：$i_{滩}/i_{床}=$

0.3～0.5；在水库下段：$i_{滩}/i_{床}$=0.6～0.8；平均情况：$i_{滩}/i_{床}$=0.5～0.6。在水库严重滞洪淤积时期，$i_{滩}/i_{床}$=0.9，洪水过后，库水位下降，冲刷下切河床，河床比降增大，滩地不变。

水库滩地一般横向淤积平坦，局部有滩地横比降，结合实际调查研究考虑。

1.2.4 水库高滩深槽河床形态的泥沙设计研究

在可以形成滩地的水库，或由防洪限制水位控制滩地，或由调洪（防洪）库容要求或由水库拦沙要求控制滩地；由水库死水位控制河床，水库形成高滩深槽河床形态。在死水位以下为造床流量河槽，在死水位以上至滩面之间为调蓄河槽。在水库滩地以上为滩库容，即原始库容，在水库滩地以下的河槽为槽库容，包括死水位以上调蓄河槽库容和死水位以下造床流量河槽库容。水库槽库容供调水调沙运用，有泥沙冲淤变化，在水库调水调沙周期内，槽库容泥沙冲淤平衡，保持相对稳定。

水库高滩深槽河床形态的泥沙设计：①设计水库滩地高程和滩地纵向形态（纵比降）和滩地横向形态（横比降）；②设计水库河底高程和河床纵向形态（纵比降），死水位以下的造床流量河槽形态和死水位以上的调蓄河槽形态。对于库区支流的高滩深槽河床形态的泥沙设计，要相应进行。

1.2.5 水库初始运用起调水位、水库敞泄冲刷最低水位、水库调水调沙运用水位的泥沙设计研究

1. 水库初始运用起调水位的泥沙设计研究

（1）水库的任务不同，对初始运用起调水位的要求也不同。以高水位蓄水拦沙调节径流兴利运用为主的水库，初始运用起调水位比较高，要研究高水位蓄水拦沙调节径流兴利运用的水库泥沙运动，水库排沙比小，水库淤积形态有三角洲、带状、倒锥体淤积和锥体淤积等。以低水位运用为主的水库，初始运用起调水位比较低，要研究拦粗沙排细沙和调水调沙运用，水库大水排沙比大，小水排沙比小，发挥大水排沙能力，优化水沙组合过程，提高水库排沙减淤和下游河道输沙减淤能力，水库淤积形态主要为锥体淤积或带状淤积。这两种不同任务的水库，初始运用起调水位的泥沙设计研究不同。

（2）水库初始运用起调水位的泥沙设计研究内容，包括水库排沙比，淤积形态，淤积量，有效库容变化，淤积物泥沙组成，淤积物干容重，出库流量、含沙量和悬移质泥沙中数粒径的过程，以及下游河道冲淤和水沙变化及水位变化等。

2. 水库敞泄冲刷最低水位的泥沙设计研究

有的水库为了保持调节库容和控制水库淤积末端，除死水位运用外，还设置敞泄冲刷最低水位。敞泄冲刷最低水位有的低到空库状态，敞开设置在天然河床上的泄洪洞泄流冲刷排沙。例如，新疆昌吉的头屯河水库。张启舜、姜乃森、马喜祥在黄河万家寨水库设计提出两个敞泄冲刷指标：①降水指标：降水高度（从正常蓄水位至敞泄冲刷最低水位）H_1 与坝前壅水深度（从天然河底至敞泄最低水位）H_2 之比 $H_1/H_2>0.4\sim0.5$；②敞泄冲刷最低水位的泄量 Q_1 与多年平均流量 Q_2 之比 $Q_1/Q_2>2.5$。

水库敞泄冲刷最低水位的泥沙设计研究包括以下内容：

（1）敞泄冲刷最低水位的冲刷平衡比降。要使冲刷能够达到水库淤积末端。

（2）敞泄冲刷最低水位的泄流能力，一般要达到造床流量的要求，冲刷流量与冲刷平衡比降的乘积（Q_i）即势能，要能够满足输送冲刷淤积物的要求，按出库输沙率 $Q_{s出}=k(Q_i)^2$ 计算，系数 k 值与淤积物特性有关，由已建水库实测资料确定 k 值，并类比分析应用到设计水库。

（3）进行溯源冲刷和沿程冲刷发展过程的计算。要满足形成冲刷平衡河床纵断面形态和河床横断面形态的要求。

3. 水库调水调沙运用水位的泥沙设计研究

水库调水调沙运用水位的泥沙设计研究包括以下内容：

（1）调水调沙运用在汛期或主汛期进行，调水调沙运用水位在防洪限制水位至敞泄冲刷最低水位之间变化。在水库不同运用时期调水调沙运用水位的变化，按调水调沙运用要求而定。

（2）调水调沙运用水位与调水调沙运用方式密切相关，与调水调沙库容大小密切相关。要研究调水调沙运用方式和调水调沙库容，以确定调水调沙运用水位。

（3）进行水库调水调沙运用水位变化的计算，相应地计算水库泥沙冲淤变化，水库冲淤形态变化，水库库容变化，水库回水曲线变化，出库流量、含沙量和泥沙组成（粗沙、中沙、细沙）及泥沙中数粒径的变化，下游河道流量、含沙量和泥沙组成、泥沙中数粒径的变化，下游河道泥沙冲淤和水位变化等。实际要求计算的内容根据需要而定。

1.2.6 水库有效库容的泥沙设计研究

水库有效库容是在水库运用后扣除泥沙淤积损失的库容后还保留的库容。在水库淤积平衡后（或非淤积平衡），保留相对稳定的库容为长期有效库容。水库淤积平衡是指水库形成锥体淤积平衡形态；水库非淤积平衡则是指水库形成相对稳定的某种淤积形态。

水库淤积平衡或非淤积平衡相对稳定的有效库容的泥沙设计研究包括以下内容：

（1）给出水库原始（初始）库容曲线和水库运行后逐年的有效库容曲线。

（2）控制防洪限制水位以上的库容，不受水库运用的泥沙淤积影响。

（3）控制水库汛期在防洪限制水位以下运用；非汛期在防洪限制水位以上运用。

（4）计算水库淤积平衡或非淤积平衡相对稳定的河床纵断面和横断面形态。在可以淤积形成滩地的宽阔库段，要计算滩地高程和滩地纵断面。根据水库淤积平衡形态或非淤积平衡相对稳定的淤积形态，计算水库的有效库容曲线，此为长期有效库容曲线，包括防洪限制水位以上的库容和防洪限制水位以下的库容。

（5）水库汛期在防洪限制水位以下运用，有泥沙冲淤变化，与此相应，有效库容有或大或小的变化。

（6）非汛期在防洪限制水位以上运用，控制泥沙淤积不在防洪限制水位以上发生。

（7）对水库非设计洪水超过防洪限制水位调洪运用和为下游洪水防洪运用时，要进行泥沙淤积计算，要使设计洪水和校核洪水的调洪库容不受非设计洪水泥沙淤积的影响，若受影响，要重新计算设计洪水位和校核洪水位，检验坝顶安全高程。

（8）有效库容泥沙设计要注意以下问题：

1）注意水库干流、支流倒灌淤积发生口门“拦门沙坎”淤堵库容的问题。要采取措施（包括水库运用方式的措施）避免和减少淤堵库容；对于发生淤堵的库容，则不计入有效库容内。

2）注意水库运用后可能发生库岸变形（重大的滑坡、塌岸、垮山、堵塞等）。要进行实地调查、勘测，采取措施予以防止；对于发生的库岸变形，注意水上库岸变形和水下库岸变形的测量，在有效库容计算中考虑库岸变形的影响。

3）有效库容泥沙设计要跟踪水库实际淤积形态的测量，并定期进行地形法测量库容。根据水库实际淤积形态的跟踪观测，及时调整水库淤积形态的设计，从而调整有效库容的设计。这种跟踪观测水库淤积形态和调整有效库容设计要在水库运用过程中分阶段进行，指导水库运用。

1.2.7 水库平衡形态的泥沙设计研究

1. 水库平衡形态的定义

水库平衡形态是水库淤积平衡、输沙平衡、形态平衡的总体平衡。水库淤积平衡是指水库由淤积的发展到进入冲淤相对平衡。输沙平衡是指水库悬移质输沙由不平衡输沙发展到相对平衡输沙。推移质输沙，由不平衡输沙发展到相对平衡输沙。形态平衡是指河床纵断面形态由不平衡形态发展到相对平衡形态，河床横断面形态由不平衡形态发展到相对平衡形态。有的水库是悬移质淤积为主，悬移质输沙为主、悬移质淤积形态为主的，可称为悬移质输沙平衡水库；有的水库是推移质淤积为主，推移质输沙为主，推移质淤积形态为主，可称为推移质输沙平衡水库。平衡水库要保留一定的有效库容供长期运用，水库寿命是长期的。

2. 水库平衡形态的泥沙设计研究内容

（1）水库淤积平衡的河床纵断面形态和滩地纵断面形态。水库从空库到淤积造床造滩，最终形成由死水位侵蚀基准面控制的淤积平衡河床纵断面形态和由防洪限制水位控制的滩地淤积纵断面形态。在防洪限制水位以上不受水库一般运用的泥沙淤积影响，非汛期水库蓄水调节径流兴利运用，泥沙在防洪限制水位以下的库容内淤积。汛期保留防洪限制以上的库容供水库调洪（保坝设计洪水和校核洪水）运用或为下游洪水防洪运用。

（2）水库淤积平衡河槽形态。由死水位侵蚀基准面控制的造床流量河槽形态和由死水位至防洪限制水位之间的调蓄河槽形态组成。

（3）悬移质淤积平衡河床纵断面和滩地淤积纵断面及悬移质淤积末端；推移质淤积河床纵断面和推移质淤积末端。

（4）悬移质淤积河槽形态和推移质淤积河槽形态。

（5）水库支流的悬移质淤积平衡河床纵断面和悬移质淤积滩地纵断面，悬移质淤积末端。

（6）水库支流的悬移质淤积河槽形态。

（7）水库支流的推移质淤积河床纵断面和推移质淤积末端。

（8）水库支流的推移质淤积河槽形态。

（9）水库干流、支流倒灌淤积形成的口门拦门沙坎和倒锥体淤积形态。

3. 水库平衡形态的依存条件

(1) 水库水沙条件。按来水来沙条件和水库调水调沙运用的水沙条件，分析水库平衡形态的依存条件。

(2) 水库运用条件。水库运用方式表现在运用水位上，若水库运用水位相对稳定，变化幅度小，则水库平衡形态基本上是河道型的。若水库运用水位高低悬殊，变化幅度大，非汛期蓄水拦沙，汛期降低水位冲刷，且汛期调水调沙运用水位变化频繁，则水库平衡形态具有高滩深槽的槽库容形态和滩以上的原始库容形态。

(3) 水库地形条件。若是狭窄河谷水库，则无滩地，为槽形水库；若水库地形宽窄相间，则在宽阔河谷段形成滩地，在狭窄河谷段为槽形水库；若水库地形为宽阔河谷，则水库有滩地和河槽。

(4) 水库泄流规模条件。若水库泄流规模小，容易上滩淤积，不容易保持滩库容，滩地高程可能与水库正常蓄水位相平。若水库泄流规模大，不容易上滩淤积，滩库容容易保持。

(5) 水库支流水沙条件和干、支流库容地形条件。若水库支流来水来沙少，支流库容大，主要受干流倒灌淤积影响，则形成支流河口“拦门沙坎”的倒锥体淤积形态，淤堵支流库容。若水库支流来水来沙大，而干流水库为深水水库，则支流水沙在干支流汇合口向干流分流，倒灌淤积干流形成干流口门的“拦门沙坎”倒锥体淤积形态，淤堵干流库容。

1.2.8 水库泄流规模的泥沙设计研究

水库泄流规模是指水库泄洪排沙的泄流规模，不含引水流量（如引水发电流量、引水灌溉流量、供水流量，通航流量等）。

水库泄流规模的泥沙设计研究包括以下内容：

(1) 水库泄流规模要解决水库泄洪排沙问题和下游河道排洪输沙问题，形成的水库有较大的有效库容，下游河道有较大的排洪输沙河槽。

(2) 水库泄流规模主要研究死水位的泄流规模和防洪限制水位的泄流规模。

(3) 水库死水位的泄流规模要大于死水位以下造床流量河槽的造床流量，对少沙河流水库可取为不小于2年一遇洪峰流量；对多沙河流水库可取为3～5年一遇洪峰流量。

(4) 水库防洪限制水位的泄流规模。对于中型、小型水库要相当于10～20年一遇洪峰流量，对于大型水库要相当于20～30年一遇洪峰流量。

(5) 水库死水位的泄流规模要适应下游河道平滩流量的要求，水库死水位的泄流规模要与下游河道在自然条件下（无水库）的多年平均洪峰流量相适应。

(6) 河流上修建水库后，已是受人工影响的河流，研究水库死水位的泄流规模和防洪限制水位的泄流规模，不能沿用自然河流下的有关数据。要采用已受人工影响的河流条件下的有关数据。因此，要采用计算公式计算新造床流量，要计算受人工影响后的各频率洪水的洪峰流量。

造床流量是表征与变动的流量、含沙量、泥沙颗粒过程的造床作用相当的代表性流量，造床流量的计算方法较多，以下介绍的方法，应用计算时要结合实际的河流进行，并需检验。

1）统计一些河流的“河漫滩”平滩流量与汛期平均流量的关系，从造床流量相当于河流的“河漫滩”平滩流量的概念，得到造床流量计算关系式：

钱意颖： $$Q_{造}=7.7\overline{Q}_{汛}^{0.85}+90\overline{Q}_{汛}^{1/3} \quad (1.2-25)$$

涂启华： $$Q_{造}=56.3\overline{Q}_{汛}^{0.61} \quad (1.2-26)$$

罗敏逊： $$Q_{造}=5.7\overline{Q}_{汛}^{0.878} \quad (1.2-27)$$

式中：$Q_{造}$为造床流量，m^3/s；$\overline{Q}_{汛}$为汛期平均流量，m^3/s。

2）从水流输沙能力分析造床流量，得到造床流量计算关系式。

a. H. N. 马卡维耶夫提出水流的输沙能力与流 Q 的高次方和水面比降 i 的乘积及经历的时间（以其出现的频率 P 表示）成正比的关系，绘制 $Q-Q^m iP$ 关系曲线图，从图中查出 $Q^m iP$ 的最大值，相应于此最大值的流量，即为造床流量。

计算步骤是：按河流排沙时期的流量过程分流量级；绘制排沙时期的流量比降关系曲线；计算各流量级在水库排沙时期出现的频率 P；计算各级流量相应的水面比降；用实测资料分析输沙率 $Q_s=aQ^m$ 关系，求出 m 值；计算每一级流量的 $Q^m iP$ 值，Q 为各级流量的平均值；绘制 $Q-Q^m iP$ 关系曲线；从曲线中查出 $Q^m iP$ 的最大值，其对应的流量即为所求的造床流量。

b. 张红武基于上述原理，采用水流挟沙力含沙量 S^*，提出 $Q-QS^*P^m$ 关系曲线，此处 $m=0.6$；以 QS^*P^m 的最大值所对应的流量为造床流量。

以上是代表塑造平衡河槽的造床流量。关于塑造河床纵剖面比降的造床流量，则按多年汛期平均流量。

（7）设计死水位的泄流规模，当按要求确定后，在设计中采用时，应比要求值增大一些。因为水库泄水建筑物的运用在实践中可能遇到不能满足要求的情况，为安全起见，设计死水位的泄流规模要适当增大一些，例如，增大10%～20%，依安全要求而定。关于防洪限制水位的泄流规模，当按要求确定后在设计采用时亦宜适当增大一些，依安全要求而定。

1.3 枢纽防沙的泥沙设计研究

本节所提枢纽是指具有水库功能的水库枢纽工程，其基本组成包括水库、挡水（沙）、泄水（沙）、输水（沙）等建筑物，构成相互联系的综合体，为利用水利资源而有效调度运行。根据开发任务的不同，可分为有不同坝高的大型、中型、小型的水库枢纽工程，其共同的设计任务都有水库枢纽排沙和防沙问题。对于非水库功能的枢纽工程，亦有枢纽防沙的泥沙设计研究，原则上可参考照应用。

1.3.1 水库枢纽防沙设计的内容和方法

1. 水库枢纽防沙设计的内容

（1）水库枢纽的水沙特性。要考虑洪水泥沙和泥石流及库岸变形的影响。

（2）水库运用方式和泄水建筑物的调度运用方式。

（3）枢纽总体布置和其泄洪排沙系统；发电、灌溉、供水等引水系统；通航、过木系统，排冰、排污及防泥雾系统等的排沙、防沙、防淤堵、防磨蚀要求。

（4）水库枢纽防沙设计的技术措施和效果。

2. 水库枢纽防沙设计的方法

（1）已建水库枢纽工程防沙设计和实践经验的调查研究。

（2）水库枢纽防沙设计的分析计算。

（3）水库枢纽防沙设计的河工模型试验。

（4）在已建水库枢纽工程上进行枢纽防沙设计的模拟试验。

（5）对水库枢纽防沙设计的研究成果进行分析比较选取。

1.3.2 水沙运动特性分析

枢纽防沙设计要以分析水沙运动特性作为依据。这里主要分析坝（闸）前的悬移质含沙量和悬移质泥沙粒径的垂向分布和横向分布特性及水库推移质泥沙运动特性。

1. 关于坝（闸）前的河道性水流悬移质全沙含沙量和分组泥沙含沙量垂向分布

张瑞瑾提出的公式为

$$\frac{\overline{S}}{\overline{S}_a}=e^{\frac{\omega}{kU_*}[f(\eta)-f(\eta_a)]} \tag{1.3-1}$$

令

$$f(\eta)=2\arctan\sqrt{\eta}+\ln\frac{1+\sqrt{\eta}}{1-\sqrt{\eta}}+\frac{\sqrt{2}}{a^{3/2}}\left[\ln\frac{\eta+\sqrt{2a\eta}+a}{\sqrt{a^2+\eta^2}}+\arctan\left(1+\sqrt{\frac{2\eta}{a}}\right)-\arctan\left(1-\sqrt{\frac{2\eta}{a}}\right)\right]$$

式中：η 为相对水深 y/h；$\overline{S}_a$ 为代表 $y=a$ 处的时均含沙量，a 为距河底很小的数量；$\overline{S}$ 为垂线上任意点 y 处的时均含沙量。

只要 ω 及 U_* 已知，同时知道某一相对水深 η_a 处的时均含沙量 $\overline{S}_a$，则垂线上任一相对水深 η 处的时均含沙量 $\overline{S}$ 可以求出。

将 $f(\eta)$ 与 η 的关系制成图表，给出 $f(\eta)$ 与相对水深 η 的关系见表1.3-1。

表1.3-1　$f(\eta)$ 与 η 的关系

η	0	0.02	0.1	0.2	0.3	0.4	0.5	0.6	0.8	0.9	0.95	0.99
$f(\eta)$	0	0.809	1.784	2.568	3.168	3.687	4.181	4.665	5.796	6.673	7.450	9.150

式（1.3-1）中的$\frac{\omega}{kU_*}$称为悬浮指标 Z。悬浮指标 Z 的数值越大，表明悬移质含沙量在垂线上的分布越不均匀；悬浮指标 Z 的数值越小，则表明悬移质含沙量在垂线上的分布越均匀。在工程防沙的泥沙设计上要研究分组泥沙的含沙量沿垂线分布。关于 ω 值的确定，将悬移质按粒径大小分组，用每组泥沙中数粒径相应的沉速去求各组悬移质的含沙量垂向分布，再将各组在相同相对水深处的含沙量加起来，得到总含沙量的沿垂线分布。由悬移质含沙量沿垂线分布的实测资料表明，粗泥沙（$d=0.10\sim0.25$mm）含沙量垂线分布不均匀，粗泥沙集中在相对水深0.40以下的底层，悬浮到相对水深0.60以上很少；较细泥沙（$d=0.025\sim0.05$mm）含沙量垂线分布较均匀，而细泥沙（$d=0.007\sim0.01$mm）含沙量沿垂线分布相对均匀。

张瑞瑾认为二维均匀流河床不冲不淤的平衡悬移质含沙量沿垂线分布的表达式为

$$\frac{S}{\overline{S}}=\frac{\beta(1+\beta)}{(\beta+\eta)^2} \tag{1.3-2}$$

式中：$\overline{S}$ 为垂线平均含沙量；S 为垂线上任一点含沙量；η 为相对水深；β 为定值系数。根据实测资料反求确定，β 值越大，则含沙量沿垂线分布越均匀。

在河床不冲不淤的平衡条件下，垂线平均含沙量等于水流挟沙力，即 $\overline{S}=S^*$，$S^*=k\left(\frac{V^3}{gR\omega}\right)^m$，则有

$$S=k\left(\frac{V^3}{gR\omega}\right)^m\frac{\beta(1+\beta)}{(\beta+\mu)^2} \tag{1.3-3}$$

根据丁君松等的研究，β 的近似表达式为

$$\beta=0.2Z^{-1.15}-0.11 \tag{1.3-4}$$

式中：Z 为悬浮指标。

对于坝（闸）前河道性水流泥沙运动，可用实测资料率定式（1.3-2）。

2. 水库坝前实测含沙量和泥沙中数粒径垂向分布

（1）黄河三级支流蒲河巴家嘴高含沙水库实例分析。巴家嘴水库在高含沙水流蓄洪和蓄水运用时库区和坝前要发生泥沙淤积。为了利用高含沙量水流的泥沙沉速小的有利条件，水库亦应有较大的泄流规模，以利于枢纽排沙。故巴家嘴水库亦进行了除险加固工程改建，增建了泄洪排沙设施扩大泄洪规模。

（2）黄河三门峡水库实例分析。为了研究小浪底水库日调节运用的泥沙问题，黄河水利委员会勘测规划设计研究院于1989年7月、8月在三门峡水库进行日调节模拟试验。表1.3-2为异重流坝前流速、含沙量沿垂线分布，表1.3-3为浑水明流的坝前含沙量和流速的沿垂线分布。可见坝前异重流的含沙量垂线分布梯度大，而坝前浑水明流的含沙量垂线分布，相对比较均匀。

表1.3-2　三门峡水库1989年7月13日日调节试验坝前异重流流速、含沙量沿垂线分布

断面位置	距底孔1010m				距底孔约700m			
项目	水深/m							
	20.0		17.5		20.0		15.0	
相对水深	流速/(m/s)	含沙量/(kg/m³)	流速/(m/s)	含沙量/(kg/m³)	流速/(m/s)	含沙量/(kg/m³)	流速/(m/s)	含沙量/(kg/m³)
1.0（水面）	0.07	0.16	0.13	0.16	0.09	0.16	0.47	0.53
0.8	0.05	0.24	0.18	0.24	0.27	0.24	0.51	0.62
0.6	0.19	0.44	0.26	0.54	0.35	0.54	（以下因故未测）	0.69
0.4	0.33	1.12	0.26	2.50	0.26	2.04		0.95
0.2	0.06	2.61	0.26	18.5	0.29	5.73		3.75
0	0.06	208	0.29	333	0.74	150		92.2

注　相对水深0.0处，测量位置约在河床以上0.30m处；相对水深1.0处，测量位置约在水面以下0.15m处。

表 1.3-3 三门峡水库1989年8月21日浑水明流坝前700m断面流速、含沙量垂线分布

项目	水深/m					
	12.0		13.3		13.0	
相对水深	流速/(m/s)	含沙量/(kg/m³)	流速/(m/s)	含沙量/(kg/m³)	流速/(m/s)	含沙量/(kg/m³)
1.0	0.65	18.7	1.48	16.7	1.40	14.1
0.8	0.48	19.5	1.20	21.7	1.94	19.0
0.6	0.53	20.0	0.81	23.7	1.61	20.1
0.4	0.95	24.0	0.42	24.8	1.61	23.8
0.2	1.18	24.6	0.46	28.5	1.73	28.4
0.1	1.13	22.8	0.81	27.5	1.77	22.6
0	1.04	19.1	0.77	31.8	1.36	23.5

异重流和浑水明流的坝前泥沙颗粒沿垂线分布分别见表1.3-4和表1.3-5。由于异重流沿程粗泥沙淤积，坝前异重流的泥沙颗粒比较细，只临近河床的泥沙颗粒较粗，而在相对水深0.20以上的泥沙颗粒细且分布均匀。水库浑水明流，坝前的泥沙颗粒较粗且泥沙颗粒的垂线分布不均匀。

表 1.3-4 三门峡水库1989年7月13日日调节试验坝前异重流泥沙颗粒沿垂线分布

时间	断面垂线	相对水深	小于某粒径的沙重占比/%						d_{50}/mm
			粒径级						
			0.005mm	0.010mm	0.025mm	0.050mm	0.10mm	0.25mm	
7月13日	距坝700m，垂线1（异重流）	1.0	32.9	51.9	81.6	93.8	96.5	97.7	0.009
		0.8	31.6	46.4	71.9	84.2	92.4	97.8	0.011
		0.6	36.9	53.5	88.5	91.1	96.3	100	0.009
		0.4	39.3	55.4	89.7	94.3	98.9	99.2	0.008
		0.2	39.2	58.8	92.3	96.1	99.9	100	0.008
		0.0	14.6	25.2	82.3	98.0	100		0.017
7月13日	距坝1010m，垂线1（异重流）	1.0	42.2	57.8	92.1	94.5	99.2	100	0.008
		0.8	42.4	56.5	91.3	95.5	99.8	100	0.008
		0.6	42.6	64.8	91.3	93.9	99.1	100	0.007
		0.4	40.8	64.9	92.9	95.1	99.6	100	0.007
		0.2	43.3	64.1	94.0	96.0	100		0.007
		0.0	10.2	18.9	62.4	88.7	100		0.021

（3）综合分析上述已建水库的实测资料可得以下认识：

1）水库异重流和壅水明流可使相对水深0.33～0.27以下含沙量和泥沙中数粒径的沿垂线分布梯度大。

表 1.3-5　三站峡水库 1989 年 8 月 21 日浑水明流坝前泥沙颗粒沿垂线分布

时间	断面垂线	相对水深	小于某粒径的沙重占比/% 粒径级						d_{50} /mm
			0.005mm	0.010mm	0.025mm	0.050mm	0.10mm	0.25mm	
8月21日	距坝700m，垂线1（浑水明流）	1.0	25.0	41.0	78.0	96.3	99.0	99.5	0.13
		0.8	30.5	46.5	84.0	97.0	100		0.011
		0.6	27.5	42.5	79.5	97.8			0.012
		0.4	22.5	36.5	74.5	97.5	99.9		0.014
		0.2	21.0	34.0	71.0	95.0			0.016
		0.0	28.5	45.0	81.5	94.4	99.6		0.011
8月21日	距坝1010m，垂线1（浑水明流）	1.0	30.0	46.0	83.0	95.2	99.6		0.011
		0.8	30.0	44.4	80.5	97.5			0.012
		0.6	24.0	38.0	73.0	97.5			0.015
		0.4	22.0	35.0	69.0	93.5	99.8		0.016
		0.2	20.0	33.0	69.0	96.0			0.016
		0.0	18.0	29.0	64.0	92.5	99.9		0.018

2）设置底部排沙洞，可排泄浑水异重流和浑水明流的底部高浓度泥沙和粗泥沙，可用较小流量排泄较多沙量。

3）发电引水洞进口高程宜布置在相对水深 0.40 以上的中层范围，可减少过机泥沙，尤其是减少粗泥沙过机。

4）利用汛期调水调沙运用和底孔排沙，可减少过机泥沙，有利泄水孔洞防淤堵。

5）在水库降低水位冲刷和在坝区冲淤平衡时，含沙量和泥沙中数粒径沿垂线分布相对均匀，但底孔仍可发挥排泄底层高浓度泥沙和粗沙的作用，中层发电引水洞含沙量和泥沙中数粒径一般为底部排沙洞含沙量和泥沙中数粒径的 80%。

3. 坝前悬移质含沙量和泥沙中数粒径的横向分布

（1）在坝区冲淤不平衡时，坝前悬移质含沙量和泥沙中数粒径的横向分布不均匀。

（2）在坝区冲淤相对平衡时，在坝前悬移质含沙量和泥沙中数粒径的横向分布相对均匀，在同一高程上各孔洞含沙量和泥沙中数粒径基本相近，泥沙粒径级配也相近。

4. 水库推移质泥沙运动影响分析

（1）推移质泥沙（包括沙质推移质和砾、卵石推移质）在干流、支流回水末端淤积，逐步向前推进。

（2）在距离短的水库，推移质在一定时期后运动到坝前，并通过底孔排泄出库；在距离长的水库，推移质在长时期内运动不到坝前。

（3）当水库降低水位接近位于天然河床的泄水孔洞时，发生强烈的溯源冲刷，加速推移质的推进，可能通过泄水孔洞下泄，对泄水孔造成推移质泥沙磨损，如新疆头屯河水库。

1.3.3 水库枢纽防沙设计

水库枢纽防沙设计需要收集和分析泥沙资料，包括推移质和悬移质输沙量，推移质输沙率、悬移质含沙量；推移质和悬移质的泥沙粒径、颗粒级配、泥沙矿物成分和硬度；库区和坝区的淤积形态及淤积高程。在选择枢纽位置、进行枢纽总体布置方面，在设置泄洪排沙建筑物和发电、供水、灌溉等引水建筑物及通航建筑物方面，在拟定水库运用方式和泄洪排沙设施及发电、供水、灌溉、通航建筑物的调度运行方式等方面，都要把水库枢纽防沙设计放在重要地位来考虑。

1. 水库枢纽工程的泥沙危害

（1）泥沙对水轮机和泄水建筑物的严重磨损；推移质进入引水系统的危害。

（2）泥沙、水草、污物结合一起堵塞拦污栅。

（3）泥沙淤堵泄水孔、洞。

（4）泥沙淤积在闸门前、淤塞门槽，增大闸门的启闭力。

（5）泥沙淤塞机组的供水、排水系统。

（6）泥沙淤积损失水库调节库容。

（7）通航建筑物的引航道及口门区泥沙淤积，造成航深不足，影响通航。

（8）泄洪排沙发生泥雾，污染环境。

因此，为了消除泥沙危害，需要进行水库枢纽防沙设计。

2. 水库枢纽总体布置和进水口布置的型式

水库枢纽总体布置要求：①根据坝址地形和地质条件，因地制宜；②统筹泄洪排沙和防沙要求；③进行技术、经济比较；④考虑安全运行和效益要求等。综合分析研究比较后，选择枢纽总体布置方案。

进水口布置有两种型式：①集中布置；②分散布置。进水口有4种布置形态：①进水口位置的平面布置形态；②进水口高程的立面布置形态；③进水口分布的横向布置形态；④进水口型式的断面布置形态。

在地质和地形条件允许下，一般宜应选择进水口集中布置型式。

若进水口要分散布置，要分析研究产生分汊的泥沙冲淤和消长变化以及这些变化对进水口防沙、防淤堵要求可能产生的不利影响，提出防止不利影响的措施。

示例1：黄河小浪底水利枢纽。因地质地形条件，进水塔集中布置在河流左岸的风雨沟内，呈“一”字形集中布置。在上层泄流排沙和排漂浮物，在中层取水发电，在下层泄洪排沙和排污物，分左、中、右相间布置，有16个进水口，都受排沙洞和孔板泄洪洞前的冲刷漏斗所控制，保护进水口“门前清”。

若进水塔前对岸的滩地和岸坡因库水位降落或地震发生而突然坍塌和滑坡堵住进水口时，可以自上而下相继开启各层次的进水口逐步冲走泥沙，恢复正常运用。

示例2：长江葛洲坝水利枢纽。枢纽位于长江三峡出口南津关下游的弯曲展宽段。二江泄水闸是枢纽的主要泄洪排沙建筑物，其左侧为二江电站和二号、三号船闸，右侧为大江电站和一号船闸。

为减少粗泥沙过机，大江、二江电厂均设置导沙坎和排沙底孔。二江电厂前设置高

8～9m 的混凝土导沙坎，将底沙导向二江泄水闸。大江电厂处在河道凸岸，在横向围堰拆除时，将高程 45.00m 以下的部分留下形成拦沙坎，拦截到达厂前的泥沙。机组进水口下部设排沙底孔，二江电厂多数机组为一机一孔，大江电厂均为一机二孔。

葛洲坝水利枢纽汛期水位抬高不多，水库仍具有河道特性。在南津关下游弯道环流作用下，泥沙横向输移，将底层含沙量大、泥沙粒径粗的浑水推向凸岸大江，表层“清水”流向凹岸二江。其过机泥沙量、水流含沙量和泥沙粒径在二江为小而细，在大江为大而粗。在二江电厂上下游没有明显淤积，过机含沙量小，底孔很少运用。在大江电厂厂前淤积严重；当底孔开启后，淤积物得到冲刷，形成底孔前冲刷漏斗。机组运行以来，二江机组磨蚀轻，大江机组磨蚀重，越向右侧机组磨蚀越重。

大江航道和二江航道采取“静水通航、动水冲沙”的调度运行。大江和二江上游引航道均设置防淤隔流堤；在大江航道一号船闸右侧布置大江冲沙闸，二江航道二号、三号船闸之间布置二江冲沙闸。二江航道的“动水冲沙”效果良好，每年汛末的两次冲沙，每次 10～12h，能冲走前期淤积的 50%以上。大江航道动水冲沙必须要有足够大的流量和较长的冲沙历时，利用不通航的时间冲沙。

示例 3：郁江西津水利水电枢纽。坝址多年平均悬移质输沙量为 1110 万 t，多年平均含沙量为 0.22kg/m^3。初期水库正常蓄水位为 61.50m，库容为 11.25 亿 m^3，汛期限制水位为 61.00m，库容为 10.5 亿 m^3，死水位为 57.00m，库容为 6.1 亿 m^3。拦河坝 17 孔溢流孔闸，堰顶高程为 51.00m，左侧河床式发电厂房，机组进水口底坎高程为 38.50m，右侧船闸，上游最低通航库水位为 57.00m。水库于 1961 年蓄水运用，至 2003 年 3 月施测库区大断面，表明在正常蓄水位下还有库容 10.47 亿 m^3，只减少 0.78 亿 m^3，在死水位下还有库容 6.18 亿 m^3，增加 0.08 亿 m^3。由于库区长期大量采砂，影响库区地形。水库运用 50 年来泥沙问题不严重，引水发电无泥沙问题，只在水库补水运行过程中，因淤积发生过不能正常通航，对船闸引航道进行过清淤处理。

综合以上示例分析，可归纳枢纽进水口布置的要点如下：

(1) 进水口平面布置形态，以“一”字形集中布置为优。

(2) 进水口立面布置形态，以上、中、下分层布置和左、中、右相间布置为宜。上层泄洪、排沙、排漂浮物，中层引水发电，底层泄洪、排沙、排污、排冰。

(3) 进水口高程布置形态，要符合水库悬移质含沙量沿垂线分布的上稀下浓、泥沙颗粒沿垂线分布的上细下粗、粒径 0.1～0.25mm 的泥沙不容易上浮至相对水深 0.60 处以上、推移质沿床面运动等的规律。引水发电洞要高于排沙底孔较大距离，一般位在相对水深 0.40～0.60 处。

(4) 进水口断面布置形态，底部泄洪洞泄流规模要大，底部排沙洞的泄流规模不宜小，形成底孔前比较大的冲刷漏斗。底部泄洪、排沙孔（洞）要有多孔布置，使冲刷漏斗横向范围大，纵向范围远。

(5) 西津水利水电枢纽为少沙河流水库枢纽，其枢纽布置特点是泄洪排沙的 17 孔溢流孔闸，堰顶高程 51.00m，远高于厂房机组进水口高程 38.5m，在溢流孔闸前淤积地形高，而机组进水流道河床地形低。但因水库为高水位蓄水拦沙运用，使机组引水泥沙少，仅船闸引航道要进行清淤处理；黄河上游盐锅峡低水头水电站也是机组进水口低于溢流孔闸进水口，却发生机组严重泥沙磨损，所以进水口布置要针对泥沙危害进行防沙设计。

1.3.4 坝前冲刷漏斗分析

这里讲的坝前冲刷漏斗是指泄洪排沙底孔前的冲刷漏斗。开启其他高位的泄水孔（洞），也都要在孔（洞）前形成一定的冲刷漏斗，但这是局部性的冲刷漏斗，只起局部性的孔前冲刷漏斗作用。

1.3.4.1 坝前冲刷漏斗形态

冲刷漏斗进口为水库明渠行近流末端。大型水库的坝前冲刷漏斗纵剖面形态一般分为5段，自孔口向上游依次为：①孔口前冲深平底段；②冲刷漏斗陡坡段；③冲刷漏斗过渡段；④冲刷漏斗缓坡段；⑤水库淤积纵剖面近坝前坡段。坝区冲刷漏斗横断面形态，自孔口前沿的窄深形态向冲刷漏斗进口的宽浅形态逐渐变化。当孔口为侧向进水时，则在进水口前沿成小冲刷漏斗，转而向上游形成坝区冲刷漏斗河床纵剖面形态。小型水库的坝前冲刷漏斗纵剖面一般分为两段纵坡。

以下介绍坝前冲刷漏斗形态计算方法。

1. 黄河水利委员会勘测规划设计研究院涂启华等方法

（1）坝前冲刷漏斗纵向形态计算。

1）孔口前冲刷深坑平底段计算。

a. 平底段长度：

$$L_0=0.32\left(\frac{Q}{\sqrt{\frac{\gamma_s-\gamma}{\gamma}gD_{50}}}\right)^{1/2} \tag{1.3-5}$$

式中：L_0为孔口前冲刷深坑平底段长度，m；Q为底孔流量，m^3/s；D_{50}为孔口前淤积泥沙中数粒径，mm；γ_s为泥沙干容重，$\gamma_s=2.65t/m^3$；γ为水容重，$\gamma=1.0t/m^3$。底孔为单孔或多孔运用，则以单孔或多孔泄流量进行计算。

b. 孔口前冲刷深坑深度：采用武汉水利电力学院的计算公式

$$\frac{h_r}{h_g}=0.0685\left[\frac{v_g}{\frac{\gamma_s-\gamma}{\gamma}gD_{50}\xi}\left(\frac{h_g}{H}\right)\left(\frac{H-h_s}{H}\right)\right]^{0.63} \tag{1.3-6}$$

其中
$$\xi=1+0.00000496\left(\frac{d_1}{D_{50}}\right)^{0.72}\left(\frac{10+H}{\frac{\gamma_s-\gamma}{\gamma}D_{50}}\right) \tag{1.3-7}$$

式中：h_r为孔口前冲刷深度，m；h_g为底孔高度，m；v_g为孔口平均流速，m/s；H为底孔前（进口底坎以上）水深，m；h_s为坝前冲刷漏斗进口断面淤积厚度（冲刷漏斗进口断面河底高程与底孔进口底坎高程之高差），m；d_1为参考粒径，取$d_1=1mm$；D_{50}为孔口前河床淤积泥沙中数粒径，mm。

2）冲刷漏斗纵坡段分段坡降计算。统计分析已建水库资料，由孔口前冲刷深坑平底段上口起坡的坝前冲刷漏斗纵坡段一般分为4个坡段，可以得出冲刷漏斗纵坡段的分段坡降计算关系，分述如下。

第 1 段坡降（自底孔前冲刷深坑平底段上口边缘起坡）：

$$i_1=0.0055H+0.286D_{50}-0.01 \tag{1.3-8}$$

第 2 段坡降：

$$i_2=0.00126H+0.303D_{50}-0.0106 \tag{1.3-9}$$

第 3 段坡降：

$$i_3=0.000833H+0.286D_{50}-0.01 \tag{1.3-10}$$

第 4 段坡降（水库淤积纵剖面近坝前坡段坡降）：

$$i_4=i_{前坡} \tag{1.3-11}$$

式中：H 为底孔进口底坎以上水深，m；D_{50}为孔口前河床淤积泥沙中数粒径，mm。

3）冲刷漏斗纵坡段分段高度计算。冲刷漏斗纵坡段分段高度 h_i 的计算以分段坡度落差表示，它是以分段高度 h_i 与坝前冲刷漏斗高度 H 的比值（h_i/H）关系表示的，见表 1.3-6。在实际上可以有一定的变化范围，由实测资料分析确定。

表 1.3-6　冲刷漏斗纵坡分段高度关系表（平均情况）

漏斗段别	h_i/H	漏斗高度 H				
		≤10m	20m	30m	40m	≥50m
1	h_1/H	0.62	0.46	0.35	0.31	0.32
2	h_2/H	0.20	0.25	0.28	0.29	0.30
3	h_3/H	0.10	0.16	0.19	0.21	0.20
4	h_4/H	0.08	0.13	0.18	0.19	0.18

注　坝前冲刷漏斗高度 H 为冲刷漏斗进口断面河底高程与底孔进口底坎高程之差，m。

4）冲刷漏斗纵坡段分段长度计算。求出分段坡降和分段高度后，由 $L=h/i$ 即求得分段长度。

（2）坝前冲刷漏斗河槽形态计算。

1）泄水底孔前的冲刷漏斗河槽底宽为泄水孔口宽度的 2～3 倍（按 1 个泄水底孔计）；河槽下半部边坡坡度为 0.50～0.40，上半部边坡坡度为 0.25～0.20。平均边坡坡度为 0.40～0.30。在多底底孔泄流时，按多孔口泄流计算漏斗河槽。

2）自泄水底孔前冲刷漏斗河槽向坝区冲刷漏斗进口河槽变化是由窄深形态逐渐向宽浅形态变化。在第 3 段进口断面河槽底宽约为坝前冲刷漏斗进口断面河槽底宽的 0.6～0.7 倍，其河槽边坡约为孔口前河槽边坡的 0.6～0.7 倍；在坝前冲刷漏斗进口河槽形态即为水库明渠行近流末端河槽形态。

2. 严镜海、许国光方法

（1）冲刷漏斗纵坡度：

$$m=0.235-0.063\lg\frac{Qv}{v_{01}^2\Delta Z^2} \tag{1.3-12}$$

（2）冲刷漏斗横坡度：

$$m=0.312-0.063\lg\frac{Qv}{v_{01}^2\Delta Z^2} \tag{1.3-13}$$

式中：m 为冲刷漏斗坡度；Q 为孔口泄流量，m^3/s；v 为孔口断面平均流速，m/s；ΔZ

为坝前冲刷漏斗进口断面河底与底孔进口底坎之高差，m；v_{01}为水深1m时床面泥沙启动流速，m/s。

3. 万兆惠方法

（1）冲刷漏斗纵坡：

$$m=0.293-0.00156\lg(Qv) \tag{1.3-14}$$

（2）冲刷漏斗横坡：

$$m=0.378-0.00135\lg(Qv) \tag{1.3-15}$$

4. 其他经验方法

（1）苏凤玉、任宏斌方法。

孔口前冲刷深坑平底段长度：

$$L=0.1794\left(\frac{Q}{\sqrt{\frac{\gamma_s-\gamma}{\gamma}gD_{50}}}\right)^{1/2} \tag{1.3-16}$$

孔口前冲刷深度：

$$h_{冲}=0.0889\left(\frac{Q}{\sqrt{\frac{\gamma_s-\gamma}{\gamma}gD_{50}}}\right)^{1/2} \tag{1.3-17}$$

（2）武汉水利电力学院治河系的研究。

冲刷漏斗横向坡度：

$$m=0.3-0.05\lg\frac{Qv}{v_{01}^2\Delta Z^2} \tag{1.3-18}$$

1.3.4.2 坝前冲刷漏斗作用分析

坝区冲刷漏斗的作用：①调整坝区水流泥沙运动流态。或形成异重流，或形成浑水明流。调整坝区沿程的流速、含沙量及泥沙组成的横向分布和垂向分布。发挥底孔排沙尤其是排粗沙的作用。使上层机组进水口引细泥沙低含沙水流或清水发电，减轻水轮机泥沙磨损。②降低孔口前泥沙淤积高程，减少闸门淤积土压力和闸门门槽泥沙摩擦力，减少闸门启闭力。③利用较大的坝前冲刷漏斗的库容，进行调峰发电运行和调水调沙运用。④控制坝区较低的河床纵剖面和较宽阔的河槽横断面形态，增大坝区的调节库容。

要合理设置高程较低和泄量较大泄洪排沙的底孔。一般来讲，泄洪排沙底孔的泄流规模要占水库死水位泄流规模的2/3；为电站防沙设置的排沙底孔，其排沙底孔的泄流规模要占水库死水位泄流规模的1/5。底孔闸门要能微调，灵活调节泄流排沙。底孔尺寸要满足顺畅排泄泥沙、推移质、水草、污物和冰凌要求。

1.3.5 泄水孔口防沙设计

1. 泄水建筑物布置

泄洪排沙洞要分层布置，上层高于发电引水洞，排泄上层的水流、泥沙和水草。下层低于发电引水洞，排泄下层水流、泥沙和水草。泄洪排沙底孔应布置在距发电引水洞下方较远处，要求泄洪排沙底孔形成的冲刷漏斗横坡能控制发电引水洞进口。对于泄洪排沙底孔远离发电引水洞的，要在发电引水洞下方专设排沙洞，此排沙洞的泄流规模不宜太小，一般不小于发电引水流量的1/3，排沙洞形成的冲刷漏斗要能控制发电引水洞进口，以减少引沙。

2. 泄洪排沙底孔高程

（1）泄洪排沙底孔设置在接近河底，排沙效果好。

（2）从黄河三门峡、刘家峡、青铜峡、三盛公等水库的实际资料，得到关系数据见表1.3-7。可见在$\frac{h_i}{h_H}<0.20$时，过机含沙量显著减小，尤其粗泥沙过机量显著减少。

表1.3-7　$\left(\frac{S_i}{S_0}\right)_{全}-\frac{h_i}{h_H}$关系和$\left(\frac{S_i}{S_0}\right)_{d>0.05mm}-\frac{h_i}{h_H}$关系表（坝前浑水明流流态）

$\frac{h_i}{h_H}$	0.05	0.10	0.20	0.30	0.40	0.50	0.65	0.80	0.95
$\left(\frac{S_i}{S_0}\right)_{全}$	0.30	0.49	0.62	0.70	0.74	0.77	0.80	0.84	0.94
$\left(\frac{S_i}{S_0}\right)_{d>0.05mm}$	0.10	0.15	0.27	0.32	0.35	0.40	0.48	0.61	0.90

注　S_i为过机含沙量；S_0为出库含沙量；h_i为机组进口前水深；h_H为排沙底孔洞前水深。

若发生异重流，则底孔排泄异重流，过机泥沙更进一步减少，甚至可引上层清水发电。

3. 泄水孔口分流比与分沙比

严镜海、许国光根据扩散理论和三门峡水库的资料提出了三层孔口分流分沙时的中孔（类似于机组引水进口）分沙比关系：

$$\frac{S_2}{S}=\frac{e^{-\beta\overline{y}_1}-e^{-\beta\overline{y}_2}}{(1-e^{-\beta})(\overline{y}_2-\overline{y}_1)} \tag{1.3-19}$$

其中

$$\beta=\frac{6\omega}{ku_*},\ k=0.4$$

式中：S_2为中孔（类似于机组引水进口）分流含沙量；S为坝前平均含沙量；$\overline{y}_2$、$\overline{y}_1$分别为底孔分流点与中孔分流点的相对水深；ω为泥沙在清水中的沉速cm/s；$u_*=\sqrt{ghi}$。

一般在小水流量级，全部引水发电，在平水流量级，引水发电的分流比可达0.7，排沙洞分流比为0.3；在大水流量级，满足机组引水发电流量后，剩余流量由排沙洞分流，流量再大时，由泄洪洞分流。

三门峡水库实测资料表明，孔口位置低的泄流建筑物含沙量大。若以进口底坎高程为300.00m的深水孔的排沙比为1.0，泥沙中数粒径比为1.0，则进口底坎高程为290.00m的隧洞排沙比为1.08，泥沙中数粒径比为1.12；进口底坎高程为280.00m的底孔排沙比为1.35，泥沙中数粒径比为1.43。对于粒径大于0.05mm的泥沙，隧洞含沙量为深水孔含沙量的1.5倍，而底孔含沙量为深水孔含沙量的2.4倍。表1.3-8为三门峡水库1989—1994年汛期发电试验时泄流建筑物运用对过机泥沙的影响。它表明，汛期发电期间多开底孔，对减少过机泥沙明显有利，尤其是粒径大于0.05mm的粗沙，过机泥沙可减少60%以上。

表1.3-8 三门峡水库1989—1994年汛期发电试验时泄流建筑物运用对过机泥沙的影响

年　份	1989	1990	1991	1992	1993	1994
底孔启用率/%	89.0	91.4	34.6	65.0	33.3	56.5
隧洞启用率/%	85.5	85.7	98.1	73.6	89.5	59.4
全沙过机含沙量减少率/%	27.8	42.8	27.4	35.0	12.1	27.0
$d>0.05$mm粗沙过机含沙量减少率/%	61.0	47.5	18.9	43.6	29.8	31.3

1.3.6 通航建筑物防沙设计

通航建筑物防沙设计主要包括通航建筑物平面布置和泥沙防治措施等方面。

1. 通航建筑物平面布置

研究建库后坝区的河床演变，流场变化，泥沙淤积过程，淤积部位和深泓线变化。结合通航建筑物关于流速、流态、水深等水流条件的要求，选定通航建筑物平面布置，保证顺利通航，要满足以下条件：

(1) 顺应河势。将船闸升船机进口和出口布置在靠近稳定深泓线的河岸一侧。

(2) 避开泥沙淤积。

2. 泥沙防治的工程措施

(1) 修建独立的引航道。在通航建筑物进口修建导流堤，形成独立的上、下引航道，以改善通航水流条件，减少引航道泥沙淤积。

(2) 在船闸、升船机、引航道导埣或导堤头部开孔。进一步改善水流条件，减少引航道泥沙淤积。

(3) 设置冲沙闸。采取“静水过船，动水冲沙”的方式，在汛期末安排不通航的时间，利用冲沙闸引流，进行动水冲沙，将航道内淤积物冲走。要研究动水冲沙的水力条件、冲沙时间、冲沙效果。

(4) 在邻近船闸和升船机引航道外侧，设置高程较低的泄洪深孔，吸引主流靠近引航道，减少引航道口门淤积。

(5) 采取疏浚清淤措施，视淤积状况及时清淤。

3. 枢纽建成后运行管理设计

枢纽建成后，安排坝区水流和泥沙冲淤观测，以便及时采取措施，保持航道畅通。

(1) 采取水库泥沙调度措施，减少引航道口门一带的淤积，形成有利的航线。

(2) 及时疏浚，保证引航道内外畅通。

(3) 实施河道整治工程，调整主流线，遏制不利通航的河床演变趋势。

4. 水库枢纽防沙设计的相关链接

(1) 水库泄洪排沙防淤要有合理的水库运用方式和泥沙调度方式，要为枢纽进水口防沙提供保障条件。

(2) 水库总体泄流规模和泄洪排沙系统各泄水建筑物的泄流规模，要为水库泄洪排沙防淤和枢纽进水口防沙提供保障条件。

(3) 设置泄洪排沙底孔为水库泄洪排沙和为枢纽进水口防沙，具有双重意义的作用。

（4）水库枢纽工程为永久性建筑物，需要合理设置排沙设施。

1.4 工程运用的泥沙设计研究

1.4.1 工程运用的泥沙设计研究任务

（1）工程运用的泥沙设计必须认真研究和正确处理泥沙问题。计算分析工程上游河道、库区、坝区及工程下游河道冲淤变化，为确定工程运用方式提供依据。计算中应充分考虑可能出现的不利来水来沙条件对工程运用的影响。

（2）工程运用方式的选定。应根据工程的任务，合理进行水沙调节，保证工程（水库）安全和工程效益的发挥，减少水库及下游河道淤积，使工程（水库）长期有效运用。

（3）工程运用的泥沙设计是处理泥沙问题。发挥泥沙的有利作用，消除泥沙的不利影响。

（4）工程运用的泥沙设计要考虑淤积水平。对于较小的工程可采用工程投入运用后10～20年的淤积水平；对于较大的工程，考虑工程投入运用后30～50年的淤积水平，对于更大的工程，要考虑工程运用70～100年的淤积水平。

（5）对冰情严重地区的工程要分析冰情资料，研究泥沙淤积对冰情所引起的变化，在工程运用的泥沙设计中考虑泥沙淤积对冰情的影响。

（6）考虑水库泥沙淤积及淤积上延的影响。应进行水库淤积后的回水计算，并按水库两个条件计算回水曲线：①按最大入库洪水流量和相应坝前水位计算；②按最高坝前水位和相应入库洪水流量计算。按水库相应计算时段的淤积量、淤积形态（河床纵断面和横断面）分别计算回水曲线，并取其回水曲线的外包线。

（7）工程运用的泥沙调度方式设计。要减水库淤积及减少下游河道淤积，使水库能长期有效运用。

1.4.2 工程运用的泥沙设计原则

（1）减少水库和下游河道的泥沙淤积，稳定水库和下游河道的河势流路，减少水库和下游河道的冲刷险情。

（2）水库泥沙调度和防洪调度及兴利调度要合理结合，相辅相成。

（3）多沙河流水库应合理拦沙，以排沙为主。

（4）梯级水库的泥沙调度，应采取联合泥沙调度措施，提高泥沙的调控效果。

（5）以防洪减淤为主要任务的水库，重点为防洪减淤调度，兼顾兴利调度。

（6）工程泥沙调度要按设计方案运用。当运行中发生来水来沙情况比设计方案有重大变化时，按实际水沙情况拟定新的泥沙调度任务。

1.4.3 工程运用的泥沙调度方式

1. 防洪减淤为主综合利用水库泥沙调度

（1）水库防洪运用。一般洪水控制在防洪限制水位以下蓄洪运用。控制防洪限制水位以上的库容满足设计洪水、校核洪水的防洪要求。在防洪限制水位以下进行的一般洪水的蓄洪淤积，要在洪水过后的一定时段内冲刷出库，不要影响调节库容的正常运用。

(2) 水库拦沙和调水调沙运用。

1) 水库要拦截在下游河道河槽淤积的粗颗粒泥沙和拦截与下游河道水流挟沙力不适应的超饱和淤积泥沙；削减具有强烈冲刷河床和增大洪峰流量并加剧洪水位升高等不利的高含沙量洪水；要优化出库流量、含沙量及泥沙颗粒级配的水沙组合过程，发挥大水输大沙作用，提高下游河槽排洪输沙能力，增大平滩流量；要有利于控制河势和河道整治，有利于引水口和航道稳定；要合理调节引水发电、引水灌溉、供水和通航流量，满足兴利要求。

2) 水库要缩短下泄“清水”冲刷下游河道的时期，减少下游河床冲刷粗化和降低水流挟沙力的影响；避免下游河道无泥沙还淤高滩地和大量坍滩展宽河床引起河势重大变化及加剧冲刷险情发生。

3) 采用“蓄清排浑”运用方式为主的调度运用，不拦蓄一般洪水，汛期一般洪水挟沙量大时应尽量将洪水泥沙排出水库，在下游河道排洪输沙。

4) 通过泄洪排沙形成一定的槽库容，一般洪水时控制水库在槽库容内滞蓄运用，通过泥沙调度避免淤积损失水库防洪库容和槽库容。

5) 通过泥沙调度避免下游河道河槽产生泥沙淤积。

6) 通过泥沙调度和泄水建筑物的调度，不发生泥沙淤堵进水口；发挥泄洪排沙底孔作用，形成泄洪排沙底孔前的冲刷漏斗，保护引水发电、供水、灌溉的引水口及坝上游引航航道不受泥沙淤积影响；保护机组和泄水流道不受泥沙磨损影响。

2. 发电、航运为主综合利用水库泥沙调度

(1) 发电为主的泥沙调度运用。

1) 来水流量大时，满足引水发电流量后，剩余来水流量利用底孔泄流排沙，形成和维持坝区冲刷漏斗，发挥坝区冲刷漏斗作用保持泄水孔口“门前清”。

2) 来水流量小时，可在一定时期内关闭泄洪排沙底孔，使全部水流发电运用。但要控制淤积高程：①电站进水口前的淤积面要较多地低于电站进水口底坎，避免粗颗粒泥沙进水轮机；②泄洪排沙底孔前的淤积面不能淤堵孔口，不能影响闸门启闭。

3) 发电调度服从防洪调度。

4) 发电调度不影响通航安全要求。

(2) 航运为主的泥沙调度运用。

1) 泥沙调度运用要解决碍航的泥沙淤积，包括解决库区航道和船闸及上下引航道的泥沙淤积，解决水库下游河道影响通航的险情，结合航道整治、疏浚、清淤等措施综合解决碍航问题。

2) 要控制水库淤积末端位置相对稳定，解决水库淤积末端移动和变动回水区内的淤积碍航问题。

3. 供水、灌溉为主综合利用水库泥沙调度

(1) 避免泥沙淤积损失调节库容。

(2) 控制引水含沙量和引水泥沙粒径在允许范围内，稳定引水条件。

4. 滞洪排沙运用为主的水库泥沙调度

在一般洪水时不滞洪排沙运用，在大洪水时滞洪排沙运用，在滞洪时水库淤积下游河道冲刷，在泄洪时水库冲刷下游河道淤积，要控制合理水库滞洪排沙运用。要保持水库和下游河道冲淤相对平衡，要有利于水库和下游河道防洪安全和航运安全。

5. 多年调节水库泥沙调度

少沙河流水库，其水库泥沙调度主要是及时排泄洪水泥沙，保持泥沙冲淤相对平衡。

多沙河流水库，其水库泥沙调度主要是控制泥沙在槽库容内冲淤变化，泥沙不在库区滩地淤积，利用大水降低水位冲刷，恢复槽库容。

6. 梯级水库联合泥沙调度

（1）上游水库泄放“清水”冲刷下游水库的淤积末端，降低下游水库淤积末端的河床高程；上游水库拦截推移质泥沙减少下游水库的推移质泥沙淤积，延缓下游水库推移质泥沙向坝前推进。

（2）上游水库分担防洪和滞运用，减少下游水库防洪和泥沙的淤积；下游水库分担防洪和滞洪运用，减少上游水库防洪和泥沙的淤积。

（3）梯级水库联合调水调沙运用。主要包括联合发挥中水和大水流量的输沙减淤作用，联合调蓄平水和小水流量；联合增补枯水流量和生态流量；联合保障下游河道和河口输沙用水要求；联合满足供水、灌溉和航运要求；联合兴利蓄水拦沙运用，提高兴利效益，联合减少泥沙淤积负担。

7. 综合利用水库泥沙调度

（1）利用浑水明流排沙和异重流排沙，汛期将泥沙排出水库。

（2）通过泥沙调度避免淤积损失调节库容。

（3）通过泥沙调度使下游河道冲淤相对平衡。

8. 水库淤积形态和淤积部位控制的泥沙调度方式

（1）通过泥沙调度，控制水库淤积末端位置相对稳定，不淤积上延。

（2）形成和维持泄洪排沙底孔前的冲刷漏斗，发挥冲刷漏斗作用。

（3）控制与防洪限制水位相应的或以上的设计滩面不淤积抬升，保持防洪库容。

（4）防止干流、支流倒灌淤积形成过高的“拦沙坎”淤堵库容。

（5）防止在淤积浅水区和淤积三角洲顶坡段水库形成水草拦沙带，阻止泥沙运动至坝前排出水库，从而迫使泥沙向水库上游淤积延伸。

9. 改善水库下游河道淤积形态和控制下游河道淤积部位的水库泥沙调度方式

（1）防止水库下游河道出现“上冲下淤”和“段冲段淤”交替出现的状态。

（2）防止水库下游河道大量出现冲刷塌滩展宽河床，发生河势流路重大变化。

（3）防止水库下游河道出现工程冲刷险情和整治工程失去作用。

（4）减缓河口淤积延伸，延长河口河道行水年限，利用大水输沙入海。

10. 水库人造洪峰冲刷下游河道的泥沙调度

（1）水库非汛期造峰冲刷下游河道要控制水流不漫滩；在河槽的冲刷不发生上段冲下段淤或“段冲段淤”交替出现；要长距离冲刷，将泥沙输向河口入海。

（2）水库汛期造峰冲刷，要使水流安全漫滩以淤滩刷槽，需要长距离在河槽输沙，将泥沙输向河口入海。

(3) 水库造峰冲刷下游河道要减小河床冲刷粗化，避免过多的降低水流输沙能力，避免造峰冲刷以后加重下游河床的泥沙淤积。

(4) 水库泄水造峰冲刷要减少下游塌滩和展宽河床减少下游工程冲刷险情的发生；要避免发生河势流路的重大变化。

(5) 要减少造峰冲刷水量和缩短造峰冲刷历时，要提高水资源利用的效益。

1.5 工程效益和工程影响的泥沙设计研究

1.5.1 工程效益的泥沙设计

(1) 工程开发任务要求解决泥沙问题的效益，要求发挥泥沙作用的效益，要求发挥设计水沙条件的效益。

(2) 充分考虑设计水沙条件的有利影响和不利影响，对可能出现的不利水沙条件，要采取有效的措施予以化解；对可能出现的有利水沙条件，要发挥其作用。

(3) 分析研究水沙运行规律，切合实际地进行工程效益的泥沙设计。

1.5.2 工程影响的泥沙设计

(1) 分析研究工程改善环境影响的作用和效益。

(2) 分析研究工程可能产生的不利影响，采取对策措施，以消除其不利影响。

(3) 分析研究工程改善环境影响的能力及措施，并提出工程改善环境影响的评估报告。

(4) 工程改善环境影响的任务，对于不同开发任务的水库各有其改善环境影响的任务。

1) 防洪减淤为主要任务的水库。主要是控制洪水和削减洪水，控制泥沙淤积和减少泥沙淤积，提高水库和河道的泄洪排沙能力，降低水库和下游河道的洪水位，减少水库干流、支流倒灌淤积的淤堵库容，减少下游河道河口的淤积延伸，有利于进行河道整治和稳定河势。

2) 供水、灌溉为主要任务的水库。主要是提高引水防沙能力，稳定引水条件，保障引水安全。

3) 发电、通航为主要任务的水库。主要是保障发电和通航能力，提高发电和通航的效益。

1.6 工程设计水沙条件的泥沙设计研究

(1) 设计水平和设计水平年的分析拟定。设计水平是指选择工程规模及工程特征值所依据的国民经济部门计划发展的水平，工程的设计水沙条件与设计水平相一致。同设计水平相应的年份称为设计水平年。

（2）悬移质输沙量设计水沙条件的分析拟定。

（3）推移质输沙量设计水沙条件的分析拟定。

（4）悬移质输沙量的设计，按设计水平的系列年逐年过程和逐日过程设计。

（5）推移质输沙量的设计，按设计水平的系列年逐年过程和逐日过程设计（有推移质的）。

（6）悬移质泥沙设计要提供流量、含沙量、输沙率和泥沙级配的系列年过程和逐日过程。

（7）推移质泥沙设计要提供推移质输沙率的系列年过程和逐日过程（包括无推移质的）。

（8）悬移质泥沙和推移质泥沙的矿物组成及硬度分析。

1）汛期、洪水期、非汛期的悬移质泥沙矿物组成及硬度分析，按悬移质泥沙粒径组成分析矿物组成和硬度。

2）推移质泥沙按粒径组成进行矿物组成及硬度分析。

3）分析悬移质泥沙和推移质泥沙的矿物组成及硬度，主要是为了研究泥沙对水轮机和对水工建筑物的磨损，以采取抗磨损的有效措施。因此，要对工程所在河流在自然条件下的悬移质泥沙和推移质泥沙取样分析。还要对工程运用后产生的悬移质泥沙和推移质泥沙的运动特性及泥沙组成作预测分析，预测分析其泥沙矿物组成和硬度，以解决可能产生的问题。

第2章

黄河小浪底水利枢纽规划设计泥沙研究与泥沙处理

2.1 工程规划设计研究

2.1.1 前期工程规划情况

1955年通过的黄河治理与开发规划，选择三门峡水利枢纽作为第一期大型综合利用工程，其主要任务是蓄水拦沙、下泄清水和异重流，使黄河下游河道发生冲刷，增大河槽排洪能力，解决黄河下游河道泥沙淤积问题；水库拦蓄洪水，下泄流量不大于8000m^3/s时，在下游河槽内安全下泄，无漫滩洪水，与桃花峪水库和支流伊河、洛河、沁河水库配套运用，解决黄河下游洪水问题，使黄河下游变为不依靠堤防防洪的河段；水库调节径流兴利，发展供水、灌溉、发电和航运，综合利用。黄河泥沙年平均产量达16亿t的严峻局面，一方面要求三门峡水利枢纽修建高坝，抬高正常蓄水位，要有尽可能大的库容供泥沙淤积和调节径流运用；另一方面要求水库上游的黄河干流、支流开展水土保持、修建众多水库，拦截黄河入库泥沙，尽可能延长水库运用年限。这种“毕其功于一役”的黄河治理与开发的规划，由于脱离实际并不能实现，主要是对三门峡水库泥沙研究与处理脱离实际工程情况，产生了很大的问题。因此，三门峡水利枢纽的改建和水库运用方式的改变已然成为燃眉之急。从1960年9月15日开始三门峡水库按原规划设计蓄水拦沙运用，至1961年3月20日变为敞泄滞洪排沙运用，1966—1968年进行工程的第一次改建，增建2条隧洞、改建4条发电引水钢管为泄洪排沙设施，1969年6月，国务院指示召开“晋、陕、鲁、豫”四省治黄会议（以下简称“四省会议”），确定三门峡工程进行第二次大改建和三门峡水库运用方针为“合理防洪、排沙放淤、径流发电”。形成的会议报告中提出：“在三门峡水利枢纽工程改建和运用原则下，在一个较长的时间内，洪水泥沙在黄河下游仍是一个严重问题，必须设法加以控制和利用。在措施上拦（拦蓄洪水泥沙）、排（排洪排沙入海）、放（引洪放淤改土）相结合，逐步地除害兴利，力争在10年或更多一点的时间改变面貌。三门峡水库工程进一步改建后，一般洪水不能滞洪，排泄泥沙也将增加，增大了下游防洪问题。在研究采取很多措施后，还要对三门峡—秦厂间的干流河段应进行规划，提出合理的开发安排。”

在此形势下，黄河水利委员会（以下简称“黄委”）于1970年4月提出《黄河三-秦干流规划报告》，选定小浪底水库一级开发方案，限于投资负担，建议分期实施。第一期工程正常蓄水位230.00m，最低水位170.00m，水库任务为防洪、防凌、灌溉、发电等综合利用。由于低坝方案库容小，水库无拦沙减少下游泥沙淤积的任务。因此，在小浪底工程规划的审查讨论中，产生了关于小浪底高坝还是低坝的争论。由于黄河下游泥沙淤积严重，若不解决泥沙淤积问题，下游防洪能力降低，水库的防洪库容也不能解决下游防洪问题，需要不断加高大堤。

1963年海河特大暴雨成灾。1975年淮河特大暴雨成灾。据气象分析，类似暴雨降到三门峡以下的黄河流域是完全可能的。1975年，黄委依据实测资料，参考历史洪水，并根据气象和地形条件，将海河、淮河两次暴雨移过来，经综合分析，认为利用三门峡水库控制上游来水后，花园口站仍可能出现46000m^3/s左右的特大洪水，而目前黄河下游的防御标准是防御花园口站22000m^3/s的洪水，且下游河道淤积加重，排洪能力逐年降低，两岸的分洪、滞洪工程也还有不少问题。黄河下游防洪能力，还远不能适应防御特大洪水的需要。据此，河南省、山东省和水利电力部于1975年12月31日共同提出《关于防御黄河下游特大洪水意见的报告》上报国务院，拟采取“上拦下排，两岸分滞”的方针，即在三门峡以下兴建干支流工程，拦蓄洪水；改建现有滞洪设施，提高分滞能力；加大下游河道泄量，排洪入海。关于修建干支流工程，拦蓄洪水，在干流兴建工程的地点有两处：一是小浪底水库；二是桃花峪滞洪工程。从全局看，为了确保黄河下游安全，必须考虑修建其中一处。国务院于1976年5月3日以国发〔1976〕41号文《国务院关于防御黄河下游特大洪水意见报告批复》下发河南省、山东省和水利水电部，原则同意两省一部提出的《关于防御黄河下游特大洪水意见的报告》，可即对各项重大防洪工程进行规划设计。按照国务院的指示，黄委抓紧进行小浪底工程和桃花峪工程的规划设计和分析论证比较，于1976年6月分别提出小浪底水库和桃花峪水库的工程规划报告，水利水电部于1976年8月在郑州组织了审查。

在小浪底水库工程规划的审查会议中，专门用大量时间对规划的高坝方案和低坝方案问题进行了讨论。规划的高坝方案最高运用水位为275.00m，主要理由是若要小浪底水库解决黄河下游的防洪问题，必须同时解决黄河下游的淤积问题，否则，虽有一定的防洪库容，能削减黄河下游洪水，但黄河下游河道继续严重淤积，河床继续不断抬升，河道排洪能力继续逐年减小，要解决黄河下游防洪问题，原定的防洪库容就不能满足要求，又要继续加高大堤。为了解决这个问题，小浪底水库的任务必须要防洪、减淤为主，为了保持防洪效益，必须同时保持黄河下游河道不淤积抬高的效益。为此，要尽量争取小浪底水库获得较大库容，发挥水库拦沙和调水调沙作用，使黄河下游尽量延长河床不淤积抬高的年限。据水库淤积形态分析，在不影响三门峡水库坝下水位的前提下，小浪底水库最高运用水位为275.00m。在三门峡—小浪底区间应一级开发，小浪底水库应修建高坝。

同时，规划的低坝方案提出，防洪运用水位为240.00m，正常蓄水位为230.00m，主要考虑在国家投资可能的经济条件下，先尽快修建水库拦蓄洪水，对黄河下游河道的减淤问题，通过其他途径来解决，在三门峡—小浪底区间进行二级开发。

在讨论中，绝大多数专家认为：小浪底水库处于黄河下游入口的要害部位，对控制洪水和泥沙作用大，而且为黄河中游下段唯一能修建高坝的坝址，因此宜修建高坝，以获得较大库容。理由包括：①黄河下游河道淤积问题严重。河道淤积和堤防防洪能力密切相关。高坝有较大的库容，可以用来拦沙减淤。②对于“上大洪水”，鉴于三门峡水库尚有进一步扩建泄流设施的可能，在这种情况下，小浪底水库可以承担较大的防洪库容，以减轻对渭河下游关中平原的威胁。③随着工农业的发展，以及中游托克托—龙门河段的水资源开发，小浪底水库可能需要更大的兴利库容及反调节库容，建高坝后机动余地较大。

认为小浪底宜修建低坝的理由如下：①从我国目前的经济条件出发，在发挥已有防洪工程作用的前提下，近几十年内防洪库容需38亿m^3，低坝可满足上述要求，故不宜修建高坝；②利用黄河中游最下游的小浪底水库来拦沙减淤的做法是不合算的，拦沙库容估计亦可能偏高；③小浪底水库对下游的减淤作用可以通过其他途径来解决，例如，低坝结合排沙放淤等。

审查同意小浪底水库的主要任务是防洪、减淤。同意在三门峡—小浪底区间进行开发，修建小浪底高坝，水库最高运用水位275.00m，以获得较大库容。要求改变一次抬高水位蓄水拦沙的运用方案，采用逐步抬高汛期水位“拦粗排细”的运用方案，进一步提高下游减淤效益。

水利电力部于1984年9月6日以〔1984〕水电水规字第86号文，提出对《黄河小浪底水利枢纽可行性研究报告》的审查意见，关于开发任务是：根据黄河下游当前存在的突出问题，同意小浪底水利枢纽的开发任务为：以防洪（包括防凌）、减淤为主，兼顾灌溉、供水和发电。兴建小浪底工程后，要求：①与已建的三门峡、陆浑，在建的故县等水库联合运用，并利用东平湖分洪，使黄河下游防洪标准在一定时期内提高到1000年一遇，使1000年一遇以下洪水不再使用北金堤滞洪区满足中原油田防洪要求，并做到对特大洪水有对策，对常遇洪水也能减轻防汛负担；②与三门峡水库共同调蓄凌汛期水量，基本解除黄河下游凌汛威胁；③采取水库拦沙、调水调沙和人造洪峰等措施，充分发挥水库减淤作用，力争较长期减少下游河道淤积，延缓下游堤防的加高，并保持长期有效库容50亿m^3左右。关于运用方式认为下游河道减淤效果的计算，水库拦沙（包括调水调沙）的效益较为落实。运用中逐步抬高水库水位，拦粗排细，有利于调节水沙，利用拦沙库容减少下游河道淤积，约相当于20年不淤。提出采用人造洪峰冲刷下游河道泥沙，但由于需用水量不尽可靠等原因，不够落实，还需进一步研究。这样，按采用最高蓄水位275.00m方案计，在50年内对下游河道总的减淤效果相当于20～30年不淤，水库运用水位根据需要逐步抬高。具体分期运用方式，应在初步设计中一并提出。

黄委勘测规划设计研究院按国家计划委员会批示开展了初步设计，于1988年3月提出小浪底水利枢纽初步设计报告。遵照水利部指示，黄委勘测规划设计研究院于1990年开展工程的招标设计。1993年5月世界银行结束了小浪底工程项目的正式评估，1993年6月与世界银行签署了正式贷款协议。1994年9月12日，小浪底水利枢纽工程开工。

2.1.2 工程开发任务

小浪底水利枢纽的开发任务是以黄河下游防洪（包括防凌）减淤为主，兼顾供水、灌溉、发电，除害兴利，综合利用。

2.1.2.1 防洪

黄河下游河道为地上悬河，河床不断升高，河道排洪能力不断减小，堤防不断加高，防洪形势日益严峻。例如，花园口水文站，1958 年洪水流量为 22000m^3/s，水位为 94.42m（大沽，1958 年老水尺处，下同），1996 年洪水流量为 7600m^3/s，水位为 95.33m，比 1958 年洪水流量减少 14400m^3/s，但水位升高 0.91m。若按 1996 年河道淤积情况，估算 22000m^3/s 流量水位，将高达 96.28m，则花园口设防流量 22000m^3/s 的水位升高 1.86m，将给下游防洪造成很大威胁。黄河下游设防标准为花园口流量 22000m^3/s，仅相当于 60 年一遇，陶城铺以下的安全泄量为 10000m^3/s。若发生超标准洪水，必须使用北金堤滞洪区分洪，同时陶城铺以下下泄流量将超过安全泄量标准。当前针对常遇洪水主要依靠堤防束水，堤线长且存有隐患，一旦堤防溃决，后果不堪设想。

小浪底水库建成后，与三门峡水库、陆浑水库、故县水库三库联合防洪运用，有更大的防洪作用。小浪底水库防洪作用主要如下：

（1）使 1000 年一遇洪水花园口站的洪峰流量由三库作用后的 34420m^3/s 削减至 22500m^3/s，只用东平湖滞洪区分洪，不使用北金堤滞洪区。

（2）对于 100 年一遇洪水，可使花园口洪峰流量由三库作用后的 25780m^3/s 削减至 15700m^3/s，孙口洪峰流量仅为 13140m^3/s，用东平湖老湖区分洪即可满足陶城铺以下安全泄量 10000m^3/s 的要求。

（3）对于 10000 年一遇洪水，花园口洪峰流量由三库作用后的 41710m^3/s 削减至 27350m^3/s，使花园口—高村河段行洪的安全程度有较大提高，北金堤滞洪区分洪 6.6 亿 m^3，东平湖分洪 17.5 亿 m^3 即可。

（4）对出现概率较多的中常洪水可利用水库在汛期限制水位 254.00m 以下适当控泄，保障防洪安全。小浪底水库可以控制花园口 5 年一遇洪峰流量不超过 8000m^3/s，减少黄河下游滩地淹没损失。

（5）减轻三门峡水库的蓄洪运用的概率，减少蓄洪负担，可减少三门峡水库黄河库区和渭河库区的洪水淤积。对三门峡以下发生的大洪水，进行控制运用的概率由 10 年一遇减少到 100 年一遇。100 年一遇蓄洪量由 14.7 亿 m^3 减少到 1.96 亿 m^3，1000 年一遇蓄洪量由 34.75 亿 m^3 减少到 16.87 亿 m^3。10000 年一遇蓄洪量由 48.24 亿 m^3 减少到 30 亿 m^3。对三门峡以上发生的大洪水，使三门峡水库敞泄自然滞洪，缩短高水位蓄洪运用的时间，减少潼关以上黄河小北干流和渭河下游的淤积量。

2.1.2.2 防凌

黄河下游河道每年冬春之交，上段已开河而下段仍继续封冻，致使冰块壅塞，形成冰坝，引起水位骤涨，危及堤防安全。新中国成立前，凌汛决口频繁；新中国成立初期，1951 年和 1955 年河口地区两次遭遇凌汛决口。利用三门峡水库控制凌汛期流量收到了良好的效果，但由于受到潼关河床高程的制约，一般情况下，要限制防凌蓄水位不超过

326.00m，防凌调蓄库容只能提供 18 亿 m^3，山东河段凌汛威胁并未解除。

由于黄河上游刘家峡和龙羊峡水库的调节运用，汛期水量调节到非汛期泄放，据计算分析，为了在黄河下游凌汛期下泄流量控制在 300m^3/s 以下，需防凌库容 35 亿 m^3，三门峡水库不能满足此要求。

根据 2000 年设计水平 1950—1974 年系列的调节计算，不修建小浪底水库，25 年中除去未封冻的两年外，其余 23 年三门峡水库均需要投入防凌运用，最高蓄水位达 329.00m，并且齐河北展分凌区需分凌 8 次，利津南展分凌区需分凌 3 次。小浪底水库修建后，与三门峡水库联合防凌运用，一方面可以避免下游山东河段两个展宽区的防凌，另一方面三门峡水库在该 25 年系列中也仅需 5 年投入防凌运用，最高蓄水位为 324.00m。这样，不但避免了下游分凌区的淹没，减轻了三门峡水库的防凌运用负担，还大大提高了下游安全防凌的可靠性。

2.1.2.3 减淤

黄河下游防洪问题的症结在于大量泥沙持续强烈淤积抬高河床，河道排洪能力不断降低，防洪大堤不断加高，堤防的漫决、溃决、冲决问题经常严重威胁（包括凌汛决口威胁）河防安全，黄河泥沙的治理需要多种途径和综合措施来解决，其中最根本的是水土保持减少黄河泥沙，但要大见成效，需要很长时间。

小浪底水库总库容 126.5 亿 m^3，在水库运用后期，保持高滩深槽平衡形态的长期有效库容 51 亿 m^3，其中 41 亿 m^3 滩库容供防洪、防凌和重复给供水、灌溉、发电等调蓄运用，10 亿 m^3 槽库容供主汛期调水调沙和一般洪水调蓄运用，长期使下游河道减淤。在水库拦沙初期运用，有 80 亿 m^3 库容（已扣除库区支流河口拦沙坎淤堵的 3 亿 m^3 无效库容）可供拦沙和调水调沙运用，可以使黄河下游获得巨大减淤效益。

经过 2000 年设计水平 6 个 50 年代表系列计算，小浪底水库主要在汛期拦沙和调水调沙，在非汛期充分利用水资源蓄水调节径流进行供水、灌溉和发电等兴利运用，在不考虑（留有余地）人造洪峰冲刷下游河道的作用下，对下游河道减淤效益主要表现如下：

（1）水库运用 50 年，6 个 50 年代表系列平均，水库拦沙为 101.7 亿 t，下游全断面减淤 78.7 亿 t，全断面相当不淤年数为 20 年，拦沙减淤比为 1.3：1；下游河槽相当不淤年数则为 26 年。

（2）小浪底水库运用对下游河道的减淤作用。下游艾山以上河段和艾山以下河段是同步减淤的。在艾山以上河段，先为河槽连续冲刷后为回淤，较和缓地进行，避免大量塌滩；在艾山以下河段，为河槽连续微冲微淤，相对平衡，滩地很少坍塌。按 6 个 50 年代表系列平均情况，水库初期运用 20 年，艾山以上和以下河段基本不淤积；水库后期运用，黄河下游河道仍继续减淤。

（3）小浪底水库在初期运用 15 年，按 6 个 50 年代表系列年平均计算，进入河口河段的泥沙量减少 35.4 亿 t，年均减少 2.36 亿 t，将很大程度地减缓河口的淤积延伸，有利于河口流路延长行水年限。同时由于水库调水调沙，利用大水输沙，也可以增加进入深海区域的泥沙量，有利于减缓河口延伸。

（4）在小浪底水库拦沙和调水调沙初期运用的 20～28 年内，下游河槽不淤积、滩地大量减淤，提高了下游河道排洪能力，可以基本不加高大堤。如果没有小浪底水库，则在

2000年设计水平的水沙条件下，下游年均淤积3.79亿t泥沙，与三门峡建库前下游年均淤积量相近，下游平均每10年要加高一次大堤。

2.1.2.4 供水和灌溉

黄河下游引黄地区跨黄河、淮河、海河三大流域，涉及豫、鲁两省21个地市83个县。截至1989年年底，共有引黄渠首工程114处，引黄规模在年引水量77亿～155亿m^3（1983—1990年），扣除部分城镇生活，调剂内河及外流域输水外，95%左右的水量为灌溉用水。

下游灌区现状：截至1989年年底，下游万亩以上引黄灌区达98处，1983—1990年下游引黄实灌面积为2783万亩，其中正常灌溉面积、补源面积分别为2193万亩和590万亩。1983—1990年均年引黄水量103亿m^3（不含工业及生活用水），其中1989年最大为145.1亿m^3。统计期内，补源用水量占总用水量的16%左右。

下游引黄存在的问题主要有：①水量调节能力不够，枯水季节水量不足；②水资源利用不合理，部分灌区水量浪费比较严重；③泥沙危害严重，沉沙池发展困难。

考虑到20世纪80年代后期以来黄河下游补源灌溉比例增大，实灌面积持续上升的现状，在小浪底水利枢纽招标设计阶段研究了4000万亩方案。这是根据作物的水分生产函数和设计来水过程实行大面积的有限灌溉，以谋求引黄灌区灌溉效益总体最优的方案。

小浪底水库运行后，下游城市生活及工业用水可以完全满足，另外可向河北、天津调水24.7亿m^3，比原补水量20亿m^3有增调，并保持青岛补水10亿m^3。在满足减淤效益要求下，充分利用非汛期来水量引黄灌溉将使黄河来水更好地适应引黄灌溉要求。可使花园口断面3—6月来水量由无小浪底水库条件下的66.3亿m^3增加到87.9亿m^3，调节径流量21.6亿m^3，使下游3—6月的灌溉引水量由无小浪底水库条件下的54.4亿m^3增加到72.3亿m^3，增加灌溉供水17.9亿m^3；多年平均引水量为116亿m^3。

2.1.2.5 发电

小浪底水电站以担负河南电力系统的负荷作为设计的供电任务。系统中以火电为主，小浪底水电站地处郑州、洛阳、三门峡负荷中心，可成为系统中理想的调峰电站。

小浪底水电站装机6台，总容量为180万kW。设计水头为110.00m，额定水头为112m。单机引水流量平均为300m^3/s。由于水库建成后采取逐步抬高主汛期水位拦沙和调水调沙减淤运用的方式，最大水头在水库运行前10年为128.92m，10年后为138.92m；最小水头在水库运行前10年为65.79m，10年后为90.79m；平均水头在水库前10年为100.34m，10年后为119.41m；保证出力在水库前10年为28.39万kW，10年后为35.38万kW；多年平均年发电量在水库运行前10年为45.99亿kW·h，10年后为58.51亿kW·h；装机利用小时在水库运行前10年为2560h，10年后为3250h。

小浪底水电站在电力系统中的主要作用为：①改善电网的运行条件，改善电网的调峰能力；可以缓解电网因调峰容量不足带来的一系列问题，改善电网的调频状况。2000年到2005年水平，河南电网的负荷备用容量要求达到30万kW和44万kW。小浪底水电站投产后，可以承担电网的负荷备用容量为15万～20万kW。因其运用灵活，负荷跟踪性能比火电机组优越，能够适应电网负荷的瞬间波动，提高电网周波合格率和保持电网运行稳定。②电网总支出费用减少，小浪底水电站每年平均发电量为45.99亿～58.51亿kW·h。

根据河南省电力系统1995—2015年的初步电源优化成果，有小浪底水电站方案比无小浪底水电站方案可节约电源建设资金13亿元，而且可减少火电站的发电量，每年可节约标准煤155万～182万t，即节约原煤220万～270万t，大大减轻了环境污染。

2.2 水沙特性和设计水沙条件研究

2.2.1 水沙特性

小浪底水利枢纽位于黄河中游最后一个峡谷河段，水库运用方式和作用主要取决于黄河中游地区的来水来沙条件和水库的自然地理条件，由此要分析黄河的来水来沙特点。

2.2.1.1 小浪底水文站来水来沙量变化

三门峡水库1960年建成运用前，小浪底水文站来水来沙量受人类活动影响小。依据1919年7月—1960年6月实测资料统计，小浪底站多年平均水量为431.3亿m^3，汛期占60.9%，多年平均输沙量为15.93亿t，汛期占84.7%；多年平均流量为1370m^3/s，汛期平均流量为2470m^3/s。1960年以前黄河出现过1922—1932年的11年枯水段，其余丰、平水沙年相间出现，总体讲，自然条件下，汛期水多沙多、高含沙量，非汛期水少沙少、低含沙量，丰水丰沙年出现较多，4～5年出现1次或2次，多年平均水量沙量大。

三门峡水库1960年9月15日运用后，历经蓄水拦沙、滞洪排沙、两期工程改建增大泄流排沙能力以及冲刷排沙等变化，小浪底水文站的来水来沙受三门峡水库运用的影响大，同时三门峡以上黄河上游龙羊峡、中游刘家峡等水库，水土保持工程、工农业用水等发展措施，都加大了人类活动对黄河水沙的影响。三门峡水库1973年12月起实行“蓄清排浑”运用，水库基本冲淤平衡，小浪底水文站来水来沙受三门峡水库运用的影响相对稳定，同时黄河上游龙羊峡水库投入运用，水土保持工程减少入黄泥沙效果渐增，工农业用水继续发展，进一步加大了人类活动对黄河水沙的影响，而且黄河出现连续时间较长的小水年，使黄河来水来沙明显变小。

表2.2-1反映了小浪底水文站各时期来水来沙特征。由表2.2-1可见，在1960年以后，黄河来水量来沙量发生较大变化，水沙量趋向减少的过程持续进行，间隔有丰水丰沙年出现，但在1970年以后出现概率显著减少。1960年7月—1997年6月的37年与1919年7月—1960年6月的41年相比，小浪底水文站年平均水量减少67.2亿m^3，主要集中在汛期，平均水量减少61.9亿m^3，年平均输沙量减少5.37亿t，其中汛期平均沙量减少4.14亿t。尤其在1974年7月—1997年6月的23年，小浪底水文站年平均水量进一步减小为330.3亿m^3，汛期平均水量减小为183.7亿m^3，非汛期平均水量减小为146.6亿m^3，年平均输沙量减小为9.5亿t，汛期平均沙量9.14亿t，非汛期三门峡水库主要下泄清水，非汛期平均沙量仅为0.36亿t。1989年7月—1997年6月水沙量进一步减小，还出现汛期平均流量降低为1200m^3/s、平均含沙量提高为62.7kg/m^3的小流量高含沙量情形，非汛期平均流量减小为616m^3/s，来水更少。因此，更需小浪底水库调水调沙的运用，解决矛盾。

表 2.2-1 小浪底水文站各时期来水来沙特征表

年段	水量/亿 m^3			输沙量/亿 t			流量/(m^3/s)			含沙量/(kg/m^3)		
	汛期	非汛期	多年平均年	汛期	非汛期	多年平均年	汛期	非汛期	多年平均年	汛期	非汛期	多年平均年
1919年7月—1960年6月	262.5	168.8	431.3	13.49	2.44	15.93	2470	807	1370	51.4	14.5	36.9
1960年7月—1974年6月	228.4	191.3	419.7	9.71	2.60	12.31	2150	915	1330	42.5	13.6	29.3
1974年7月—1997年6月	183.7	146.6	330.3	9.14	0.36	9.50	1730	701	1050	49.8	2.5	28.8
1919年7月—1997年6月	233.1	166.3	399.4	11.53	1.86	13.39	2190	795	1270	49.5	11.2	33.5
1960年7月—1997年6月	200.6	163.5	364.1	9.35	1.21	10.56	1890	782	1150	46.6	7.4	29.0
1989年7月—1997年6月	127.2	128.9	256.1	7.97	0.50	8.48	1200	616	812	62.7	3.9	33.1

2.2.1.2 小浪底水文站水沙量分布变化

（1）水沙量年际间分布不均。据1919年7月—1997年6月水文年系列年实测资料统计，78年内小浪底水文站最大年水量为679.6亿 m^3（1964年），为最小年水量为175.4亿 m^3（1991年）的3.9倍；最大年沙量为37.04亿t（1933年），为最小年沙量为2.02亿t（1961年，三门峡水库蓄水拦沙）的18.3倍。1991年出现枯水枯沙，年水量仅175.4亿 m^3，年沙量为2.97亿t。1989年以来，出现连续小水小沙年，类似1922年7月—1933年6月的情形。

（2）水沙量年内分布不均。小浪底站水沙量主要集中于汛期，7月、8月尤为突出。小浪底水文站1919年7月—1997年6月多年平均水量、沙量分别为399.4亿 m^3 和13.39亿t，其中汛期水量为233.1亿 m^3，占全年水量的58.4%，汛期沙量为11.53亿t，占全年沙量的86.1%。由于刘家峡水库、龙羊峡水库陆续投入运用，汛期水量所占比例明显减小。由于三门峡水库蓄清排浑的运用，汛期沙量所占比例显著增加。按1974年7月—1997年6月统计，多年平均水量为330.3亿 m^3，汛期平均水量为183.7亿 m^3，占全年水量的55.6%；多年平均沙量为9.50亿t，汛期平均沙量为9.14亿t，占全年沙量的96.2%。

2.2.1.3 黄河中游各主要站水沙分析

根据1919年7月—1997年6月实测资料统计，小浪底及上下游干支流主要控制站的水沙特征值见表2.2-2。

可以看出，小浪底水文站的来水来沙具有水沙异源的特性。小浪底以上有两大水沙来源区：①河口镇以上，来水多、来沙少，水流较清，为黄河干流清水来源区。据1919年7月—1997年6月实测资料统计，河口镇多年平均年水量为241.1亿 m^3，多年平均沙量为1.28亿t，年平均含沙量为5.3kg/m^3，年水量占小浪底站的60.4%，而年沙量仅占小

表 2.2-2　小浪底及上下游干支流主要控制站水沙特征表（1919年7月—1997年6月）

站区	水量/亿 m^3			沙量/亿 t			含沙量/(kg/m^3)			流量/(m^3/s)		
	汛期	非汛期	全年	汛期	非汛期	全年	汛期	非汛期	全年	汛期	非汛期	全年
河口镇	141.0	100.1	241.1	1.03	0.25	1.28	7.3	2.5	5.3	1330	479	764
河口镇—龙门区间	34.5	29.1	63.6	7.11	0.89	8.0	206.1	30.6	125.8	325	139	202
龙门	175.5	129.2	304.7	8.14	1.14	9.28	46.4	8.8	30.5	1650	618	966
龙门、华县、河津、洑头	236.3	166.5	402.8	12.84	1.58	14.42	54.3	9.5	35.8	2220	796	1280
小浪底	233.1	166.3	399.4	11.53	1.86	13.39	49.5	11.2	33.5	2190	795	1270
黑石关、小董	26.7	15.2	41.9	0.24	0.02	0.26	9.0	1.3	6.2	251	73	133
小浪底、黑石关、小董	259.8	181.5	441.3	11.77	1.88	13.65	45.3	10.4	30.9	2440	868	1400

浪底站的9.6%。②河口镇—小浪底区间，来水少、来沙多，水流含沙量高，多年平均年水量为158.3亿 m^3，多年平均沙量为12.11亿t，年平均含沙量为76.5kg/m^3，年水量占小浪底站的39.6%，而年沙量占小浪底站的90.4%；其中，河口镇—龙门区间年来水量仅占小浪底站的15.9%，而年来沙量占小浪底站的59.7%，且主要由暴雨造成的严重水土流失形成粗泥沙高含沙洪水携带而来。

小浪底下游伊洛河和沁河为黄河清水来源区之一，两条支流合计，1919年7月—1989年6月多年平均水量为44.3亿 m^3，沙量为0.28亿t，含沙量为6.3kg/m^3。其中来水量占黄河下游来水量的9.6%，来沙量占黄河下游来沙量2%。黄河下游1919年7月—1997年6月多年平均来水量为441.3亿 m^3，来沙量为13.65亿t，而小浪底控制来水的90.5%，控制来沙的98.1%。

2.2.2 水沙变化趋势分析

在气象降水条件宏观变化相同的前提下，来水来沙的变化趋势主要取决于人类活动的影响，人类活动影响主要包括工农业用水、调蓄水库工程以及水土保持的减水减沙作用。

2.2.2.1 工农业用水

为了适应国民经济的发展，合理安排黄河水资源利用，1984年8月国家计划委员会与黄河水量分配关系密切的几个省（自治区）和水电、石油、建设、农业等部门，协商拟定了南水北调工程建成通水前，黄河供水370.0亿 m^3 的分配方案（表2.2-3），经国务院批准原则同意，并以国办发〔1987〕61号文发送有关省（自治区）和部门。在南水北调工程建成通水以前，黄河流域的工农业用水量按此进行分配。

根据这一分水方案，黄河河口镇以上，年需耗用河川径流量127.1亿 m^3；河口镇—三门峡区间年需耗用河川径流量95.3亿 m^3，三门峡以上合计年平均需耗用水量222.4亿 m^3。以此作为小浪底水库上游设计水平年（2000—2050年）工农业用水量。

表 2.2-3　　黄河供水 370.0 亿 m³ 的分配方案（南水北调工程建成通水前）　　单位：亿 m³

以河段划分				以供水对象划分			
河段	农业需耗水量	城镇生活及工业需耗水量	合计	供水对象	农业需耗水量	城镇生活及工业需耗水量	合计
兰州以上	22.9	5.8	28.7	青海	12.1	2.0	14.1
				四川		0.4	0.4
河口镇以上	118.8	8.3	127.1	甘肃	25.8	4.6	30.4
				宁夏	38.9	1.1	40
三门峡以上	189.5	32.9	222.4	内蒙古	52.3	6.3	58.6
				陕西	33.6	4.4	38.0
西霞院以上	192.4	33.6	226	山西	28.5	14.6	43.1
				河南	46.9	8.5	55.4
花园口以上	210.7	37.9	248.6	山东	53.5	16.5	70.0
				华北地区		20.0.	20.0
全　河	191.6	78.4	370.0	合计	291.6	78.4	370.0

2.2.2.2　水库调节

一定时期内，调蓄水库对水沙影响较大的为现状工程，即黄河干流上游、中游水库工程，包括龙羊峡、刘家峡、万家寨、三门峡水库等。

龙羊峡、刘家峡两水库联合调节运用，在保证河口镇以上工农业用水的同时，兼顾山西能源基地及中游两岸工农业用水（保证河口镇流量不小于 250m³/s）的条件下，按全梯级发电最大运用。万家寨水库调节作用影响不大，小浪底水库的来水考虑了万家寨年引用水量 15 亿 m³ 的影响。

三门峡水利枢纽实行年内“蓄清排浑”运用，直接对小浪底入库水沙条件产生影响。1969 年陕、晋、豫、鲁四省治黄工作会议确定了三门峡水库运用的方针为：“合理防洪、排沙放淤、径流发电”。为减轻库区淤积，汛期（7—10 月）只控制花园口特大洪水，汛期运用水位 300.00～305.00m，一般洪水滞洪运用水位可达 315.00m；11—12 月蓄水位一般为 315.00～320.00m，凌汛期（12 月中旬至次年 2 月中旬），根据下游凌汛情况调度运用，一般控制下泄流量 300～400m³/s，蓄水位不超过 326.00m；3—6 月为下游引黄灌溉进行一定的蓄水调节，蓄水位一般在 320.00～324.00m。逐步放空已蓄水量，6 月底全部泄空，库水位降低至 305.00m 度汛。在小浪底水库建成运用后，三门峡水库与小浪底水库联合运用。汛期 305.00m 水位控制运用，非汛期 315.00m 水位控制运用；一般洪水敞泄滞洪，特大洪水先敞泄后控泄，防凌蓄水位不超过 324.00m，且在小浪底水库防凌运用（蓄水 20 亿 m³）后投入。因此，三门峡水库非汛期蓄水拦沙减少，汛期冲刷减少。

2.2.2.3　水土保持的减水减沙作用

新中国成立以来，水土保持工作取得了很大成绩，各项措施共治理水土流失面积 15.4 万 km²，占流域水土流失面积的 35%，取得了显著的经济效益、社会效益和生态效益，在减少入黄泥沙方面发挥着重要作用。据分析，1970年以来，水利水保措施平均每年减少入黄河的泥沙为2.5亿～3.0亿t。小浪底水库工程设计的水沙条件考虑保持现状水利水保措施减沙作用进行计算，即平均每年减少入黄河的泥沙2.5亿～3.0亿t，这是留有安全余地的。

2.2.3 小浪底水利枢纽设计水沙条件

小浪底水库设计水沙条件为2000年设计水平年，适用于南水北调工程建成通水前，作为2000—2050年水库运用计算50年的平均水沙条件。分河口镇以上、河口镇—龙门区间（简称河龙间）、渭河（华县）、北洛河（洑头）、汾河（河津）及龙门、华县、河津、洑头—潼关、潼关—三门峡、三门峡—小浪底区间（以下简称三小间）和伊洛河、沁河等9个分区计算。

2.2.3.1 计算方法

河口镇、河津、华县、洑头、黑石关、小董等站的月水量，未单独考虑水土保持的减水。各站的水量根据还原后求得的天然径流资料，考虑设计水平年的工农业用水及水库调节进行计算。设计水平年各年龙门、华县、河津、洑头日平均流量过程，是根据代表系列年设计水平年各年各月水量与实测各年各月水量的比值，对各年各月实测日平均流量过程进行同倍比缩放求得（无实测日过程的年份，选择典型年日过程代替）。

河口镇、河津、华县、洑头、黑石关、小董等站的月沙量，采用反映现状水库工程作用和水土保持措施影响的实测资料建立的水沙关系，按设计水量计算沙量。河口镇—龙门区间沙量根据实测资料考虑水利水保减沙作用求得。设计水平年各年龙门、华县、河津、洑头、黑石关、小董日平均输沙率过程，是根据代表系列年、设计水平年各年各月输沙率与实测各年各月输沙率的比值，对各年各月实测日平均输沙率过程进行同倍比缩放求得（无实测日过程的年份，选择典型年日过程代替）。

潼关的水沙，是经过龙门—潼关的黄河干流、渭河华县以下及北洛河洑头以下的支流河道合计求得的。龙潼段输沙计算采用分组泥沙计算方法，渭河华县以下根据华县—华阴相关关系计算，北洛河洑头以下采用洑头—朝邑相关关系计算。

经过三门峡水库泥沙冲淤计算，可得三门峡出库水沙过程：三门峡—小浪底区间年平均水量5.6亿m^3，区间用水约1亿m^3，坝上引水约1.45亿m^3，水库蒸发、渗漏损失耗水量1.6亿m^3，区间净增水量1.55亿m^3，可忽略不计；区间较大支流15条，年平均悬移质输沙量为370万t，其余汇流面积来沙量为100万t，合计470万t，也忽略可不计。三门峡—小浪底区间砂卵石推移质输沙量经多种方法估算，采用年平均砂卵石推移质输沙量为30.9万t，在设计水库淤积形态时考虑。小浪底入库水沙过程采用三门峡的出库水沙过程。对1958年洪水和1954年洪水，考虑了三门峡—小浪底区间洪水。小浪底水库出库水沙加伊洛河、沁河水沙为进入黄河下游的来水来沙。

2.2.3.2 计算成果分析

根据上述方法，对代表系列1919年7月—1989年6月龙门、华县、河津、洑头四站（以下简称四站）设计水平年水沙进行计算，四站设计水平年与实测水沙量的对比见表2.2-4。

表 2.2-4　四站设计水平年与实测水沙量的对比表（代表系列 1919 年 7 月—1989 年 6 月）

名	项目	水量/亿 m³			沙量/亿 t			流量/(m³/s)			含沙量/(kg/m³)		
		汛期	非汛期	全年平均	汛期	非汛期	全年平均	汛期	非汛期	全年平均	汛期	非汛期	全年平均
龙门	设计水平年	119.7	117.8	237.5	7.21	1.04	8.25	1130	563	753	60.2	8.8	34.7
	实测	184.2	129.8	314.0	8.52	1.15	9.67	1730	621	996	46.3	8.9	30.8
华县	设计水平年	39.1	18.9	58.0	3.68	0.17	3.85	368	90	184	94.1	9.0	66.4
	实测	50.6	30.6	81.2	3.72	0.37	4.09	476	146	257	73.5	12.1	50.4
河津	设计水平年	5.6	4.1	9.7	0.26	0.06	0.32	53	20	31	46.4	14.6	33.0
	实测	8.9	5.2	14.1	0.37	0.03	0.40	84	25	45	41.6	5.8	28.4
洑头	设计水平年	3.4	2.3	5.7	0.61	0.04	0.65	32	11	18	179.4	17.4	114.0
	实测	4.3	2.9	7.1	0.77	0.05	0.82	40	14	23	179.1	17.2	113.9
四站	设计水平年	167.8	143.1	310.9	11.75	1.31	13.06	1580	684	986	70.1	9.2	42.0
	实测	248.0	168.4	416.4	13.38	1.60	14.98	2330	806	1320	54.0	9.5	36.0

设计水平年 1919 年 7 月—1989 年 6 月长系列四站年平均水量、沙量分别为 310.9 亿 m³、13.06 亿 t，其中汛期水量为 167.8 亿 m³，占全年总水量的 54%；汛期沙量为 11.75 亿 t，占全年总沙量的 90%。与实测系列相比，有下列变化：

（1）设计水平年年均水量减少了 105.6 亿 m³，年沙量减少了 1.91 亿 t，年平均含沙量由实测值的 36kg/m³ 增加到 42kg/m³。主要是汛期河口镇以上“清水”来源区来水量大量减少，而河口镇—龙门区间多沙区减沙少；其次渭河咸阳以上较“清”水区来水量减得多，而泾河多沙区域减沙少。所以汛期来水减得多，来沙减得少，故汛期流量显著减小，含沙量显著提高。

（2）由于黄河上游龙羊峡、刘家峡等水库的调节作用，水量的年内分配趋向均匀化，汛期水量所占比例减少。设计水平汛期水量占年水量的 54%，比实测系列的占 59.5%减少了 5.5%。

（3）分析水沙量的历年变化过程可以看出，设计水平年条件下，最大的年水量和最大的年沙量的量值减小，水沙量的年际间变化幅度仍比较大。1967 年四站水量最大，为 618.7 亿 m³；1928 年水量最小，为 133.5 亿 m³；二者比值为 4.6。1933 年四站沙量最大，为 32.57 亿 t；1928 年沙量最小，为 2.92 亿 t；二者比值达 11.2。

2.2.3.3　设计入库水沙系列

主要依据小浪底水库初期拦沙选用不同代表系列的来水来沙条件。在设计水平年 1919 年 7 月—1989 年 6 月的长系列内，选择 1919 年 7 月—1975 年 6 月的 56 年系列，其多年平均水量较长系列少 8.7 亿 m³，而多年平均沙量较长系列多 0.84 亿 t，留有安全余地。在 1919 年 7 月—1975 年 6 月系列内，分析选定了 1919—1968 年、1933—1974 年＋1919—1926 年、1941—1974 年＋1919—1934 年、1950—1974 年＋1919—1943 年、1958 年＋1977 年＋1960—1974 年＋1919—1951 年及 1950—1974 年＋1950—1974 年等 6 个代表系列，分别进行小浪底水库与三门峡水库联合运用的水库和下游河道的水沙运行和泥沙冲淤计算，进行敏感性分析，检验水库淤积过程和对下游河道的减淤效益。设计水平年代表系列四站水沙条件见表2.2-5。各代表系列都从四站起算。

表2.2-5 设计水平年各代表系列四站水沙条件

设计水平年各代表系列	水量/亿 m^3			沙量/亿 t		
	汛期	非汛期	全年	汛期	非汛期	全年
1919—1968年	172.4	136.9	309.3	12.72	1.40	14.12
1933—1974年+1919—1926年	177.3	141.3	318.6	12.99	1.43	14.42
1941—1974年+1919—1934年	158.6	135.6	294.2	12.47	1.34	13.81
1958年+1977年+1960—1974年+1919—1951年	162.4	132.4	294.8	12.44	1.31	13.75
1950—1974年+1919—1943年	161.9	134.5	296.4	12.46	1.36	13.82
1950—1974年+1950—1974年	181.5	154.0	335.5	13.23	1.53	14.76
1919—1974年	166.3	135.9	302.2	12.55	1.36	13.91

2.3 小浪底水利枢纽开发任务泥沙研究

2.3.1 开发任务研究

小浪底水利枢纽位于三门峡水库下游131km处，是黄河最后一个峡谷河段水库。小浪底坝址控制流域面积为69.4万km^2，占花园口断面以上流域面积73万km^2的95.1%，处在控制黄河下游水沙的关键部位。小浪底水库调节水沙能发挥重大作用。

1. 小浪底水利枢纽在黄河防洪减淤、综合利用调控工程体系中的地位

黄河的水利水电资源集中在干流，90%以上的可开发水电资源集中在干流。充分开发利用黄河干流的水利水电资源对促进我国经济建设和社会发展具有十分重要的意义。威胁黄河下游安全的洪水、泥沙主要来自中游。在中游严重水土流失的黄土高原区，大力开展水土保持，减少进入黄河的泥沙，要大见成效尚需相当长时间。在此情况下，在中游干流峡谷河段修建小浪底、古贤、碛口等骨干控制性水库，通过拦蓄洪水、拦截约400亿t泥沙和调水调沙，可使黄河下游河道减淤250亿t，迅速扭转高悬于黄淮海大平原之上的黄河下游河道的洪水和泥沙大量淤积的不利局面，确保黄河下游河床不淤积抬高，是解决黄河下游防洪、减淤问题的重大战略措施。

三门峡水利枢纽工程改建后，在确保西安和下游防洪安全的前提下，运用方针为“合理防洪、排沙放淤、径流发电”，保持水库库容供防御黄河下游特大洪水的调控运用，不承担解决黄河下游泥沙淤积问题的任务。小浪底水利枢纽要补充三门峡水库的不足，将黄河下游防洪、减淤任务承担起来，还要减轻三门峡水库防洪、防凌运用的负担，以减轻三门峡水库的泥沙淤积和对渭河下游的影响。在将来陆续建成古贤、碛口水库与三门峡、小浪底水库组成调控工程体系时，也将通过小浪底水库优化联合运用，发挥更大的防洪、减淤综合利用效益。因此，小浪底水利枢纽工程在黄河下游的防洪、减淤、综合利用调控体系中起着主导作用。

2. 小浪底水利枢纽在防治黄河水害、开发黄河水利中的作用

(1) 小浪底水库承担黄河下游防洪减淤的首要任务。黄河下游花园口站洪峰流量大于 8000m³/s 的洪水分为 3 种类型：①上大型洪水，以三门峡以上来水为主，含沙量大；②下大型洪水，以三门峡以下来水为主，含沙量小；③上下较大型洪水，以三门峡以上和以下来水组成，含沙量较小。小浪底以上洪水占花园口洪量的 49%以上，三门峡、小浪底水库加上陆浑、故县水库联合运用，黄河下游的洪水即可在较大程度上得到控制。

黄河下游河道泥沙淤积严重，形成地上悬河，游荡摆动不定，以“善淤、善决、善徙”著称。历史上频繁决口，大改道北乱海河流域，南乱淮河流域，造成深重灾难。1949 年新中国成立后，耗费了巨大人力、物力、财力建设黄河下游防洪工程设施，4 次加高大堤，取得了堤防不决口的伟大胜利。但是，黄河泥沙多，大量泥沙淤积在下游河道内。按 1950—1996 年实测资料统计，下游河道共淤积泥沙约 90 亿 t（其中三门峡水库 1960 年 9 月—1970 年 6 月拦沙，下游 10 年减淤），河床年平均淤高 0.05～0.10m，同流量水位持续升高。据 1996 年河床淤积断面测算，若发生花园口设防流量 22000m³/s 的洪水，花园口站断面洪水位将比 1958 年同流量水位升高 1.88m。1996 年花园口发生洪峰流量 7860m³/s 的中常洪水，沿河滩地漫水，淹地 343 万亩，造成很大损失。1855 年在铜瓦厢决口改道，因溯源冲刷下切河床形成的东坝头以上高滩，由于历年河床淤积抬高，滩槽高差减小，河槽排洪能力降低，以致在 1996 年中常洪水期间几乎全部漫滩，水患威胁严重。

因此，黄河下游的防洪安全问题与黄河下游河道的减淤问题关系密切，黄河下游河床淤积严重，依靠不断加高大堤防洪，安全难保。所以，小浪底水利枢纽工程同时要担负黄河下游防洪和减淤的双重任务。

1) 小浪底水利枢纽控制黄河下游水沙。按 1919 年 7 月—1997 年 6 月实测资料统计，进入黄河下游（干流小浪底加支流伊洛河黑石关和沁河武陟站）年平均水量为 442.4 亿 m³，其中汛期水量为 259.6 亿 m³，非汛期水量为 182.8 亿 m³；年平均输沙量为 13.63 亿 t，其中汛期输沙量为 11.76 亿 t，非汛期输沙量为 1.87 亿 t。小浪底坝址站年平均水量为 400 亿 m³，占下游年来水量的 90.4%，其中汛期水量为 232.9 亿 m³，非汛期水量为 167.1 亿 m³；年平均输沙量为 13.37 亿 t，占下游年来沙量的 98.1%，其中汛期输沙量为 11.53 亿 t，非汛期输沙量为 1.84 亿 t。由此可见，小浪底水库的巨大库容具有很大的调控水沙作用。

从三门峡、小浪底、花园口三站的各年最大流量出现次数统计，1952 年 7 月—1991 年 6 月的 39 年（其中 1959 年后有三门峡水库滞洪削峰作用），年最大流量大于 5000m³/s、大于 8000m³/s、大于 10000m³/s、大于 12000m³/s 出现的次数，三门峡站各为 22 次、5 次、3 次、2 次；小浪底站各为 27 次、7 次、4 次、2 次；花园口站各为 31 次、13 次、6 次、4 次。由此可见，小浪底可控制花园口洪水的大多数。从该时期的实测最大洪水流量看，三门峡为 14700m³/s，小浪底为 17000m³/s，花园口为 22300m³/s，说明对于出现的花园口大洪水，小浪底水库可以控制住大部分。

从三门峡、小浪底、花园口 3 站各年最大含沙量出现次数统计，可以看出小浪底站控制含沙量的作用。1952 年 7 月—1991 年 6 月的 39 年，最大含沙量大于 200kg/m³、大于 300kg/m³、大于 400kg/m³、大于 500kg/m³ 出现的次数，三门峡站各为 30 次、18 次、12 次、4 次；小浪底站各为 24 次、13 次、10 次、6 次；花园口站各为 12 次、5 次、4

次、1次。由此可见，在花园口高含沙量次数有较多削减，高含沙量显著减少，河道严重淤积。因此，小浪底水库具有控制高含沙量水流不在黄河下游河道发生严重落淤的作用。1991年以来，黄河水小，大流量少，三门峡水库“蓄清排浑”运用，汛期小水冲刷库区非汛期淤积物，出现小流量高含沙量出库增多的情形，加重了黄河下游河床的严重淤积，平滩流量急剧减小。例如，1996年7月30日8时06分，小浪底流量为1770m^3/s，含沙量为537kg/m^3，而到花园口7月31日8时，流量为1500m^3/s，含沙量为353kg/m^3，花园口含沙量大幅度削减，是河道严重淤积所致。小浪底水库建成运用后，进行拦沙和调水调沙运用，完全可以解决三门峡水库“蓄清排浑”运用汛期小水冲刷加重黄河下游河道淤积的问题，对黄河下游可以发挥巨大的拦沙和调水调沙作用。

2）小浪底水利枢纽有巨大的防洪、减淤作用。小浪底水库建成运用后，与干流三门峡水库和支流故县、陆浑水库联合运用，可以较好地提高黄河下游防洪工程的防洪能力，由防御60年一遇洪水提高到防御1000年一遇洪水；基本解除下游凌汛威胁；水库拦沙100亿t及调水调沙运用，50年内减少下游河道淤积78亿t，约20年下游河道不淤积抬高，河槽不淤积抬高年限延长到26年。

小浪底水库于2000年投入运用后，黄河下游河槽平滩流量在10年内从初始的3000m^3/s增大到6000m^3/s，在15年内增大到8000m^3/s。小浪底水库对一般洪水控制下泄流量不大于8000m^3/s，对黄河下游保滩有重要作用。小浪底水库采取逐步抬高水库主汛期水位拦沙和调水调沙运用，提高水库拦沙时期的排沙比达到50%～70%，或更大些，利用大水输沙减淤，减少下游清水冲刷塌滩险情，有大量泥沙还滩机会，保持滩槽相对稳定。河南河段和山东河段维持20余年微冲微淤状态，基本上同步减淤，下游河道整体相对稳定，避免河势发生重大变化。

（2）小浪底水库调节利用水资源，满足黄河下游供水、灌溉要求。小浪底水库正常蓄水位275.00m，原始库容126.5亿m^3，初期运用有巨大的库容供防洪、减淤和调节径流兴利运用；后期运用保持有效库容51亿m^3，其中滩库容41亿m^3，在汛期预留供防洪运用；在调节期供调节径流兴利运用；槽库容10亿m^3供主汛期调水调沙运用。小浪底水电站装机6台，装机容量为180万kW，有巨大的发电效益。

（3）小浪底水库运用改善黄河下游环境影响。

1）改善黄河下游“地上河”的环境影响。黄河下游河道由于泥沙淤积，持续抬高河床，形成高悬于黄淮海大平原的“地上河”，河床高于两岸地面3～5m，最大10m，对环境影响严重，对汇入黄河下游的伊洛河、沁河、蟒河、金堤河等河的入黄条件产生不利影响。大堤加高与黄河河床升高竞赛，每次加高大堤都对沿黄地区人民生产和生活及经济发展造成新的环境影响。小浪底水库运用后，水库拦沙和调水调沙，使黄河下游河道，在河南河段由河床淤积抬高转向冲刷下切，基本上没有较大洪水漫滩淹没的影响，在山东河段河床不淤积抬高，或有所冲刷下切，亦无较大洪水漫滩淹没影响。在中游水土保持减少入黄河泥沙明显增大，有古贤、碛口等大型水库工程相继投入与小浪底水库联合防洪、减淤运用，可使黄河下游不淤积抬高，不加高黄河大堤，解决黄河下游泥沙问题，将很大程度上改善黄河下游沿黄地区的环境影响，为发展生产和改善人民生活条件创造良好的环境；伊洛河、沁河、漭河、金堤河等河的入黄条件也将得到很大的改善。

小浪底水库对黄河下游的防洪减淤作用将避免大堤发生漫决和冲决灾害，有效地减少北金堤滞洪区的运用概率，有效地减少东平湖分洪运用概率，有效地减少山东河段南展区、北展区的分滞洪和分凌运用概率。这些都是重大改善黄河下游“地上河”环境影响的举措。

2）改善黄河下游水环境和水质影响。近年来，黄河来水小，下游河段每年发生较长时间断流，加之污水排入黄河，使得黄河下游水质恶化。小浪底水库年内实行调节径流运用，将提高下游河道小水流量，避免下游河段断流，对下游水环境和水质有很大改善。

3）改善黄河河口环境影响。小浪底水库拦沙和调水调沙运用，既使得黄河下游河道减淤，又减少进入河口的泥沙量，主汛期提高较大流量输沙入海能力，减少河口段淤积，延长河口流路的行水年限，有利于油田的开发利用，在调节期有一定的入海水量，对开发利用河口地区水土资源和渔业资源有利。

综上所述，充分说明小浪底水利枢纽工程的战略地位重要，要求小浪底水利枢纽工程的开发任务必须以防洪（包括防凌）减淤为主，兼顾供水、灌溉和发电，除害兴利，综合利用。

2.3.2 小浪底水库库容要求与设计水位

2.3.2.1 水库库容要求

小浪底水利枢纽开发任务，确定三门峡—小浪底河段一级开发、修建小浪底高坝，水库主要任务为防洪（包括防凌）、减淤、兼顾供水、灌溉和发电，除害兴利，综合利用。因此，小浪底水利枢纽工程规模的首要问题是库容规模，力求获得尽可能大的库容，发挥防洪、减淤效益和综合利用效益。

1. 库容要求的选择原则

库容要求主要是根据水库防洪、减淤任务而来的。小浪底水库既要与三门峡水库联合防洪、防凌运用，发挥三门峡水库的作用，又要减少三门峡水库防洪运用的负担。同时，还要在黄河下游河道安全泄洪条件下，尽可能不用分滞洪区，少用东平湖水库分洪。在中常洪水条件下不淹没下游滩地，在大洪水条件下削减洪水漫滩流量。因此，原则上讲，小浪底水库的防洪库容要求较高。小浪底水库的另一个主要任务是较长时间内使黄河下游河道不淤积抬高，需要尽量大的库容进行拦沙和调水调沙减淤运用。在小浪底水库最高运用水位不影响三门峡水库坝下正常水位的限制下，小浪底水库可以获得的总库容有限。在最高运用水位 275.00m 时（不影响三门峡坝下水位）总库容为 126.5 亿 m^3，在最高运用水位 280.00m 时（影响三门峡坝下水位）总库容为 140.6 亿 m^3。所以，在小浪底水库初期运用的拦沙任务完成后，后期正常运用就没有很大的库容供防洪运用，因此需要合理地分配防洪库容。

从水库拦沙库容讲，根据三门峡水库 1961—1964 年的蓄水拦沙和滞洪拦沙的经验，三门峡水库平均拦沙 1.6 亿 t，黄河下游减淤 1 亿 t（包括下游“清水”冲刷下切河床与塌滩展宽河道并存、河床粗化使水流挟沙力降低，以及水库排沙比小、库区淤积大量细泥沙使拦沙减淤效益降低的影响）。据设计水平年的来水来沙条件预测，若无小浪底水库，在三门峡水库现状条件下，黄河下游河道年平均淤积为 3.0 亿～3.79 亿 t。若按黄河下游河道 20～25 年不淤积的要求计算，小浪底水库按逐步抬高主汛期水位拦沙和调水调沙减淤运用，拦沙减淤比以 1.3∶1 计，则需拦沙 100 亿～110 亿 t，折合拦沙容积 77 亿～84 亿 m^3，并要有一定的调水调沙库容。所以还要深入研究水库拦沙和调水调沙减淤运用方式，以提高水库拦沙减淤效益，并合理地分配拦沙库容和调水调沙库容。

由于黄河洪水、泥沙问题复杂，考虑防洪、减淤问题要留有安全余地。所以对于小浪底水库的防洪库容和拦沙库容、调水调沙库容要求的选择原则是：①关于防洪库容，要合理利用三门峡水库联合防洪运用，合理利用下游河道安全行洪能力和东平湖水库分洪能力，将下游防洪提高到防御 1000 年一遇洪水，满足 10000 年一遇洪水的防洪库容要求，只需北金堤滞洪区少量分洪；②关于拦沙库容，要在提高拦沙减淤效益的基础上，满足黄河下游在 20～25 年内河床基本不淤积抬高所需拦沙库容的要求；关于调水调沙库容，在水库初期拦沙和调水调沙运用完成后，在预留库区滩地以上防洪库容的滩面以下，形成具有较大规模的高滩深槽槽库容，满足主汛期调水调沙和多年调沙的减淤运用要求，使水库在后期调水调沙运用中，能够长期保持下游河道明显减淤效益。

水库在运用时防洪库容、拦沙库容和调水调沙库容，可以综合运用。但是，有一个前提，就是要限制水库主汛期运用水位，控制库区滩地高程，保证库区滩地以上预留防御特大洪水的防洪库容 41 亿 m^3，不受水库拦沙和调水调沙及洪水调控运用过程中泥沙上滩淤积的影响，更不受调控一般洪水过程中泥沙上滩淤积的影响。

关于水库兴利调节库容，根据小浪底水库总库容尽量满足防洪库容、拦沙库容和调水调沙库容要求的原则，不单独增加兴利调节库容要求。水库主汛期预留滩地以上的防洪库容 41 亿 m^3，可以重复满足调节期兴利运用的要求，在主汛期服从防洪减淤运用中相应兴利运用要求。

2. 小浪底水库的库容特性

小浪底水库面积和容积分布见表 2.3-1 及图 2.3-1。

小浪底水库库容特点如下：

(1) 小浪底水库具有峡谷高坝库容特性。在 280.00m 高程以下的 150m 高度范围内，有库容 140.6 亿 m^3，平均 1m 高度有库容 0.937 亿 m^3。

(2) 主要库容分布在高程 230.00m 以上，而在 200.00m 高程以下库容很小。在 230.00～280.00m 的 50m 高度范围内，有库容 99.8 亿 m^3，平均 1m 高度有库容约 2 亿 m^3。在 130.00～200.00m 的 70m 高度范围内有库容 13.9 亿 m^3，平均 1m 高度有库容 0.2 亿 m^3；在 200.00～230.00m 的 30m 高度范围内有库容 26.9 亿 m^3，平均 1m 高度有库容 0.9 亿 m^3。

(3) 大量库容分布在高程 254.00m 以上。在 254.00～280.00m 的 26m 高度范围内，有库容 62.4 亿 m^3，平均 1m 高度有库容 2.4 亿 m^3。

(4) 支流库容较大。在 280.00m 高程下支流库容 46.5 亿 m^3，占总库容的 33.1%，干流库容 94.1 亿 m^3，占总库容的 66.9%。支流库容集中在水库下半段，以上支流库容很小。

(5) 支流库容的大部分集中分布在距坝 33km 以下的库段。在 280.00m 高程以下，5 条支流库容 35.12 亿 m^3，占库区支流库容的 75.5%，其中支流畛水库容 19.79 亿 m^3，占库区支流库容的 42.6%。

表 2.3-1　　小浪底水库面积和容积分布特性表

高程/m		130.00	150.00	170.00	190.00	200.00	205.00	210.00	220.00	230.0	240.00	250.00	254.00	260.00	265.00	270.00	275.00	280.00
面积/km²	干流	0	5.91	18.6	33.3	43.9	50.4	59.8	72.4	86.8	100.4	114.3	120.0	130	139.6	150	161.9	171.3
	支流	0	0.08	1.8	8.1	12.3	14.6	18.8	27.4	38.0	50.6	64.0	70.0	79	87.3	97.5	110.4	120.9
	合计	0	5.99	20.4	41.4	56.2	65.0	78.6	99.8	124.8	151.0	178.3	190	209	226.9	247.5	272.3	292.2
容积/亿 m³	干流	0	0.36	2.75	7.94	11.8	14.3	17.0	23.6	31.6	40.8	51.7	56.5	64.0	70.8	78.3	85.8	94.1
	支流		0.004	0.19	1.08	2.10	2.8	3.6	6.0	9.2	13.2	19.4	21.7	26.5	30.7	35.7	40.7	46.5
	合计	0	0.364	2.94	9.02	13.9	17.1	20.6	29.6	40.8	54.0	71.1	78.2	90.5	101.5	114.0	126.5	140.6

注　小浪底水文站（一）（老站）断面，1960年11月25日15时30分至16时12分，流量为0时，基本水尺水位高程为133.07m。

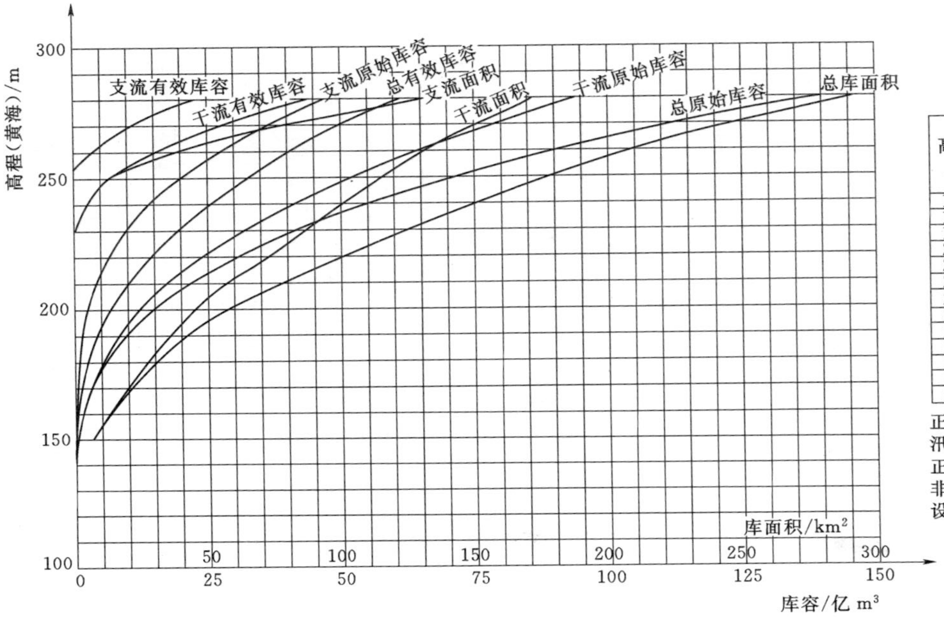

高程/m	面积/km²			原始库容/亿 m³			有效库容/亿 m³		
	干流	支流	合计	干流	支流	合计	干流	支流	合计
130	0	0	0	0		0		（不计支流槽库容，只计滩面以上库容）	
150	5.91	0.08	5.99	0.36	0	0.36			
180	26.0	3.9	29.9	4.97	0.48	5.45			
200	43.9	12.3	56.2	11.8	2.1	13.9			
220	72.4	27.4	99.8	23.6	6.0	29.6			
230	86.8	38.0	124.8	31.6	9.2	40.8	0.14		0.14
250	114.3	64.0	178.3	51.7	19.4	71.1	6.4	0	6.4
254	120.0	70.0	190.0	56.3	22.0	78.3	9.5	0.5	10
260	130.5	79.1	209.0	63.6	26.4	90.0	14.2	3.4	17.6
265	139.6	87.3	226.9	70.8	30.7	101.5	19.8	6.7	26.5
270	150.0	97.5	247.0	78.3	35.3	113.6	26.6	10.8	37.4
275	161.9	110.4	272.3	85.8	40.7	126.5	34.9	16.1	51.0
280	171.3	120.9	292.2	94.2	46.4	140.6	43.3	21.8	65.1

正常蓄水位(m)：275.00　　初始起调水位(m)：205.00
汛期限制水位(m)：254.00　　坝前滩面高程(m)：254.00
正常死水位(m)：230.00　　坝前河底高程(m)：226.30(冲刷源)
非常死水位(m)：220.00　　防洪库容(亿 m³)：40.50(水位 254)
设计洪水位($P=0.1\%$)(m)：274.00　　校核洪水位($P=0.1\%$)(m)：275.00

图 2.3-1　小浪底水库水位面积和容积曲线

3. 水库总库容的选择

水库总库容选择的主要依据，是比较不同最高运用水位方案下的拦沙库容大小及其对黄河下游的拦沙减淤效益，并考虑其发电效益的差别。原则上不影响三门峡坝下正常水位。

研究比较了最高蓄水位265.00m、270.00m、275.00m及280.00m共4个方案。从充分发挥水库拦沙减淤效益及充分利用河段水力资源的要求考虑，三门峡、小浪底两库应当衔接。三门峡坝下平均水位在流量1000m^3/s时为279.1m，在流量10000m^3/s时为287.6m。

从结果比较来看最高蓄水位280.00m方案，虽然拦沙减淤效益和发电效益优越，但北岸单薄山梁问题突出，且对三门峡坝下水位有影响，应予放弃。而最高蓄水位为265.00m、270.00m与275.00m这三个方案比较，减少工程量不多，但拦沙减淤量和发电量效益减少较多，而且不符合充分利用河段水力资源原则。黄河这样多泥沙河流，下游河道泥沙淤积严重，泥沙治理问题复杂，对于控制黄河下游洪水、泥沙的小浪底水库，在总库容选择上应尽量争取较大库容，除满足防洪、防凌、兴利调节等的综合利用外，还能提供巨大库容供水库拦沙和调水调沙运用，使下游河道获得巨大减淤效益。因此，选择水库最高运用水位275.00m方案，获取总库容126.5亿m^3。

需要指出，在最高运用水位275.00m方案选取后，设计坝顶高程为281.00m，在小浪底枢纽工程安全运用和对三门峡坝下水位影响允许条件下，必要时，最高运用水位可适当突破275.00m，获取更大效益。

4. 小浪底水库选择高坝获取最大库容的科学分析

小浪底水库的主要任务为防洪、减淤，要求修建高坝获取最大库容。但是，在三门峡—小浪底峡谷河段，能否修建高坝获取最大库容，关键是要科学分析回答两个主要问题：①小浪底水库的淤积形态所决定的拦沙库容及有效库容的大小；②水库减淤作用的大小。对这两个问题回答得如何，决定小浪底水库工程规模的大小。

（1）关于水库淤积形态问题。小浪底水库淤积形态，决定了水库拦沙库容和有效库容的大小。

1）关于水库干流拦沙淤积比降类比问题，根据三门峡水库潼关—大坝库段的经验，三门峡水库拦沙期，上半段形成输沙比降，把泥沙送到下半段淤积，上半段淤积比降2.2‰，下半段淤积比降1.7‰，平均比降2‰。小浪底水库上半段比三门峡水库上半段河谷狭窄，曼宁糙率系数要比三门峡水库大，拦沙淤积比降要比三门峡水库大，小浪底水库下半段与三门峡水库下半段河谷相近，拦沙期淤积比降亦相近。小浪底水库长约130km，三门峡水库潼关—大坝库段长约125km（均按河槽里程），两者库长相近，来水来沙条件相近，故具有类比性。

2）关于水库干流输沙平衡比降计算，根据三门峡水库潼关—大坝库段的经验，三门峡水库在1974年以后的“蓄清排浑”运用时期，上半段输沙平衡比降2.4‰，下半段输沙平衡比降1.9‰，平均比降2.2‰。小浪底狭谷型水库淤积形成的新河道的输沙平衡比降，需考虑河谷边壁、河谷形态的影响，这是要比三门峡水库输沙平衡比降增大的原因。

经过分析计算认为：①三门峡—小浪底峡谷河段天然河道比降大，落差主要集中在沿程分布的碛石滩上。小浪底水库淤积后，砂卵石河床和碛石滩都被泥沙淤积的新河床淤没了；②三门峡—小浪底峡谷河段绝大部分两岸山壁较平整，坡面较缓；③建库后新河床淤积抬高，水库上半段河谷宽度为300～400m，下半段河谷宽度为800～1200m，亳清河口上下段河谷更宽，库区支流砂卵石推移质不能进入干流，因而库区干流泥沙淤积的河床不会形成碛石滩；④淤积平衡后，河床淤积物的中数粒径 D_{50} 由坝前段—库尾段依次为0.10mm～0.14mm～0.17mm～0.22mm～0.50mm～1mm～7mm；⑤泥沙淤积河床形态较平整。糙率系数将有很大的减小，由近坝段至库尾段的综合糙率系数 n 为0.012～0.013～0.015～0.017～0.019～0.022；⑥据计算水库冲淤积平衡河床纵比降 i 由坝前段至库尾段依次为2.0‰～2.9‰～3.5‰～6‰全库平均河床比降3.3‰。因此小浪底水库可以修建高坝，选择最高运用水位275.00m，正常死水位230.00m，不影响三门峡坝下正常水位。

3）关于水库拦沙时期的淤积比降计算，在水库逐步抬高主汛期水位拦沙和调水调沙、控制低壅水、拦粗沙排细沙的运用条件下，水库为锥形淤积体，拦沙初期，先在较宽阔的下半段淤积起来，后向较狭窄的上半段逐步淤高。拦沙中、后期坝前段淤积面升高，淤积体向上游延长，淤积物水力分选明显，河床细化，水流输沙力增大，淤积纵剖面比降随淤积面升高而减小。经分析计算，水库拦沙淤积河床比降在上半库段狭窄段为2.5‰，在下半库段宽阔段为1.7‰。上半库段河谷狭窄，不能形成滩地；下半库段河谷较宽阔，可以形成滩地，滩地比降亦为1.7‰。因此，在预留滩地以上41亿 m^3 库容为防洪、防凌、兴利调节运用，水库主汛期拦沙和调水调沙运用水位可以逐步提高至254.00m，形成坝前滩面高程254.00m，河底高程250.00m的高滩高槽淤积纵剖面形态，不影响三门峡坝下正常水位。在扣除库区支流河口的倒锥体淤积形态无效的库容3亿 m^3 和保留主汛期调水库容3亿 m^3 后，有效拦沙库容约为80亿 m^3。小浪底水库的拦沙淤积体几乎全部分布在水库最高运用水位275.00m以下。

为了比较，分析了水库一次抬高水位蓄水拦沙和汛期高水位蓄水拦沙运用方式下的水库淤积形态。在此运用方式下，淤积形态为三角洲状和带状淤积的复合形态。首先在水库上半段狭窄库段淤积升高和调整增大比降向下游输沙，在三角洲洲头向下游推进过程中，洲面淤高、淤积上延、比降增大，三门峡坝下较快受到淤积影响。在三角洲洲头推进到坝前后，转化为锥体淤积形态。在此过程中，水库上半段狭窄库段调整比降历时最长，河床淤积物粗化向下游推进，使水库下半段淤积物变粗，比降调整增大。为了不影响三门峡水库坝下正常水位，小浪底水库汛期拦沙运用水位要控制在240.00～246.00m，水库上半段平均淤积比降为3.5‰～4‰，下半段平均淤积比降为2‰～2.5‰，在水库拦沙后期形成坝前滩面高程240.00～246.00m、河底高程236.00～242.00m的淤积纵剖面形态。水库淤积面高程有较大幅度降低，水库干流拦沙库容减少15亿～25亿 m^3，减少拦沙量19.5亿～32.5亿t，黄河下游减淤量减少15亿～25亿t，还未包括库区支流河口形成的拦门沙坎高、倒坡比降大，支流淤积面低所损失的拦沙库容减淤效益。小浪底水库的主要任务是为黄河下游河道防洪、减淤，因而这种损失大量拦沙库容减淤效益的运用方式是不可取的。

（2）关于支流拦沙库容的利用问题。通过分析计算认为，小浪底库区支流来水来沙甚少，其拦沙库容靠干流倒灌淤积。水库拦沙运用时期采取逐步抬高主汛期水位拦沙和调水调沙、控制低壅水、拦粗沙排细沙的拦沙运用方式，库区支流河口基本上处于浅水区，支流回水距离较短，干流浑水明流倒灌淤积支流，以及异重流倒灌淤积支流。黄河来沙量大，干流和支流均能一层一层地同步淤高，支流拦沙库容可以充分淤积起来，淤积泥沙中也有较多的较粗颗粒泥沙。经计算，在库区形成高滩高槽淤积纵剖面形态时，支流河口拦门沙坎高程与支流内淤积面高程的高差为4～5m，库区支流拦沙库容因支流河口拦门沙坎淤堵而损失约3亿m^3，支流拦沙库容的88%可以较有效地进行拦沙减淤运用。

为了比较，分析了水库一次抬高水位蓄水拦沙和汛期高水位蓄水拦沙运用方式下的库区支流淤积形态。由于库区较大支流集中分布在水库下半库段，而库容较大的5条支流又集中分布在距坝33km以下近坝段，支流河口处于深水区，干流异重流倒灌支流淤积，会较快地在支流河口形成拦门沙坎高、倒坡比降大、支流内淤积面很低的淤积形态，大量损失支流的拦沙库容，而且淤进支流拦沙库容的泥沙颗粒细，对下游减淤作用很小。因此，应避免这种运用方式。

(3) 关于小浪底水库减淤作用问题。通过分析计算认为，小浪底水库采取逐步抬高主汛期水位拦沙和调水调沙，控制低壅水，提高排沙能力，拦粗沙排细沙的拦沙运用方式，水库拦沙减淤比可以减小为1.3：1或更小，拦沙减淤效益大。如果采取一次抬高水位蓄水拦沙和汛期高水位蓄水拦沙运用方式，则水库拦沙减淤比增大为1.6：1或更大，减淤效益显著减小。

(4) 关于水库淤积物特性问题。水库拦沙淤积物特性，有两种可能出现的情况需要避免，即：①水库拦沙，库区形成具有黏结力较强的淤积物，具有较强抗冲性，水库降低水位冲刷时，冲刷受阻，不能冲刷形成较大的槽库容，减小调水调沙能力及其减淤作用；②水库拦沙，库区淤积物泥沙颗粒较细、容重小，具有极易流动性。水库降低水位冲刷时，河槽和滩地淤积物形成流泥运动，造成在短时段内水库拦沙的淤积物大量流走，在黄河下游大量淤积，水库丧失拦沙减淤作用，下游河道还加重淤积。造成这两种情况可能出现的条件与水库一次抬高水位蓄水拦沙和汛期高水位蓄水拦沙运用密切相关。水库采取逐步抬高主汛期水位拦沙和调水调沙、控制低壅水、提高排沙能力、拦粗沙排细沙的拦沙运用方式，使库区淤积物泥沙颗粒比较粗，容重较大，将避免这两种情形的发生。

综上分析表明，小浪底水库修建高坝获取最大库容进行拦沙和调水调沙运用减少黄河下游河道淤积的目标是有科学根据的，需要按照泥沙科学指导水库拦沙和调水调沙运用，慎重实践。在运用中不断进行科学试验总结，不断完善水库运用方式，提高防洪、减淤效益。

5. 水库调节库容的设计

(1) 防洪库容。小浪底水库与三门峡水库联合防洪运用，既要发挥三门峡水库的防洪作用，又要减轻三门峡水库的防洪运用负担和影响。1969年6月，晋、陕、鲁、豫4省治黄会议提出三门峡水库要合理防洪。经分析研究，小浪底水库和三门峡水库联合防洪运用原则为：尽量先利用小浪底水库拦洪，洪水退落后，泄空小浪底水库。花园口洪水小于百年一遇洪水时，由小浪底水库单独承担防洪任务；大于100年一遇洪水，当小浪底水库蓄洪量达26.1亿m^3时，三门峡水库才开始配合小浪底水库防洪运用。三门峡水库按小浪底水库泄量控制泄洪。10000 年一遇洪水的调洪计算结果，三门峡水库最大调洪库容为 53 亿 m^3（1993 年型洪水）；小浪底水库最大调洪库容为 40.5 亿 m^3（1958 年型洪水）。因此小浪底水库主汛期（7—9 月）要确保 41 亿 m^3 的防洪库容。

（2）防凌库容。小浪底水库与三门峡水库联合防凌运用，也要减轻三门峡水库的防凌运用负担。经分析研究，在龙羊峡、刘家峡水库调节作用下，黄河下游需要 35 亿 m^3 防凌库容，小浪底水库承担 20 亿 m^3，三门峡水库承担 15 亿 m^3。小浪底水库先防凌运用，不足时，三门峡水库补充。

（3）拦沙库容。小浪底水库最高蓄水位 275.00m，原始库容 126.5 亿 m^3，要求保持有效库容 51 亿 m^3，其余为永久性拦沙库容（72.5 亿 m^3）和支流河口拦沙坎淤堵的无效库容（3 亿 m^3）。水库采取初期运用起调水位为 205.00m，逐步抬高主汛期水位至 254.00m 拦粗沙排细沙，控制低壅水，提高排沙能力的拦沙及调水调沙运用方式，在主汛期拦沙运用水位 254.00m 淤积形成高滩高槽形态时，最大有效拦沙容积为 80 亿 m^3，最小有效库容为 43.5 亿 m^3，仍满足防洪、防凌和兴利库容要求；在水库利用较大流量逐步降低主汛期水位至 230.00m 冲刷形成高滩深槽后，进入正常运用期，永久性拦沙容积为 72.5 亿 m^3，仍有支流河口拦沙坎淤堵库容为 3.0 亿 m^3，长期有效库容为 51 亿 m^3，满足防洪、防凌、调水调沙和兴利库容要求。

（4）调水调沙库容。水库初期拦沙运用可以使下游河道获得巨大的减淤效益。然而在水库初期拦沙运用中需要进行调水调沙，以提高下游河道的减淤效益。在水库正常运用时期，需要进行调水调沙和多年调沙，继续发挥对下游河道的减淤作用。因此，小浪底水库需要有一定规模的调水调沙库容。为了合理选择调水调沙库容的规模，选用设计水平年 1950—1974 年+1950—1974 年代表系列的水沙条件，分别对水库正常运用时期的调水调沙库容为 10 亿 m^3、15.2 亿 m^3 和 27 亿 m^3（相应死水位分别为 230.00m、220.00m、205.00m）方案从水库建成运用开始进行水库和下游河道的 50 年泥沙冲淤计算（包括水库初期拦沙运用和后期正常运用时期），结果表明：黄河下游 50 年减淤量分别为 84.6 亿 t、87.0 亿 t 和 92.1 亿 t，与调水调沙库容 10 亿 m^3 方案相比，调水调沙库容 15.2 亿 m^3 方案多减淤 2.4 亿 t，调水调沙库容 27 亿 m^3 方案多减淤 7.5 亿 t。在基本满足调水调沙要求条件下，为照顾发电效益，选择水库后期运用正常死水位 230.00m，相应调水调沙库容为 10 亿 m^3 方案，必要时降低至非常死水位 220.00m，相应调水调沙库容为 15 亿 m^3。

（5）兴利库容。小浪底水库为非完全的年调节水库，主汛期 7—9 月以调水调沙防洪减淤运用为主，调节期 10 月至次年 6 月以调节径流防凌与兴利运用为主。但是，主汛期在防洪限制水位以下可以利用拦沙和调水调沙库容减淤运用进行相应的兴利调节；在调节期可以利用拦沙和调水调沙库容及防洪库容进行高水位蓄水调节径流，满足防凌和兴利调节要求。因此，小浪底水库不单独设置兴利库容。

（6）有效库容的运用。小浪底水库正常运用期有效库容为 51 亿 m^3，其中滩库容 41 亿 m^3 为预留供汛期防洪运用和调节期兴利调节运用库容，槽库容 10 亿 m^3 为供主汛期调水调沙运用。为了确保滩库容不受主汛期调水调沙运用和泥沙上滩淤积影响，主汛期在限制水位在 254.00m 以下的槽库容内进行调水调沙和调控一般洪水及较大洪水运用。

（7）库容的分配。综上分析，小浪底水库库容的分配为：①水库最高蓄水位为

275m，原始库容为126.5亿m^3，其中干流原始库容为85.8亿m^3，占原始库容的67.8%；支流原始库容为40.7亿m^3，占原始库容的32.2%。②水库后期有效库容为51亿m^3，其中干流有效库容为34.9亿m^3，占68.4%；支流有效库容为16.1亿m^3，占31.4%。③初期有效拦沙容积为80.0亿m^3。后期永久性有效拦沙容积为72.5亿m^3，其中干流有效拦沙容积为50.9亿m^3，占70.2%；支流拦沙容积为24.6亿m^3，占29.8%。④支流河口拦门沙坎淤堵库容为3亿m^3。⑤水库后期有效库容为51亿m^3，其中滩库容为41.0亿m^3（包括库区干支流滩库容），占80.4%，供防洪调节和兴利调节运用；槽库容为10亿m^3，全部为库区干流槽库容，占19.6%，供主汛期调水调沙和多年调沙运用。⑥为留有余地，不考虑库区支流洪水可能冲开支流河口拦门沙坎，以及水库降低水位冲刷下切干流河床时可能切开支流河口拦门沙坎所出现支流槽库容的使用条件，因为在水库调水调沙运用抬高水位时支流槽库容又被淤堵。

2.3.2.2 水库设计水位

小浪底水库开发任务是防洪、防凌、减淤，兼顾供水、灌溉和发电，除害兴利，综合利用。因此，小浪底水库运用方式复杂，控制运用水位复杂。水库设计水位包括：①水库初期运用起调水位（初始发电最低水位）；②水库主汛期防洪限制水位（主汛期拦沙和调水调沙运用最高水位）；③水库后期洪水防洪限制水位（10月上半月蓄水最高水位）；④水库正常蓄水位；⑤水库设计洪水位和校核洪水位；⑥水库后期运用正常死水位和非常死水位；⑦水库防凌限制水位；⑧水库初期移民限制水位。对各设计水位的选定分析论证如下。

1. 水库初期运用起调水位

水库初期运用起调水位与水库拦沙减淤效益关系密切，一方面它限制初期运用主汛期低水位蓄水拦沙；另一方面它是水库初期逐步抬高主汛期水位拦沙和调水调沙的起调水位。选择水库初期运用起调水位的主要依据如下：

（1）提高水库拦沙减淤效益和减小黄河下游河道清水冲刷的负面效应。有效措施包括：①水库拦沙要充分地利用拦沙库容多拦在黄河下游淤积的粒径大于0.025mm的粗颗粒泥沙，少拦在黄河下游河槽很少淤积的粒径小于0.025mm的细颗粒泥沙；控制主汛期短时间低水位蓄水拦沙，尽量延长逐步抬高主汛期水位“拦粗沙排细沙”和调水调沙减淤运用年限；控制主汛期低壅水，提高水库拦沙期排沙能力，发挥下游河道大水输沙减淤作用，使水库拦沙减淤比减小；②支流与干流同步淤高，在水库拦粗沙排细沙运用过程中淤积起来，减少支流河口拦门沙坎高度，避免过高的淤堵造成大量无效库容，发挥支流拦沙库容的有效拦沙减淤作用；③尽量缩短起调水位蓄水拦沙运用下泄“清水”冲刷黄河下游河道的年限，延长水库逐步抬高水位“拦粗沙排细沙”和调水调沙运用年限，在下游河道发生侧向侵蚀滩地的横向变形时在另岸有大量泥沙同时淤积还滩，保持河床宽度的相对稳定性，约束水流游荡、摆动幅度，减小“清水”冲刷河床塌滩展宽河道引起河势变化大的负面影响。

（2）满足初始发电运行条件，适当提高初始运用发电效益。

（3）泄水建筑物在满足工程安全条件下，初期运用起调水位的泄流规模应达到5000m^3/s。与三门峡水库汛期排沙运用水位305.00m的泄流规模约5000m^3/s相适应，可以在初期运用起调水位进行调水，发挥黄河下游河道平滩流量5000m^3/s输沙能力大的大水输沙减淤作用。

不同起调水位的分析计算比较认为，选择水库初始运用起调水位205.00m，可以同时符合上述3个要求。水位205.00m，原始库容17.1亿m^3，施工期将淤积一些，水库初始运用水位205.00m的库容小于16亿m^3，考虑斜体淤积，则水位205.00m以下库容淤满时的库区淤积量为20亿m^3，约占水库初期拦沙运用的最大拦沙容积80亿m^3的25%。水库在起调水位以下库容淤满前，蓄水拦沙下泄"清水"运用历时2～3年，之后进入逐步抬高主汛期水位拦沙和调水调沙减淤运用，水库的排沙能力将有较大的提高，为避免较长时期持续蓄水拦沙、下泄"清水"冲刷下游河道造成较大的负面影响。对于库区支流，控制主汛期水位205.00～210.00m，支流库容为2.8亿～3.6亿m^3，泥沙容易淤积。同时，起调水位205.00m可以满足最低水位发电要求，由于调水（控制起调水位205.00m以上主汛期调蓄水容积3亿m^3和6月底留不大于10亿m^3蓄水量于7月上旬补水供下游灌溉应用），主汛期运用水位一般高于205.00m，平均水位约为210.00m，可适当提高水库初始运用发电效益。另外，起调水位205.00m泄流能力为5078m^3/s（不含机组），与三门峡水库汛期排沙运用水位305.00m的泄流规模约5000m^3/s相适应，可以进行调水，并且平均水位210.00m泄流能力为5581m^3/s，一般中水流量和常遇洪水不滞洪，对黄河下游大水输沙减淤有利。因此，选定起调水位为205.00m。

2. 水库主汛期防洪限制水位

为了控制库区滩面以上的库容为防御特大洪水的防洪库容，不受水库拦沙和调水调沙运用的泥沙淤积影响，并控制水库淤积末端不影响三门峡坝下正常水位，需要限制水库主汛期拦沙和调水调沙的最高运用水位，即规定主汛期防洪限制水位。

经过主汛期不同限制水位比较认为，按照水库初期运用起调水位205.00m，按照逐步抬高主汛期水位拦沙和调水调沙运用方式，水库拦沙和调水调沙运用的淤积纵剖面形态和有效库容计算，选择主汛期防洪限制水位为254.00m：①在坝前滩面高程254.00m以上有效滩库容为41亿m^3，可满足防洪和兴利库容要求；②水库拦沙形成高滩高槽淤积纵剖面的末端不影响三门峡坝下正常水位，并且10000年一遇校核洪水防洪运用的回水与三门峡坝下自然洪水位相衔接，不影响三门峡坝下自然洪水位；③水库获得最大拦沙容积约80亿m^3，增大了水库拦沙减淤效益。

因此，选定主汛期防洪限制水位为254.00m。

3. 水库后期洪水防洪限制水位

水库于10月提前蓄水，增大水库调蓄水量的供水、灌溉效益，并提高发电水头增大发电效益。经分析计算比较后得出，对黄河下游减淤效益无不利影响。

但是，据水文分析，黄河汛期还有后期洪水，发生在10月15日之前。因此，需要10月上半月预留后期洪水防洪库容。按10000年一遇洪水调洪计算，后期洪水需要防洪库容为25亿m^3。因此，10月上半月要限制蓄水，预留25亿m^3防洪库容，限制水位为265.00m。

4. 水库正常蓄水位

小浪底水库与三门峡水库联合运用，三门峡水库汛期运用水位为305.00m，非汛期运用水位为315.00m，2月防凌运用水位不高于324.00m。根据2000年设计水平年，1919—1975年56年代表系列的入库水沙条件，在三门峡水库非汛期蓄水位315.00m运用条件下，小浪底水库非汛期蓄水运用，平均入库沙量为0.51亿t，一般小于1亿t，大于1亿t（1.05亿～1.45亿t）的仅5年。据计算分析该期三门峡水库排出的泥沙，颗粒组成较细，将有70%左右淤积在小浪底水库上段。当非汛期来沙0.93亿t时，小浪底水库非汛期正常蓄水位为275.00m运用条件下的三角洲淤积体，对三门峡坝下1000m^3/s流量的尾水位没有影响，淤积末端距三门峡大坝尚有约500m，淤积末端水位为278.30m，低于三门峡坝下同流量尾水位279.20m。小浪底水库10月提前蓄水，10月平均来沙约1亿t，因10月上半月限制蓄水位265.00m，故10月来沙大部分淤积在库区中下段，少部分淤在水库上段。将10月来沙的淤积物（有一部分排出水库）和非汛期来沙淤积物一并考虑，当调节期（10月至次年6月）最大来沙2.3亿t时，为不影响三门峡坝下尾水位，必要时，小浪底水库非汛期最高蓄水位可降至273.00m。但由于3—6月水库逐渐加大泄水供下游灌溉，库水位变动幅度较大，并已逐渐低于275.00m。故选定水库正常蓄水位为275.00m，不影响三门峡坝下正常水位。

5. 水库设计洪水位和校核洪水位

根据不同典型和不同组合的洪水，经调洪计算，小浪底水库需要的调洪库容，1000年一遇设计的洪水调洪库容为38.2亿m^3，10000年一遇校核的洪水调洪库容为40.5亿m^3。小浪底水库后期正常运用长期有效库容为51亿m^3，其中高程在254.00m以下的10亿m^3槽库容供主汛期调水调沙和调控一般洪水及较大洪水运用，考虑不参与水库设计洪水和校核洪水的调洪，则防洪起调水位为254.00m，算得1000年一遇设计洪水位为274.00m，10000年一遇校核洪水位为275.00m。若考虑调水调沙槽库容淤积5亿m^3，另有5亿m^3库容参与调洪，则防洪起调水位为248.00m，算得1000年一遇设计洪水位为272.30m，10000年一遇校核洪水位为273.00m。若考虑调水调沙槽库容10亿m^3未被泥沙淤积，完全参与调洪，则防洪起调水位为230.00m，算得1000年一遇设计洪水位为270.30m，10000年一遇校核洪水位为271.30m。在可行性研究阶段采用后者，在初步设计阶段采用中者，在技术设计阶段则采用前者，为安全、可靠，留有余地。

对小浪底水库在10000年一遇校核洪水位275.00m情况下，水库防洪运用的库区淤积和洪水水面线，经计算不影响三门峡坝下特大洪水自然洪水位。但三门峡水利枢纽工程本身要采取防范坝下特大洪水自然洪水位淹没的安全措施。

6. 水库后期运用正常死水位和非常死水位

水库死水位指的是水库初期拦沙运用完成后，库区形成高滩深槽的纵剖面和横断面平衡形态，进入后期正常运用，即“蓄清排浑调水调沙”运用的最低运用水位。最低运用水位的确定要以能够保持所需要的有效库容51亿m^3，并且主汛期输沙平衡河床纵剖面的淤积末端不影响三门峡坝下正常水位为条件。

小浪底水库为保持51亿m^3的长期有效库容，经分析计算应采用正常死水位为230.00m，主汛期限制水位为254.00m，控制坝前滩面高程为254.00m（库区上半段狭窄河谷无滩地）的运行方案。水库主汛期调水调沙运用水位在230.00～254.00m之间变化。水库在滩面高程在254.00m以下有槽库容为10亿m^3，可以在多年调沙运用中保持槽库容冲淤相对平衡。当遇 50 年一遇以上洪水，水库防洪运用，洪水泥沙上滩淤积，滩地将淤高，滩库容将减小。经计算，当发生来沙量最大的 1933 年型 1000 年一遇或 10000 年一遇洪水，与三门峡水库联合防洪运用，小浪底水库 1000 年一遇洪水坝前滩面高程升至 257.00m，有效库容减小为 47.2 亿 m^3；10000 年一遇洪水坝前滩面高程升至 258.00m，有效库容减小为 46.1 亿 m^3。为了保持 51 亿 m^3 有效库容，届时将水库正常死水位 230.00m 降至非常死水位 220.00m，增大槽库容，有效库容恢复为 51 亿 m^3 左右。

7. 水库防凌限制水位

黄河下游冰期凌汛严重，需要水库防凌运用，解除下游凌汛威胁。在黄河上游龙羊峡和刘家峡水库调节运用的影响下，据分析计算，需要小浪底和三门峡水库联合防凌运用的防凌库容，为 35 亿 m^3。为了减轻三门峡水库防凌运用负担，小浪底水库承担防凌库容 20 亿 m^3，三门峡水库承担防凌库容 15 亿 m^3。小浪底水库于 1—2 月为黄河下游防凌蓄水运用。因此，在 12 月底要预留防凌库容 20 亿 m^3。为预留 20 亿 m^3 库容防凌运用，12 月底防凌限制水位为 267.00m。

8. 水库初期移民限制水位

小浪底水库初期库容大，为了减少移民的集中投资，采取分期移民。规划设计分两期移民。在水库运用前 10 年，初期移民限制水位为 265.00m，10 年后二期移民完成，水库按实际正常蓄水位 275.00m 运用。鉴于小浪底水库拦河大坝为土石坝，需要控制蓄水位由低而高逐步进行稳定性试验观测，因此水库初期运用 10 年内将限制最高蓄水位为 265.00m。10 年后可视情况按正常蓄水位 275.00m 运用（由大坝安全观测分析确定）。

2.3.3 水库有效库容变化

2.3.3.1 水库运用 30 年内有效库容变化

1. 干支流库容特点

小浪底水库最高蓄水位为 275.00m，原始库容为 126.5 亿 m^3，其中支流库容为 40.7 亿 m^3，干流库容为 85.8 亿 m^3。库区平面形态如图 2.3-2 所示。

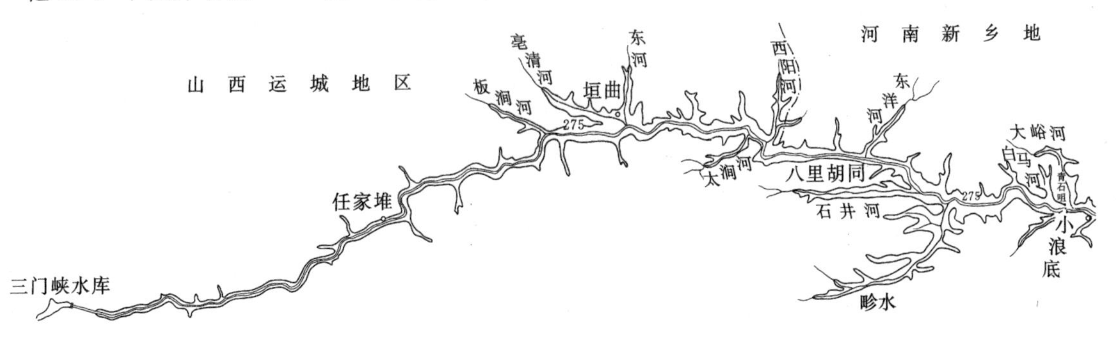

图 2.3-2 小浪底水库库区平面形态图

小浪底水库支流库容大，而在水库下半段的 7 条大支流共有库容 37.84 亿 m^3，占支流总库容的 93%，近坝 31km 的 4 条大支流共有库容 30.24 亿 m^3，占支流总库容的 74.3%。在水库运用中需要密切注意充分利用支流库容，防止出现支流河口拦门沙坎的过高淤堵造成大量的支流无效库容，这是关系到水库运用成败的一个重要问题。库区主要支流库容及回水长度见表2.3-2。

表2.3-2 小浪底库区主要支流库容及回水长度表

支流	距坝里程/km	天然河口高程/m	支流水位/m	回水长度/km	275.00m水位回水长度/km	原始库容/亿 m^3
大峪河	3.9	140.00	230.70	9.3	12.3	6.02
白马河	10.4	146.00	232.00	5.0	7.6	0.91
畛水	18.0	152.00	233.40	14.5	21.3	17.5
石井河	22.7	160.00	234.30	6.8	10.3	3.62
东洋河	31.3	164.00	236.00	7.9	11.7	3.10
高沟	33.1	165.00	236.40	3.3	5.0	0.69
西阳河	41.3	175.00	239.00	5.5	9.4	2.18
太涧河	43.6	178.60	239.40	4.4	5.8	0.58
东河	57.6	193.8	243	4.8	7.2	3.21
亳清河	57.6	193.8	243.5	6.8	11.1	2.21
板涧河	65.9	205	246	3.3	5.5	0.58

由表2.3-2看出，在水库坝前水位230.00m运用时，相应各大支流的水平回水长度（与天然河床相交，下同），一般为3.3～9.3km，多数为5km左右，畛水回水最长，达14.5km；在水库最高蓄水位275.00m运用时，各大支流回水长度一般为5～12.3km，多数为10km左右，畛水回水最长，达21.3km。

2. 库容变化

（1）工程施工期度汛调洪库容。小浪底工程施工期度汛，按3年汛期度汛考虑。设计标准是：小浪底水库为Ⅰ等一级工程，截流后第1年（1998年）汛期，水库由高围堰拦洪，度汛标准按100年一遇洪水设计；截流后第2年（1999年）汛期，水库由坝体拦洪，度汛标准按300年一遇洪水设计，500年一遇洪水校核；截流后第3年汛期，水库坝体拦洪，度汛标准按500年一遇洪水设计，1000年一遇洪水校核。截流后第4年汛期，大坝完工，按设计条件运用。因此，需要设计工程施工期1998年、1999年、2000年的度汛调洪库容曲线。

1）截流后度汛调洪库容设计条件。截流后第1年汛期度汛的调洪库容，应考虑截流后第1年汛期洪水到来前的淤积量和设计洪水前的库容曲线，供设计洪水到来时的调洪计算运用。如果截流后第1年汛期不来设计洪水，则考虑截流后第1年的库区淤积量加上截流后第2年汛期洪水到来前的淤积量和设计洪水前的库容曲线，供截流后第2年汛期设计洪水到来时的调洪计算应用。如果截流后第2年汛期不来设计洪水，则累计计算截流后前2年的库区淤积量加上截流后第3年汛期洪水到来前的淤积量和设计洪水前的库容曲线，供截流后第3年汛期设计洪水到来时的调洪计算应用。

为安全起见，选用汛期平水丰沙含沙量高的1977年小浪底水文站实测水沙条件作为1998年、1999年来水来沙条件，2000年则按水库设计水平年的代表系列1950—1974年的第1年1950年水沙条件，水库蓄水运用，控制汛期水位205.00m，设计洪水前的泥沙淤积量，据以设计2000年度汛的调洪库容曲线。1977年小浪底水文站实测年水量为326亿m^3，年沙量为20.8亿t，7月初、8月初出现两场高含沙洪水，8月出现流量9870m^3/s，含沙量941kg/m^3和流量10100m^3/s、含沙量843kg/m^3的洪峰、沙峰。故按1977年实测水沙条件计算1998年、1999年淤积量是留有余地的，是安全的。

2）截流后库区淤积计算。

a. 截流后第1年汛期洪水前：7月8日累计淤积1.3亿m^3，淤积末端高程为180.00m，支流损失库容0.43亿m^3，干流损失库容0.31亿m^3，合计损失库容0.74亿m^3，以此修改库容曲线进行调洪。其后汛期淤积高程不超过7月上旬，在河槽内的淤积物在落峰后又被冲刷出去。

b. 截流后第2年汛期洪水前：7月15日累计淤积2.1亿m^3（含上年），淤积末端高程195.00m，以此修改库容曲线进行调洪。其后汛期淤积低于此数，河槽内的淤积物落峰后又被冲刷出去。

c. 截流后第3年汛期洪水前：按2000设计水平年1950年水沙条件，汛期控制起调水位205.00m拦沙和调水运用，低水位发电运行，防洪起调水位为205.00m。洪水到来前累计淤积3.5亿m^3（含上2年），淤积末端高程230.60m。以此修改库容曲线进行调洪。

3）小浪底工程截流后施工期调洪库容曲线。按上述计算条件计算的截流后施工期度汛调洪库容曲线见表2.3-3。

表2.3-3　小浪底工程截流后施工期度汛调洪库容曲线表　单位：亿m^3

时间	库容	高程											
		140.00m	150.00m	160.00m	170.00m	180.00m	190.00m	200.00m	210.00m	220.00m	225.00m	230.00m	240.00m
淤积前	原始库容	0.04	0.36	1.35	2.94	5.45	9.02	13.9	20.6	29.6	34.7	40.8	54.0
1998年	调洪库容	0.04	0.36	1.25	2.70	4.71	8.28	13.16	19.86	28.86	34.10	40.06	53.26
1999年	调洪库容	0	0.01	0.1	1.24	3.57	6.99	11.8	18.5	27.5	32.7	38.7	51.9
2000年	调洪库容	0	0	0	0.41	2.73	6.13	10.8	17.4	26.3	31.4	37.3	50.5

需要指出，表2.3-3列出的各年度汛调洪库容曲线，是供度汛调洪计算应用的。考虑施工期淤积偏多，损失库容偏多，用于调洪库容计算，对考虑度汛安全措施问题有利，但不作为水库初始运用时采用的库容曲线。

（2）水库初始运用库容曲线。小浪底水库于2000年投入运用，但在工程施工期，汛期仍要控制起调水位205.00m运用，低水位发电，防洪起调水位205.00m，以确保安全度汛。

设计水库初始运用库容曲线，不按上述度汛期调洪库容曲线，只考虑1998年、1999年两年来其中一年类似1977年平水丰沙年、一年类似1989年小水小沙年的水沙条件。在1998年泄流能力大（水位200.00m，泄量10500m^3/s）、1999年泄流能力较大（水位200.00m，泄量8060m^3/s）的滞洪排沙运用下，两年淤积损失库容1.04亿m^3，淤积主要分布在195.00m高程以下的支流河口段和干流边滩区，河槽的滞洪淤积物在落峰后又被冲刷出库。因此，水库投入初始运用的库容曲线为将 200.00m 高程以下的原始库容减少 1.04 亿 m^3 求得，200.00m 高程以上的原始库容不变。在 2000 年以后随着水库淤积，库容相应发生变化。

（3）水库运用 30 年内有效库容变化。在水库建成后，从开始运用起，库区即发生泥沙淤积，逐渐损失库容，直至 28 年后水库拦沙运用完成，库区形成高滩深槽平衡形态，长期保持有效库容为 51 亿 m^3，完成了水库有效库容的变化过程。表 2.3-4 列出水库运用 30 年内有效库容的变化。这是按水库逐步抬高主汛期水位拦沙和调水调沙运用，经设计水平年 6 个 50 年代表系列计算的淤积发展过程的平均情况。

表 2.3-4　小浪底水库运用 30 年内有效库容变化表（平均情况） 单位：亿 m^3

运用年	库容	高程											
		210.00m	220.00m	226.00m	230.00m	240.00m	245.00m	250.00m	254.00m	260.00m	265.00m	270.00m	275.00m
0 年	原始库容	20.5	29.6	36.0	40.8	54.0	62.0	71.2	78.2	90.5	101.5	114.0	126.5
5 年	有效库容	0	2.4	6.5	10.0	24.1	32.7	40.8	48.0	59.9	71.2	82.7	96.2
10 年	有效库容			0	0.14	7.1	13.6	20.4	27.6	39.5	50.8	62.8	75.8
15 年	有效库容					0	0.64	5.1	10.0	18.7	27.6	39.5	53.0
20 年	有效库容						1.0	6.7	11.4	21.1	29.0	37.8	47.9
30 年	有效库容			0	0.14	1.7	3.6	6.4	10.0	17.6	26.5	37.5	51.0

2.3.3.2 水库长期有效库容及保持库容条件分析

1. 水库高滩深槽平衡形态长期有效库容

根据水库运用的淤积过程和淤积形态分析计算，预估水库在 28 年拦沙运用完成，形成高滩深槽平衡形态后的长期总有效库容为 51 亿 m^3，水库长期有效库容见表 2.3-5。其计算条件是：

（1）库区干流。以水库正常死水位 230.00m，坝前河底高程 226.30m，水库防洪限制水位 254.00m，坝前滩面高程 254.00m，分别为基准面，形成库区干流河底纵剖面和滩地纵剖面形态。干流在距坝 69km 以下的宽谷段形成滩地（八里胡同 4km 无滩地），距坝 69km 以上的峡谷段无滩地，为自然河谷。

（2）库区支流。只计算相应于支流河口淤积面（在宽谷库段与水库拦沙淤积形成的干流高滩滩面相平；在峡谷段与水库拦沙淤积形成的高槽河底相平）高程以上的库容（原始库容），不计入倒锥体以内的死水容积，亦不计入水库降低水位后支流冲刷拉槽后的槽库容（因水库主汛期调水调沙运用水位升高后又被淤塞）。

（3）库区干流滩面以下槽库容，包括在正常死水位 230.00m 水面线以下造床流量 4220m^3/s 塑造的河槽和在正常死水位 230.00m 水面线以上至滩面的调蓄河槽两部分组

表 2.3-5　小浪底水库长期有效库容计算表

库水位（黄海）/m	220.00	230.00	240.00	250.00	254.00	260.00	265.00	270.00	275.00
总有效库容/亿 m^3	0	0.14	1.70	6.40	10.0	17.6	26.5	37.5	51.0
干流有效库容/亿 m^3		0.14	1.70	6.4	10.0	14.2	19.8	26.6	34.9
支流有效库容/亿 m^3					0	3.4	6.7	10.9	16.1

成。造床流量河槽水面宽度510m，底部宽度360m，水深3.7m，边坡系数$m=20$，调蓄河槽在造床流量河槽水面上起坡至滩沿，边坡系数$m=5$。在峡谷段，河谷宽度小于设计造床流量河槽水面宽度，则按实际河谷断面形态计算。

2. 水库防洪运用后有效库容变化

在水库初期拦沙运用时期，如发生大洪水，水库防洪运用淤积不致影响水库长期运用的有效库容。

当水库初期运用28年拦沙完成，库区形成高滩深槽平衡形态有效库容后，水库进入后期“蓄清排浑、调水调沙”正常运用，在滩面以下的调水调沙槽库容内冲淤变化。河槽或在年内或在多年内保持冲淤平衡，经计算一般洪水及较大洪水调控运用，洪水泥沙不上滩地淤积，滩面不再淤高，河槽淤积物在调控运用后降低水位逐渐冲刷出库。因此，水库运用30年后如不发生特大洪水，水库有效库容51亿m^3将长期保持相对稳定。

在水库运用50年后，如遇50年一遇以上特大洪水防洪运用，则洪水泥沙上滩地淤积，滩地以上库容要淤积损失一些。设计按洪水来沙量最大，库区淤积最多的上大型洪水（1933年型）10000年一遇洪水防洪运用淤积情况来计算。

1933年型10000年一遇洪水，考虑龙羊峡、刘家峡水库调节（洪水期日平均流量减少基流2000m^3/s），龙门、华县、河津、洑头四站合计45天洪量为276.5亿m^3，输沙量为83.8亿t。考虑三门峡水库工程进一步增建泄流设施，三门峡水库水位315.00m泄量由10000m^3/s增大到12000m^3/s，水位335.00m泄量增大到15000m^3/s。三门峡水库与小浪底水库联合防洪运用（三门峡水库先敞开闸门泄流滞洪蓄水，达最高水位后，按来流控泄；洪水过后，先泄空三门峡水库，后泄空小浪底水库）。据分析计算，三门峡库区（含潼关以上和潼关以下）淤积52.58亿t。由于三门峡库区大量淤积，小浪底入库泥沙量显著减少，且泥沙颗粒变细，拦洪运用期间库区淤积14.22亿t，其中，滩地淤积（包括支流淤积）6.82亿t，按经过一定时期淤积土固结后干容重以1.3t/m^3计算，滩库容损失5.24亿m^3，在槽库容内淤积7.4亿t泥沙，经过洪水一定时间的较大流量冲刷后（防止小水冲刷）可以冲走，恢复槽库容。此时，滩库容减少5.24亿m^3，有效库容仍有45.76亿m^3。此后，将正常死水位降至非常死水位220.00m，增大槽库容，获得有效库容52亿m^3，保持水库长期有效库容51亿m^3以上的要求，其中防洪和兴利库容仍为41亿m^3，调水调沙库容增大为11亿m^3。

3. 保持库容条件分析

（1）三门峡水库保持库容的实践经验和小浪底水库有利条件分析。三门峡水库经过1964年汛期洪水严重滞洪淤积淤高滩地和河槽后，随后降低水位冲刷下切河槽，再经1970—1973年工程第二次改建，进一步增大泄流排沙能力，降低水位冲刷，溯源冲刷发展至潼关，在1964年滞洪淤积形成的滩面以下冲刷下切，形成高滩深槽纵剖面和横断面形态。在此基础上，于1973年12月开始实行“蓄清排浑”运用，此后，潼关以下库区库容保持相对稳定，变化不大。如高程330.00m以下的汛前库容，1974年6月为31.35亿m^3，1981年6月为30.09亿m^3，1989年6月为30.23亿m^3，1997年6月为30.19亿m^3；在高程330.00m以下的汛后库容，1977年11月为30.3亿m^3，1990年10月为30.45亿m^3，1993年10月为30.67亿m^3，1997年10月为30.93亿m^3。

即使高含沙量洪水的1977年，库容略有减少，但仍在正常变化范围之内。例如，高程330.00m以下库容，1977年5月为31.06亿m^3，10月为30.30亿m^3，至1979年10月又恢复到31.24亿m^3。蓄清排浑运用20年来潼关以下库区未发生洪水上滩淤积，水沙在槽库容内运行。在各年不同来水来沙条件下，有一定数量冲淤变化，但可以做到多年内冲淤平衡，长期保持槽库容相对稳定。

小浪底水库与三门峡水库相比，保持库容具有更优越的条件：①小浪底水库泄流能力大。三门峡水库"蓄清排浑"运用以来，汛期排沙运用水位为305.00m泄流规模为4530～4990m^3/s，2000年6月15日12个底孔全部投入运用后，水位305.00m泄流量为5455m^3/s，主要是靠6000m^3/s以下流量冲刷，流量大于6000m^3/s还要淤积（见表2.3-6）。小浪底水库死水位230.00m泄流规模为8050m^3/s（不含机组泄量），可以充分发挥大水流量冲刷排沙的作用。②小浪底库区比三门峡库区河谷狭窄，滩地较小，主流线摆动幅度较小，水库上半段河谷更狭窄，无滩地，河槽窄，可以发挥水流集中冲刷排沙作用。③小浪底水库泥沙淤积平衡平均比降为3.3‰；而三门峡水库区（潼关以下）泥沙淤积平衡平均比降为2.1‰，小浪底水库有较大的水力坡降冲刷淤积物，能够较快地冲刷恢复槽库容。④小浪底水库比三门峡水库槽库容大，小浪底水库滩面高程在254.00m以下槽库容为10亿m^3，三门峡水库（潼关以下）滩面高程317.50m以下槽库容4.5亿m^3，小浪底水库槽库容调蓄能力比三门峡水库大。⑤小浪底水库平滩水位254.00m泄流量为11900m^3/s，而三门峡水库平滩水位317.50m泄流量为9800m^3/s（至2000年增大为10500m^3/s），三门峡水库"蓄清排浑"运用20多年以来无洪水上滩淤积，滩库容没有损失，小浪底水库平滩水位泄流量大，加之槽库容调水调沙能力和调控一般洪水及较大洪水能力大，洪水漫滩机会更少，据调洪计算，50年一遇以下洪水泥沙不上滩地淤积，不损失滩库容，即使50年一遇以上洪水泥沙上滩，因小浪底水库只在距坝69km的下半库段内有滩地，滩地较小，滩宽一般为200～300m，最宽为700～800m，洪水泥沙淤积滩地，滩库容损失也比三门峡水库要显著减少。

表2.3-6　三门峡水库1974—1983年汛期各级流量冲淤情况

项目		输沙量/亿t		潼关—三门峡冲淤量/亿t
		潼关	三门峡	
汛期		92.33	111.96	−19.63
分级流量/(m^3/s)	<1000	2.93	3.51	−0.58
	1000～2000	17.32	23.58	−6.26
	2000～3000	26.91	32.18	−5.27
	3000～4000	17.29	23.8	−6.51
	4000～5000	9.93	13.39	−3.46
	5000～6000	5.52	7.06	−1.54
	>6000	12.43	8.44	+3.99

注　表中的"−"为冲刷，"+"为淤积。

由三门峡水库保持库容的实践经验和小浪底水库的有利条件分析可知，小浪底水库正常运用期在50年一遇以下洪水情况下可以长期保持有效库容。

(2) 小浪底水库正常运用期调水调沙运用保持有效库容的条件分析。

1) 设计水平年系列年计算：经过2000年设计水平年1919—1974年56年系列中选择不同丰、平、枯水段开头的6个20世纪50年代表系列进行水库运用的库区泥沙冲淤计算表明，水库可保持有效库容51亿 m^3 左右。因为：①小浪底水库调水调沙运用方式具有调节水沙两极分化，泄放来水大于 $2000m^3/s$ 的水沙，拦蓄来水小于 $2000m^3/s$ 的水沙，发挥水库大水流量冲刷排沙下游河道大水流量输沙减淤的作用；②小浪底水库泄流能力大，在遇 $8000m^3/s$ 以上的一般洪水滞洪运用，时间短，且概率小，滞洪淤积不严重，洪水过后，就进行降低水位冲刷，会很快冲刷槽库容内滞洪淤积物而恢复槽库容；③小浪底水库正常运用期有10亿 m^3 调水调沙槽库容，对泥沙进行多年调节更具有调节泥沙能力，实行"蓄清排浑、调水调沙"运用，可以做到多年冲淤平衡。

2) 特殊大沙年水沙计算：在2000年设计水平年1919—1974年56年系列中，有1933年丰水丰沙年的高含沙洪水，再增加1977年平水丰沙年的高含沙洪水进行检验，其来水来沙特征见表2.3-7。

表2.3-7　　1977年、1933年平水丰沙年特征表

时间	水量/亿 m^3	最大流量/(m^3/s)	沙量/亿t	最大含沙量/(kg/m^3)
设计水平年（1933年）	498.7		37.26	
汛期	359.3	22000	35.78	518.6
实测（1977年）	283.9		20.59	
汛期	163.3	8900	20.51	911.0

1933年高含沙洪水发生在水库正常运用期，但是由于7—9月控制库水位不超过限制水位254.00m，且泄流能力较大（死水位230.00m，泄流能力 $8050m^3/s$；平滩水位254.00m，泄流能力 $11900m^3/s$），在涨峰过程中水库发生冲刷，在主峰时利用槽库容调洪，使洪水泥沙没有上滩淤积，不损失滩库容，落峰后冲刷滞洪淤积物，保持了有效库容51亿 m^3。

1977年高含沙洪水发生在正常运用期，在涨峰过程中水库是冲刷的，但主峰时拦蓄高含沙洪水，很快落峰冲刷滞洪时的淤积物。

综上所述，由于小浪底水库泄流能力大，实行调水调沙运用方式使水沙两极分化，发挥大水冲刷排沙作用，凡是大水大沙的汛期，水库都是冲刷比较多的，为多年调沙保持有效库容提供了保证。

3) 特大洪水防洪运用淤积影响。关于水库遇特大洪水时，水库防洪运用的滩库容损失问题。当发生此种情况，可以降低死水位到220.00m，增大槽库容，又使有效库容保持52亿 m^3 供长期调节运用。所以小浪底水库设计采取了非常死水位为220.00m的措施，在水位220.00m时泄流能力有 $6800m^3/s$（不含机组泄量），仍是远大于三门峡水库汛期排沙运用水位305.00m的泄流排沙能力，可以保持槽库容。

例如，三门峡水库1964年泄流能力小，汛期大水发生严重的滞洪淤积，库区滩槽大幅度淤积抬高，损失大量库容。但在洪水过后，2500m^3/s以下流量降低水位较快冲刷滞洪淤积物，冲刷下切河床。在1970—1973年进行第二次工程改建，增加泄流设施，扩大泄流能力后，水库运用水位进一步降低，加强冲刷下切河床能力，至1973年10月，在潼关至大坝全库段河床普遍下降，溯源冲刷发展到距坝125km（河槽距离）的潼关断面。水库有“死滩活槽”的规律，在较长时间内，主汛期库水位多高就能淤积多高，库水位多低就能冲刷多低，冲刷下切过程中可以拓宽河槽横断面，恢复槽库容。小浪底水库泄流能力大，水位落差大，具有更大的冲刷能力，为保持槽库容创造了更有利的条件，洪水淤积后，能够很快冲刷恢复槽库容。

需要指出的是，在水库的蓄水拦沙运用条件下，若淤积物具有抗冲性，则在降低水位冲刷时难于发展纵向冲刷下切和横向冲刷拓宽，阻碍水库拦沙淤积后的冲刷恢复库容的进程。三门峡水库1970年的第二次工程改建中，出现过一些库段的淤积物强抗冲性，不能尽快冲刷，出现库区多级跌水。至1973年才形成潼关至坝前段库区较为均匀的冲刷河床纵剖面形态，但历时3～4年，不能适应水库及时冲刷恢复槽库容顺利进行调水调沙的要求。所以，小浪底水库在初期拦沙运用时，需高度注意其拦沙运用方式不要形成库区淤积物的强抗冲性。小浪底水库采取逐步抬高主汛期水位拦沙和调水调沙的拦沙运用方式，控制低壅水增大水库拦沙时期的排沙比，拦粗沙、排细沙，使淤积物级配组成较粗，减弱淤积物的黏结力，容易冲刷，恢复槽库容，顺利进行调节运用。

要正确处理滩库容和槽库容的利用问题。小浪底水库设计的坝前滩面高程254.00m以上的滩库容为41亿m^3，只供设计洪水和校核洪水的调蓄洪水运用。若遇50年一遇以上洪水，由于三门峡和小浪底水库联合运用，三门峡水库敞泄滞洪排沙，也要在自身泄流规模条件下，进行滞洪削峰和滞洪泥沙淤积，小浪底水库的入库洪峰流量和入库洪水沙量减小，小浪底水库为下游防洪控制运用，允许利用滩库容防洪运用，经洪水泥沙淤积计算，小浪底水库滩库容淤积损失小，可以满足长时期防洪运用。所以经过各种情况的考虑，小浪底水库的库容是安全的。需要强调的是，不能将一般洪水利用小浪底水库坝前滩面高程254.00m以上的滩库容进行滞蓄洪水运用，包括50年一遇以下的洪水，要控制在小浪底水库槽库容内滞蓄洪水运用，加大下泄流量，更不能不切实际地将小浪底水库滩库容的运用变为下游保滩运用，以小失大，造成严重后果。

2.4 小浪底水库运用方式和泥沙问题研究

2.4.1 水库运用方式

2.4.1.1 小浪底水库运用的指导思想

水库的开发任务是以防洪（含防凌）、减淤为主，兼顾供水、灌溉和发电，除害兴利，综合利用。

水库运用方式要着眼于如何提高黄河下游河道的减淤效益，使黄河下游河道有连续20年和更长时间的不淤积抬高河床。规划设计确定的以防洪、减淤运用为中心的水库运用分两个时期，即初期“拦沙和调水调沙运用”和后期“蓄清排浑和调水调沙运用”两个时期。初期运用分3个阶段：①控制在初始运用起调水位205.00m主汛期低水位蓄水拦沙和调水阶段；②逐步抬高主汛期水位至防洪限制水位254.00m拦沙和调水调沙形成库区高滩高槽阶段；③利用大水流量（2000～8000m^3/s）逐步降低主汛期水位至死水位230.00m冲刷和调水调沙形成高滩深槽阶段。后期运用，亦即正常运用时期，保持51亿m^3有效库容，长期防洪、减淤和兴利运用。

小浪底水库运用的指导思想和基本要求是：以防洪、减淤运用为中心，统筹多目标运用。①主汛期预留防御特大洪水防洪库容进行防洪运用，控制中常洪水在黄河下游河槽内安全下泄，降低水位，解除黄河下游洪水和凌汛威胁；②有效地延长利用小浪底水库干流、支流拦沙库容进行调水调沙和拦粗（沙）排细（沙）运用，提高黄河下游河道减淤效益，减少水库持续下泄"清水"冲刷黄河下游河道的不利影响；发挥下游河道大水输大沙作用；维持河势流路相对稳定，防止重大冲刷和坍滩险情；延长黄河下游河道20～30年的河床不淤积抬高和滩地大量减淤，增大平滩流量，提高排洪能力，减少中常洪水漫滩概率，促进河道治理；③在10月至次年7月上旬的径流调节期，在不影响黄河下游减淤效益条件下，充分利用水资源，蓄水调节径流，满足供水、灌溉要求；主汛期控制黄河下游引水量30亿m^3，发挥主汛期水量输沙减淤效益；④在满足防洪、防凌、减淤、供水、灌溉调节要求下，进行发电和调峰运用，提高发电效益；⑤调节径流改善水质；⑥泄洪、排沙洞和电站进水口要防淤堵和防沙，保障安全正常运用。

2.4.1.2 小浪底水库运用的控制要求

1. 水库部分

（1）水库拦沙和调水调沙运用，要在预留41亿m^3滩库容防洪和重复利用兴利及淤积不影响三门峡坝下正常水位条件下，尽量淤高库区滩地，获得最大的库区干流、支流拦沙库容。

（2）水库拦沙和调水调沙运用，要充分有效地利用库区支流的拦沙库容充分淤积，防止在干流水沙倒灌支流时较快地在支流河口形成高拦门沙坎，淤堵大量的支流拦沙库容。

（3）水库拦沙和调水调沙运用，要充分拦粗沙排细沙，使库区干支流拦沙库容多拦在黄河下游河道发生严重淤积的粗颗粒泥沙，少拦在黄河下游河道仅发生少量淤积的细颗粒泥沙。

（4）水库拦沙和调水调沙运用，要尽量延长水库拦沙库容的运用年限，更长时期地使黄河下游河道河床不淤积抬高、滩地大量减淤、河槽保持相对稳定，提高排洪、输沙能力，减少清水冲刷下游河道的负面影响。

（5）水库拦沙和调水调沙运用，要控制库区泥沙淤积物主要为砂性土级配组成，既无强抗冲性又无强流泥性，保持拦沙库容和有效库容的相对稳定，有效地进行拦沙和调水调沙运用。

（6）水库在后期正常运用中进行调水调沙运用，要在黄河来水量和来沙量都明显减少时，下游河道继续减淤。

（7）水库在后期正常运用中进行调水调沙运用，要控制主汛期在槽库容内对20年一遇以下洪水的调控运用泥沙不上滩地淤积；在调节期调节径流蓄水拦沙运用，泥沙不上滩地淤积；保持防洪滩库容相对稳定。

(8) 水库拦沙和调水调沙运用，要防止风雨沟内滩地和坝区滩地的滑动及坍塌淤堵进水塔孔口的情形发生。

2. 黄河下游河道部分

(1) 水库拦沙和调水调沙运用，要使下游河南河段和山东河段同步减淤，防止上冲下淤的情形发生。

(2) 水库在降低水位冲刷恢复槽库容时，要利用大水流量逐步降低水位冲刷下切河床，使黄河下游河道输沙减淤和淤滩刷槽，防止小水降低水位冲刷，加重下游河槽的淤积。

(3) 水库拦沙和调水调沙运用，要结合下游河道整治，控制河道平面变形和河势流路变化，形成有利于排洪输沙的河槽横断面形态和河床纵剖面形态；使河南河段徐缓渐进地冲刷、山东河段微冲微淤，趋向冲刷，使游荡型河段发生一定的改善，过渡型河段稳定性增强，弯曲型河段相对稳定。

(4) 水库拦沙和调水调沙运用，要使黄河下游河口的淤积延伸得到减缓，延长河口流路的行水年限，改善河口流路和水沙环境影响。

(5) 水库拦沙和调水调沙运用，要减小黄河下游河道的河床冲刷深度和冲刷险情，控制河道水流动力轴线相对稳定，控制滩地和河槽的相对稳定。

2.4.1.3 小浪底水库运用方式设计

小浪底水库是以防洪、减淤运用为中心统筹多目标运用，主汛期主要进行防洪、减淤运用，调节期主要进行防凌和供水、灌溉、发电运用。

1. 防洪运用方式

小浪底水库与三门峡水库联合防洪运用。首先利用小浪底水库拦洪，减少下游分洪区、滞洪区的使用，并减轻三门峡水库的蓄洪负担。洪水退落后，泄空小浪底水库。具体运用方式如下：

(1) 当花园口站流量小于 10000m^3/s 时，三门峡水库按敞泄滞洪运用，小浪底水库控制下泄流量不大于 8000m^3/s。

(2) 当预报花园口站流量可能超过 10000m^3/s 时，首先运用小浪底水库蓄洪，控制花园口站流量不大于 10000m^3/s，此时三门峡水库仍不予控制。

(3) 当花园口站流量超过 10000m^3/s，且小浪底水库已蓄满 26.1 亿 m^3（已达到花园口 100 年一遇洪水蓄洪量），三门峡水库开始控制运用，控制方式按小浪底水库控制花园口站流量不大于 10000m^3/s 的泄流量泄流；此时若小浪底—花园口区间来水流量已达 9000m^3/s，且有增大趋势，三门峡水库与小浪底水库均按下泄流量 1000m^3/s 控制运用。

(4) 当花园口站流量回落至 10000m^3/s 以下，先泄三门峡水库蓄水，后泄小浪底水库蓄水，仍控制花园口站流量不大于 10000m^3/s。

(5) 小浪底水库对下游洪水相机保滩标准定为 5 年一遇，含沙量大时，为了淤滩刷槽允许洪水上滩。当洪水含沙量较小时，无须洪水淤滩，为保护滩地避免淹没，小浪底水库按控制花园口 8000m^3/s 运用，当小浪底蓄洪量达 7.9 亿 m^3，已超过 5 年一遇标准后，水库按控制花园口 10000m^3/s 运用。

三门峡水库的防洪运用方式是：对于上大型洪水，先敞泄后控泄运用；对于下大型洪水，当小浪底水库蓄洪量未达到26.1亿m^3时，三门峡水库按敞泄运用；当小浪底蓄洪量已达到26.1亿m^3时，开始控制运用，按小浪底水库泄流量泄洪。

2. 防凌运用方式

在每年冬季下游河道封冻前，小浪底水库均匀下泄500m^3/s，使下游河道推迟封河，封河后形成较高的冰盖；封冻后减少为300m^3/s的下泄，以减少下游河道槽蓄量，从而基本解除凌汛威胁。为减轻三门峡水库防凌负担，先由小浪底水库拦蓄，如不足20亿m^3，再动用三门峡水库蓄水，两库总防凌库容为35亿m^3。

3. 减淤运用方式

在预留防洪滩库容41亿m^3的条件下，按提高水库对下游河道的减淤效益的原则，在主汛期主要是拦粗沙排细沙和调水调沙减淤运用。

小浪底水库减淤运用方式的基本点如下：

(1) 水库初期拦沙运用尽量降低初始运用起调水位，逐步抬高主汛期水位拦沙，充分利用拦沙库容，拦截在下游河道产生淤积的粗泥沙（粒径大于0.025mm），泄放在下游河道很少淤积的细泥沙（粒径小于0.025mm）。

(2) 避免水库主汛期高水位蓄水拦沙在库区产生不利的影响（影响三门峡坝下正常水位和库区支流河口严重淤堵），以及在下游河道产生较长时期的清水冲刷，坍塌展宽河道，使河床冲刷粗化而降低水流输沙能力。

(3) 水库在初期拦沙运用时期主汛期控制低壅水拦沙并进行调水调沙，提高排沙能力，使库区淤积物不致大范围地形成黏结性抗冲层和流泥性滑动层。

(4) 要避免库水位大幅度骤降，防止泄水建筑物前塌滩严重淤堵泄水孔口，影响进水塔高边坡和导墙及坝体稳定等的不利局面出现。

(5) 水库调水调沙要优化水沙组合，发挥大水输大沙能力，改造宽浅散乱的游荡型河道，塑造相对窄深、规顺河槽行洪输沙；调控在下游河道有不利影响的高含沙水流。

(6) 要有利于下游河道堤防安全和形成相对稳定的河势流路。

2.4.1.4 小浪底水库运用分期

小浪底水库运用分为初期“拦沙和调水调沙运用”和后期“蓄清排深和调水调沙运用”两个时期。

(1) 水库初期运用时，主汛期（7月11日—9月30日）运用要经历3个阶段：

1) 初始运用起调水位205.00m蓄水拦沙和控制低水位205.00～215.00m调水，淤满205m以下库容17亿m^3。

2) 逐步抬高主汛期水位至主汛期限制水位254.00m，控制低壅水拦沙和调水调沙，形成坝前滩面高程为254.00m、河底高程为250.00m的高滩高槽淤积形态。

3) 利用2000～8000m^3/s大水流量逐步降低主汛期水位至正常死水位230.00m，下切河槽并调水调沙，形成坝前滩面高程为254.00m、河底平均高程为226.30m的高滩深槽形态，有效库容为51亿m^3，转入水库后期运用。

(2) 调节期11月1日至次年7月10日主要按防凌、供水、灌溉调节径流蓄水运用；发电主要进行调峰运行。前10年按分期移民水位265.00m限制运用，以后按正常蓄水位275.00m运用。

（3）水库后期运用时，在主汛期利用防洪限制水位 254.00m 以下至正常死水位 230.00m 之间的 10 亿 m^3 槽库容进行调水调沙和多年调沙运用；在调节期为高水位蓄水拦沙调节径流兴利运用。在多年调沙运用中水库有效库容在 44 亿～51 亿 m^3 间变化，水库兴利运用，平均按 46.5 亿 m^3 库容进行调节计算；特大洪水防洪运用按起调水位 254.00m 以上滩库容 41 亿 m^3 进行调洪计算，由此算得 1000 年一遇设计洪水位为 274.00m，10000 年一遇校核洪水位为 275.00m。对于 10000m^3/s 以下一般洪水，利用高程 254.00m 以下槽库容进行控制运用。

2.4.1.5 水库调水调沙运用方式

小浪底水库初期和后期运用，主汛期以调水为主的调水调沙运用方式为：拦调来水流量在 2000m^3/s 以下小水，泄放来水流量在 2000m^3/s 以上的大水，即：①提高枯水流量。来水流量小于 400m^3/s 时，补水流量按 400m^3/s 下泄。②泄放小水流量。来水流量为 400～800m^3/s 时，按来水流量下泄。③避免平水流量下泄。来水流量为 800～2000m^3/s 时，按 800m^3/s 流量下泄，水库蓄水，控制调蓄水量不大于 3 亿 m^3（实际操作短时不大于 4 亿 m^3）。④泄放大水流量。来水流量为 2000～8000m^3/s 时，按来水流量泄流排沙：此时若有前期蓄水体，在相应库水位下的前期蓄水体内按来水流量泄流排沙；若无前期蓄水体，则在相应库水位下按来水流量敞泄排沙。⑤调节削减对下游河道有不利的高含沙洪水。⑥滞蓄洪水。来水流量为 8000～10000m^3/s 时，按 8000m^3/s 下泄；来水流量大于 10000m^3/s 时，按下游防洪调蓄运用。⑦主汛期拦沙控制低壅水，提高排沙能力。当调蓄水量大于 3 亿 m^3 时，若来水流量小于 5000m^3/s，按 5000m^3/s 泄水造峰，若来水流量大于 5000m^3/s，按 8000m^3/s 泄水造峰，直至留蓄水量达到 1 亿 m^3 为止。

2.4.1.6 水库运用限制水位

（1）水库运用的各月限制水位。

1）主汛期 7—9 月拦沙和调水调沙运用限制水位为 254.00m，预留高程在 254.00m 以上库容 41 亿 m^3 备防洪运用。

2）10 月上半月预留后期洪水防洪库容为 25 亿 m^3，提前蓄水运用限制水位为 265.00m。

3）10 月下半月至 12 月蓄水位可至 275.00m。

4）12 月底预留防凌库容为 20 亿 m^3，蓄水运用限制水位为 267.00m。

5）1—2 月防凌蓄水位可至 275.00m。

6）3—6 月蓄水位可至 275.00m。

7）6 月底保留不大于 10 亿 m^3 蓄水量，于 7 月上旬补水供下游抗旱灌溉应用；7 月上旬遇黄河洪水时先泄空保留的蓄水量迎洪。

（2）在水库运用前 3 年，按分期移民限制调节期蓄水位不超过 265.00m（在土石坝安全运用条件下，初期运用水库蓄水位分期抬高）。

由上述水库运用方式可见，每年主汛期 7—9 月，在来水小于 2000m^3/s 时，一般为蓄水拦沙运用，控制低壅水，提高排沙能力，拦粗沙排细沙；在来水流量大于 2000m^3/s 时，一般为低壅水排沙和敞泄排沙，发挥下游河道大水输大沙能力；对下游防洪减淤不利的高含沙洪水，予以调节削减。因此，水库在主汛期是利用较短时间的大流量排沙，而更多的时间为小流量低壅水拦沙。在水库逐步抬高主汛期水位拦沙和调水调沙运用阶段，主汛期库水位以逐步升高为主，但水位有升降变化；在水库利用大水流量（大于 $2000m^3/s$）逐步降低水位冲刷和调水调沙运用阶段，主汛期水位以逐步下降为主，但水位有升降变化。在水库后期即正常运用时期，主汛期在 10 亿 m^3 槽库容内进行调水调沙运用，水位在 230.00～254.00m 间升降变化，平均水位为 245.00～246.00m。

在水库初期和后期运用，每年 10 月至次年 7 月上旬的调节期，均为抬高水位蓄水拦沙调节径流防凌、供水、灌溉和发电运用。

2.4.2 水库和下游河道泥沙冲淤计算方法

2.4.2.1 三门峡水库泥沙冲淤计算方法（潼关—大坝段的库区）

小浪底水库的入库水沙主要来自三门峡水库的出库水沙，小浪底水库与三门峡水库联合防洪、防凌、减淤和兴利调节运用，所以要进行三门峡水库和小浪底水库联合运用的泥沙冲淤计算。现简要说明三门峡水库潼关以下库区泥沙冲淤计算方法及验证情况（计算方法用粒径计法颗粒分析资料，下同）。

1. 潼关水位计算

潼关水位流量关系在不受三门峡水库回水影响时，主要与本断面形态、本断面冲淤及潼关以下库区冲淤有关。依据水库 1974 年“蓄清排浑”运用以来的资料，建立潼关水位流量关系式

$$H = A\lg Q + B + 0.36\sum\Delta V_s \qquad (2.4-1)$$

式中：H 为潼关水位，m；Q 为潼关流量，m^3/s；$\sum\Delta V_s$ 为水库 1974 年“蓄清排浑”运用以来，潼关以下库区冲淤平衡河底线以上河槽累计淤积量，亿 m^3；A、B 为系数与常数，见表 2.4-1。

表 2.4-1　　潼关水位关系式中的系数与常数

时　段	A	B
5—7 月	1.5893	322.63
8 月至次年 1 月	1.9383	321.09
2—4 月	1.7882	321.76

例如，当潼关以下库区冲淤平衡河底线以上河槽内无淤积时，在流量 $1000m^3/s$ 时，潼关断面平衡水位为 326.90m；之后进入非汛期，因小北干流“清水”冲刷，潼关河床淤积，在流量 $1000m^3/s$ 时，水位升为 327.10～327.40m；进入汛期，泥沙在小北干流淤积，潼关河床冲刷，在流量 $1000m^3/s$ 时水位降为 326.90m，年内周期性变化，相对平衡。小北干流为堆积性游荡型河道，河道宽阔，游荡摆动淤积范围大，河床淤高，并向上游淤积延伸和向下游淤积发展，但对潼关断面及潼关以下影响显著变小，加之渭河来水有利时冲刷潼关及以下河床。所以，在无三门峡水库运用的淤积影响条件下，潼关断面相对平衡，从长期讲，河床和水位有轻微的缓慢升高。

2. 壅水排沙计算

三门峡水库全沙排沙分敞泄排沙和壅水排沙两种类型，壅水排沙包含明流排沙和异重

流排沙两种流态。

(1) 汛期（按日计算）。汛期壅水排沙计算判别指标如下：

水库未形成高滩深槽形态时，当壅水指标 $Z>1.8\times10^4$ 时，按壅水排沙计算；水库形成高滩深槽后，当壅水指标 $Z>2.5\times10^4$ 时，按壅水排沙计算。计算公式为

$$\eta=a\lg Z+b \tag{2.4-2}$$

其中

$$Z=\frac{Q_{入}V_{中}}{Q_{出}^2}$$

式中：η 为排沙比，当 $Q_{出}>Q_{入}$ 时，按 $\eta=Q_{s出}/Q_{s入}$ 计算，$\rho_{出}=Q_{s出}/Q_{出}$；当 $Q_{出}\leqslant Q_{入}$ 时，按 $\eta=\rho_{出}/\rho_{入}$ 计算，$Q_{s出}=Q_{出}\rho_{出}$；Z 为壅水指标；$V_{中}$ 为计算时段中间的蓄水容积，m^3；$Q_{入}$、$Q_{出}$ 分别为入库、出库流量，m^3/s；$\rho_{出}$、$\rho_{入}$ 分别为出库、入库含沙量，kg/m^3；$Q_{s出}$、$Q_{s入}$ 分别为出库、入库输沙率，t/s；a、b 分别为系数、常数，在库区有高滩深槽库容形态和无高滩深槽库容形态的边界条件下，其值见表 2.4-2。

表 2.4-2　三门峡水库汛期壅水排沙关系式的系数与常数值表

壅水指标 Z		a	b
已形成高滩深槽时	$2.5\times10^4<Z<19\times10^4$	−0.8246	4.6265
	$Z\geqslant19\times10^4$	−0.0802	0.7034
未形成高滩深槽时	$1.8\times10^4<Z<15.2\times10^4$	−0.8232	4.5087
	$Z\geqslant15.2\times10^4$	−0.0769	0.6383

根据三门峡水库汛期排沙的资料，汛期排沙比 $\rho_{出}/\rho_{入}\geqslant0.07$，故当用式（2.4-2）计算时，若 $\rho_{出}/\rho_{入}<0.07$，则令 $\rho_{出}/\rho_{入}=0.07$。

(2) 非汛期。按月计算。非汛期壅水排沙计算判别指标：

当壅水指标 $Z\geqslant1.8\times10^4$ 时，按壅水排沙计算。计算公式为

$$\eta=-0.8232\lg Z+4.5087 \tag{2.4-3}$$

非汛期排沙比最小可以为零，水库下泄清水。

3. *敞泄排沙计算*

(1) 汛期。按日计算。敞泄排沙计算关系式为

$$Q_{s出}=1.15a\rho_{入}^{0.79}(Q_{出}i)^{1.24}/\omega_s^{0.45} \tag{2.4-4}$$

式中：$Q_{s出}$ 为出库输沙率，t/s；$Q_{出}$ 为出库流量，m^3/s；$\rho_{入}$ 为入库水流含沙量，kg/m^3；i 为库区水面比降；ω_s 为考虑含沙量影响的泥沙群体沉速，m/s；a 为系数，由库区冲淤平衡河底线以上的累计淤积量 $\sum\Delta V_s$ 及坝前河底下降幅度 Δh 确定。

关于 ω_s 的计算，可由潼关实测资料点绘 $(\omega_s/\omega)^{1/3}-\rho_{入}$ 关系和 $(\omega_s/\omega)^{1/3}-\rho_{入}/\omega_s^{1/2}$ 关系，建立 $\rho_{入}-\omega_s$ 曲线，由 $\rho_{入}$ 查得 ω_s，当 $\omega_s<5\times10^{-4}$m/s 时，取 $\omega_s=5\times10^{-4}$m/s。

Δh 由下式计算：

$$\Delta h = H_i - H_{i-1} - 1.2(h_i - h_{i-1})$$

其中

$$h = 1.2h_0$$

式中：h 冲刷漏斗进口水深；h_0 为库区河道水深；H 为坝前水位，m；i 为本时段；$i-1$ 为上时段。

敞泄排沙系数 a 计算：

1）当库区冲淤平衡河槽河底线以上累计淤积量 $\sum \Delta V_s \geqslant 0.5$ 亿 m³ 时：若 $\Delta h \geqslant 0$，则 $a=1.05$；若 $\Delta h \leqslant 0$，则 $a=1-0.2\Delta h$，当 $a<1.05$ 时，取 $a=1.05$。

2）当 $0 \leqslant \sum \Delta V_s < 0.5$ 亿 m³ 时：$a=1.00$。

3）当 -0.5 亿 m³ $\leqslant \sum \Delta V_s < 0$ 时：若 $\Delta h \leqslant 0$，$a=0.95$；若 $\Delta h > 0$，$a=1-0.1\Delta h$；当 $a<0.9$ 时，取 $a=0.90$。

4）当 -0.5 亿 m³ $> \sum \Delta V_s \geqslant -1$ 亿 m³ 时：若 $\Delta h \leqslant 0$，$a=0.85$，若 $\Delta h > 0$，$a=1-0.1\Delta h$；当 $a>0.8$ 时，取 $a=0.80$。

5）当 $\sum \Delta V_s < -1.0$ 亿 m³ 时：若 $\Delta h \leqslant 0$，$a=0.75$；若 $\Delta h > 0$，$a=0.70$。

（2）非汛期。按月计算。敞泄排沙计算关系式为

$$\rho_{出} = K_P(\rho_{入}/Q_{入})^{0.84}(Q_{出i}) \tag{2.4-5}$$

式中：K_P 为排沙系数，由库区冲淤平衡河底线以上的累计淤积量确定，见表 2.4-3。

表 2.4-3　三门峡水库非汛期敞泄排沙系数 K_P

$\sum \Delta V_s$/亿 m³	K_P	$\sum \Delta V_s$/亿 m³	K_P
>3.2	4290	−0.8～0.8	3300
0.8～3.2	3800	<−0.8	2950

4. 库区淤积分布计算

库区淤积分布按下式计算：

$$B_i = \left(\frac{H_{坝} - H_{min}}{H_{max} + DH - H_{min}}\right)^{1.42} \tag{2.4-6}$$

式中：B_i 为淤积分配比，为计算时段分布在相应于坝前水位水平面以下的淤积量与计算时段总淤积量之比；$H_{坝}$ 为坝前水位，m；H_{max} 为已出现的坝前最高水位（含本时段），m；H_{min} 为冲淤分布最低高程，取 $H_{min}=297.00$m（坝前）；DH 为淤积末端高程与坝前最高水位的高差，m，DH 取值见表 2.4-4。

表 2.4-4　三门峡水库淤积分布计算式中 DH 值　单位：m

坝前平均最高水位	DH	坝前平均最高水位	DH
<310.00	3	320.00～325.00	6
310.00～315.00	4	>325.00	7
315.00～320.00	5		

5. 分组泥沙排沙计算

在全沙排沙计算出库输沙率后，进行分组泥沙出库输沙率计算。

将泥沙分成粗沙（$d>0.05$mm）、中沙（$d=0.025\sim0.05$mm）、细沙（$d<0.025$mm）3组。用三门峡水库1963—1981年资料及盐锅峡水库1964—1969年资料，建立分组泥沙出库输沙率计算关系式。

（1）粗沙出库输沙率。

当全沙排沙比 $Q_{s出}/Q_{s入}\geqslant1$ 时：

$$Q_{s出粗}=Q_{s入粗}\left(\frac{Q_{s出}}{Q_{s入}}\right)^{\frac{0.55}{P_{入粗}^{0.768}}} \tag{2.4-7}$$

当全沙排沙比 $Q_{s出}/Q_{s入}<1$ 时：

$$Q_{s出粗}=Q_{s入粗}\left(\frac{Q_{s出}}{Q_{s入}}\right)^{\frac{0.399}{P_{入粗}^{1.78}}}$$

当全沙排沙比 $Q_{s出}/Q_{s入}\leqslant0.05$ 时，取：$Q_{s出粗}=0$。

（2）中沙出库输沙率。

当全沙排沙比 $Q_{s出}/Q_{s入}\geqslant1.0$ 时：

$$Q_{s出中}=Q_{s入中}\left(\frac{Q_{s出}}{Q_{s入}}\right)^{\frac{0.02}{P_{入中}^{3.071}}} \tag{2.4-8}$$

当全沙排沙比 $Q_{s出}/Q_{s入}<1.0$ 时：

$$Q_{s出中}=Q_{s入中}\left(\frac{Q_{s出}}{Q_{s入}}\right)^{\frac{0.0145}{P_{入中}^{3.435}}} \tag{2.4-9}$$

（3）细沙出库输沙率。

$$Q_{s出细}=Q_{s出总}-Q_{s出粗}-Q_{s出中} \tag{2.4-10}$$

6. 计算方法验证计算

对上述三门峡水库的冲淤计算方法验算了1974—1981年共8年时间，结果见表2.4-5。可以看出，三门峡水库冲淤计算方法符合实际情况，验算结果良好，而且在逐月输沙率过程的验算中比较符合实际，故可应用。

表2.4-5　三门峡水库泥沙冲淤计算方法验算表　单位：亿t

年份	项目	7月		8月		9月		10月		7—10月	
		实测	计算	实测	计算	实测	计算	实测	计算	实测	计算
1974	出库沙量	0.85	1.14	3.16	3.23	0.71	0.73	1.77	1.27	6.49	6.37
	冲淤量	−0.05	−0.28	−0.11	−0.16	0.04	0.02	−0.64	−0.26	−0.76	−0.68
1975	出库沙量	4.45	4.81	3.00	3.44	3.33	2.84	2.35	2.16	13.13	13.25
	冲淤量	−1.58	−1.86	−0.35	−0.69	−0.36	0.01	0.07	0.21	−2.22	−2.33
1976	出库沙量	1.92	1.88	3.99	4.61	4.09	3.46	0.83	0.79	10.83	10.74
	冲淤量	−0.93	−0.90	0.20	−0.27	−1.04	−0.56	−0.07	−0.04	−1.84	−1.77
1977	出库沙量	8.72	8.79	10.85	9.63	0.86	1.51	0.13	0.30	20.56	20.23
	冲淤量	−0.12	−0.17	0.10	1.04	0.06	−0.44	0.05	−0.08	0.09	0.35

续表

年份	项目	7月		8月		9月		10月		7—10月	
		实测	计算	实测	计算	实测	计算	实测	计算	实测	计算
1978	出库沙量	6.61	6.62	2.49	2.45	4.47	4.89	0.73	0.78	14.30	14.74
	冲淤量	−0.83	−0.84	−0.10	−0.07	−0.64	−0.96	0.08	0.05	−1.49	−1.82
1979	出库沙量	2.32	1.95	6.58	8.09	1.64	1.56	0.87	0.69	11.41	12.29
	冲淤量	−0.61	−0.32	−0.41	−1.58	−0.25	−0.19	−0.13	0	−1.40	−2.09
1980	出库沙量	3.08	3.47	2.35	2.47	0.88	0.82	0.54	0.57	6.85	7.33
	冲淤量	−0.99	−1.29	−0.63	−0.72	−0.16	−0.11	0.09	0.07	−1.69	−2.05
1981	出库沙量	3.99	4.02	3.76	4.47	3.87	3.08	2.26	1.46	13.88	13.03
	冲淤量	−0.83	−0.85	−0.29	−0.83	−0.80	−0.19	−0.65	−0.04	−2.57	−1.91
1974—1981合计	出库沙量	31.94	32.68	36.18	38.39	19.85	18.89	9.48	8.02	97.45	97.99
	冲淤量	−5.94	−6.51	−1.59	−3.28	−3.15	−2.42	−1.20	−0.09	−11.88	−12.30

7. 水库泥沙冲淤计算步骤

先进行潼关以上河段泥沙冲淤计算，接着进行潼关—大坝段的库区泥沙冲淤计算。

（1）2000年设计水平年代表系列1919—1975年计算龙门、河津、华县、洑头各站来水流量、输沙率、含沙量和粗沙、中沙、细沙输沙率。汛期逐日非汛期逐月计算。

（2）计算龙门站和河津站至潼关河段的泥沙冲淤变化及至潼关的流量、输沙率、含沙量。由龙门加河津输送至潼关的全沙输沙率按下式计算：

$$Q_{s龙+河\to潼}=KQ_{龙+河}^{m}\cdot S_{龙+河}^{n}b \tag{2.4-11}$$

式中：$Q_{s龙+河\to潼}$为龙门加河津输送至潼关的全沙输沙率，t/s；$Q_{龙+河}$为龙门加河津流量，m^3/s；$S_{龙+河}$为龙门加河津输沙率除以龙门加河津流量所得的含沙量；K为系数，由实测资料求得$K=7.87\times10^{-4}$；m、n分别为指数，由实测资料求得$m=1.072$，$n=0.89$；b为常数，水流不漫滩时b为1.0，水流漫滩后b为0.8。

（3）计算华县站和洑头站至潼关河段的泥沙冲淤及至潼关的流量、输沙率、含沙量和粗沙、中沙、细沙输沙率。由华县加洑头输送至潼关的全沙输沙率按下式计算：

$$Q_{s华+洑\to潼}=KQ_{华+洑}^{m}S_{华+洑}^{n}b \tag{2.4-12}$$

式中：$Q_{s华+洑\to潼}$为华县加洑头站输送至潼关的输沙率，t/s；$Q_{华+洑}$为华县加洑头流量，m^3/s；$S_{华+洑}$为华县加洑头站输沙率除以华县加洑头站流量所得的含沙量，kg/m^3；K为系数，由实测资料求得$K=6.7\times10^{-3}$；m、n分别为指数，由实测资料求得$m=0.81$，$n=0.92$；b为常数，水流不漫滩时b为1.0，水流漫滩后b为0.8。

（4）计算由黄河和渭河来至潼关的来水流量、输沙率、含沙量和粗沙、中沙、细沙输沙率。

（5）按照水库运用条件及壅水排沙和敞泄排沙的水沙运行状态，计算潼关—三门峡库区泥沙冲淤；出库流量、输沙率、含沙量；出库粗沙、中沙、细沙输沙率和粗沙、中沙、细沙含沙量；坝前水位，潼关水位。

（6）计算水库冲淤量及冲淤分布和修改库容曲线。

（7）进行下时段计算。

（8）分组泥沙计算：在进行全沙计算后，还要进行分组泥沙计算。先计算龙门、河津、华县、洑头各站的分组泥沙输沙率，计算式为

$$Q_{s分组}=KQ_{s全沙}^{m} \tag{2.4-13}$$

式中：$Q_{s全沙}$为全沙输沙率，t/s；m 为指数；K 为系数，各组泥沙的 m、K 值不同，由实测资料确定。

然后分别计算由龙门、河津站输送至潼关站的分组泥沙输沙率；由华县、洑头站输送至潼关的分组泥沙输沙率，计算式为

$$Q_{s(龙+河)\rightarrow潼分组}=KQ_{华+河}^{m}S_{(华+河)分组}^{n} \tag{2.4-14}$$

$$Q_{s(华+洑)潼分组}=KQ_{华+洑}^{m}S_{(华+洑)分组}^{n} \tag{2.4-15}$$

式中：系数 K、指数 m、n 均分别由实测资料确定。

最后，相加计算得潼关站的分组泥沙输沙率。

2.4.2.2 小浪底水库泥沙冲淤计算方法

小浪底水库泥沙冲淤计算的基本模式是根据三门峡、青铜峡、盐锅峡、刘家峡、官厅等水库资料以及水槽试验资料建立的。结合小浪底水库具体情况制定泥沙冲淤计算方法如下。

1. 排沙方式的判别

小浪底水库的排沙方式包括壅水排沙和敞泄排沙两种类型。排沙方式判别指标见表2.4－6。

表2.4－6 小浪底水库排沙方式判别指标

水库运用时期	壅水指标 $Z=\dfrac{Q_{入}V_{中}}{Q_{出}^{2}}$	排沙方式
拦沙期（库区未形成高滩深槽）	$Z\leqslant1.8\times10^{4}$	敞泄排沙
	$Z>1.8\times10^{4}$	壅水排沙
正常运用期（库区形成高滩深槽）	$Z\leqslant2.5\times10^{4}$	敞泄排沙
	$Z>2.5\times10^{4}$	壅水排沙

2. 水库壅水排沙计算

按下式进行壅水排沙计算：

当 $Q_{出}<Q_{入}$ 时：
$$\rho_{出}/\rho_{入}=a\lg Z+b \tag{2.4-16}$$

当 $Q_{出}>Q_{入}$ 时：
$$Q_{s出}/Q_{s入}=a\lg Z+b \tag{2.4-17}$$

式中的 a、b 值见表2.4－7。

汛期按日计算，非汛期按月计算。

表 2.4-7　　小浪底水库壅水排沙关系式中的系数、常数值表

时段	水库运用时期	壅水指标	a	b
汛期（日计算）	拦沙期（未形成高滩深槽）	$Z<15.2\times10^4$	−0.8232	4.5087
		$Z\geqslant15.2\times10^4$	−0.0769	0.6383
	正常运用期（形成高滩深槽）	$Z<19.0\times10^4$	−0.8246	4.6265
		$Z\geqslant19.0\times10^4$	−0.0802	0.7034
非汛期（月计算）	拦沙期和正常运用期	$Z>1.8\times10^4$	−0.8232	4.5087

3. 水库壅水排沙的调水调沙计算

小浪底水库的一个重要作用是调水调沙，要在水库壅水排沙运用中进行调水调沙，解决水库拦粗沙排细沙过程中的合理拦沙问题，并要使出库的流量含沙量及泥沙组成的水沙组合满足下游河道输沙减淤要求。为此，要进行水库壅水排沙的调水调沙计算。

（1）控制水库全沙排沙比的出库流量、含沙量计算。根据水库拦粗沙排细沙和下游河道输沙减淤的要求，提出需要水库控制的全沙排沙比的壅水指标，计算出库流量和出库含沙量。

（2）控制水库分组泥沙排沙比的水库全沙排沙比计算。根据下游河道粗沙、中沙、细沙的分组泥沙挟沙力关系，计算下游河道可以输沙的流量和分组泥沙含沙量，求得出库流量分组泥沙输沙率。根据入库流量分组泥沙输沙率和出库流量分组泥沙输沙率，计算出库流量分组泥沙排沙比。根据分组泥沙排沙比和全沙排沙比关系，计算水库要控制的全沙排沙比。

4. 敞泄排沙计算

小浪底水库的敞泄排沙关系式：

$$Q_{s出}=1.15a\rho_{入}^{0.79}(Q_{出}\ i)^{1.24}/\omega_s^{0.45} \tag{2.4-18}$$

式中：a 值按表 2.4-8 采用。

表 2.4-8　　小浪底水库敞泄排沙关系式中 a 值表

水库运用阶段	$Q_{入}$/(m³/s)	系数 a
拦沙期（未形成高滩深槽）	≤2000	1.00
	>2000	1.05
正常运用期（形成高滩深槽）	≤2000	1.00
	2000～3000	1.05
	3000～4000	1.10
	>4000	1.15

5. 泥沙群体沉速计算

根据潼关水文站、三门峡水文站资料建立混合沙的中数粒径的清水沉速计算式：

当水温为 25～30℃时：

$$\omega=0.208d_{50}^{1.24} \tag{2.4-19}$$

当水温为 20～25℃时：

$$\omega=0.21d_{50}^{1.3} \tag{2.4-20}$$

其他水温条件下的 ω 值，可由实测资料点绘关系求得。

泥沙群体沉速由沙玉清公式计算：

$$\omega_s=\omega(1-0.5S_v/\sqrt{d_{50}})^3 \tag{2.4-21}$$

$$S_v=\frac{\rho}{\gamma_s}$$

式中：S_v 为体积百分比含沙量；ρ 为混合表达形式含沙量，kg/m^3；γ_s 为泥沙的容重，$\gamma_s=2650\sim2700$kg/m^3，此处，按 $\gamma_s=2700$kg/m^3 计；ω_s、ω 分别为按悬移质泥沙中数粒径计算的泥沙群体沉速及泥沙清水沉速，m/s；d_{50} 为悬移质泥沙中数粒径，mm。

6. 三门峡出库泥沙中数粒径 d_{50} 计算

小浪底入库泥沙即为三门峡出库泥沙，因此要计算三门峡出库泥沙中数粒径。

当水库排沙比 $\eta=\dfrac{Q_{s出}}{Q_{s入}}\geqslant1.0$ 时：

$$d_{50出}=d_{50入}\left(\frac{Q_{s出}}{Q_{s入}}\right)^{5.7\times10-8/d_{50入}^{4.625}} \tag{2.4-22}$$

当水库排沙比 $\eta=\dfrac{Q_{s出}}{Q_{s入}}<1.0$ 时：

$$d_{50出}=d_{50入}\left(\frac{Q_{s出}}{Q_{s入}}\right)^{107.3d_{50入}^{1.27}} \tag{2.4-23}$$

式中：$d_{50入}$ 为潼关入库悬移质泥沙中数粒径，mm。

7. 潼关入库悬移质泥沙中数粒径计算

$$d_{50入}=\left\{\frac{S_{v入}}{2\left[1-\left(\dfrac{\omega_s}{\omega}\right)\right]^{1/3}}\right\}^2 \tag{2.4-24}$$

式中：$S_{v入}$ 为潼关入库含沙量（以体积比计）。

8. 淤积分布计算

淤积分配比：

$$B_i=\left(\frac{H_{坝}-H_{\min}}{H_{\max}+DH-H_{\min}}\right)^m \tag{2.4-25}$$

指数：

$$m=0.485n^{1.16} \tag{2.4-26}$$

式中：n 值由小浪底水库各时段的库容曲线形态方程确定；DH 值由小浪底水库淤积分布形态确定。

$$\frac{\Delta V_x}{\Delta V_{\max}}=\left(\frac{H_{坝}-H_{\min}}{H_{\max}-H_{\min}}\right)^n \tag{2.4-27}$$

式中：ΔV_x 为坝前水位 $H_{坝}$ 以下的容积，m^3；$\Delta V_{\max}$ 为坝前最高水位 $H_{\max}$ 以下的容积，m^3；$H_{\min}$ 为库容零的高程，m。

9. 小浪底出库分组泥沙输沙率计算

小浪底出库分组泥沙输沙率计算方法与三门峡水库计算方法相同。

10. 小浪底水库泥沙冲淤计算的步骤

（1）进行潼关以上黄河小北干流（龙门—潼关河段）和渭河下游（华县—潼关河段）、

潼关—三门峡库区、三门峡—小浪底库区、小浪底—黄河下游（小浪底—利津河段）的泥沙冲淤计算。

（2）进行库区和河道的泥沙冲淤计算后，再进行小浪底水利枢纽泄水建筑物和水电站的分流分沙计算及电能计算。

（3）根据小浪底水利枢纽工程泄水建筑物和水电站的分流分沙计算结果，进行泄水孔口前和坝区的冲刷漏斗形态计算、泄水孔口防淤堵和机组防沙计算。

（4）根据小浪底水库淤积量和冲淤分布计算结果，计算小浪底库区干流、支流淤积形态、坝前淤积高程的变化过程、水库水面线。

2.4.2.3 黄河下游河道冲淤计算方法

黄河下游河道冲淤计算方法是在分析大量实测资料的基础上建立的，包括三门峡建库前及建库后不同来水来沙条件不同河床变形的资料，范围广泛，可以应用于小浪底水库不同运用阶段黄河下游河道的冲淤计算。

1. 黄河下游河道泥沙冲淤计算方法的特点

（1）根据黄河下游河道河型和形态的特点，将黄河下游河道分为铁谢—花园口、花园口—高村、高村—艾山、艾山—利津 4 个河段。黄河下游河道的来水来沙条件为小浪底、黑石关、小董三站来水来沙之和。小浪底—白坡河段是黄河最下一个峡谷河段的出山河段，为砂卵石河床江心洲型山区河流，基本上无单向性淤积抬高河床现象，仅有年内和多年内河床冲淤变化，故黄河下游泥沙冲淤计算则按铁谢—花园口—高村—艾山—利津分 4 个河段进行。各河段冲淤量为河段进出口断面输沙量之差，并扣除沿程引水的引沙量。

（2）考虑滩、槽水沙横向交换，考虑破除生产堤，分滩地和主槽两部分计算。

（3）区分滩槽水沙运动，当来水流量小于平滩流量时，只进行河槽输水输沙计算，沿程各断面流量不考虑槽蓄作用，按稳定流计算。当来水流量大于平滩流量时，考虑槽蓄作用，进行漫滩洪水演进计算。

（4）洪水漫滩，分别进行滩、槽水力学及泥沙力学计算，进行滩地和河槽流量分配及分沙与输沙计算。

（5）时间步长汛期按天计算，非汛期按月。

2. 黄河下游河道河道输沙计算公式

黄河下游河道输沙公式是基于实测资料的经验参数公式，在无小浪底水库仅有三门峡水库条件下，其基本模式采用黄河水利科学研究院研究的基本模式；但考虑小浪底水库运用后，因对下游河道发生河床形态调整，使无小浪底水库时的宽浅、散乱河床形态较快地调整为相对窄深、规顺的河床形态，从而使水流挟沙力有一定的提高。经分析，按平均挟沙力提高 3.75%，在输沙公式中引入挟沙力调整系数 1.0375。对实测资料采用黄委水文局提供的输沙率资料改正系数进行修正，用修正后的资料求得各河段全沙输沙公式。黄河下游各河段河道输沙公式见表 2.4-9。

3. 黄河下游河道河床变形计算

黄河下游河床变形计算基于 3 个基本方程，即

水流连续方程

$$\frac{\partial Q}{\partial x}+\frac{\partial A}{\partial t}=0 \tag{2.4-36}$$

表 2.4-9　　黄河下游各河段河道输沙公式

时段	河　段	公　式
汛期（按日计算）	铁谢—花园口	$Q_s=0.000675Q^{1.257}e^{0.575\rho^{0.349}}e^{0.0929\Sigma\Delta W_s}X_d^{0.8331}$ (2.4-28)
	花园口—高村	$Q_s=0.0003115Q^{1.223}\rho^{0.7817}e^{0.0205\Sigma\Delta W_s}$ (2.4-29)
	高村—艾山	$Q_s=0.00046Q^{1.1316}\rho^{0.9209}e^{0.0205\Sigma\Delta W_s}$ (2.4-30)
	艾山—利津	$Q_s=0.00035Q^{1.122}\rho^{0.976}e^{0.0381\Sigma\Delta W_s}$ (2.4-31)
非汛期（按月计算）	铁谢—花园口	$W_s=5.63\times10^{-14}\ [\ln(100W)]^{14.073}$ (2.4-32)
	花园口—高村	$W_s=1.033\times10^{-13}\ [\ln(100W)]^{13.96}$ (2.4-33)
	高村—艾山	$W_s=0.00082W^{1.14}\rho^{0.88}$ (2.4-34)
	艾山—利津	$W_s=0.00036W^{1.3}\rho^{0.92}$ (2.4-35)

注　式中：Q_s 为计算河段出口断面输沙率，t/s；Q 为计算河段出口断面流量，m^3/s；ρ 为计算河段进口断面含沙量，kg/m^3；X_d 为计算河段进口断面粒径小于 0.05mm 之沙重占总沙重的百分数；$\Sigma\Delta W_s$ 为计算河段从计算开始后起算的河槽累计冲淤量，亿 t；W_s 为计算河段出口断面月输沙量，亿 t；W 为计算河段出口断面月径流量，亿 m^3。

水流动量方程
$$v\frac{\partial v}{\partial x}+\frac{\partial v}{\partial t}+g\frac{\partial h}{\partial x}+g\frac{\partial y}{\partial x}+g\frac{v^2}{C^2R}=0 \tag{2.4-37}$$

泥沙平衡方程
$$\frac{\partial Q_s}{\partial x}+\gamma_0 B\frac{\partial Z}{\partial t}=0 \tag{2.4-38}$$

式中：Q 为流量，m^3/s；A 为过水断面面积，m^2；h 为水深，m；y 为河床变形厚度，m；v 为断面平均流速，m^3/s；g 为重力加速度；R 为水力半径，m；C 为谢才系数；Q_s 为输沙率，t/s；x 为水流方向距离；t 为时间，s；Z 为河床高程，m；B 为水面宽/m；γ_0 为淤积土干容重，t/m^3。

（1）沿程各断面流量的推求。已知小浪底（三门峡）及下游伊洛河、沁河来水条件，由下游河道起始河床边界条件确定起始平滩流量 Q_0，当来水流量小于 Q_0 时，槽蓄量小，流量持续时间长，故只进行主河槽输沙计算。按稳定流计算。此时水量平衡方程为

$$Q_2=Q_1+Q_{支}-Q_{引} \tag{2.4-39}$$

式中：Q_1、Q_2 为计算河段进出口断面流量，m^3/s；$Q_{支}$ 为支流入汇流量，m^3/s；$Q_{引}$ 为引水流量，m^3/s。

当来水流量大于 Q_0 时，槽蓄量大，需进行洪水演进计算，用马斯京根洪水演进公式计算：

$$Q_{22}=C_0Q_{12}+C_1Q_{11}+C_2Q_{21} \tag{2.4-40}$$

式中：流量的第一下角标为断面号；第二下角标为时段序号；C_0、C_1、C_2 为洪水演进系数，由黄河下游实测洪水资料求得，见表 2.4-10。

根据河道特性，孙口以下河段不做洪水演进计算。

（2）滩槽水力学计算。由洪水演进求得沿程各断面过流量后，若洪水漫滩，则需进行滩地和河槽流量分配及相应的水力学计算。

$$Q=Q_p+Q_n=\frac{B_pJ_p^{1/2}}{n_p}(H_n+\Delta H)^{5/3}+\frac{B_nJ_n^{1/2}}{n_n}H_n^{5/3} \tag{2.4-41}$$

表 2.4-10　　　　黄河下游各河段洪水演进系数表

河　段	C_0	C_1	C_2
铁谢—花园口	0.121	0.649	0.230
黑石关—花园口	0.033	0.806	0.161
花园口—高村	0.230	0.690	0.080
高村—孙口	0.131	0.478	0.391
孙口以下	0	1.0	0

式中：Q 为计算河段全断面过流量，m^3/s；Q_p、Q_n 为河槽及滩地过流量，m^3/s；H_n 为滩地水深，m；B_p、B_n 为河槽及滩地水面宽，m；J_p、J_n 为河槽及滩地纵比降；n_p、n_n 为河槽及滩地糙率系数；ΔH 为初始滩槽高差，m，计算中不断调整。

由式（2.4-41）试算求得滩地水深 H_n，代入上式右边第二项求得滩地流量 Q_n，再由总的流量中扣除 Q_n 即得河槽流量 Q_p。

（3）滩槽分沙计算。采用漫滩洪水实测资料分析确定河槽含沙量 ρ_P 与入滩水流含沙量 ρ_n 之比 K：

高村以上宽浅河段　　$K=\frac{\rho_p}{\rho_n}=1.5$

高村以下窄深河段　　$K=\frac{\rho_p}{\rho_n}=2$

已知进口断面输沙率 Q_s，则进口断面滩、槽输沙分配如下式：

$$Q_s=Q_{sp}+Q_{sn}=Q_{sp}\left(1+\frac{Q_n}{KQ_p}\right)=CQ_{sp}C=1+\frac{Q_n}{KQ_p} \tag{2.4-42}$$

已知滩槽流量分配后，又知滩槽含沙量之比 K 值，C 已确定，由此求得进入河槽输沙率 $Q_{sp}=Q_s/C$；进入滩地输沙率 $Q_{sn}=Q_s\left(1-\frac{1}{C}\right)$。

经过漫滩淤积后，由滩地返回河槽的水流含沙量直接采用挟沙力公式 $\rho_{*n}=0.22\left(\frac{vn^3}{gH_n\omega_n}\right)^{0.76}$ 计算。式中：v_n 为滩地平均流速，m/s；ω_n 为滩地淤积物平均沉速：高村以上河段 $\omega_n=0.00022$m/s；高村—艾山河段 $\omega_n=0.00025$m/s；艾山—利津河段 $\omega_n=0.00015$m/s。由此求得滩地返回河槽输沙率 $Q_{sn出}=Q_n\rho_{*n}$。

将上述出口断面河槽流量 Q_p、进口断面河槽来水含沙量 ρ_p 等代入河槽输沙计算公式，即得河段出口断面河槽输沙率 $Q_{sp出}$。

出口断面全断面输沙率为 $Q_{s出}=Q_{sp出}+Q_{sn出}$。

（4）滩、槽冲淤变形计算。由进出口断面输沙率求得河段冲淤量，由泥沙平衡方程式的差分式求得滩、槽淤积厚度：

$$\Delta Z_n=\Delta W_{sn}/A_n/\gamma_0$$

$$\Delta Z_p=\Delta W_{sp}/A_p/\gamma_0$$

式中：A_n、A_p 为滩、槽面积；γ_0 为淤积土干容重，采用 $1.4t/m^3$。

（5）计算方法验证计算。采用 1969 年 7 月—1989 年 6 月的三门峡、黑石关、武陟（小董）实测水沙过程进行冲淤计算方法的验算，结果见表2.4-11。由验算可见，下游河道汛期、非汛期和全年冲淤量的计算结果与实测过程符合较好。

表2.4-11　黄河下游河道泥沙冲淤计算方法验算表

年份	汛期		非汛期		全年	
	计算	实测	计算	实测	计算	实测
1969	5.75	6.07	0.61	1.10	6.36	7.17
1970	12.56	13.72	1.29	1.67	13.85	15.39
1971	17.75	19.11	1.27	1.00	19.02	20.11
1972	19.95	20.87	1.09	1.06	21.04	21.93
1973	24.86	24.88	0.18	0.16	25.04	25.04
1974	27.77	26.53	−0.74	−1.41	27.03	25.12
1975	28.10	28.41	−2.72	−3.59	25.38	24.82
1976	27.97	30.72	−3.68	−4.20	24.29	26.52
1977	37.37	40.39	−4.20	−4.71	33.17	35.68
1978	42.17	42.98	−5.16	−5.89	37.01	37.09
1979	46.07	45.74	−5.80	−6.59	40.27	39.15
1980	48.96	48.62	−6.16	−7.02	42.80	41.60
1981	49.87	49.66	−7.32	−8.08	42.55	41.58
1982	50.57	50.19	−8.53	−9.09	42.04	41.10
1983	49.91	50.24	−9.79	−10.30	40.12	39.94
1984	50.49	50.50	−11.23	−11.28	39.26	39.22
1985	52.51	51.87	−11.9	−11.73	40.61	40.14
1986	53.98	53.40	−12.21	−11.96	41.76	41.44
1987	55.29	54.73	−12.62	−12.35	42.67	42.37
1988	60.97	60.98	−13.17	−13.22	47.80	47.76
20年平均	3.049	3.049	−0.659	−0.661	2.390	2.388

注　表中数据负号"—"指冲刷。

2.4.3　水库防洪运用泥沙冲淤计算方法

2.4.3.1　水库防洪运用泥沙冲淤计算条件

（1）小浪底与三门峡水库联合防洪运用，对"上大型"洪水，三门峡水库先敞泄后控泄（达最高蓄洪水位后），小浪底水库控制下游洪水运用。

（2）在有小浪底水库控制运用条件下，三门峡水利枢纽工程可能再增建泄流设施，进一步扩大泄流规模，335.00m泄流量为15000m³/s，小浪底水库入库洪水和泥沙增大。

（3）考虑黄河上游龙羊峡和刘家峡水库的调节作用，减少日平均基流量2000m³/s，洪水期45d减少洪量77.8亿m³，但减少洪水期来沙量甚少，忽略不计。

（4）三门峡水库入库站（龙门、华县、河津、洑头，简称四站）洪水期45d的洪水洪量沙量为：10000 年一遇洪水洪量为 276.5 亿 m^3，沙量为 83.8 亿 t；1000 年一遇洪水洪量为 224 亿 m^3，沙量 67.1 亿 t；100 年一遇洪水洪量 174 亿 m^3，沙量 49.0 亿 t。

（5）小浪底水库防洪运用泥沙冲淤计算是由三门峡水库入库站龙门、华县、河津、洑头四站算起，经三门峡水库防洪运用的潼关以上库区和潼关以下库区的泥沙冲淤计算，由三门峡水库下泄洪水泥沙进到小浪底水库，然后进行小浪底水库防洪运用的泥沙冲淤计算。

2.4.3.2 三门峡水库防洪运用泥沙冲淤计算方法

三门峡水库库区包括潼关以上库区及潼关以下库区两部分。一般洪水下，三门峡水库滞洪，回水不影响潼关，潼关以上库区具有河道排沙特性。大洪水时，三门峡水库拦蓄洪水，回水超过潼关，潼关以上黄河小北干流及渭河、洛河下游部分河段处于回水影响范围之内。因此，三门峡水库泥沙冲淤计算考虑了三部分：龙门（黄河）、河津（汾河）、华县（渭河）、洑头（洛河）合称四站—潼关河段，潼关—三门峡大坝段，回水超过潼关后的潼关以上壅水区的冲淤计算。

1. 四站—潼关河段洪水泥沙冲淤计算方法

四站—潼关河段包括黄河小北干流及渭河、洛河下游河段。计算方法包括黄河小北干流及渭河、洛河下游两部分，基本形式如下：

龙门、河津—潼关 $$Q_{s潼1}=K_1Q_{龙河}^{\alpha_1}\rho_{龙河}^{\beta_1} \tag{2.4-43}$$

华县、洑头—潼关 $$Q_{s潼2}=K_2Q_{华洑}^{\alpha_2}\rho_{华洑}^{\beta_2} \tag{2.4-44}$$

式中：$Q_{龙河}$、$\rho_{龙河}$分别为龙门、河津两站的流量及含沙量；$Q_{华洑}$、$\rho_{华洑}$分别为华县、洑头两站的流量及含沙量；$Q_{s潼1}$为由龙门＋河津站输送至潼关断面的输沙率，t/s；$Q_{s潼2}$为由华县＋洑头站输送至潼关断面的输沙率，t/s；K_1、K_2、α_1、α_2、β_1、β_2分别为系数及指数，由实测资料率定，水流漫滩后，分别对 K_1 及 K_2 值乘以 0.8。

2. 潼关—三门峡库区防洪运用泥沙冲淤计算方法

三门峡水库排沙方式分壅水排沙及敞泄式排沙两种。考虑到小浪底水库与三门峡水库联合防洪运用，洪水挟带的悬移质泥沙组成对两库联合防洪运用的泥沙冲淤影响较大，在水库壅水排沙关系中需要有具体反映悬移质泥沙组成影响的因素。

（1）水库壅水排沙关系。

1）汛期。

a. 库区未形成高滩深槽时：

当$\dfrac{\gamma_m}{\gamma_s-\gamma_m}\dfrac{Q_{出}}{V}\dfrac{1}{\omega_s}\geqslant 3.8\times10^{-3}$时

$$\eta=\frac{\rho_{出}}{\rho_{入}}\left(或\frac{Q_{s出}}{Q_{s入}}\right)=0.4709\lg\left(\frac{\gamma_m}{\gamma_s-\gamma_m}\frac{Q_{出}}{V}\frac{1}{\omega_s}\right)+1.3397 \tag{2.4-45}$$

当$\dfrac{\gamma_m}{\gamma_s-\gamma_m}\dfrac{Q_{出}}{V}\dfrac{1}{\omega_s}<3.8\times10^{-3}$时

$$\eta=0.0997\lg\left(\frac{\gamma_m}{\gamma_s-\gamma_m}\frac{Q_{出}}{V}\frac{1}{\omega_s}\right)+0.4413 \tag{2.4-46}$$

b. 库区形成高滩深槽时：

当$\frac{\gamma_m}{\gamma_s-\gamma_m}\frac{Q_{出}}{V}\frac{1}{\omega_s}\geqslant 5\times 10^{-4}$时

$$\eta=0.4662\lg\left(\frac{\gamma_m}{\gamma_s-\gamma_m}\frac{Q_{出}}{V}\frac{1}{\omega_s}\right)+1.7389 \tag{2.4-47}$$

当$\frac{\gamma_m}{\gamma_s-\gamma_m}\frac{Q_{出}}{V}\frac{1}{\omega_s}<5\times 10^{-4}$时

$$\eta=0.1001\lg\left(\frac{\gamma_m}{\gamma_s-\gamma_m}\frac{Q_{出}}{V}\frac{1}{\omega_s}\right)+0.5304 \tag{2.4-48}$$

2）非汛期。非汛期有入库洪水蓄洪运用时，同一般蓄水运用，按下式计算壅水排沙：

$$\eta=0.471\lg\left(\frac{\gamma_m}{\gamma_s-\gamma_m}\frac{Q_{出}}{V}\frac{1}{\omega_s}\right)+1.2483 \tag{2.4-49}$$

式中：η 为排沙比，当 $Q_{出}\leqslant Q_{入}$ 时，$\eta=\frac{\rho_{出}}{\rho_{入}}$；当 $Q_{出}>Q_{入}$ 时，$\eta=\frac{Q_{s出}}{Q_{s入}}$；$Q_{入}$、$Q_{出}$分别为入库、出库流量，$m^3/s$；$\rho_{入}$、$\rho_{出}$分别为入库、出库含沙量，$kg/m^3$；$Q_{s入}$、$Q_{s出}$分别为入库、出库输沙率，t/s；$V$ 为水库蓄水容积，m^3；γ、γ_m、γ_s 分别为清水、浑水和泥沙容重，t/m^3；ω_s 为泥沙群体沉速，m/s。

（2）水库壅水排沙判别指标。

1）汛期。

a. 库区未形成高滩深槽时：当$\frac{\gamma_m}{\gamma_s-\gamma_m}\frac{Q_{出}}{V}\frac{1}{\omega_s}\leqslant 0.19$ 时为壅水排沙；否则为敞泄排沙。

b. 库区形成高滩深槽时：当$\frac{\gamma_m}{\gamma_s-\gamma_m}\frac{Q_{出}}{V}\frac{1}{\omega_s}\leqslant 0.026$ 时为壅水排沙；否则为敞泄排沙。

2）非汛期。当$\frac{\gamma_m}{\gamma_s-\gamma_m}\frac{Q_{出}}{V}\frac{1}{\omega_s}\leqslant 0.297$ 时为壅水排沙；否则为敞泄排沙。

（3）水库敞泄排沙关系：

$$Q_{s出}=K(\rho/Q)_{入}^{0.7}(Q_{出}i)^2 \tag{2.4-50}$$

式中：$Q_{入}$、$Q_{出}$分别为入库、出库流量，m^3/s；$\rho_{入}$为入库含沙量，kg/m^3；i 为水面比降；K 为敞泄排沙系数，反映库区河槽前期累计冲淤量和坝前河床升降幅度对敞泄排沙的影响，其值随库区河槽前期累计冲淤量和坝前河床升降幅度而调整变化。

（4）库容修改。在水库调节过程中，随着库区冲淤量及冲淤形态的变化，使各级水位高程的库容随之改变，因此，在每一计算时段末，对库容曲线要进行泥沙淤积后的修改。

某级水位高程以下库容的修改值：

$$DV_{si}=[(H_i-H_{\min})/(H_{\max}+DH_i-H_{\min})]^m V_{si} \tag{2.4-51}$$

式中：DV_{si}为某级水位高程以下库容的修改值，m^3，其中，正值为库容减少值，负值为库容增加值；H_i 为某级水位，m；$H_{\min}$为冲淤分布坝前最低高程，一般取 $H_{\min}=297.00$m；$H_{\max}$为已出现的坝前最高水位，m；DH 为淤积末端高程与已出现的坝前最高水位高程的差值，m，由实测资料分析，DH 值与坝前水位的关系见表 2.4-4；V_{si}为水库累计冲淤量，m^3，其中，淤积为正值，冲刷为负值；m 为水库淤积分布形态指数，分析三门峡水库蓄水、滞洪淤积分布形态资料，得 $m=2.74$。

(5) 淤积厚度计算。水库防洪运用的过程中，分别计算河槽和滩地的淤积量，不上滩时为河槽淤积，上滩时，滩槽均淤积。潼关及坝前断面的河槽及滩地淤积厚度计算方法如下。

1) 河槽淤积厚度。

潼关 $$\Delta Z_{潼}=0.87\frac{\sum\Delta V_{sc}}{A_c} \quad (2.4-52)$$

坝前 $$\Delta Z_{坝}=1.13\frac{\sum\Delta V_{sc}}{A_c} \quad (2.4-53)$$

2) 滩地淤积厚度

潼关 $$\Delta Z_{潼}=0.80\frac{\sum\Delta V_{st}}{A_t} \quad (2.4-54)$$

坝前 $$\Delta Z_{坝}=1.2\frac{\sum\Delta V_{st}}{A_t} \quad (2.4-55)$$

式中：$\sum\Delta V_{sc}$、$\sum\Delta V_{st}$分别为河槽及滩地累计淤积量，m^3；A_c、A_t 分别为河槽及滩地平面面积，m^2；$\Delta Z_{潼}$、$\Delta Z_{坝}$ 分别为潼关断面及坝前断面的河槽和滩地淤积厚度，m。

(6) 回水超过潼关后潼关断面输沙量的修正。当水库回水超过潼关，在潼关以上回水河段产生壅水作用，使排沙能力降低。应在计算出的龙门、华县、河津、洑头四站输送至潼关断面的输沙量基础上，增加一项潼关以上壅水河段壅水排沙和泥沙淤积量的计算，从而对潼关断面的输沙量进行修正，将计算的四站输送至潼关断面的输沙量减去潼关以上壅水河段的淤积沙量。

2.4.3.3 小浪底水库防洪运用泥沙冲淤计算方法

小浪底水库防洪运用泥沙冲淤计算方法同样分壅水排沙与敞泄排沙两种类型。

水库壅水排沙关系与三门峡水库采用的式 (2.4-45)～式 (2.4-49) 相同。每一计算时段末修改库容曲线，计算方法同式 (2.4-51)，式中的指数 m 值按式 (2.4-26) 和式 (2.4-27) 计算，DH 值由小浪底水库淤积分布形态确定。

2.4.4 三门峡水库防洪运用泥沙冲淤计算

对于三门峡以上发生的大洪水，三门峡水库先敞泄滞洪，达最高水位后，按来水流量控泄运用。洪水后，先于小浪底水库泄放蓄水量，小浪底水库控泄，最后小浪底水库逐步泄放蓄水量，在下游安全排泄。

三门峡库区淤积包括龙门、华县、河津、洑头四站至潼关河段及潼关至大坝段的库区两部分，1933 年型各频率洪水三门峡库区冲淤计算成果见表 2.4-12。潼关以上的淤积量包括了回水超过潼关的增淤量。

从表 2.4-12 中可以看出，频率为 1%、0.1%及 0.01%洪水，龙门、华县、河津、洑头四站至潼关河段淤积量分别为 8.36 亿 t、12.54 亿 t 及 23.68 亿 t，潼关至大坝段的库区分别淤积 4.14 亿 t、12.37 亿 t 及 22.03 亿 t，全库区淤积分别为 12.5 亿 t、25.11 亿 t、45.71 亿 t。100 年一遇洪水坝前最高蓄水位 325.33m，最大蓄水量约 17 亿 m^3，回水未超过潼关，对潼关以上河道的输沙无影响，1000 年一遇洪水坝前最高水位 330.75m，最大

表 2.4-12　　1933 年型各频率洪水三门峡库区冲淤计算成果表（45d）

洪水频率/%	沙量/亿 t			淤积量/亿 t			坝前最高水位/m	河槽淤积/亿 t		滩库容损失/亿 m³		
	四站	潼关	三门峡	四站—潼关	潼关—三门峡	全库		四站—潼关	潼关—三门峡	四站—潼关	潼关—三门峡	全库
1	49.00	40.64	36.50	8.36	4.14	12.5	325.33	4.13	0.74	3.02	2.43	5.45
0.1	67.09	54.55	42.18	12.54	12.37	24.91	330.75	5.93	3.79	4.72	6.13	10.85
0.01	83.83	60.15	38.12	23.68	22.03	45.71	334.45	8.01	9.81	11.19	8.73	19.92

注　三门峡库区淤积物固结后滩地淤积土干容重按 1.4t/m³ 计。

蓄水量为 34 亿 m³，回水超过潼关，对潼关以上河道的输沙有影响，10000 年一遇洪水坝前最高水位达 334.45m，最大蓄水量约 53 亿 m³，回水远超过潼关。且高水位历时长，对潼关以上河道输沙有较大的影响，据估算，潼关以上河道多淤积 7 亿 t 左右。

上述 100 年、1000 年、10000 年一遇洪水潼关以下库区分别淤积损失滩库容为 2.43 亿 m³、6.13 亿 m³ 及 8.7 亿 m³，潼关以上库区分别淤积损失滩库容为 3.02 亿 m³、4.72 亿 m³ 及 11.19 亿 m³，全库区分别淤积损失滩库容为 5.45 亿 m³、10.85 亿 m³ 和 19.92 亿 m³。

由此可见，1933 年型 100 年一遇以上洪水，对三门峡水库淤积损失滩库容较大，洪水越大，损失滩库容越多。在槽库容内淤积的泥沙也多，上述 100 年、1000 年、10000 年一遇洪水在槽库容内淤积分别为 4.87 亿 t、9.72 亿 t 和 17.82 亿 t，洪水后冲刷河槽淤积物亦需要多年时间。所以，如果发生 1933 年型 100 年一遇以上洪水，三门峡水库的洪水淤积影响较大，洪水越大，影响越大。需要指出，这是考虑了三门峡水库工程再增泄流设施，使水位 335m 的泄流能力达到 15000m³/s 条件的计算结果，如果按现状泄流能力，水库防洪运用的泥沙淤积影响还将增大。

2.4.5　小浪底水库防洪运用泥沙冲淤计算

小浪底水库后期与三门峡水库联合防洪运用，1933 年型各频率洪水小浪底库区泥沙冲淤计算成果见表 2.4-13。

表 2.4-13　　1933 年型各频率洪水小浪底库区泥沙冲淤计算成果表（45d）

频率/%	输沙量/亿 t				淤积量/亿 t		滩库容损失/亿 m³
	三门峡出库	三门峡—小浪底区间	小浪底入库	小浪底出库	全断面	河槽	
1	36.50	0.22	36.72	27.67	9.05	6.52	1.95
0.1	42.18	0.31	42.49	30.45	12.04	7.42	3.55
0.01	38.12	0.32	38.44	24.12	14.32	7.45	5.28

由表 2.4-13 可见，小浪底水库 1933 年型 100 年一遇洪水库区淤积 9.05 亿 t，其中在槽库容内淤积 6.52 亿 t，滩地淤积 2.53 亿 t，1000 年一遇洪水库区淤积 12.04 亿 t，其中槽库容内淤积 7.42 亿 t，滩地淤积 4.62 亿 t，10000 年一遇洪水库区淤积 14.32 亿 t，其中河槽淤积 7.45 亿 t，滩地淤积 5.28 亿 t。由于三门峡水库位居上游蓄洪拦沙，大量泥沙在三门峡水库淤积，排入小浪底水库的泥沙显著减少，颗粒组成亦较细，所以小浪底水

库防洪运用的泥沙淤积量较少。1933年型100年一遇、1000年一遇、10000年一遇洪水，淤积损失滩库容分别为1.95亿m^3、3.55亿m^3和5.28亿m^3。这是考虑了三门峡工程再增泄流设施的情形。如果按三门峡水库现状泄流能力，则小浪底水库防洪运用泥沙淤积影响将进一步减小。槽库容内分别淤积泥沙6.52亿t、7.42亿t、7.45亿t，将在洪水后逐步冲刷出库。

小浪底水库后期运用在遇到1933年型100年一遇洪水的防洪运用，淤积损失滩库容1.95亿m^3后，小浪底水库在正常死水位230.00m以上仍有有效库容49.05亿m^3，可以满足防洪、防凌、调水调沙减淤运用和兴利调节运用的要求。在遇到1933年型1000年一遇洪水或10000年一遇洪水的防洪运用，淤积损失滩库容3.55亿m^3或5.28亿m^3后，水库有效库容分别为47.45亿m^3或45.72亿m^3，可以满足防洪、防凌和兴利调节运用的要求，但是供主汛期调水调沙和多年调沙运用的库容减少了。此时可以将水库死水位分别降低至225.00m或220.00m，增大有效库容至52亿m^3左右，保持调水调沙和多年调沙库容10亿m^3，继续保持水库调水调沙和多年调沙运用对黄河下游河道的减淤作用。

2.4.6 水库联合防洪运用后冲刷恢复槽库容计算

对于1933年型100年一遇、1000年一遇、10000年一遇洪水，三门峡水库和小浪底水库联合防洪运用，三门峡水库的槽库容内淤积分别为4.87亿t、9.72亿t和17.82亿t，小浪底水库的槽库容内淤积分别为6.52亿t、7.42亿t和7.45亿t。三门峡水库潼关以上黄河小北干流库区和渭河下游库区的河槽淤积物冲刷较慢，潼关以下河槽淤积物冲刷较快。防洪运用后，三门峡水库继续“蓄清排浑”运用，汛期控制305m水位冲刷排沙，非汛期仍蓄水拦沙兴利调节运用。经计算，在2000年设计水平年的来水来沙条件下，约经过2～3年的汛期可以冲刷完100年一遇洪水河槽淤积物，而1000年一遇洪水河槽淤积物则要经过5～6年的汛期冲完，10000年一遇洪水河槽淤积物要经过10年以上的汛期冲完，后续影响时间较长。小浪底水库经1933年型100年一遇、1000年一遇、10000年一遇洪水淤积后，滩地和河槽淤高，坝前滩面高程从洪水前的254.00m分别淤高约2m、3m、4m，由254.00m升至256.00m、257.00m、258.00m。因粗泥沙大部分在上游三门峡水库淤积，所以在小浪底水库的槽库容内淤积物颗粒组成比三门峡水库槽库容内的淤积物级配组成要细，且洪水后小浪底水库降低水位幅度大，冲刷比降大，河宽较窄，较易冲刷。但是，为了不使黄河下游河道发生严重淤积，要求小浪底水库控制在来水2000m^3/s以上流量冲刷，不使用2000m^3/s以下平水和小水流量冲刷，而且要将三门峡水库汛期在流量2000m^3/s以下冲刷下来的槽库容内淤积物进行反调节，拦淤在小浪底水库槽库容内，等待2000m^3/s以上流量冲刷出库，这样对黄河下游河道输沙减淤有利，延长了小浪底水库冲刷恢复槽库容的时间。这是小浪底水库的长处和优点。小浪底水库即使在槽库容内淤积物无冲刷的形势下扣除滩库容损失1.95亿m^3、3.55亿m^3、5.28m^3后，仍保持最小有效库容44亿m^3、42亿m^3、40亿m^3，可以继续进行防洪、防凌和兴利调节运用，有条件在水库调水调沙运用中逐渐利用主汛期2000m^3/s以上流量冲刷恢复槽库容。据估算，在纳入水库调水调沙运用正常调度下，分别在4～5年、6～7年和10～11年内小浪底水库可冲刷恢复槽库容。

2.4.7 小浪底水库初期防洪运用淤积分析计算

在小浪底水库初期拦沙运用中，若发生 100 年一遇以上大洪水，因为水库库容大，可以提供更多的库容供联合防洪运用，并减轻三门峡水库防洪运用负担。只是加快小浪底水库初期拦沙运用淤积进程，缩短水库初期拦沙运用时间，更加发挥了小浪底水库防洪、减淤巨大效益。至于下大型洪水，因洪水来沙量显著减少，故水库防洪运用的淤积显著减少。

例如，若遇 1958 年型 10000 年一遇洪水，则坝前滩面高程由洪水前的 254.00m 升高至 255.80m，滩库容损失 1.1 亿 m^3；在槽库容内的淤积物则于洪水后逐步冲刷出库，有效库容损失很少。故下大型洪水的水库淤积不作为设计控制条件，而以上大型洪水的水库淤积为设计控制条件。小浪底水库初期运用时，由于水库采取逐步抬高主汛期水位控制低壅水 3 亿 m^3 库容拦沙和调水调沙运用，水库由低而高和由下而上逐步发展为锥体淤积，按每年的坝前淤积面高程以上蓄水 3 亿 m^3 相应的库水位作为每年的防洪起调水位，因此每年的 3 亿 m^3 蓄水水位即为每年的主汛期限制水位。随着水库坝前淤积面的逐步升高，汛期限制水位随着逐步升高，当水库初期运用坝前淤积面升高至 250.00m 高程时，该年的汛防洪起调水位为 254.00m。此后水库坝前淤积滩面高程达到 254.00m 时，水库进入后期运用，汛期利用 2000m^3/s 以上流量逐步冲刷下切河槽。后期运用时，防洪运用的起调水位考虑不同的采用方式：考虑利用调水调沙槽库容 10 亿 m^3 中的 5 亿 m^3 参与调洪，则起调水位为 248.00m，水库泥沙淤积计算采用该水位；从考虑调水调沙槽库容 10 亿 m^3 完全不参与调洪，则起调水位为 254.00m，水库设计洪水和校核洪水位计算采用该水位。

2.4.8 小浪底工程施工期洪水泥沙淤积计算

小浪底工程施工期，若发生大洪水，小浪底工程如何度汛，三门峡水库如何控制运用，对两库将产生什么样的影响等均需做出预测，为拟定工程安全度汛和采取相应措施提供依据。

小浪底工程施工期施工进度及度汛设计洪水标准按百年一遇洪水标准，但随坝体的升高，度汛洪水标准相应提高。小浪底洪水来源有来自三门峡以上和以下两种类型，以三门峡以上洪水沙量大，为安全计，采用来自三门峡以上的 1933 年型洪水进行计算。以下说明小浪底工程施工期三门峡水库控制运用和小浪底水库的泥沙淤积计算。

2.4.8.1 洪水典型及洪水水沙量设计

小浪底工程施工期，三门峡水库控制运用。调洪计算结果表明，1933 年型洪水与 1958 年型洪水相比，虽然 1958 年型洪水三门峡库区蓄洪量大，蓄水位高，但 1933 年型洪水含沙量高，泥沙淤积对库区的影响大，因此，选用 1933 年型洪水作为泥沙淤积计算设计条件。

1933 年型洪水主要来自河口镇—龙门区间与泾、洛、渭地区。黄河上游龙羊峡、刘家峡水库调节运用，在洪水期能削减洪水基流，在一定程度上减轻三门峡水库的防洪负担。因此，考虑龙羊峡水库、刘家峡水库的调节作用。潼关断面 1933 年型各频率洪水洪量见表 2.4-14。

表 2.4-14 潼关断面 1933 年型各频率洪水洪量表（45d）

频率/%	1	0.33	0.2	0.1
水量/亿 m^3	215.3	246.9	256.9	274.9

潼关断面 1933 年型频率为 0.2%及 0.33%洪水 45d 输沙率过程，是根据已有的 0.1%、0.5%及 1%频率洪水主峰期 12d 及其他 33d 输沙率的放大倍比插补而来。潼关断面各频率洪水沙量见表 2.4-15。

表 2.4-15 潼关断面各频率洪水沙量表（45d）

频率/%	1	0.33	0.2	0.1
沙量/亿 t	36.18	40.12	41.45	47.72

对于 1933 年型洪水，三门峡—小浪底区间来水不多，来沙量也少。从计算结果看，上述各频率洪水三门峡—小浪底区间来水量为 3 亿～5 亿 m^3，来沙量为 0.13 亿～0.27 亿 t。

2.4.8.2 三门峡水库控制运用和小浪底水库淤积计算

根据设计水沙条件，进行三门峡水库控制运用、小浪底工程施工期度汛洪水淤积计算，各频率洪水的计算时段为 45d，结果如下。

1. 三门峡水库控制运用洪水泥沙淤积计算

三门峡水库控制运用下，1933 年型各频率洪水三门峡水库潼关以上和潼关以下库区淤积量分别见表 2.4-16 和表2.4-17。

表 2.4-16 1933 年型各频率洪水三门峡水库潼关以上库区淤积量（45d）

河段	洪水频率			
	1%	0.33%	0.2%	0.1%
	淤积量/亿 t			
黄河小北干流	10.39	12.60	13.40	14.58
渭河、洛河下游（华县、狱头以下）	2.44	3.60	4.00	4.79
潼关以上合计	12.83	16.20	17.40	19.37

表 2.4-17 1933 年型各频率洪水三门峡水库潼关以下库区淤积量（45d）

洪水频率/%	时间	淤积量/亿 t	滩库容损失/亿 m^3
1（设计）	小浪底工程截流后第一年	8.40	4.60
0.33（设计）	小浪底工程截流后第二年	14.00	7.10
0.2（校核）	小浪底工程截流后第二年	17.44	8.10
0.2（设计）	小浪底工程截流后第三年	10.50	6.60
0.1（校核）	小浪底工程截流后第三年	18.30	8.60

淤积在河槽内的泥沙会逐渐冲刷出库，而淤积在滩地上的泥沙则使有效库容减小。

2. 小浪底施工期度汛洪水泥沙淤积计算

小浪底工程施工期 1933 年型各频率洪水库区淤积量见表 2.4-18。

表 2.4-18 小浪底工程施工期1933年型各频率洪水库区淤积量

年份	洪水频率/%	库区总淤积量/亿t
第一年	1（设计）	1.42
第二年	0.33（设计）	8.16
第二年	0.2（校核）	7.06
第三年	0.2（设计）	22.09
第三年	0.1（校核）	21.18

3. 三门峡水库控制运用影响分析

三门峡水库控制运用影响分析主要结论如下：

（1）小浪底工程施工期度汛，要求三门峡水库控制运用，与三门峡水库正常运用期相比，1933年型各频率洪水使三门峡水库多损失滩库容2.0亿～3.6亿m^3。

（2）小浪底工程施工期度汛标准洪水的泥沙淤积在库区设计滩面以下的拦沙库容内，可使水库建成运用后的初期拦沙运用时期相应缩短，但不损失库区滩库容。

（3）由于三门峡水库控制运用的作用，可使进入小浪底库区的洪量减小，使小浪底水库蓄洪量及坝前水位满足工程施工期安全度汛要求。

2.4.9 小浪底水库初期"拦沙和调水调沙"运用过程与水库淤积过程

2.4.9.1 小浪底水库设计来水来沙量

选择2000年设计水平年1919年7月—1975年6月的56年代表系列，其56年系列的各年汛期、非汛期、全年的入库水量、入库沙量见表2.4-19。

表 2.4-19 小浪底水库2000年设计水平年1919—1974年代表系列入库水沙量特征表

设计水平代表系列年	水量/亿m^3			沙量/亿t		
	汛期	非汛期	全年	汛期	非汛期	全年
1919年	154.7	101.2	255.9	14.68	0.18	14.86
1920年	157.1	111.9	269.0	10.93	0.37	11.30
1921年	209.5	96.6	306.1	15.80	0.18	15.97
1922年	95.1	88.5	183.6	8.34	0.12	8.46
1923年	96.0	95.0	191.0	10.33	0.22	10.55
1924年	44.9	89.2	134.1	2.73	0.51	3.24
1925年	106.8	79.5	186.3	11.34	0.12	11.45
1926年	56.9	93.3	150.2	4.63	0.47	5.10
1927年	75.5	85.3	160.8	6.62	0.57	7.19
1928年	39.1	79.4	118.5	1.60	0.64	2.24
1929年	77.2	78.0	155.2	12.27	0.55	12.82
1930年	67.2	73.4	140.6	6.87	0.54	7.41
1931年	69.1	66.5	135.6	6.06	0.63	6.69
1932年	82.3	85.1	167.4	9.63	0.48	10.11
1933年	181.1	95.5	276.6	26.75	0.17	26.92

续表

设计水平代表系列年	水 量/亿 m³			沙 量/亿 t		
	汛期	非汛期	全年	汛期	非汛期	全年
1934 年	124.7	129.5	254.2	10.95	0.53	11.48
1935 年	184.3	131.9	316.2	12.33	0.55	12.88
1936 年	138.7	118.2	256.9	7.04	0.50	7.54
1937 年	333.2	175.2	508.4	19.08	1.00	20.08
1938 年	244.0	146.7	390.7	14.81	0.89	15.70
1939 年	131.2	74.6	205.8	8.52	0.07	8.59
1940 年	312.0	112.7	424.7	21.51	0.70	22.21
1941 年	84.4	111.4	195.8	5.78	0.28	6.06
1942 年	89.7	118.7	208.4	8.93	0.30	9.23
1943 年	233.1	126.6	359.7	14.36	0.69	14.75
1944 年	140.3	132.7	273.0	14.24	0.28	14.52
1945 年	175.3	146.2	321.5	14.83	0.51	15.34
1946 年	250.3	117.7	368.0	15.31	0.48	15.79
1947 年	167.9	135.6	303.5	13.56	0.44	14.00
1948 年	132.2	114.0	246.2	8.84	0.22	9.06
1949 年	308.3	161.9	470.2	16.16	0.72	16.88
1950 年	137.5	133.4	270.9	9.83	0.56	10.39
1951 年	188.0	132.6	320.6	9.40	0.36	9.76
1952 年	158.4	102.4	260.8	8.15	0.19	8.34
1953 年	116.4	130.3	246.7	10.45	0.43	10.88
1954 年	218.1	151.7	369.8	19.45	0.76	20.21
1955 年	230.0	160.6	390.6	10.50	1.43	11.93
1956 年	157.0	115.0	272.0	15.22	0.18	15.40
1957 年	75.3	99.2	174.5	4.98	0.17	5.15
1958 年	248.7	161.6	410.3	23.56	0.88	24.44
1959 年	214.9	102.9	317.8	19.75	0.18	19.94
1960 年	91.6	122.7	214.3	5.72	0.39	6.11
1961 年	249.3	172.2	421.5	13.77	1.05	14.82
1962 年	137.8	157.1	294.9	7.61	0.58	8.19
1963 年	186.3	203.7	390.0	9.94	1.47	11.41
1964 年	358.4	191.1	549.5	27.34	0.90	28.24
1965 年	87.0	99.4	186.4	3.88	0.18	4.06
1966 年	219.6	206.7	426.3	22.91	1.45	24.36
1967 年	378.1	219.2	597.3	23.79	1.44	25.23
1968 年	255.7	162.6	418.3	15.19	0.59	15.78
1969 年	108.0	123.4	231.4	9.02	0.21	9.23
1970 年	153.9	118.7	272.6	17.82	0.22	18.04
1971 年	79.0	143.7	222.7	6.85	0.64	7.49

续表

设计水平代表系列年	水　量/亿 m^3			沙　量/亿 t		
	汛期	非汛期	全年	汛期	非汛期	全年
1972 年	110.0	89.0	199.0	5.53	0.08	5.61
1973 年	119.7	106.6	226.3	12.91	0.23	13.14
1974 年	82.8	107.1	189.9	5.20	0.18	5.38
56 年平均	159.4	122.9	282.3	12.0	0.51	12.51
伊洛河和沁河	22.8	10.0	32.8	0.22	0.01	0.23

注　小浪底水库下游伊洛河和沁河在 2000 年设计水平年 1919—1974 年 56 年代表系列汇入黄河的水沙量在黄河下游计算中应用。

关于小浪底水库运用方式，按 50 年计算，其中分水库初期“拦沙和调水调沙”运用、后期“蓄清排浑和调水调沙”运用两个时期，初期水库以逐步抬高主汛期水位、控制低壅水、提高排沙率、拦粗沙排细沙和调水调沙为主要运用方式；后期水库以主汛期调水调沙、多年调沙为主要运用方式。水库在非汛期以调节径流蓄水兴利和为下游河道防凌运用。水库初期运用要实现拦沙 100 亿～104 亿 t 的目标，水库后期运用要实现保持有效库容 51 亿 m^3 的目标。围绕这两个目标，水库进行以防洪、防凌、减淤为主、兼顾供水、灌溉、发电的综合运用，获取防洪、防凌、减淤和兴利的巨大效益。

为了检验来水来沙条件对水库运用过程与淤积过程的影响，在 1919—1974 年的 56 年长系列中，分别以不同丰、平、枯水段在前期、中期、后期的 6 个 50 年代表系列进行水库拦沙和调水调沙运用与水库淤积过程的计算和敏感性分析。

2.4.9.2　小浪底水库初期“拦沙和调水调沙”运用库水位变化与淤积过程

如前所述，小浪底水库初期“拦沙和调水调沙”运用，是控制由低起调水位 205.00m 逐步抬高主汛期水位进行的。首先，在主汛期控制低起调水位 205.00m 条件下蓄水拦沙和调水运用，库水位在 205.00～220.00m 之间变化，控制低壅水。调节期 10 月提前蓄水，控制在分期移民限制水位 265.00m 条件下蓄水拦沙和径流调节，兴利运用。在设计的 6 个 50 年代表系列水沙条件下，此阶段水库运用 2～3 年，淤积 25 亿～30 亿 t。将水位 205.00m 以下库容淤满，并形成斜形体（锥体）淤积河床纵剖面形态后，转入由水位 205.00m 逐步抬高主汛期水位拦沙和调水调沙运用阶段。依不同水沙条件每年主汛期抬高水位 3～6m，控制低壅水。调节期控制在正常蓄水位 275.00m 条件下蓄水拦沙和径流调节，兴利运用。此阶段水库运用 11～14 年，累计淤积达 100 亿～103 亿 t。主汛期库水位由 205.00m 逐步升高至 254.00m，库区淤积以逐步平行淤高为主，无明显的滩槽。将高程 245.00m 以下库容淤满，并形成斜形体（锥体）淤积形态后，转入水库逐步形成高滩深槽拦沙和调水调沙运用阶段。水库一方面逐步淤高滩地形成坝前滩面高程 254.00m 的高滩，另一方面逐步冲刷下切河槽形成坝前河底高程 226.30m 的深槽。此阶段，水库主汛期水位在 254.00～230.00m 之间交替升降变化。水库小水时升高水位拦沙，大水时降低水位冲刷，轮换进行。此阶段水库运用 10～14 年。但是需要指出，在判别形成高滩深槽阶段的运用年限时，不以同时满足坝前滩面高程升至 254.00m 与坝前河底高程降至 226.30m 的两个条件来衡量，而以只满足坝前滩面高程升至 254.00m、库区淤积形成了高滩为判定条件。因为水库降低水位冲刷下切河槽至设计河底高程的过程，可以在水库转入后期正常运用中继续进行。综上3个运用阶段表明，在设计的6个50年代表系列水沙条件下，水库初期运用的历时24～30年，平均为28年。

表2.4-20～表2.4-22及图2.4-1～图2.4-6给出不同代表系列水库50年运用水位和库区淤积过程，从中可以看出以下特征。

表2.4-20　　小浪底水库2000年设计水平1919—1968年系列50年运用水位和库区淤积过程表

设计水平代表系列年	7—9月		10月	11月至次年6月		累计淤积量/亿t	年均排沙率/%	设计水平代表系列年	7—9月		10月	11月至次年6月		累计淤积量/亿t	年均排沙率/%
	H_{min}/m	H_{max}/m	H_{max}/m	H_{min}/m	H_{max}/m				H_{min}/m	H_{max}/m	H_{max}/m	H_{min}/m	H_{max}/m		
1919年	208.17	215.77	218.18	208.89	218.27	13.38	10.0	1944年	249.00	253.97	252.87	255.44	263.33	101.3	101.7
1920年	211.25	217.64	242.75	220.95	256.40	23.59	10.4	1945年	249.08	253.42	260.79	255.21	274.42	100.5	105.3
1921年	211.35	220.84	222.33	215.89	231.16	31.0	53.6	1946年	248.99	253.50	270.71	257.09	274.75	102.9	85.0
1922年	213.62	219.73	222.07	217.09	225.27	36.49	35.0	1947年	245.32	254.00	263.87	255.46	274.44	100.1	119.9
1923年	217.09	223.59	231.60	228.99	239.83	42.56	42.4	1948年	244.62	252.35	260.52	255.33	271.80	99.8	103.4
1924年	222.10	228.55	224.74	222.79	229.24	44.56	38.3	1949年	244.49	252.10	275.00	256.61	274.75	102.1	86.1
1925年	222.80	229.27	232.33	226.51	234.04	51.42	40.1	1950年	246.82	254.00	267.06	256.82	270.61	102.4	97.4
1926年	226.51	228.81	228.62	228.15	229.97	54.11	47.2	1951年	245.46	254.00	264.26	255.92	274.27	100.8	116.0
1927年	228.16	232.38	237.21	230.44	240.53	58.04	45.3	1952年	245.39	253.35	248.66	247.89	259.49	99.53	115.7
1928年	230.44	230.50	231.15	230.92	232.82	58.87	62.9	1953年	244.43	248.59	263.48	255.66	274.20	100.4	91.9
1929年	230.92	235.84	239.00	235.29	239.59	66.37	41.5	1954年	239.37	252.00	266.58	254.92	274.01	99.22	105.9
1930年	235.30	238.91	240.65	237.67	242.64	70.7	41.6	1955年	244.06	251.27	273.34	256.11	274.99	101.7	78.9
1931年	237.67	240.32	241.56	238.71	241.76	74.99	37.1	1956年	243.87	254.00	254.48	256.33	261.37	101.6	101.0
1932年	238.81	243.57	246.72	242.33	247.46	82.84	22.4	1957年	246.18	253.12	248.66	246.74	256.01	100.8	115.3
1933年	242.37	246.89	251.07	247.66	256.53	90.22	72.6	1958年	242.65	249.97	266.39	254.46	274.16	98.5	109.4
1934年	245.56	249.12	268.12	254.20	274.21	97.9	33.1	1959年	246.95	250.67	253.18	256.24	262.99	101.4	85.5
1935年	248.76	252.06	266.36	255.44	270.67	101.3	73.8	1960年	246.09	252.45	257.17	256.07	268.82	101.2	103.8
1936年	249.44	253.56	252.68	252.09	258.13	100.2	113.9	1961年	244.66	253.41	274.78	256.48	274.83	101.8	95.4
1937年	230.00	253.77	265.27	252.10	274.35	93.0	136.0	1962年	245.95	253.42	261.84	256.16	274.32	101.3	106.3
1938年	248.33	251.50	274.77	256.47	273.69	104.5	26.6	1963年	245.37	253.01	274.32	256.63	274.76	102.6	88.9
1939年	250.90	254.00	251.38	250.92	251.59	102.9	118.6	1964年	230.00	254.00	274.87	248.62	274.95	93.0	134.1
1940年	246.76	250.91	273.69	253.54	274.61	96.26	129.9	1965年	231.55	248.49	245.24	233.81	257.93	93.64	83.0
1941年	248.71	251.47	255.67	255.34	266.15	101.0	22.5	1966年	230.00	244.41	270.46	253.01	274.93	96.64	87.7
1942年	249.31	253.34	251.64	255.01	263.34	99.88	112.1	1967年	240.52	249.86	274.78	253.53	274.67	97.15	97.8
1943年	249.41	253.09	261.21	255.52	272.00	101.6	88.3	1968年	245.04	249.83	274.96	256.03	274.09	101.0	75.5

表2.4-21 小浪底水库2000年设计水平1933—1974年+1919—1926年系列50年运用水位和库区淤积过程特征表（二）

设计水平代表系列年	7—9月		10月	11月至次年6月		累计淤积量/亿t	年均排沙率/%	设计水平代表系列年	7—9月		10月	11月至次年6月		累计淤积量/亿t	年均排沙率/%
	H_{min}/m	H_{max}/m	H_{max}/m	H_{min}/m	H_{max}/m				H_{min}/m	H_{max}/m	H_{max}/m	H_{min}/m	H_{max}/m		
1933年	207.82	216.21	221.56	214.97	228.74	21.74	19.2	1958年	242.02	249.91	267.32	255.86	274.92	100.8	101.5
1934年	209.82	215.05	244.54	223.12	264.86	32.03	10.3	1959年	230.00	252.44	248.62	249.70	260.41	92.3	142.6
1935年	215.86	222.52	244.19	227.41	263.17	39.84	39.4	1960年	234.68	249.30	257.02	253.51	268.73	96.8	26.4
1936年	221.63	227.15	228.70	230.16	237.50	44.76	34.9	1961年	245.15	250.03	274.69	256.34	274.78	101.6	67.7
1937年	224.14	230.35	249.36	232.05	273.63	48.03	83.7	1962年	245.59	253.26	261.75	256.02	274.26	101.1	106.3
1938年	226.98	232.26	266.68	238.61	273.96	59.66	26.0	1963年	245.35	252.36	274.26	256.50	274.70	102.3	88.7
1939年	233.24	238.67	236.19	234.69	235.63	65.32	34.0	1964年	230.00	254.17	274.82	248.45	274.90	92.36	135.2
1940年	235.04	238.83	267.94	244.47	270.84	74.89	56.9	1965年	230.54	242.71	244.94	232.80	257.83	93.43	73.6
1941年	240.15	244.24	246.90	246.57	259.02	79.85	18.3	1966年	230.00	244.13	270.40	252.39	274.88	96.46	87.6
1942年	241.82	246.28	247.65	249.63	260.23	86.92	23.4	1967年	240.15	249.70	274.74	253.41	274.99	96.97	98.0
1943年	245.89	249.67	259.40	253.19	270.46	95.47	42.0	1968年	245.37	249.54	274.97	256.78	274.16	102.3	66.0
1944年	249.54	252.39	252.58	255.23	263.10	100.6	64.4	1969年	245.91	253.68	257.06	255.92	265.81	100.9	115.6
1945年	249.09	253.14	260.68	255.86	274.32	102.6	87.0	1970年	242.48	252.46	257.88	255.21	267.82	99.62	108.0
1946年	248.39	254.00	265.05	254.49	274.33	98.60	125.5	1971年	245.09	252.17	248.73	256.07	271.48	101.2	78.8
1947年	249.08	252.34	261.30	255.43	270.71	101.3	80.7	1972年	246.86	253.90	247.21	246.88	250.61	100.9	105.3
1948年	249.51	253.80	257.15	255.11	267.30	100.2	112.4	1973年	243.92	246.97	261.10	255.15	267.66	99.49	110.8
1949年	249.20	253.31	274.99	257.32	274.75	103.5	80.6	1974年	245.79	251.19	258.18	255.92	267.07	100.8	75.1
1950年	248.12	254.00	267.47	257.49	271.02	103.7	97.5	1919年	243.50	253.48	254.96	246.66	255.43	100.8	100.3
1951年	247.40	254.00	265.22	256.66	274.60	102.1	116.3	1920年	245.47	251.68	271.41	256.53	274.56	101.9	90.2
1952年	246.39	254.17	248.82	248.03	260.09	100.8	116.2	1921年	241.85	253.83	254.88	248.39	262.69	99.05	117.8
1953年	244.38	246.78	263.98	255.76	274.56	100.6	101.9	1922年	245.35	248.64	249.87	247.80	254.53	101.5	71.3
1954年	243.83	252.11	266.19	254.21	273.69	98.50	110.3	1923年	245.37	247.88	256.72	249.28	264.98	100.3	110.0
1955年	246.26	250.21	273.62	256.74	274.89	102.8	63.7	1924年	246.04	246.34	249.95	247.46	255.26	101.3	71.0
1956年	242.20	254.00	252.42	254.88	260.33	99.06	124.5	1925年	244.69	249.78	252.31	247.41	254.63	101.2	100.3
1957年	244.21	250.84	249.46	247.33	257.17	101.2	59.0	1926年	247.38	249.89	249.27	248.56	250.78	103.4	56.9

（1）水库初期“拦沙和调水调沙”运用第一阶段的2～3年内，主汛期日平均水位在205.00～220.00m间升降变化，水位变化系水库调水运用所致；调节期月平均最高水位不超过265.00m。水库淤积一般为25亿～30亿t。

（2）水库初期“拦沙和调水调沙”运用第二阶段，主汛期日平均最低水位与最高水位均是逐步地连续地逐年升高，库区淤积逐步地连续地逐年累计增加。在11～14年内，主汛期库水位由起调水位205.00m逐步地连续地升高至主汛期限制水位254.00m，年平均

表 2.4-22 小浪底水库 2000 年设计水平 1950—1974 年+1950—1974 年系列 50 年运用水位和库区淤积过程特征表（三）

设计水平代表系列年	7—9月		10月	11月至次年6月		累计淤积量/亿 t	年均排沙率/%	设计水平代表系列年	7—9月		10月	11月至次年6月		累计淤积量/亿 t	年均排沙率/%
	H_{min}/m	H_{max}/m	H_{max}/m	H_{min}/m	H_{max}/m				H_{min}/m	H_{max}/m	H_{max}/m	H_{min}/m	H_{max}/m		
1950年	207.55	216.40	234.74	218.15	253.82	10.05	3.3	1950年	245.00	252.46	266.47	255.74	270.17	100.5	95.3
1951年	210.51	218.12	232.39	219.94	245.43	18.73	11.1	1951年	244.32	253.03	265.63	255.31	274.83	99.79	107.7
1952年	210.85	219.94	214.88	214.12	225.56	25.86	14.6	1952年	244.47	252.18	250.37	249.58	261.12	100.2	95.4
1953年	210.47	217.39	234.17	224.44	250.24	33.98	25.3	1953年	245.42	250.43	262.72	256.11	273.65	101.2	96.5
1954年	217.40	223.95	241.33	228.91	263.42	42.52	57.7	1954年	244.79	253.01	266.38	254.55	273.97	98.58	113.0
1955年	223.49	228.63	253.55	233.37	270.49	50.63	32.0	1955年	244.42	250.73	273.45	255.66	274.63	101.0	80.0
1956年	228.93	235.68	237.53	236.66	242.46	60.62	35.2	1956年	244.39	253.90	251.95	250.66	259.98	101.9	93.6
1957年	233.51	238.63	235.50	234.08	240.35	64.28	28.7	1957年	246.77	253.37	248.72	247.33	256.24	101.2	115.1
1958年	234.08	239.14	255.24	244.61	274.07	75.31	54.9	1958年	244.10	249.59	268.22	257.46	273.60	103.7	89.5
1959年	240.47	244.45	246.56	247.62	254.59	82.39	64.4	1959年	230.00	254.00	249.93	251.88	260.34	94.96	143.9
1960年	243.05	247.23	252.23	249.69	262.17	87.13	22.6	1960年	238.55	247.72	257.81	254.51	269.71	98.44	43.2
1961年	245.92	249.87	273.89	253.72	274.41	96.73	35.2	1961年	245.48	251.06	274.92	256.85	273.95	102.5	72.8
1962年	249.59	251.93	259.42	255.76	271.45	102.4	31.3	1962年	246.88	253.83	262.10	256.52	274.56	101.9	106.5
1963年	249.92	253.84	270.53	255.98	274.70	103.6	89.4	1963年	245.91	253.41	274.48	256.98	274.91	103.2	89.0
1964年	244.42	254.00	274.62	251.12	274.89	93.6	135.3	1964年	230.00	254.00	274.99	249.14	274.03	91.17	142.6
1965年	246.97	250.93	249.31	247.22	256.54	93.72	97.0	1965年	234.60	248.74	246.17	236.33	258.23	94.25	24.1
1966年	246.82	250.42	267.62	254.80	274.67	100.0	74.5	1966年	230.00	240.70	270.58	253.27	274.21	97.06	88.5
1967年	244.02	253.38	270.79	250.32	273.62	92.3	130.7	1967年	241.37	250.21	274.88	253.78	274.77	97.54	98.1
1968年	246.18	250.08	274.97	254.56	274.04	98.79	58.9	1968年	245.46	250.14	275.00	256.25	274.13	101.4	75.5
1969年	248.14	252.39	257.80	256.70	266.32	102.4	60.6	1969年	245.44	253.09	256.55	255.41	265.49	100.0	115.4
1970年	243.77	253.95	258.72	256.22	268.34	101.4	105.8	1970年	245.46	251.89	256.60	256.20	267.12	101.3	92.6
1971年	245.35	253.79	246.14	255.49	271.17	100.2	115.6	1971年	245.69	253.77	246.09	255.47	271.05	100.2	115.6
1972年	245.39	253.26	245.74	245.41	249.97	99.92	105.2	1972年	245.35	253.24	246.34	245.41	249.93	99.88	105.2
1973年	241.89	248.44	260.80	254.60	267.36	98.54	110.5	1973年	241.81	248.41	260.79	254.58	267.35	98.51	110.4
1974年	243.15	250.37	257.75	255.40	266.79	99.93	74.2	1974年	243.07	250.34	257.73	255.38	266.86	99.9	74.2

主汛期水位升高 3.5～4.5m。在 11～14 年内库区淤积累计至 101 亿～104 亿 t，在库水位 245.00m 以下库容淤满，并形成斜形体的锥体淤积形态，库区全断面基本上平行淤高，无明显滩槽的区分。调节期水库蓄水位不高于 275.00m。

（3）水库初期"拦沙和调水调沙"运用第三阶段，主汛期日平均最低与最高水位在 230.00～254.00m 间变化，大多数时间日平均最低水位在 241.00m 以上，少数时间日平均最低水位低于 241.00m。大水年主汛期日平均水位能够降低至 230.00m。在此阶段，库区下半段形成高滩地，坝前滩面高程为 254.00m，但不完全形成深槽，大水年大流量可能连续降低水位至 230.00m 冲刷下切至 226.00m 以下形成深槽，但一般水情年份的主汛期最低日平均水位在 241.00～245.00m 间变化，冲刷下切至高程 237.00～241.00m，形成一定深度的河槽。库区累计淤积量在93亿～99亿t之间变化。

(4) 在水库初期“拦沙和调水调沙”运用的3个阶段内，由于水库调水调沙运用，主汛期日平均水位均有一定幅度的升降变化，只是第一阶段和第二阶段库水位升降变化幅度较小，第三阶段库水位升降变化幅度较大。水库初期运用3个阶段，库区均有冲淤变化，大水大沙年主汛期冲淤变化幅度较大，小水小沙年主汛期冲淤变化幅度较小。

(5) 水库初期“拦沙和调水调沙”运用的3个阶段，年平均排沙率逐步增大，其中有或大或小的交替变化。在10月至次年6月的调节期水库基本下泄清水，仅在10月蓄水过程中，有一定的沙量排出水库，但出库沙量很小。

2.4.10 小浪底水库后期“蓄清排浑和调水调沙”运用库水位变化与淤积过程

水库后期“蓄清排浑和调水调沙”运用，即长期运用，为水库拦沙运用完成后（指坝前滩面高程升至254.00m）的正常运用，其主要特征是保持有效库容51亿m^3，在高滩深槽的库容形态内进行“蓄清排浑和调水调沙”运用，长期发挥防洪、防凌、减淤、供水、灌溉、发电等综合利用效益。

为了保持有效库容，水库年内要采取“蓄清排浑”运用方式，即在黄河水多沙少的非汛期（含10月提前蓄水），水库高水位蓄水拦沙，最高蓄水位为275.00m，调节径流兴利运用；在黄河水少沙多的主汛期（7—9月）适当降低水位至254.00m以下在槽库容内泄流排沙，并冲刷调节期蓄水拦沙运用沉积在库区河槽内的淤积物。为了黄河下游河道的减淤和防洪安全，水库主汛期要采取调水调沙运用方式，在槽库容内进行多年调沙。两者结合，构成水库“蓄清排浑和调水调沙”运用方式。

水库后期“蓄清排浑”和调水调沙运用主汛期7—9月水位过程与库区淤积过程见表2.4-23及图2.4-1～图2.4-6，它有以下特征：

表2.4-23 小浪底水库后期（正常运用期）主汛期（7—9月）库水位特征值表

设计水平代表系列年	频率P/%							月平均最低水位		月平均最高水位		主汛期平均水位/m
	日平均水位											
	254m	≥250m	≥246m	≥245m	≥240m	≥235m	≥230m	H_{min}/m	出现时间	H_{max}/m	出现时间	
1919年7月—1969年6月	0.25	1.09	50.0	82.11	91.06	94.52	100	230	1964年9月	248.57	1950年7月	245.42
1933年7月—1975年6月+1919年7月—1927年6月	0.16	0.92	50.0	82.77	91.73	94.93	100	230	1964年9月	249.15	1951年7月	245.66
1950年7月—1975年6月+1919年7月—1944年6月	0.11	0.64	50.0	87.79	95.07	96.33	100	230	1937年9月	249.53	1919年9月	244.28
1950年7月—1975年6月+1950年7月—1975年6月	0.07	1.07	50.0	83.20	93.52	96.90	100	230	1964年9月	248.93	1961年7月	245.70

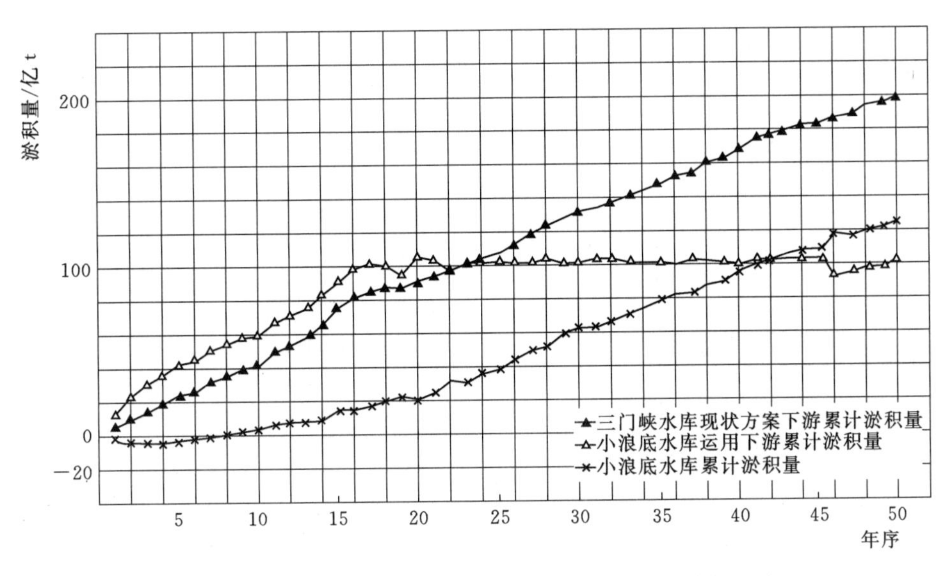

图 2.4-1 1919—1968 年系列小浪底水库及黄河下游淤积过程

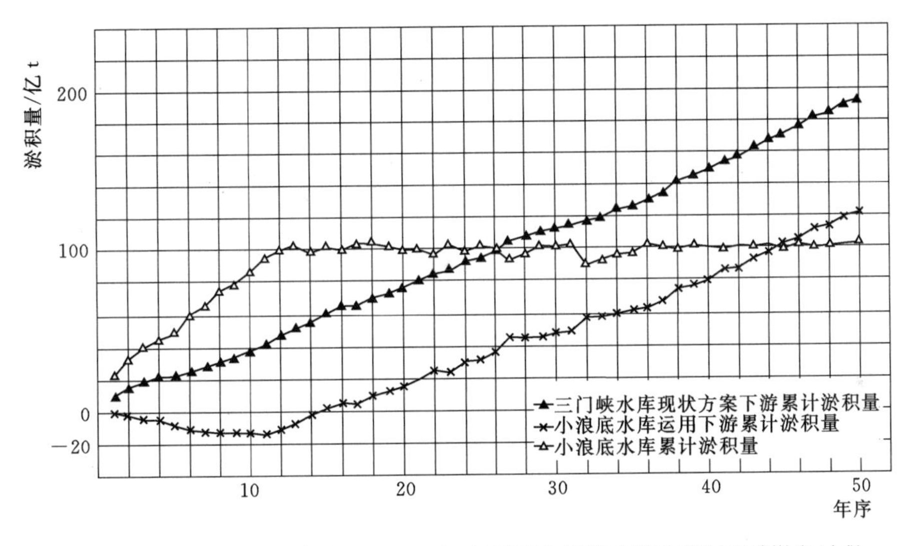

图 2.4-2 1933—1974 年+1919—1926 年系列小浪底水库及黄河下游淤积过程

（1）水库后期运用，主汛期运用水位在 230.00～254.00m 间变化，平均运用水位为 245.00～246.00m。为了确保库区滩地以上防洪库容不受泥沙影响，即不受淤积损失，要控制一般洪水及 50 年一遇以下洪水的调控蓄洪水位不高于坝前滩面高程 254.00m。因此，规定水库主汛期运用的限制水位为 254.00m。

（2）水库后期主汛期调水调沙运用和多年调沙运用，提高了黄河下游河道的减淤效益，同时也提高发电运行水位，增加了发电效益。在此运用情况下，库区槽库容内冲淤交替变化。大水年主汛期冲刷可达 9 亿～10 亿 t，随后小水年和一般水沙年回淤 9 亿～10 亿 t，在连续 4～5 年内有 20 亿 t 的泥沙调节，对下游河道减淤有利。

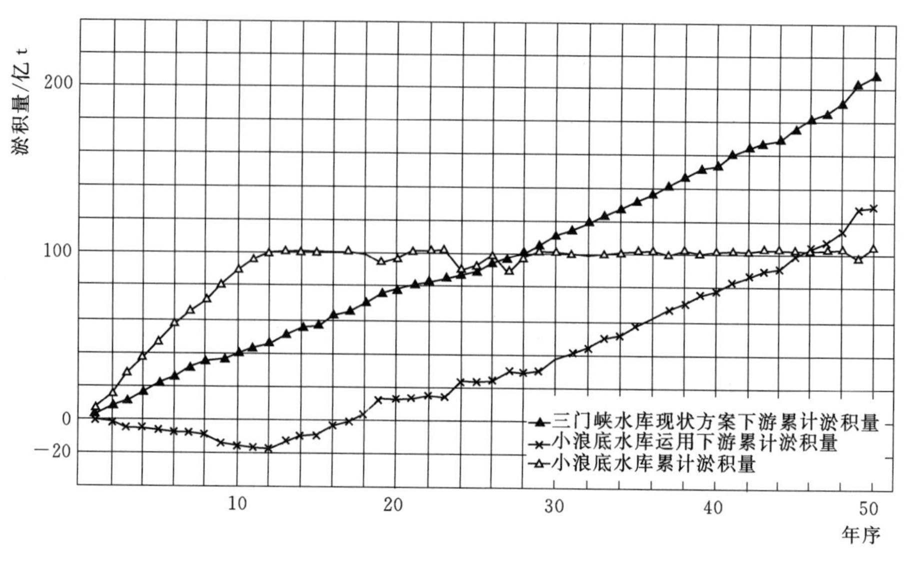

图 2.4-3 1941—1974 年+1919—1934 年系列小浪底水库及黄河下游淤积过程

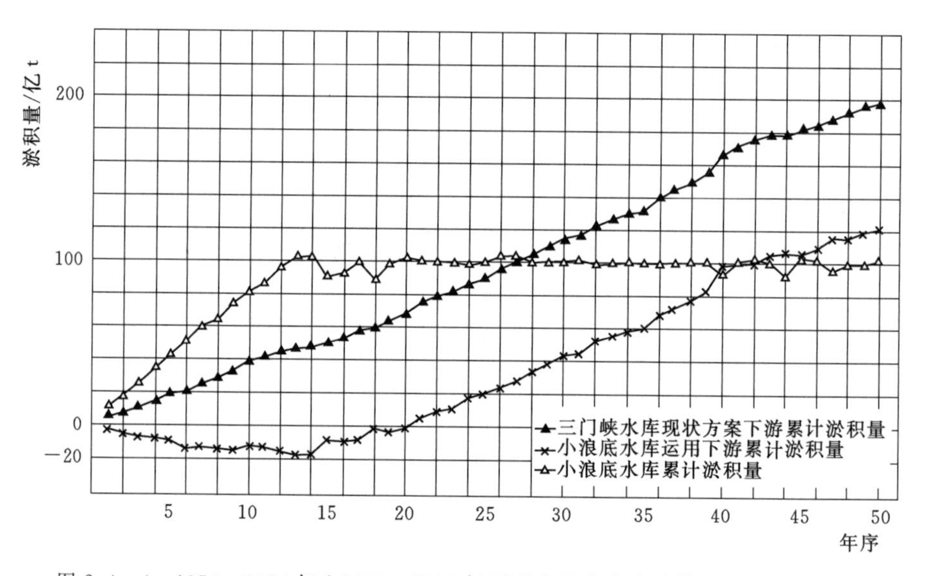

图 2.4-4 1950—1974 年+1919—1943 年系列小浪底水库及黄河下游淤积过程

(3) 利用历时较长，流量较大的大水年，主汛期连续逐步降低水位持续缓慢冲刷库区，日平均缓慢降低库水位控制不大于 5m，对大坝安全和库区滩地稳定有利。

(4) 在水库后期运用中，多年调沙的库区累计最大拦沙淤积量约为 80 亿 m^3，库区累计最小拦沙淤积量约为 71 亿 m^3，库区累计拦沙淤积量的变化幅度为 9 亿 m^3。

水库设计后期运用死水位 230.00m，汛期限制水位为 254.00m，有效库容为 51 亿 m^3，拦沙库容为 72.5 亿 m^3。支流河口拦沙坎淤堵库容为 3 亿 m^3。水库非汛期兴利蓄水调节径流，平均按 46.5 亿 m^3 库容运用。在多年调沙运用中，有效库容最小为 43 亿 m^3，最大为 51 亿 m^3。平均为 46.5 亿 m^3，平均淤积为 4.5 亿 m^3。

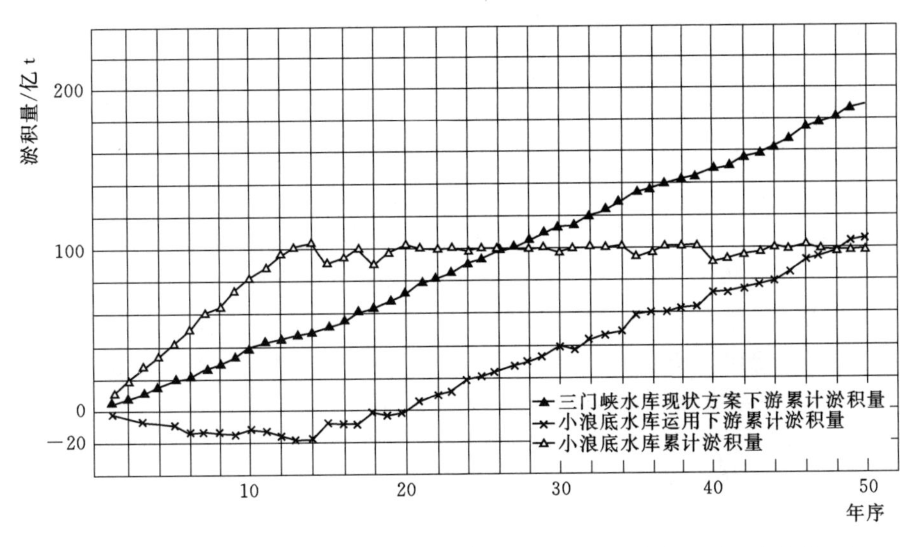

图 2.4-5 1950—1974 年+1950—1974 年系列小浪底水库及黄河下游淤积过程

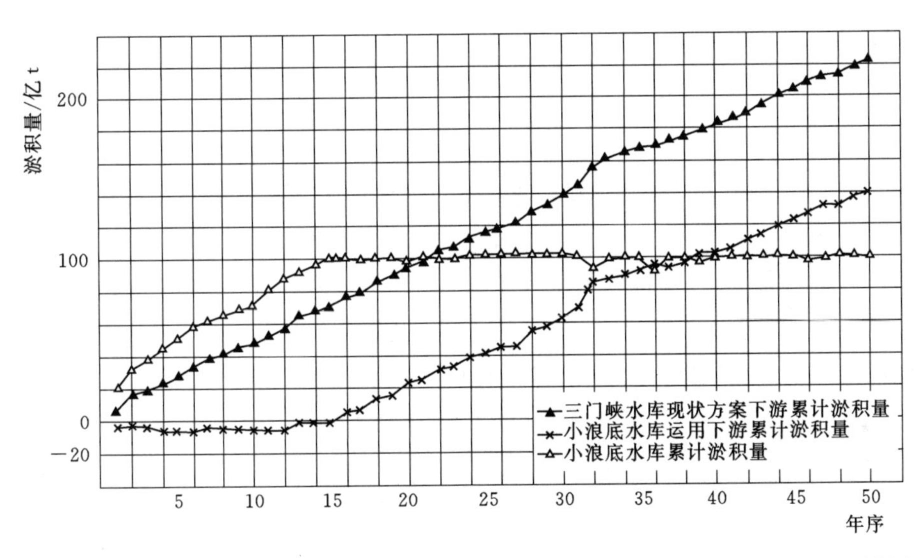

图 2.4-6 1958 年+1977 年+1960—1974 年+1919—1951 年系列小浪底水库及黄河下游淤积过程

在水库后期运用中，主汛期调水库容一般为 3 亿 m^3，多时为 4 亿 m^3，少时为 1 亿 m^3。

(5) 水库正常运用时期，主汛期在槽库容内调水调沙，6 月底留 10 亿 m^3 水量于 7 月上旬补水下游灌溉，故主汛期库水位较高，平均水位为 245.00m，日平均水位为 246.00m 以上的概率为 50%，绝大多数时间库水位在 241.00～248.00m 变化，月平均最高水位为 249.00m 左右，多在 7 月。只在大水年水量丰沛的主汛期利用大水流量逐步降低水位冲刷时，至 9 月平均最低水位为 230.00m（见表 2.4-23）。

2.4.11 小浪底坝前淤积高程及干流库区淤积末端变化分析

小浪底水库运用后，坝前淤积高程及干流库区淤积末端变化与水库运用方式、来水来沙条件及天然河谷形态的综合影响有关，但起主导作用的是水库运用方式，它决定了水库运用后坝前淤积高程及干流库区淤积末端变化的基本特点。

水库初期运用分3个阶段。第一阶段为起调水位205.00m蓄水拦沙和调水运用，主汛期控制低水位205.00～215.00m运用，调节期控制在分期移民限制水位265.00m蓄水拦沙调节径流兴利运用，历时2～3年，当205.00m高程库容淤满形成锥体淤积纵向形态后，进入第二阶段运用。第二阶段为逐步抬高主汛期水位拦沙和调水调沙运用，由水位205.00m逐步抬高至防洪限制水位254.00m，平均每年主汛期抬高水位4～5m，控制低壅水，提高大水流量排沙能力，拦粗沙排细沙，调节期控制在正常蓄水位275.00m蓄水拦沙调节径流兴利运用，历时11～12年；当245.00m高程库容淤满形成锥体淤积纵向形态后，进入第三阶段运用。第三阶段为主汛期库水位在230.00～254.00m（一般为240.00～254.00m）间升降变化，继续拦沙和调水调沙运用，一方面，水库拦沙淤高滩地，另一方面水库遇大水流量时降低水位冲刷下切河床，调节期控制在正常蓄水位275.00m蓄水拦沙调节径流兴利运用，历时12～13年；当坝前滩面高程254.00m淤积形成，形成库区高滩地纵向淤积形态后，进入水库后期运用。在水库后期运用中，主汛期库水位在230.00～254.00m间变化，进行调水调沙和多年调沙运用，调节期控制在正常蓄水位275.00m蓄水拦沙调节径流兴利运用，泥沙在槽库容内冲淤变化，在多年调沙周期内，库区冲淤相对平衡，保持有效库容51亿m^3，长期运用。

经上述水库运用方式下的泥沙冲淤计算，得到小浪底水库初期拦沙和调水调沙运用坝前淤积高程、库区平均淤积比降及淤积末端变化过程。表2.4-24和表2.4-25分别列出2000年设计水平年的1919—1968年代表系列和1950—1974年+1950—1974年代表系列的前25年的计算成果。其他代表系列的坝前淤积高程、库区平均淤积比降及淤积末端变化过程，不再列出。

表2.4-24　小浪底水库初期拦沙和调水调沙运用坝前淤积高程、库区平均淤积比降及淤积末端变化表

（1919—1968年代表系列）

年序	累计淤积量/亿m^3	坝前淤积高程以下		坝前淤积高程以上		坝前平均淤积高程/m	水平淤积长度/km	淤积末端		坝前冲刷漏斗平底段		坝前冲刷漏斗纵坡段		坝前冲刷漏斗进口断面		库区淤积河床平均比降/‰
		淤积分配/%	淤积量/亿m^3	淤积分配/%	淤积量/亿m^3			距坝里程/km	河底高程/m	长度/m	河底高程/m	纵坡平均坡降	河槽平均宽度/m	河底高程/m	距坝里程/m	
1	10.29	71.0	7.30	29.0	2.99	186.00	57.40	68.88	200.20	70	173.00	0.05	350～420	182.00	250	2.65
2	18.14	71.9	13.04	28.1	5.10	198.50	67.53	81.04	214.90	70	173.00	0.05	350～420	194.50	500	2.53
3	23.84	72.1	17.19	27.9	6.65	205.00	72.79	87.35	222.52	70	173.00	0.05	350～420	201.00	630	2.48
4	28.06	72.6	20.37	27.4	7.69	209.50	76.44	91.73	227.81	70	173.00	0.05	350～420	205.50	720	2.45
5	32.73	73.0	23.89	27.0	8.84	213.70	79.84	95.81	232.74	70	173.00	0.05	350～420	209.70	734	2.42
6	34.27	73.2	25.08	26.8	9.19	215.20	81.05	97.26	234.49	70	173.00	0.05	350～420	211.20	834	2.41
7	39.55	73.7	29.15	26.3	10.40	219.40	84.45	101.34	239.42	70	173.00	0.05	350～420	215.40	918	2.39
8	41.62	74.0	30.80	26.0	10.82	221.30	85.99	103.19	241.65	70	173.00	0.05	350～420	217.30	956	2.38

续表

年序	累计淤积量/亿 m^3	坝前淤积高程以下		坝前淤积高程以上		坝前平均淤积高程/m	水平淤积长度/km	淤积末端		坝前冲刷漏斗平底段		坝前冲刷漏斗纵坡段		坝前冲刷漏斗进口断面		库区淤积河床平均比降/‰
		淤积分配/%	淤积量/亿 m^3	淤积分配/%	淤积量/亿 m^3			距坝里程/km	河底高程/m	长度/m	河底高程/m	纵坡平均坡降	河槽平均宽度/m	河底高程/m	距坝里程/m	
9	44.64	74.3	33.17	25.7	11.47	223.60	87.86	105.43	244.36	70	173.00	0.05	350～420	219.60	1002	2.37
10	45.28	74.4	33.69	25.6	11.59	224.00	88.18	105.82	244.83	70	173.00	0.05	350～420	220.00	1010	2.37
11	51.05	75.0	38.29	25.0	12.76	228.00	91.42	109.70	249.52	70	173.00	0.05	350～420	224.00	1090	2.35
12	54.38	75.7	41.16	24.3	13.22	230.20	93.20	111.84	252.10	70	173.00	0.05	350～420	226.20	1134	2.34
13	57.68	76.1	43.89	23.9	13.79	232.70	95.23	114.28	255.05	70	173.00	0.05	350～420	228.70	1184	2.33
14	63.72	77.2	49.19	22.8	14.53	236.10	97.98	117.58	259.04	70	173.00	0.08	350～420	232.10	1252	2.32
15	69.40	79.2	54.96	20.8	14.44	240.30	101.38	121.66	263.96	70	173.00	0.05	350～420	236.30	1336	2.30
16	75.31	83.0	62.51	17.0	12.80	245.30	105.43	126.52	269.84	70	173.00	0.05	350～420	241.30	1436	2.28
17	77.91	85.5	66.61	14.5	11.30	247.50	107.22	128.66	272.42	70	173.00	0.05	350～420	243.50	1480	2.27
18	77.10	85.0	65.54	15.0	11.56	247.00	106.81	128.17	271.83	70	173.00	0.05	350～420	243.00	1470	2.28
19	71.54	80.5	57.59	19.5	13.95	242.10	102.84	123.41	266.08	70	173.00	0.05	350～420	238.10	1372	2.29
20	80.40	88.5	71.15	11.5	9.25	250.00	109.24	131.09	275.35	70	173.00	0.05	350～420	246.00	1530	2.27
21	79.17	87.5	69.27	12.5	9.90	249.00	108.43	130.12	274.18	70	173.00	0.05	350～420	245.00	1510	2.27
22	74.06	82.0	60.73	18.0	13.33	244.40	104.70	125.64	268.77	70	173.00	0.05	350～420	240.40	1418	2.28
23	77.67	85.4	66.33	14.6	11.34	247.30	107.05	128.46	272.18	70	173.00	0.05	350～420	243.30	1476	2.27
24	76.81	84.5	64.90	15.5	11.91	246.80	106.65	127.98	271.60	70	173.00	0.05	350～420	242.80	1466	2.28
25	78.14	86.0	67.20	14.0	10.94	248.00	107.62	129.14	273.00	70	173.00	0.05	350～420	244.00	1490	2.27

表 2.4-25　小浪底水库初期拦沙和调水调沙运用坝前淤积高程、库区平均淤积比降及淤积末端变化表

（1950—1974 年＋1950—1974 年代表系列）

年序	累计淤积量/亿 m^3	坝前淤积高程以下		坝前淤积高程以上		坝前平均淤积高程/m	水平淤积长度/km	淤积末端		坝前冲刷漏斗平底段		坝前冲刷漏斗纵坡段		坝前冲刷漏斗进口断面		库区淤积河床平均比降/‰
		淤积分配/%	淤积量/亿 m^3	淤积分配/%	淤积量/亿 m^3			距坝里程/km	河底高程/m	长度/m	河底高程/m	纵坡平均坡降	河槽平均宽度/m	河底高程/m	距坝里程/m	
1	7.73	71.0	5.49	29.0	2.24	180.00	52.54	63.05	193.16	70	173.00	0.05	350～420	176.00	130	2.73
2	14.41	71.5	10.30	28.5	4.11	193.00	63.07	75.68	208.42	70	173.00	0.05	350～420	189.00	390	2.58
3	19.89	72.0	14.32	28.0	5.57	200.50	69.15	82.98	217.24	70	173.00	0.05	350～420	196.50	540	2.52
4	26.14	72.5	18.95	27.5	7.19	207.80	75.06	90.07	225.80	70	173.00	0.05	350～420	203.80	686	2.46
5	32.71	73.0	23.88	27.0	8.83	214.00	80.08	96.10	233.09	70	173.00	0.05	350～420	210.00	810	2.42
6	38.95	73.7	28.71	26.3	10.24	219.20	84.29	101.15	239.19	70	173.00	0.05	350～420	215.20	914	2.39
7	46.63	74.7	34.83	25.3	11.80	225.00	88.99	106.79	246.00	70	173.00	0.05	350～420	221.00	1030	2.36

续表

年序	累计淤积量/亿m³	坝前淤积高程以下		坝前淤积高程以上		坝前平均淤积高程/m	水平淤积长度/km	淤积末端		坝前冲刷漏斗平底段		坝前冲刷漏斗纵坡段		坝前冲刷漏斗进口断面		库区淤积河床平均比降/‰
		淤积分配/%	淤积量/亿m³	淤积分配/%	淤积量/亿m³			距坝里程/km	河底高程/m	长度/m	河底高程/m	纵坡平均坡降	河槽平均宽度/m	河底高程/m	距坝里程/m	
8	49.45	75.0	37.09	25.0	12.36	227.00	90.61	108.73	248.35	70	173.00	0.05	350～420	223.00	1070	2.35
9	57.93	76.2	44.14	23.8	13.79	232.50	95.07	114.08	254.81	70	173.00	0.05	350～420	228.50	1180	2.33
10	63.38	77.2	48.93	22.80	14.45	236.00	97.90	117.48	258.92	70	173.00	0.05	350～420	232.00	1250	2.32
11	67.02	78.5	52.61	21.5	14.41	239.00	100.33	120.40	262.44	70	173.00	0.05	350～420	235.00	1310	2.30
12	74.41	82.5	61.39	17.5	13.02	244.60	104.87	125.84	269.01	70	173.00	0.05	350～420	240.60	1422	2.28
13	78.74	86.5	68.11	13.5	10.63	248.50	108.03	129.64	273.61	70	173.00	0.05	350～420	244.50	1500	2.27
14	79.67	87.5	69.71	12.5	9.96	249.50	108.84	130.61	274.78	70	173.00	0.05	350～420	245.50	1520	2.27
15	72.00	81.3	58.54	18.7	13.46	242.60	103.25	123.90	266.67	70	173.00	0.05	350～420	238.60	1382	2.29
16	72.09	81.3	58.61	18.7	13.48	243.00	103.57	124.28	267.13	70	173.00	0.05	350～420	239.00	1390	2.29
17	76.95	84.5	65.02	15.5	11.93	247.00	106.81	128.17	271.83	70	173.00	0.05	350～420	243.00	1470	2.28
18	71.00	80.0	56.80	20.0	14.20	241.70	102.52	123.02	265.61	70	173.00	0.05	350～420	237.70	1364	2.29
19	75.99	83.5	63.45	16.5	12.54	245.70	105.76	126.91	270.31	70	173.00	0.05	350～420	241.70	1444	2.28
20	78.79	86.5	68.15	13.5	10.64	248.50	108.03	129.64	273.61	70	173.00	0.05	350～420	244.50	1500	2.27
21	77.98	85.5	66.67	14.5	11.31	247.50	107.22	128.66	272.42	70	173.00	0.05	350～420	243.50	1480	2.27
22	77.08	85.0	65.52	15.0	11.56	247.00	106.81	128.17	271.83	70	173.00	0.05	350～420	243.00	1470	2.28
23	76.86	84.5	64.95	15.5	11.91	246.70	106.57	127.88	271.48	70	173.00	0.05	350～420	242.70	1464	2.28
24	75.80	83.5	63.29	16.5	12.51	245.70	105.76	126.91	270.31	70	173.00	0.05	350～420	241.70	1444	2.28
25	76.87	84.5	64.96	15.5	11.91	246.70	106.57	127.88	271.48	70	173.00	0.05	350～420	242.70	1464	2.28

关于坝前淤积高程、库区淤积比降及淤积末端变化的计算方法步骤说明如下。

1. 判别库区淤积形态类型

根据以下特点进行判别：①水库初期拦沙和调水调沙运用方式的特点。控制低起调水位205.00m蓄水拦沙，逐步抬高主汛期水位拦沙和调水调沙，控制低壅水、平均每年主汛期抬高水位4～5m，调水调沙、水沙两极分化，提高大水流量排沙能力、提高水库排沙率。②黄河水沙特点。黄河来沙量大、泥沙颗粒较细，黄河洪水期流量较大、大量泥沙主要集中在洪水期挟带而来。③水库形态特点。库区上半段河谷狭窄，河道比降大，库区下半段河谷较宽阔（间有4km长的八里胡同峡谷段），河道比降大，库区主要支流集中分布在坝前30km库段。经综合分析，判别水库初期拦沙和调水调沙运用的库区淤积形态为锥体淤积形态，锥体淤积逐步由低而高发展。调节期水库高水位蓄水拦沙调节径流运用，在锥体淤积形态上叠加三角洲淤积，至主汛期库水位降低，叠加三角洲淤积被夷平消除。

2. 在库区为锥体淤积形态条件下，依次计算下列各项

（1）根据小浪底库区河谷形态和库容形态特点制定的坝前淤积高程淤积分配比与拦沙期累计淤积量之间的关系曲线，按逐年库区累计淤积量查得坝前淤积高程以下和以上的淤积分配比，分别计算分布在坝前淤积高程以下和以上的淤积量。

(2) 按原始库容曲线，根据坝前淤积高程以下淤积量查得相应的坝前平均淤积高程 H。

(3) 根据小浪底水库干流天然河道河床纵剖面形态特点制定的水库水平淤积长度 l 与坝前淤积高程 H 的关系，$l=0.81H-93.26$，按坝前淤积高程 H 算得相应的水库水平淤积长度 l。

(4) 根据小浪底水库干流天然河道河床纵剖面形态特点，制定水库锥体淤积长度 L 与水平淤积长度 l 的关系，$L=1.2l$，按水库水平淤积长度 l 算得相应的水库锥体淤积长度 L，即得水库淤积末端的距坝里程。

(5) 根据小浪底水库干流天然河道河床纵剖面形态特点，制定水库淤积末端河床平均高程 Z 与淤积末端距坝里程 L 的关系，$Z=1.208L+117$，按水库淤积末端距坝里程算得相应的水库淤积末端河床平均高程。

(6) 根据已建水库坝前冲刷漏斗实测资料，和小浪底坝区模型试验资料，建立小浪底坝前冲刷漏斗形态概化计算关系。

1) 坝前冲刷漏斗的孔口前冲深平底段：平底段长度 70m；冲深 2m，河底高程 173.00m，(底孔进口底坎高程 175.00m)。

2) 坝前冲刷漏斗的纵坡段：自孔口前冲深平底段上口起坡，有多级坡降，由陡而缓变化，平均坡降 $J_1=0.05$；河槽平均宽度由孔口前至漏斗进口断面依次变化，为 350～420m。

3) 坝前冲刷漏斗进口断面：进口断面的河底平均高程，由水库淤积纵剖面的坝前平均淤积高程减 4m 而得；距坝里程，由 $l_1=\dfrac{\Delta H_1}{J_1}+70$（即纵坡段长度＋平底段长度）计算，$\Delta H_1$ 为冲刷漏斗纵坡段高差，J_1 为冲刷漏斗纵坡段平均坡降。

(7) 计算库区淤积河床平均比降：库区淤积河床纵剖面为具有多级坡降的锥体淤积形态，其概化的河床平均比降为 $J_2=\dfrac{\Delta H_2}{l_2}$，其中 ΔH_2 为库区淤积末端河底与坝前冲刷漏斗进口断面河底之高差，l_2 由库区淤积末端距坝里程减坝前冲刷漏斗进口断面距坝里程而得。

由表 2.4-24 和表 2.4-25 可见，在小浪底水库初期拦沙和调水调沙运用的前 25 年，是库区淤积造床造滩时期，虽然出现了库区累计最大淤积量和最高的坝前平均淤积高程与最长的淤积末端距离，但水库并未完全形成高滩高槽的淤积形态，在达到累计最大淤积量后，库区有冲刷，出现过累计最小淤积量，但水库并未完全形成高滩深槽平衡形态。一般来讲，水库初期运用 28 年，可以完成库区形成高滩地的设计淤积形态，即坝前滩面高程达到 254.00m，形成库区滩地淤积纵剖面形态。此后转入水库后期运用时期，在水库运用的 30～40 年，遇上丰水年的汛期大水时，可以连续降低库水位至死水位 230.00m，冲刷下切河床、形成高滩深槽平衡形态。小浪底水库运用的主要任务之一是尽量提高黄河下游的减淤效益，尽量减少对黄河下游河道的负面影响，因此采取控制低起调水位 205.00m，逐步抬高主汛期水位拦沙并进行调水调沙的运用方式，在降低水位冲刷下切河床时，也只是利用大水流量逐步降低水位冲刷下切河床。所以，不需要水库较快地淤满拦沙库容，也不需要水库较快地冲刷下切河床，而是在调水调沙运用中完成水库拦沙任务和完成冲刷下切河槽任务，尽量地延长水库初期拦沙和调水调沙运用时间，推迟降低水位至死水位230.00m冲刷下切河槽形成高滩深槽的时间，尽量放在水库后期调水调沙和多年调沙的正常运用中利用丰水年的主汛期大水时期进行。因此，不需要过早、过多地要求水库降低水位至230.00m冲刷下切河槽，要在有利于下游淤滩刷槽的汛期进行。在水库初期拦沙运用中以逐步抬高主汛期水位为主；在水库后期正常运用中，主汛期调水调沙运用水位在230.00～254.00m间变化，平均运用水位为245.00～246.00m。小浪底水库的这种运用方式，既可提高下游河道减淤效益和稳定性，又可提高水电站发电效益，并对三门峡水库坝下正常水位没有影响。

2.5 小浪底水库淤积形态研究

2.5.1 小浪底库区特性

小浪底水库为峡谷型水库，正常蓄水位为275.00m，库长131km，与三门峡水库衔接。水库上半段65km，河谷狭窄，相应于正常蓄水位为275.00m的水面线的平均河谷宽约521m，水库下半段66km，河谷较宽阔，相应于正常蓄水位为275.00m的水面线的平均河谷宽度约1695m，全库平均河谷宽度1108m。库区干流、支流河床均为砂卵石河床。干流河床平均纵坡降为11‰，沿程分布众多碛石滩。各支流河口出口处均形成由支流冲出来的砂卵石堆积扇，挤压干流水流改变流向。支流坡降陡，水沙量甚少，每年有支流暴雨洪水，砂卵石运动剧烈，但历时短。距坝30km有八里胡同峡谷段，长4km，在275.00m水位河谷宽度430m，峡谷段内有较大支流东洋河。要注意八里胡同峡谷段的影响，主要防止出现二级水库，对八里胡同上游水库淤积纵剖面产生抬高影响，可从水库运用上解决这个问题。水库尾部有3条支流，回水短，支流暴雨洪水时，将有砂卵石推移质进入干流，逐渐形成水库尾部段砂卵石推移质堆积体，形成较大比降的推移质淤积纵剖面，注意不要使得上游三门峡坝下河床淤积抬高。库区其他支流回水较长，砂卵石推移质不能进入干流，将在支流回水尾部段淤积。但因库区支流来水量来沙量甚少，主要由干流倒灌淤积支流，将在支流发生干流倒灌支流的倒锥体淤积形态，要防止在支流河口形成高度很大的拦门沙坎，淤堵很多支流库容，减少支流有效拦沙库容和有效调节库容。

2.5.2 库区干流淤积形态计算方法

2.5.2.1 已建水库淤积形态分析

小浪底水库与三门峡水库相连，水沙条件基本相同。主要不同点包括：小浪底水库上半段河谷狭窄，三门峡水库上半段河谷宽阔；砂卵石推移质在小浪底水库尾部段的堆积，而三门峡水库尾部段无砂卵推移质堆积；小浪底水库上半段狭谷河段受山壁糙率的影响，而三门峡水库上半段宽阔河段受滩岸糙率的影响等。因此，小浪底水库淤积纵剖面的坡降将比三门峡水库增大，主要在上、中段坡降增大，而在下段坡降将基本相近。三门峡水库自1974年“蓄清排浑”运用以来，潼关—大坝段的库区河床纵比降较为稳定，大体上可分上下两段，上段（潼关—老灵宝）65km（按河槽距离，下同），其比降变化范围为2.2‱～2.4‱，平均为2.3‱，下段（老灵宝—大坝）60km，其比降变化范围为1.7‱～1.9‱，平均为1.8‱，潼关—大坝全库段比降变化范围为2.0‱～2.2‱，平均为2.1‱。

此外，分析了三门峡、刘家峡、盐锅峡、青铜峡、天桥、巴家嘴官厅和闹德海等已建水库的淤积形态特征，见表2.5-1，可供借鉴应用。

分析已建水库淤积形态的资料及其规律，建立水库淤积形态计算方法，以此计算小浪底水库的淤积形态。

2.5.2.2 河床纵比降计算方法

（1）按来水来沙条件和河床边界条件的综合影响计算河床纵比降。

水流连续公式：
$$Q=BhV \tag{2.5-1}$$

水流阻力公式：
$$V=\frac{1}{n}h^{2/3}i^{1/2} \tag{2.5-2}$$

水流挟沙力公式：
$$S=K\left(\frac{V^3}{gh\omega}\right) \tag{2.5-3}$$

或水流输沙率公式：
$$Q_s=K'\left(\frac{BV^4}{\omega}\right) \tag{2.5-4}$$

联解得

$$i=K'_0\frac{Q_{s出}^{0.5}\omega^{0.5}n^2}{B^{0.5}h^{1.33}} \tag{2.5-5}$$

分析$\omega=f(d_{50}^{m})$关系，有$\omega=f(d_{50}^{2.0})$关系。将$\omega=f(d_{50}^{2.0})$代入式（2.5-5），得

河床纵比降计算式：$i=K\dfrac{Q_{s出}^{0.5}d_{50}n^2}{B^{0.5}h^{1.33}}$[与前式(1.2-12)相同]　　(2.5-6)

式中：Q_s为河段出口输沙率，t/s；d_{50}为河段入口悬移质泥沙粒径，mm；B、h为河段平均河槽水面宽及平均水深，m；n为曼宁糙率系数，按河段平均计算。

分析实际资料，发现系数K与来水来沙条件有关，即与汛期平均来沙系数$\left(\dfrac{\rho}{Q}\right)_{汛入}$成反比关系，见表2.5-2。系数$K$值要结合实测资料验证后选取（与表1.2-3相同）。

这是水流含沙量和输沙能力自动调整的作用。一方面来沙量大，需要有较大比降输送泥沙；另一方面水流又有多来多排的特性，可以减小比降来输沙。$\left(\dfrac{\rho}{Q}\right)_{汛入}-K$的具体关系，应由实测比降验证计算选定。

对河床纵比降计算式（2.5-6）的验算结果见表2.5-3。可以看出，验算结果良好。验算实测资料的范围很广，既有河道，又有水库。来沙系数范围大，悬移质粒径范围较大，水面宽和水深变化范围大，糙率变化范围大。它说明该河床纵比降计算式物理意义清楚，具有普遍性规律。应用计算时为输沙平衡河床纵比降计算，可按汛期平均或排沙期平均或造床流量等水沙条件计算，在长河段要分河段计算。

表 2.5-1　　已建水库淤积形态特征表

项目		三门峡（潼关以下）（1977—1978年）		青铜峡（1971年）			青铜峡（1977—1978年）			盐锅峡（1977年）		官厅（1979—1985年）			三盛公（1971—1977年）	官厅（三角洲）（1973—1975年）			闸德海（1963—1973年）	巴家嘴（1975年）	刘家峡（三角洲）
		悬移质淤积段		悬移质淤积段		推移质淤积段	悬移质淤积段		推移质淤积段	淤积段特征		悬移质淤积段		推移质淤积段	悬移质淤积段	悬移质淤积段		推移质淤积段	全库区	悬移质淤积段	悬移质淤积段
		下段	上段	下段	上段		下段	上段		悬移质	推移质	下段	上段		淤积平衡	下段	上段				
库段长度/km		60	65	19.5	11	3.5	17.2	5.0	6.0	22	6.6	11.8	5.0	2.4	30	9.8	4.3	6.0	18.5	12.5	10
河槽比降/‰		1.7	2.3	1.7	2.3	5.8	1.7	3.2	6.6	1.7	4.6	2.3	4.1	5.5	1.7～1.5	2.0	2.8	8.8	6.6	3.6	4
河床质 D_{50}/mm		0.084	0.124	0.065	0.129	沙、砾、卵石	0.081	0.175（夹有少量细砾）	砾、卵石	0.072	0.384	0.13	0.32	细砾	0.095～0.07	0.098	0.15	粗沙夹砾卵石	0.077	0.254	
造床流量河槽	造床流量/(m³/s)	6410		4500			4500			3500		4200			5320	542			274	205	4460
	水面宽/m	515	730	450			450			450		3600			540	270			220	168	400
滩地比降/‰		1.1		1.0			1.0			1.0		2.3				2.0			3.5	2.2	
汛期平均	Q/(m³/s)	2140（1974—1977年）		1320			1200			955		1210			1690	49.3			12.4	6.5	1310
	ρ/(kg/m³)	56		4			6.3			0.41		19.6			5.8	28.4			38.8	356	4.2
	悬移质 d_{50}/mm	0.034		0.032（下河沿）			0.037			0.025		0.044			0.022	0.029			0.044	0.031	0.05
水下边坡系数 m		20		20			20			10		20			15	15			6	5	13
水上边坡系数 m		8		10			10			6		10			7	7			5	4	5

表 2.5－2　河床纵比降计算式（2.5－6）的系数 K 值与汛期平均来沙系数的关系

$\left(\frac{\rho}{Q}\right)_{汛入}$	< 0.0007	0.0007～0.001	0.001～0.003	0.003～0.007	0.007～0.01	0.01～0.05	0.05～0.10	0.10～0.20	0.20～0.40	0.40～0.60	0.60～1.40	1.40～2.80	2.80～6.20	6.20～10.0	10～20	20～40	> 40
K	1200	1000	840	510	350	200	140	112	84	62	45	34	22	17	13	9	7.5

（2）按侵蚀基准面升高的影响计算河床纵比降。侵蚀基准面上升越高，泥沙淤积塑造新河床的影响范围越远，泥沙淤积的水力分选作用越显著，河床纵比降由大到小的沿程变化现象也越显著。即使来水来沙条件不变，但因河床边界条件发生变化，水库河床淤积物级配组成发生变化，要反过来影响水流输沙能力，使平衡纵剖面要发生变化。因此，考虑按侵蚀基准面升高形成新河道的河床纵剖面，其河床纵剖面比降比原河道比降要减小，抬高越多，比降越小，但有一定的极限。以下有 3 种方法，分述如下。

1）按泥沙沿程分选比降沿程减小的计算方法。根据三门峡水库及青铜峡、盐锅峡、官厅等水库资料，比降沿程变化与淤积物级配组成沿程变化有同步变化关系。关于河床纵比降沿程变化有以下计算式：

对于淤积物较粗的河床

$$i=i_0 e^{-0.022L_1-0.0109L_n} \tag{2.5-7}$$

对于淤积物较细的河床

$$i=i_0 e^{-0.0322L_1-0.0126L_n} \tag{2.5-8}$$

式中：L_1 为水库尾部段长度，km；L_n 为距水库尾部段起始断面的距离，km；i_0 为库区原河道平均比降。

所谓淤积物较粗的河床，是指受水库尾部段砂卵石及粗沙推移质影响较大的淤积河床；所谓淤积物较细的河床，是指受水库尾部段砂卵石及粗沙推移质影响较小的淤积河床。

2）按侵蚀基准面升高，新老河道比降比值的计算方法。根据三门峡、青铜峡、盐锅峡、官厅、闹德海、巴家嘴、三盛公等水库资料，分析侵蚀基准面升高后新老河道比降比值关系为

$$\lambda_i=\frac{i_1}{i_0}=f(i_0^{0.56}H_{淤}^{0.68}) \tag{2.5-9}$$

式中：i_0 为原河道比降；i_1 为新河道比降；$H_{淤}$ 为新河道河床淤积抬高值，m。

建库前后比降比值与侵蚀基准面抬高的关系曲线如图 2.5－1 所示。

对于式（2.5－9）的验算见表 2.5－4，验算结果与实测值接近。式（2.5－9）用于计算全河段平均比降，亦可用于计算分段比降，用分段的 $H_{淤}$ 和分段的原河床比降 i_0，分段的（$i_0^{0.56}H_{淤}^{0.68}$），查算分段的 λ_i，求得新河床比降。

3）按侵蚀基准面升高后的河床比降与淤积物级配组成关系的计算方法。侵蚀基准面升高后，即使来水来沙条件不变，新河道的河床淤积物级配组成也要发生变化。因为侵蚀基准面升高后，首先水力要素发生变化，接着发生泥沙水力分选，河床淤积物级配组成发生变化，反过来又影响水力要素发生变化，从而使河床纵比降变化。经实测资料分析，河

表 2.5-3　河床纵比降计算公式验算表

水库、河段	汛期平均年份	$Q_入$ /(m³/s)	$Q_{s入}$ /(t/s)	$\rho_入$ /(kg/m³)	$Q_出$ /(m³/s)	$Q_{s出}$ /(t/s)	来沙系数 $\left(\frac{\rho}{Q}\right)_{入汛}$	B /m	h /m	d_{50}（悬移质）/mm	n	K	$i_{实测}$ /10^4	$i_{计算}$ /10^4
三门峡水库潼关—大坝库段	1964	4120	199.5	48.4	3930	78	0.012	550	3.2	0.034	0.0145	176	1.10	1.09
	1967	3797	175.6	46.2	3887	164.7	0.012	540	3.15	0.039	0.0145	176	1.70	2.14
	1970	1600	152.5	95.3	1570	169.2	0.060	433	2.08	0.037	0.0145	140	2.54	2.57
	1971	1270	102	80.5	1290	112.2	0.064	410	1.87	0.039	0.0145	140	2.62	2.61
	1972	1160	37.1	32	1190	51.4	0.028	400	1.80	0.044	0.0145	176	2.70	2.67
	1973	1710	131	77	1735	152	0.045	440	2.15	0.039	0.015	140	2.68	2.61
	1974	1145	55.2	48.1	1140	61.3	0.042	400	1.8	0.031	0.0155	140	2.02	1.87
	1975	2850	97.2	34.1	2880	124	0.012	500	2.77	0.037	0.0155	176	2.01	2.61
盐锅峡水库	1971—1973	1075	0.585	0.55	1065	1.015	0.0005	250	4.5	0.023	0.014	980	0.43	0.38
三盛公库区	1968	2165	10.6	4.9	1740	10.7	0.0023	600	2.1	0.027	0.011	840	1.28	1.37
	1970	987	4.95	5	747	4.89	0.005	440	1.9	0.027	0.014	510	1.15	1.21
闹德海水库	1971	12.4	1.406	113	12.2	1.98	9.1	42	0.25	0.044	0.024	17	6.4	6.99
	1973	9.4	0.186	19.7	10	0.338	2.1	37	0.23	0.041	0.025	34	6.3	6.78
官厅水库三角洲	1967	137	5.12	37.4	137	5.12	0.273	73	0.92	0.032	0.016	84	2.40	2.18
	1968	41	0.988	24	41	0.988	0.582	42	0.65	0.031	0.022	62	2.40	2.66
	1970	28	0.75	27.2	28	0.75	0.985	35	0.58	0.029	0.025	45	2.70	2.54
渭河下游交口—陈村、交口—吊桥河段	1970	553	67.2	121	553	67.2	0.219	225	2.10	0.029	0.020	84	1.91	2.05
	1972	126	3.64	29	126	3.64	0.23	125	1.00	0.028	0.020	84	1.60	1.64
	1973	435	72.5	167	435	72.5	0.384	165	2.54	0.029	0.020	84	1.86	1.93
	1974	266	14.1	53	266	14.1	0.20	140	1.77	0.031	0.020	84	1.70	1.64
黄河下游艾山—洛口河段	1970	1810	81	48	1810	81	0.026	350	2.53	0.029	0.012	176	1.10	1.07
	1971	1420	55.3	39	1420	55.3	0.027	340	2.13	0.026	0.012	176	1.00	0.97
	1972	1130	28.6	25.2	1130	28.6	0.022	350	2.20	0.035	0.012	176	1.00	0.98
	1973	1800	96.8	53.8	1810	96.8	0.03	350	2.54	0.029	0.012	176	1.10	1.16

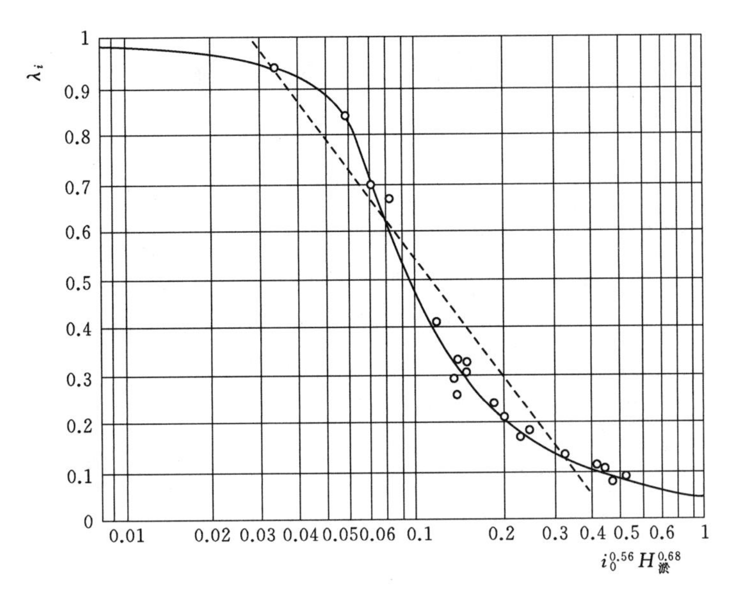

图 2.5－1 建库前后比降比值与侵蚀基准面抬高的关系曲线

表 2.5－4 **式（2.5－9）验算成果表**

库名	时间	i_0 /‰	i_1 /‰	$H_{淤}$ /m	D_0（河床质）/mm	D_1（河床质）/mm	$\lambda_{D测}$ $(=D_1/D_0)$	$\lambda_{D计}$	$\lambda_{i测}$ $(=i_1/i_0)$	$\lambda_{i计}$式
三门峡	1964年10月	3.75	1.10	34.7	0.20	0.053	0.265	0.244	0.29①	0.37
	1968年10月	3.75	1.52	29.4	0.20	0.053	0.265	0.294	0.41	0.39
	1971年11月	3.75	2.46	16.5	0.20	0.145	0.725	0.570	0.66	0.60
	1973年11月	3.75	2.6	13	0.20	0.161	0.805	0.748	0.69	0.71
	1974年8月	3.75	2.1	18	0.20	0.106	0.53	0.515	0.56	0.56
盐锅峡	1975年	11.4	1.9	30	6.0	0.25	0.042	0.036	0.17	0.208
青铜峡	1974年	8.8	2.85	20	17.0	0.083	0.0049	0.094	0.32	0.31
官厅	1970年	14	2.82	21	2.6	0.13	0.05	0.037	0.2	0.234
巴家嘴	1971年9月	22.8	1.6	42.7	5.0	0.045	0.009	0.007	0.07	0.07
闹得海（9断面以上）	1963年	7.5	6.3	5.6	12				0.84	0.83
	1969年后	7.5	7.0	2.4	12				0.935	0.93

① 三门峡水库滞洪淤积影响。

床纵比降与河床淤积物级配组成关系为

$$i=0.001\times D_{50}^{0.7} \tag{2.5-10}$$

式中：D_{50}为河床淤积物中值粒径，mm。

2.5.2.3 水库滩地淤积比降计算方法

水库滩地淤积比降与水库滞蓄洪淤积造滩有关，洪水流量越大，滞蓄洪淤积严重，比降越小；在水库壅水拦沙运用中，同时淤积造槽造滩，滩地比降要小于河槽比降，壅水程度越大，滩地比降越小。

在统计分析水库滩地淤积比降资料中，有滞蓄洪水、壅水拦沙淤积形成的淤积比降，可按下式计算：

$$i_{滩}=\frac{50\times10^{-4}}{\overline{Q}_{洪}^{0.44}} \tag{2.5-11}$$

式中：$\overline{Q}_{洪}$ 为洪水期水库蓄洪淤积造滩时的洪水期平均流量，或为水库主汛期低壅水拦沙淤积造滩时的主汛期平均流量，m^3/s，视造滩条件而定。

若库区滩地主要是大洪水时蓄洪淤积形成的，则用洪水期平均流量计算；若库区滩地主要是主汛期低壅水拦沙淤积形成的，则用主汛期平均流量计算。

2.5.2.4 水库尾部段砂卵石推移质淤积比降计算方法

水库尾部段是由水库上游天然河道到库区悬移质淤积塑造的新河道之间的一个过渡段，一般是推移质淤积段，或为粗泥沙推移质淤积段，或为砂卵石推移质淤积段，小浪底水库尾部段是砂卵石推移质淤积段。分析研究三门峡水库小北干流河段，青铜峡、盐锅峡水库，小浪底水库下游的焦枝铁桥—花园镇河段，以及其他具有过渡特性的河段，得到具有过渡段性质的水库尾部段推移质淤积比降与尾部段上游天然河道比降的关系：

$$i_{尾}=0.054i_{上}^{0.67} \tag{2.5-12}$$

2.5.2.5 水库三角洲前坡段比降计算方法

水库淤积纵剖面形态主要为三角洲淤积、锥体淤积和带状淤积。锥体淤积和三角洲淤积的洲面比降（或称顶坡比降），性质相同，可以用相同的方法计算。三角洲推进至坝前时，就转化为锥体淤积。三角洲前坡段与锥体前坡段性质亦相同，但锥体前坡段与坝前冲刷漏斗有联系时，则受坝前冲刷漏斗形态影响。因此，分析计算三角洲前坡段可以基本代表锥体前坡段。

统计分析刘家峡、青铜峡、官厅、三门峡等水库的资料，可以建立水库三角洲前坡比降与坡底水深的关系曲线，如图2.5-2所示，可以用此关系曲线查算。

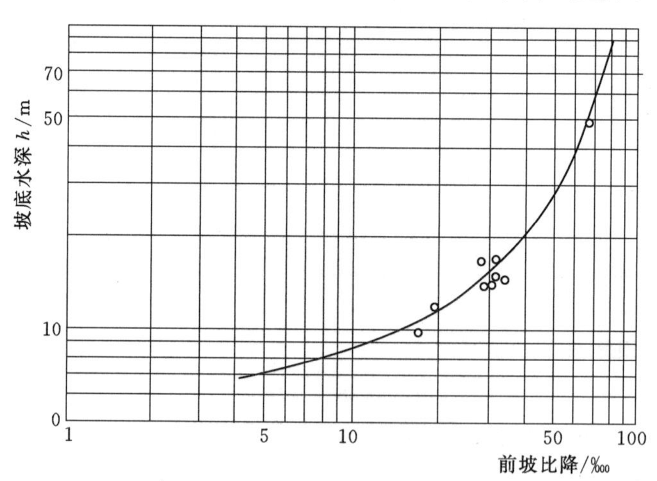

图2.5-2 三角洲前坡比降与坡底水深关系

在三角洲前坡段下游为带状淤积体，主要为异重流淤积，其纵比降为原河床平均比降的0.8～0.9倍。

2.5.2.6 水库河床纵剖面计算方法

1. 水库淤积长度

统计分析已建水库实测资料，得出水库淤积长度的计算关系：

$$L_{淤}=0.485\left(\frac{H_{淤}}{i_0}\right)^{1.1} \tag{2.5-13}$$

式中：$L_{淤}$为水库淤积长度，m；$H_{淤}$为坝前（冲刷漏斗上游锥体淤积顶点断面处，下同）淤积厚度，m；i_0为库区原河道平均比降。

验算已建水库实测的水库淤积长度，计算与实测较接近。

2. 库区分段淤积物和分段库长关系

库区河床淤积物级配组成与侵蚀基准面高低有密切关系，受水力分选作用影响，库区由上而下淤积物沿程变细。

坝前段河床淤积物与侵蚀基准面升高的关系，按下式计算：

$$\lambda_D=\frac{D_1}{D_0}=0.059\times10^{-4}\frac{1}{(i_0)^{1.86}(H_{淤})^{1.14}} \tag{2.5-14}$$

式中：D_1为坝前段河床淤积物中值粒径，mm；D_0为原河床淤积物中值粒径，mm；i_0为原河道平均比降；$H_{淤}$为坝前（大漏斗进口）淤积厚度，m。

挟沙水流入库后，形成水库分段淤积物与分段库长对应关系。根据三门峡水库及青铜峡、盐锅峡等水库资料，关系见表2.5-5。

表2.5-5 水库分段淤积物和分段库长关系表

项　目	悬移质淤积段			推移质淤积段
	坝前段	第二段	第三段	尾部段
淤积物中数粒径 D_{50}/mm	D_1［按式（2.5-14）计算］	$D_2=1.34D_1$	$D_3=1.11D_2$	$D_{尾}=(0.5\sim0.6)D_0$
			$D_3=1.54D_2$	
库段长度/km	$L_1=0.26L_{淤}$	$L_2=0.26L_{淤}$	$L_3=0.36L_{淤}$	$L_4=0.12L_{淤}$
			$L_3=0.48L_{淤}$	

表2.5-5中，对于尾部段为悬移质泥沙淤积的水库，第三段即为尾部段，其淤积物$D_3=1.11D_2$，其库段长度为$L_3=0.48L_{淤}$；对于尾部段为推移质堆积的水库，第三段为悬移质淤积物，$D_3=1.54D_2$，库段长度$L_3=0.36L_{淤}$，第四段为水库尾部段。

3. 河床淤积物中值粒径沿程变化关系

根据三门峡、青铜峡、盐锅峡、官厅等水库河床淤积物实测资料，可得河床淤积物中值粒径沿程变化的计算公式。

（1）对于按粗沙夹砾、卵石推移质淤积的水库尾部段起算：

$$D_i=D_a e^{-0.0422L_i} \tag{2.5-15}$$

（2）对于按沙质淤积的水库尾部段起算：

$$D_i=D_a e^{-0.0109L_i} \tag{2.5-16}$$

式中：D_i 为距水库砂卵石河床尾部段起始断面或距水库沙质河床起始断面距离 L_i 处的淤积物中值粒径，mm；D_a 为起始断面处的天然河床淤积物中值粒径，mm；L_i 为距起始断面的距离，km。

4. 水库综合糙率

水库综合糙率要考虑河床淤积物级配组成和河床形态及河谷平面形态的影响，在狭窄河段，还要考虑岸壁糙率的影响。分析小浪底、八里胡同、宝山等河段水面线的资料，采用岸壁糙率 $n_W=0.10$。

涂启华等统计分析已建水库资料（用三门峡、盐锅峡等水库水面线和河床断面验算糙率，考虑河床组成和河床形态影响），求得水库综合糙率计算式 $n=-a\lg\dfrac{B}{h}+b$ 的取值情况（见表2.5－6）。

表2.5－6 综合糙率计算式取值

宽深比 B/h	计算式取值	河床组成						
		细沙河床	中沙河床	粗沙河床	粗沙夹少量细砾河床	粗沙夹少量砾卵石河床	细颗粒砂砾卵石河床	卵石
<135	a	0.0267	0.0285	0.0305	0.0325	0.0345	0.0426	0.0465
	b	0.0700	0.0747	0.0800	0.0853	0.0906	0.1120	0.1210
≥135	n	0.012～0.013	0.014	0.015	0.016～0.017	0.018～0.019	0.020～0.021	0.022～0.023

表2.5－6中宽深比（B/h）分界值的意义是：宽深比 B/h 大于分界值135时，综合糙率不受河岸边壁影响，综合糙率只与河床组成有关。

若水库尾部狭窄库段，出现粗颗粒组成的砾卵石淤积物，其综合糙率系数增大为0.023～0.026，若为更粗颗粒的卵石河床，综合糙率系数可能大于0.26，宜用实测资料确定。

方宗岱等根据黄河上游、中游、下游干流水文站资料建立的综合糙率计算式：

$$n=\frac{0.0507}{\left(\frac{\sqrt{B}}{h}\right)^{0.61}} \tag{2.5-17}$$

有研究者采用沙质河床的糙率系数计算式 $n=0.052D_{50}^{1/6}$、砂卵石河床的糙率系数计算式 $n=0.051D_{50}^{1/6}$（河床质粒径单位均为m）、岸壁糙率系数，计算式 $n_w=0.1$。

豪登-爱因斯坦公式计算综合糙率系数：

$$n_m=\left(\frac{P_s n_s^{3/2}+P_w n_w^{3/2}}{P_m}\right)^{\frac{2}{3}} \tag{2.5-18}$$

式中：n_m 为综合糙率系数；n_s 为河床糙率系数；n_w 为岸壁糙率系数；P_s、P_w、P_m 分别为河床湿周、岸壁湿周、总湿周长度，m。

5. 水库淤积纵剖面计算

水库淤积纵剖面计算包括水库淤积长度、淤积形态、河床纵剖面、滩地纵剖面、纵坡坡降、坝前冲刷漏斗等。根据水库汛期、非汛期运用方式、运用水位、淤积过程及淤积数量、淤积物级配组成和进出库水沙条件的分析，考虑库区河谷形态和河槽形态的影响，根据水库运用特性，判别水库淤积形态的类型（三角洲-带状复合体、锥形淤积体、带状淤积体），按照前述各项要素的计算方法，计算水库不同运用时期和运用阶段的淤积纵剖面并进行合理性分析论证。

2.5.2.7 水库河槽形态计算方法

库区淤积形态，从横断面上看，具有高滩深槽的特征，由水库死水位以下的造床流量河槽和死水位以上的调蓄河槽两部分组成。水库死水位以下造床流量河槽为明渠水流河槽，死水位以上为调水调沙及调蓄洪水的调蓄河槽。

1. 造床流量河槽形态

统计分析水库和河道的资料，得出河槽水力要素关系有 $B=aQ^m$、$h=bQ^n$、$A=cQ^p$、$v=dQ^u$ 形式，其中 $a\times b\times d=1$，$m+n+u=1$。在含沙量大的河流，河槽水力要素还与含沙量有关系。

（1）对于为悬移质泥沙淤积物级配组成的沙质河床，综合黄河上游、中游、三门峡水库、渭河下游、官厅水库等观测资料，分析其河槽水力要素关系，即河槽水力几何形态分别视不同情况按下列各式计算：

1）河槽自由变化。

$$\left.\begin{aligned}B&=38.6Q^{0.31}\\h&=0.081Q^{0.44}\\A&=3.12Q^{0.75}\\v&=0.32Q^{0.25}\end{aligned}\right\}\qquad(2.5-19a)$$

2）河槽受河谷一定约束影响。

$$\left.\begin{aligned}B&=31.2Q^{0.31}\\h&=0.10Q^{0.44}\\A&=3.12Q^{0.75}\\v&=0.32Q^{0.25}\end{aligned}\right\}\qquad(2.5-19b)$$

3）河槽度受河谷较大约束影响。

$$\left.\begin{aligned}B&=28.4Q^{0.31}\\h&=0.11Q^{0.44}\\A&=3.12Q^{0.75}\\v&=0.32Q^{0.25}\end{aligned}\right\}\qquad(2.5-19c)$$

4）河槽受河谷很大约束影响。

$$\left.\begin{aligned}B&=25.8Q^{0.31}\\h&=0.121Q^{0.44}\\A&=3.12Q^{0.75}\\v&=0.32Q^{0.25}\end{aligned}\right\}\qquad(2.5-19d)$$

当河槽宽受河谷限制，水面宽按河谷宽设计，应加大河槽水深，以保持过水断面面积和平均流速相同的要求。

（2）对于水库尾部段为砂卵石推移质淤积的河床，河槽水力几何形态按下列式计算：

$$\left.\begin{aligned}B&=24.8Q^{0.28}\\h&=0.304Q^{0.33}\\A&=7.54Q^{0.61}\\v&=0.133Q^{0.39}\end{aligned}\right\}\qquad(2.5-20)$$

建库后河槽水力几何形态要发生某些变化，但河槽过水断面面积与流量的关系和河槽平均流速与流量的关系建库前后基本没有变化，主要是河槽形态发生变化，建库后河槽形态要比建库前相对窄深些。例如，表2.5-7所示黄河三门峡水库建库前（以1959年为代表）、建库后淤积时期（以1970年为代表）、冲刷时期（以1978年为代表）、冲淤相对平衡时期（以1985年为代表）潼关断面河槽水力要素的变化情况，就显示了这种特点。

表2.5-7　已建水库河槽水力几何形态与小浪底水库设计河槽水力几何形态表

库名	时期	断面	河床组成	造床特性	过水面积关系式	流速关系式	水面宽关系式	水深关系式
三门峡	建库前	潼关	泥沙	冲淤平衡	$A=4.45Q^{0.72}$	$v=0.224Q^{0.28}$	$B=94.5Q^{0.26}$	$h=0.047Q^{0.46}$
	1969—1971年	潼关	泥沙	淤积造床	$A=4.45Q^{0.72}$	$v=0.224Q^{0.28}$	$B=63.6Q^{0.26}$	$h=0.07Q^{0.46}$
	1976—1978年	潼关	泥沙	冲刷造床	$A=4.45Q^{0.72}$	$v=0.224Q^{0.28}$	$B=77.6Q^{0.26}$	$h=0.057Q^{0.46}$
	1983—1985年	潼关	泥沙	冲淤平衡	$A=4.45Q^{0.72}$	$v=0.224Q^{0.28}$	$B=94.5Q^{0.26}$	$h=0.047Q^{0.46}$
官厅	淤积三角洲推进	新八号桥	泥沙	准平衡	$A=1.8Q^{0.77}$	$v=0.556Q^{0.23}$	$B=12.3Q^{0.35}$	$h=0.147Q^{0.42}$
小浪底	建库前	小浪底站	砂卵石	冲淤平衡	$A=21.1Q^{0.52}$	$v=0.048Q^{0.48}$	$B=37Q^{0.22}$	$h=0.57Q^{0.30}$
		宝山站	砂卵石	冲淤平衡	$A=11.36Q^{0.57}$	$v=0.088Q^{0.43}$	$B=22.7Q^{0.22}$	$h=0.5Q^{0.35}$
	水库正常运用期	宽阔段	泥沙	冲淤平衡	$A=3.12Q^{0.75}$	$v=0.32Q^{0.25}$	$B=38.6Q^{0.31}$	$h=0.081Q^{0.44}$
		尾部段	砂卵石	推移质淤积造床	$A=15.29Q^{0.55}$	$v=0.065Q^{0.45}$	$B=29.4Q^{0.22}$	$h=0.52Q^{0.33}$

从多泥沙河流黄河三门峡水库和永定河官厅水库的库区河槽水力几何形态关系可以看出，同为悬移质泥沙淤积塑造的沙质河床，河流大小不同，泥沙级配不同，其河槽水力几何形态关系亦有不同。

2. 调蓄河槽

调蓄河槽是指在水库死水位以上供调水调沙及调蓄洪水运用的调蓄河槽。据实测资料统计，在死水位以上的河槽两岸边坡平均采取1∶5，直至滩面。这是统计实际水库的调蓄河槽边坡资料而得到的水上边坡平均值。水下边坡平均值为1∶20。见表2.5-8。

表2.5-8　已建水库河槽边坡系数表

项目	水库死水位以下河槽		水库死水位以上至滩地的调蓄河槽				
	水下边坡	水下边坡	水上边坡	水上边坡	水上边坡	水上边坡	水上边坡
岸高/m	2.5～5.0	>5.0	2.5～5.0	5.0～1.0	10～15	15～20	>20
边坡系数	15～25	10～20	7～12	6～11	5～10	4～9	3～7
平均边坡系数	20	15	9.5	8.5	7.5	6.5	5.0

3. 造床流量

造床流量是指与多年流量过程造床作用相应的代表性流量，相当于河流漫滩的平滩流量。故一般统计平滩流量，并与汛期平均流量建立关系，得出比较简便实用的计算公式。如黄委水科院钱意颖等和黄委设计院涂启华分别提出造床流量计算式（2.5－21）和式（2.5－22）：

$$Q_{造}=7.7\overline{Q}_{汛}^{0.85}+90\overline{Q}_{汛}^{0.33} \tag{2.5-21}$$

$$Q_{造}=56.3\overline{Q}_{汛}^{0.61} \tag{2.5-22}$$

若水库为主汛期排沙，则取主汛期的平均流量，代入式（2.5－21）和式（2.5－22）计算，并用水库下游河道漫滩平滩流量检验。

2.5.3 库区支流淤积形态计算方法

库区支流淤积形态有两种类型：①干流倒灌淤积支流的淤积形态；②支流淤积平衡形态。

小浪底库区支流来水来沙很少，平常基流很小，甚至无水，但汛期有短时（数小时至1～2d）暴雨洪水。干流倒灌淤积支流的淤积形态有两个特点：①在支流河口形成倒锥体淤积形态；②在支流内回水区形成接近水平的淤积。

2.5.3.1 支流河口倒锥体淤积坡降

倒锥体淤积坡降与淤积物级配组成有关。根据三门峡、官厅、刘家峡等水库及长江某盲肠河道的资料，倒锥体淤积坡降与淤积物中数粒径的关系见表2.5－9。

表2.5－9　倒锥体淤积坡降与淤积物中数粒径关系表

项目	三门峡水库	官厅水库	长江	刘家峡水库洮河倒灌干流		
	南涧河	妫水河	某盲肠河道	倒锥体上段	倒锥体下段	平均值
淤积物中径 D_{50}/mm	0.032	0.013	0.040	0.027	0.006	0.010
倒锥体坡降/‱	65	13.8	75	28.6	9.9	15.2

由表2.5－9中资料，建立倒锥体坡降计算式为

$$i_{倒}=1.42D_{50}^{1.64} \tag{2.5-23}$$

式中：D_{50}为淤积物中数粒径，mm。当$D_{50}<0.008$mm时，取$i_{倒}=6‱$。

2.5.3.2 支流倒锥体淤积高差

干流倒灌淤积支流，支流内淤积面低于支流河口的淤积面，支流河口的淤积面与干流淤积滩面相平，由表2.5－9中的倒灌淤积的资料，得到在支流河口水深较大情况下，深水区异重流倒灌支流，倒锥体（异重流倒灌）淤积高差的计算式为

$$\Delta H_{倒}=2.51H_{口门淤}^{0.28} \tag{2.5-24}$$

式中：$\Delta H_{倒}$为支流内倒锥体坡脚淤积面与支流河口淤积面的高差，m；$H_{口门淤}$为支流河口的干流淤积厚度，m。

式（2.5－24）表明：支流河口的干流淤积厚度越增大，则支流倒锥体淤积高差越大；支流倒锥体淤积高差还与支流河口的壅水水深大小，水流流态（异重流或浑水明流倒灌），倒灌流量及泥沙组成有关。深水区异重流倒灌支流，支流内淤积面低，支流河口水深越大，河口干流淤积面越高，则支流河口拦沙坝越高，支流内淤积面越低，淤积的泥沙

越细。

在水库逐步抬高主汛期水位拦沙和调水调沙运用情况下，支流河口水深较小，干流浑水明流倒灌或异重流倒灌支流，支流内倒锥体淤积高差要比支流河口为深水区条件下的异重流倒灌支流的倒锥体淤积高差显著减小，即支流内淤积面升高，支流拦沙库容能比较充分淤积起来，而且支流内的淤积泥沙组成也有较多粗颗粒泥沙。例如，三门峡水库支流南涧河的倒锥体淤积高差为5m，而官厅水库妫水河的倒锥体淤积高差为10m，两者河口的淤积厚度相近，而妫水河为河口壅水水深大、深水区异重流倒灌，南涧河为河口壅水水深较小、浅水区浑水明流和浑水异重流倒灌，故南涧河内的倒锥体淤积高差比妫水河内倒锥体淤积高差小了一半。因此，对于河口浅水区干流浑水明流倒灌或异重流倒灌的倒锥体淤积高差的计算式为

$$\Delta H_{倒}=1.25H_{口门淤}^{0.28} \tag{2.5-25}$$

图2.5-3为三门峡水库干流倒灌支流、官厅水库干流倒灌支流、刘家峡水库支流洮河倒灌干流的倒灌淤积形态。

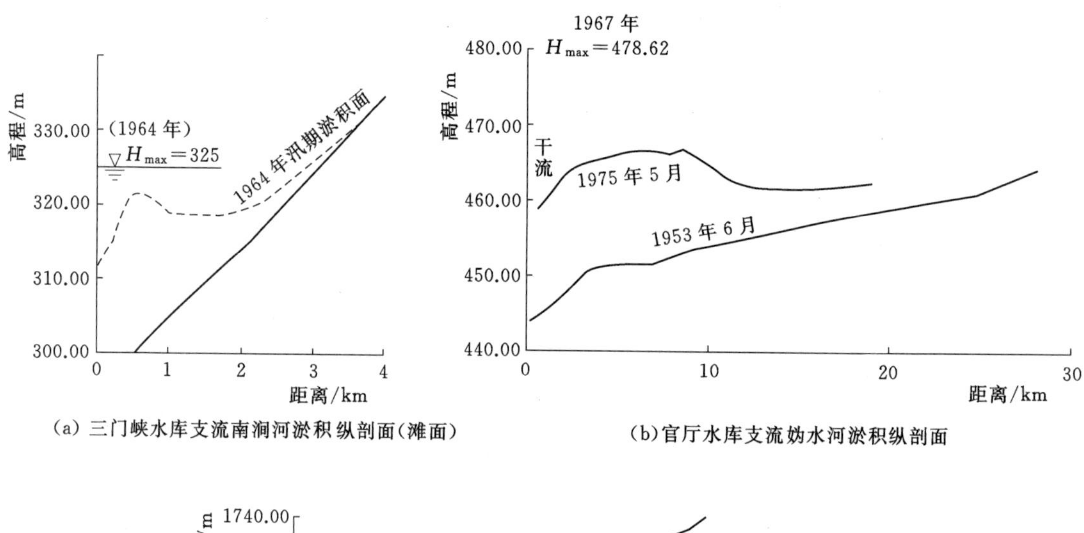

(a) 三门峡水库支流南涧河淤积纵剖面（滩面）

(b) 官厅水库支流妫水河淤积纵剖面

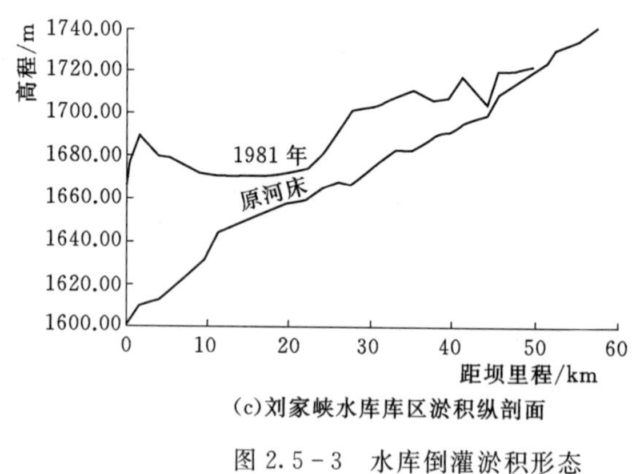

(c) 刘家峡水库库区淤积纵剖面

图2.5-3 水库倒灌淤积形态

需要指出，如果水库汛期蓄水位高、支流河口壅水水深大，在此情况下要进行库区动床比尺模型试验进行检验。

2.5.3.3 支流淤积平衡形态

1. 支流拉槽冲刷

水库拦沙运用阶段，库区支流内淤积形态为纵向及横向基本平淤，没有明显坡降和滩槽。水库降低水位运用后，支流来水将逐渐冲刷下切河槽，形成与干流水位相应的支流河床纵剖面，使支流来水畅流进入干流。

对于库区支流河床随库水位下降的冲刷下切，用官厅水库资料，得到如下计算公式：

$$\Delta h_{冲}=0.375\times10^{-4}\left(\frac{Qi}{D_{50}}\right)^{0.52} \tag{2.5-26}$$

式中：$\Delta h_{冲}$ 为支流河口的河槽冲刷下切强度，m/d；Q 为支流来水流量，m^3/s；i 为冲刷比降；D_{50}为河床淤积物中值粒径，mm。

2. 支流河槽形态计算

畛水、东洋河、亳清河等较大支流汛期平均流量为 4.5～6.2m^3/s，常遇洪水洪峰流量为 200m^3/s 左右，无实测资料的小支流汛期平均流量小，按 1.0m^3/s 考虑，其常遇洪水洪峰流量也有 50～100m^3/s。所以，库区支流淤积抬高后会形成相应的造床流量河槽。

支流造床流量仍按式（2.5－21）或式（2.5－22）计算，结合实际支流分析确定。支流淤积后的沙质河床，河槽水力要素按下列公式计算：

1）较大支流（对于造床流量 100m^3/s 以上）

$$\left.\begin{aligned}B&=25.8Q^{0.31}\\h&=0.121Q^{0.44}\\A&=3.122Q^{0.75}\\v&=0.32Q^{0.25}\end{aligned}\right\} \tag{2.5-27}$$

2）较小支流（对于造床流量 100m^3/s 以下）

$$\left.\begin{aligned}B&=14.19Q^{0.31}\\h&=0.22Q^{0.44}\\A&=3.122Q^{0.75}\\v&=0.32Q^{0.25}\end{aligned}\right\} \tag{2.5-28}$$

支流河槽水下和水上边坡系数均采用 5。

3. 支流淤积平衡比降计算

支流淤积平衡比降，是指水库远期（50～100 年后）运用后支流逐渐形成与自身来水来沙条件相适应的平衡纵剖面。它由两部分构成，支流回水的尾部段形成砂卵石堆积体，尾部中段以下为悬移质淤积体。

支流尾部段的砂卵石推移质淤积段比降按原砂卵石河床天然河道比降的 0.3 倍计。悬移质泥沙淤积段比降按式（2.5－29）计算，关系曲线如图 2.5－1 计算。

$$\lambda_i=\frac{i}{i_0}=f(i_0^{0.56}H_{河口淤}^{0.68}) \tag{2.5-29}$$

式中：i_0 为支流原河道比降；$H_{河口淤}$为支流河口处的淤积厚度，m。

2.5.4 小浪底水库淤积形态设计

小浪底水库初期拦沙运用完成后，库区形成高滩深槽平衡形态，水库进入正常运用时期，实行“蓄清排浑、调水调沙”运用，每一轮多年调沙周期，均达到悬移质输沙平衡，维持库区冲淤平衡形态。库区干流和支流砂卵石推移质缓慢地推进淤积在库区干、支流尾部段。水库淤积形态主要是由库区长距离悬移质淤积平衡形态和尾部段短距离砂卵石推移质淤积形态两部分组成。

2.5.4.1 水库淤积形态的设计条件

1. 设计水沙条件

小浪底水库正常运用期实行“蓄清排浑、调水调沙”运用，非汛期蓄水拦沙，泥沙基本上全部淤积在库内；汛期调水调沙泄流排沙，将入库泥沙和非汛期淤积的泥沙冲出水库，保持水库在每一轮多年调沙周期内冲淤平衡，在长期运用中冲淤平衡。

库区淤积形态主要取决于主汛期水沙条件，考虑到未来水沙条件的变化可能比设计水平年更为不利，为留有余地，采用比2000年设计水平年汛期平均流量小的流量和比2000年设计水平年汛期平均含沙量大的作为小浪底水库冲淤平衡形态设计水沙条件，见表2.5-10（2000年设计水平年1919年7月—1975年6月，56年系列）。汛期平均流量为1499m^3/s，相应造床流量为4859m^3/s，汛期水量输送全年沙量的汛期平均出库输沙率为117.7t/s，出库含沙量为78.5kg/m^3。

表2.5-10　淤积平衡形态设计水沙条件表（汛期平均）

设计条件	流量 /(m^3/s)	含沙量 $\rho_{出}$/(kg/m^3)	输沙率 $Q_{s出}$/(t/s)	悬移质泥沙中数粒径 $d_{50出}$/mm
汛期平均流量（采用较小值）	1240	102	126	0.041
造床流量（采用较小值）	4220	200	844	0.034

采用主汛期水少沙多不利的水沙条件设计水库淤积形态，以确保安全。

上述设计水沙条件，考虑有上游龙羊峡、刘家峡水库调节作用，没有考虑中游北干流将来新建大型水库工程的影响。

2. 水库运用方式条件

水库淤积形态和水库运用方式有关系。小浪底水库运用分两个时期：①初期逐步抬高主汛期水位“拦沙和调水调沙”运用，水库淤积为由低而高、由下而上、自坝前向上游发展锥体淤积，直至形成坝前滩面高程为254.00m、河底平均高程为250.00m的高滩高槽锥体淤积；②水库汛期利用2000m^3/s以上的大水流量逐步降低水位冲刷下切河槽，并拓宽河槽，直至水位降低至正常死水位230.00m，形成坝前河底高程为226.30m，坝前滩面高程为254.00m不变的高滩深槽平衡形态。水库的这种运用方式，汛期排沙比较大，主要为拦粗沙排细沙，形成的库区淤积物较粗。

3. 库区新河道侵蚀基准面条件

采用小浪底水库正常运用时期的正常死水位230.00m，是水库塑造输沙平衡新河道的侵蚀基准面水位。

4. 水库拦沙完成后形成高滩深槽平衡形态的控制条件

小浪底水库初期拦沙运用完成后，形成库区高滩深槽平衡形态和有效库容，其控制条件为正常死水位230.00m，相应的造床流量河槽底部高程为226.30m；水库主汛期限制水位 254.00m，相应的滩面高程为 254.00m（均为坝前断面的控制条件）。库区河床纵剖面坝前起点高程为 226.30m，库区滩地纵剖面坝前起点高程为 254.00m。以此进行水库冲淤平衡的河床纵剖面形态和河槽横断面形态设计，按水库拦沙运用完成后进行滩地纵向、横向形态设计。

5. 设计采用水库运用 200 年的干流、支流推移质淤积形态

水库运用 200 年的干流、支流推移质淤积形态具有安全性，留有较大的余地。

2.5.4.2 库段划分和库段特征

1. 库段划分

在水库正常死水位 230.00m 运用条件下，各库段自然河谷约束水流的情况见表 2.5-11。

表 2.5-11 水库正常死水位 230.00m 运用时自然河谷约束水流情况表

项目			坝前段	八里胡同段	石渠段	垣曲段	安窝段	任家堆段	槐中村段	尾部段
自然河谷		库段长度/km	30	4.1	24.2	14	15.5	14.5	10.5	15
		河谷宽度/m	1230	352	790	1180	415	328	286	250
水库新河槽	汛期平均流量 $1240m^3/s$	水面宽/m	350	350	350	350	350	328	286	250
		平均水深/m	1.86	1.86	1.86	1.86	1.86	1.98	2.28	3.08
		过水断面面积/m^2	651	651	651	651	651	651	651	769
	造床流量 $4220m^3/s$	水面宽/m	510	352	510	510	415	328	286	250
		平均水深/m	3.2	4.64	3.2	3.2	3.93	4.98	5.71	6.04
		过水断面面积/m^2	1632	1632	1632	1632	1632	1632	1632	1509

在汛期平均流量 $1240m^3/s$ 条件下，任家堆段及以上库段有自然河谷约束水流的影响；在造床流量 $4220m^3/s$ 条件下，安窝段以及上有自然河谷约束水流的影响，近坝段只有八里胡同河段自然河谷约束水流。

根据自然河谷约束水流情况和库区淤积物级配组成情况，并考虑库区支流的分布特点，在设计水库死水位 230.00m 的河床纵剖面形态条件下，将水库概略分成 4 个库段：八里胡同及以下为坝前段，库段长 33km；八里胡同以上至垣曲段为中段，库段长约 33km；垣曲段以上至槐中村段为上段，库段长约 46.6km；尾部段，库段长 15km，汛期水库平衡纵剖面水库长 127.6km。非汛期水库正常蓄水位 275.00m，回水淤积范围长 130.5km，三角洲淤积分布在水库尾部段及上段。

2. 分段淤积物中数粒径和分段综合糙率系数

小浪底水库尾部段为粗泥沙夹砾卵石堆积。自然河道砂卵石河床淤积物中值粒径 D_{50} 为 10～12mm。在推移质堆积的尾部段以下为悬移质泥沙淤积段。沙质河床起始断面的河床淤积物中值粒径，参考青铜峡、盐锅峡、官厅等水库和黄河小北干流上游船窝—禹门口河段，结合小浪底水库尾部段情况，采用淤积物中径 D_{50} 为 0.30～0.36mm。小浪底库区分段淤积物中值粒径的计算结果如下：

坝前段：D_{50} 为 0.105mm；第二段：D_{50} 为 0.141mm；第三段：D_{50} 为 0.217mm；尾

部段：D_{50}为5.0～7.0mm。

库区分段综合糙率系数，分两级流量考虑，即造床流量以下流量和造床流量以上流量（含造床流量）。小浪底水库淤积形态设计，采用较小的汛期平均流量（1240m³/s）和较大的含沙量（102kg/m³）；以及较小的造床流量（4220m³/s）和较大的含沙量（200kg/m³）。经综合分析计算，小浪底库区分段淤积物及分段综合糙率系数见表2.5-12。

表2.5-12　小浪底库区分段淤积物及分段综合糙率系数

库　段		坝前段（下段）	第二段（中段）	第三段（上段）	尾部段
库段长度/km		33.0	33.0	46.6	15.0
淤积物中数粒径/mm		0.105	0.141	0.217	砂0.5； 砾石5.0～7.0
综合糙率系数n	$Q<4200m^3/s$	0.012	0.014	0.015	0.021
	$Q\geqslant4200m^3/s$	0.013	0.015	0.018	0.026

2.5.4.3　水库干流冲淤平衡纵剖面形态设计

小浪底水库上半段62km河谷狭窄，河谷宽一般为300～400m，不能形成滩地，小水时有犬牙交错边滩出现，流量较大时即被冲刷；水库下半段69km，河谷较宽阔，河谷宽一般为800～1400m，垣曲段最宽，八里胡同段狭窄河谷无滩地，其他库段可以形成高滩地。水库逐步抬高主汛期水位拦沙和调水调沙运用，逐步淤高形成高滩高槽，直至形成坝前滩面高程254.00m（与主汛期限制水位相平）的高滩。在此条件下形成的库区滩地纵比降，经分析接近于三门峡水库1962—1964年滞洪淤积时期的淤积比降1.7‰。按逐步抬高主汛期水位拦沙和调水调沙运用，平均造滩流量2300m³/s计算滩地纵比降（$i=50\times10^{-4}/Q_{造滩}^{-0.44}$）为1.7‰。因此，采用小浪底水库下半段库区滩地纵比降为1.7‰。水库上半段为峡谷段，不能形成滩地。

小浪底水库干流河床冲淤平衡纵比降：①按淤积物级配组成与河床比降的关系算得：坝前段$i=1.96‰\sim2.10‰$；第二段$i=2.54‰\sim2.72‰$；第三段$i=3.4‰\sim4.3‰$；第四段$i=6.1‰\sim6.7‰$。②按输水输沙的水力条件、河槽水力几何形态、水流阻力的综合影响的冲淤平衡比降计算式$i=K\dfrac{Q_{s出}^{0.5}d_{50}n^2}{B^{0.5}h^{1.33}}$，计算库区各段的河床冲淤平衡纵比降见表2.5-13。

表2.5-13　小浪底水库干流冲淤平衡河床纵比降设计表

流量/(m³/s)	库段	长度/km	K	$Q_{s出}$/(t/s)	n	d_{50}/mm	B/m	h/m	计算i/‰	采用i/‰
1240（汛期平均）	第一段	33	140	126	0.012	0.041	350	1.86	2.06	2.0
	第二段	33	140	126	0.014	0.041	350	1.86	2.96	2.9
	第三段	46.6	140	126	0.015	0.041	350	1.86	3.39	3.5
	第四段	15	140	126	0.021	0.041	320	2.04	6.15	6.0
4220（造床流量）	第一段	33	140	844	0.012	0.034	510	3.2	2.20	2.0
	第二段	33	140	844	0.015	0.034	510	3.2	2.93	2.9
	第三段	46.6	140	844	0.018	0.034	420	3.9	3.58	3.5
	第四段	15	140	844	0.026	0.034	320	5.1	5.99	6.0

注　第一段为下段，即坝前段，第二段为中段，第三段为上段，第四段为尾部推移质淤积段。

综上可见，按库区淤积物沿程水力分选和河床纵比降沿程变化的同步关系算得的库区分段河床纵比降与按输水输沙的水力条件和河槽形态及水流阻力条件算得的库区分段河床纵比降基本相近，并且由于水沙条件、河槽形态和糙率的综合调整影响，使得造床流量河槽纵比降和汛期平均流量河槽纵比降相同，表明河床纵比降的计算比较符合实际。对比一些已建水库的河床纵比降可知，小浪底水库的峡谷水库特性使河床纵比降比较大。与上游三门峡水库河床纵比降相比，由于小浪底水库上半段比三门峡水库上半段河谷狭窄很多，且有砂卵石推移质在库尾段逐步推进淤积的影响，加之设计水平的汛期水沙条件为水少沙多，汛期水量要输送全年沙量，使得小浪底水库河床纵比降比三门峡水库现状河床纵比降明显增大是合理的。

小浪底水库干流河床冲淤平衡形态设计见表 2.5－14 及图 2.5－4。坝前段 33.0km，比降 2.0‱；第二段 33.0km，比降 2.9‱；第三段 46.6km，比降 3.5‱；尾部推移质淤积段 15.0km，比降 6.0‱；全库区平均比降 3.3‱。

表 2.5－14　小浪底水库干流河床冲淤平衡形态设计表（造床流量 4220m³/s）

库段	坝前段		第二段		第三段		尾部段		淤积末端至三门峡坝下	
库段长度/km	33.0		33.0		46.6		15.0		3.5	
滩地纵比降/‱	1.7		1.7		无滩		无滩		无滩	
河底纵比降/‱	2.0		2.9		3.5		6.0		21.7	
水面比降/‱	2.0		2.9		3.67		7.27		24.8	
距坝里程/km	0	33.0	33.0	66.0	66.0	112.6	112.6	127.6	127.6	131.1
造床流量 4220m³/s 时水位/m	230.00	236.60	236.60	246.20	246.20	263.30	263.30	273.30	274.20	282.90
造床流量河槽河底高程/m	226.30	232.90	232.90	242.50	242.50	258.80	258.80	267.80	267.80	277.40
滩面高程/m	254.00	259.60	259.60	265.20	265.20	无滩	无滩			
造床流量河槽水面宽/m	510		510		420		320			
造床流量河槽平均水深/m	3.2		3.2		3.9		5.1			
造床流量梯形河槽水深/m	3.7		3.7		4.5		6.4			
河槽边坡系数	18.5		18.5		12.5		10			

注　按造床流量设计河槽，河底高程按梯形断面河底高程计算，坝前滩面高程按与水库防洪限制水位 254.00m 相平设计。

表 2.5－14 水库冲淤平衡纵剖面，是汛期造床流量 4220m³/s 河槽的河底纵剖面，和水库逐步抬高主汛期水位拦沙和调水调沙运用条件下淤积造滩的滩地纵剖面，相应于水库正常运用期死水位 230.00m 和主汛期限制水位 254.00m 的水库干流冲淤平衡形态。

在不受自然河谷边界约束限制的库段，河槽可以自由形成正常水面宽和正常水深，在受狭窄河谷边界约束限制的库段（第三段和尾部段）河槽不能自由形成，水面宽减小（较大流量时即水面宽为河谷宽度），水深加大，然而保持正常过水断面面积相同。表 2.5－14

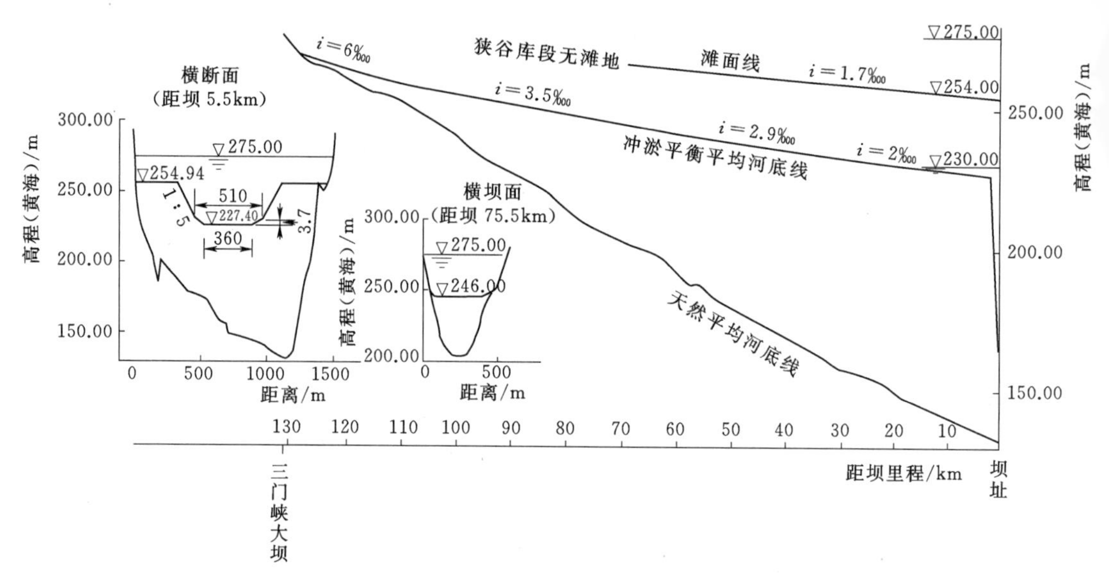

图 2.5-4 小浪底水库干流淤积形态图

中的造床流量水位与河底高程之差所得的水深为河槽梯形断面水深，比平均水深大些，水库第三段和尾部段河谷狭窄水深加大，河底高程不变水位升高。

由表 2.5-14 可知，小浪底水库汛期冲淤平衡河床纵剖面末端尚距离三门峡坝下（尾水断面）3.5km。而且水库尾部段砂卵石推移质输沙量的计算，设计推移质淤积段长度 15km，这是考虑推移质淤积历时达 200 年。在水库近期运用 50 年后，小浪底水库汛期冲淤平衡河床纵剖面末端距离三门峡坝下尾水断面尚有 10km 左右。故小浪底水库正常运用期死水位 230.00m 运用，在相当长时期对三门峡坝下毫无影响，还留有一定距离的天然河道。因此小浪底水库在正常运用时期可以利用槽库容在主汛期防洪限制水位 254.00m 以下进行调水调沙运用。主汛期调水调沙运用水位在 230.00～254.00m 之间变化，平均运用水位为 245.00m，比死水位 230.00m 提高 15m，不影响三门峡坝下尾水位，可以提高水库调水调沙对黄河下游的减淤效益和提高发电水头增大发电效益。小浪底水电站在初步设计阶段装机 156 万 kW，在招标设计（技术设计）阶段扩大为装机 180 万 kW，其主要根据即是水库主汛期调水调沙运用水位在 230.00～254.00m 间变化，平均水位为 245.00m，比死水位 230.00m 提高了 15m 发电水头，增大发电效益，可以扩大装机规模。

2.5.4.4 水库干流冲淤平衡河床纵剖面形态论证

应用中国水利水电科学研究院韩其为研究的长期使用水库的平衡形态计算方法，对小浪底水库的平衡形态进行了计算和分析，与小浪底水库设计干流平衡形态比较，分析了小浪底水库设计的干流冲淤平衡河床纵剖面形态。

1. 水库相对平衡坡降计算方法

当满足输沙纵向平衡条件时，水库相对平衡坡降计算公式为

$$J_k=3.73\times10^6\frac{n_1^2B_1^{0.5}\omega^{0.83}W_s^{0.77}}{Q_1^{1.27}T^{0.77}} \tag{2.5-30}$$

式中：J_k 为水库相对平衡坡降；n_1 为糙率系数；B_1 为水面宽，m；ω 为泥沙沉速，m/s；

Q_1 为第一造床流量，m^3/s；W_s 为水库排沙期沙量，亿 t；T 为排沙期天数。

（1）第一造床流量。若坡降相同，用一个固定流量代替变动流量过程，可达到输走同样来沙的效果，则这一固定流量即可称为第一造床流量。计算公式为

$$Q_1=\left(\sum\frac{Q_i^2t_i}{T}\right)^{\frac{1}{2.5}} \tag{2.5-31}$$

式中：Q_i 为分级流量，m^3/s；t_i 为各级流量出现天数；T 为排沙期天数，$T=\sum t_i=92d$（小浪底水库排沙期为主汛期 7—9 月）。

将小浪底水库主汛期入库流量过程代入公式得 $Q_1=2286m^3/s$。

（2）输沙量 W_s。排沙期应排走的沙量为

$$W_s=\lambda_1(W_{s.0}-W_{s.1})+(W_{s.1}-\lambda_2W_{s.1}) \tag{2.5-32}$$

式中：$W_{s.0}$为多年平均悬移质来沙量，亿 t；$W_{s.1}$为排沙期的来沙量，亿 t；λ_1 为蓄水期水库泥沙淤积百分数；λ_2 为排沙期水库泥沙淤积百分数。

小浪底水库非汛期蓄水运用，泥沙全部淤积，$\lambda_1=1$，$\lambda_1(W_{s.0}-W_{s.1})$ 为蓄水期（非汛期）淤积量，这部分淤积量应在排沙期冲走。排沙期入库泥沙应全部排出，$\lambda_2=0$。则排沙期 7—9 月应排走的沙量即为小浪底水库多年平均悬移质来沙量，按设计水平 1950—1974 年+1950—1974 年系列，$W_{s.0}=13.351$ 亿 t。

（3）糙率 n。水库糙率要考虑河床淤积物和河谷形态的影响，在峡谷段要考虑岸壁糙率。

河床糙率采用下式计算：

$$n_1=\frac{D^{\frac{1}{6}}}{6.5\sqrt{g}}\left(\frac{h}{D}\right)^{\frac{1}{6}-\frac{1}{4+\lg\frac{h}{D}}} \tag{2.5-33}$$

式中：n_1 为河床糙率系数；h 为平衡水深，m；D 为河床质泥沙中径，mm；$\left(\frac{h}{D}\right)^{\frac{1}{6}-\frac{1}{4+\lg\frac{h}{D}}}$ 为沙波影响项，若不考虑沙波，$n_1=0.049D^{\frac{1}{6}}$。

边壁糙率系数取 0.10，用前述豪登-爱因斯坦公式计算综合糙率。

其余各项同设计条件。

2. 水库相对平衡坡降计算

按上述计算方法和计算要素进行水库各库段相对平衡坡降计算。算得库区四段平衡比降见表 2.5-15。

表 2.5-15 小浪底水库干流冲淤平衡河床纵剖面坡降计算（应用韩其为方法计算）

库　段	长度 /km	W_s /亿 t	Q /(m^3/s)	T /d	n	B /m	ω /(m/s)	D_{50} /mm	J_k /‱
第一段（下段）	33.3	13.35	2286	92	0.0118	424	0.00041	0.105	2.0
第二段（中段）	33.0	13.35	2286	92	0.0133	424	0.00041	0.141	2.6
第三段（上段）	46.6	13.35	2286	92	0.0151	350	0.00041	0.217	3.0
第四段（尾部段）	15.0	13.35	2286	92	0.0247	250	0.00041	5.0	6.8

注　第一、二段水面宽 B 按公式 $B=38.6Q_1^{0.31}$ 计算，第三、四段为实际狭窄河谷宽度。各库段划分同前所述。

表2.5-15计算结果与设计值相比，第二段、第三段的比降比设计值小，第四段的比降比设计值大，全库区平均比降3.1与设计全库区平均比降3.3基本相近，可见设计的水库干流淤积平衡纵剖面形态是比较合理的。

需要指出，由于水库初期“拦沙和调水调沙”运用是采用逐步抬高主汛期水位拦沙和调水调沙运用方式，主汛期调蓄库容为3亿m^3，低壅水拦沙和调水调沙，水库排沙能力比较大，库区八里胡同峡谷段与河谷较宽库段的水面线比较均匀，不会形成八里胡同峡谷段壅高上游较宽库段的水位而局部抬高淤积河底，不会出现台阶型河床纵剖面。

2.5.4.5 水库淤积末端的影响分析

如上所述，水库正常运用时期在正常死水位230.00m运用下的输沙平衡形态，是形成水库长期有效库容的平衡形态，无论水库运用时间多长，其汛期水库淤积末端不影响三门峡坝下尾水断面，尾部段推移质淤积末端距三门峡坝下尚有3.5km。与此同时，还需要研究水库初期拦沙和调水调沙运用方式及拦沙运用最高水位，研究水库达到最大拦沙容积时形成高滩高槽的河床淤积纵剖面的淤积末端对三门峡坝下正常水位的影响问题；要研究水库非汛期最高蓄水位的淤积末端的影响问题，研究特大洪水（10000年一遇洪水）水库防洪运用的淤积末端的影响问题。只有在这些运用情况下水库淤积末端都不影响三门峡坝下正常水位，才满足小浪底水利枢纽工程的设计运用条件，现分述如下。

1. 水库调节期最高蓄水位淤积末端影响分析

按2000年设计水平年1919—1974年56年代表系列的水沙条件，三门峡水库与小浪底水库联合运用，在三门峡水库非汛期运用水位315.00m（2月联合为黄河下游防凌运用时蓄水位不高于324.00m）条件下，三门峡水库仍然要拦沙淤积，小浪底水库56年非汛期平均来沙量约0.51亿t，其中来沙量在1.0亿～1.47亿t的有6年，来沙量在0.5亿～0.89亿t的有20年，其余30年非汛期来沙量小于0.5亿t。小浪底水库非汛期（调节期）于10月提前蓄水拦沙运用，多年平均调节期10月至次6月库区淤积0.93亿t，最大淤积2.3亿t。在调节期淤积的泥沙，约80%淤积在水库尾部段和上段，形成三角洲淤积体，其余20%淤积在水库中段、下段，形成带状淤积体。经计算，小浪底水库调节期蓄水拦沙运用库区三角洲淤积形态特征见表2.5-16。

表2.5-16　小浪底水库调节期蓄水拦沙运用三角洲淤积形态特征表

项目	10月至次年6月库区总淤积量/亿t	三角洲体淤积量/亿t	允许最高蓄水位/m	计算流量/(m^3/s)	三角洲比降/‰		淤积末端特征值值			三门峡坝下断面(Q=1000m^3/s)	
					顶坡	前坡	距三门峡坝下/km	水位/m	河底高程/m	水位/m	河底高程/m
1	0.93（平均）	0.74	275.00	1000	1.3	27	0.60	278.30	275.30	279.10	276.00
2	2.30（最大）	1.61	273.00	1000	1.3	27	0.70	278.10	275.10	279.10	276.00

由表2.5-16计算可知，在调节期多年平均淤积0.93亿t情况下，水库最高蓄水位为275.00m，淤积末端距三门峡坝下断面尚有600m，不影响三门峡坝下正常水位，在调节期最大淤积2.3亿t情况下，水库最高蓄水位降至273.00m，淤积末端距三门峡坝下断面尚有700m，不影响三门峡坝下正常水位。小浪底水库调节期最高蓄水位一般在2—4

月，而库区累计最大淤积量在 6 月，此时水库加大泄水供下游灌溉，库水位实际上已趋向下降。所以，实际上水库调节期累计最大淤积量时的库水位已不是最高水位，故不影响水库调节期的正常调蓄运用。表 2.5－16 中列出的最大淤积量为 2.30 亿 t 时，不影响三门峡坝下正常水位的最高蓄水位为 273.00m，这只是说明在水库调节期水库累计淤积量达到 2.3 亿 t 时，要降低库水位至 273.00m，不影响三门峡坝下正常水位，并非要小浪底水库调节期的正常蓄水位降至 273.00m 运用。由此可见，三门峡水库非汛期低水位 315.00m 蓄水拦沙运用，既可以不影响潼关高程进行低水头发电，又可以保护小浪底水库非汛期按正常蓄水位 275.00m 调节径流兴利灌溉和发电运用，三门峡水库和小浪底水库合理联合运用是正确的选择。

2. 水库逐步抬高主汛期水位拦沙和调水调沙运用形成高滩高槽形态时淤积末端影响分析

小浪底水库初期拦沙运用为逐步抬高主汛期水位拦沙和调水调沙运用，为了控制水库防洪库容不受泥沙淤积影响，主汛期运用水位最高可达 254.00m。水库拦沙运用形成库区高滩高槽淤积形态时，坝前滩面高程为 254.00m，河底高程为 250.00m。水库拦沙库容 80 亿 m^3（淤积泥沙 104 亿 t）淤满，完成水库拦沙任务。之后，利用较大流量逐步降低主汛期水位冲刷下切河槽，直至死水位 230.00m 形成高滩深槽平衡形态后，水库进入后期正常运用时期，在高滩深槽库容内进行调水调沙和多年调沙运用，主汛期调水调沙运用最高水位至 254.00m，坝前河底高程也达到 250.00m。在这两种条件下形成的库区高滩高槽纵剖面淤积末端，对三门峡坝下正常水位有无影响，需要进行计算分析，只有在无影响情况下，才能按此设计运用。

经计算分析，在水库初期拦沙运用采取逐步抬高主汛期水位、控制低壅水拦沙和调水调沙运用条件下，水库淤积形态为锥体淤积，淤积过程为由低而高，由坝前段向中段、上段逐步发展，最后影响到水库尾部段。在此拦沙和调水调沙运用方式的淤积形态下，形成的库区高滩高槽纵剖面淤积末端，对三门峡坝下正常水位无影响，见表 2.5－17。水库正常运用时期，在槽库容内调水调沙和多年调沙运用，当水库拦沙淤积河底高程再次升至 250.00m 时，淤积形态与此相同。

表 2.5－17　小浪底水库高滩高槽淤积纵剖面特征表（$Q=4200m^3/s$）

库段	下段		上段		三门峡坝下
库段长度/km	69.2		61.8		
比降/‰	1.7		2.5		
距坝里程/km	0	69.2	69.2	131	131.1
水位/m	254.00	265.76	265.70	282.71	282.90
滩面高程/m	254.00	265.76	265.70	无滩	无滩
河底高程/m	250.00	261.76	261.76	277.21	277.40

由表 2.5－17 看出，水库坝前淤积面升高，比降变小。这是因为水库锥体淤积由低而高、由下而上发展，淤积物沿程水力分选距离延长，使粗泥沙在水库上段淤积，水库下段淤积物级配组成较细，糙率减小，在保持输沙流速的条件下，只需较小的比降。

需要指出，水库如果采用一次抬高水位的高水位蓄水拦沙运用方式，则库区淤积是以三角洲淤积升高的方式不断向下游推进和向上游延伸发展的。在淤积发展过程中，先是在水库上段峡谷段形成的三角洲输水输沙河槽，顶坡比降增大，然后三角洲洲头向库区中段和下段推进，输沙比降增大，库区上段淤积洲面要很快升高和淤积末端要很快上延，要使三门峡坝下河床和坝下水位不处于小浪底水库淤积影响之中，就需要降低小浪底水库主汛期蓄水拦沙运用水位，以控制三角洲淤积不影响三门峡坝下正常水位。经分析计算，为了不影响三门峡坝下正常水位，小浪底水库主汛期蓄水拦沙运用水位要控制在240.00～246.00m，水库上段淤积比降为3.5‰～4.0‰，水库下段平均淤积比降为2.0‰～2.5‰，在水库拦沙后期形成坝前滩面高程为240.00～246.00m，坝前河床高程为236.00～242.00m。这样，水库淤积面高程大幅度降低，水库拦沙库容量减小，严重减少水库拦沙减淤效益。因而不能采取这种运用方式。

在水库拦沙淤积量达到最大，形成库区高滩高槽淤积形态时，也不能持续较长时间。否则，由于河床淤积物级配组成的逐渐调整变粗，会使河床纵比降逐步变大，从而使库区河床淤积面向上游逐步调整升高，产生三门峡坝下河床的淤积，影响三门峡坝下正常水位。为了不出现这种情形，应利用较大的来水流量（2000m³/s以上）逐步降低库水位冲刷下切河床，同时不使小水流量冲刷对下游产生淤积影响，还要拦蓄小水小沙，使下游减淤。经过约10年主汛期的降低水位至230.00m，形成高滩深槽平衡形态，既对下游河道减淤有利，又不影响三门峡坝下正常水位。

3. 特大洪水防洪运用淤积末端影响分析

对1933年型10000年一遇洪水（来沙量最大）防洪运用的淤积末端影响问题进行了分析计算。计算的条件如下：

(1) 有效库容按51.0亿m³计算，但是为安全计，考虑一种极端不利情况，即考虑防洪运用前，水库坝前滩面高程254.00m以下的槽库容10亿m³，因调水调沙包括多年调沙的调蓄拦沙运用而被占用，不参与调洪。经分析计算，10000年一遇洪水小浪底水库需要的调洪库容为40.5亿m³，按41亿m³考虑，因此防洪起调水位定为254.00m。

(2) 最高蓄洪水位为275.00m。

(3) 最大入库流量15000m³/s（考虑三门峡水利枢纽工程进一步增建扩大泄流规模，最大下泄流量为15000m³/s）。

10000年一遇洪水水库防洪运用回水曲线计算结果见表2.5-18。水库防洪运用回水曲线末端水位与三门峡坝下的同流量自然洪水位相衔接，对三门峡坝下洪水位不造成影响。需要指出，三门峡水电站尾水平台和进厂铁路、公路是按最大出库流量为10000m³/s的设计水位修建的，设计水位高程为289.50m（大沽高程）或288.34m（黄海高程），若三门峡水利枢纽工程进一步改建扩大泄流能力，当出现10000年一遇洪水最大下泄流量为15000m³/s时，则三门峡坝下洪水位将超过尾水平台和进厂铁路及公路高程，因此要考虑采取防洪措施。

三门峡水库和小浪底水库的调洪计算现阶段仍是采用清水调洪计算方法，对于多泥沙的水库将是不符合实际情况的。曾采用浑水调洪计算方法演算两个水库，则小浪底水库防洪运用的蓄洪量及库区淤积量都要显著减少，对三门峡坝下洪水位更无影响。

三门峡坝下断面水位流量关系见表2.5-19。

表 2.5-18　　小浪底水库 10000 年一遇洪水回水曲线计算表

断面	地名	距坝里程/m	计算流量/(m³/s)	水位（黄海高程）/m	三门峡坝下自然洪水位（黄海高程）/m
1	坝上	0	15100	275.00	290.20
2	八里胡同	31950		276.92	
3		75870		280.13	
4	任家滩	93090		281.85	
5		99950		282.93	
6		107850		284.35	
7		117000		286.18	
8		124570		288.07	
9	三门峡水文站	130370		289.98	
10	三门峡坝下断面	131090		290.20	

表 2.5-19　　三门峡坝下断面水位流量关系表

流量/(m³/s)	200	500	1000	2000	3000	5000	8000	10000	12000	13000	15000
水位（黄海）/m	277.20	278.20	279.10	280.60	281.70	283.70	286.30	287.60	288.70	288.70	290.20

4. 水库后期正常运用主汛期调水调沙运用平均水位淤积末端影响分析

水库后期正常运用，主汛期在坝前滩面高程 254.00m 以下的槽库容内调水调沙，库水位升降变化，最低水位即为正常死水位 230.00m，最高水位即为主汛期限制水位 254.00m，平均水位为 245.00m。如前所述，主汛期在最低运用水位 230.00m 和在最高水运用水位 254.00m 运用的库区干流纵剖面淤积末端均不影响三门峡坝下自然水位。现在分析主汛期调水调沙运用平均水位 245.00m 的库区干流纵剖面淤积末端影响问题，分两种情况：一种是调水调沙由最低水位 230.00m 逐步抬高至 245.00m 的淤积纵剖面；另一种是调水调沙由最高水位 254.00m 逐步降低至 245.00m 的淤积纵剖面。在连续冲刷过程中河床淤积物级配组成颗粒较粗，在连续淤积过程中河床淤积组成颗粒较细。调水调沙运用中库水位升降变化、库区冲淤过程交替变化，使库区河床淤积物级配组成不断调整，未能形成稳定的粗化层或稳定的细化层。表 2.5-20 为主汛期调水调沙运用平均水位 245.00m 淤积纵剖面形态特征，可以看出淤积末端不影响三门峡坝下河床。在水库调水调沙运用中，最低运用水位河床纵比降最大，最高运用水位河床纵比降最小，平均运用水位河床纵比降介于两者之间，而高、中、低水位运用的淤积末端均不影响三门峡坝下水位。

5. 综合分析

分析小浪底水库各种运用情况下的运用水位，水库干流河床淤积纵剖面的淤积末端和水面线均不影响三门峡坝下的各级流量的自然水位，不产生对三门峡坝下自然水位的影响问题。在此前提下，小浪底水库可以发挥各种运用水位的作用。

2.5.4.6　水库横向淤积形态设计

建库以后，库区将形成新的滩槽，其横断面形态与水力要素及河床边界条件有关。

表 2.5-20　　小浪底水库主汛期坝前平均水位 245.00m 流量 4200m³/s 淤积纵剖面特征表

项　目	距坝里程					
	0km	33km	66km	112.8km	131.0km	131.1km（三门峡坝下）
河底比降/‰	1.8	2.4	3.0	3.7	27.5	
河底高程（黄海）/m	241.30	247.24	255.16	269.20	275.75	277.40
水位（黄海）/m	245.00	250.94	258.86	273.70	281.25	282.90

造床流量是设计河槽形态的主要依据。如前所述，求得造床流量为 4220m³/s。

设计造床流量河槽水面宽 510m，平均水深 3.2m，采用梯形断面水深 3.7m，河底宽 360m。

在造床流量河槽以上为调蓄河槽，岸坡采用 1∶5。

在狭谷库段，实际的河谷宽度小于设计河槽宽度，则按实际河谷断面形态计算。

水库冲淤平衡后的河床横断面形态的坝前图形为：滩面高程 254.00m，河底高程 226.30m，相应死水位 230.00m 高程的造床流量河槽宽 510.00m，相应主汛期限制水位 254.00m 高程的调蓄河槽宽 750.00m；死水位 230.00m 以下造床流量河槽梯形断面水深 3.7m；死水位 230.00m 以上调蓄河槽水深 24m，河槽边坡 1∶5，直至 254.00m 高程的滩沿。

三门峡水库潼关—大坝库段的河槽特征见表 2.5-21。老灵宝以下至坝前的 46km 库段的河槽形态可以用来类比小浪底水库距坝 69km 以下库段的河槽形态，在小浪底水库距坝 69km 以上为峡谷段，河谷宽小于设计河宽，则按实际河谷形态计算。

表 2.5-21　　三门峡水库潼关—大坝库段河槽特征表

库　段	库段长度/km	汛期常水位/m	汛期常水位水面宽/m	汛期常水位以上滩高/m	水下平均边坡系数	平滩河槽平均宽度/m
C. S. 1～C. S. 24	46.42	305.50～312.30	515	12～9	7～15	866
C. S. 25～C. S. 33	31.69	313.00～319.50	585	9～6	15～50	1433
C. S. 34～C. S. 38	17.96	320.50～325.00	1090	6～4	15～23	1540
C. S. 39～C. S. 41	6.08	325.50～327.00	517	4～3	3～5	1107

注　C. S. 为断面。

由表 2.5-21 可见，小浪底水库的河槽形态设计在水库下半段与三门峡水库 C. S. 1～C. S. 24 库段相近，相比更为窄深，在水库上半段为峡谷段，按实际河谷形态计算。因此，小浪底水库河槽形态设计是比较符合实际的。

2.5.4.7　库区支流淤积形态设计

由于小浪底库区支流水沙甚少，常水流量很小，甚至干河，支流的淤积主要由干流浑水明流倒灌和异重流倒灌淤积形成。

由于干流浑水明流和异重流倒灌支流，在支流河口形成沙坎，支流河口形成倒锥体淤积，支流内形成水平淤积。例如，官厅水库的支流妫水河，河口沙坎高 5m，倒锥体坡降 1.38‰；三门峡水库的支流南涧河，河口沙坎高 3m，倒锥体坡降 6.5‰；刘家峡水库的支流洮河异重流倒灌干流，在交汇口形成干流沙坎，坎高 14m，倒锥体坡降 1.52‰。

支流淤积形态计算的条件是：小浪底水库初期运用采取逐步抬高主汛期水位控制低壅水、提高大水流量（2000m^3/s 以上）的排沙能力、拦粗沙排细沙的拦沙和调水调沙运用方式。

库区支流河口淤积面高程与库区干流滩面相平，在支流河口形成沙坎，在支流河口段形成倒锥体淤积，在支流内形成水平淤积。淤积物中值粒径为 0.022mm（接近刘家峡水库的洮河、官厅水库的妫水河、三门峡水库的南涧河等河口段倒灌淤积物中值粒径平均值)，计算倒锥体坡降 2.6‰；按水库逐步抬高主汛期水位、控制低壅水，提高大水流量排沙能力，拦粗沙排细沙的拦沙和调水调沙运用方式，在支流与干流基本上同步淤高条件下，库区中下段各支流河口沙坎高 3.9～4.7m 不等。支流淤积形态特征见表 2.5-22。

表 2.5-22　小浪底库区支流淤积形态特征表

（水库逐步抬高主汛期水位拦沙和调水调沙运用）

项目	距坝里程 /km	河口原河底高程 /m	原河道比降 /‰	河口淤积面高程 /m	河口淤积厚度 /m	倒坡比降 /‰	支流内淤积面高程 /m	倒锥体淤积面高差 /m	倒锥体内死水容积 /亿 m^3
大峪河	3.9	140.00	100	254.70	114.7	26	250.00	4.70	0.42
白马河	10.4	146.00		255.80	109.8	26	250.35	4.65	0.08
畛水	18	152.00	56	257.10	105.1	26	252.50	4.60	1.26
石井河	22.7	160.00	120	257.90	97.9	26	253.40	4.50	0.19
东洋河	31.3	164.00	92	259.30	95.3	26	254.80	4.50	0.28
高沟	33.1	165.00		259.60	94.6	26	255.10	4.50	0.06
西阳河	41.3	175.00	106	261.00	86.0	26	256.60	4.40	0.17
太涧河	43.6	178.60		261.40	82.8	26	257.10	4.30	0.10
东河	57.6	193.80	120	263.80	70.0	26	259.70	4.10	0.18
亳清河	57.7	193.90	72	263.80	69.9	26	259.70	4.10	0.18
板涧河	65.9	205.00	126	265.20	60.2	26	261.30	3.90	0.08

几条大支流如畛水、东洋河及亳清河等，多年平均流量为 2～3m^3/s，洪峰流量一般为 100～1000m^3/s。1958 年三门峡—小浪底区间发生暴雨洪水，畛水最大洪峰流量为 4280m^3/s，东洋河最大洪峰流量为 2530m^3/s，亳清河最大洪峰流量为 5340m^3/s。因此支流河口沙坎遇到支流洪水时将会被冲刷下切，但洪水后又会重新被干流倒灌淤堵。

远期 100～200 年后甚至更长时间，库区支流逐渐形成顺水流向的淤积纵剖面形态，支流中段、下段为泥沙淤积段，河床纵比降按 6‰考虑，支流上段为推移质淤积段，河床纵比降按天然河床纵比降的 0.3 倍考虑。

支流的造床流量相当于常遇洪峰流量。畛水、东洋河、亳清河、东河等支流的造床流量约为 190m³/s，大峪河、石井河、西阳河等支流的造床流量为 170m³/s，其他小支流造床流量为 100m³/s。相应于造床流量的河槽水面宽，大支流宽为 120m，小支流宽为 50m，河槽边坡 1∶5，直至支流滩沿。

由于水库干流倒灌支流淤积，形成支流河口拦门沙坎的倒锥体淤积形态，由拦门沙坎形成支流被淤堵的库容，共计 3 亿 m³。如果水库采取一次抬高水位蓄水拦沙或汛期高水位蓄水拦沙的运用方式，将增大支流河口拦门沙坎高度，增大支流倒锥体淤积高差和倒锥体坡降，而支流内水平淤积面甚低，增大支流的死水容积，造成支流拦沙库容的大量损失，因此，这种情况应予以避免。

水库降低水位运用冲刷下切库区干流河槽后，支流洪水将逐渐冲刷下切河口拦门沙坎，并冲刷下切河床，形成与库区干流水位相应的支流河床纵剖面，使支流来水畅流入库区干流。但这种情形不能持久，当水库抬高水位运用时，又淤堵支流河口，重新形成河口拦门沙坎和倒锥体淤积形态。

库区支流河口段的冲刷下切用前述公式计算。支流河口段淤积物中值粒径 $D_{50}=0.022$mm，平均冲刷比降 $i=8‱$，选用支流实测的丰水年、平水年和枯水年 3 个典型年的汛期洪水过程，按每次洪水的平均流量计算。对畛水、东洋河和亳清河 3 条有实测洪水资料的支流进行冲刷下切计算，结果见表 2.5－23。

表 2.5－23　小浪底水库降低水位后支流河口拦门沙坎冲刷下切计算成果表

支流＼项目	支流淤积情况			计算河口冲刷下切深度/m			需要冲刷年数/a
	河口拦门沙坎淤积高程/m	河口设计河底高程/m	河口淤积厚度/m	典型年汛期			
				1958 年	1964 年	1967 年	
畛水	257.10	229.90	27.2	6.2	7.6	5.0	6
东洋河	259.30	232.50	26.8	7.0	8.8	5.6	6
亳清河	263.80	240.00	23.8	7.0	8.6	4.3	6

计算表明，在水库降低水位后，大的支流畛水等河口段冲刷下切到设计河底高程约需要连续经历 4～5 年、7～8 年。但是，计算中没有考虑水库在实际调水调沙运用中库水位升高又淤堵支流河口和淤塞支流河槽的情形。所以，小浪底水利枢纽工程设计，没有考虑利用水库降低水位后库区支流经过 4～5 年、7～8 年年汛期洪水冲刷下切河槽后形成的槽库容，而只利用库区支流河口拦门沙坎淤积面高程以上的支流库容，以策安全。

当库区支流洪水冲刷下切河口段，形成适应于库区干流水位的河床纵剖面形态时，将出现顺水流方向的河床纵坡。

小浪底水库库区支流形成顺水流方向的河床纵坡时，其比降见表 2.5－24。按水库运用 200 年后设计。计算表明，库区支流的砂卵石推移质只在支流回水区上段淤积，在 200 年以后库区支流砂卵石推移质也不能进入干流。但在水库尾部段，在 50 年后将逐渐有支流洪水时挟带砂卵石推移质进入干流，形成砂卵石堆积体。库区有代表性的 5 条支流淤积形态见图 2.5－5～图 2.5－9。

表 2.5-24　　小浪底库区主要支流淤积比降表（水库运用 200 年后）

项　目	大峪河	白马河	畛水	石井河	东洋河	高沟	西阳河	太涧河	沇西河	亳清河	板涧河
支流回水区上部推移质淤积比降/‰	30.0	56.5	16.8	36.0	27.6	66.0	31.8	48.0	36.0	21.6	37.8
支流回水区中、下部悬移质淤积比降/‰	6.0	9.4	6.0	6.0	6.0	11.0	6.0	8.0	6.0	6.0	6.3

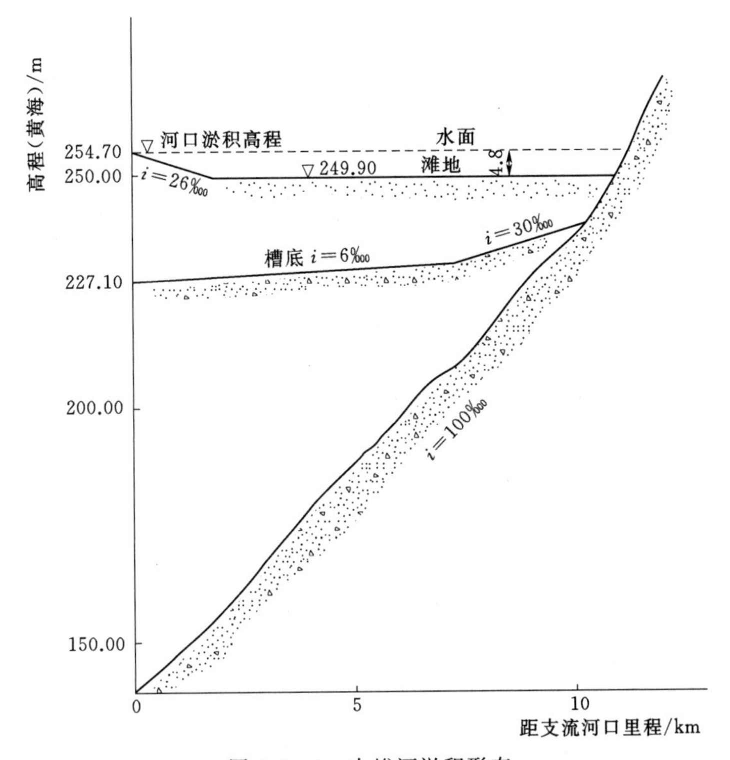

图 2.5-5　大峪河淤积形态

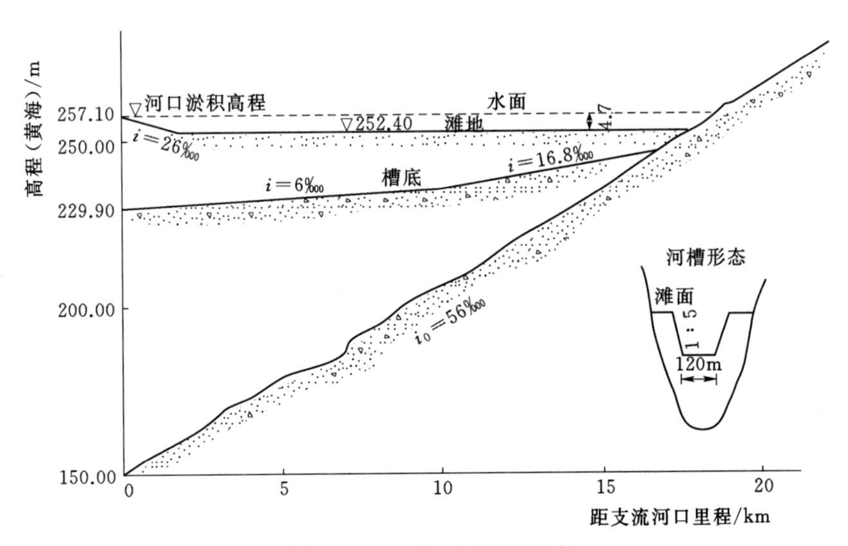

图 2.5-6　畛水河淤积形态

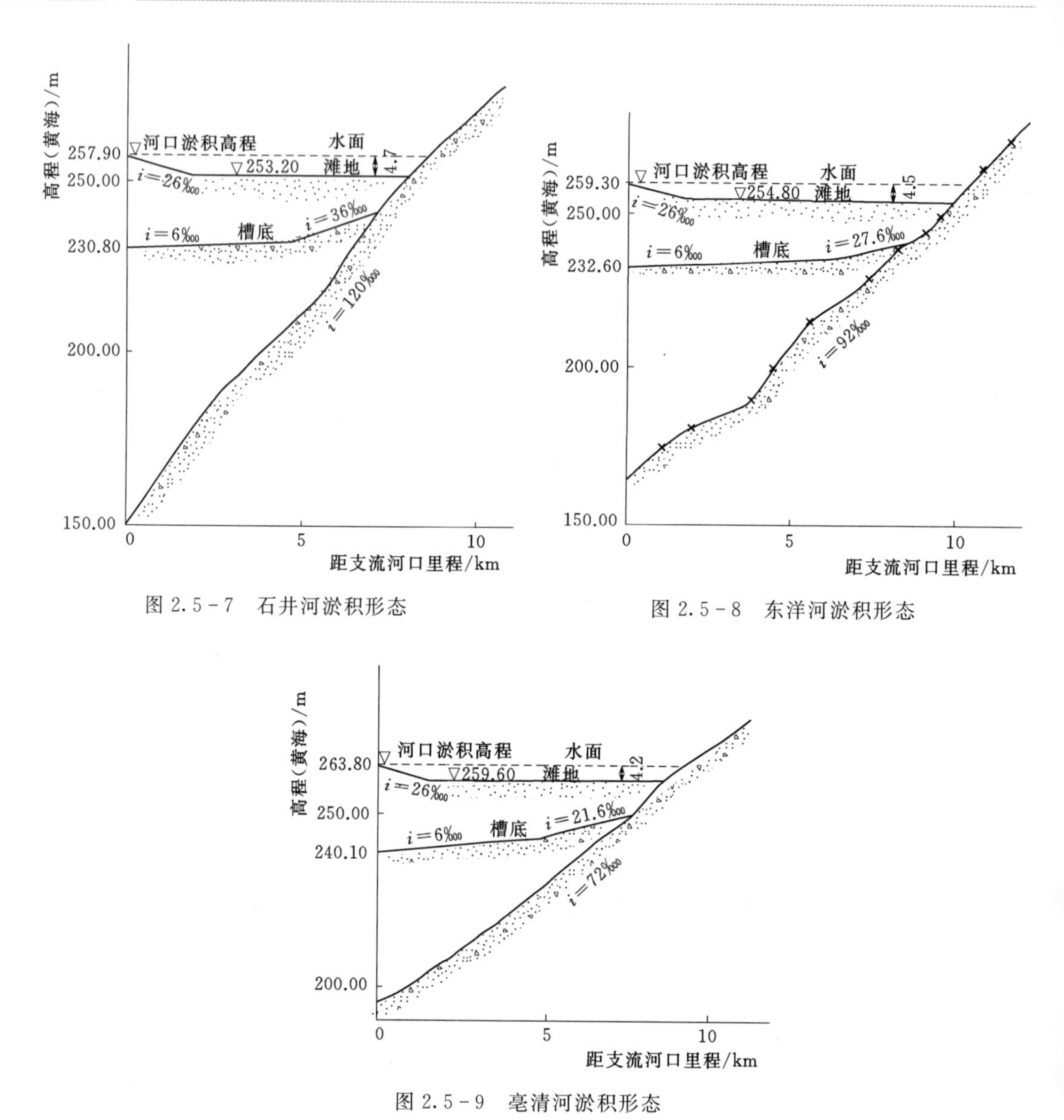

图 2.5-7 石井河淤积形态

图 2.5-8 东洋河淤积形态

图 2.5-9 亳清河淤积形态

2.6 小浪底水利枢纽泄流规模设计研究

2.6.1 水库各级特征水位的泄量要求

小浪底水利枢纽的泄流规模要研究水库各级特征水位的泄量，即水库最高水位泄量、正常死水位泄量、主汛期限制水位泄量、水库初始运用起调水位泄量等四级特征水位的泄量。分述于下。

1. 最高水位泄量

按照小浪底水库与三门峡、陆浑、故县水库联合防洪的调度运用方式，对各等级洪水，小浪底水库调节控制下泄流量为：①50 年一遇洪水，三门峡（陕县）天然洪水下泄流量为 23600m³/s，三门峡水库调节后下泄流量为 17000m³/s，小浪底水库调节下泄流量为 9910m³/s；②100 年一遇洪水，三门峡天然洪水下泄流量为 27500m³/s，三门峡水库调节后下泄流量为 19400m³/s，小浪底水库调节下泄流量为 9860m³/s；③1000 年一遇洪水，三门峡天然洪水下泄流量为 40000m³/s，三门峡水库调节后下泄流量为 28000m³/s，小浪底水库调节下泄流量为 13480m³/s；10000 年一遇洪水，三门峡天然洪水下泄流量为 52300m³/s，三门峡水库调节后下泄流量为 37600m³/s，小浪底水库调节后下泄流量为 13990m³/s。由此可见，小浪底水库防洪运用的最大下泄流量为 14000m³/s。

三门峡水库现状泄流能力（不含机组）在防洪最高水位 335.00m 时泄量为 14000m³/s。考虑三门峡工程可能再增建泄流设施扩大泄流能力，并考虑三门峡-小浪底区间洪水和非常情况紧急泄空水库（例如战争预警）的加大泄量，为安全计，确定小浪底水库最高水位 275.00m 泄量为 17000m³/s。

2. 死水位泄量

水库死水位是水库重要的一级水位，是水库淤积平衡的侵蚀基准面水位，是水库正常运用期的最低水位，死水位的泄流规模决定水库排沙能力和下游输沙减淤的能力。为了满足水库排沙保持有效库容和调水调沙对下游减淤的要求，死水位泄流规模应该考虑：①水库利用冲刷能力大的 5000～6000m³/s 流量冲刷排沙；在下游平滩流量 5000～6000m³/s 输沙能力最大，可以输沙减淤。②鉴于小浪底水库建成运用前下游河道平滩流量已减小为 4000m³/s 左右，需要有洪水淤滩刷槽产生“大水出好河”的效应。为此小浪底水利枢纽的泄流规模要满足下游漫滩洪水淤滩刷槽的条件。对来水流量为 6000～8000m³/s 的一般洪水来沙大时，水库不滞洪削峰，在库区“穿堂过”，在下游低漫滩，淤滩刷槽，增大滩槽高差和平滩流量，改善河床形态。③对来水流量大于 8000m³/s 的洪水滞洪削峰，以利下游保滩防洪安全。因此，选定水库正常死水位 230.00m 的泄量为 8000m³/s，非常死水位 220.00m 的泄量为 7000m³/s，并适应小浪底水库初期拦沙运用，下游河床冲刷下切，平滩流量增大为 8000m³/s 的转化。

3. 水库主汛期限制水位泄量

小浪底水库拦沙和调水调沙运用减少下游河道淤积，要尽量淤高库区滩地争取更大拦沙库容多拦泥沙；同时要求在库区滩地以上保持 41 亿 m³ 滩库容供防洪和调节期兴利调蓄运用。因此，在水库淤积不影响三门峡坝下正常水位的条件下，经淤积形态分析确定小浪底水库主汛期拦沙和调水调沙运用最高水位为 254.00m，即主汛期限制水位为 254.00m，也是水库防洪限制水位，即水库特大洪水防洪运用起调水位。要求水位 254.00m 的泄流能力为 11000m³/s，经计算，在此条件下，在相当长时期内将控制坝前滩面高程 254.00m，控制一般洪水和大洪水不上滩淤积。在与三门峡水库联合运用下，仅 50 年一遇以上洪水有一定程度的上滩淤积。调节期蓄水上滩，但泥沙不上滩淤积。

4. 水库初始运用起调水位泄量

为了满足水库在初始运用起调水位 205.00m 蓄水拦沙运用阶段的下游调水要求，选定初始运用起调水位 205.00m 的泄量为 5000m³/s，与三门峡水库汛期排沙运用水位 305.00m 的泄流规模相适应，可以进行调水运用。

小浪底水利枢纽泄水建筑物布置满足上述各级特征水位的泄量要求。枢纽工程设计的泄流能力见表 2.6-1。此外，小浪底水电站装机 6 台，每台机组额定引水流量 296m³/s。6 条发电引水洞，每条发电引水洞引水流量平均按 300m³/s 计，不包括在水库泄流规模条件内。

表 2.6-1　　小浪底水库各级水位泄量表

水位/m	190.00	200.00	205.00	210.00	220.00	230.00	240.00	254.00	265.00	275.00
泄流能力/(m³/s)（不含机组）	1119	4431	4930	5400	6769	8048	9460	11200	13153	16821

2.6.2　泄水排沙建筑物的泄量分配

小浪底水利枢纽的泄水排沙建筑物组成为：①3 条由导流洞（直径 14.5m）改建的三级孔板消能泄洪洞，进口高程为 175.00m；②3 条明流泄洪洞宽×高分别为 10.5m×13.0m、10.0m×12.0m、10.0m×11.5m 的城门洞型隧洞的泄洪洞，进口高程分别为 195.00m、209.00m 和 225.00m；③3 条直径为 6.5m 的压力排沙洞，进口高程 175.00m；④一座正常溢洪道，进口高程 258.00m，为开敞式三孔闸，闸门尺寸 11.5m×17.5m（宽×高）；⑤一座非常溢洪道，进口高程 268.00m，宽 100m。另有 6 条发电引水洞，其中 4 条发电洞进口高程 195.00m，另 2 条发电洞进口高程 190.00m（为满足低水位 205.00m 发电需要，进口高程降低）。

各泄水、排沙建筑物的主要作用是：孔板泄洪洞和排沙洞，主要泄洪、排沙和排污（污物被清污机压下由底孔排出），并形成冲刷漏斗，排泄底部高浓度泥沙和粗颗粒泥沙，排泄异重流；明流泄洪洞主要作用是泄洪、排沙、排泄飘浮物，以及在底孔被严重淤堵时，承担泄流保坝任务，为清除底孔严重淤堵赢得时间。水库泄流能力不仅要满足上述各级特征水位的泄量要求，还要满足在各级特征水位下发挥各泄水排沙建筑物作用所需泄量的要求，主要以水库死水位的泄量分配要求为指标，孔板洞和排沙洞等底孔的死水位泄量合占死水位总泄量的 2/3（其中排沙洞约占死水位总泄量的 1/5，孔板洞约占死水位总泄量的 1/2）；上层明流泄洪洞泄量约占死水位总泄量的 1/3。由于排沙洞经常运用，它要经常发挥为电站防沙和底孔防淤堵的作用，所以排沙洞要有适当大的泄流规模，其在死水位的泄量要相当于主汛期平均流量，可以在主汛期形成范围较大的冲刷漏斗，发挥冲刷漏斗作用。在泄洪方面，在一般洪水时，孔板洞的泄洪能力为主，它发挥扩大冲刷漏斗作用，在大洪水时，上层明流洞的泄洪能力为主。在运用中，孔板洞和明流洞都要有参与运用，发挥各自的作用。

小浪底水库各泄水、排沙建筑物泄量见表 2.6-2，满足要求。

正常溢洪道的设置要求：①枢纽主要泄水建筑物为隧洞，属深水式进水口，故障概率较浅水式进水口多，主坝为堆石坝，为确保主坝安全，应适当增大枢纽的泄流规模；②能适应三门峡水库工程可能进一步改建后增大的泄流规模；③为满足非常情况下紧急泄放水库蓄水体的需要，增大高水位泄流规模。

还有非常溢洪道的设置，是作为正常泄洪设施的事故备用泄洪建筑物。库水位为 275.00m 时，下泄流量为 3000m³/s。

表 2.6-2　　小浪底枢纽泄水、排沙建筑物泄量表

水位/m	190	200	205	210	220	230	240	254	265	275
底部排沙洞泄量/(m^3/s)	1119	1256	1319	1383	1500	1608	1709	1860	1941	2025
底部孔板洞泄量/(m^3/s)		3025	3156	3257	3509	3726	3868	4240	4388	4583
上层明流洞泄量/(m^3/s)		150	455	760	1760	2714	3883	5100	5830	6449
正常溢洪道泄量/(m^3/s)									994	3764
合计	119	4431	4930	5400	6769	8048	9460	11200	13153	16821

注　机组装机 6 台，单机引水约 300m^3/s。

2.7　小浪底水利枢纽工程泥沙问题模型试验研究

2.7.1　工程泥沙问题模型试验研究任务

1. 小浪底水利枢纽进水塔防沙、防淤堵浑水整体模型试验研究任务

1990 年 3 月 14—18 日由水利部科技教育司主持，在北京对黄河水利委员会勘测规划设计研究院（以下简称黄委设计院）提出的《小浪底水利枢纽进水塔防沙、防淤堵试验研究》进行了讨论。会议印发了关于小浪底水利枢纽进水塔防沙、防淤堵试验研究工作的讨论纪要，主要内容如下：

（1）保证各泄水建筑物均能及时和通畅泄水是确保小浪底水利枢纽工程安全的头等重要的问题。多年来黄委设计院就此问题做了多种设计方案比较，并同时委托中国水利水电科学研究院和黄委水利科学研究院（以下简称黄委水科院）对各种设计方案（用粉煤灰作为模型沙）进行了比尺 1∶100 的浑水整体模型试验。通过以上工作和多次邀请专家讨论审议，得出了将各进水口集中于一个位于风雨沟左侧的直线型进水塔的优化方案。这一方案经过上述两个浑水整体模型试验的验证，证明在进水塔右侧修筑导水裹头式导墙后可以在不同来水情况下都能在风雨沟内进水塔前形成单一的逆时针向大回流，各泄水建筑物不会被泥沙所淤堵……因此采用的优化方案在技术上是可靠的。

（2）鉴于以粉煤灰作为模型沙，冲刷不相似，为慎重计，黄委设计院提出利用电木粉作为模型沙再做一个较大比尺的浑水整体模型试验，以便与上述两个模型做进一步的相互验证和对比，并已委托南京水利科学研究院完成了用电木粉作模型沙的专题试验研究……黄河泥沙问题十分复杂，进水塔的防淤堵问题又是工程成败的关键，不同的模型沙都有一定的局限性，增加一种相互验证和对比的手段是必要的……因此同意黄委设计院意见，请南京水利科学研究院以电木粉做模型沙作一个比尺为 1∶80 的浑水整体模型试验。

（3）关于模型试验的内容，一致认为由于今后黄河的来水来沙条件，库区冲淤变化都十分复杂，在试验中除要反映一般常规条件下的结果，特别要着重研究在各种极端情况下，可能出现的不利现象。如不同的库区淤积阶段，不同的来流方向和形态（单一和分汊的），入库发生高含沙水流，保持进水塔前不被淤堵的临界泄流量，关闭排沙洞、孔板泄洪洞后的进口泥沙淤堵的临界条件（时机和启门冲刷程序），发生异重流的临界条件及其对进口的影响等。以上内容要在现有和新增加的浑水整体模型中同时进行，以便对比和验

证。至于入库水沙条件和区别不同库区淤积阶段，原则同意黄委设计院提出的意见，连同各种可能的极端情况的确定，请黄委设计院与三家试验单位共同具体商议，报水利部科技教育司备案。

(4) 为了研究进水塔对岸淤积物坍塌的可能性以及防止淤堵进水口，同意黄委设计院的意见，采取实地调查和分析计算的办法，并在设计中考虑设置实时监测淤积物高程和在闸门前的高压水力或高压气冲沙的装置。

2. 模型试验研究任务书

根据《会议纪要》精神，黄委设计院于1990年5月提出《小浪底水利枢纽进水塔防沙、防淤堵浑水整体模型试验研究任务书》，委托南京水利科学研究院、中国水利水电科学研究院及黄委水科院分别用电木粉、粉煤灰做模型沙，按比尺1：80及1：100正态模型，对相同的泄水建筑物布置方案进行进水塔防沙、防淤堵试验研究。试验研究任务书的基本内容如下。

(1) 试验研究的基本要求。验证和改进进水塔右侧导流建筑物的形态，使进水塔在右侧向进水的不同来水流路方向条件下，在进水塔前都能形成一个主流贴紧进水塔前沿流动的逆时针向大回流的水流流态，以利于进水塔防淤堵；并试验验证确保进水塔孔口不被淤堵的泄水建筑物的调度运用方式。

(2) 塑造水库不同运用阶段的坝区冲淤形态。

(3) 库区冲淤形态的试验研究条件。

1) 试验水沙条件。试验水沙条件考虑两种类型：一种类型是选取典型年主汛期水沙条件；另一种类型是选取系列年主汛期水沙条件。

2) 试验坝区库段。试验坝区库段要有一定的长度，能够反映坝区淤积形态与泄水建筑物前冲刷漏斗形态的连接。为此，选取大峪河口至大坝的近4000m库段作为试验库段。

3) 试验坝区库段进口水沙条件。以小浪底水库入库水沙过程经过水库运用的冲淤变化后的出库水沙过程和泥沙级配（采用数学模型计算）作为试验坝区库段进口水沙条件。

4) 试验库水位升降条件。逐步抬高水位淤积试验的按原型平均一个主汛期（7—9月）抬高水位的幅度试验；逐步降低水位冲刷试验的按原型平均一个主汛期降低水位的幅度试验。

5) 泄水建筑物泄流条件。先用排沙洞和发电洞泄流。在流量为400m^3/s及以下流量时，发电洞泄流；在流量为400～600m^3/s时，按发电洞泄流400m^3/s，剩余流量由排沙洞泄出；在流量为600～2200m^3/s时，发电洞泄流70%、排沙洞泄流30%的比例控制；在流量大于2200m^3/s时，发电洞泄流1500m^3/s，剩余流量由排沙洞泄出，再有剩余流量时按孔板泄洪洞泄出，最后剩余流量由明流泄洪洞泄出。

(4) 常规试验研究。在水库不同运用阶段坝区冲淤形态基本稳定后，进行定常流量含沙量的常规试验研究。

(5) 可能的极端情况试验研究。可能的极端情况试验研究为3个专题试验，即：①孔口不被泥沙淤堵的排沙洞最小泄流量试验；②孔口前淤积物冲刷试验；③坝区高含沙水流和异重流试验。

(6) 模型验证试验要求。要根据黄河泥沙多、含沙量高、河床冲淤变化迅速、冲淤变化幅度大等特点设计泥沙动床模型，进行模型验证试验，在取得验证试验相似的基础上进行小浪底坝区泥沙动床模型预备试验，进一步检验模型设计，然后正式进行模型试验研究。为了进行模型验证试验，在坝区河段进口土崖底断面设立临时水文站，与坝区河段出口小浪底水文站断面同时观测水位、流量、含沙量、悬移质泥沙级配、水力要素、河床质、河床冲淤变化，并在坝区河段内布设16个大断面和控制性水位站，观测河床冲淤、河底线、水面线，河床淤积物级配组成等。坝区模型的原型河段为大峪河口至坝址，长4km。平面形态如图2.7-1所示。

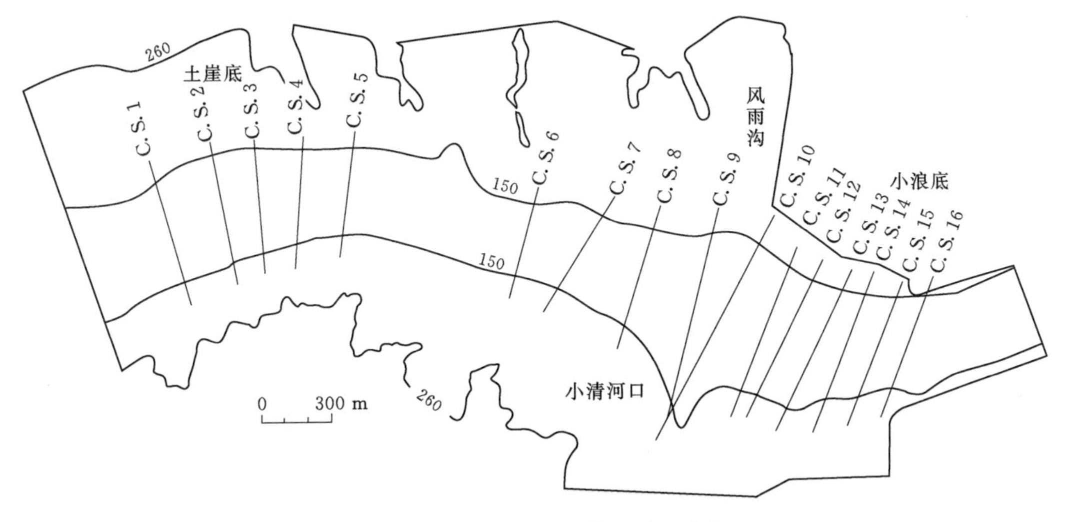

图2.7-1 小浪底坝区模型平面形态

2.7.2 小浪底水利枢纽泥沙模型设计

南京水利科学研究院、中国水利水电科学研究院和黄委水科院按黄委设计院提出的《小浪底水利枢纽进水塔防沙、防淤堵浑水整体模型试验研究任务书》，进行了模型设计。

选取坝区4km的天然河段，上起大峪河口，下至小浪底坝址，进行坝区泥沙模型试验研究。3家模型均采用正态模型，分别用电木粉和粉煤灰作模型沙，制作1∶80和1∶100模型。以下简述三家承担的小浪底水利枢纽泥沙模型试验研究任务的模型设计。

2.7.2.1 南京水利科学研究院的小浪底枢纽泥沙模型设计

以窦国仁院士主持，窦国仁、王国兵负责的小浪底水利枢纽泥沙模型试验研究项目组，依照窦国仁提出的泥沙运动理论和全沙模型试验理论进行模型设计。此理论的基本点可归纳为：①模型与原型只有处于同一阻力区才能真正达到阻力相似；②只有同时满足重力相似和阻力相似才能保证水流条件相似；③只有各种颗粒泥沙都同时满足启动（扬动）相似、挟沙能力（输沙量）相似和泥沙级配相似才能更好地达到冲淤形态、部位和数量的相似；④对于高含沙水流，只有天然沙形成的流体与模型沙形成的流体具有相同的特性和运动规律并满足宾汉切应力相似条件才能达到相似；⑤对于含沙量高的河流，必须考虑槽蓄对输沙的影响，即确定冲淤时间比尺时必须依据非恒定流河床冲淤方程式；⑥只要同时满足上述水流和泥沙相似条件并用同一种模型沙模拟各种颗粒的泥沙，包括悬沙和底沙，它们的冲淤时间比尺就相同或相近，从而就有可能在一个模型中进行全沙试验；⑦只有用能够同时适用于原型和模型的公式确定比尺，才能达到较好的相似；⑧在试验过程中保持泥沙颗粒级配相似，是全沙模型试验技术的关键。

在模型沙选择方面，也只有采用能够形成与天然沙高浓度流体相似的模型沙，才能符合模型试验理论的要求。过去的模型实践经验表明，用容重为 1.48t/m^3、物理化学性能稳定（不易产生絮凝）、黏性很小的电木粉做模型沙可以满足对启动、沉降、异重流和级配等方面的相似要求，但对能否满足高含沙水流的相似要求，在设计模型前，对黄河花园口泥沙高浓度流和电木粉高浓度流进行了全面的系统的对比试验和理论研究。对比试验表明，采用电木粉做模型沙是合适的，可以基本满足各种相似要求。

在依据上述全沙模型理论和采用电木粉作模型沙的条件下，考虑到制作 1∶80 正态模型，对小浪底水利枢纽泥沙模型进行了模型设计。模型各比尺值汇总见表 2.7-1。

表 2.7-1　小浪底水利枢纽泥沙模型比尺汇总表（南京水利科学研究院）

比尺名称	比尺符号	设计比尺数值
平面长度比尺	λ_L	80
垂直比尺	λ_h	80
流速比尺	λ_V	8.94
流量比尺	λ_Q	57216
糙率比尺	λ_n	2.08
粒径比尺	λ_d	1.6
沉速比尺	λ_ω	8.94
含沙量比尺	λ_s	0.56～3.97
输沙能力比尺	λ_s	0.56～3.97
淤积土干容重比尺	$\lambda_{\gamma 0}$	3.25
启动流速比尺	λ_{VK}	7.73～9.42
浑水容重比尺	$\lambda_{\gamma'}$	1.0～1.26
水流底部切应力比尺	$\lambda\tau_0$	80
高含沙量时宾汉切应力比尺	$\lambda\tau_B$	80
冲淤时间比尺	λ_t	57.8～82.8

2.7.2.2 黄委水科院的小浪底枢纽泥沙模型设计

以屈孟浩主持的小浪底水利枢纽泥沙模型试验研究项目组，采用郑州火电厂粉煤灰（γ_s=2.15t/m^3，d_{50}=0.015mm）作模型沙和根据场地面积制作 1∶100 正态模型，提出了小浪底水利枢纽泥沙模型设计。模型比尺汇总见表 2.7-2。

表 2.7-2 小浪底水利枢纽泥沙模型比尺汇总表（黄委水科院）

比尺名称	比尺符号	设计比尺数值
平面长度比尺	λ_L	100
垂直比尺	λ_h	100
流速比尺	λ_V	10
流量比尺	λ_Q	10^5
粒径比尺	λ_d	2.0～2.6（平均 2.3）
沉速比尺	λ_ω	10
淤积土干容重比尺	$\lambda_{\gamma 0}$	1.45
含沙量比尺	λ_s	4
水流时间比尺	λ_{t1}	10
冲淤时间比尺	λ_{t2}	40

2.7.2.3 中国水利水电科学研究院的小浪底水利枢纽泥沙模型设计

中国水利水电科学研究院以曾庆华主持的小浪底水利枢纽模型试验研究项目组，采用北京东郊热电厂粉煤灰（$\gamma_s=2.15t/m^3$）做模型沙，根据场地面积制作 1∶100 正态模型。模型比尺与表 2.7-2 所列模型比尺相同。

2.7.3 进水口防沙、防淤堵模型试验研究的建筑物布置方式和模型平面形态

黄委设计院对于小浪底水利枢纽的进水口工程的泄水排沙建筑物和水电站的进水口的布置方式，是经过多年的多方案的研究和模型试验成果的分析比较得出的认识，要将泄水排沙建筑物和水电站的进水口按“一”字形集中分层布置在同一个立向进水面上，并在进水塔右侧沿迎溜的山坡地形修筑导流墙，可使在坝前右侧弯转水流入风雨沟的多变流路下，都能在进水塔前形成一个单一的逆时针向大回流，沿进水塔前沿流动避免在进水塔前发生泥沙淤积。黄委设计院选定的小浪底水利枢纽进水塔布置方式，还要用进水防沙、防淤堵的浑水整体模型试验，在水库淤积造床和冲刷造床的运用过程中，分别按系列年和典型年水沙条件，与水库拦沙和调水调沙运用方式进行系统的试验验证，检验进水塔布置方式和导流墙布置型式对于进水塔防沙、防淤堵的作用。对此，模型河段还要足够的长，使能模拟水流泥沙运动特性和河床演变特性，适应水库各运用时期和各运用阶段的库水位变化条件。对此，进行了模型试验河段长短的论证，选取青石嘴（大峪河口）至大坝 4km 河段做模型试验河段还是可行的。

2.7.4 模型试验研究成果运用

黄委设计院在吸收 3 家试验单位的试验研究成果的基础上，进行分析总结，应用于小浪底水利枢纽进水口工程防沙、防淤堵措施上。

2.7.5 进水塔群底孔的淤堵问题及防淤堵措施

1. 底孔洞前淤沙高程

底孔开启泄流时，其洞前淤沙高程要低于或接近洞口底坎高程；底孔关闭时，其洞前要发生淤积。洞前淤沙高程与底孔关闭时间的长短、蓄水位的高低、淤积量的大小有关系。在底孔同样关闭时间内蓄水位245.00m比230.00m的洞口淤沙高程要高；在同样蓄水位下随着底孔关闭时间的延长，其洞前的淤沙高程不断增高。

在底孔开启泄流情况下，洞口淤沙高程与泄流量有关，泄流量越大，洞口淤沙高程越低。同时，试验还观测到底孔淤沙高程与开启时间的关系。在其他条件相同下，底孔开启时间越长，洞口淤沙高程也越低。在蓄水位为245.00m和230.00m时，底孔洞前淤沙高程与开启天数的关系存在相同的规律，只是洞前淤沙高程在245.00m水位比230.00m水位时仅高约1m。只有较长时间关闭时，洞前淤沙高程才与蓄水位高低有较密切关系，而较长时间开启后，冲刷后的洞前淤沙高程与蓄水位高低的关系已不明显。

2. 底孔淤堵现象

底孔前的淤沙高程较低时，开启底孔后立即正常泄流。当底孔前淤沙高程较高时，就发生了淤堵现象，开启底孔后不能及时泄流，只有经过一段时间将洞前淤沙冲走后才能正常泄流。在总流量为1000m^3/s、含沙量为100kg/m^3条件下，蓄水位分别为245.00m和230.00m时，试验排沙洞和孔板洞等底孔是否发生淤堵以及淤堵的时间。

由试验看出以下几点：

(1) 排沙洞或孔板洞，在其开启前洞口淤沙高程在190.00m以下时，开启后均能正常泄流，没有发生淤堵现象。

(2) 排沙洞或孔板洞，在其开启前洞口淤沙高程超过190.00m时，开启后均发生淤堵，不能立即正常泄流，经过一定时间冲刷后，才能开始正常泄流。

(3) 底孔洞前淤沙高程190.00m为底孔是否发生淤堵的临界淤积高程。

(4) 底孔淤堵，经过一定时间后水流仍然自行冲开。从闸门开启到正常泄流的时间为淤堵时间。

(5) 底孔淤堵时间的长短与开启前洞前淤沙高程有关系。淤沙高程低于190.00m时，底孔淤堵时间为零；当洞前淤沙高程达195.00m时，底孔淤堵时间约为5h；洞前淤沙高程更高时，底孔淤堵时间更长；当洞前淤沙高程接近200.00m时，单靠水流本身力量已难以冲开，需要采取人工措施才能恢复泄流。

3. 底孔防淤堵措施

进口底坎高程为175.00m的排沙洞和孔板泄洪洞等底孔，为了防止发生淤堵，应使其洞前淤沙高程控制在临界淤积高程190.00m以下。例如，当底孔关闭前的淤沙高程已在185.00m时，则在245.00m水位下关闭6d或在230.00m水位下关闭10d，洞前淤沙高程就会升至190.00m。因此，为控制底孔前淤沙高程不致超过190.00m，在水位245.00m和230.00m下每次关闭时间分别不应超过6d和10d。为了使底孔关闭前的洞前淤沙高程降低到185.00m以下，在245.00m水位下底孔泄流10d时，泄流量应不小于70m^3/s，在230.00m水位下底孔泄流10d时，泄流量应不小于35m^3/s。如底孔泄流量为100m^3/s时，则开启天数在245.00m水位下应不少于8d，在230.00m水位下应不少于4d。

根据防淤堵试验资料，可以提出底孔防淤堵的措施方案。表2.7－3列出蓄水位245.00m下和230.00m下底孔基本不发生淤堵的防淤堵措施方案。

表2.7－3 底孔防止淤堵的措施方案表

淤堵标准	措施方案编号	允许洞前最大淤积高程/m	需要采取的措施					
			蓄水位245.00m			蓄水位230.00m		
			允许关闭的天数/d	需要开启的天数/d	要求泄流量/(m³/s)	允许关闭的天数/d	需要开启的天数/d	要求泄流量/(m³/s)
基本不发生淤堵	1	190.00	4	10	70	6	10	35
	2	190.00	4	8	100	6	4	100
允许淤堵4h	3	194.00	15	10	120	25	10	60
	4	194.00	15	12	100	25	8	100

2.8 小浪底进水塔前冲刷漏斗形态及淤积物级配组成研究

2.8.1 进水塔前冲刷漏斗边坡

2.8.1.1 已建水库资料分析

1. 三门峡坝前冲刷漏斗边坡

根据实测资料，坝前水上边坡较陡，可取为1∶5；水下边坡较缓，可取为1∶6。

2. 盐锅峡坝前冲刷漏斗边坡

据盐锅峡水库坝前流态资料分析，坝前水流由右岸近90°转弯，流入电站坝段，形成弯道水流特性，并在电站坝前形成一个逆时针向大回流。水下边坡受较强回流淘刷影响，边坡较陡。滩地边坡为1∶4.5～1∶6.5。

3. 官厅水库坝前冲刷漏斗边坡

右岸输水道进口前，已形成深17m的冲刷漏斗。边坡一般为1∶10，局部最陡处可达1∶2。

2.8.1.2 小浪底坝区泥沙模型试验资料

小浪底坝区泥沙模型试验测得的边坡一般为0.3～0.6。

综合已建水库的调查资料和小浪底模型试验资料，确定小浪底进水塔前冲刷漏斗的边坡为0.5～0.33。

2.8.2 进水塔前冲刷漏斗平底段和冲刷深度计算

泄水底孔前要形成冲刷漏斗，大水库的泄水底孔泄流能力大，在泄水底孔前形成的冲刷漏斗范围大；在底孔前出现冲刷漏斗平底段，它是泄水孔口前的冲刷深坑。在孔口前冲刷漏斗平底段上游为冲刷漏斗纵坡段，一般有三级坡度，由陡而缓，上游与水库区淤积体近坝前坡段衔接。孔口前冲刷漏斗河槽窄深，断面呈V形，向上游逐渐变宽浅，与近坝河槽衔接，断面呈梯形。

进水塔前冲刷漏斗平底段和孔口前冲刷深度是由于孔口附近流速大，在底坎下形成低压区，床面泥沙被吸离床面，同时孔口底坎对水流产生强紊动漩涡，将被吸离床面的泥沙带入主流流速层并被排出孔口，从而形成了孔口前的冲刷漏斗平底段和冲刷深度。

冲刷漏斗平底段的长度按下式计算：

$$L=0.32\left(\frac{Q}{\sqrt{\frac{\gamma_s-\gamma}{\gamma}gd_{50}}}\right)^{1/2} \tag{2.8-1}$$

其中 $\gamma_s=2.65\text{t/m}^3$

式中：L 为冲刷漏斗平底段的长度，m；Q 为形成冲刷漏斗平段的作用流量，m^3/s；d_{50} 为进水塔前河床泥沙中数粒径，mm。

进水塔前河床泥沙中数粒径依水库作用和库区冲淤情况确定。估算水库冲刷排沙时，进水塔前河床泥沙中数粒径为0.08mm；水库微冲微淤时，进水塔前泥沙中数粒径为0.06mm；水库蓄水淤积时，进水塔前河床泥沙中数粒径约为0.025mm。在各种开闸泄水情况下的进水塔前冲刷漏斗平底段宽度为34～138m。进水塔前冲刷漏斗平底段宽度与泄水建筑物泄流量大小有关，因汛期大多数情况为泄流量2000m^3/s以下的小水，进水塔前冲刷漏斗平底段的宽度平均按70m考虑。

进水塔孔口前冲刷深度按下式计算：

$$\left(\frac{h_r}{h_g}\right)=0.0685\left[\left(\frac{v_g}{\frac{\gamma_s-\gamma}{\gamma}gd_{50}\xi}\right)\left(\frac{h_g}{H}\right)\left(\frac{H-h_s}{H}\right)\right]^{0.62} \tag{2.8-2}$$

$$\xi=1+0.00000496\left(\frac{d_1}{d_{50}}\right)^{0.72}\left(\frac{10+H}{\frac{\gamma_s-\gamma}{\gamma}d_{50}}\right)$$

其中 $\gamma_s=2.65\text{t/m}^3$

式中：h_r 为孔口前冲刷深度，m；h_g 为底孔高度，m；v_g 为孔口流速，m/s；H 为孔口前水深，m；h_s 为漏斗进口淤沙厚度，即自孔口底坎水平面至漏斗进口床面的高差，m；d_1 为参考粒径，取 $d_1=1\text{mm}$；d_{50} 为床沙中径，mm，小浪底进水塔前河床淤积物的 $d_{50}=0.08\sim0.025\text{mm}$。

按式（2.8-2）计算，排沙洞和孔板泄洪洞开启时的孔口前冲刷深度分别为1.02m和1.99m。孔口前一般冲刷深度采用2m。考虑到大河来水顶冲淘刷的作用，根据盐锅峡机组进水口前冲刷深度9m，三门峡隧洞进口前冲刷深度4～5m的情形，小浪底进水孔口前最大冲刷深度采用7m，即排沙洞和孔板泄洪洞开启后孔口前最低河底高程按168.00m设计。

2.8.3 坝区大漏斗域河床形态计算

2.8.3.1 坝区大漏斗域纵剖面形态计算方法

坝区大漏斗域是指在进水塔前冲刷漏斗平底段上游的冲刷漏斗纵坡段，上游与水库淤积体的近坝前坡段连接。

1. 水库淤积体近坝前坡段坡降

水库淤积体近坝前坡段，由水库淤积形态计算确定。按照三门峡等水库资料，综合为下式计算水库淤积体近坝前坡段坡降：

$$J_4=0.36\times10^{-5}H^{1.65} \tag{2.8-3}$$

式中：H 为坝区漏斗域进口河底高程与泄水孔口底坎高程的高差，即坝区大漏斗总深度，m。

2. 冲刷漏斗纵坡段坡降

冲刷漏斗纵坡段，自孔口前冲刷漏斗平底段上口起坡，向上游依次为纵坡第 1 段、纵坡第 2 段，纵坡第 3 段，以上连接水库淤积体近坝前坡段。综合已建水库坝区冲刷漏斗形态资料，冲刷漏斗纵坡段的分段坡降如下式计算。

冲刷漏斗纵坡段第 1 段坡降：

$$J_1=0.0055H+0.286D_{50}-0.01 \tag{2.8-4}$$

冲刷漏斗纵坡段第 2 段坡降：

$$J_2=0.00126H+0.303D_{50}-0.0106 \tag{2.8-5}$$

冲刷漏斗纵坡段第 3 段坡降：

$$J_3=0.000833H+0.286D_{50}-0.01 \tag{2.8-6}$$

式中：D_{50} 为漏斗河床淤积物中数粒径，mm；H 意义同式（2.8-3）。

3. 分段深度

冲刷漏斗纵坡段的分段深度的计算以每段落差表示。表 2.8-1 列出冲刷漏斗纵坡段的分段深度计算关系，它是以各段深度与坝区大漏斗深度的比值 h/H 的关系计算的。表 2.8-1 中第 4 段为库区淤积体近坝前坡段。

表 2.8-1 坝区冲刷漏斗分段深度计算关系

段别	深度比值	大漏斗总深度				
		≤10m	20m	30m	40m	≥50m
1	h_1/H	0.636～0.60	0.455～0.46	0.300～0.40	0.24～0.37	0.233～0.35
2	h_2/H	0.180～0.22	0.200～0.30	0.215～0.35	0.22～0.37	0.222～0.403
3	h_3/H	0.067～0.14	0.130～0.19	0.178～0.20	0.20～0.21	0.202～0.20
4	h_4/H	0.117～0.04	0.215～0.05	0.307～0.05	0.34～0.05	0.343～0.05

4. 分段长度

已知分段纵坡坡降及分段深度，即可求出分段长度。

2.8.3.2 冲刷漏斗河槽形态计算方法

自进水塔群前窄深河槽向坝区大漏斗域进口（即明渠行近流末端）断面的河槽过渡是逐渐扩宽的。

（1）在泄水孔口前冲刷漏斗河槽底宽为泄水孔口宽度的 2～3 倍；冲刷漏斗河槽下部边坡坡度为 0.50～0.40，上部边坡坡度为 0.25～0.20。在多孔口泄流时，按多孔口泄流计算冲刷漏斗河槽。

（2）在冲刷漏斗纵坡第 1 段至第 2 段，河槽底宽呈直线形扩宽变化。在第 2 段进口断面，河槽底宽约为坝区大漏斗进口断面河槽底宽的 0.6～0.7，河槽边坡为孔口前河槽边坡的 0.6～0.7 倍。在坝区大漏斗进口断面为水库明渠行近流末端河槽横断面形态。

（3）在泄水坝段为侧向进水时，在沿泄水坝段前的小漏斗河槽宽度为顺水流向的河槽宽度，而在泄水孔口前有进口水流断面宽度，形成进水口前局部小漏斗宽度，它构成泄水孔口前小漏斗河床纵剖面的锯齿状形态。

2.8.3.3 小浪底水库坝区大漏斗域形态计算

按照上述经验模型，结合小浪底水库的情况，计算坝区大漏斗域平衡形态，结果见表 2.8-2，包括两种条件下的坝区大漏斗域形态计算：①水库正常运用期主汛期 7—9 月调水调沙平均水位为 245.00m 时的大漏斗域形态；②主汛期 7—9 月在正常死水位 230.00m 条件下的大漏斗域形态，基本反映了小浪底坝区漏斗变化的特点。

表 2.8-2 小浪底坝区大漏斗域形态计算表

项目	项　目		分段	1	2	3	4	全区
计算条件 1	库水位/m	245.00	冲刷漏斗纵坡段坡降	0.382	0.085	0.055	0.0095	0.054
	底孔进口高程/m	175.00	分段长度/m	42	288	293	526	1149
	排沙洞前水深/m	72	分段深度/m	18	25	16	5	64
	进水塔群前小漏斗长度/m	250	分段顶点深泓点高程/m	191.00	216.00	232.00	237.00	237.00
	小漏斗河槽底部宽度/m	75	分段顶点深泓点水深/m	54	29	13	8	8
	底孔前冲刷平底段深度/m	2						
	坝区漏斗域进口							
	（1）深泓点河底高程/m	237.00	底部宽度/m	75～100	100～150	150～200	200～250	75～250
	（2）深泓点水深/m	8	水面宽度/m	350	350～400	400～450	450～500	350～500
	坝区漏斗最大深度/m	64	河槽边坡坡度	0.5～0.43	0.43～0.29	0.29～0.17	0.17～0.16	0.5～0.16
计算条件 2	库水位/m	230.00	冲刷漏斗纵坡段坡降	0.276	0.064	0.043	0.006	0.048
	底孔进口高程/m	175.00	分段长度/m	46	302	297	333	978
	排沙洞前水深/m	57	分段深度/m	15	19	13	2	49
	进水塔群前小漏斗长度/m	250	分段顶点深泓点高程/m	188.00	207.00	220.00	222.00	222.00
	小漏斗河槽底部宽度/m	75	分段顶点深泓点水深/m	42	29	10	8	8
	底孔前冲刷平底段深度/m	2						
	坝区漏斗域进口							
	（1）深泓点河底高程/m	222.00	底部宽度/m	100～150	150～200	200～220	75～220	
	（2）深泓点水深/m	8	水面宽度/m	350	350～400	400～450	450～500	350～500
	坝区漏斗最大深度/m	49	河槽边坡坡度	0.4～0.34	0.34～0.23	0.23～0.13	0.13～0.12	0.4～0.12

根据表 2.8-2 设计的坝区大漏斗域形态，有库容 0.3 亿 m^3，加上水库低壅水调水调沙运用的调节库容 3.0 亿 m^3，共有调节库容 3.3 亿 m^3，即水库主汛期低壅水调水调沙运

用时有3.3亿m^3调节库容，水库泄空时还有0.3亿m^3坝区大漏斗域库容，可以一定程度地调节坝区水流泥沙运动。

2.8.4 进水塔前及坝区泥沙淤积物特性

2.8.4.1 三门峡水库坝前泥沙淤积物特性

1. 三门峡水库坝前泥沙淤积体形成

三门峡水库于1960年9月开始蓄水，水库投入运用后坝前滩地主要在1961—1964年初期蓄水拦沙和滞洪排沙运用期淤积形成，坝前滩面高程由原河床高程283.00～284.00m逐渐淤积上升至317.50m。自1973年12月水库开始实行“蓄清排浑”控制运用。一般洪水时，汛期控制运用水位不上滩，至目前坝前滩面高程仍维持在317.50m，多年保持不变。

在坝前滩地的形成过程中，由于各年来沙量和水库运用水位不同，各年的淤积厚度也不同。建库以来C.S.2断面左岸滩地总淤积厚度达33m，最大年份的淤积厚度达13m。

2. 三门峡坝前淤积物级配组成

三门峡水库坝前淤积主要为异重流淤积，故淤积物级配组成颗粒较细。统计各层的淤积物级配组成见表2.8-3。根据表2.8-3，三门峡坝前左岸滩地淤积物级配组成总体上大层次由下到上细颗粒含量逐渐增多，反映了三门峡坝前左岸滩地的淤积物级配组成在垂向上各层之间各级粒径沙重百分数是渐变的。统计三门峡坝前滩地淤积物的组成，采用$d<0.25$mm粒径沙重百分数为98.3%；$d<0.5$mm粒径沙重百分数为100%。

表2.8-3 三门峡水库坝前滩地分层淤积物级配组成情况

分层编号	起止年月	小于某一粒径沙重百分数/%							
		0.005mm	0.01mm	0.025mm	0.05mm	0.10mm	0.25mm	0.5mm	1.0mm
Ⅰ	至1960年10月	0.7	3.0	10.23	22.9	46.6	92.63	99.5	100
Ⅱ	1960年10月—1961年10月	2.4	14.2	30.23	62.6	92.1	96.3	97.4	100
Ⅲ-1	1961年10月—1962年5月	6.9	19.9	35.8	60.0	92.0	97.7	98.7	100
Ⅲ-2	1962年5月—1962年8月	6.9	25.3	53.1	76.5	93.9	99.5	100	
Ⅲ-3	1962年8月—1962年10月	0.8	2.9	43.1	91.4	99.3	99.6	100	
Ⅳ	1963年5月—1963年10月	13.8	15.3	34.5	79.8	99.0	99.97	100	
Ⅴ	1963年10月—1965年10月	18.7	29.5	61.4	91.7	98.1	99.6	100	
Ⅵ	1965年10—1966年10月	7.9	10.1	41.5	91.2	100			

2.8.4.2 小浪底进水塔对面滩地淤积物特性

1. 进水塔对面滩地泥沙淤积体的形成

小浪底进水塔对面滩地泥沙淤积体的形成与水库的运用方式密切相关。小浪底进水塔对面滩地泥沙淤积体主要是在水库初期拦沙和调水调沙运用时形成。水库初期拦沙和调水调沙运用包括以下3个阶段。

（1）蓄水拦沙调水阶段。水库正式运用的起调水位为205.00m，在205.00m以下库容17.1亿m^3，蓄水拦沙调水运用，2～3年将205.00m以下库容淤满。坝前泥沙淤积基本上是全断面平行淤高。

（2）逐步抬高主汛期水位拦沙和调水调沙运用阶段。当起调水位在205.00m以下库容淤满以后，逐步抬高主汛期水位拦沙和调水调沙运用。坝前淤积面逐步抬高至245.00m。

（3）高滩深槽形成阶段。这一阶段主汛期库水位变化大，高至254.00m，低至230.00m，坝前滩面逐步淤高至254.00m高程，河槽底部逐渐下切至226.30m高程，形成高滩深槽。

2. 进水塔对面滩地泥沙淤积物级配组成模型

采用2000年水平1950—1974年系列和1919—1968年系列两个50年系列的水库泥沙冲淤计算，建立进水塔对面滩地泥沙淤积物级配组成模型。

按照上述两个系列年计算的坝前淤积面高程变化过程见表2.8-4，表明在水库运用后的第28年，进水塔对岸淤积滩面高程均可达254.00m。两个系列年的不同之处在于，系列年2坝前滩面高程在水库投入运用初期比系列年1淤高快一些。

表2.8-4　小浪底水库运用后坝前淤积面高程变化过程

水库运用年序	坝前淤积面高程/m		水库运用年序	坝前淤积面高程/m	
	系列年1	系列年2		系列年1	系列年2
1	177.00	186.80	15	242.20	240.50
2	190.00	198.80	16	242.50	244.30
3	197.50	205.50	17	242.50	245.50
4	205.00	209.40	18	244.00	245.50
5	211.50	213.80	19	244.20	245.50
6	215.20	215.00	20	244.50	246.60
7	222.00	219.50	21	245.70	247.50
8	224.10	221.00	22	246.90	248.50
9	229.60	223.00	23	248.10	249.40
10	233.00	223.40	24	249.30	250.30
11	235.00	228.20	25	250.40	251.20
12	240.00	230.50	26	251.60	252.20
13	242.00	232.70	27	252.80	253.10
14	242.10	236.10	28	254.00	254.00

注　水沙系列年1为设计水平1950—1974年系列；水沙系列年2为设计水平1919—1968年系列。

根据三门峡坝前左岸滩地在垂向上的淤积物级配组成分布规律，考虑小浪底进水塔对面滩地淤积物级配组成的可能变化情况，建立以下3种模型。

模型Ⅰ：淤积物级配组成的总趋势是下粗上细。模型Ⅰ的淤积物级配组成见表2.8-5和表2.8-6。

表 2.8-5　2000 年设计水平 1950—1974 年+1950—1974 年代表系列小浪底进水塔对面滩地淤积物级配组成（模型Ⅰ）

水库运用年序	淤积面高程/m	某粒径之沙重百分数/%					
		<0.010mm	<0.025mm	<0.050mm	<0.10mm	<0.25mm	<0.50mm
施工期	130.00～160.00		2.5	13.4	47.3	99.6	100
1	160.00～177.00	5.03	11.6	16.25	34.75	98.3	100
3	190.00～197.50	16.25	34.2	44.2	86.45	98.3	100
5	205.00～211.50	19.45	36.6	55.6	93.5	98.3	100
7	215.20～222.00	21.15	46.3	61.15	96.1	98.3	100
9	224.10～229.60	22.2	49.85	70.1	97.25	98.3	100
11	233.00～235.00	23.0	52.8	75.45	97.65	98.3	100
13	240.00～242.00	23.6	55.65	81.0	98.1	98.3	100
15	242.10～242.20	23.6	56.1	81.9	98.1	98.3	100
17	242.50～242.50	23.6	56.1	81.9	98.1	98.3	100
19	244.00～244.20	24.1	56.9	83.4	98.1	98.3	100
21	244.50～245.60	24.2	57.2	84.0	98.1	98.3	100
23	246.70～247.90	24.4	58.2	85.8	98.1	98.3	100
25	249.00～250.29	24.6	59.1	87.5	98.1	98.3	100
27	251.50～252.60	24.9	60.1	89.1	98.1	98.3	100
28	252.60～254.00	25.0	60.6	90.2	98.1	98.3	100

表 2.8-6　2000 年设计水平 1919—1968 年代表系列小浪底进水塔对面滩地淤积物级配组成（模型Ⅰ）

水库运用年序	淤积面高程/m	某粒径之沙重百分数/%					
		<0.010m	<0.025m	<0.050m	<0.10m	<0.25m	<0.50m
施工期	130.00～160.00	2.5	13.4	47.3	99.6	100	
1	160.00～186.80	12.0	15.0	20.7	42.7	98.3	100
3	198.80～205.50	18.3	38.7	51.1	91.7	98.3	100
5	209.40～213.80	20.0	43.3	58.4	94.6	98.3	100
7	215.00～219.50	21.0	45.8	62.7	95.9	98.3	100
9	221.00～223.00	21.6	47.8	66.4	96.7	98.3	100
11	223.40～228.20	22.1	49.5	69.4	97.2	98.3	100
13	230.50～232.70	22.8	51.9	73.8	97.6	98.3	100
15	236.10～240.50	23.5	54.6	79.0	98.0	98.3	100
17	244.30～245.50	24.2	57.1	84.0	98.1	98.3	100
19	245.50～245.50	24.2	57.4	84.4	98.1	98.3	100
21	246.60～247.50	24.5	58.1	85.7	98.1	98.3	100
23	248.50～249.40	24.5	58.8	86.9	98.1	98.3	100
25	250.30～251.20	24.7	59.5	88.2	98.1	98.3	100
27	252.20～253.10	25.0	60.2	89.8	98.1	98.3	100
28	253.10～254.00	25.0	60.6	90.4	98.1	98.3	100

模型Ⅱ：参考三门峡水库运用以来，非汛期粗泥沙主要在库区中、上段淤积，细泥沙主要在坝前段淤积，使得坝前淤积物级配组成较细的特点，小浪底进水塔对面的滩地在水库拦沙淤积形成过程中，有可能在高程168.00～245.00m之间形成较细的淤积物夹层。以三门峡水库非汛期坝前河床淤积物较细泥沙夹层的资料（表2.8-7），作为小浪底进水塔对面滩地泥沙淤积物较细泥沙夹层的组成。模型Ⅱ建立时考虑采用两层淤积物较细泥沙夹层，即一层位于排沙洞和孔板泄洪洞底坎以下7～3m处；另一层位于发电引水洞底坎以下8～5m处，其他各层淤积物级配组成同模型Ⅰ。

表2.8-7　三门峡水库非汛期坝前泥沙淤积物较细泥沙夹层分析

测验日期	某粒径之沙重百分数/%						
	<0.005mm	<0.010mm	<0.025mm	<0.050mm	<0.10mm	<0.25mm	<0.50mm
1971年6月14日	64.1	76.4	92.0	98.4	99.2	100	
1978年5月6日	63.2	74.5	91.9	99.1	99.9	100	
1979年6月5日	74.5	82.8	91.9	99.9	100		
1982年6月23日	77.0	83.4	94.7	96.4	99.6	100	
1983年6月19日	58.3	70.3	87.4	96.2	99.1	100	
1983年6月19日	67.4	75.8	90.0	96.4	99.6	100	
1983年6月19日	55.4	65.9	88.4	96.9	99.7	100	
备注：小浪底坝前采用值	65.7	75.6	90.9	97.6	99.6	100	

模型Ⅲ：考虑分布有3层淤积物较细泥沙夹层，比模型Ⅱ多了1层分布在底孔孔口以上的淤积物较细泥沙夹层，即其位置分别位于168.00～172.00m高程、180.00～183.00m高程、187.00～190.00m高程。其他各层的淤积物级配组成同模型Ⅰ。

2.8.5 进水塔前及坝区泥沙淤积物的物理特性

2.8.5.1 三门峡坝前淤积物的物理特性

坝前淤积物颗粒组成主要与水库的运用关系密切。从微观上看，坝前淤积物级配组成的层次分布不均匀性是必然的。在水库蓄水和滞洪时，粗泥沙在库区淤积，来到坝前的泥沙比较细；在水库降低水位冲刷和水库敞泄排沙时，粗细泥沙都来到坝前，坝前淤积物级配组成较粗。因此，在长时期运用后，坝前淤积物级配组成呈现多样性，有层粗层细现象，而且出现在泄水孔口高程附近和在冲刷排沙运用水位附近的淤积物级配组成较粗，在远低于和远高于泄水孔口和冲刷排沙运用水位处的淤积物级配组成较细。从总体上讲，淤积面由低而高、由粗而细，但在不同高程存在较细和较粗的淤积物夹层，垂向分布比较复杂，见表2.8-7。

在1989年7月和1990年9月分别于距坝1～2km的滩地及岸坡钻孔取样，分析淤积物颗粒级配及其物理特性，见表2.8-8～表2.8-10。

综合分析表2.8-7～表2.8-10的成果，三门峡水库坝前淤积物级配组成有以下特点。

表 2.8-8　　三门峡水库坝前淤积物颗粒组成（距坝1～2km综合平均）

高程/m	某粒径的土重百分数/%							中数粒径/mm	样品个数
	＜0.007mm	＜0.010mm	＜0.025mm	＜0.050mm	＜0.10mm	＜0.25mm	＜0.50mm		
294.90～296.50	24.0	36.4	62.1	77.3	94.7	99.0	100	0.016	3
297.30～300.40	22.4	35.3	71.9	88.9	96.1	99.2	100	0.013	10
302.60～305.40	5.0	6.2	10.5	19.7	59.4	99.0	100	0.086	10
306.00～309.00	12.6	16.3	34.2	71.1	92.6	99.9	100	0.034	10
310.10～312.00	8.6	11.0	30.6	73.6	96.5	99.7	100	0.034	12
312.40～314.00	22.2	27.6	51.6	84.1	97.0	99.8	100	0.024	8
314.40～315.50	17.8	21.2	50.7	92.4	98.5	99.8	100	0.024	4

注　吸管法颗粒分析成果。

表 2.8-9　　三门峡水库坝前淤积物物理特性（距坝1km右岸滩300.00m高程）

某粒径的土重百分数/%						中数粒径/mm	相对密度	含水量/%	干容重/(t/m³)	孔隙率/%
＜0.005mm	＜0.010mm	＜0.025mm	＜0.05mm	＜0.10mm	＜0.25mm					
1.4	2.1	13.3	86.1	99.8	100	0.038	2.67	27.5	1.48	44.6
1.7	2.2	18.9	89.2	99.9	100	0.036	2.69	28.6	1.60	40.5

表 2.8-10　　三门峡距坝2km淤积土原状土样分析成果（左岸）

位置	取土深度/m	某粒径之土重百分数/%			含水量/%	干容重/(g/cm³)	相对密度	孔隙比	渗透系数/(cm/s)
		＜0.005mm	＜0.050mm	＜0.10mm					
滩地	3.60～3.90	22	94	100	29.28	1.48	2.72	0.838	2.19×10^{-6}
	8.40～8.81	26	94	100	35.45	1.39	2.73	0.964	$4.9510\times^{-7}$
	9.40～10.05	22	91	100	27.96	1.51	2.72	0.801	$3.9810\times^{-6}$
	11.60～12.00	5	91	100					
	12.10～12.40	6	92	100					
	13.10～13.35	7	83	100	23.68	1.59	2.72	0.711	2.28×10^{-5}
	13.19～13.54	9	85	100	32.6	1.45	2.72	0.89	3.31×10^{-6}
	15.19～16.01	3	65	100					
	18.90～19.49	5	66	100					
	21.34～21.64	26	100						
	22.75～23.10	27	100	31.6	1.45	2.74	0.888	1.45×10^{-7}	
	23.65～24.00	45	98	100					
	24.73～25.81	38	91	100	38.8	1.31	2.74	(1.092)	2.9×10^{-8}
河槽岸坡	2.30～2.80	6	77	100	20.3	1.52	2.71	0.783	2.29×10^{-5}
	4.00～4.60	4	86	100	28.59	1.49	2.72	0.826	2.51×10^{-5}
	4.00～4.60	4	79	100					

注　滩面高程为317.6m，粒径单位为mm。

（1）坝前淤积物级配组成的垂向分布，与淤积面高程距泄水孔底坎和冲刷排沙水位的高低有关。坝前淤积物级配组成的一个明显特点是：在高程相应于冲刷排沙水位303.00～306.00m的淤积物，其颗粒组成最粗，粒径小于0.007mm的泥沙占5%～10%，粒径小于0.025mm的泥沙占10%～30%；而淤积面越高于泄水孔底坎和冲刷排沙水位，其淤积物级配组成越细，在深水孔底坎以上8～13m的淤积物，粒径小于0.007mm的泥沙占20%～30%，粒径小于0.025mm的泥沙占50%左右。

由于深水孔底坎高程300.00m，比天然河床高20m，在1961—1962年的蓄水拦沙运用淤积时期，坝前河床尚未淤高，较粗泥沙在库区淤积，异重流挟带较细泥沙来到坝前，因泄水孔口高，排出泥沙少，大部分在坝前沉积。因而，淤积面低于深水孔底坎和冲刷排沙水位，其淤积物级配组成细。在深水孔底坎以下5～10m的淤积物，粒径小于0.007m的泥沙占25%～45%，小于0.025mm的占70%左右。

（2）河槽岸坡的淤积物级配组成比较粗，粒径小于0.005mm的泥沙占5%，小于0.05mm的泥沙占80%，而离河岸远的淤积物级配组成则比较细，粒径小于0.005mm的泥沙占22%，小于0.05mm的泥沙占94%。

（3）滩地的老淤积土干容重为1.3～1.6t/m^3。淤积面最低的淤积土干容重最小为1.3t/m^3，淤积面接近于深水孔底坎高程和冲刷排沙水位的淤积土干容重最大为1.45～1.6t/m^3。河槽岸坡淤积土干容重为1.5t/m^3。

（4）坝前滩地淤积土的渗透系数为2.9×10^{-8}～2.28×10^{-5}cm/s，变化幅度大。淤积面最低的淤积土渗透系数小，为2.9×10^{-8}～1.45×10^{-7}cm/s；淤积面接近深水孔底坎和冲刷排沙水位的淤积土渗透系数大，为3.31×10^{-6}～2.28×10^{-5}cm/s。河槽岸坡的渗透系数大，为2.29×10^{-5}～2.51×10^{-5}cm/s。

2.8.5.2 小浪底进水塔对面滩地及坝区泥沙淤积物物理特性

三门峡坝前淤积土物理特性的层次分布特点，对水沙条件相同的小浪底水库坝前淤积土物理特性及其层次分布特点的设计有参考意义。

小浪底水库初期拦沙运用的基本特点是逐步抬高主汛期水位拦沙和调水调沙，控制低壅水拦粗沙排细沙，在每年主汛期运用中，有异重流和浑水明流两种水流流态，小水流量水库拦沙多、排沙少，大水流量水库拦沙少、排沙多，甚至有冲刷排沙情形发生。在此运用特点下，水库坝区的滩槽同步淤高，异重流淤积物和浑水明流淤积物逐步在低壅水条件下交替淤积，初期淤积物的干容重为1.2～1.3t/m^3，经较长时期固结后，淤积物干容重为1.4～1.5t/m^3。淤积土渗透系数接近三门峡坝前淤积土的渗透系数。

2.9 小浪底水电站和泄洪排沙系统防沙研究和泥沙处理

2.9.1 小浪底水电站汛期发电泥沙问题及防治研究

2.9.1.1 小浪底泄水排沙建筑物和发电引水洞布置的防沙作用

小浪底水库建成后，由于初期拦沙运用，在一定时期内，电站过机含沙量小，一般不会对水轮机产生较大的影响。水库淤积平衡后，水库“蓄清排浑、调水调沙”运用，全年泥沙集中在主汛期7—9月下泄，7—9月的出库含沙量要大。

利用含沙量垂向分布上稀下浓、泥沙颗粒垂向分布上细下粗的特点，合理布置泄水排沙建筑物和发电引水洞，利用底孔排沙并增大底孔泄流规模，使之在坝前形成较大范围冲刷漏斗，发挥坝区大漏斗域调节水流泥沙运动形态的作用，是水电站有效的防沙措施之一。

位于黄河上游的青铜峡水电站，泄水管位置比发电洞低，一般情况下泄水管平均含沙量约为过机含沙量的2倍，可有效地减少过机泥沙。

三门峡水利枢纽泄流坝段位于电站坝段左侧，有12个底孔，底孔进口高程比机组进口高程低7m。三门峡水利枢纽在汛期排沙运用水位305.00m的泄量为3490m^3/s，占水位305.00m时水库总泄量5455m^3/s的64%，底孔泄流规模大，对于开启底孔泄流排沙和形成较大的孔口前冲刷漏斗及减少过机泥沙均有利。在1989—1991年汛期发电试验中，安排了有底孔泄流与无底孔泄流两种情况的对比，从实测资料上看，无底孔泄流情况机组分沙比为0.88，有底孔泄流情况机组分沙比为0.76，过机含沙量明显减少。

刘家峡水库的泄水道及排沙洞进口高程比机组进口高程低15m，泄水道位于电站坝段左侧，泄流规模比较大，具有泄洪排沙作用，开启泄水道及排沙洞可形成较大范围的坝前冲刷漏斗。排沙洞泄流规模小，坝前冲刷漏斗形成范围较小。泄水道开启后，坝前冲刷漏斗可减少1～3号机组的过机含沙量，排沙洞的泄流规模虽小，但亦可减少5号机组的过机含沙量。而4号机组进水口则在泄水道及排沙洞冲刷漏斗的影响范围之外，其过机含沙量明显高于其他机组。表2.9-1列出了1977年汛期一次沙峰时泄水道与各机组实测含沙量情况。

表2.9-1　刘家峡水库1977年汛期一次沙峰时泄水道及各机组含沙量特征表

过流部件	泄水道	1号机组	2号机组	3号机组	4号机组	5号机组
含沙量/(kg/m^3)	961	199	173	222	515	25.2

小浪底水利枢纽总体布置有利于电站防沙和泄水孔口防淤堵。泄洪排沙系统和发电引水洞均集中布置在大坝左侧的风雨沟内，进水塔群呈正向迎水“一”字形布置。各泄水孔口和发电引水洞口均按水流泥沙和污草的纵向及横向分布特点，分层布置在进水塔群同一个立向进水面上。上层为3条明流泄洪洞，泄流排沙排漂浮物；中层为6条发电引水洞，引较低含沙水流发电；下层为3条孔板泄洪洞和3条排沙洞，主要承担泄洪排沙任务。发电洞与排沙洞上下对应，孔板泄洪洞与排沙洞在同一底层分左、中、右相间布置，明流泄洪洞在上层分左、中、右分散布置。上层明流泄洪洞从左至右的进口高程分别为225.00m、209.00m和195.00m；6条发电引水洞的进口高程从左至右6号、5号为190.00m、4～1号为195.00m；排沙洞和孔板泄洪洞的进口高程均为175.00m，低于发电引水洞15～20m，泄流规模大，在正常死水位为230.00m时，3条排沙洞泄量为1608m^3/s，3条孔板泄洪洞泄量为4099m^3/s，合计泄量为5707m^3/s，分别占正常死水位230.00m总泄量的20%、51%和71%，可以充分发挥泄洪排沙作用，并能形成较大的坝前冲刷漏斗水域，起到电站防沙和泄水孔口防淤堵作用。上层明流泄洪洞，也有一定的泄流规模，起到泄流排沙排漂浮物作用，并在风雨沟内滩地滑动坍塌物淤堵底孔时发挥泄流

排沙作用，争取清除底孔淤堵的时间，保护枢纽及电站安全运用。

2.9.1.2 小浪底水库运用方式的电站防沙作用

小浪底水库运用分初期“拦沙及调水调沙”运用和后期“蓄清排浑及调水调沙”运用两个时期。在初期和后期运用，调节期（10月至次年6月，下同）均是高水位蓄水拦沙，按防凌、供水、灌溉、发电调节径流运用，水库下泄清水，电站引清水发电。

1. 水库初期“拦沙及调水调沙”运用的电站防沙作用

水库初期为“拦沙及调水调沙”运用，包括3个阶段：

（1）初始运用起调水位205.00m蓄水拦沙及调水运用阶段。水库主汛期运用水位一般在205.00～215.00m变化，排沙比在7%～30%变化，采用异重流排沙，来到坝前的泥沙从底层的排沙洞和孔板洞排出，机组引细泥沙低含沙水流或清水发电。水库调节期蓄水拦沙，蓄水位可至分期移民限制水位265.00m，水库下泄清水。水库完成水位205.00m下库容淤满形成斜锥体淤积历时2～3年。

（2）由水位205.00m逐步抬高主汛期水位至限制水位254.00m拦沙和调水调沙运用阶段。每年主汛期平均抬高水位4m，控制低壅水蓄水容积不大于4亿m^3，一般蓄水容积在1.0亿～4.0亿m^3之间变化，在调水调沙运用中水沙两极分化，来水流量2000m^3/s以上按来水流量泄流排沙，排沙比在40%～85%之间变化，平均约为70%，主要拦粗沙排细沙；来水流量2000m^3/s以下按800m^3/s下泄，蓄水拦沙，排沙比一般小于15%。机组引细泥沙低含沙水流发电，调节期高水位蓄水拦沙，最高蓄水位为275.00m，下泄清水，本阶段完成相应坝前淤积高程为245.00m的锥体淤积，历时12～13年。

（3）逐步形成高滩深槽拦沙和调水调沙运用阶段。主汛期库水位一般在240.00～254.00m间变化，遇大水年汛期丰水时库水位逐步降低至230.00m，主汛期调水调沙运用水沙两极分化的调度方式同第二阶段，2000m^3/s以上来水流量或敞泄排沙或低壅水排沙，排沙比提高，在敞泄排沙时排沙比接近100%或大于100%，在低壅水排沙时，排沙比为50%～90%，2000m^3/s以下来水流量按800m^3/s流量下泄，控制低壅水排沙，蓄水容积一般为1亿～4亿m^3，排沙比小于15%，调节期高水位蓄水拦沙，最高蓄水位为275.00m。在水库淤积形成坝前滩面高程254.00m的库区高滩地后，结束本阶段运用，历时12～13年。

综合3个阶段的运用，水库初期运用历时约28年，在此时期水库主要为拦沙，最大拦沙容积80亿m^3，主汛期大部分时间水库排沙比小于70%，少部分时间水库排沙比大于70%，调节期水库则下泄清水，故水库运用对电站有防沙作用。

2. 水库后期“蓄清排浑及调水调沙”运用的电站防沙运用

水库后期“蓄清排浑及调水调沙”运用是在水库形成高滩深槽平衡形态具有51亿m^3有效库容的条件下进行的。主汛期7—9月预留库区滩地以上滩库容（41m^3）以备主汛期大洪水防洪运用，在主汛期限制水位254.00m以下的槽库容（10亿m^3）进行调水调沙运用；10月水库提前蓄水，在10月上半月预留库容25亿m^3以备后期洪水防洪运用，在限制水位264.00m以下蓄水拦沙调节径流运用；1—2月预留库容20亿m^3以备防凌运用，在限制水位267.00m以下蓄水拦沙调节径流运用；3—6月按灌溉调节径流蓄水拦沙运用，正常蓄水位275.00m，6月底还留有不大于10亿m^3的蓄水量供7月上旬下游抗旱灌溉补水应用，故7月上旬水库仍为壅水拦沙状态。由此可见，在水库后期运用中，调节期的9个月水库蓄水拦沙基本上为清水发电，主汛期的3个月调水调沙，多数时间为小水低壅水拦沙，少数时间为大水敞泄排沙或低壅水排沙，所以主汛期多数时间过机泥沙也会减少；只有在少数大水年主汛期水量丰，且2000m³/s以上流量历时较长，或全部来水为2000m³/s以上流量时，主汛期连续降低水位冲刷历时较长，或全为连续降低水位冲刷阶段，此时主汛期过机泥沙有较大的增加，但这种情况约5年出现一次，要注意减少机组运行和运行历时。总体讲，水库主汛期调水调沙运用对电站有防沙作用。

主汛期在限制水位254.00m以下调水调沙运用的原则是，调蓄2000m³/s以下流量的小水，泄放2000m³/s以上流量的大水，削减8000m³/s以上流量的洪水，即调节黄河水沙两极分化，具体按以下要求进行。

（1）提高枯水流量。当来水流量小于400m³/s时，水库利用前期蓄水量补水，按400m³/s流量下泄，保证发电流量400m³/s，保持河道基流，保护水质。水库为低壅水拦沙状态，排沙比小。

（2）泄放小水流量。当来水流量为400～800m³/s时，水库在前期蓄水体内按来水流量下泄，满足下游用水要求。水库为低壅水拦沙状态，排沙比小。

（3）避免平水流量下泄。当来水流量为800～2000m³/s时，水库拦蓄，按800m³/s流量下泄。水库为低壅水蓄水拦沙状态，排沙比小。

（4）中水流量和大水流量按来水流量下泄，大水输大沙。当来水流量在2000～8000m³/s时，若前期有蓄水体，水库为低壅水排沙或敞泄排沙，水库排沙比小于100%，多数排沙比为50%～80%；若水库前期无蓄水体，按来水流量敞泄冲刷排沙，水库排沙比大于100%，短时间大水流量逐步降低水位冲刷，应适当控制冲刷强度，避免产生对下游河道不利的冲刷性高含沙水流。

（5）调节对下游河道有不利影响的高含沙洪水。

（6）控制水库低壅水拦沙。当水库蓄水量大于3亿m³时，按下泄流量不大于5000m³/s来泄水1亿m³造峰，保留2亿m³蓄水量。

（7）滞蓄洪水。当来水流量大于8000m³/s时，水库滞蓄洪水，按8000m³/s流量下泄；当来水流量大于12000m³/s时，水库按防洪运用，50年一遇和100年一遇洪水下泄流量不大于10000m³/s；当来水为1000年一遇或10000年一遇的洪水时，最大下泄流量不大于14000m³/s。

这样的主汛期水沙调节方式使水库在主汛期多数时段能保持一定的低壅水蓄水量，可拦截部分粗颗粒泥沙或形成异重流利用底孔排沙，有效地减少过机含沙量，减少粗泥沙过机。

3. 合理协调发电流量和排沙流量减少过机泥沙

为了提高发电效益、减少过机泥沙并防止孔口淤堵，研究制定了小浪底水电站发电引水流量、排沙洞泄流排沙流量与总出库流量的关系，关系如下：

当总出库流量$Q_{出}<400m^3/s$时，发电流量$Q_{电}=Q_{出}$；

当$400m^3/s\leqslant Q_{出}<572m^3/s$时，$Q_{电}=400m^3/s$，排沙洞流量$Q_{排}=Q_{出}-400m^3/s$；

当$572m^3/s\leqslant Q_{出}<2143m^3/s$时，$Q_{电}=0.7Q_{出}$，$Q_{排}=0.3Q_{出}$；

当$Q_{出} \geq 2143m^3/s$时，$Q_{电}=1500m^3/s$（5台机组运行，1台机组停运检修），剩余流量先从排沙洞下泄后从其他泄水建筑物下泄。

当坝前含沙量大于$150kg/m^3$时，为减少泥沙过机，适当减少开机台数。

2.9.1.3 小浪底水电站防治措施分析

1. 小浪底水电站污物水草特征分析

多沙河流泥沙多，污物水草也多。水草主要有芦苇、芨芨草、树枝、庄稼等，根类最多。

据三门峡水库坝前为数不多的观测资料表明，黄河洪水时期来到坝前的污物水草总量每昼夜平均为1.4万～2.1万m^3，数量大，来势迅猛。小浪底水库位于三门峡水库下游，三门峡水库的污物水草基本上会进入小浪底水库，加上三门峡—小浪底区间的洪水挟带而来的污物水草，可以预见小浪底水库洪水期来到坝前的污物水草量会大于三门峡水库。

2. 小浪底泄水建筑物布置的排污和防污作用

小浪底泄水建筑物布置有上层明流泄洪洞和底层排沙洞及孔板泄洪洞，具有泄洪排沙和排污、防污的双重作用，使大量漂浮物通过泄洪洞和排沙洞排走。上层明流泄洪洞分散布置在进水塔左、中、右不同高程，适应不同部位不同深度的污物水草的排泄，底层排沙洞和孔板泄洪洞可以将压下的污草排出水库。

3. 小浪底水利枢纽排污、清污作用

（1）拦污栅。电站引水隧洞进口设2道直立式拦污栅，2栅相距3.6m。拦污栅底坎高程为197.50m，孔口宽度为3m，高度为32.5m，栅条中心相距20cm。型式采用垂直滑动式，滑道材料为铸造油尼龙。按运输条件，高度方向分成10节，每节高3.25m，节间用销轴连接。考虑到黄河沙多污多的特点，参考黄河上游、中游水电站运行的经验，拦污栅体的强度按10m水头差设计，由塔顶门机起吊。从清污条件考虑，栅前流速不超过1m/s。每座发电洞进水塔内布置有6孔拦污栅，设置主副2道拦污栅，当主拦污栅上的污物在水下无法清除时，便放下副栅，同时将主栅提至进水塔顶平台用人工清除污物。按照控制栅前流速1m/s左右的条件计算，每塔需要拦污栅的孔口面积为$840m^2$，分6孔布置，每孔孔口尺寸为4m×35m（宽×高），副拦污栅相同。

（2）清污措施。小浪底水利枢纽为高坝大库，污物量多且来量集中，特别是伴随洪水泥沙而来的大量污物。水力清污措施是利用门机起吊一台全跨液压控制的“压、抓、扬”三用清污机，清污机靠自重下压，将栅面污物压至栅底排沙洞和孔板泄洪洞进口顶部附近，依靠排沙洞和孔板泄洪洞进流将污物排出水库，个别压不下去的长木料、树干，动物尸体等，可用抓斗上提到高程266.00m清污平台或283.00m塔顶平台堆放，然后再外运。

2.9.2 小浪底水电站过机泥沙特性分析

2.9.2.1 坝区水流泥沙运动特性分析

1. 水库初期运用第一阶段起调水位205.00m蓄水拦沙调水运用阶段的坝区水流泥沙运动特性

当水库初始运用迅速蓄水至起调水位205.00m后，坝前水位比建坝前升高70m，蓄水量约 17 亿 m³。主汛期调水运用，蓄水位在 205.00～215.00m 升降变化。

第一阶段历时 3 年，坝区由于过水面积大，水面比降和流速很小，水流只在水深的中下部流动。进水塔前含沙量沿垂线分布很不均匀，水面附近含沙量很小，下部含沙量显著增大，有一个转折点，转折点以上含沙量分布曲线为凹形曲线，转折点以下含沙量分布曲线为凸形曲线，为异重流明显特征。沿程粗泥沙淤积，细泥沙不淤积，或有泥沙从河床上冲起现象，异重流泥沙级配沿程细化。根据坝区模型试验资料，在坝区异重流延续较长时间内，排沙洞过流含沙量与发电洞过流含沙量的比值平均为 4，排沙洞泥沙中值粒径与发电洞泥沙中值粒径的比值平均为 1.6。虽然随着时间的延长，坝区淤积向下游推进，异重流潜入点位置向下游移动，但近坝区仍保持异重流，发挥了坝前漏斗区维持异重流运动的作用，有利于底孔排沙和减少过机泥沙，引细泥沙低含沙水流发电。

2. 水库初期运用第二阶段逐步抬高主汛期水位拦沙调水调沙运用阶段坝区水流泥沙运动特性

水库约从第 4 年转入逐步抬高主汛期水位拦沙调水调沙运用阶段，历时 12～13 年。主汛期库水位由 205.00m 逐渐升高至 254.00m，主汛期水位年平均升高约 4m。主汛期低壅水拦沙运用，出库沙量有较多的减少。

坝区水流仍在水深的中下部流动，进水塔前含沙量分布不均匀，水面附近含沙量小，在水深的下部含沙量显著增大，具有异重流的明显特征。

在坝区异重流运动条件下，粗泥沙沿程淤积，细泥沙不淤积或有少量冲起现象，异重流泥沙级配沿程细化，出库泥沙减少。排沙洞含沙量与发电洞含沙量的比值变化范围为 2～4，排沙洞泥沙中值粒径与发电洞泥沙中值粒径的比值为 1.3～1.6，在低壅水容积保持 1 亿～3 亿 m³ 情况下，上述比值不会很快衰减。因此水电站过机泥沙有较多的减少，尤其是粗颗粒泥沙显著减少。

按照出库流量在 570～2140m³/s 范围内，发电流量为出库流量的 70%，排沙洞流量为出库流量的 30%的分流计算，在排沙洞含沙量与发电洞含沙量的比值为 4 的条件下，推算得出发电洞含沙量约为出库平均含沙量的 50%，明显减少，可见异重流对电站防沙有很大作用。当来水流量小于 400m³/s 时，关闭排沙洞，全部水流过机。由于水库调蓄作用，库区壅水区流速小，形成异重流运动，泥沙沿程淤积，粗泥沙沉下，部分细泥沙过机，对水轮机没有什么影响。

在主汛期大水时，短时间水库为敞泄排沙或冲刷排沙，出库泥沙明显增加，但过机含沙量约为出库平均含沙量的 80%，过机含沙量亦有减少。

3. 水库初期运用第三阶段逐步形成高滩深槽拦沙调水调沙运用阶段主汛期的坝区水流泥沙运动特性

该阶段主汛期库水位一般在 240.00～254.00m 之间变化，升高水位拦沙时，库区滩地和河槽淤高，降低水位冲刷时，河槽下切。主汛期以升高水位淤高滩地为主，个别大水年主汛期丰水，2000m³/s 以上大水流量历时长时，可连续地逐步降低库水位至死水位 230.00m（后期运用死水位）冲刷下切河槽。但因库区滩地尚未淤高至设计的拦沙淤积滩地（坝前滩面高程 254.00m），在大水年主汛期冲刷后仍要继续拦沙调水调沙运用，淤高滩地，当库区淤积形成坝前滩面高程 254.00m 的滩地纵剖面时，结束该阶段运用。坝区模型试验表明，主汛期在低壅水蓄水运用中，坝区可形成异重流运动，其持续时间较长，对于排沙洞含沙量与发电洞含沙量的比值，以及排沙洞泥沙中值粒径与发电洞泥沙中值粒径的比值，与第二阶段基本相同。由于调水调沙运用，使得形成高滩深槽的过程为12～13年。主汛期大水时，水库短时间敞泄排沙和冲刷排沙情况下，出库泥沙增多，过机含沙量约为出库平均含沙量的80%。

4. 水库后期"蓄清排浑、调水调沙"正常运用时期主汛期的坝区水流泥沙运动特性

小浪底水库正常运用时期的库区高滩深槽平衡形态，在正常蓄水位275.00m至正常死水位230.00m间有51亿m^3有效库容，其中相应于坝前滩面在高程254.00m以上有41亿m^3库容预留供汛期大洪水防洪和调节期兴利调节径流运用，滩面以下有10亿m^3槽库容进行主汛期调水调沙和多年调沙运用。主汛期在槽库容内进行调水调沙，使得主汛期的大多数时间仍为低壅水蓄水运用，在坝区形成异重流运动，有利于电站防沙。据2000年设计水平6个50年代表系列入库水沙条件平均统计，在主汛期7—9月时期来水流量小于$2000m^3/s$的出现概率为74%。按照水库主汛期调水调沙运用，在来水流量小于$2000m^3/s$时低壅水蓄水拦沙运用，蓄水容积在0.5亿～3亿m^3间变化。坝区模型试验表明，主汛期在槽库容内调水调沙，低壅水蓄水运用中，坝区可形成持续异重流运动，其电站防沙效果未明显衰减。排沙洞含沙量与发电洞含沙量的比值及排沙洞中值粒径与发电洞中值粒径的比值，与第二阶段、第三阶段基本相近。

2.9.2.2 过机泥沙特性分析

1. 电站分沙比

（1）三门峡日调节调峰运行模拟试验的资料分析。1989年7月上半月在三门峡水库进行的日调节调峰运行模拟试验，为研究水电站主汛期调峰运行的坝区水流泥沙运动规律和水电站分沙比取得了实际观测资料。三门峡水库1989年7月上半月的日调节调峰运行模拟试验，调节库容为0.2亿～1.1亿m^3。对观测资料统计分析可得到以下认识：当蓄水容积V与出库流量Q的比值$V/Q \geqslant 2.6$万时，形成异重流；当$V/Q < 2.2$万时，出现浑水明流；当V/Q值介于两者之间时，也可形成异重流，也可形成浑水明流，主要与前期水流流态是异重流或浑水明流有关系。一般情况下，模拟机组引水的隧洞分流量为2/3，排沙底孔分流量为1/3。坝区为异重流和浑水明流时，隧洞分沙比，隧洞过流含沙量与坝下平均含沙量的比值分别为0.53和0.86。试验期的大部分时间坝区为持续异重流。

（2）根据扩散理论研究。严镜海、许国光根据扩散理论及三门峡等水库的实测资料，提出了3层孔分流分沙比关系的近似计算方法，其中孔分沙比公式为

$$\frac{S_2}{S}=\frac{e^{-\beta y_1}-e^{-\beta y_2}}{(1-e^{-\beta})(y_2-y_1)} \tag{2.9-1}$$

式中：S_2为中孔水流含沙量；S为断面平均含沙量；y_1、y_2为相对水深。

用上述关系式对三门峡水库的实测资料进行了计算，得出中孔的分沙比比值与实测值比较符合，可供采用。

由中孔分沙比计算关系式计算小浪底水库浑水明流条件下发电引水洞的分沙比，得出机组引水含沙量与断面平均含沙量的比值约为0.75，与三门峡水电站有底孔泄流条件下坝区浑水明流时机组分沙比0.76相近。

从留有余地出发，小浪底水电站发电引水洞的分沙比采用值按以下条件确定：当坝区形成异重流时，发电引水洞分沙比采用 0.5，如为浑水明流则分沙比采用 0.8。

2. 电站过机沙量

表 2.9-2 列出了小浪底水库各运用年段主汛期坝前断面平均含沙量及过机含沙量。在水库初期运用第一阶段的起调水位 205.00m 蓄水拦沙期，坝前断面平均含沙量很小，仅为 17.1kg/m^3，随着水库逐步抬高主汛期水位拦沙运用年的增加，坝前含沙量逐渐增大，至水库后期正常运用时期可达到 95.7kg/m^3，而各时期过机含沙量则明显小于坝前断面平均含沙量。

表 2.9-2　　水库运用各年段主汛期进水塔前断面平均含沙量及过机含沙量表

年段	1～3 年	4～10 年	11～14 年	15～28 年	29～50 年
进水塔前断面平均含沙量/(kg/m^3)	17.1	45.4	54.9	91.2	95.7
过机含沙量/(kg/m^3)	7.4	21.5	35.3	64.5	68.6
机组分沙比	0.43	0.47	0.65	0.71	0.72

表 2.9-3 和表 2.9-4 分别列出了水库运用各时期进水塔前含沙量出现天数和频率。从统计结果看，大部分时间过机含沙量不是很高，例如，水库运用各年段主汛期过机含沙量小于 50kg/m^3 时出现的概率分别为 99%、92%、81%、62%和 60%。

表 2.9-3　　小浪底水库各运用年段主汛期 7 月 1 日—9 月 30 日进水塔前含沙量出现天数

单位：d

月份	水库运用年段	含沙量 s									
		＜0.8 kg/m^3	＜5 kg/m^3	＜10 kg/m^3	＜15 kg/m^3	＜20 kg/m^3	＜35 kg/m^3	＜50 kg/m^3	＜100 kg/m^3	＜200 kg/m^3	＜400 kg/m^3
7	1～3 年	3	23	28	30	30	31				
	4～10 年	2	13	17	20	22	26	27	30	30	31
	11～14 年	2	8	12	15	16	20	23	28	30	31
	15～28 年	1	3	5	6	7	12	16	25	29	31
	29～50 年	1	3	4	5	6	11	15	24	29	31
8	1～3 年	0	17	24	26	28	29	30	31		
	4～10 年	0	9	14	18	21	25	28	30	31	
	11～14 年	0	9	14	17	19	23	25	28	30	31
	15～28 年	1	4	5	7	8	13	17	25	29	31
	29～50 年	0	4	5	7	11	15	24	29	31	
7—9	1～3 年	3	20	28	30						
	4～10 年	1	14	21	24	26	28	30			
	11～14 年	2	11	17	20	22	25	27	30		
	15～28 年	1	6	9	12	14	21	25	29	30	
	29～50 年	1	6	9	11	13	20	24	28	29	30

续表

月份	水库运用年段	含 沙 量 s									
		<0.8 kg/m^3	<5 kg/m^3	<10 kg/m^3	<15 kg/m^3	<20 kg/m^3	<35 kg/m^3	<50 kg/m^3	<100 kg/m^3	<200 kg/m^3	<400 kg/m^3
7—9	1~3 年	6	62	80	85	88	90	91	92		
	4~10 年	3	36	52	62	69	79	85	90	91	92
	11~14 年	4	28	43	52	57	68	75	86	90	92
	15~28 年	3	13	19	25	29	46	58	79	88	92
	29~50 年	2	13	18	23	30	46	63	81	89	92

表 2.9-4　　小浪底水库各运用年段主汛期 7 月 1 日—9 月 30 日进水塔前含沙量出现频率　　%

月份	水库运用年段	含 沙 量 s									
		<0.8 kg/m^3	<5 kg/m^3	<10 kg/m^3	<15 kg/m^3	<20 kg/m^3	<35 kg/m^3	<50 kg/m^3	<100 kg/m^3	<200 kg/m^3	<400 kg/m^3
7	1~3 年	7	73	90	96	98	99	100			
	4~10 年	5	43	55	64	71	83	89	95	98	100
	11~14 年	6	26	39	48	52	65	74	90	97	
	15~28 年	3	10	16	19	23	39	52	81	94	100
	29~50 年	3	10	13	16	19	35	48	77	94	100
8	1~3 年	0	53	78	85	89	95	97	99		
	4~10 年	0	29	45	58	68	81	90	97	100	
	11~14 年	0	29	45	55	61	74	81	90	97	100
	15~28 年	3	13	16	23	26	42	55	81	94	100
	29~50 年	0	13	16	23	35	48	77	94	100	
9	1~3 年	10	77	93	96	99	100				
	4~10 年	3	47	70	80	87	93	100			
	11~14 年	7	37	57	67	73	83	90	100		
	15~28 年	3	20	30	40	47	70	83	97	100	
	29~50 年	3	20	30	37	43	67	80	93	97	100
7—9	1~3 年	6	68	87	92	95	98	99	100		
	4~10 年	3	39	57	67	75	86	92	98	99	100
	11~14 年	4	30	47	57	62	74	82	93	98	100
	15~28 年	3	14	21	27	32	50	63	86	96	100
	29~50 年	2	14	20	25	33	50	68	88	97	100

小浪底水库运用的前 15 年，过机含沙量小，机组引较高含沙量水流出现的机遇小。15 年后运用过程中，在水库调水调沙作用下，大多数时间过机含沙量仍较小，只有遇高含沙量洪水入库或水库发生较强烈的冲刷时，过机含沙量才会有较大增加。在这种情况下

如考虑避沙峰停机，则可明显地减少主汛期平均过机含沙量。或者在水库调节运用中，研究拦蓄高含沙量洪水和限制水库降低水位的冲刷强度，避免高含沙量水流过机的情况。

3. 过机泥沙级配

由于排沙底孔的存在，过机泥沙颗粒比全断面平均泥沙颗粒要细。按三门峡水库汛期发电试验资料统计，过机泥沙级配与出库泥沙级配相比，粒径小于0.025mm的细颗粒泥沙含量增加，而粒径大于0.025mm的中、粗颗粒泥沙含量减少（见表2.9-5）。

表2.9-5 三门峡水库1989年8月10日—9月29日过机及坝下断面平均各粒径组沙量百分数 %

部位	粒径					
	<0.005mm	0.005～0.01mm	0.01～0.025mm	0.025～0.05mm	0.05～0.1mm	0.1～0.25mm
出库	19.8	7.9	26.8	29.3	15.3	1
过机	26.7	12.1	27.5	24.9	8.5	0.3

根据前述小浪底水库设计水平年的6个50年代表系列的计算，求得小浪底水库各运用年段坝前断面平均泥沙级配成果，参考三门峡水电站过机泥沙级配与坝前断面泥沙级配的差别，分析得到小浪底水库各运用年段主汛期过机泥沙级配见表2.9-6。从表2.9-6中可以看出，水库各运用年段过机含沙量中数粒径以在形成高滩深槽年段和后期正常运用时期为最大，约为0.021mm，而在水库初期运用的14年段，过机泥沙级配很细。

表2.9-6 小浪底水库运用年段主汛期（7—9月）过机泥沙沙量的百分数

运用年段	某粒径的沙重百分数/%							中数粒径 d_{50}/mm
	<0.005mm	<0.01mm	<0.025mm	<0.05mm	<0.1mm	<0.25mm	<0.5mm	
1～3年	36	55	82	97	99.5	100		0.0084
4～10年	30	48	75	92	98	100		0.011
11～14年	27	44	70	90	97	100		0.013
15～28年	21	32	55	80	93	99.5	100	0.021
29～50年	21	32	55	81	93	100		0.021

2.9.3 坝下水位流量关系及尾水渠防淤措施

1. 小浪底坝址断面天然水位流量关系

小浪底坝址位于小浪底老水文站（一）断面。坝址及上下游河段均为砂卵石河床，洪水时河床冲刷下切，小水时河床回淤升高，长时期无单向性升高或降低。在坝址断面，洪水、枯水时，河底平均高程在126.00～131.00m之间变化，升降幅度5m，循环变化相对稳定。

小浪底水文站为1954年设置。水位流量关系曲线呈顺时针向绳套型，涨峰水位高，落峰水位低，汛后水位接近汛前水位，河床冲淤相对平衡（见表2.9-7）。历年同流量水位变幅相对较小，平均水位相对稳定。小浪底河段的水面比降与流量关系见表2.9-8，小浪底河段水面比降随着流量的增大而增大。

表 2.9-7　　小浪底水文站（一）（坝址）断面水位流量关系

流量/(m³/s)		100	200	400	800	1000	2000	4000	6000	8000	10000	12000	15000	17500
水位（黄海）/m	上线	133.73	134.13	134.73	135.37	135.65	136.68	138.39	139.76	140.83	141.73	142.53	143.65	144.51
	中线	133.53	133.83	134.28	134.93	135.18	136.25	137.78	139.06	140.20	141.20	142.10	143.38	144.40
	下线	133.46	133.58	133.93	134.47	134.73	135.73	137.18	138.38	139.48	140.55	141.58	143.13	144.28

表 2.9-8　　小浪底河段水面比降与流量关系表

流量/(m³/s)	100～200	500	1000	1500	2000	4000	6000	8000	10000	12000	14000	15000
水面比降/‰	1.5	2.3	3.3	4.9	7.6	9.9	11.7	13.3	14.7	15.8	16.4	17.5

2. 小浪底消力塘出口断面水位流量关系

（1）出库水流改由桥沟入黄河。从消力塘出口至桥沟入黄河断面长822m，水流要冲刷桥沟河床形成新河道。

（2）桥沟河床为砂卵石覆盖层与小浪底河段河床覆盖层相类似，桥沟塑造新河道与小浪底坝下河道相同。

（3）由小浪底老水文站（一）断面的实测水位流量关系和小浪底河段水面比降与流量关系，推算下游1992m桥沟入黄河断面及桥沟口上游822m消力塘出口断面水位流量关系，见表2.9-9和表2.9-10。桥沟需要经历一定时间的造床过程塑造新河道并形成设计的水位流量关系。表2.9-10中设计的小浪底消力塘出口断面水位流量关系曲线考虑河床冲淤变化的影响，并考虑经过100年一遇以上洪水冲刷后，设计提出最大冲刷的水位下降线。有上线、中线、下线的水位流量关系曲线。

表 2.9-9　　桥沟入黄河断面水位流量关系曲线表

流量/(m³/s)		100	200	400	600	1000	2000	4000	6000	8000	10000	12000	15000	17000
水位（黄海）/m	上线	133.67	133.83	134.23	134.53	134.99	135.73	136.83	137.70	138.49	139.09	139.60	140.39	140.88
	中线	133.47	133.53	133.88	134.13	134.52	135.27	136.26	137.08	137.83	138.51	139.17	140.11	140.75
	下线	133.37	133.28	133.53	133.70	134.07	134.75	135.68	136.43	137.16	137.91	138.65	139.86	140.63

表 2.9-10　　小浪底消力塘出口断面水位流量关系曲线表

流量/(m³/s)		100	200	400	600	800	1000	2000	4000	6000	8000	10000	12000	15000	17000
水位（黄海）/m	上线	133.55	133.95	134.40	134.71	135.02	135.26	136.16	137.48	138.51	139.44	140.18	140.80	141.42	144.23
	中线	133.35	133.65	134.05	134.32	134.58	134.82	135.68	136.88	137.91	138.79	139.64	140.38	141.48	142.18
	下线	133.25	133.40	133.70	133.91	134.14	134.36	135.16	136.28	137.23	138.10	138.48	139.88	141.18	142.08
	最大冲刷的水位下降线	133.07	133.20	133.48	133.72	133.95	134.18	134.94	135.98	136.88	137.73	138.47	139.16	140.11	140.73

（4）小浪底水库运用后，坝下游河床将发生冲刷。坝下游砂卵石河床将发生推移质移动，因没有坝上游砂卵石推移质补给，因此会导致河床下降。经过较长时间冲刷，河床粗化，比降变小，形成抗冲层后达到冲刷平衡。坝下游新的平衡纵剖面比降约为原河道比降的0.9倍。

小浪底坝下至柿林滩长10km，河段平均比降为8‰。水库运用22年后新的平衡纵剖面比降为7.2‱。在此基础上，若遭遇100年一遇以上的洪水，河床会继续冲刷，消力塘出口断面的水位流量关系曲线将进一步降低，在流量100～17000m³/s范围内，小水流量100m³/s水位比中线平均水位降低0.28m，大水流量17000m³/s水位比中线平均水位降低1.45m。

3. 小浪底施工期对坝下水流量关系的影响

考虑施工堆渣等影响，坝下游水位将比天然水位高。现分析小浪底施工期坝下游水位抬高的情形。从小浪底消力塘出口断面至桥沟入黄河后的断面共长970m，消力塘以下桥沟河段平底开挖到130.00m高程，糙率系数n=0.040～0.045。根据1996年4月桥沟入黄河断面实测绘制的水位-流量-面积关系曲线，向上游消力塘出口断面推算水面线，获得小浪底施工期1996年的消力塘出口断面的水位流量关系，见表2.9-11。

表2.9-11　小浪底消力塘出口断面施工期（1996年）水位流量关系曲线表

流量/(m³/s)	100	200	400	600	800	1000	2000	4000	6000	8000	10000	12000	15000	17000
施工期1996年水位/m	133.85	134.12	134.49	134.81	135.13	135.35	136.38	137.86	139.06	140.17	141.17	142.11	143.42	144.23
比设计中线平均水位抬升/m	0.50	0.47	0.44	0.49	0.55	0.52	0.70	0.98	1.15	1.38	1.53	1.73	1.94	2.05

由表2.9-11看出，由于小浪底工程施工，造成坝下河段水位抬高，引起小浪底消力塘出口断面水位抬高。在流量1000m³/s以下水位抬高0.50m，流量1000～4000m³/s时水位抬高0.5～1.0m，流量为4000～10000m³/s时水位抬高1.0～1.5m，流量为10000～17000m³/s时水位抬高1.5～2.0m。

4. 消除施工期坝下水位升高影响预测

小浪底水库建成运用后，坝下游水位将随河床的冲刷而下降。预估小浪底水库在建成运用后的前5～6年，汛期水流冲刷坝下游河床，能够使坝下游水位降低约1.0m。5～6年后随着黄河洪水到来，水库下泄流量增大，将进一步冲刷下游砂卵石河床，使坝下游水位进一步下降。据黄委水科院1993年进行的"小浪底至坡头河段河床演变模型试验"观测成果表明，坝下游河床在3000～8000m³/s流量冲刷下切、水位下降的基础上，增加一次10000～13500m³/s洪峰流量，进一步冲刷河床，水位进一步下降，同流量下水位下降值蓼坞滩断面（相当于前述黄河断面C.S.4）为1.59m，坝下游黄河公路桥断面为1.30m，小浪底新水文站（二）断面为1.11m。

综上分析可见，小浪底水库工程设计的消力塘出口断面水位流量关系的中线和特大洪水冲刷后的最低线，是比较合理的。在小浪底工程施工期，坝下游水位抬高，消力塘出口断面水位抬高，能够在水库运用的5～6年下降约1m；在10～15年内还将继续下降，接近设计的中线；在经过100年一遇以上特大洪水冲刷后，将下降接近设计的下线水位线或最大冲刷下线。

5. 电站尾水渠防淤措施

按发电系统总布置，尾水为两机组由一洞（尾水洞）、一渠（尾水明渠）、二孔防淤闸组成，6台机组共3条尾水洞、3条尾水明渠，6孔防淤闸。每条尾水明渠末端设2孔防淤闸，用于机组停机时关门挡水挡沙，防止下游浑水倒灌淤堵尾水明渠、尾水洞。防淤闸的设置对于保护电站正常安全运行有作用。

2.9.4 西霞院水库运用的影响分析

2.9.4.1 西霞院水库主要特征指标

黄河西霞院水利枢纽是以反调节（对小浪底水电站调峰运行的流量进行反调节）和发电为主，兼顾供水、灌溉，是一座低水头径流电站，上距小浪底坝下16km。

水库淤积平衡后形成的新河道，水库淤积末端距小浪底坝下消力塘出口断面有一定距离。在不影响小浪底坝下尾水位的条件下，水库死水位选择为131.00m。

在满足有效调节库容要求条件下，水库对小浪底坝下尾水位影响很小，水库非汛期正常蓄水位选择为134.00m。

西霞院水库设计洪水为100年一遇，校核洪水为5000年一遇。根据水库淤积平衡后再经过1933年型实测洪水淤积后的有效调节库容进行调洪计算，水库设计洪水位为132.87m，校核洪水位为134.70m。

西霞院水库的死水位泄流规模，由水库排沙要求、保持有一定滩库容的有效调节库容要求和有利于下游河道输沙要求等综合确定，选定为不小于6000m³/s。在不计电站引水流量及电站下面冲刷底孔泄流量的条件下，西霞院水利枢纽各级水位泄量见表2.9-12。考虑电站下面12个冲刷底孔在水位131.00m的泄流量达1100m³/s后，则西霞院水库死水位131.00m的泄量可达7417m³/s（不含机组）。

表2.9-12 西霞院水利枢纽各级水位泄流曲线表

水位/m		128.00	129.00	130.00	131.00	132.00	133.00	134.00	135.00
泄流量/(m³/s)	排沙闸	954	964	980	1000	1025	1058	1091	1127
	泄洪闸	1095	2269	3696	5317	7113	9073	11188	13426
	总计	2049	3233	4676	6317	8138	10131	12279	14553

2.9.4.2 水库运用方式及淤积形态

1. 水库运用方式

西霞院水库汛期一般控制死水位131.00m运用，当入库水流含沙量较小时，可在水位131.00～132.56m之间运行，对小浪底水电站调峰运行的流量进行反调节；当入库流量大于死水位泄流能力时，滞洪运用；非汛期（10月至次年6月）按正常蓄水位134.00m运用，一天内可有1.0m左右范围上下浮动，对小浪底水电站调峰运行的流量进行反调节。

2. 水库淤积形态

（1）淤积平衡纵剖面形态。

1）河床淤积纵剖面形态。受天然河床地形影响分为两段，距坝10km以下的库区下段河床淤积平衡比降约为2.0‰；距坝10km以上的库区上段河床淤积平衡比降为2.3‰。

2）滩地淤积纵比降。西霞院水库一般洪水淤积形成的滩地纵剖面比降接近河槽纵剖面比降，水库上、下段比降分别采用2.3‰和2.0‰。综合分析三门峡等已建水库滞洪淤积滩地纵剖面形态资料及西霞院低水头枢纽的实际情况，大洪水滞洪淤积滩地纵比降采用1.7‱。

西霞院库区河谷平面形态上窄下宽，水库淤积后将只在距坝11km以下的河谷开阔段分布有滩地，以上峡谷段则无滩地。

（2）淤积平衡河床横断面。西霞院水库造床流量为4220m^3/s，相应的造床流量河槽水面宽为510m，平均水深为3.2m，底宽为360m，梯形水深为3.7m，水下边坡系数为20。造床流量河槽水面以上为调蓄河槽，边坡系数为5。

2.9.4.3 水库死水位运用下库区淤积末端对小浪底水库的影响分析

死水位为131.00m时，按造床流量河床形态计算，水库淤积末端距小浪底9km；按汛期平均流量河床形态计算，水库淤积末端距小浪底水库5km。西霞院水库淤积末端不影响小浪底坝下。

2.9.4.4 水库正常蓄水位运用条件下水库回水对小浪底水库尾水位的影响分析

小浪底坝下消力塘出口断面水位流量关系见表2.9-13。可以看出，水库在正常蓄水位134.00m运用条件下，对600m^3/s以下流量，水库回水水面线对小浪底坝下消力塘出口水位有影响；对600m^3/s以上流量，水库回水水面线对小浪底坝下消力塘出口断面水位没有影响。

表2.9-13　小浪底坝下消力塘出口断面水位流量关系

流量/(m^3/s)		200	400	500	600	800	1000	1500	2000	3000	3500	4000
水位/m	西霞院正常蓄水位134.00m运用时	134.03	134.13	134.20	134.32	134.58	134.83	135.26	135.68	136.28	136.58	136.88
	无西霞院水库时	133.65	134.05	134.19	134.32	134.58	134.83	135.26	135.68	136.28	136.58	136.88

2.9.5 小浪底水库调水调沙与水电站日调节调峰运行相结合的论证

1. 水库调水调沙与水电站调峰运行相结合的要求

小浪底水库的水电站要担负河南电网的调峰任务，具有巨大的发电经济效益。因此，需要将水库主汛期调水调沙与水电站调峰运行相结合。水库不稳定出流到下游花园口断面已坦化，对花园口以下河段更无影响；水库主汛期调水调沙运用方式，是拦蓄流量2000m^3/s以下的小水，按800～400m^3/s日平均流量下泄，泄放2000m^3/s以上流量的大水。而水电站调峰运行，是在2000m^3/s流量以下的小水进行，将800～400m^3/s日平均流量化解为日调节调峰下泄流量，对于2000m^3/s流量以上的大水，按基荷运行。所以水库调水调沙与发电调峰运行是可以结合的。

在黄河小水年主汛期来水流量小，小于2000m^3/s流量历时长，发电调峰运行不稳定出流对花园口以上河段引水及水质影响历时长，必要时，可适当结合发电基荷运行，缓解影响。

2. 水电站调峰运行对下游河道的影响

在主汛期来水小时，水电站进行日调节调峰运行，电站泄水时断时续，时大时小，形成不稳定出流。对下游河道一定范围内形成不稳定流态，至一定距离河段后，不稳定流坦化，消除波动影响。

2.9.6 小浪底水利枢纽泄洪排沙系统防沙研究与泥沙处理

小浪底枢纽泄洪排沙隧洞，要适应水库排沙要求，进口高程比较低，泄洪排沙时，洞内流速较高，水库最高水位在275.00m时，洞内最大流速达到30～36m/s，常遇库水位时的洞内流速为25m/s左右，高含沙水流将对过水边界产生磨损。每条泄洪排沙隧洞都在工作闸门之前设置事故闸门及检修闸门，控制孔口流速低于混凝土及闸门门框的抗磨流速，并从安全考虑，控制小浪底枢纽泄洪洞检修闸门孔口流速在库水位在250.00m情况下不超过12m/s，据此确定检修闸门孔口尺寸及喇叭段的体形。

小浪底枢纽共10座进水塔，考虑到实现“门前清”，选择“一”字形排列。3条排沙洞的进水口分布在16个（组）进水口之中的合适位置，而且每条排沙洞可调节500m³/s流量以下的各级流量，为保证进水口“门前清”创造条件。若来沙量过大或进水塔塔前淤沙高程超过警戒线时，可以开启泄量较大的底孔进行冲沙。若进水塔前岸坡因地震或在库水位降落中坍塌堵住进水口时，可自上而下开启各层次的进水口逐步冲开淤堵的泥沙，恢复正常运用。

2.10 小浪底水库运用对黄河下游河道影响研究

2.10.1 黄河的基本特性

黄河干流河长5464km，流域面积为752443km²。自约古列宗盆地至玛多为河源区，河段长270km，集水面积20930km²；自玛多至河口镇为上游河段，长3193.3km，集水面积346968km²；自河口镇至桃花峪为中游河段，长1234.6km，集水面积362138km²；自桃花峪至河口为下游河段，长767.7km，集水面积22407km²。

黄河干流的河床纵剖面形态，由河源至河口总落差为4480m，平均坡降为8.2‱，出现多级阶梯状转折。孟津以东为广阔的华北大平原，形成地势低平的冲积平原。

黄河干流的河床组成，在石嘴山以上为基岩与砂卵石河床；自石嘴山至昭君坟为冲积物河床；自昭君坟至舌头岭为基岩砂卵石河床；自舌头岭至三门峡为冲积物河床；自三门峡至白坡为砂卵石河床；在白坡以下为冲积物河床。

黄河流域的降水主要集中在7—9月，尤其在7—8月，暴雨多，强度大，形成洪水对河道威胁大。冬季冷，河道结冰封冻，春季开河，形成凌汛洪水，造成局部河段凌汛威胁。

黄河中游黄土高原遇高强度暴雨，造成集中且严重的水土流失，产生大量泥沙在黄河下游河道强烈堆积。

据推算，黄土高原的侵蚀产沙量由公元前1020年至1194年的11.6亿t/a增加到1949—1969年的16.3亿t/a。

自1970年以来，由于黄河水利水保工程的发展，水土保持工作的开展，黄河来沙量有较明显减少。其中，河口镇以上年平均减少来沙量约0.5亿t，河口镇—三门峡区间年平均减少来沙量约 2.5 亿 t，合计年平均减少来沙量约 3.0 亿 t，占全河多年平均来沙量 16.3 亿 t 的 18.4%左右。

综上可见，黄河是一条坡降较大、输沙能力较大、水少沙多、侵蚀与沉积强烈的大河。

2.10.2 黄河下游河道的基本特性

黄河下游河道因其水少沙多而“善淤、善决、善徙”著称。据研究，春秋战国以前，黄河下游多股散流入海，所带泥沙散积在华北冲积平原上，河床淤高缓慢；战国以后，黄河两岸始筑堤防，西汉以后，黄土高原侵蚀加速，黄河泥沙增多，集中在河道内堆积，河床抬高，发展成为“地上悬河”，经常决口改道。

1855 年河南开封东坝头铜瓦厢决口后，水流在决口口门以下的泛区自由漫流，1875 年开始在泛区筑堤，沿程淤积逐渐发展至河口。

黄河下游河道形成 4 个不同河性的河段，即孟津至高村为游荡型河段、高村至陶城铺为由游荡向弯曲过渡的过渡型河段、陶城铺至利津为弯曲型河段、利津以下为河口河段。由于河口延伸产生溯源淤积，溯源淤积与沿程淤积相结合，黄河下游河道河床纵剖面近似平行升高。

（1）孟津—高村河段。游荡型河道，堤距甚宽，一般在 6km 以上，花园口堤距宽 9.5km，石头庄堤距宽 15.4km。河床宽浅，河心沙滩多，水流散乱无定。滩地斜向串沟多，滩唇高，堤河低，滩地横比降大，形成冲刷大堤的较大威胁。河床宽浅，出现斜河、横河和滚河现象，滩地坍塌迅速。

（2）高村—陶城铺河段。具有一定的游荡型和弯曲型河道特性。堤距仍然很宽，苏泗庄堤距宽 8.39km，梁山堤距宽 11.17km。河心沙滩明显减少，河槽迂回曲折，摆动幅度仍然较大，仍有较大的滩地坍塌。河槽和滩地不断淤高。

（3）陶城铺—利津河段。弯曲型河道，受人工工程控制较严。河床淤积物颗粒组成较细，滩地淤积物黏性土较多，具有较强的抗冲性，滩地坍塌甚少。河道弯曲，河槽窄深。堤距一般为 1～2km，陶城铺堤距宽为 0.998km，洛口堤距宽为 1.403km，宽处达 2km，窄处仅约 0.5km。河槽和滩地亦淤高。

（4）利津—河口段。为河口三角洲演变的河道特型。进入利津以下的泥沙，约有 64%淤积在三角洲及滨海区，由海洋动力作用输往外海的约为 36%。河口平均每年造陆面积约 23km^2，三角洲岸线的外延平均每年 150～240m，入海水道平均每 8 年改道一次。完成一次横扫三角洲的演变周期约经历 50 年，受河口延伸影响的下游河道将出现一次性稳定抬高。三角洲面积越大，河口延伸越慢，一定程度地抑制下游河道的抬升。

除三门峡水库初期拦沙运用维持了黄河下游河道约 10 年未抬高河床外，近 50 年内黄河大堤加高了 4 次，平均每 10 年要加高 1 次。

按照 1919 年 7 月—1960 年 6 月统计，陕县站实测年平均径流量为 429.6 亿 m^3，输沙量为 16.02 亿 t，多年平均年含沙量为 37.3kg/m^3。经过黄河中游黄土高原的严重水土流失的治理，20 世纪 70 年代以来多年平均减少入黄泥沙 3 亿 t 左右。

在黄河中游黄土高原水土流失地区治理时期，黄河泥沙量仍然很多，兴建水库防洪、减淤是解决黄河下游洪水泥沙问题的长久之策。

三门峡水库于1958—1960年施工期自然滞洪排沙，1960年9月15日开始蓄水拦沙，历经蓄水拦沙、滞洪排沙、降低水位冲刷排沙和“蓄清排浑”运用。由于渭河下游淤积问题严重，因此解决三门峡水库淤积问题为燃眉之急，通过对三门峡枢纽工程进行了改建，增大水库泄洪排沙能力，改变水库运用方式，使三门峡水库不再承担解决黄河下游泥沙淤积问题的任务，这使得黄河下游洪水泥沙问题又严重突出起来。

1960年5月1日—1970年5月20日的10年，三门峡水库排沙率为67.3%，库区淤积按断面法计算，淤积55.06亿t。下游河道先冲刷后回淤，冲淤相抵后按断面法计算冲刷5.35亿m^3。经分析计算，三门峡水库拦沙下游减淤的拦沙减淤比为1.6∶1，平均水库拦沙1.6亿t，下游减淤1.0亿t。三门峡水库前使黄河下游河道获得近10年不淤积抬高的减淤效益。

1970—1973年，三门峡水利枢纽工程第二次改建，增大泄流排沙能力，冲刷库区淤积物和降低潼关高程，但下游河道加重了淤积。1973年12月开始，水库“蓄清排浑”运用。1986年以后，汛期来水量减少，水库汛期小水冲刷，小流量高含沙量和粗泥沙进入下游，下游河道发生淤积。

2.10.3 小浪底水库减淤运用要求

2.10.3.1 小浪底水库减淤运用基本原则

小浪底水库的运用要为黄河下游河道减淤。要在较长时期内使下游河道河槽不淤积抬高，增大滩槽高差和平滩流量，增大河槽排洪和输沙能力。

小浪底水库减淤运用要遵循以下基本原则：

(1) 黄河下游河道要解决超饱和输沙淤积问题。

(2) 正确对待黄河下游河道各河段相互制约、相互依存的整体关系。

(3) 水库要将拦沙和调水调沙相结合运用，调水调沙运用方式要贯彻于水库运用的全过程。水库主汛期（7—9月）以拦沙和调水调沙减淤运用为主，调节期（10月至次年6月）以蓄水调节径流兴利运用为主。控制主汛期引水规模（30亿m^3），增加调节期引水规模。

(4) 水库拦沙和调水调沙，要逐步抬高主汛期水位，控制水库低壅水。主汛期调蓄水容积不大于3亿～4亿m^3，主要在1亿～3亿m^3蓄水体内调水调沙，拦粗沙排细沙。发挥下游河道输沙能力，徐缓冲刷下切河槽，增加滩槽高差，增大平滩流量。有较大量的泥沙进入下游，保持河道横向变形时冲刷塌滩和淤积成滩的相对平衡，防止与减少河道展宽和水流挟沙力降低，发挥大水输沙减淤作用。调节流量和含沙量，提高水流挟沙力，使下游河道上下河段保持河槽水力几何形态和水流挟沙力相对接近的条件，进行长距离输沙减淤。

(5) 水库主汛期调水调沙，要保持自然河道2000m^3/s以上的峰形流量过程进入下游河道输沙减淤，防止中水均匀化的清水流量在下游冲刷造床。当主汛期入库流量在2000m^3/s以上时，按自然来水的峰型过程在水库低壅水体内拦粗沙排细沙泄流排沙，提高2000m^3/s以上来水流量的排沙率在50%以上，发挥下游河道大水输沙能力进行输沙减淤，当入库流量在 8000m³/s 以上时，按流量 8000m³/s 下泄，滞洪削峰，当入库流量在 2000m³/s 以下时，在水库低壅水体内调蓄拦沙，避免 800～2000m³/s 平水下泄，按 800～400m³/s 流量下泄，满足下游供水灌溉和河道基流、改善水质及发电的流量要求。

（6）水库主汛期降低水位冲刷下切河槽时，要利用 2000m³/s 以上大水流量逐步降低水位冲刷，防止流量在 2000m³/s 以下的小水冲刷，并继续调蓄 2000m³/s 以下的水沙。利用大水流量逐步降低水位冲刷下切河槽时，控制冲刷强度，使下游河道调沙淤滩和河槽输沙减淤。

（7）在水库拦沙期内，要充分有效利用干流、支流拦沙库容，进行拦粗沙排细沙的拦沙和调水调沙运用，提高下游减淤效益。

水库逐步抬高主汛期水位控制低壅水拦沙和调水调沙运用，干支流同步淤高，获取尽可能大的拦沙库容和减淤效益。在水库拦沙完成后，在槽库容内进行拦沙和调水调沙，使下游河道输沙减淤。

（8）要利用水库粗沙、中沙、细沙的分组泥沙排沙比与全沙排沙比关系，如图 2.10-1～图 2.10-3 所示，合理控制水库排沙比，发挥小浪底水库拦粗沙排细沙的作用和发挥下游河道排沙能力作用。

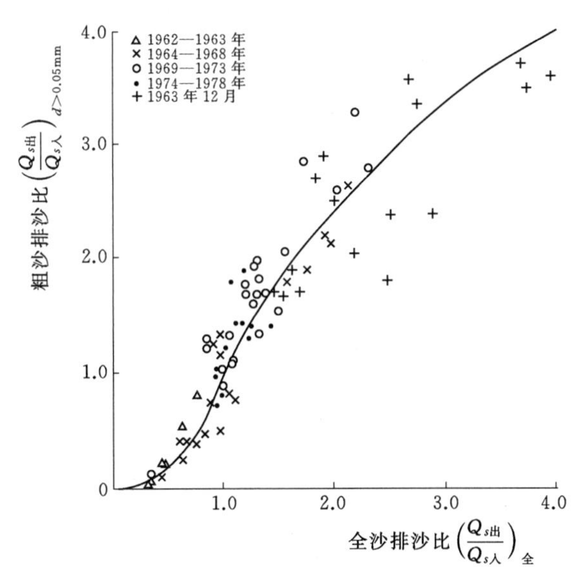

图 2.10-1 三门峡水库（潼关—大坝）粗沙排沙比与全沙排沙比关系

2.10.3.2 小浪底水库运用的关键技术和控制要求

1. 水库部分

（1）水库拦沙和调水调沙运用，主汛期在预留 41 亿 m³ 滩库容防洪，不影响三门峡坝下正常水位的条件下，尽量淤高库区滩地，获得最大的库区干流、支流拦沙库容。

（2）水库拦沙和调水调沙运用，充分有效地淤积支流拦沙库容，防止干流倒灌淤积支流时形成支流河口的高拦门沙坎而损失支流拦沙库容。

（3）水库拦沙和调水调沙运用，要充分地多拦粗沙多排细沙，使库区干支流拦沙库容

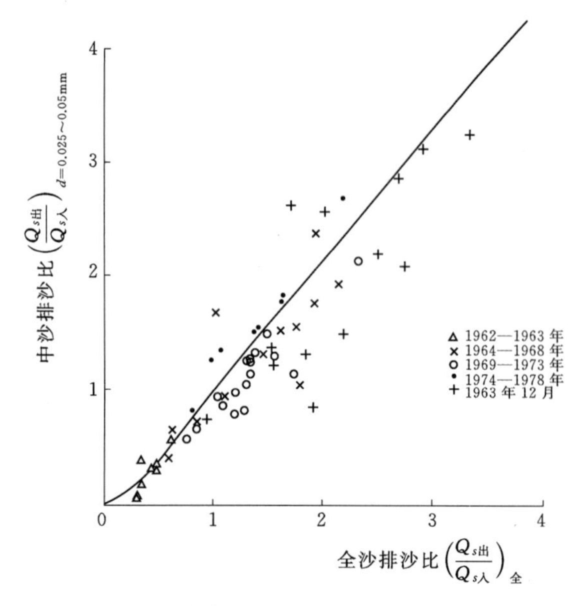

图2.10-2　三门峡水库（潼关—大坝）中沙排沙比与全沙排沙比关系

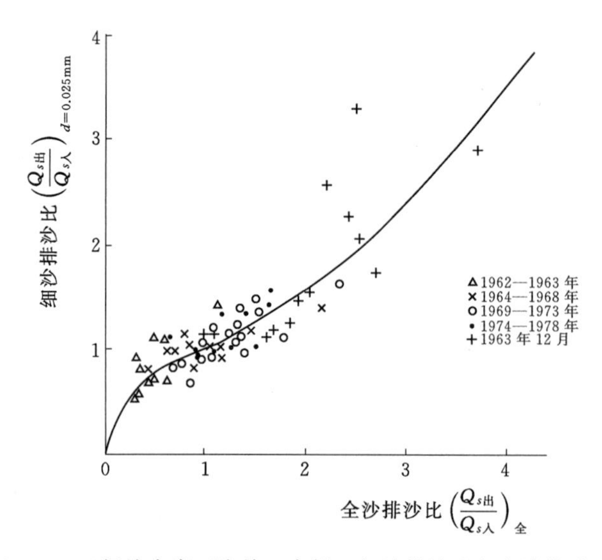

图2.10-3　三门峡水库（潼关—大坝）细沙排沙比与全沙排沙比关系

多拦在黄河下游河道发生严重淤积的粗颗粒泥沙，少拦细颗粒泥沙。利用图2.10-1、图2.10-2和图2.10-3的排沙关系，提高水库主汛期全沙排沙比达60%～80%，多拦粗沙和多排细沙，提高水库拦沙库容的拦沙效益。

（4）水库拦沙和调水调沙运用，尽量延长水库使用拦沙库容的年限，长期地使黄河下游河道河床不淤积抬高、滩地大量减淤。

（5）水库拦沙和调水调沙运用，控制库区泥沙淤积物主要为沙性土淤积，无强抗冲性。

（6）在水库后期进行调水调沙和多年调沙运用，下游河道减淤。

(7) 汛期在调水调沙槽库容内进行一般洪水的调控运用，滞洪泥沙不上库区滩地淤积；在调节期蓄水拦沙运用泥沙不上库区滩地淤积。保持水库的滩地防洪库容相对稳定。

(8) 水库拦沙和调水调沙运用，防止进水塔前滩地坍塌、滑动淤堵泄水底孔的情形发生；要有效地解决泄水孔口防淤堵和电站防沙问题。

2. 黄河下游河道部分

(1) 水库拦沙和调水调沙运用，使黄河下游河南河段和山东河段同步减淤，防止上冲下淤的情形发生。

(2) 水库降低水位冲刷恢复槽库容时，使黄河下游河槽输沙减淤和淤滩刷槽，防止加重下游河槽的淤积。

(3) 水库拦沙和调水调沙运用，保持黄河下游河道输沙能力，控制河道塌滩展宽和河势流路变化，形成相对规顺、窄深、增大平滩流量、有利排洪输沙的河槽形态和河床纵剖面形态；使河南河段徐缓冲刷、山东河段微冲微淤；使游荡型河段发生河型转化，使过渡型河段、弯曲型河段变为相对稳定河段。

(4) 水库拦沙和调水调沙运用，减缓黄河下游河口的淤积延伸，延长河口流路的行水年限。

(5) 水库拦沙和调水调沙运用，减少黄河下游河道的冲刷深度和冲刷险情。

2.10.4 小浪底水库运用对黄河下游河道影响研究

2.10.4.1 水库拦沙和调水调沙减淤运用方案研究

小浪底水库最高蓄水位为275.00m，原始库容为126.5亿m^3。规划要求在水库后期保持有效库容为51亿m^3，长期运用，其中预留防洪并重复利用兴利的调蓄库容为41亿m^3，供主汛期调水调沙运用库容为10亿m^3。因此在水库初期在预留41亿m^3防洪库容条件下，有库容82.5亿m^3（已扣除3亿m^3因支流河口拦沙坎淤堵的无效库容）供拦沙和调水调沙运用，为下游河道减淤服务。

2.10.4.1.1 库容方案选择

小浪底水库最高蓄水位为275.00m，总原始库容为126.5亿m^3。水库对黄河下游河道的防洪减淤任务是长期的，要求防洪库容和调水调沙库容长期保持，构成长期有效库容。小浪底水利枢纽工程规划设计，确定水库主汛期运用的限制水位为254.00m，主汛期在坝前滩面高程在254.00m以下的槽库容内调水调沙运用。预留254.00m高程以上的滩库容供防洪、防凌和兴利调节运用，不受一般洪水和50年一遇以下洪水的泥沙上滩淤积影响。要求水库的泄流规模在死水位230.00m泄流8000m^3/s，在主汛期限制水位254.00m泄流11000m^3/s，以满足保护水库滩库容亦即防洪库容的要求。

在水库初期拦沙运用完成后转入后期正常运用时，保持有效库容51亿m^3，其中防洪库容40.5亿m^3，主汛期调水调沙库容10亿m^3。根据水库淤积形态设计结果，在坝前滩面高程254.00m以上的滩库容为41亿m^3，在坝前滩面高程254.00m以下槽库容有10亿m^3，因此满足了水库滩库容为防洪库容、槽库容为主汛期调水调沙库容的要求。非汛期的水库兴利调节库容则可以完全利用41亿m^3滩库容，还可以利用主汛期调水调沙运用中尚未被泥沙淤占的槽库容，在平均情况下，兴利调节库容有46.5亿m^3。

据上述设计，小浪底水库在初期拦沙运用时期，可供拦沙和调水调沙运用的库容为85.5亿m^3，其中控制主汛期调水库容为3亿m^3，库区支流河口拦沙坎倒锥体淤积形态的无效库容为3亿m^3，水库拦沙库容约80亿m^3。当形成库区高滩高槽时，最大拦沙库容约为80亿m^3；当形成库区高滩深槽时，最小拦沙库容约为72.5亿m^3，平均拦沙库容为76亿～77亿m^3，平均拦沙约100亿t。在水库后期正常运用中，主汛期在死水位230.00m至限制水位254.00m间调水调沙运用。

在小浪底水库的50年运用中，保持有效库容50亿m^3，拦沙库容约76亿m^3，约拦沙100亿t。

2.10.4.1.2 运用方案选择

1. 水库初期运用不同起调水位拦沙运用方案比较

研究比较了水库初期运用起调水位200.00m、205.00m、220.00m、230.00m、245.00m五个方案，起调水位以下的库容分别为13.9亿m^3、17.1亿m^3、29.6亿m^3、40.8亿m^3、60.5亿m^3。

对不同起调水位拦沙运用方案，按相同的主汛期调水调沙方式和调节期调节径流方式，用相同的设计水平1950—1974年系列的水沙条件，进行三门峡和小浪底水库联合运用50年的泥沙冲淤计算及黄河下游河道的泥沙冲淤计算，同时对无三门峡水库和有三门峡水库现状方案进行了水库及黄河下游河道的泥沙冲淤计算，分析三门峡水库现状方案"蓄清排浑"运用对下游河道的减淤作用，比较小浪底水库各起调水位拦沙运用方案和三门峡水库现状方案，分析小浪底水库不同运用方案对下游河道增加的减淤效益。各方案黄河下游冲淤过程见表2.10-1。

表2.10-1 2000年设计水平1950—1974年+1950—1974年系列三门峡水库和小浪底水库不同方案黄河下游冲淤过程

单位：亿t

水库运用年序	无三门峡水库方案	三门峡水库现状方案	小浪底初始运用起调水位（黄海高程）									
			200.00m		205.00m	220.00m			230.00m		245.00m	
			10月不蓄水	10月提前蓄水	10月提前蓄水	10月提前蓄水			10月提前蓄水		10月提前蓄水	
			调水调沙			第1阶段不调水	调水、调沙	第1阶段等流量调节	第1阶段不调水	调水、调沙	第1阶段不调水	调水、调沙
1	5.05	4.09	−2.03	−2.56	−2.37	−1.86	−2.56	−1.60	−1.86	−2.56	−1.86	−2.55
2	8.22	7.02	−4.44	−5.44	−5.22	−4.11	−5.60	−3.79	−4.11	−5.60	−4.11	−5.60
3	10.94	10.21	−6.01	−6.89	−6.95	−5.78	−7.50	−5.18	−5.78	−7.50	−5.78	−7.49
4	16.55	14.79	−6.66	−7.95	−7.92	−7.21	−9.43	−6.58	−7.28	−9.49	−7.28	−9.49
5	20.44	18.91	−7.22	−8.39	−9.27	−9.89	−12.28	−10.10	−10.91	−14.39	−11.34	−14.59
6	23.38	20.31	−10.03	−11.52	−14.05	−14.63	−16.69	−14.73	−16.80	−20.30	−15.07	−19.60
7	28.20	25.92	−9.70	−11.09	−13.63	−13.79	−15.83	−13.83	−15.97	−19.38	−16.92	−21.40
8	31.10	28.31	−10.12	−11.56	−14.07	−14.18	−16.19	−14.17	−16.34	−19.72	−17.92	−22.40
9	36.76	33.47	−10.24	−12.13	−15.20	−15.56	−17.28	−15.06	−17.35	−20.34	−20.82	−24.88

续表

水库运用年序	无三门峡水库方案	三门峡水库现状方案	小浪底初始运用起调水位（黄海高程）									
			200.00m		205.00m	220.00m			230.00m		245.00m	
			10月不蓄水	10月提前蓄水	10月提前蓄水	10月提前蓄水			10月提前蓄水		10月提前蓄水	
			调水调沙			第1阶段不调水	调水、调沙	第1阶段等流量调节	第1阶段不调水	调水、调沙	第1阶段不调水	调水、调沙
10	42.43	39.58	−7.76	−9.41	−12.53	−12.35	−14.01	−11.94	−14.19	−17.06	−14.91	−14.59
11	46.26	42.12	−8.25	−9.98	−13.24	−12.99	−14.64	−11.80	−14.04	−16.90	−12.26	−14.52
12	49.13	44.96	−11.94	−13.74	−16.05	−15.97	−17.65	−11.82	−14.24	−16.41	−9.68	−15.23
13	52.26	47.15	−14.09	−15.93	−17.64	−17.80	−19.50	−8.95	−11.32	−13.49	−8.71	−12.48
14	55.14	48.36	−15.20	−16.80	−17.68	−16.43	−17.98	−9.13	−13.02	−13.66	−9.00	−14.53
15	58.27	52.63	−12.97	−13.07	−8.17	−10.84	−8.00	−3.83	−2.33	−8.20	−3.46	−3.75
16	60.67	54.75	−13.27	−13.43	−8.93	−10.77	−8.67	−4.36	−2.88	−8.78	−3.31	−4.32
17	68.15	60.79	−9.97	−9.67	−8.46	−6.42	−7.30	1.44	−1.16	−2.92	1.55	−2.64
18	70.36	62.65	−2.24	−8.12	−1.79	−0.26	−6.64	8.77	−0.54	4.45	7.64	−2.04
19	73.71	66.68	−3.54	−11.48	−3.57	−1.82	−3.68	7.17	2.51	2.87	6.05	1.07
20	78.46	70.95	−2.79	−6.76	−1.56	0.74	2.11	8.51	6.89	4.12	8.50	6.92
21	85.78	78.75	5.18	1.27	5.77	9.01	10.62	10.65	14.91	12.29	16.41	16.14
22	90.02	81.94	6.75	2.54	9.29	12.65	10.50	19.13	17.86	14.78	20.07	15.94
23	92.88	84.91	10.13	5.99	11.87	15.52	13.76	22.45	21.06	18.11	23.27	19.12
24	98.82	90.80	16.29	12.19	18.68	19.67	21.02	28.64	27.06	24.32	27.66	25.42
25	101.71	93.38	18.18	14.14	20.00	22.79	23.11	30.43	28.78	26.11	30.77	28.45
26	106.46	98.06	22.06	17.90	24.01	26.96	27.27	34.59	32.96	30.29	34.96	32.81
27	109.68	101.28	26.36	22.25	27.29	30.83	30.57	37.59	36.09	32.75	38.71	35.08
28	112.43	104.55	29.86	25.53	29.77	33.49	32.65	40.27	38.75	36.54	41.36	38.70
29	118.22	109.34	34.18	30.19	33.85	38.07	37.45	44.85	43.20	38.95	45.83	43.29
30	122.77	114.07	38.96	35.06	38.97	41.00	41.74	47.78	45.50	45.18	47.96	46.41
31	125.74	115.57	38.37	32.65	38.89	42.56	41.76	49.32	47.24	42.41	49.70	47.87
32	130.88	121.49	44.05	39.76	43.54	49.68	47.01	56.60	54.12	49.26	56.98	53.81
33	133.83	123.90	46.35	41.19	45.92	52.12	49.37	59.04	56.62	51.66	59.50	56.20
34	139.48	128.97	49.33	45.68	49.66	56.11	54.08	61.72	62.06	48.46	64.96	62.48
35	145.20	135.28	59.75	55.50	59.48	66.18	64.20	72.00	67.26	62.10	69.14	66.14
36	149.03	137.82	60.60	56.25	59.66	65.60	63.63	72.35	69.92	64.59	71.64	68.59
37	151.92	140.68	56.92	53.17	60.48	64.06	62.13	72.62	71.49	65.58	74.16	71.65
38	155.03	142.83	60.05	55.17	62.86	66.68	64.72	75.22	74.13	68.20	76.78	72.74
39	157.91	144.05	61.83	56.82	63.25	66.92	64.95	73.93	73.48	68.49	75.52	73.01

续表

水库运用年序	无三门峡水库方案	三门峡水库现状方案	小浪底初始运用起调水位（黄海高程）									
			200.00m		205.00m	220.00m			230.00m		245.00m	
			10月不蓄水	10月提前蓄水	10月提前蓄水	10月提前蓄水			10月提前蓄水		10月提前蓄水	
			调水调沙			第1阶段不调水	调水、调沙	第1阶段等流量调节	第1阶段不调水	调水、调沙	第1阶段不调水	调水、调沙
40	161.08	148.37	67.24	62.78	72.63	73.05	71.10	85.02	80.01	73.99	82.04	79.45
41	163.48	150.50	67.02	62.50	71.93	72.57	70.63	84.59	79.59	73.50	81.61	78.98
42	170.95	156.56	71.58	67.91	74.97	77.73	75.78	87.56	85.28	79.06	87.40	84.08
43	173.22	158.48	72.56	69.07	76.85	84.72	82.76	89.17	92.33	85.99	94.47	90.93
44	176.87	162.80	77.30	72.89	79.06	84.38	82.40	91.04	91.99	85.63	94.13	90.58
45	181.66	167.13	79.71	75.36	84.29	85.92	83.88	94.53	94.10	87.11	96.24	92.05
46	188.88	174.92	89.33	84.94	90.60	94.29	92.25	103.52	101.66	95.47	103.80	100.34
47	193.13	178.13	91.09	86.70	94.38	96.81	94.32	105.89	104.92	97.54	107.20	102.37
48	196.00	181.09	94.72	90.32	96.93	100.098	97.59	109.15	106.39	100.80	108.67	105.59
49	201.93	186.99	100.86	96.48	103.71	106.30	103.80	115.40	112.85	107.02	115.13	111.73
50	204.83	189.57	102.79	98.44	105.02	108.20	105.68	117.29	114.40	108.89	116.67	113.58

由表2.10-1可见，水库初期运用起调水位越高，产生的不利影响相对越多（对河南河段更为显著）：①蓄水拦沙运用连续下泄“清水”年数多；②总拦沙期年数少，水库恢复排沙时间早；③下游河道冲刷发展快，冲刷强度大，累计冲刷量大而历时短；④水库恢复大量排沙后，下游河道回淤快，回淤强度大；⑤下游河道不稳定性加剧，塌滩展宽河道幅度大，主流线流路变化幅度大；⑥工程冲刷险情大；⑦增加下游河道整治的困难；⑧下游河道减淤效益减小。相反，水库初期运用起调水位越低，则与上述不利影响相反，朝有利影响发展。

选择初期运用起调水位205.00m并逐步抬高主汛期水位拦沙和调水调沙运用方案，虽然在水库初期运用的前10年主汛期水位系逐步升高，主汛期发电水位较低，发电效益较小，但在水库运用10年后，主汛期水位已提高至240.00m以上，并继续向254.00m升高，在水库运用14年以后的20年内主汛期库水位主要在240.00～254.00m间变化。根据图2.10-4，小浪底水库1950—1975年+1950—1975年系列主汛期7月、8月、9月最高、最低水位变化过程图，可以看出显著地提高了主汛期发电水位，增大发电效益。

2. 水库不同运用方案研究比较

（1）设计采用的水库运用方案的基本内容。

1）水库初期运用和后期运用都实行主汛期以调水为主的调水调沙运用方式和调节期以灌溉为主的调节径流运用方式，其运用方式的出发点在对下游包括对河口有利。

2）主汛期以调水为主的调水调沙运用方式，水库拦沙时，逐步抬高主汛期水位拦沙和调水调沙，控制低壅水，调蓄水量不大于3亿m^3（实际调蓄水量可不大于4亿m^3），

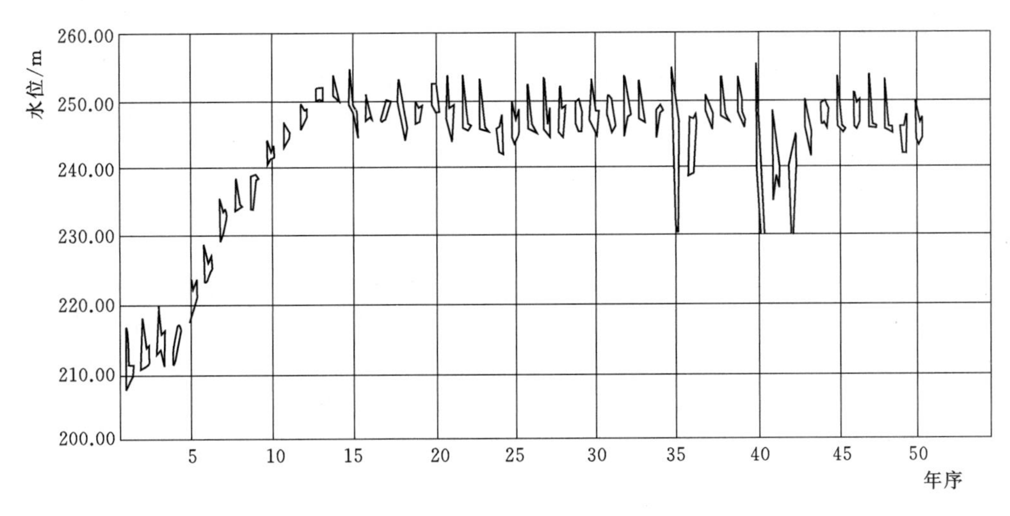

图 2.10-4 小浪底水库主汛期7月、8月、9月最高、最低水位变化
(1950—1974年+1950—1974年系列)

提高水库排沙比，多拦粗沙多排细沙；水库冲刷时，利用流量 $2000m^3/s$ 以上来水逐步降低水位冲刷，防止小水冲刷。调水调沙过程为泄放流量 $800m^3/s$（含 $800m^3/s$）以下和 $2000m^3/s$ 以上（含 $2000m^3/s$），形成两极分化，发挥大水输沙减淤作用。在河南河段以冲刷下切河床为主、减少塌滩展宽河道和工程冲刷险情，在山东河段以微冲微淤河床为主、防止上冲下淤，河口减少来沙量，延缓河口延伸。使全下游减淤，尽量延长下游河槽不淤积的年限，大量减少滩地淤积。遇较大流量较大含沙量的有利水沙条件，在下游安全行洪条件下，水库相机泄水造峰 $5000m^3/s$ 或 $8000m^3/s$，调水刷槽调沙淤滩，增大滩槽高差，改善河床形态，增大河槽排洪和输沙能力。

3）10月提前蓄水，提高下游供水保证率增大灌溉面积，增大发电效益。

4）6月底留10亿 m^3 蓄水量供7月上旬黄河枯水时补水灌溉、发电，有利于提高灌溉、发电效益。

5）调节期（10月至次年7月10日）调节径流，将10月至次年2月来水量调蓄到3—7月上旬泄放，增大灌溉供水量，提高灌溉、供水效益，主汛期控制下游引水量30亿 m^3，下游年引水量100亿～110亿 m^3。

6）主汛期预留防洪库容41亿 m^3，限制水位为254.00m；10月上半月预留防洪库容25亿 m^3，限制水位为264.00m；12月底预留防凌库容20亿 m^3，限制水位为267.00m，调节期正常蓄水位为275.00m，前10年（可能提前）因分期移民限制蓄水位为265.00m。

7）主汛期一般洪水（$10000m^3/s$），控制下泄流量不大于 $8000m^3/s$；下游50年和100年一遇洪水，控制下泄流量不超过 $10000m^3/s$；下游1000年一遇和10000年一遇洪水，分别控制下泄流量不大于 $13500m^3/s$ 和 $14000m^3/s$。下游凌期山东河段（艾山以下）封河后，控制下泄流量在花园口为 $300m^3/s$。黄河枯水时，补水下泄流量为 $400m^3/s$。

8）水库初期拦沙运用，控制水库累计拦沙容积不超过80.5亿 m^3。水库后期“蓄清排浑、调水调沙”运用，控制水库累计拦沙容积不小于71亿 m^3。

（2）研究比较方案的基本内容。

1）水库不进行调水，按来水流量下泄和进行全年等流量调节方案。对水库初期运用起调水位220.00m、230.00m和245.00m蓄水拦沙运用方案分别进行不调水、全年等流量调节运用。经水库运用50年的水库和下游泥沙冲淤计算。结果表明，从下游减淤而言，调水调沙运用优于不调水按来水下泄运用，不调水按来水下泄运用优于全年等流量调节运用。

2）水库10月不蓄水方案。对水库10月不蓄水方案，经水库运用50年的水库和下游泥沙冲淤计算表明，从下游减淤而言，水库10月提前蓄水方案优于10月不蓄水方案。这是因为10月蓄水拦沙在水库拦沙期黄河下游冲刷量多，在水库排沙增多后，10月蓄水拦沙黄河下游回淤受到一定的抑制，使回淤减缓，因此，减淤效益提高。

3）水库6月底不留10亿m^3蓄水量供7月上旬应用方案。从减少下游最大冲刷量和提高河槽减淤效益讲，6月底留蓄10亿m^3水量供7月上旬应用优于6月底不留蓄水量方案，而且在7月上旬黄河枯水时能够补水灌溉和发电，保持水库低壅水拦沙，反调节三门峡水库汛初的小水冲刷进入下游的小流量高含沙量的不利影响。

4）主汛期控制调蓄水量6亿m^3拦沙和调水调沙方案。与控制调蓄水量3亿m^3相比，下游累计最大冲刷历时12年，少2年，冲刷量少0.3亿t，但多年平均冲刷强度大；50年下游淤积量多为6.85亿t，全断面相当不淤年数少2年，故以主汛期控制调蓄水量3亿m^3方案为优。

5）主汛期调水调沙运用水沙两极分化避免800～2500m^3/s流量下泄方案。水库主汛期调水调沙运用水沙两极分化避免800～2500m^3/s流量下泄方案，与避免800～2000m^3/s流量下泄方案相比，在相同的控制主汛期低壅水调蓄水量3亿m^3拦沙和调水调沙运用方案的条件下，水库运用50年的水库和下游河道泥沙冲淤计算表明：前者拦沙减淤比为1.21（即水库拦沙1.21亿t，下游全断面减淤1亿t），后者拦沙减淤比为1.18。两者对下游的冲刷和减淤都很接近，而后者略好。

在水库主汛期低壅水拦沙条件下，流量在2000m^3/s以上按来水下泄，可以发挥2000～2500m^3/s流量较小含沙量水流对下游的冲刷造床作用，并可影响到艾山以下河段，若将该级流量经水库调蓄并按800m^3/s流量下泄，则会降低对下游的冲刷减淤作用。综上分析可以看出避免800～2000m^3/s流量下泄方案较优于避免800～2500m^3/s下泄方案，故选择前者为宜。

6）水库主汛期来水流量大于2000m^3/s（含2000m^3/s）先泄空前期蓄水量后敞泄排沙运用方案。对于水库主汛期来水流量大于2000m^3/s时先泄空前期蓄水量后敞泄排沙运用方案和主汛期全过程（包括来水流量大于2000m^3/s）控制低壅水拦沙和调水调沙运用方案，按相同的水库初期运用起调水位205.00m逐步抬高主汛期水位拦沙和调水调沙运用条件，根据设计水平1950—1974年＋1919—1943年的水沙系列进行水库运用50年的水库和下游河道泥沙冲淤计算比较，结果见表2.10-2。由表2.10-2看出，两个方案差别是很大的。前者的水库运用，从长时期来讲对下游河道的减淤效益优于后者水库运用，而且没有水库初期拦沙运用在下游河道发生较长时期的累计冲刷过程，没有发生较大的冲刷量，下游河道冲刷塌滩展宽河道的险情减少，但河床继续淤高，河道排洪能力继续减小，

表 2.10-2 小浪底水库主汛期全程控制低壅水方案与 $Q>2000m^3/s$ 敞泄排沙方案水库淤积及下游冲淤比较表（1950—1974 年+1919—1943 年设计系列年）

年份（系列年Ⅰ）	主汛期控制低壅水		主汛期 $Q>2000m^3/s$ 敞泄		下游减淤量/亿 t		年份（系列年Ⅱ）	主汛期控制低壅水		主汛期 $Q>2000m^3/s$ 敞泄		下游减淤量/亿 t	
	水库淤积/亿 m^3	下游淤积/亿 t	水库淤积/亿 m^3	下游淤积/亿 t	主汛期低壅水	$Q>2000m^3/s$ 敞泄		水库淤积/亿 m^3	下游淤积/亿 t	水库淤积/亿 m^3	下游淤积/亿 t	主汛期低壅水	$Q>2000m^3/s$ 敞泄
1950—1951	7.73	-2.37	7.73	-2.42	6.46	6.51	1919—1920	79.27	24.09	32.92	51.18	75.73	48.64
1951—1952	14.41	-5.22	14.33	-5.25	12.24	12.27	1920—1921	80.08	28.05	37.42	52.11	76.28	52.22
1952—1953	19.89	-6.95	19.54	-6.87	17.16	17.08	1921—1922	77.220	34.17	37.33	56.50	74.36	52.03
1953—1954	26.14	-7.92	23.19	-5.58	22.71	20.37	1922—1923	77.11	38.78	41.17	57.76	74.39	55.41
1954—1955	32.71	-9.27	19.93	-0.72	28.8	19.63	1923—1924	77.69	43.94	43.21	62.19	74.72	56.47
1955—1956	38.95	-14.06	21.66	-2.23	34.37	22.54	1924—1925	78.43	44.90	44.25	62.95	75.60	57.55
1956—1957	46.63	-13.63	21.31	4.48	39.55	21.44	1925—1926	76.38	52.82	46.78	67.02	74.15	59.95
1957—1958	49.45	-14.07	22.62	5.45	42.38	22.86	1926—1927	76.61	55.56	48.82	68.09	74.32	61.79
1958—1959	57.93	-15.20	20.34	11.46	48.62	22.01	1927—1928	77.06	59.38	51.80	69.62	74.53	64.29
1959—1960	63.38	-12.53	18.70	18.43	52.1	21.15	1928—1929	77.64	60.06	52.45	70.23	74.97	64.80
1960—1961	67.02	-13.24	20.83	19.01	55.36	23.11	1929—1930	77.16	68.51	57.19	74.24	74.60	68.88
1961—1962	74.42	-16.05	23.19	18.88	61.01	26.08	1930—1931	77.59	72.85	60.50	75.88	75.12	72.09
1962—1963	78.74	-17.64	25.51	18.34	64.79	28.81	1931—1932	77.92	76.75	63.74	77.13	75.48	85.10
1963—1964	79.67	-17.68	28.98	14.66	66.04	33.70	1932—1933	77.43	83.45	67.78	79.76	75.21	78.90
1964—1965	69.6	-8.17	26.38	19.29	60.80	33.34	1933—1934	72.00	98.39	61.85	94.44	71.68	75.63
1965—1966	72.09	-8.93	28.53	18.91	63.68	35.84	1934—1935	77.78	98.72	66.33	95.52	76.19	79.59
1966—1967	76.95	-8.46	25.72	23.60	69.25	37.19	1935—1936	78.77	101.34	67.88	98.18	77.33	80.49
1967—1968	68.38	-1.79	23.41	25.76	64.44	36.89	1936—1937	77.77	104.84	68.75	100.19	77.17	81.83
1968—1969	75.99	-3.57	25.03	27.04	70.25	39.64	1937—1938	71.77	107.84	64.32	101.26	74.07	80.65
1969—1970	78.79	-1.56	26.57	29.85	72.51	41.10	1938—1939	79.66	105.51	68.85	101.87	79.57	83.21
1970—1971	77.98	5.77	23.27	39.17	72.98	39.58	1939—1940	78.42	109.50	69.83	103.85	78.97	84.62
1971—1972	77.08	9.29	25.17	40.48	72.65	41.46	1940—1941	73.53	116.33	67.07	109.20	75.14	82.27
1972—1973	76.86	11.87	27.03	41.25	73.04	43.66	1941—1942	76.99	115.95	68.63	110.63	78.41	83.73
1973—1974	75.80	18.68	27.97	46.23	72.12	44.57	1942—1943	77.53	119.78	72.60	111.49	79.09	87.38
1974—1975	76.87	20.0	29.02	47.85	73.38	45.53	1943—1944	77.89	121.86	72.86	113.97	79.78	87.67

下游河道洪水位继续升高，因而对防洪不利。

综合上述情况，宜选择水库主汛期全过程（包括来水流量大于 2000m³/s）控制低壅水调蓄水量 3 亿 m³ 拦沙和调水调沙运用方案。

7）增加下游非汛期引水量方案。研究比较了增加下游非汛期引水量方案。比较了下游年引水量 100 亿 m³、120 亿 m³ 和 150 亿 m³ 三个方案，经过对设计水平 6 个 50 年系列的水库和下游泥沙计算，结果表明，与下游年引水量 100 亿 m³ 其中非汛期引水 70 亿 m³ 方案相比，增加非汛期引水 20 亿 m³ 和 50 亿 m³，使年引水量增至 120 亿 m³ 和 150 亿 m³，在水库运用 50 年内下游相当不淤年数分别减少 1.2 年及 3.2 年，非汛期增加引水 20 亿 m³ 对下游减淤影响不大，非汛期增加引水 50 亿 m³ 对下游减淤影响较大，但下游最大冲刷量减小，河南河段减少冲刷，山东河段减少淤积，增大了灌溉效益。表 2.10-3 为小浪底水库增加下游非汛期引水量方案的下游减淤效益比较。

表 2.10-3　　小浪底水库增加下游非汛期引水量方案的下游减淤效益比较

计算系列	水库淤积量/亿 t	下游来水来沙		下游引水引沙		利津水沙量		下游全断面减淤效益			下游最大冲刷量/亿 t
		水量/亿 m³	沙量/亿 t	引水量/亿 m³	引沙量/亿 t	水量/亿 m³	沙量/亿 t	淤积量/亿 t	减淤量/亿 t	不淤年数/a	
6 个 50 年系列平均	101.7	322.2	11.0	100	1.33	222.2	7.2	123.4	78.7	19.5	14.4
				120	1.53	202.2	6.9	128.3	73.8	18.3	13.0
				150	1.88	172.2	6.4	136.1	66.0	16.3	11.6

注　下游最大冲刷量为在水库拦沙期下游发生的累计最大冲刷量。

因此，综合考虑，可以增大非汛期引水量 20 亿 m³，使年引水量增至 120 亿 m³。

通过上述 7 个方面的水库不同运用方案，以及水库初期运用起调水位的研究比较，可以说明，设计采用的小浪底水库拦沙和调水调沙运用方案，集中了较优因素，体现了趋利避害综合利用的原则。

2.10.4.2　水库调度运用方式

小浪底水库与三门峡水库联合调度运用。三门峡水库基本上按 1969 年 6 月“晋、陕、鲁、豫”四省治黄会议关于三门峡水库的运用原则运用，汛期运用水位为 305.00m，非汛期运用水位为 315.00m，冰期 1—2 月防凌蓄水位不超过 324.00m。当小浪底水库为下游防凌运用的防凌库容达到 20 亿 m³ 时，三门峡水库投入防凌运用。

小浪底水库初期“拦沙、调水调沙”运用和后期“蓄清排浑、调水调沙”运用，主汛期均进行调水调沙，调节出库流量、含沙量和泥沙级配组成。关于防洪，要求水库在主汛期预留库容 41 亿 m³，同时在 10 月上半月预留库容 25 亿 m³，这两个时期是在防洪限制水位以下进行调水调沙运用。关于防凌，要求水库在 1—2 月预留库容 20 亿 m³ 与三门峡水库联合防凌运用，这个时期在防凌限制水位以下进行调节径流运用。其余时期主要按灌溉调节径流运用。关于发电，主要为日调节的调峰运行。

1. 主汛期以调水为主的调水调沙运用方式

黄河水少沙多和来水来沙组合关系与输沙能力不协调，是造成黄河下游河道严重淤积的根本原因。小浪底水库调水调沙具有重要作用，水库初期“拦沙运用”要通过调水调沙，提高拦沙减淤效益，水库后期“蓄清排浑”运用，要通过调水调沙持续发挥减淤效益。

表 2.10-4 和表 2.10-5 为小浪底水库主汛期设计水平和实测的来水流量和含沙量特征统计情况，从表中看出：①设计来水来沙条件下的大水流量 3000m^3/s 以上出现的概率为 14.8%，大水流量为 2000m^3/s 以上出现的概率为 38.4%，比实测的 3000m^3/s 以上出现的概率为 29.2%、2000m^3/s 以上出现的概率为 54.3% 均有很大的减少，平水流量（2000～800m^3/s）和小水流量（800m^3/s 以下）出现的概率比实测均有显著的增大；②设计来水来沙条件下的水流含沙量增大，高含沙量的等级提高，高含沙量出现的概率增大，日平均含沙量 200kg/m^3 以上出现的概率为 4.9%，含沙量 100～50kg/m^3 出现的概率为 28.9%，而实测的日平均高含沙量的等级相对较低，出现的概率相对较小，小含沙量出现的概率相对较大；③设计来水来沙条件下日平均流量为 2000～2500m^3/s 出现的概率为 15%，而且占日平均流量 2000m^3/s 以上概率的 39%，所占比重大，要发挥 2000～2500m^3/s 流量对下游河道的造床作用；④小浪底水库调水调沙使水沙过程两极分化（泄放大水，避免平水，提高枯水），要从有利于黄河下游的水流造床作用和水流输沙减淤作用来考虑。

表 2.10-4　小浪底水库设计水平（1950—1974 年+1950—1974 年系列）主汛期（7 月 11 日—9 月 30 日）入库日平均流量和含沙量特征表

	流量/(m^3/s)	≥8000	5000～8000	3000～5000	2500～3000	2000～2500	800～2000	400～800	<400	≥3000	≥2500	≥2000	800～2500	≤800	合计
流量特征	出现天数/d	4	134	470	352	614	1672	600	254	608	960	1574	2286	854	4100
	频率/%	0.1	3.3	11.5	8.6	15.0	40.8	14.6	6.2	14.8	23.4	38.4	55.8	20.8	100
	含沙量/(kg/m^3)	≥500	400～500	300～400	200～300	100～200	50～100	10～50	<10	≥400	≥300	≥200	50～200	<50	合计
含沙量特征	出现天数/d	2	12	50	136	667	1185	2036	12	14	64	200	1852	2048	4100
	频率/%	0.05	0.29	1.2	3.3	16.3	28.9	49.6	0.29	0.34	1.6	4.9	45.2	50.0	100

表 2.10-5　小浪底站实测（1955—1959 年+1974—1984 年）主汛期 7—9 月日平均流量和含沙量特征表

	流量/(m^3/s)	>8000	7000～8000	6000～7000	5000～6000	4000～5000	3000～4000	2000～3000	800～2000	400～800	<400	≥3000	≥2000	<800	合计
流量特征	出现天数/d	5	13	15	39	106	252	370	554	95	23	430	800	118	1472
	频率/%	0.3	0.9	1.0	2.6	7.2	17.1	25.1	37.7	6.5	1.6	29.2	54.3	8.0	100
	含沙量级/(kg/m^3)	>500	400～500	300～400	200～300	100～200	50～100	20～50	10～20	<10	≥300	≥200	50～200	<50	合计
含沙量特征	出现天数/d	0	3	6	25	118	325	714	207	74	9	34	443	995	1472
	频率/%		0.2	0.4	1.7	8.0	22.1	48.5	14.1	5	0.6	2.3	30.1	67.6	100

小浪底水库以调水为主的调水调沙运用的原则是：主汛期调蓄 2000m³/s 流量以下的小水，泄放 2000m³/s 以上流量的大水，削减 8000m³/s 以上流量的洪水。即调节黄河复杂多变的自然水沙过程使其两极分化，在来水流量小于 2000m³/s 时，水库进行低壅水蓄水拦沙调节径流，在来水流量大于 2000m³/s 时，水库进行按来水流量下泄的低壅水拦粗沙排细沙运用或敞泄排沙或冲刷排沙运用，当来水流量大于 8000m³/s 时，水库进行滞洪削峰运用。调水调沙运用的目标是：发挥下游河道大水输大沙能力和多泥沙洪水淤滩刷槽的作用，防止与减少清水冲刷塌滩展宽河道和平水与小水淤积及上冲下淤，减少河道冲刷险情，提高河道减淤效益；削减洪水，保障下游河道防洪安全；调节径流，满足下游供水、灌溉要求；保证发电流量，提高发电效益；保护下游河道水质。

主汛期以调水为主进行调水调沙运用，具体按以下方式调度。

（1）提高枯水流量。当来水流量小于 400m³/s 时，水库利用前期蓄水量补水，按 400m³/s 流量下泄，保证发电流量的 400m³/s 来水流量，保持河道基流，保护水质。

（2）泄放小水流量。当来水流量为 400～800m³/s 时，水库按来水流量下泄，满足下游用水要求。

（3）避免平水流量下泄。当来水流量为 800～2000m³/s 时，水库拦蓄，按 800m³/s 流量下泄，避免下游河道平水与小水淤积和上冲下淤的不利情形发生，但要控制蓄水量不大于 3 亿 m³（实际操作可达 4 亿 m³），控制低壅水，提高排沙比，拦粗沙、排细沙；当调蓄水量大于 3 亿 m³ 时，则按 5000m³/s（来水小于 5000m³/s 时）或 8000m³/s 的流量（来水大于 5000m³/s 时）泄水造峰，保留 2 亿 m³ 蓄水量继续调水调沙。

（4）大水流量泄流排沙。考虑到小浪底水库初期拦沙运用下游发生河床冲刷下切，滩槽高差增大，平滩流量将增大至 8000m³/s 或以上，因此下游河槽流量以 8000m³/s 为控制流量。当来水流量为 2000～8000m³/s 时，按来水流量泄流排沙，此时有两种情况：①在水库前期有蓄水体时，则在前期蓄水体内按来水流量泄流排沙，水库低壅水排沙比提高，拦粗沙、排细沙，在来水流量大而蓄水体小时则呈敞泄排沙状态或微有冲刷；②在前期无蓄水体时，则按来水流量进行敞泄排沙或冲刷排沙。

（5）调节对下游河道有不利影响的高含沙洪水。黄河下游河道遇高含沙洪水出现有不利影响的现象，主要表现为：①水位异常。水位增高，并陡涨陡落，变化幅度大。②洪峰异常。增大洪峰流量，洪峰上涨率大，洪水上涨快。③水流集中冲刷增强。水流迅速刷槽淤滩，河槽急剧缩窄，单宽流量增大，流速增大，冲刷深度增大。④河道不稳定性加剧。高含沙洪水时刷槽淤滩，河槽趋向窄深规顺，河势和主流流路发生急剧变化；高含沙洪水后淤槽刷滩，河床又趋宽浅，河势和主流流路又发生新变化。

因此，小浪底水库要调节对下游河道有不利影响的高含沙洪水。

（6）滞蓄洪水。当来水流量大于 8000m³/s 时，水库滞蓄洪水，按 8000m³/s 流量下泄，控制花园口流量不大于 8000m³/s，下游保滩；当花园口流量大于 8000m³/s，且洪水继续上涨时，按下游防洪运用。

2. 调节期的调蓄运用

选定 10 月提前蓄水，10 月至次年 7 月上旬为调节期，蓄水拦沙调节径流运用。但 10 月上半月有后期洪水，要预留防洪库容 25 亿 m³，蓄水位不超过防洪限制水位。调节期除

1—2 月为黄河下游防凌运用外，主要按灌溉调节径流运用。考虑将灌溉水量优化分配在农作物生长期内不同需水阶段，增加灌溉供水量和灌溉面积，并使下游河道沿程有一定的基流，有一定的入海水量，以利河道和河口水环境。调节期调蓄运用下泄不同流量方案，见表 2.10－6。其中方案①灌溉供水量及灌溉面积较小，6 月下泄流量大，在汛前 6 月用较大流量冲刷河槽，对迎接汛期洪水，降低洪水位排洪有利；方案②则适当增大灌溉供水流量，减少 6 月冲刷河槽流量；方案③按农作物的水分生产函数进行最优配水，没有考虑 6 月底留 10 亿 m³ 水量供 7 月上旬补水下游抗旱灌溉应用。方案①、方案②考虑了 6 月底留 10 亿 m³ 水量供 7 月上旬补下游灌溉用，故采用 6 月底留 10 亿 m³ 水量供 7 月上旬应用。在有小浪底水库拦沙和调水调沙对下游减淤的作用下，下游滩槽高差增大，平滩流量增大，并基本上可以较长时期得到保持，所以不需于汛前 6 月下泄较大流量冲刷河槽迎汛，故为了扩大引水灌溉效益，并有利于主汛期 7 月上旬黄河来水小时的调水调沙，以方案 2 较为适宜。由于水库按下游灌溉用水要求泄流，下游沿程引水，流量沿程减小，基本消除上冲下淤的影响问题。

表 2.10－6　小浪底水库调节期月平均进出库流量过程（1919—1974 年 56 年系列）

项目		调节期防凌和灌溉调节									径流量/亿 m³
		10 月	11 月	12 月	1 月	2 月	3 月	4 月	5 月	6 月	10 月至次年 6 月
入库流量/(m³/s)		1220	899	528	538	566	628	452	443	584	153.8
出库流量/(m³/s)	①	400	440	400	400	376	687	693	422	1670	143.6
	②	400	400	400	400	376	800	800	700	1200	143.6
	③	414	1046	484	358	360	1017	600	364	1210	153.8

注　①、②、③为出库流量方案。

按表中流量调节后，水库蓄水量若超过限制水位，则加大泄量，控制不超过限制水位。

2.10.5　水库减淤作用

2.10.5.1　水库运用特性和出库水沙特性

在水库初始运用起调水位 205.00m 蓄水拦沙和调水运用阶段的 2～3 年内，主汛期低水位（205.00～215.00m）蓄水拦沙和调水，要完成水库最大拦沙量的 23%，约淤积 24 亿 t（含非汛期，下同），主汛期异重流排沙，出库水流为细泥沙低含沙量。在水库逐步抬高主汛期水位拦沙和调水调沙运用阶段（12～13 年）内，每年主汛期全部是低壅水拦沙调水调沙，调蓄水量在 0.5 亿～4.0 亿 m³，多数在 1.0 亿～3.0 亿 m³ 之间变化，排沙比为 35%～100%，多数为 55%～85%，拦粗沙排细沙，出库水流含沙量增大，较大流量出库含沙量较大，为 100～200kg/m³，要完成水库最大拦沙量的 77%，约淤积 80 亿 t。在水库逐步形成高滩深槽拦沙和调水调沙运用阶段 12～13 年内，其中有 6～7 年主汛期为低壅水拦沙调水调沙和敞泄排沙与降低水位冲刷排沙相结合进行；有3年主汛期全部是低壅水拦沙调水调沙，调蓄水量在0.40亿～4.0亿m^3，多数在1.0亿～3.0亿m^3之间变化；有3年主汛期大水全部是敞泄排沙和逐步降低水位冲刷排沙，排沙比为100%～200%，主要将大流量冲刷出库的泥沙调至下游利用低漫滩洪水淤积在滩地上和通过主流河槽利用大流量输沙。在水库后期正常运用时期“蓄清排浑、调水调沙”和多年调沙运用，其主汛期调水调沙运用的基本特性和出库水沙特性，大体上与水库初期拦沙和调水调沙运用的第三阶段逐步形成高滩深槽拦沙和调水调沙运用的情形相类似。

表2.10-7和表2.10-8列出了设计水平1950—1974年系列在水库初期拦沙和调水调沙运用时期的第二阶段，水库运用第9年、第10年主汛期全部为低壅水拦沙调水调沙运用的泄流排沙特点。表2.10-9列出了水库初期拦沙和调水调沙运用时期的第三阶段，水库运用第15年、第18年的2个大水年主汛期大水敞泄排沙和降低水位冲刷排沙运用的泄流排沙特点。它们分别反映了上述的小浪底水库主汛期全过程低壅水拦沙调水调沙和大水年主汛期敞泄排沙及冲刷排沙的运用特性和出库水沙特性。

表2.10-10为小浪底水库运用50年（1950—1974年+1950—1974年系列）主汛期7—9月出库各级流量和含沙量出现的频率。可以看出，水库调水后，流量过程发生两极分化。小水流量400～800m^3/s出现的概率为40.2%，大水流量2000～8000m^3/s出现的概率为41.5%，而平水流量800～2000m^3/s出现的概率为13.1%，枯水流量小于400m^3/s出现的概率为5.3%，但流量为300m^3/s左右，能满足最小发电流量和下游河道最小基流的要求。小浪底水库的调水，使3000～6000m^3/s流量出现的概率为17.1%，在水库低壅水拦沙和调水调沙作用下，水流含沙量减小，有利于发挥大水输沙减淤和冲刷减淤作用。2000～3000m^3/s流量出现的概率为23.4%，在水库主汛期低壅水拦沙和调水调沙作用下，该级流量含沙量较小，泥沙颗粒较细，对下游有一定的冲刷作用。800m^3/s以下（含800m^3/s）小水流量出现的概率为45.5%，在水库低壅水拦沙条件下，小流量细泥沙低含沙量水流在下游河道冲刷能力小，800～2000m^3/s平水流量出现的概率为13.1%，在水库低壅水拦沙条件下，细泥沙低含沙量水流，对下游冲刷作用小。所以，在小浪底水库拦沙和调水调沙作用下，解决了流量在2000m^3/s以下的平水和小水对下游河道的淤积问题和清水的上冲下淤问题，发挥了2000m^3/s以上的大水流量对下游河道的输沙减淤作用和改善河床形态作用。

表2.10-11为小浪底水库初期拦沙和调水调沙运用前15年、第16～20年、前20年的出库水沙特性。可以看出，在前15年主汛期，800m^3/s以下流量（含800m^3/s）出现的概率为39.9%，800～2000m^3/s流量出现的概率为12.8%，2000～5000m^3/s流量出现的概率为45.2%，5000m^3/s流量以上出现的概率为2.2%。与上述50年主汛期的情形相近。2000～5000m^3/s大水流量挟带出库的沙量为81.8亿t，占出库总沙量115.25亿t的71%，5000m^3/s以上的洪水流量挟带出库的沙量为24.06亿t，占出库总沙量的20.9%，两项合计，2000m^3/s以上大水流量挟带出库的沙量占出库总沙量的91.9%，发挥了大水输沙作用，而平水和小水挟带出库的沙量为9.39亿t，仅占出库总沙量的8.1%，对下游影响小。在水库主汛期出库沙量中，大量是粒径小于0.025mm的细泥沙，有72亿t，占出库总沙量的62.5%；其次为粒径为0.025～0.05mm的中颗粒泥沙，有27.62亿t，占

表 2.10-7　小浪底水库逐步抬高主汛期水位低壅水拦沙和调水调沙运用第二阶段泄流排沙特点（1950—1974 年系列的 1958 年）

代表系列年年序	日期	ΣV_s /亿 m³	$Q_入$ /(m³/s)	$Q_出$ /(m³/s)	$Q_{s入}$ /(t/s)	$Q_{s出}$ /(t/s)	$S_{入细}$ /(kg/m³)	$S_{入中}$ /(kg/m³)	$S_{入粗}$ /(kg/m³)	$S_{出细}$ /(kg/m³)	$S_{出中}$ /(kg/m³)	$S_{出粗}$ /(kg/m³)	V_w /亿 m³	排沙比 /%	$S_出$ /(kg/m³)
9	1958-7-13	50.43	2144	2144	361.5	127.4	97.6	39.3	31.8	55.3	4.13	0.01	2.287	35.2	59.4
	1958-7-14	50.70	2365	2365	684.9	277.1	177.5	60.2	51.9	113.8	3.35	0.02	2.092	40.5	117.2
	1958-7-15	51.17	3798	3798	1786.6	1082.5	243.5	132.1	94.7	207.3	74.8	2.96	1.755	60.6	285
	1958-7-16	51.42	2929	2929	901.4	519.0	176.7	78.6	52.4	143.9	33.0	0.30	1.572	57.6	177.2
	1958-7-17	51.57	3221	3221	621.7	403.6	112	46.4	34.7	104.4	20.1	0.89	1.468	64.9	125.3
	1958-7-23	52.00	1609	3656	107.7	51.4	42.0	14.1	10.9	13.4	0.64	0	1.973	47.7	14.0
	1958-7-24	52.11	2663	2663	331.0	165.5	73.2	29.3	21.9	55.2	6.89	0.05	1.894	50.0	62.1
	1958-7-25	52.28	2499	2499	497.9	244.8	129.0	39.6	30.6	95.2	2.83	0.01	1.773	49.2	98.0
	1958-7-26	52.58	2324	2324	867.4	424.6	221.3	95.0	56.9	152.3	30.4	0.02	1.561	49.0	182.7
	1958-7-30	53.35	3223	4610	794.4	474.7	149.8	54.9	41.7	92.2	10.5	0.23	1.847	59.8	103
	1958-7-31	53.46	1361	800	195.9	25.5	103.6	25.0	15.3	31.9	0	0	2.251	13.0	31.9
	1958-8-2	53.83	2644	2644	508.8	198.5	116.9	44.6	31.0	69.5	5.57	0	2.515	39.0	75.1
	1958-8-3	54.19	5872	5872	1777.8	1237.2	160.6	83.7	58.5	152.7	54.1	3.92	2.256	69.6	210.7
	1958-8-4	54.34	3692	3692	504.4	286.9	96.3	32.7	7.68	67.0	10.7	0	2.152	56.9	77.7
	1958-8-11	55.05	1931	3483	199.0	97.1	63.9	23.6	15.6	25.4	2.48	0	1.951	48.8	27.9
	1958-8-12	55.18	3921	3921	535.4	343.8	73.4	36.9	26.3	66.0	20.7	0.95	1.860	64.2	87.7
	1958-8-13	55.30	5953	5953	939.7	759.9	100.8	43.8	13.3	93.5	34.0	0.08	1.773	80.9	127.9
	1958-8-14	55.52	5692	5692	1717.2	1390.2	151.5	90.8	59.4	156.1	75.2	13.0	1.617	81.0	242.2

表 2.10-8　小浪底水库逐步抬高主汛期水位低壅水拦沙和调水调沙运用第二阶段泄流排沙特点（1950—1974年系列的1959年）

代表系列年年序	日期	坝上水位/m	$Q_{入}$/(m³/s)	$Q_{出}$/(m³/s)	$Q_{s入}$/(t/s)	$Q_{s出}$/(t/s)	$S_{入细}$/(kg/m³)	$S_{入中}$/(kg/m³)	$S_{入粗}$/(kg/m³)	$S_{出细}$/(kg/m³)	$S_{出中}$/(kg/m³)	$S_{出粗}$/(kg/m³)	V_w/亿m³	排沙比/%	$S_{出}$/(kg/m³)
10	1959-7-11		937	5000	68.8	19.2	51.2	14.4	7.82	3.83	0.02	0	5.083	27.9	3.85
	1959-7-12		954	4523	42.1	20.2	25.5	10.2	8.44	4.03	0.42	0.01	1.990	48.0	4.46
	1959-7-13		1197	800	50.7	7.48	21.8	11.2	9.41	8.25	1.09	0	2.312	14.8	9.34
	1959-7-14		1035	800	43.6	2.36	23.1	10.3	8.77	2.89	0.06	0	2.495	5.4	2.95
	1959-8-4		4886	4886	766.9	496.5	75.9	48.6	32.5	65.7	34.1	1.85	2.267	64.7	101.6
	1959-8-5		4383	4383	1258.5	790.8	156.2	76.4	54.5	138.4	40.5	1.53	2.043	62.8	180.4
	1959-8-6		6070	6070	979.6	766.0	102.8	45.3	13.3	92.0	34.2	0.04	1.941	78.2	126.2
	1959-8-7		5192	5192	1298.7	966.8	130.1	69.4	50.7	130.6	48.9	6.72	1.782	74.4	186.2
	1959-8-19		5927	5927	1008	927.0	109.4	46.3	14.4	112.9	41.6	1.92	1.319	92.0	156.4
	1959-8-20		6609	6609	874.7	847.6	84.9	37.6	9.83	87.3	36.3	4.61	1.306	96.9	128.2
	1959-8-21		6911	6911	1437.5	1421	109.1	61.3	37.6	110.9	60.6	34.1	1.298	98.9	205.6
	1959-8-22		4773	4773	435.9	374.2	55.1	25.1	11.2	56.8	20.8	0.86	1.268	85.8	78.4
	1959-8-29		4841	4841	436.7	401.9	54.9	25.3	10.0	58.1	23.0	1.90	1.090	92.0	83.0
	1959-8-30		4334	4334	489.2	433.5	73.8	29.9	9.2	74.3	25.2	0.50	1.064	88.6	100

表 2.10-9　小浪底水库逐步形成高滩深槽拦沙和调水调沙运用第二阶段大水年主汛期敞泄排沙特点（部分时段）（1950—1974 年系列）

代表系列年年序	日期	ΣV_s /(亿 m³)	$Q_入$ /(m³/s)	$Q_出$ /(m³/s)	$Q_{s入}$ /(t/s)	$Q_{s出}$ /(t/s)	$S_{入细}$ /(kg/m³)	$S_{入中}$ /(kg/m³)	$S_{入粗}$ /(kg/m³)	$S_{出细}$ /(kg/m³)	$S_{出中}$ /(kg/m³)	$S_{出粗}$ /(kg/m³)	V_w /亿 m³	排沙比 /%	$S_出$ /(kg/m³)
15	1964-7-22	76.53	5085	5000	946.6	1487.9	95.6	52.0	38.6	124.0	83.3	90.3	0	157.2	297.6
	1964-7-23	75.84	4664	4749	1276.7	2315.3	142.2	78.1	53.5	187.8	134.3	165.5	0	181.4	487.5
	1964-8-11	74.04	4631	4631	534.7	898.9	72.1	32.0	11.3	78.9	54.6	60.6	0	168.1	194.1
	1964-8-12	73.82	4327	4327	678.9	1013.3	79.7	45.7	31.6	102.0	65.1	67.1	0	149.3	234.1
	1964-8-13	73.51	7330	7330	544.2	1015.2	44.9	24.3	5.14	64.5	35.7	38.3	0	186.5	138.5
	1964-8-14	72.14	7509	7509	1553	3617.9	174.5	32.3	0	358.4	75.2	48.2	0	233.0	481.8
18	1967-8-11	73.29	8490	8000	1408.1	2490.3	95.0	56.4	14.5	132.8	81.9	96.6	0.423	176.9	311.3
	1967-8-12	72.86	5747	5747	1124.8	1781.9	95.8	53.4	46.6	122.5	87.8	99.8	0.423	158.4	310.0
	1967-8-21	72.25	5004	5004	604.6	1029.3	74.7	34.5	11.6	84.1	56.9	64.7	0.423	170.2	205.7
	1967-8-22	71.99	5842	5842	579.3	975.9	56.3	31.3	11.6	70.7	44.9	51.5	0.423	168.5	167.0
	1967-8-23	71.62	5944	5944	743.5	1296.3	74.8	37.1	13.2	85.4	59.1	73.7	0.423	174.4	218.1

表 2.10-10 小浪底水库1950—1974年+1950—1974年系列主汛期（7—9月）出库日平均流量和含沙量特征表

流量/(m³/s)			<400	400～800	800～2000	2000～3000	3000～4000	4000～5000	5000～6000	6000～7000	7000～8000	8000	≥2000	≤800	合计
运用初期	第一阶段	出现天数/d	0	117	29	83	18	11	8	0	0	0	120	117	266
		频率/%		44	10.9	31.2	6.8	4.1	3.0				45.1	44.0	100
	第二阶段	出现天数/d	2	428	88	264	83	31	24	8	1	1	412	430	930
		频率/%	0.2	46	9.5	28.4	8.9	3.3	2.6	0.9	0.1	0.1	44.3	46.2	100
	第三阶段	出现天数/d	14	136	32	71	61	27	9	2	3	0	173	150	355
		频率/%	3.9	38.3	9.0	20	17.2	7.6	2.5	0.6	0.9		48.7	42.3	100
运用后期		出现天数/d	228	1167	452	659	272	138	104	22	4	3	1202	1395	3049
		频率/%	7.5	38.3	14.8	21.6	8.9	4.5	3.4	0.7	0.1	0.1	39.4	45.8	100
合计		出现天数/d	244	1848	601	1077	434	207	145	32	8	1907	2092	4600	
		频率/%	5.3	40.2	13.1	23.4	9.4	4.5	3.2	0.7	0.2	0.1	41.5	45.5	100
含沙量/(kg/m³)			<10	10～20	20～50	50～100	100～200	200～400	400～600	≥600	<20	<100	<200	≥200	合计
运用初期	第一阶段	出现天数/d	216	44	5	1	0				260	266			266
		频率/%	81.2	16.5	1.9	0.4					97.7	100			100
	第二阶段	出现天数/d	418	185	209	75	35	8	0		603	887	922	8	930
		频率/%	44.9	19.9	22.5	8.1	3.8	0.9			64.8	95.4	99.1	0.9	100
	第三阶段	出现天数/d	135	30	57	77	35	14	3	4	165	299	334	21	355
		频率/%	38	8.5	16.1	21.7	9.9	3.9	0.8	1.1	46.5	84.2	94.1	5.9	100
运用后期		出现天数/d	496	396	901	714	370	129	28	15	892	2507	2877	172	3049
		频率/%	16.3	13.0	29.6	23.4	12.1	4.2	0.9	0.5	29.3	82.2	94.4	5.6	100
合计		出现天数/d	1265	655	1172	867	440	151	31	19	1920	3959	4399	201	4600
		频率/%	27.5	14.2	25.5	18.8	9.6	3.3	0.7	0.4	41.7	86.1	95.6	4.4	100

表 2.10-11　小浪底水库初期拦沙和调水调沙运用前 20 年出库水沙特征统计表（1950—1974 年系列）

时段	前 15 年					第 16～20 年					前 20 年				
	7—9 月				10—6 月	7—9 月				10—6 月	7—9 月				10 月至次年 6 月
流量/(m^3/s)	≤800	800～2000	2000～5000	>5000		≤800	800～2000	2000～5000	>5000		≤800	800～2000	2000～5000	>5000	
天数/d	550	176	624	30	4095	182	58	190	30	1365	732	234	814	60	5460
输水量 W/亿 m^3	344.67	184.97	1593.2	158.46	2573.1	99.35	59.73	536.2	147.2	100.8	444.0	244.7	2129.4	305.7	3574
输沙量 W_s/亿 t	4.04	5.35	81.8	24.06	0.87	1.93	2.8	35.49	25.37	0.32	5.96	8.15	117.3	49.44	1.19
流量 $\overline{Q}$/(m^3/s)	725	1216	2955	6113	727	632	1192	3266	5679	849	702	1210	3028	5896	758
含沙量 $\overline{s}$/(kg/m^3)	11.7	28.9	51.3	151.9	0.34	19.4	46.8	66.2	172.4	0.32	13.4	33.3	55.1	161.7	0.33
细沙量 $W_{s细}$/亿 t	3.64	3.08	50.34	14.94	0.66	1.76	1.54	21.17	11.23	0.29	5.41	4.63	71.51	26.17	0.95
中沙量 $W_{s中}$/亿 t	0.27	1.30	19.69	6.36	0.07	0.10	0.71	8.88	6.9	0.03	0.37	2.01	28.56	13.26	0.09
粗沙量 $W_{s粗}$/亿 t	0.12	0.97	11.75	2.76	0.14	0.06	0.54	5.45	7.25	0.01	0.18	1.51	17.2	10.01	0.15
细沙含沙量 $\overline{s}_{细}$/(kg/m^3)	10.6	16.7	31.6	94.3	0.26	17.8	25.9	39.5	76.3	0.29	12.2	18.9	33.6	85.6	0.26
中沙含沙量 $\overline{s}_{中}$/(kg/m^3)	0.78	7.01	12.4	40.1	0.03	1.04	11.9	16.6	46.9	0.03	0.84	8.2	13.4	43.4	0.03
粗沙含沙量 $\overline{s}_{粗}$/(kg/m^3)	0.35	5.25	7.37	17.4	0.05	0.61	9.08	10.2	49.3	0.01	0.41	6.2	8.08	32.8	0.04

出库总沙量的24%；再次为粒径大于0.05mm的粗沙，有15.6亿t，占出库总沙量的13.5%。出库各分级流量的平均流量和平均含沙量及分组泥沙含沙量都显示平水和小水的含沙量小、大水含沙量大，但都是细泥沙含量为主，其次为中颗粒泥沙含量，而粗泥沙含量小。由此可见，水库发挥了拦粗沙排细沙和大水输沙的作用。

在水库运用第16～20年，主汛期出库分级流量的平均流量与前15年相近，但平均含沙量有较明显增大，中等颗粒泥沙含沙量和粗泥沙含沙量所占比重增加，但仍然是细泥的沙含沙量为主，仍然显示水库拦粗沙排细沙和大水输沙的作用。尤其要指出，由于水库控制主汛期低壅水调蓄水量3亿m^3拦沙和调水调沙，往往是大水流量时水库低壅水的蓄水体小，水库排沙比大、出库含沙量大，避免大流量时水库蓄水体大，水库排沙比小，出库含沙量小的“清水”水流在下游冲刷塌滩展宽河道及加剧工程冲刷险情的情形发生。

水库初期拦沙和调水调沙运用的3个阶段和后期“蓄清排浑、调水调沙”运用，出库各级日平均含沙量出现的概率在表2.10-10中显示出：水库初期运用第一阶段出库日平均含沙量绝大多数小于10kg/m^3，其次为10～20kg/m^3，20kg/m^3以上稀少；水库初期运用第二阶段出库及日平均含沙量大多数小于20kg/m^3，其次为20～100kg/m^3，100kg/m^3以上出现的概率为4.7%；水库初期运用第三阶段出库日平均含沙量显著增大，小于20kg/m^3含沙量出现的概率为46.5%，20～100kg/m^3出现的概率为37.8%，100～200kg/m^3出现的概率为31.6%，200kg/m^3以上出现的概率为5.8%。在水库后期运用，出库及日平均含沙量小于20kg/m^3出现的概率为41.7%，20～100kg/m^3出现的概率为44.8%，100～200kg/m^3出现的概率为28.4%，200kg/m^3以上出现的概率为4.4%。所以，小浪底水库的初期运用的主要拦沙期（第一、二阶段）主汛期出库日平均含沙量绝大多数在100kg/m^3以下，主要在50kg/m^3以下，在下游河道获得巨大的减淤效益，下游河道的连续冲刷发生在这一时期，要达到最大冲刷量。

小浪底水库调节期蓄水拦沙调节径流运用。由表2.10-11看出，基本上为1000m^3/s以下小流量清水下泄，为下游灌溉进行调节径流运用，下游河道有一定的冲刷，但流量小且沿程引水，水流冲刷强度有较大的减弱，上冲下淤影响有较大的减弱甚至消除。

2.10.5.2 水库拦沙和调水调沙运用方案泥沙冲淤计算

1. 小浪底水库拦沙和调水调沙运用方案的减淤效益

用2000年设计水平，1950—1974年翻番代表系列水沙，对水库初期起调水位205.00m逐步抬高主汛期水位拦沙和调水调沙，水库后期分不同死水位调水调沙运用方案，进行库区及下游河道泥沙冲淤计算，并对三门峡水库的现状方案进行计算，得出小浪底水库运用对下游河道的减淤效益。

由表2.10-12可以看出，三门峡水库现状方案，下游50年淤积189.57亿t，多年平均淤积3.79亿t，其中艾山以下河道淤积22.75亿t，年平均淤积0.455亿t。小浪底水库运用后，对下游河道有很大的减淤作用。小浪底水库初期起调水位205.00m逐步抬高主汛期水位拦沙和调水调沙运用，水库后期运用不同死水位分别为230.00m、220.00m及205.00m方案，在水库淤积量基本相同的条件下，50年下游淤积量有一定的差别，死水位230.00m方案下游淤积105.02亿t，减淤84.55亿t；死水位220.00m方案下游淤积102.6亿t，减淤86.97亿t；死水位205.00m方案下游淤积97.49亿t，减淤92.08亿t。

表 2.10-12　　小浪底水库运用 50 年黄河下游河道减淤效益比较表（全断面）
（设计水平 1950—1974 年+1950—1974 年系列）　　单位：亿 t

方案	小浪底库区淤积量	下游河道淤积量						下游全断面减淤量	
		铁谢—花园口	花园口—高村	高村—艾山	艾山—利津	铁谢—艾山	铁谢—利津	铁谢—利津	艾山—利津
三门峡水库现状		15.52	91.16	60.14	22.75	166.82	189.57		
小浪底水库逐步抬高（后期死水位 230.00m）	101.2	7.88	50.41	34.66	12.07	92.95	105.02	84.55	10.68
小浪底水库逐步抬高（后期死水位 220.00m）	101.47	7.18	49.04	34.37	12.00	90.60	102.60	86.97	10.75
小浪底水库逐步抬高（后期死水位 205.00m）	100.6	6.34	46.31	33.25	11.59	85.90	97.49	92.08	11.16

艾山以下河道的淤积量分别为 12.07 亿 t、12.0 亿 t 及 11.59 亿 t，各减淤 10.68 亿 t、10.75 亿 t 及 11.46 亿 t，稍有差别。这相当于下游全断面不淤年数，分别为 22.1 年、22.9 年和 24.3 年，最大相差 2.2 年。说明在水库后期正常运用，死水位降低，调水调沙库容增大，对下游河道的减淤作用会有增大，但减淤效益差别较小，而从发电效益讲，水库后期运用死水位 230.00m 与 220.00m 和 205.00m 相比则差别较大。故小浪底水库后期运用采用正常死水位 230.00m，非常死水位 220.00m（不考虑降低至 205.00m）。

2. *水库减淤效益敏感性检验*

对设计选定的水库运用方案，即初期起调水位 205.00m 逐步抬高主汛期（7—9 月）水位拦沙和调水调沙运用，后期正常死水位 230.00m“蓄清排浑、调水调沙”运用，选用以不同丰水、平水、枯水段在前的 6 个 50 年不同水沙系列计算水库和下游河道的泥沙冲淤，进行下游减淤效益的敏感性检验，并以 6 个 50 年系列计算的平均值作为采用结果。

6 个 50 年系列计算下游冲淤量的结果见表 2.10-13 和图 2.10-5～图 2.10-10。表 2.10-14 列出其中 4 个 50 年系列的前 22 年水库主要拦沙时期及下游主要减淤时期的逐年过程，可以反映不同水沙系列水库及下游河道冲淤过程和冲淤量变化特点。

表 2.10-13　　小浪底水库不同水沙系列库区及黄河下游河道淤积计算成果表（全断面）

2000 年设计水平代表系列年	小浪底水库淤积量/亿 t	下游河道淤积量/亿 t				下游全断面减淤量/亿 t		拦沙减淤比	下游全断面不淤年数/a	水库拦沙期下游河槽冲刷	
		无小浪底	多年平均	有小浪底	多年平均	全下游	艾山—利津			冲刷量/亿 t	历时/a
1919—1968 年	101	198	3.96	123.1	2.46	74.9	9.0	1.35	18.9	3.9	2
1933—1974 年+1919—1926 年	103.4	193.3	3.87	121.2	2.42	72.1	8.7	1.43	18.6	16.9	11
1941—1974 年+1919—1934 年	104.3	208.4	4.17	128.7	2.57	79.7	9.6	1.31	19.1	18.5	12
1950—1974 年+1919—1943 年	101.3	201.6	3.97	121.9	2.44	79.7	9.2	1.32	19.3	19.6	14
1950—1974 年+1950—1974 年	99.9	189.6	3.79	105	2.10	84.6	10.2	1.18	22.3	19.6	14
1958 年+1977 年+1960—1974 年+1919—1951 年	100.3	221.7	4.43	140.6	2.81	81.1	9.7	1.24	18.3	15.0	11
平均	101.7	202.1	4.03	123.4	2.47	78.7	9.4	1.29	19.4	15.6	11

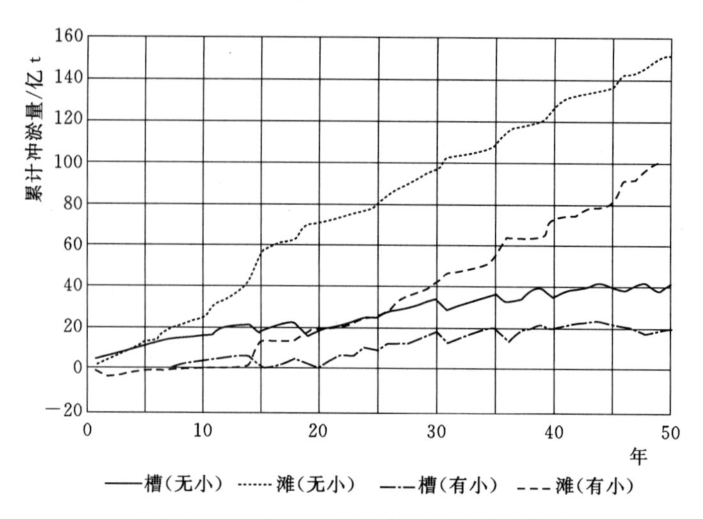

图 2.10-5 1919—1974 年系列下游冲淤量

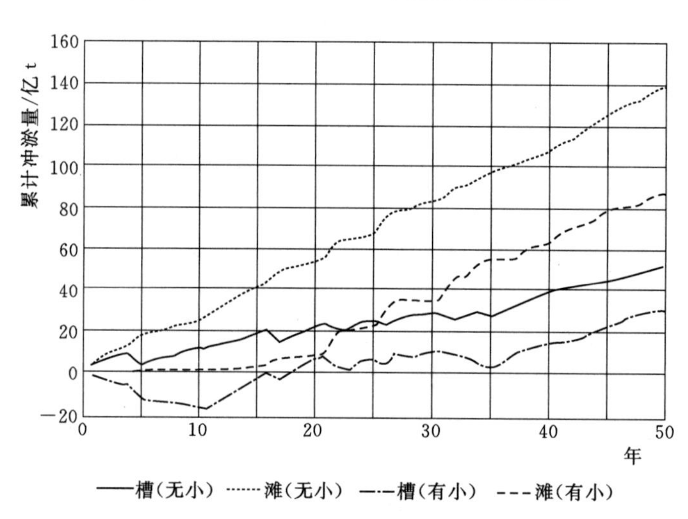

图 2.10-6 1933—1974 年+1919—1926 年系列下游冲淤量

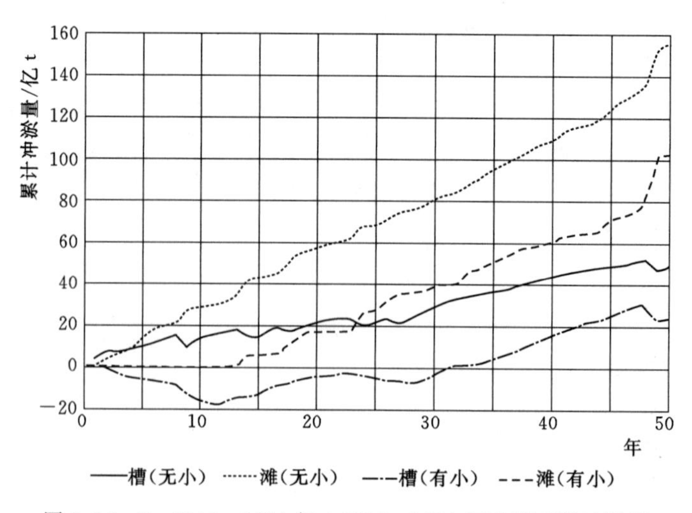

图 2.10-7 1941—1974 年+1919—1934 年系列下游冲淤量

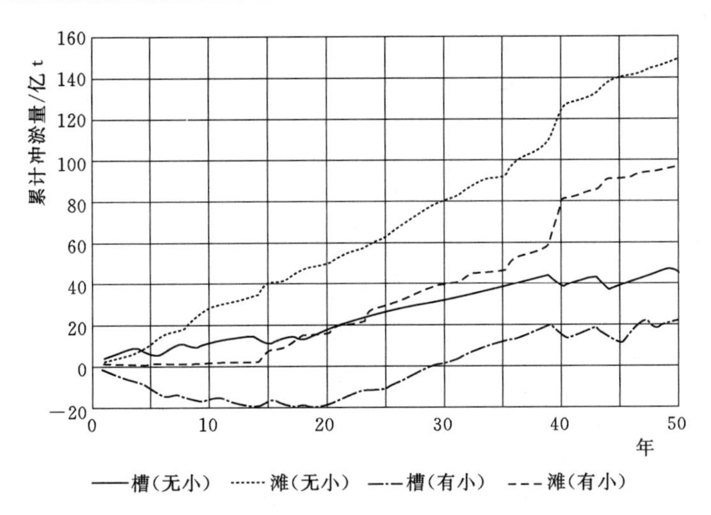

图 2.10-8 1950—1974 年+1919—1943 年系列下游冲淤量

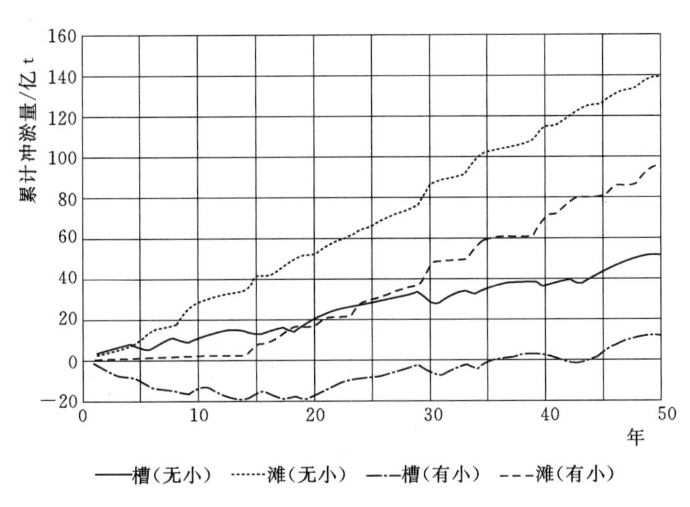

图 2.10-9 1950—1974 年+1950—1974 年系列下游冲淤量

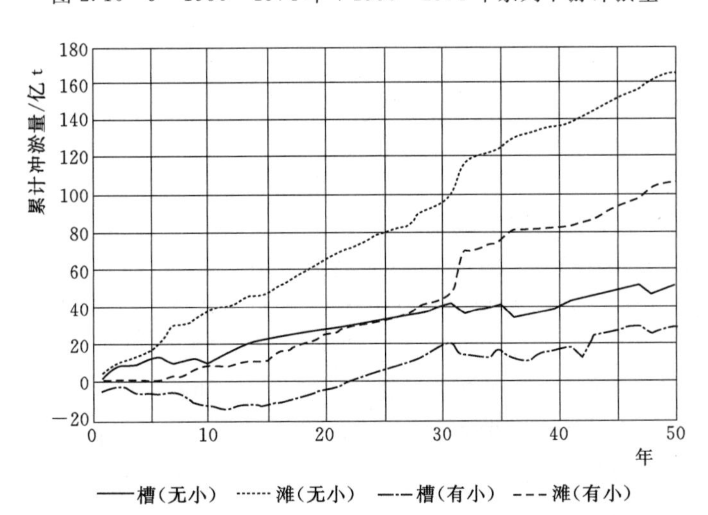

图 2.10-10 1958 年+1977 年+1960—1974 年+1919—1951 年系列下游冲淤量

由表2.10-13看出，对于不同水沙系列，小浪底水库运用50年的黄河下游总减淤量在72.1亿～84.6亿t变化，黄河下游全断面相当不淤年数在18.3～22.3年变化，相对稳定。6个50年系列平均，小浪底水库可使下游全断面减淤78.2亿t，拦沙减淤比为1.30，全断面相当不淤年数为20年。经过不同水沙系列的敏感性检验，可以看出小浪底水库运用对黄河下游河道的减淤效益是可靠的。

按6个50年系列平均计算，小浪底水库运用的前20年，水库拦沙约100亿t，下游河道（利津以上）减淤约69亿t，进入河口段的沙量减少31亿t，对延缓河口的淤积延伸有很大作用，对山东河段减淤有利。后30年库区为动态平衡，由于调水调沙，下游河道继续减淤9.2亿t，年平均减淤0.31亿t，需要在水库后期运用时根据实际情况进一步优化运用方式，提高减淤效益。

由表2.10-14看出，不同水沙系列的水库和下游河道的冲淤过程及冲淤量不同。例如，在水库运用前14年，1919年开头的系列，由于枯水段在前，水库淤积减缓，淤积63.72亿m^3（82.83亿t）。下游发生的冲刷量小，全断面最大冲刷3.87亿t，冲刷历时短，为2～3年，减淤量减小，减淤55.2亿t；而1950年开头的系列，由于丰水丰沙段在前，使水库淤积加快，淤积79.79亿m^3（103.57亿t），下游冲刷加快，冲刷量大，全断面最大冲刷17.68亿t，冲刷历时长，连续冲刷14年，减淤量增大，减淤66.04亿t。所以，水库拦沙运用下，下泄水量的大小和丰水段枯水段的长短，对黄河下游冲刷量的大小和冲刷历时的长短以及减淤量的大小有重大影响，若来水量小，水库拦沙只使下游不淤积，而下游冲刷量小。

2.10.5.3 小浪底水库对下游减淤效益论证分析

1. 水库拦沙和调水调沙运用对下游河道冲淤过程和减淤部位的影响

水库拦沙和调水调沙运用对下游河道冲淤过程和减淤部位的影响按6个50年代表系列计算，结果见表2.10-15和表2.10-16。

水库及下游河道的冲淤过程具有以下特点：

（1）对于枯水段不在前的5个系列，水库初期运用13～15年连续拦沙淤积100.35亿～103.57亿t，下游河槽冲刷10.03亿～19.57亿t，减淤25.94亿～34.91亿t，滩地淤积1.72亿～10.96亿t，减淤32.16亿～37.59亿t，全断面冲刷1.71亿～17.68亿t，减淤32.16亿～37.59亿t。河槽减淤量占总减淤量的40.8%～51.0%，滩地减淤量占总减淤量的59.2%～49%。

对于枯水段在前的1919年开头的系列，水库初期运用连续17年拦沙淤积101.28亿t，在前3年来水较大，下游河道河槽最大冲刷3.87亿t，在3年后枯水段来水量小，水库拦沙只在下游河道减淤，在17年内河槽微冲微淤变化。17年河槽淤积2.84亿t，减淤19.11亿t，滩地淤积14.55亿t，减淤48.01亿t，全断面淤积17.39亿t，减淤67.12亿t，河槽减淤量占总减淤量的28.5%，滩地减淤量占总减淤量的71.5%。这是水库拦沙期遇枯水段在前来水量小所造成的特点，所以水库拦沙在下游的减淤和冲刷，与水量大小不同而异。

（2）6个水沙系列，水库初期拦沙运用18～34年，下游河道河槽淤积量为−5.23亿～+1.78亿t，河槽减淤18.51亿～36.3亿t。按6个水沙系列平均，水库初期拦沙运用26年，水库拦沙淤积101.9亿t，下游河道河槽冲刷0.38亿t，不淤积抬高。

表 2.10 - 14　小浪底水库不同水沙系列库区和黄河下游河道冲淤过程及冲淤量变化特点（全断面）

代表系列	年序	年份（水文年）	水库淤积/亿 m³	下游水量/亿 m³	下游沙量/亿 t	利津沙量/亿 t	下游累计淤积量/亿 t	下游累计减淤量/亿 t	代表系列	年序	年份（水文年）	水库淤积/亿 m³	下游水量/亿 m³	下游沙量/亿 t	利津沙量/亿 t	下游累计淤积量/亿 t	下游累计减淤量/亿 t
1919—1969 年	1	1919—1920	10.29	280.67	1.12	2.11	−1.67	7.55	1933—1975 年+1919—1927 年	1	1933—1934	16.72	308.92	3.98	4.64	−1.43	10.79
	2	1920—1921	18.14	297.64	1.16	2.54	−3.87	14.14		2	1934—1935	24.64	266.81	1.26	2.55	−3.56	17.78
	3	1921—1922	23.84	364.68	9.07	7.56	−3.46	17.96		3	1935—1936	30.65	375.41	5.88	6.22	−5.03	23.01
	4	1922—1923	28.06	199.99	3.01	1.28	−2.62	21.78		4	1936—1937	34.43	259.92	2.65	2.59	−5.68	27.00
	5	1923—1924	32.73	205.15	4.61	2.11	−1.08	25.75		5	1937—1938	36.95	562.89	17.49	19.88	−9.67	30.62
	6	1924—1925	34.27	165.03	1.30	0.39	−0.78	27.30		6	1938—1939	45.89	445.74	4.69	6.09	−12.20	36.23
	7	1925—1926	39.55	218.96	4.80	2.72	0.36	32.64		7	1939—1940	50.25	270.00	3.44	3.03	−12.41	39.80
	8	1926—1927	41.62	172.82	2.50	0.61	1.42	34.49		8	1940—1941	57.61	457.84	13.02	12.12	−13.02	43.31
	9	1927—1928	44.64	179.73	3.35	0.89	2.89	37.02		9	1941—1942	61.42	225.15	1.26	1.06	−13.48	46.64
	10	1928—1929	45.28	136.17	1.47	0.30	3.50	37.54		10	1942—1943	66.86	227.30	2.22	1.50	−13.54	51.20
	11	1929—1930	51.05	165.02	5.36	1.81	6.10	43.04		11	1943—1944	73.44	410.98	6.75	7.43	−15.43	55.83
	12	1930—1931	54.38	152.60	3.15	0.68	7.72	46.27		12	1944—1945	77.42	301.10	9.48	4.70	−11.94	58.56
	13	1931—1932	57.68	149.50	2.45	0.65	8.86	49.40		13	1945—1946	78.95	351.98	13.52	8.16	−8.31	60.09
	14	1932—1933	63.72	179.27	2.30	0.87	9.49	55.20		14	1946—1947	75.85	384.14	19.87	11.57	−2.28	58.17
	15	1933—1934	69.40	297.67	19.76	12.16	15.65	60.27		15	1947—1948	77.93	328.77	11.36	6.94	0.68	60.36
	16	1934—1935	75.31	264.15	3.88	2.68	15.65	65.10		16	1948—1949	77.07	281.73	10.34	4.71	4.94	59.90
	17	1935—1936	77.91	376.78	10.31	7.21	17.39	67.11		17	1949—1950	79.59	508.08	13.78	12.78	3.89	61.99
	18	1936—1937	77.10	262.21	8.61	4.18	20.75	67.10		18	1950—1951	79.79	295.67	9.78	4.09	8.12	61.99
	19	1937—1938	71.54	564.64	27.99	23.90	22.73	64.98		19	1951—1952	78.57	359.61	11.41	6.41	11.67	61.45
	20	1938—1939	80.40	445.80	4.80	6.02	20.41	70.47		20	1952—1953	77.53	290.83	9.76	5.00	15.13	61.08
	21	1939—1940	79.17	273.00	10.71	5.59	24.44	69.82		21	1953—1954	77.37	274.23	11.46	5.30	19.79	61.06
	22	1940—1941	74.06	461.39	29.22	19.67	31.53	65.70		22	1954—1955	75.37	432.60	23.57	16.68	24.93	60.40
	30	1948—1949	76.77	281.43	9.53	4.37	62.32	69.57		30	1962—1963	77.74	340.64	8.92	5.07	47.00	66.34
	50	1968—1969	77.71	448.48	12.02	8.39	123.14	74.84		50	1926—1927	79.55	173.08	2.99	0.71	121.20	72.07

续表

代表系列	年序	年份（水文年）	水库淤积/亿 m³	下游水量/亿 m³	下游沙量/亿 t	利津沙量/亿 t	下游累计淤积量/亿 t	下游累计减淤量/亿 t	代表系列	年序	年份（水文年）	水库淤积/亿 m³	下游水量/亿 m³	下游沙量/亿 t	利津沙量/亿 t	下游累计淤积量/亿 t	下游累计减淤量/亿 t
1941—1975年+1919—1935年	1	1941—1942	4.83	226.40	0.59	0.87	−0.93	4.01	1950—1975年+1950—1975年	1	1950—1951	7.73	294.34	0.80	2.36	−2.37	6.46
	2	1942—1943	11.59	229.19	0.73	1.02	−1.90	9.60		2	1951—1952	14.41	338.13	1.15	3.19	−5.22	12.24
	3	1943—1944	20.71	415.57	3.46	5.94	−5.42	15.73		3	1952—1953	19.89	289.34	1.30	2.37	−6.95	17.16
	4	1944—1945	28.77	298.87	4.17	3.60	−5.84	22.29		4	1953—1954	26.14	273.96	3.12	3.19	−7.92	22.71
	5	1945—1946	35.66	349.47	6.56	6.31	−6.70	28.25		5	1954—1955	32.71	429.50	12.42	12.57	−9.27	28.18
	6	1946—1947	43.21	379.65	6.02	6.18	−8.07	33.72		6	1955—1956	38.95	435.05	4.09	7.74	−14.05	34.36
	7	1947—1948	49.46	326.73	5.95	5.19	−8.40	39.19		7	1956—1957	46.63	326.57	6.09	4.78	−13.63	39.55
	8	1948—1949	54.77	278.26	2.30	2.39	−9.26	43.84		8	1957—1958	49.45	209.67	1.74	1.57	−14.07	42.38
	9	1949—1950	62.58	505.36	7.05	10.63	14.27	49.91		9	1958—1959	57.93	481.58	14.56	14.08	−15.20	48.67
	10	1950—1951	68.93	292.05	1.77	2.59	−15.91	55.78		10	1959—1960	63.38	323.85	12.88	9.21	−12.53	52.11
	11	1951—1952	73.63	336.75	3.60	4.28	−17.52	60.41		11	1960—1961	67.02	228.98	1.43	1.38	−13.24	55.36
	12	1952—1953	77.58	288.12	3.27	2.91	−17.94	63.92		12	1961—1962	74.41	437.53	5.28	6.79	−16.05	61.01
	13	1953—1954	77.57	274.18	11.27	5.72	−13.84	64.46		13	1962—1963	78.24	338.08	2.79	3.38	−17.64	64.79
	14	1954—1955	77.82	432.22	20.64	15.70	−10.55	65.67		14	1963—1964	79.67	452.01	10.48	8.76	−17.68	66.04
	15	1955—1956	77.32	438.20	12.85	9.87	−9.19	65.69		15	1964—1965	71.00	640.64	42.51	29.92	−8.17	60.80
	16	1956—1957	77.75	330.02	15.52	8.70	−4.02	66.11		16	1965—1966	72.09	219.25	1.04	1.23	−8.93	63.68
	17	1957—1958	77.17	211.49	6.15	2.75	−1.60	66.01		17	1966—1967	76.95	433.61	18.18	15.75	−8.46	69.25
	18	1958—1959	76.70	484.52	26.19	18.73	3.65	65.88		18	1967—1968	71.00	625.48	36.48	27.28	−1.79	64.44
	19	1959—1960	71.86	326.78	26.26	15.97	12.19	63.57		19	1968—1969	75.99	446.59	6.02	6.58	−3.57	70.25
	20	1960—1961	74.68	229.57	2.49	1.65	12.10	66.19		20	1969—1970	78.79	244.04	5.62	2.62	−1.56	72.51
	21	1961—1962	78.31	439.14	10.17	8.41	12.33	68.77		21	1970—1971	77.98	288.99	19.17	10.05	5.77	72.98
	22	1962—1963	77.92	340.64	8.92	5.21	14.51	68.65		22	1971—1972	77.08	245.85	8.78	3.84	9.29	72.65
	30	1970—1971	77.67	288.77	19.12	9.84	37.28	75.07		30	1954—1955	75.83	432.30	9.92	3.34	38.97	75.10
	50	1934—1935	80.26	264.41	4.34	2.56	128.68	79.67		50	1974—1975	76.85	205.60	14.82	10.92	105.02	84.55

表 2.10-15 小浪底水库初期运用不同系列年下游减淤计算成果表

下游冲淤特点	水库运用特点	项目			系列年						
					1919—1968 年	1933—1974 年+1919—1926 年	1941—1974 年+1919—1934 年	1950—1974 年+1919—1943 年	1950—1974 年+1950—1974 年	1958 年+1977 年+1960—1974 年+1919—1951 年	平均
下游河槽连续冲刷	水库连续拦沙淤积	水库	初期运用年数/a		17	13	14	14	14	15	15
			累计淤积量/亿 t		101.28	102.63	101.17	103.57	103.57	100.35	102.10
		下游	河槽	淤积量/亿 t	2.84	−10.03	−15.54	−19.57	−19.57	−12.67	−12.42
				减淤量/亿 t	19.11	25.94	29.32	33.43	33.43	34.91	29.36
				占总减淤量/%	28.5	40.8	44.6	51.0	51.0	48.3	44.1
			滩地	淤积量/亿 t	14.55	1.72	4.99	1.89	1.89	10.96	6.0
				减淤量/亿 t	48.01	37.59	36.35	32.16	32.16	37.33	37.27
				占总减淤量/%	71.5	59.2	55.4	49.0	49.0	51.7	55.9
			最大槽冲量/亿 t		−3.9	−16.9	−18.5	−19.6	−19.6	−15.0	−15.6
			水库运用年数/a		2	11	12	14	14	11	11
			总淤积量/亿 t		17.39	−8.31	−10.55	−17.68	−17.68	−1.71	−6.42
			总减淤量/亿 t		67.12	63.53	65.67	65.59	65.59	72.24	66.62
下游河槽回淤至接近平衡	水库拦沙大水年冲刷排沙	水库	初期运用年数/a		20	18	31	29	34	22	26
			累计淤积量/亿 t		104.52	103.73	99.76	100.24	103.73	99.15	101.86
		下游	河槽	淤积量/亿 t	0.28	0.42	0.43	0.06	−5.23	1.78	−0.38
				减淤量/亿 t	18.51	18.74	31.96	33.13	36.30	29.40	28.01
				占总减淤量/%	26.3	30.2	42.9	44.5	45.8	40.7	38.8
			滩地	淤积量/亿 t	20.13	7.70	40.69	38.72	54.89	30.08	31.92
				减淤量/亿 t	51.96	43.25	42.57	41.36	43.0	42.92	44.18
				占总减淤量/%	73.7	69.8	57.1	55.5	54.2	59.3	61.2
			总减淤量/亿 t		70.47	61.99	74.53	74.49	79.31	72.32	72.19

注 表中符号"—"为冲刷。

表 2.10-16 小浪底水库运用50年不同系列年下游减淤计算成果表

下游冲淤特点	水库运用特点	项目		系列年						
				1919—1968年	1933—1976年+1919—1926年	1941—1974年+1919—1934年	1950—1974年+1919—1943年	1950—1974年+1950—1974年	1958年+1977年+1960—1974年+1919—1951年	平均
下游河槽先冲后淤	水库先拦沙；后调沙，冲淤相对平衡	水库	运用年数/a	50	50	50	50	50	50	50
			淤积量/亿t	101.02	103.41	104.34	101.26	99.90	100.26	101.7
		下游	槽淤积量/亿t	20.66	32.42	25.32	23.79	10.95	31.90	24.17
			减淤量/亿t	23.65	21.18	26.10	24.96	39.89	22.19	26.33
			占总减淤量/%	31.6	29.4	32.8	31.3	47.2	27.4	
			滩淤积量/亿t	102.48	88.78	103.37	98.07	94.07	108.67	99.24
			减淤量/亿t	51.18	50.89	53.56	54.82	44.66	58.89	52.33
			占总减淤量/%	68.4	70.6	67.2	68.7	52.8	72.6	
			总淤积量/亿t	123.14	121.20	128.69	121.86	105.02	140.57	123.41
			总减淤量/亿t	74.83	72.07	79.66	79.78	84.55	81.08	78.66
			河槽不淤年数/a	26.7	19.8	25.4	25.6	39.2	20.5	26.2
			全断面不淤年数/a	18.9	18.6	19.1	19.3	22.3	18.3	19.5

（3）关于下游滩地，6个水沙系列，在水库拦沙运用13～17年，由于河槽冲刷，滩槽高差增大，使平滩流量变大，水流漫滩机遇减少，滩地仅淤积1.72亿～14.55亿t，滩地减淤32.16亿～48.01亿t。水库初期拦沙运用18～34年，滩地淤积7.7亿～54.89亿t，滩地减淤41.36亿～51.96亿t。

（4）6个水沙系列，小浪底水库运用50年，水库淤积99.90亿～104.34亿t，下游河槽淤积10.95亿～32.42亿t，减淤21.18亿～39.89亿t；滩地淤积88.78亿～108.67亿t，减淤44.66亿～58.89亿t；全断面淤积105.02亿～140.57亿t，减淤72.07亿～84.55亿t。河槽减淤量占总减淤量的27.4%～47.2%，滩地减淤量占总减淤量的72.6%～52.8%。

（5）6个水沙系列，水库运用50年，下游全断面相当不淤年数为18.3～22.3年，平均为20年；河槽不淤积年数为19.8～39.2年，平均为26年。

（6）按6个50年系列平均，水库初期拦沙运用15年，拦沙减淤比为1.53，拦沙运用26年，拦沙减淤比1.41，水库运用50年，拦沙减淤比为1.29。

三门峡水库自1960年11月—1964年10月蓄水拦沙和滞洪排沙运用，虽来水量大，大水流量多，来水条件有利，然而水库高水位蓄水拦沙和滞洪蓄水拦沙，水库排沙比小，拦沙减淤比为1.62。小浪底水库来水量减少，大水流量减少，来水条件不利，但采取逐步抬高主汛期水位控制低壅水调蓄水量3亿m^3的拦沙和调水调沙运用方式，提高水库排沙比，减少不利的来水条件的影响，拦沙减淤效率要比三门峡水库好，这是合理的。小浪底水库1950—1974年+1950—1974年系列较其他系列来水量大，水库运用50年，拦沙减淤比为1.18，比其他系列拦沙减淤比小，主要因其来水量较大，大水流量较多所致。

2. 小浪底水库初期拦沙运用下游河道最大冲刷时的河槽和滩地冲淤变化

表2.10-17为6个50年系列小浪底水库初期拦沙运用下游河道最大冲刷时的河槽和滩地冲淤变化情况。

表2.10-17　小浪底水库初期运用下游最大冲刷时河槽和滩地冲淤变化

项目		1919—1968年	1933—1974年+1919—1926年	1941—1974年+1919—1934年	1950—1974年+1919—1943年	1950—1974年+1950—1974年	1958年+1977年+1960—1974年+1919—1951年	6个50年系列平均	
								铁谢—利津	铁谢—高村
水库运用年数/a		2	11	12	14	14	11	11	11
水库拦沙量/亿t		23.58	95.47	100.85	103.57	103.57	80.0	84.51	84.51
水库年平均排沙比/%		6.5	37.8	30.1	41.5	41.5	55.5	35.5	35.5
下游年平均来水量/亿m^3		289.2	346.4	327.2	347.0	347.0	416.4	345.5	345.5
下游年平均来沙量/亿t		1.14	5.69	3.79	5.58	5.58	8.70	5.08	5.08
下游年平均含沙量/(kg/m^3)		3.94	16.4	11.6	16.1	16.1	20.9	14.7	14.7
铁谢—利津	全断面总冲刷量/亿t	3.87	15.43	17.94	17.68	17.68	6.10	13.12	10.30
	河槽冲刷量/亿t	3.87	16.86	18.45	19.57	19.57	14.96	2.43	1.36
	滩地淤积量/亿t	0	1.43	0.51	1.89	1.89	8.86		

续表

项目		1919—1968 年	1933—1974 年+1919—1926 年	1941—1974 年+1919—1934 年	1950—1974 年+1919—1943 年	1950—1974 年+1950—1974 年	1958 年+1977 年+1960—1974 年+1919—1951 年	6 个 50 年系列平均	
								铁谢—利津	铁谢—高村
铁谢—花园口	全断面总冲刷量/亿 t	1.24	5.306	5.867	6.135	6.135	4.205		
	河槽冲刷量/亿 t	1.24	5.40	5.90	6.26	6.26	4.79		
	滩地淤积量/亿 t	0	0.094	0.033	0.125	0.125	0.585		

6 个 50 年系列中，以 1950—1974 年系列在水库运用 14 年，下游河槽冲刷 19.57 亿 t 为最大，其中花园口以上河槽冲刷 6.26 亿 t，而滩地淤积很少。从安全角度出发，以该系列的下游河槽最大冲刷考虑对下游河道冲刷险情的影响。

下游河道最大冲刷时各河段的河床形态特征见表 2.10-18。由表 2.10-18 可见，下游河道河槽最大冲刷量为 19.57 亿 t 时，其中，铁谢—花园口河段河槽冲刷量为 6.26 亿 t，花园口—高村河段河槽冲刷量为 8.42 亿 t，高村—艾山河段河槽冲刷量为 3.93 亿 t，艾山—利津河段河槽冲刷量为 0.96 亿 t。河槽平均冲刷深度沿程变小：铁谢为 1.96m，花园口为 1.50m，夹河滩为 1.45m，高村为 1.52m，孙口为 1.16m，艾山为 0.76m，洛口为 0.54m，利津为 0.10m。滩地冲刷坍塌面积 243km^2，其中：铁谢—花园口河段占 25.1%，花园口—高村河段占 50.2%，高村—艾山河段占 21.4%，艾山—利津河段占 3.3%。

表 2.10-18　小浪底水库拦沙期下游河道最大冲刷时河床形态特征

项目	河段									
	铁谢—花园口	花园口—夹河滩	夹河滩—高村	高村—孙口	孙口—艾山	艾山—洛口	洛口—利津	铁谢—利津	铁谢—高村	高村—艾山
河段长度/km	103	100	71	125	65	103	167	734	274	190
总冲刷量（包括塌滩）/亿 t	6.26	5.09	3.33	2.94	0.99	0.59	0.37	19.57	14.68	3.93
占下游比例/%	32	26	17	15	5	3	2	100	75.0	20.0
河槽冲刷量（不包括塌滩）/亿 t	5.32	3.92	2.56	2.29	0.78	0.50	0.31	15.68	11.80	3.07
占总冲刷量比例/%	85	77	77	78	78	85	85	80.1	80.4	78.1
滩地冲刷量（塌滩）/亿 t	0.94	1.17	0.77	0.65	0.21	0.09	0.06	3.89	2.88	0.86
占总冲刷量比例/%	15	20	23	22	20	15	10	19.9	19.6	21.9
河道宽度/m	6720	8340	8338	5264	5261	2582	2581	5198	7730	5263
河槽宽度（展宽前）/m	1920	1660	1662	744	738	485	479	1026	1758	742
滩地宽度（塌滩前）/m	4800	6680	6676	4520	4523	2097	2102	4172	5972	4521
河道面积/亿 m^2	6.92	8.34	5.92	6.58	3.42	2.66	4.31	38.15		
河槽面积（展宽前）/亿 m^2	1.98	1.66	1.18	0.93	0.48	0.50	0.80	7.53		
滩地面积（塌滩前）/亿 m^2	4.94	6.68	4.74	5.65	2.94	2.16	3.51	30.62		
滩地冲刷厚度/m	1.10	1.10	1.20	1.20	1.20	1.30	1.30	1.14		

续表

项目	河段									
	铁谢—花园口	花园口—夹河滩	夹河滩—高村	高村—孙口	孙口—艾山	艾山—洛口	洛口—利津	铁谢—利津	铁谢—高村	高村—艾山
滩地冲刷宽度/m	593	760	648	312	200	49	18	331		
滩地冲刷面积（塌滩）/亿 m^2	0.61	0.76	0.46	0.39	0.13	0.05	0.03	2.43		
河槽展宽宽度/m	593	760	648	312	200	49	18	331		
展宽后河槽宽度/m	2513	2420	2310	1056	938	534	497	1357		
展宽后河槽面积/m^2	2.59	2.42	1.64	1.32	0.61	0.55	0.83	9.96		
展宽后河槽平均冲刷深度①/m	1.73	1.50	1.45	1.59	1.16	0.76	0.32	1.40		
水文站断面	铁谢	花园口	夹河滩	高村	孙口	艾山	洛口	利津		
水文站断面河槽平均冲刷深度/m	1.96	1.50	1.45	1.52	1.16	0.76	0.54	0.10		

① 展宽后河槽平均冲刷深度系按总冲刷量除以展宽后河槽面积求得，淤积土干容重采用 1.4t/m^3。

3. 小浪底水库拦沙运用与三门峡水库拦沙运用下游冲刷对比分析

三门峡水库拦沙少而下游河槽冲刷多，小浪底水库拦沙多而下游河槽冲刷少。其原因有两个：①三门峡水库高水位蓄水拦沙和滞洪拦沙运用水库排沙比小，进入下游泥沙少；小浪底水库控制主汛期低壅水拦沙和调水调沙运用，水库排沙比大，有较多泥沙进入下游河道。②三门峡水库初期拦沙 4 年，下游来水量大，来沙量相对小，水流含沙量低，泥沙颗粒细，下游停灌不引水；小浪底水库拦沙时，下游来水量小，来沙量相对较大，水流含沙量较大，下游引水多。三门峡水库初期拦沙运用的 4 年，1960 年 11 月—1964 年 10 月，下游年平均来水量为 572.3 亿 m^3，多年平均来沙量为 5.926 亿 t，多年平均含沙量为 10.4kg/m^3；小浪底水库初期拦沙运用 14 年，下游多年平均来水量为 347 亿 m^3，多年平均来沙量为 5.58 亿 t，多年平均含沙量为 16.1kg/m^3。加之下游沿程引水，使沿程冲刷水量进一步减少，所以小浪底水库初期拦沙运用 14 年，拦沙运用年数虽长，拦沙量虽多，而下游河槽冲刷量较少，主要是河槽减淤效益增大，相当不淤年数增多。

表 2.10-19 为三门峡水库 1960 年 10 月—1964 年 10 月拦沙下泄“清水”下游河床冲刷及水位下降情况。三门峡水库冲刷下游河道，冲刷量为 23.12 亿 t，其中：铁谢—花园口河段冲刷量为 7.56 亿 t，占 32.7%，花园口—高村河段冲刷量为 9.26 亿 t，占 40.1%，高村—艾山河段冲刷量为 5.02 亿 t，占 21.7%，艾山—利津河段冲刷量为 1.28 亿 t，占 5.5%；铁谢—利津河段冲刷坍塌滩地面积为 329.1km^2，其中：铁谢—花园口河段占 25.1%，花园口—高村河段占 59.6%，高村—艾山河段占 14.9%，艾山—利津河段占 0.4%。小浪底水库冲刷下游河槽冲刷量为 19.57 亿 t，其中：铁谢—花园口河段占 32%，花园口—高村河段占 43%，高村—艾山占 20.1%，艾山—利津河段占 4.9%。与三门峡水库初期 4 年拦沙运用冲刷下游河道相比，冲刷量减小 15.4%，各河段冲刷量占下游总冲刷量的百分比两者相近；滩地冲刷坍塌面积减小 26.2%，各河段冲刷塌滩面积占下游总冲刷塌滩面积的百分比，高村以上河段比重有所减小，高村以下河段比重有所增大。

表 2.10-19　三门峡水库 1960 年 10 月—1964 年 10 月拦沙下泄“清水”下游冲刷及水位下降特征表

项　目	铁谢—花园口	花园口—高村		高村—艾山		艾山—利津		铁谢—利津
滩地冲刷坍塌面积/亿 m^2	0.83	1.96		0.49		0.01		3.29
站　名	铁谢	裴峪	官庄峪	花园口	高村	艾山	利津	
$3000m^3/s$ 流量水位下降值/m	−2.81	−2.16	−2.07	−1.30	−1.33	−0.75	+0.01	

在三门峡水库初期 4 年拦沙冲刷下游河道最大时期，下游水位下降值沿程变小。以 $3000m^3/s$ 同流量水位计，铁谢下降 2.81m，官庄峪下降 2.07m，花园口下降 1.30m，高村下降 1.33m，艾山下降 0.75m，利津上升 0.01m。小浪底水库拦沙冲刷下游河道最大时期，下游河槽平均冲刷深度为：铁谢 1.96m，花园口 1.50m，夹河滩 1.45m，高村 1.52m，孙口 1.16m，艾山 0.76m，洛口 0.54m，利津 0.10m。由于三门峡水库现状“蓄清排浑”运用，每年非汛期下泄清水，在铁谢—伊洛河口河段河床发生一定的冲刷，淤积发展受到一定的抑制，故在此基础上小浪底水库拦沙对铁谢—伊洛河口河段的冲刷亦相应减小，铁谢—官庄峪河段水位下降要小于三门峡水库初期 4 年拦沙运用时的水位下降值，$3000m^3/s$ 同流量水位下降 1.96～1.63m；但在郑州铁桥—孙口河段，主要由于河道整治工程比 20 世纪 60 年代加强，故在小浪底水库拦沙冲刷下游河槽时期，郑州铁桥—孙口河段的水位下降要较大于三门峡水库初期 4 年拦沙运用时的水位下降值，$3000m^3/s$ 同流量水位约下降 1.50～1.16m。在艾山—洛口河段水位下降也明显，$3000m^3/s$ 同流量水位下降 0.76～0.54m，洛口—利津河段则水位下降值减少，$3000m^3/s$ 同流量水位下降 0.32～0.1m。

水库拦沙冲刷下游河道，河床局部冲深和河床最低点都有所下降。图 2.10-11、图 2.10-12 分别为下游河道白坡—辛寨河段河底平均高程和全下游河床最低高程的纵剖面变化情况，可以看出，河床最低点纵剖面亦具有普遍下降的特点，与平均河底高程下降的纵剖面形态相类似，而且河床最大冲深点的断面可以在黄河下游河道相当长距离的任何地方出现，水流的顶冲冲刷和弯曲水流环流集中冲刷，在任何地方都可能出现。据三门峡水库初期 4 年拦沙下泄“清水”时期下游的资料，在铁谢—高村长 280km 的河段，沿程河床最低点下降 6～9m 的地方比较多，最大下降 10m、10.2m 的有两处，郑州新铁桥河床最低点下降 6.7m。估计小浪底水库初期拦沙运用由于来水量小而来沙量较大，黄河下游可能出现的河床最低点的最大下降值不会超过三门峡水库初期 4 年拦沙下泄“清水”冲刷时期出现的河床最低点最大下降 10m 的数值。

4. 小浪底水库拦沙和调水调沙运用下游各河段减淤效益分析

经过 6 个 50 年系列的计算，在小浪底水库运用条件下黄河下游各河段全断面减淤量和减淤厚度见表 2.10-20，其有以下特点：

(1) 花园口以上河段减淤量和平均减淤厚度小，原因是三门峡水库现状的“蓄清排浑”运用，非汛期下泄“清水”冲刷，在花园口以上河段有相当程度的抑制淤积的作用，所以小浪底水库运用后该河段减淤量和减淤厚度相应要小。

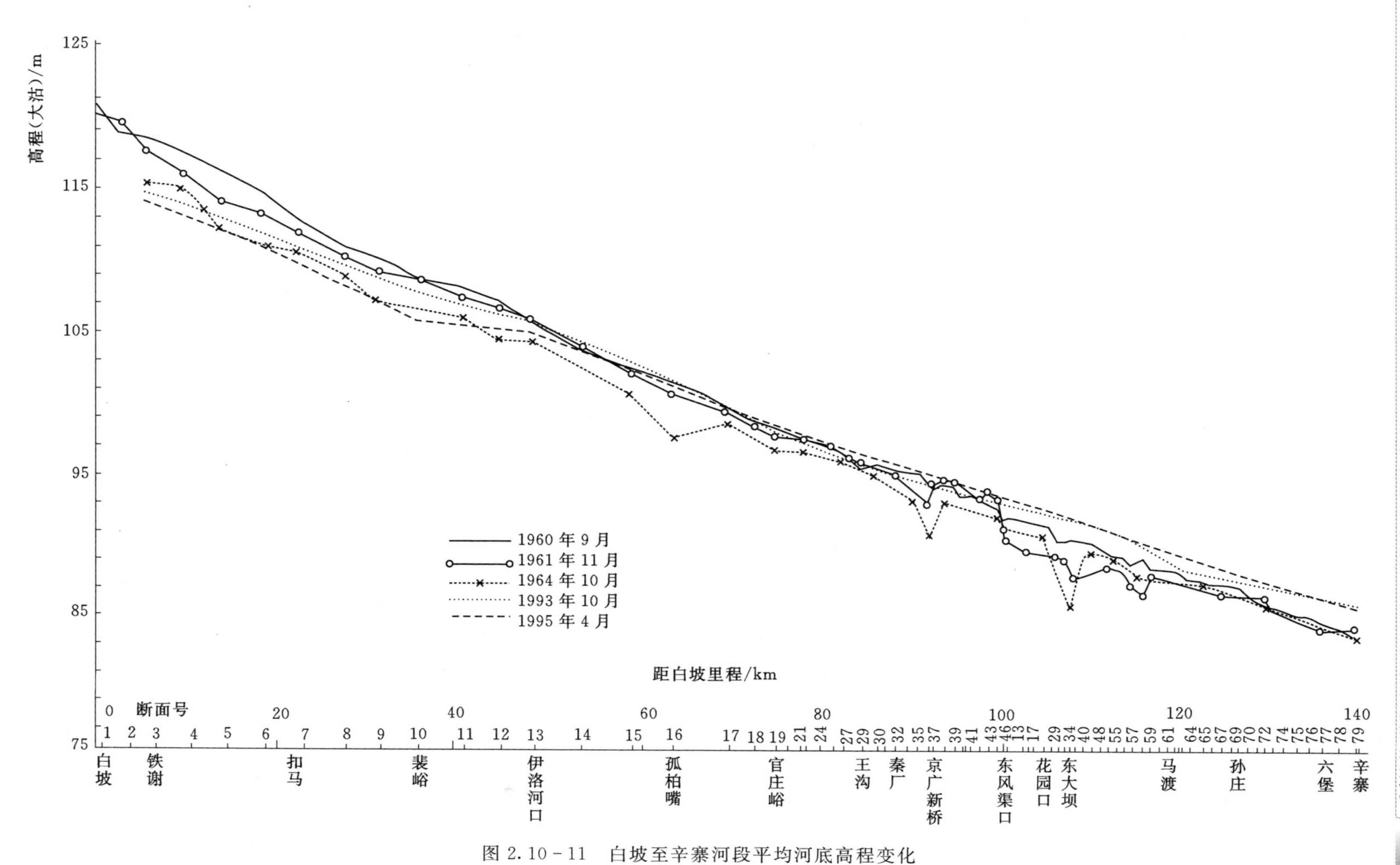

图 2.10－11 白坡至辛寨河段平均河底高程变化

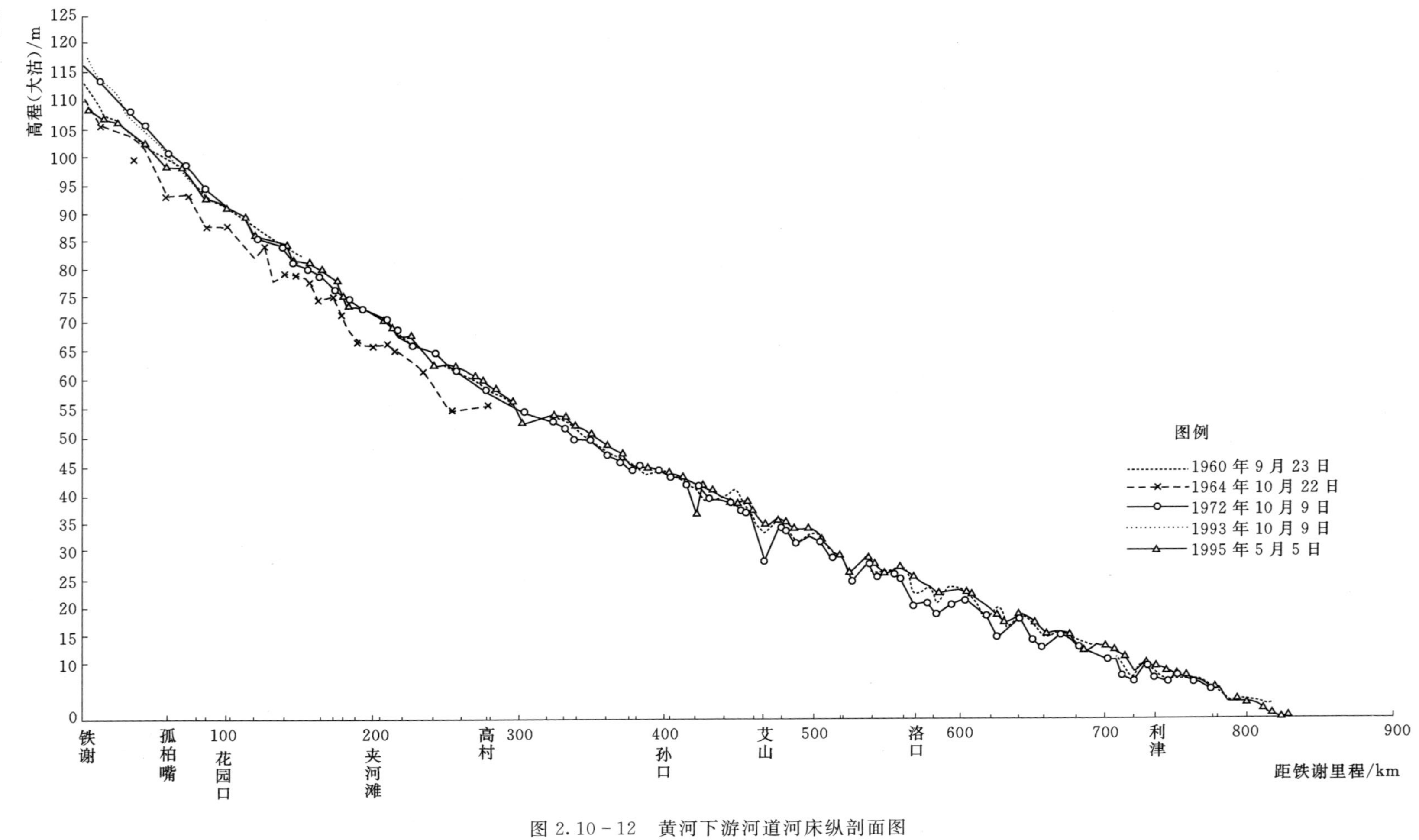

图 2.10－12 黄河下游河道河床纵剖面图

表 2.10-20　　小浪底水库 6 个 50 年代表系列下游减淤效益表

2000 年设计水平代表系列年	减淤量/亿 t					减淤厚度/m			
	铁谢—花园口	花园口—高村	高村—艾山	艾山—利津	铁谢—利津	铁谢—花园口	花园口—高村	高村—艾山	艾山—利津
1919—1968 年	2.99	38.16	24.69	8.99	74.83	0.31	1.91	1.76	0.92
1933—1974 年+1919—1926 年	2.89	36.74	23.78	8.66	72.07	0.30	1.84	1.70	0.89
1941—1974 年+1919—1934 年	3.19	40.61	26.29	9.57	79.66	0.33	2.03	1.88	0.98
1950—1974 年+1950—1974 年	3.39	43.11	27.90	10.15	84.55	0.35	2.16	1.99	1.04
1950—1974 年+1919—1943 年	3.19	40.68	26.34	9.57	79.78	0.33	2.04	1.88	0.98
1958 年+1977 年+1960—1975 年+1919—1952 年	3.24	41.36	26.75	9.73	81.08	0.33	2.07	1.91	1.00

（2）减淤量和减淤厚度最大的为花园口—高村河段，其次为高村—艾山河段。这是因为在黄河来水量减少、大水流量减少的条件下，在三门峡水库现状“蓄清排浑”运用抑制花园口以上河段淤积的作用下，泥沙推进至花园口高村河段便成为淤积的重点。小浪底水库拦沙和调水调沙运用后，花园口—高村河段便成为减淤量和减淤厚度最大的河段。由于花园口—高村河段的减淤量和减淤厚度最大，位于下游的高村—艾山河段便成为减淤量和减淤厚度次大的河段。

（3）小浪底水库运用对艾山—利津河段的减淤效益是很显著的，该河段减淤量约占下游河道总减淤量的 12%。由于小浪底水库是通过逐步抬高主汛期水位控制低壅水调蓄水量 3 亿 m^3 拦沙和调水调沙运用，使下游河道获得巨大减淤效益。黄河下游河道作为一个整体，在三门峡水库现状运用条件下淤积能够在艾山—利津河段发生，而且在历史上整个黄河下游河道包括艾山以下河段普遍淤积抬高，那么在小浪底水库拦沙和调水调沙运用的作用下，整个黄河下游河道包括艾山以下河段也会发生普遍减淤，艾山以下河段与艾山以上河段基本上同步减淤，有较长时期的微冲微淤，相对稳定。

（4）下游减淤效益主要集中在水库拦沙运用前 20 年。表 2.10-21 为小浪底水库运用 6 个 50 年系列平均下游减淤效益，它代表不同水沙系列的平均情况。表 2.10-20 中不同系列的减淤效益变化，是大同小异的，变化幅度不大。因此，可以用 6 个 50 年水沙系列平均情况来反映减淤效益。

表 2.10-21　　小浪底水库运用 6 个 50 年系列平均下游减淤效益表

方　案		淤积量/亿 t					淤积厚度/m			
		铁谢—花园口	花园口—高村	高村—艾山	艾山—利津	铁谢—利津	铁谢—花园口	花园口—高村	高村—艾山	艾山—利津
无小浪底水库	20 年	3.20	40.91	26.47	9.63	80.21	0.33	2.04	1.89	0.99
	50 年	8.09	103.15	66.72	24.22	202.18	0.83	5.16	4.76	2.48
有小浪底水库	20 年	0.45	5.72	3.71	1.35	11.23	0.04	0.28	0.26	0.14
	50 年	4.93	62.94	40.73	14.81	123.41	0.51	3.15	2.91	1.52
减淤效益	20 年	2.75	35.19	22.76	8.28	68.98	0.29	1.76	1.63	0.85
	50 年	3.16	40.21	25.99	9.41	78.77	0.32	2.01	1.85	0.96

注　小浪底水库于 2000 年开始正式运用。

表 2.10-21 中列出小浪底水库运用 20 年和 50 年的下游减淤效益，说明在水库拦沙运用前 20 年下游各河段减淤量和减淤效益最大，后 30 年虽然继续减淤，但年减淤量和年减淤厚度有所降低。

2.10.5.4 小浪底水库拦沙和调水调沙运用下游沿程洪水位和平滩流量变化

下游河道洪水位的变化，按接近满槽流量 5000m³/s 的水位和设防流量的水位两级来分析。

表 2.10-22 为黄河下游 5000m³/s 流量的洪水位在无小浪底水库和有小浪底水库条件下的沿程水位变化。小浪底水库运用后，在前 20 年比无小浪底水库水位下降 1.31～1.69m，高村—艾山河段下降较多，高村以上河段和艾山以下河段水位下降相近；在后 30 年，比无小浪底水库同流量水位继续下降，但下降幅度减小。

表 2.10-22　　黄河下游流量 5000m³/s 水位预测（大沽高程）

站名	流量/(m³/s)	2000 年水位/m	无小浪底水库		有小浪底水库		有小浪底比无小浪底水位降低值/m		有小浪底比 2000 年水位升高值/m	
			2020 年水位/m	2050 年水位/m	2020 年水位/m	2050 年水位/m	2020 年	2050 年	2020 年	2050 年
花园口	5000	94.68	96.19	98.61	94.88	97.08	1.31	1.53	0.20	2.4
夹河滩	5000	76.22	77.73	80.15	76.42	78.62	1.31	1.53	0.20	2.4
高村	5000	64.35	66.08	68.85	64.58	67.09	1.50	1.76	0.23	2.74
孙口	5000	50.04	51.99	55.10	50.30	53.13	1.69	1.97	0.26	3.09
艾山	5000	43.40	45.16	47.96	43.63	46.19	1.53	1.77	0.23	2.79
洛口	5000	32.58	34.15	36.64	32.79	35.07	1.36	1.57	0.21	2.49
利津	5000	15.45	17.02	19.51	15.66	17.94	1.36	1.57	0.21	2.49

注　2000 年为破生产堤方案，2020 年、2050 年为废生产堤方案。

表 2.10-23 及图 2.10-13 为黄河下游设防流量的水位变化。小浪底水库运用后，在前 20 年比无小浪底水库同流量水位沿程降低，花园口—高村河段下降 1.72～1.66m，高村—孙口河段下降 1.66～1.59m，孙口—艾山河段下降 1.59～1.22m，艾山—利津河段下降 1.22～0.83m。在后 30 年，比无小浪底水库同流量水位继续下降，但下降幅度减小。按小浪底水库运用 50 年计，比无小浪底水库同设防流量水位下降：花园口—高村河段下降 2.0～1.96m，高村—孙口河段下降 1.96～1.84m，孙口—艾山河段下降 1.84～1.40m，艾山—利津河段下降 1.40～0.95m。设防流量洪水位的下降，可以减少黄河下游大堤加高的次数和工程量，在黄河下游减淤的同时产生巨大的防洪经济效益。

从小浪底水库运用产生的作用讲，在水库运用 20 年（2020 年）时，下游流量 5000m³/s 的水位比 2000 年升高 0.20～0.26m，以孙口升高较多；在水库运用 50 年（2050 年）时，下游流量 5000m³/s 的水位比 2000 年升高 2.40～3.09m，亦是孙口升高较多。对于下游设防流量水位，水库运用 20 年（2020 年）的水位比 2000 年水位的升高值是：花园口—高村河段为 0.26～0.25m，高村—孙口河段为 0.25～0.24m，孙口—艾山河段为 0.24～0.18m，艾山—利津河段为 0.18～0.13m；水库运用 50 年（2050 年）

表 2.10-23　　小浪底水库运用下游设防流量水位变化计算

项　目		花园口	柳园口	夹河滩	石头庄	高村	苏泗庄	邢庙	孙口	南桥	艾山	官庄	洛口	刘家园	道旭	利津
至河口距离/km		768	695	662	616	579	547	501	449	397	386	339	278	237	139	104
设防流量/(m^3/s)		22000	21700	21500	21200	20000	19400	18200	17500	11000	11000	11000	11000	11000	11000	11000
1991 年水位/m		95.60	83.23	76.44	70.06	65.03	61.55	56.65	51.39	45.61	45.09	40.42	34.80	30.65	20.24	16.64
2000 年水位/m		96.25	84.21	77.62	71.29	66.38	62.95	58.11	52.56	47.22	46.33	41.62	35.96	31.72	21.13	17.43
无小浪底水库时水位/m	2020 年	98.23	86.19	79.60	73.27	68.29	64.78	59.94	54.39	48.70	47.73	42.83	36.92	32.68	22.09	18.39
	比 2000 年升高	1.98	1.98	1.98	1.98	1.91	1.83	1.83	1.83	1.48	1.40	1.21	0.96	0.96	0.96	0.96
	2050 年	101.40	89.36	82.77	76.44	71.33	67.70	62.86	57.31	51.03	49.94	44.73	38.43	34.19	23.60	19.90
	比 2000 年升高	5.15	5.15	5.15	5.15	4.95	4.75	4.75	4.75	3.81	3.61	3.11	2.47	2.47	2.47	2.47
有小浪底水库时水位/m	2020 年	96.51	84.47	77.88	71.55	66.63	63.19	58.35	52.80	47.41	46.51	41.78	36.09	31.85	21.26	17.56
	比 2000 年升高	0.26	0.26	0.26	0.26	0.25	0.24	0.24	0.24	0.19	0.18	0.16	0.13	0.13	0.13	0.13
	2050 年	99.40	87.36	80.77	74.44	69.41	65.86	61.02	55.47	49.55	48.54	43.53	37.48	33.24	22.65	18.95
	比 2000 年升高	3.15	3.15	3.15	3.15	3.03	2.91	2.91	2.91	2.33	2.21	1.91	1.52	1.52	1.52	1.52
	2020 年比无小浪底降低值	1.72	1.72	1.72	1.72	1.66	1.59	1.59	1.59	1.29	1.22	1.05	0.83	0.83	0.83	0.83
	2050 年比无小浪底降低值	2.00	2.00	2.00	2.00	1.92	1.84	1.84	1.84	1.48	1.40	1.20	0.95	0.95	0.95	0.95

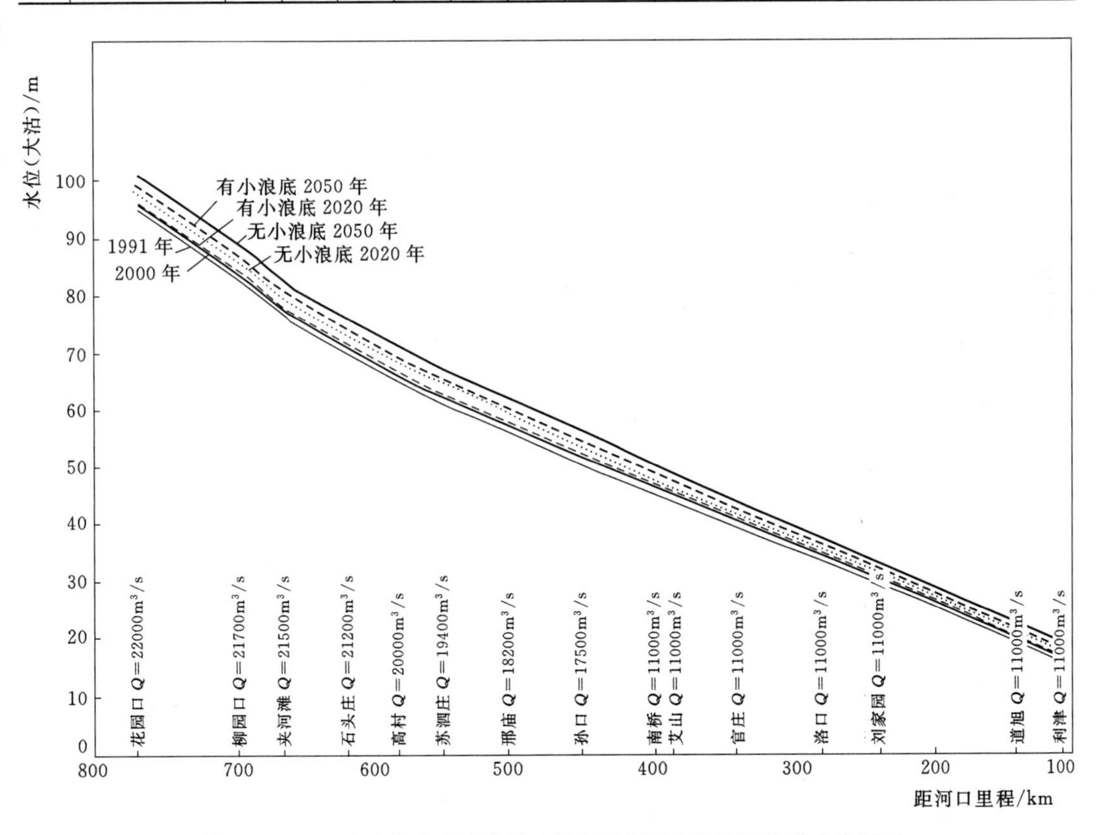

图 2.10-13　有小浪底水库和无小浪底水库黄河下游设防洪水位预测

的水位比 2000 年水位的升高值是：花园口—高村河段为 3.15～3.03m，高村—孙口河段为 3.03～2.91m，孙口—艾山河段为 2.91～2.21m，艾山—利津河段为 2.21～1.52m。由此可见，小浪底水库拦沙和调水调沙运用，在水库运用前 20 年下游河槽不淤积，滩地大量减淤，在水库运用后 30 年，下游河槽继续淤积抬高，滩地亦继续淤高，淤积量的大部分为滩地淤积，河槽淤积量相对为小。小浪底水库运用后，在艾山—利津河段的水位升高值比艾山以上河段相对讲是小的，小浪底水库运用对艾山—利津河段的减淤作用是明显的。

在小浪底水库初期拦沙和调水调沙运用开始至连续拦沙达到最大淤积量的过程中，下游河道艾山以上河段连续冲刷，水位下降，滩槽高差增大，平滩流量增大；艾山以下河段连续微冲微淤，偏于冲刷，水位也有下降，平滩流量也有增大。因此估计黄河下游河道平滩流量在水库运用 15 年左右将增大到 8000m^3/s，加之水库控制下泄流量不大于 8000m^3/s，这都对下游保滩有利。

2.10.5.5 小浪底水库运用对山东河段的减淤作用分析

1. 小浪底水库运用对艾山—利津河段的减淤作用

6 个 50 年水沙系列的泥沙冲淤计算表明，小浪底水库拦沙和调水调沙运用在艾山以上和艾山以下河段的减淤基本上是同步的，只在减淤数量和表现方式上有差异。在艾山以上河段，一般为河槽先连续冲刷后连续回淤，而在艾山以下河段，一般为河槽微冲微淤。小浪底水库逐步抬高主汛期水位控制低壅水 3 亿 m^3 拦粗沙，排细沙，拦沙 100 亿 t，并调水调沙使水沙两极分化，拦蓄来水小于 2000m^3/s 的水沙，按 800～400m^3/s 流量下泄细泥沙低含沙量的水流，避免 800～2000m^3/s 平水下泄，可免除下游平水上冲下淤，泄放 2000m^3/s 以上流量在下游河道河槽内输沙减淤和相机利用有较高含沙量的低漫滩洪水淤滩刷槽；主汛期控制引水量不大于 30 亿 m^3，调节期增大引水量 20 亿 m^3，年平均引水量 100 亿～120 亿 m^3，通过利津水量 220 亿～200 亿 m^3。这种运用方式有利于河南河段和山东河段的减淤作用。

根据 6 个 50 年系列的计算，在艾山—利津河段的河槽连续有 14～23 年的微冲微淤，其累计淤积量小于 2.0 亿 t，其中连续 5～19 年是微冲的，个别系列年最大累计冲刷量达到 1.68 亿 t。表 2.10-24 为小浪底水库运用前 20 年 6 个 50 年系列下游艾山以上和以下河段的全断面冲淤情况。

表 2.10-24 小浪底水库运用前 20 年下游艾山以上和以下河段全断面淤积量表 单位：亿 t

河段	设计水平系列年					
	1919—1968 年	1933—1974 年+1919—1926 年	1941—1974 年+1919—1934 年	1950—1974 年+1919—1943 年	1950—1974 年+1950—1974 年	1958 年+1977 年+1960—1974 年+1919—1951 年
艾山以上	17.72	10.04	11.79	−1.72	−1.72	12.67
艾山—利津	2.69	1.70	0.31	0.15	0.15	0.61

在 6 个 50 年系列中，水库运用前 20 年，艾山—利津河段全断面淤积为 0.15 亿～2.69 亿 t，平均为 0.94 亿 t。即使水库运用前 20 年遇上枯水段在前的 1922 年 7 月—1933 年 6 月的 11 年，这 11 年下游年平均来水量 174.9 亿 m^3，来沙量 3.12 亿 t，由于小浪底水库拦沙，

排出泥沙颗粒级配较细，不同于自然来沙组成，这11年通过利津按年平均水量的89.6亿m^3计，年平均输沙量1.12亿t，艾山—利津河段淤积1.98亿t，年平均淤积0.18亿t，占前20年淤积总量的73.6%，20年中的其他9年淤积0.91亿t，且主要是滩地淤积，河槽还是冲刷。由此可见，在最不利的枯水段来水条件下，艾山—利津河段亦明显减淤。

2. 小浪底水库运用对黄河河口的影响

黄河每年有大量泥沙注入渤海，造成了河口的强烈淤积延伸。所以减少进入河口的泥沙量对于减缓河口延伸，减少其对艾山以下河道的溯源淤积影响是有作用的。按6个50年系列平均计算，水库在初期运用15年拦沙102.1亿t，下游河道减淤66.73亿t，进入河口的泥沙量减少35.37亿t，年平均减少泥沙2.36亿t；水库运用20年拦沙100亿t，下游河道减淤69亿t，进入河口的泥沙量减少31亿t，年平均减少1.55亿t；因此有利于延长河口流路的使用年限。在小浪底水库拦沙完成后的后期调水调沙运用，由于主汛期主要利用2000m^3/s以上较大流量输沙并有利用较高含沙量低漫滩洪水淤滩刷槽的条件，通过大水流量，增加了送到深海的泥沙。水库运用50年，拦沙101.7亿t，下游河道减淤78.7亿t，进入河口的泥沙量减少23亿t。因此从较长时期讲，小浪底水库运用对减缓河口延伸，减缓艾山以下河段淤积都有利。

2.10.6 小浪底水库运用对下游河槽水力几何形态和输沙能力调整的影响

水库初期逐步抬高主汛期水位控制低壅水拦沙和调水调沙运用，主汛期平均排沙比为60%～70%，水库调水调沙，大量泥沙主要是通过2000m^3/s以上流量输送，并有较高含沙量低漫滩洪水调沙淤滩刷槽机会，使河槽减淤，滩槽高差增大，河槽平滩流量和排洪能力增大。在艾山以上尤其在高村以上河段，河槽形态将趋向窄深，输沙能力将增大。

小浪底水库拦沙和调水调沙运用，改善了出库水沙过程，水沙两极分化，将有利于下游河道形成比较窄深规顺的河槽，促进下游高村以上的游荡型河段进行较大程度的河型转化，其主要有以下特点。

（1）调节进入下游的流量、含沙量过程，形成大水输沙的河槽水力几何形态，提高河槽输沙能力，将泥沙主要集中在主汛期较大水流的较短时间内，以较大流量较大含沙量输送，获得减淤效益。

黄河下游河道河槽水力几何形态与流量和含沙量关系见表2.10-25。小浪底水库运用方式符合黄河下游河槽水力几何形态和水流输沙能力与流量和含沙量关系的规律。一方面，避免长时期高水位蓄水拦沙下泄“清水”展宽河道，采用逐步抬高主汛期水位控制低壅水调蓄水量3亿m^3拦沙和调水调沙的方式，提高水库排沙比，适当加大水流含沙量，拦粗沙排细沙；利用大水输沙，在大水输沙过程中塑造出水面宽减小、水深增大、过水面积减小、流速增大、输沙能力增大、具有较大滩槽高差、比较规顺窄深的河槽。另一方面，注意下游河道位山以下河段输沙能力的制约关系，使位山以上和位山以下河段输沙能力相互协调。

（2）黄河下游河道在2000m^3/s以上流量输沙能力明显增大，在4000～6000m^3/s接近满槽流量时输沙能力迅速增强。小浪底水库调水调沙使黄河水沙过程两极分化，提高下游河道2000m^3/s以上流量的输沙能力，在主汛期泄放2000m^3/s以上流量的水沙，并相机造峰5000m^3/s和8000m^3/s的低漫滩较高含沙量洪水调沙淤滩刷槽。

表 2.10-25 黄河下游河槽水力几何形态与流量和含沙量关系表

断面	边界条件	流量条件/(m³/s)	含沙量条件	$v=bQ^mS^u$			$B=cQ^nS^w$			$h=dQ^rS^x$		
				b	m	u	c	n	w	d	r	x
花园口	水面宽自由变化	Q>1500	S>0	0.082	0.305	0.173	185	0.509	-0.615	0.066	0.186	0.442
		Q<1500		0.082	0.350	0.165	48.2	0.470	-0.230	0.253	0.180	0.065
高村	水面宽自由变化	Q>1500	S>0	0.109	0.305	0.134	50.4	0.509	-0.350	0.182	0.186	0.216
		Q<1500		0.100	0.305	0.200	87.7	0.470	-0.419	0.114	0.225	0.219
艾山	水面宽受限制影响	Q>1500	0<S≤180	0.163	0.346	-0.046	408	0.004	-0.019	0.015	0.650	0.065
			S>180	0.079	0.357	0.080	408	0.004	-0.019	0.031	0.639	-0.061
		Q<1500	0<S≤180	0.156	0.40	-0.185	166.5	0.144	-0.075	0.0385	0.456	0.260
利津	水面宽受限制影响	Q>1500	0<S≤180	0.085	0.460	-0.107	467	0.029	-0.043	0.025	0.511	0.150
			S>180	0.032	0.463	0.080	467	0.029	-0.043	0.067	0.508	-0.037
		Q<1500	0<S≤180	0.238	0.340	-0.200	295	0.080	-0.116	0.011	0.580	0.316

注 v 为平均流速，m/s；B 为水面宽，m；h 为平均水深，m；Q 为流量，m³/s；S 为含沙量，kg/m³。

（3）分析黄河下游河道输沙能力，有如下关系：

$$Q_s=a\left(\frac{S}{Q}\right)_{上}^{m}\left(\frac{Bv^4}{\omega_s}\right)^n$$

式中：Q_s 为河段出口输沙率，t/s；$\left(\frac{S}{Q}\right)_{上}$ 为河段上口来沙系数；S 为含沙量，kg/m³；Q 为流量，m³/s；B 为水面宽/m；v 为平均流速，m/s；ω_s 为泥沙群体沉速，cm/s；系数 a 和指数 m、n，见表 2.10-26。

表 2.10-26 黄河下游河槽输沙率 $Q_s=a\left(\frac{S}{Q}\right)_{上}^{m}\left(\frac{Bv^4}{\omega_s}\right)^n$ 的系数与指数表

河段	Q<1500m³/s						Q≥1500m³/s					
	$\left(\frac{S}{Q}\right)_{上}<0.03$			$\left(\frac{S}{Q}\right)_{上}\geq0.03$			$\left(\frac{S}{Q}\right)_{上}<0.03$			$\left(\frac{S}{Q}\right)_{上}\geq0.03$		
	a	m	n	a	m	n	a	m	n	a	m	n
小浪底—花园口	0.042	0.130	0.65	0.890	1.07	0.65	2.57×10^{-4}	0.200	1.225	0.018	1.52	1.225
花园口—高村	0.043	0.175	0.65	0.428	0.887	0.65	3.13×10^{-4}	0.325	1.225	3.18×10^{-3}	1.04	1.225
高村—艾山	0.084	0.313	0.65	0.461	0.800	0.65	7.30×10^{-4}	0.450	1.225	5.06×10^{-3}	1.00	1.225
艾山—利津	0.114	0.313	0.65	0.344	0.625	0.65	7.57×10^{-4}	0.400	1.225	2.16×10^{-3}	0.700	1.225

综合分析表 2.10-25、表 2.10-26 可知，要提高黄河下游河槽输沙能力，可根据黄河下游的河槽水力几何力形态，输沙率与流量和含沙量关系的规律，通过小浪底水库调节流量和含沙量，改善河槽水力几何形态；调节流量、含沙量和泥沙级配组合的水沙过程，在位山以上河段和位山以下河段都处于有利的输沙状态。

（4）小浪底水库运用避免长时期下泄“清水”，尤其避免泄放大流量小含沙量的“清水”，利用河槽水力几何形态与流量和含沙量关系的规律，将泥沙调节到 2000～8000m³/s 大流量输送，发挥下游河道大水输沙能力。表 2.10-27 为黄河下游河道河槽水力几何形

表 2.10-27　黄河下游河道河槽水力几何形态与流量和含沙量关系对照表

站名	日期	Q /(m³/s)	S /(kg/m³)	B/m	h/m	v /(m/s)	A /m²
花园口（水面宽自由变化）	1964-8-3	4770	15.9	2550	1.13	1.66	2882
	1964-8-16	5590	18.1	2620	1.23	1.74	3223
	1964-8-28	4300	23.3	1970	1.26	1.85	2482
	1964-10-7	6030	8.29	3510	1.10	1.57	3861
	1964-10-9	5550	6.92	3670	0.99	1.52	3633
	1967-8-5	4870	25.9	2240	1.20	1.82	2688
	1976-8-21	5430	39.4	1730	1.33	2.36	2310
	1976-9-10	6220	54.3	1250	2.42	2.05	3025
	1977-7-10	6360	528	779	3.50	2.33	2730
	1977-7-10	5310	383	744	2.63	2.71	1960
	1977-8-8	4590	271	433	3.76	2.82	1630
	1977-8-9	4020	302	490	3.82	2.15	1870
高村（水面宽自由变化）	1963-10-18	3780	17.2	1080	1.60	2.18	1728
	1964-7-26	4900	39.4	1240	1.80	2.20	2232
	1964-8-4	4780	22.8	1220	1.82	2.15	2220
	1964-10-23	5250	13.9	1360	1.76	2.19	2394
	1966-9-29	4200	31.2	1190	1.55	2.28	1845
	1977-7-10	5430	160	699	2.76	2.81	1929
	1977-7-11	5480	210	752	2.81	2.60	2113
	1977-8-8	3870	162	607	2.57	2.48	1560
	1977-8-9	3890	265	605	2.43	2.65	1470
	1977-8-9	4380	253	603	2.92	2.49	1761

站名	日期	Q /(m³/s)	S /(kg/m³)	B/m	h/m	v /(m/s)	A /m²
艾山（水面宽受限制）	1963-9-26	5080	18.8	416	4.86	2.51	2022
	1988-8-15	5060	105	403	5.00	2.49	2015
	1964-11-2	4620	18.9	407	4.4	2.58	1791
	1977-8-10	4640	214	406	4.41	2.59	1790
	1964-5-29	4040	26	549	3.10	2.38	1702
	1977-8-12	4050	200	520	3.29	2.37	1711
	1976-8-8	3350	48.1	477	2.87	2.45	1369
	1973-9-7	3220	211	366	3.42	2.58	1252
	1963-8-21	3060	10.9	395	3.24	2.39	1280
	1973-9-5	3000	200	400	3.13	2.40	1252
利津（水面宽受限制）	1964-10-31	5120	18.8	549	4.15	2.25	2278
	1977-7-13	5250	168	520	3.85	2.63	2000
	1964-5-29	4040	26	549	3.10	2.38	1702
	1977-8-12	4050	200	520	3.29	2.31	1710
	1982-8-16	3770	30.5	465	3.53	2.30	1640
	1977-8-11	3710	141	519	3.20	2.23	1660
	1964-4-4	3110	22.9	547	2.54	2.24	1389
	1973-9-7	3220	211	368	3.59	2.58	1250
	1988-7-26	2630	68.4	462	2.81	2.02	1300
	1977-8-13	2790	146	465	2.67	2.25	1240

态与流量和含沙量关系的对照。小浪底水库调水调沙运用，使黄河下游河道的河槽水力几何形态发生调整变化，朝着提高河槽输沙能力、改造宽浅散乱的游荡型河段、形成黄河下游沿程河槽水力几何形态相近的长距离输沙减淤的、相对稳定的河槽的方向发展。

2.10.7 小浪底水库运用对下游河道水流含沙量的影响

以设计水平1950—1974年+1950—1974年系列的计算为例，说明小浪底水库拦沙运用的前20年主汛期7—9月出库和下游水流含沙量的变化情况，结果见表2.10-28。它有以下主要特点：

表2.10-28 小浪底水库拦沙运用的前20年7—9月出库和下游水流含沙量特征表

断面名称	含沙量级/(kg/m³)	<0.8	0.8~1.0	1~10	10~20	20~50	50~100	100~200	200~400	400~600	600~800	合计
出库	出现天数/d	20	783	309	360	225	105	30	5	3	0	1840
	频率/%	1.1	42.6	16.8	19.6	12.2	5.7	1.6	0.3	0.2	0	100
花园口	出现天数/d	0	654	514	434	156	55	19	3	3	2	1840
	频率/%	0	35.5	27.9	23.6	8.5	3.0	1.0	0.2	0.2	0.1	100
高村	出现天数/d	0	677	488	466	149	49	7	3	1	0	1840
	频率/%	0	36.8	26.5	25.3	8.1	2.7	0.4	0.2	0.05	0	100
艾山	出现天数/d	0	721	445	470	146	49	7	2	0	0	1840
	频率/%	0	39.2	24.2	25.5	7.9	2.7	0.4	0.1	0	0	100
利津	出现天数/d	0	782	387	457	151	53	8	2	0	0	1840
	频率/%	0	42.5	21.0	24.8	8.2	2.9	0.4	0.1	0	0	100

（1）主汛期出库水流含沙量小于100kg/m³（日平均，下同）出现的频率为98%，大于100kg/m³出现的频率为2%，200kg/m³以上含沙量出现的频率为0.5%。

（2）在下游花园口—利津断面，水流含沙量小于100kg/m³出现的频率为98.5%~99.5%，大于100kg/m³出现的频率为1.5%~0.5%。200kg/m³以上含沙量的出现频率花园口为0.5%，高村为0.25%，艾山和利津均为0.1%。

（3）下游花园口—利津含沙量小于1kg/m³出现的频率为35.5%~42.5%，含沙量小于10kg/m³出现的频率为63.4%~63.5%，含沙量小于20kg/m³出现的频率为83%~88.3%，含沙量小于50kg/m³出现的频率为91.5%~96.5%。

由上可见，下游水流的含沙量普遍减小，不出现小水高含沙量的情形。

据计算，水库拦沙运用10年，下游平滩流量将增大至6000~7500m³/s；水库运用15年，平滩流量为7000~8500m³/s；水库运用20年，下游平滩流量为6000~7500m³/s。下游平滩流量比水库运用前明显增大。

黄河下游灌溉引水的含沙量控制不大于35kg/m³。小浪底水库运用后，下游引水含沙量和引沙量见表2.10-29。

表 2.10-29　　小浪底水库运用下游引水含沙量和引沙量表

水库条件	计算系列	时期	月份	引水含沙量 $S \leqslant 35kg/m^3$ 的频率/%				
				出库	花园口	高村	艾山	利津
小浪底水库运用（拦沙期）	设计水平 1950—1974 年 + 1950—1974 年	前 20 年	7	69.0	81.5	84.0	85.3	85.3
			8	67.3	73.7	75.2	74.7	74.0
			9	80.8	83.5	84.0	83.7	83.7
			10	99.8	99.8	99.8	99.8	99.8
			11 月至次年 6 月	100	100	100	100	99.4

水库条件	计算系列	时期	下游年平均引水引沙量	
			引水量/亿 m^3	引沙量/亿 t
小浪底水库运用	设计水平 1950—1974 年 + 1950—1974 年			
		前 10 年	99.4	0.97
		前 20 年	99.0	1.26
		后 30 年	97.0	1.49

由表 2.10-29 可知，小浪底水库拦沙运用前 20 年下游水流含沙量小于 $35kg/m^3$ 的频率显著增大，下游的引沙量明显减少；而在水库运用的后 30 年，小浪底水库为“蓄清排浑和调水调沙”运用，下游水流含沙量小于 $35kg/m^3$ 的频率及下游引沙量与三门峡水库现状方案相近。

在小浪底水库初期拦沙运用前 10 年，下游年平均引水量为 99.4 亿 m^3，引沙量为 0.97 亿 t，引水含沙量为 $9.76kg/m^3$。在小浪底水库运用 11～20 年时期，下游年平均引水量为 98.6 亿 m^3，引沙量为 1.55 亿 t，引水含沙量为 $15.7kg/m^3$，有所提高。

2.10.8　小浪底水库运用对京广铁路郑州铁桥影响分析

2.10.8.1　郑州铁桥设计和运用情况

1. 铁桥概况

京广铁路郑州黄河铁桥（以下简称新桥）上距小浪底坝址 114.74km，下距花园口站现测流断面 16.4km、距花园口站基本断面（测流老断面）13.26km。新桥位于黄河下游河床强烈堆积抬高的游荡型河段上。北岸上游 500m、南岸上游 375m 处为老铁桥，已于 1988 年汛前拆除，但桥墩尚在。

郑州新桥设计洪水为 100 年一遇，洪峰流量为 $25000m^3/s$，相应桥下水位为 95.90m（黄海基面，下同，黄海基面高程＝大沽基面高程－1.23m），设计最大流速 5.18m/s，平均流速为 2.8m/s，洪水期含沙量为 $244kg/m^3$。1958 年 7 月 17 日 23 时实测最大流量为 $22300m^3/s$，老桥下游水位为 96.06m，推算新桥下游水位为 96.00m（黄海基面），最大流速为 3.05m/s。

新桥全长 2900m，桥墩 72 个，桥孔净长 2640.3m。设计原定允许冲刷线标高北岸为 78.77m，南岸为 80.77m。1972 年修改计算确定允许冲刷线标高傍岸各墩（2～8 号、64～70 号墩）为 75.3m，河中各墩为 76.8m。

2. 桥址地质和河道情况

桥址河段基岩距河床面较深，由于河床粉细砂夹黏土组成的覆盖层较厚，大桥墩台基础均未落到基岩上。桥位河段，黄河水沙变化大，河床冲淤变化大，水流流向变化大，主流线游荡摆动不定，水流集中冲刷发展迅速，各级流量均可能造成一个或多个桥墩周围发生较大冲深。黄河善淤、善冲、善徙的游荡型河流特性在桥位河段表现亦十分突出，它给新桥度汛安全的净空泄洪和桥墩冲刷防护等问题带来威胁。

3. 桥梁基础埋深和浅基问题

新桥设计时，计算三门峡水库高水位蓄水拦沙下泄清水，在桥址处清水冲刷水深13m，加上桥墩最大局部冲刷水深14m，总冲刷水深为27m。据此，确定管柱入土深度为40m，满足水流冲刷后桥墩入土深度保持13m的稳定要求。

到1959年，兴建花园口枢纽，桥址位于花园口枢纽库区，考虑可不计算三门峡水库下泄清水冲刷的13m，只保留桥墩最大局部冲刷水深14m，增加安全值2m，共计16m。因此，经铁道部批准将管柱入土深度由40m减为30m，可以满足水流冲刷后保持桥墩入土深度13m的稳定要求。至1962年，花园口枢纽泄洪闸发生严重冲刷，不能运用，被迫于1963年7月17日人工破除大坝北部，库区发生溯源冲刷，恢复天然河道。三门峡水库于1962年3月20日后改为滞洪排沙运用，但泄水建筑物泄流能力小，2000m³/s以上流量滞洪淤积严重，下游河道仍为“清水”冲刷。因此，新桥又形成浅基问题。在1963年和1964年都发生一般水流集中冲刷，冲刷水深迅速增大。例如，1963年10月21日，流量3500m³/s，大桥水位94.14m，水流集中冲刷桥北墩，2号墩水深达14.8m，墩周河床高程达79.37m，临险在桥墩上游抛投766个片石笼，未能制止冲刷的发展。新桥浅基问题尖锐地暴露出来，引起铁道部的高度重视，铁道部以铁鉴〔1964〕1188号文令有关单位进行新桥冲刷防护研究。

4. 桥梁设计允许冲刷线和总冲刷水深计算

新桥基底的允许冲刷标高，傍岸（2～8号墩，64～70号墩）为75.30m，河中（9～63号墩）为76.80m。

铁道科学研究院（以下简称铁科院）于1966年6月提出《郑州黄河新桥冲刷防护研究报告》，对全桥的冲刷类型分为傍岸冲刷及河中冲刷，其相应于设计洪水流量的冲刷水深见表2.10-30。

表2.10-30　新桥冲刷水深计算成果表

墩号	孔数	部分桥长/m	一般冲刷/m	清水冲刷/m	局部冲刷/m	安全值/m	总冲刷水深/m
2～8	北7孔	284	16	5=2（下切）+3（加深）	1	2	24
9～63	中56孔	2270	10	4=2（下切）+2（加深）	4	2	20
64～70	南7孔	284	16	5=2（下切）+3（加深）	1	2	24

表2.10-30中的清水冲刷5m，其中2m为清水冲刷河床普遍下切值，3m为考虑低含沙量洪水连续冲刷时的加深值。1977年研究时，根据三门峡水库改为低水位排沙运用后情形，将清水下切的2m值排除，保留低含沙量洪水连续冲刷的3m加深值。鉴于新桥尚未经特大洪水考验，因而在设计冲刷防护方案时，考虑局部冲刷深度增加2m的安全值，仍保留原定的安全值2m。因此仍按傍岸墩总冲刷水深24m、河中墩总冲刷水深20m计算。1977年由郑州铁路局、大桥工程局和铁科院共同商定对各种冲刷深度进行调整，调整结果见表2.10-31。

表 2.10-31　　新桥各种冲刷深度调整计算

墩号	孔数	部分桥长/m	一般冲刷/m	局部冲刷深度/m		清水冲刷深度/m		安全值（同原定）/m	总冲刷水深（同原定）/m
				原定	修正	原定	修正		
2～8	北 7 孔	284	16	1	3	5	3	2	24
9～63	中 56 孔	2270	10	4	6	4	2	2	20
64～70	南 7 孔	284	16	1	3	5	3	2	24

为了验证 1977 年将傍岸桥墩局部冲刷由 1m 改为 3m，河中桥墩局部冲刷由 4m 改为 6m 的合理性，按包尔可夫、雅罗斯拉切夫和铁科院 65-1 式等公式，根据花园口水文站 1958 年实测的各级流量和相应的平均流速等资料进行计算，计算结果见表 2.10-32。

表 2.10-32　　新桥桥墩局部冲刷深度计算

流量/(m^3/s)	4210	6090	9120	12700	12700	14800	14800	16200
主槽平均流速/(m/s)	2.00	2.49	2.83	3.29	3.82	3.49	4.05	3.29
包尔可夫公式局部冲深/m	4.95	5.79	6.30	6.93	7.58	7.20	7.84	6.93
雅罗斯拉切夫公式局部冲深/m	2.90	4.30	5.45	6.93	8.80	7.69	9.50	6.93
铁科院 65-1 式局部冲深/m	4.60	5.08	5.26	5.87	6.08	5.93	6.20	5.87

从表 2.10-32 计算结果可以看出，包氏公式计算局部冲刷深度偏大；雅氏公式计算，当平均流速小于 2m/s 时，局部冲刷深度偏小，当平均流速大于 3m/s 时，局部冲刷深度又偏大；铁科院 65-1 式计算的结果基本符合黄河郑州铁桥的实际情况。鉴于傍岸墩的弯曲水流环流冲刷作用，其一般冲刷深度要较河中墩一般冲刷深度大，同时一般冲刷发展到较大深度后，局部冲刷深度相应减小。因此，对原计算傍岸墩和河中墩的一般冲刷深度值不变，只将原计算的傍岸墩和河中墩的局部冲刷深度分别由 1m 改为 3m、由 4m 改为 6m。由表 2.10-32 可见，调整后的各种冲刷深度的主要特点是：即使不考虑三门峡水库下泄清水冲刷下切 2m 的冲深，将局部冲刷深度增加 2m，因此，仍维持总冲刷水深 24m 和 20m 不变。新桥各墩的上行管柱和下行管柱的基底标高见表 2.10-33。傍岸各墩（2～8 号墩、64～70 号墩）和河中各墩（9～63 号墩）的允许冲刷线标高与墩柱基底标高之高差为 10～11m，即在允许冲刷线以下各墩柱的入土深度仅有 10～11m，所以修改计算后的满足墩柱安全稳定要求的入土深度变为 10m。

5. 水流流向和河床冲淤变化

新桥河段主流线经常南北变迁，也有主流走河中情形。主流流向的经常变化是游荡型河段的特性所决定的。1960 年以来，新桥历年主流位置及最大流量见表 2.10-34。

新桥河段河床宽浅散乱，水流多汊，各股水流变化不定，消长变化不已，其主要特点是：①河床淤积时主河槽淤高，淤出滩地，水流趋向较顺直，坐弯冲刷减弱；②河床冲刷时主河槽下切，同时塌滩展宽，发展弯曲水流，环流冲刷加强。所以，在河道冲刷时，桥墩受集中水流冲刷加强，容易形成较大的冲刷水深。表 2.10-35 为新桥历年最大水深和最低河底高程变化情况。在三门峡水库 1963 年和 1964 年滞洪排沙运用的水库拦沙下泄“清水”冲刷下游河道时期，又遇花园口枢纽破坝，库区发生溯源冲刷，1963 年和 1964

表 2.10-33　　郑州新铁桥各桥墩基底标高表　　单位：m

墩号	上行	下行	墩号	上行	下行	墩号	上行	下行	墩号	上行	下行	墩号	上行	下行	墩号	上行	下行	墩号	上行	下行
北台	71.21	61.80	11	65.61	64.41	22	64.05	63.97	33	65.85	64.44	44	64.09	64.21	55	65.99	67.15	66	65.35	69.71
1	61.78	63.91	12	64.30	64.08	23	65.10	64.27	34	66.40	64.42	45	64.24	64.20	56	67.82	68.10	67	65.56	65.62
2	63.92	63.92	13	64.14	64.37	24	67.97	66.19	35	65.60	64.24	46	64.15	64.22	57	66.73	64.24	68	65.69	65.72
3	64.14	64.34	14	64.10	63.91	25	64.26	64.20	36	4.07	64.36	47	63.97	64.09	58	65.41	64.92	69	64.55	63.67
4	64.07	64.49	15	64.00	63.86	26	65.13	64.66	37	64.34	64.98	48	64.39	65.66	59	64.12	65.61	70	67.53	67.86
5	64.47	63.91	16	63.89	63.62	27	63.98	64.08	38	64.52	64.80	49	63.54	63.74	60	64.12	64.12	南台	67.32	66.73
6	65.25	66.60	17	66.68	64.99	28	63.94	63.93	39	66.70	64.42	50	63.43	63.55	61	63.64	63.74			
7	64.37	64.05	18	63.83	64.06	29	63.78	64.07	40	65.47	64.57	51	64.00	63.79	62	63.86	63.74			
8	65.11	64.01	19	64.20	64.43	30	64.00	65.41	41	65.31	67.17	52	63.87	64.15	63	64.03	63.83			
9	63.50	63.71	20	64.11	65.40	31	66.19	64.05	42	64.14	64.31	53	65.37	65.55	64	63.63	63.88			
10	66.11	63.61	21	64.28	64.09	32	64.24	63.89	43	64.14	64.11	54	64.85	67.37	65	64.94	63.62			

表 2.10-34　　郑州新铁桥历年主流位置及最大流量表

年份	主流位置孔号	最大流量 /(m^3/s)	日期	年份	主流位置孔号	最大流量 /(m^3/s)	日期
1960	45～70	4000	8月6日	1978	33～62	5640	9月20日
1961	2～20，45～70	6300	10月19日	1979	15～30	6600	8月14日
1962	2～31，45～70	6080	8月16日	1980	12～47	4440	7月6日
1963	2～20，45～60	5620	9月24日	1981	12～53	8060	9月10日
1964	2～20，61～70	9430	7月28日	1982	9～56	15300	8月2日
1965	1～40	6440	7月22日	1983	7～56	8180	8月2日
1966	27～47	8480	8月1日	1984	30～38，46～57	6990	8月6日
1967	46～70	7280	10月2日	1985	35～60	8260	9月17日
1968	26～70	7340	10月14日	1986	18～35，47～55	4130	7月12日
1969	25～57	4500	8月2日	1987	17～35，45～60	4600	8月29日
1970	25～56	5830	8月31日	1988	17～61	7000	8月21日
1971	25～56	5040	7月28日	1989	17～53	6100	7月24日
1972	26～64	4170	9月3日	1990	16～44	4440	7月9日
1973	26～62	5890	9月3日	1991	25～45	3190	6月14日
1974	26～60	4150	9月16日	1992	17～45	6260	
1975	26～60	7580	10月2日	1994	17～45	6260	8月8日
1976	40～60	9210	8月27日	1996	17～45	7640	8月6日
1977	37～57	10800	8月8日				

年在新桥北岸2号墩发生3500m^3/s流量左右的中小水流冲刷，最大冲刷水深达14.8m和13.8m，出现中小水流冲刷防护抢险的重大险情。

在河道发生淤积时，桥墩受集中水流冲刷减弱，不易形成大的冲刷水深，新桥桥墩最

表 2.10-35　郑州新铁桥历年最大水深和墩周河床最低高程表

序号	日期	水位/m	流量/(m³/s)	墩号	最大水深/m	墩周河床最低高程/m	序号	日期	水位/m	流量/(m³/s)	墩号	最大水深/m	墩周河床最低高程/m
1	1960-9-9	94.87	2760	7	8.8	86.07	23	1973-7-3	94.70	1650	29	11.7	83.00
2	1961-8-22	94.54	1730	47	9.8	84.74	24	1973-8-27	95.66	2110	30	12.0	83.66
3	1962-4-9	94.12	1340	3	9.5	84.62	25	1974-8-3	95.40	3230	31	9.5	85.90
4	1963-10-21	94.17	3500	2	14.8	79.37	26	1975-9-21	95.46	4630	32	12.8	82.66
5	1963-10-31	94.09	1100	2	13.1	80.99	27	1976-10-16	95.00	4490	33	12.1	82.90
6	1963-12-5	93.33	1660	2	12.9	80.43	28	1977-8-8	95.22	7380	34	10.0	85.22
7	1964-5-21	94.01	2130	2	12.8	81.21	29	1977-9-11	94.40	914	35	9.9	84.50
8	1964-5-28	94.14	3460	1号孔中	14.0	80.14	30	1978-9-23	95.26	4260	36	12.0	83.26
9	1964-5-28	94.14	3460	2	13.0	81.14	31	1979-8-16	95.58	5750	37	10.5	85.08
10	1964-6-4	94.33	3250	1号孔中	14.0	80.33	32	1980-10-10	95.82	3500	38	8.4	87.44
11	1964-7-9	94.43	3360	2	13.8	80.63	33	1981-9-8	95.86	5300	39	8.1	87.80
12	1964-7-9	94.43	3360	1号孔中	13.5	80.93	34	1982-8-2	96.64	15300	40	11.0	85.60
13	1964-10-29	93.80	4720	2	11.0	82.80	35	1983-8-2	95.92	3400	41	8.5	87.40
14	1964-10-29	93.80	4720	1号孔中	10.7	93.10	36	1984-9-26	94.88	6600	42	9.7	85.20
15	1965-2-18	93.26	485	35	10.0	83.26	37	1985-8-20	94.66	2150	43	8.9	85.76
16	1966-4-22	93.72	553	37	11.0	82.72	38	1986-7-7	94.92	3570	44	7.0	87.92
17	1967-8-9	94.56	4820	62	12.0	82.56	39	1987-9-3	95.24	2150	45	7.8	87.44
18	1968-7-25	94.02	1670	37	11.0	83.02	40	1988-8-11	96.18	6500	46	11.0	85.18
19	1968-9-24	95.04	5710	28	11.8	83.24	41	1989-9-30	95.68	3800	47	10.1	85.58
20	1969-7-31	94.66	2790	33	8.9	85.76	42	1994-9-3	96.20	3900	48	9.2	87.00
21	1971-7-28	94.36	3918	61	8.2	86.16	43	1996-8-2	96.26	3900	49	9.1	87.16
22	1972-7-22	94.32	2680	28	10.9	83.42	44	1996-8-5	96.96	7640	50	7.9	89.06

大冲刷水深不及13m，一般冲刷水深为9～11m，并且随着桥位河段河床普遍淤积抬高的发展趋势，桥墩墩周河床最低高程也呈现抬高的变化趋势。

新桥河段主流位置常变，常出现斜河、横河和滚河现象。两岸弯曲水流时，傍岸墩受环流冲刷，冲刷水深较大；河中顺直水流时，河中墩受顺直水流冲刷，冲刷水深较小。当河床一般冲刷得到发展，则桥墩局部冲刷减弱。桥墩的冲刷水深的大小与流量大小有关系，但是更与单宽流量沿断面的分布情形有关系。往往中小水流出现桥墩冲刷水深大，而大水流量出现桥墩冲刷水深小的情况，这与过桥水流是否均匀分布有很大关系。大洪水的桥墩冲刷水深也有同样情形。如1933年8月大洪水，过老桥流量为20400m^3/s，全桥过流较均匀，约72%的水流通过1360m宽的主河槽下泄，最大冲刷水深约13m，虽有桥墩摇晃，但未被冲倒。而1958年7月大洪水，过老桥流量为22300m^3/s，桥下过流相对较集中，约85%的水流通过725m宽的主河槽下泄，桥北段20孔河床普遍冲刷水深4～10m，最大冲刷水深达16.7m，11号桥墩被冲倒，而桥南段各孔河床还回淤3～4m。这场洪水水流集中冲刷是主流流路变化所致。上游主流过鸿沟后折向东北方向，在5号墩上游不远处水流变弯，发展弯曲水流环流集中冲刷，冲倒11号桥墩。

洪水主流的环流集中冲刷可形成很大的冲刷水深。如花园口险工段的“将军坝”的冲刷，经根石探摸资料，根石水深达23.5m；再如花园口水文站测流断面，1963年10月4日3680m^3/s流量，水面宽662m，平均水深3.46m，而最大水深达15.7m，比新桥1963年10月21日3500m^3/s流量时，2号墩的最大冲刷水深14.8m还深0.9m。所以，要特别注意大水水流的主流环流集中冲刷。

据大桥冲刷实际观测资料，桥墩冲刷水深的大小与桥上游水流坐弯冲刷点位置距桥的远近有关系，坐弯顶冲点越靠近桥，傍岸墩冲刷水深越大，最大可达约17m；上游坐弯顶冲点离桥越远，则水流冲刷向河中墩移动，河中墩冲刷水深减小。因此可以建立上游坐弯顶冲点离桥位置远近与桥墩最大冲刷水深的经验关系，例如，在上游坐弯顶冲点离桥5km时，桥墩冲刷水深一般约9m左右。所以，使水流坐弯顶冲点远离铁桥，使来水主流趋于桥位河中，不发生近桥傍岸弯曲水流集中冲刷，是有利于桥墩冲刷防护安全的措施之一。如果桥位河段整治的治导线设计使铁桥北岸或南岸为弯曲水流顶冲部位，则傍岸墩冲刷水深增大，对铁桥防护不利。

6. 新桥度汛方案

新桥度汛方案的要点如下：

(1) 度汛方案制订的依据。

1) 允许冲刷线标高。依据铁道部工务函〔1988〕203号文《关于批转“京广铁路黄河大桥度汛方案论证会纪要”的通知》第二条，大桥基底允许冲刷线标高傍岸各墩（2～8号墩，64～70号墩）为75.3m（黄海，下同），河中各墩（9～63号墩）为76.8m，作为度汛允许冲刷线标高。

2) 洪峰水位标高。每年根据河南黄河防汛办公室提供的当新桥处流量为15000m^3/s、17500m^3/s、20000m^3/s、22000m^3/s时桥上游水位和桥下游水位预估值，分析洪峰水位与梁底（标高100.15m）间的净空和桥下排洪能力。

3) 抛石防护措施。依据铁道部铁工桥〔1990〕6号文《关于确保京广郑州黄河大桥安全度汛的通知》第三条，汛期必须采取安全防护措施，做好防护的准备，实施汛前预抛石笼防护措施。

（2）度汛方案。

1）列车常规运行度汛方案。在河床冲刷标高和桥下排洪安全情况下采取此方案，其主要内容如下：

a. 经测深探明河床冲刷标高 81.00m。

b. 桥前水位在 98.20m 以下，相应流量约为 15000m^3/s。

c. 桥上通过列车不限速。

2）列车慢行度汛方案。在桥墩冲刷标高和桥下排洪对大桥造成威胁情况下采取此方案。按不同程度要求列车运行分两个档次，即限速 45km/h 和 25km/h。

慢行标准如下：

a. 以河床冲刷标高为准。河床冲刷标高在 81.00～79.00m 时，列车以 45km/h 慢行；河床冲刷标高在 79.00～77.50m 时，列车以 25km/h 慢行。

b. 以桥前水位为准。桥前水位在 98.20～98.60m 时列车以 45km/h 慢行；桥前水位在 98.60～99.00m 时列车以 25km/h 慢行。

3）抢险抛石方案。发生河床冲刷标高达 77.5～76.8m 之间时，采取此方案。桥上列车限速 15km/h。

4）封锁桥上线路方案。当采用抛石抢险方案仍不能阻止冲刷继续发展，河床冲刷标高达 76.80m（傍岸河床冲刷标高 75.30m）以下，或桥前水位达 99.00m 以上，已对大桥造成严重威胁时，采取此方案。对冲刷严重的险墩继续进行抛石抢险。

2.10.8.2 小浪底水库对郑州新铁桥影响分析

小浪底水库运用后对铁桥的影响主要体现在两个方面：①桥墩的洪水冲刷河底线高程；②洪水位高程。

1. 小浪底水库初期拦沙和调水调沙运用下游河道最大冲刷时郑州新铁桥河段河床冲刷分析

由小浪底水库设计水平 6 个 50 年代表系列冲淤计算成果，以 1950—1974 年+1950—1974 年代表系列，在水库运用 14 年后，水库拦沙淤积 103.4 亿 t，下游河槽冲刷 19.57 亿 t 为最大，其中花园口以上河槽冲刷 6.26 亿 t，而滩地淤积很少。在此最大冲刷量情况下，估算黄河下游可变动河床的河槽平均冲刷深度：铁谢为 1.96m，郑州铁桥为 1.83m（考虑桥渡影响），花园口为 1.50m。详细结果见表 2.10－36。这些都是考虑了现状河道整治工程条件在小浪底水库初期拦沙运用时，对下游河道河床断面形态的改造，比三门峡水库初期运用时的河床宽度有所变窄的情况下对河槽平均冲刷深度有所加深的影响。

2. 小浪底水库初期运用与三门峡水库初期运用下游冲刷对比分析

三门峡水库在 1960 年 10 月—1964 年 10 月，4 年内水库拦沙 44.4 亿 t，下游河道冲刷 28.9 亿 t（断面法，下同），其中在花园口以上河段河槽冲刷 9.04 亿 t，3000m^3/s 流量水位下降值，铁谢为 2.81m，裴峪为 2.16m，官庄峪为 2.07m，花园口为 1.30m。

三门峡水库拦沙少而下游河槽冲刷多，小浪底水库拦沙多而下游河槽冲刷少，其原因

表 2.10-36 铁谢—花园口河段2000年及小浪底水库拦沙期下游最大冲刷时河床变化

断面名称	距铁谢里程/km	1995—2000年河床淤高值（1995年10月起）/m		小浪底水库拦沙下游最大冲刷时河床下切值（以2000年河床地形为基础）/m				备注
		生产堤内	生产堤外	主槽	浅槽	滩地	河床平均	
铁谢	0	0.150	0.02	−4.3	−2.40	−0.80	−1.96	水库初期运用14年，下游河槽冲刷19.57亿t，其中花园口以上冲刷6.26亿t
马峪沟	26.47	0.265	0.02	−3.6	−1.95	−0.72	−1.84	
裴峪	32.77	0.727	0.02	−3.4	−1.90	−0.68	−1.81	
伊洛河口	44.67	0.365	0.02	−3.05	−1.72	−0.60	−1.76	
孤柏嘴	59.97	0.206	0.02	−2.60	−1.50	−0.50	−1.69	
罗村坡	66.12	0.200	0.02	−2.50	−1.40	−0.40	−1.67	
官庄峪	73.37	0.292	0.02	−2.30	−1.30	−0.40	−1.63	
秦厂	86.67	0.705	0.02	−2.00	−1.06	−0.28	−1.57	
郑州铁桥	89.91	0.675	0.02	−2.30	−1.20	−0.60	−1.83	受桥梁束窄影响
花园口（基）	103.17	0.550	0.02	−1.80	−1.10	−0.50	−1.50	

主要包括：①三门峡水库拦沙时水库排沙比小，进入下游泥沙少，小浪底水库拦沙时水库排沙比大，有较多泥沙进入下游河道；②三门峡水库初期拦沙的四年，下游来水量大，来沙量小，水流含沙量低，泥沙颗粒细。1960年11月—1964年10月，下游年平均来水量为559亿m^3，年平均来沙量为5.82亿t，年平均含沙量为10.4kg/m^3；小浪底水库初期拦沙运用的14年，下游年平均来水量为347亿m^3，年平均来沙量为8.70亿t，年平均含沙量为25.1kg/m^3，加之下游沿程引水，使冲刷水量进一步较少。所以，小浪底水库拦沙量虽多，但因下游来水量小，而来沙量较多，故下游河槽冲刷量少。

可见，小浪底水库拦沙运用对黄河下游河道和花园口以上河段的最大冲刷，未超过三门峡水库1960年10月—1964年10月拦沙4年对黄河下游和花园口以上河段冲刷的影响。

3. 郑州新铁桥洪水位变化及洪水期河床冲刷预估

（1）小浪底水库防洪运用对花园口洪水的削峰作用。小浪底水库投入防洪运用，使花园口10000年一遇洪水的洪峰流量由现状水库（三门峡水库加陆浑加故县三库防洪运用，下同）作用后的41710m^3/s削减至27350m^3/s；使1000年一遇洪水的洪峰流量由34420m^3/s削减至22500m^3/s；使100年一遇洪水的洪峰流量由25780m^3/s削减至15700m^3/s；使较大洪水的洪峰流量由20080m^3/s削减至9620m^3/s；可见小浪底水库防洪运用对花园口洪水有很大的削峰作用。

郑州新铁桥的设计洪水为100年一遇，原设计洪峰流量为25000m^3/s，水库运用后将削减至15700m^3/s，对铁桥的防洪安全是有利的。

（2）小浪底水库运用对郑州新铁桥洪水位影响。根据1997年汛前的河床地形资料，推算1997年花园口流量22000m^3/s的洪水，花园口（基）水位为95.07m（黄海，下同），秦厂水位为99.63m，推算郑州铁桥桥下游水位为97.91m，桥上游水位为98.93m。

考虑到 1997—2000 年期间河床仍要继续淤积，洪水位仍要继续升高，推算至 2000 年，花园口（基）水位为 95.34m，郑州铁桥桥下游水位为 98.18m，桥上游水位为 99.20m。

在小浪底水库拦沙运用 14 年，下游河道最大冲刷 19.57 亿 t 时，推算 2014 年花园口流量为 22000m^3/s 的洪水，郑州新铁桥桥下游水位为 96.70m，郑州新铁桥桥上游水位为 97.70m。

对于花园口流量为 22000m^3/s 的洪水，1997 年郑州铁桥桥下游水位为 97.55m，桥上游水位为 98.29m。至 2000 年郑州铁桥桥下游水位为 97.80m，桥上游水位为 98.60m。2014 年郑州铁桥桥下游水位为 96.30m，桥上游水位为 97.10m。

上述分析表明，1997 年、2000 年、2014 年桥址上、下游的洪水位均超过了桥上游设计洪水位 96.90m、桥下游设计洪水位 95.90m。因此，小浪底水库运用后设计洪水位未低于大桥设计指标，在郑州新铁桥原设计水位条件下，小浪底水库运用对大桥无不利影响。

（3）郑州新铁桥洪水期河床冲刷预估。根据上述小浪底水库初期拦沙和调水调沙运用下游河道最大冲刷后，当发生（提高为 1000 年一遇）流量为 22000m^3/s 的洪水时，郑州新铁桥桥下游水位为 96.70m（预估），在洪水期若按傍岸墩最大冲刷水深 21m 及河中墩最大冲刷水深 18m 计算，则傍岸墩冲刷河底线高程为 75.70m，河中墩冲刷河底线高程为 78.70m，可见傍岸墩冲刷河底线高程高于允许冲刷线高程 75.30m，河中墩冲刷河底线高程高于允许冲刷线高程 76.80m 更多。

对于郑州老铁桥的桥墩最大冲刷水深，1958 年洪水花园口洪峰流量为 22300m^3/s，洪水期最大冲刷水深为 16.7～17.3m；1933 年洪水（据推算），花园口洪峰流量为 20400m^3/s，洪峰期最大水深 13m。在三门峡水库“清水”下泄时期，1963 年 10 月 4 日，花园口流量为 3680m^3/s，发生主流集中冲刷，水面宽 662m，最大流速 3.32m/s，最大水深 15.7m。这些条件下均未出现桥墩冲刷水深大于 18m 的情形。小浪底水库初期拦沙运用连续冲刷下游河床，河床将发生一定的粗化，制约冲刷的发展。小浪底水库运用后，郑州新铁桥河段 100 年一遇设计洪水的洪峰流量削减为 15700m^3/s，超过 10000m^3/s 的洪量减少 7.49 亿 m^3，洪水期河床冲刷水深将比原设计减小。

按水库拦沙冲刷下游河床，以河床最低点下降深度考虑，根据三门峡水库 1960 年 10 月—1964 年 10 月“清水”冲刷下游的资料，河床最低点下降值最大为 10.2m。小浪底水库初期拦沙运用对下游河床最大冲刷深度，河床最低点下降值最大按 10m 考虑。郑州新铁桥历年河床最低点高程变化，从 1963 年达最低值后，逐渐升高，至 1996 年河床最低点高程为 87.16m，至 2000 年，河床最低点高程估计为 87.6m。在小浪底水库初期拦沙运用 14 年下游河槽达最大冲刷时，按河床最低点下降 10m 计，则郑州新铁桥河床最低点高程为 77.60m，冲刷河底最低点高程亦在傍岸墩和河中墩允许冲刷线之上。

2.10.9 小浪底水库调节期（当年 10 月至次年 7 月 10 日）人造洪峰对下游河道的减淤作用

小浪底水库的减淤运用措施有水库合理拦沙、调水调沙和调节期相机泄水造峰（人造洪峰)。为了调节期充分利用水量扩大下游灌溉面积，只在丰水年调节期对富余水量相机泄水造峰。一般年份调节期按月调节径流兴利运用，主汛期按日计算拦沙和调水调沙相结合减淤运用。所以，小浪底水库汛期按日计算和调节期按月计算初期“拦沙和调水调沙运用”和后期“蓄清排浑和调水调沙”运用的水库冲淤过程及下游冲淤过程，在此基础上计算水库的减淤效益和兴利效益，不考虑调节期泄水造峰。将调节期相机泄水造峰作为专门问题分析计算，但不计入小浪底水库的效益。

关于小浪底水库调节期人造洪峰对下游河道的减淤作用，利用下游河道非汛期的清水洪峰冲刷资料建立泥沙冲淤计算方法进行计算，结果见表2.10-37。

表2.10-37　小浪底水库调节期人造洪峰冲刷下游计算成果表

年平均调节期造峰水量/亿 m^3	63.7	58.2	51.1	45.0	35.0
年平均调节期造峰流量/(m^3/s)	4000～5000	4000～5000	4000～5000	4000～5000	4000～5000
年平均调节期造峰天数/d	18.4～14.7	16.8～13.5	14.8～11.8	13.0～10.4	10.1～8.1
年平均调节期造峰减淤量/亿 t	0.80	0.72	0.64	0.52	0.35

调节期人造洪峰流量要控制下游河道不漫滩。小浪底水库运用50年，按年均造峰水量35亿 m^3 计算，洪峰流量4000～5000m^3/s，在河槽内下泄，历时8～10d，在沿程不引水的条件下，下游河道全线冲刷。50年按调节期人造洪峰43次，为下游河道减淤15亿t，50年内可增加不淤年数4年。但未考虑人造洪峰后的后续性不利影响（河床粗化和河口延伸），使得这个计算减淤效益偏大。

2.11 小浪底水库回水与迁移界线计算分析

为了分析小浪底库区淹没及移民高程，进行了小浪底水库汛期和非汛期5年一遇、20年一遇洪水回水曲线计算。小浪底水库由于分期移民限制，在水库初期拦沙运用前10年，正常蓄水位按265.00m考虑，后期运用正常蓄水位为275.00m。

2.11.1 水库初期运用10年洪水水面线计算分析

2.11.1.1 水库初期拦沙运用10年库区淤积形态

经过6个50年代表系列的水库淤积计算，反映出不同代表系列水沙条件水库淤积过程不同。经分析，认为1950—1974年+1950—1974年代表系列的水库淤积过程较为适中，因此，以该代表系列的1950—1959年的前10年淤积，作为水库运用10年库区淤积形态设计的计算条件。

经计算，水库初期拦沙运用前10年坝前淤积高程为240.00m，库区淤积量为64亿 m^3，其中高程240.00m以下淤积泥沙54.40亿 m^3，占总淤积量的85%；高程在240.00m以上泥沙淤积9.6亿 m^3，占总淤积量的15%。以水库初期拦沙运用10年的淤积条件计算水库防洪运用的回水曲线。此时坝前淤积高程为240.00m，造床流量4200m^3/s的平均水深为3.2m，故此时库区新河道造床流量水位为243.20m，亦即水库运用10年时的防洪起调水位。

1. 干流淤积形态

水库的淤积形态，取决于运用方式、库区地形和进库水沙条件等因素。由于水库主汛期（7—9月）逐步抬高水位拦沙和调水调沙运用，故库区纵向淤积为锥体淤积形态。

（1）水库淤积横断面。水库初期拦沙运用，库区河床处于淤积抬高过程中。虽然水库调水调沙，库区有冲有淤，但以淤积抬高为主。在此情况下，水库淤积以全断面平行淤积抬高为主，无明显的滩槽，且滩槽不稳定。为简化计算，水库初期拦沙运用前10年，库区干流按全断面平均河底高程计算，不划分滩槽。

（2）水库汛期淤积纵剖面。水库淤积纵剖面一般是下凹形，有多级比降，淤积物组成沿程变细。对于天然河床为砂卵石覆盖层，纵坡比降陡的河流，修建水库后形成新的沙质河床纵剖面，比降显著减小。

小浪底库区上半段河谷较狭窄，下半段河谷较宽阔，在水库初期拦沙运用的前10年，库区汛期淤积纵剖面分为上、下两段。

1）上段（峡谷段）：长度为63.5km，淤积比降$i=2.3‰$；

2）下段（较宽段）：长度为63km，淤积比降$i=1.8‰$。

整个库区平均淤积比降约为2‰，与三门峡水库潼关以下库区平均淤积比降相似。坝前淤积高程240.00m（槽底），淤积末端高程为265.90m，距坝126.5km，淤积末端距三门峡大坝尚有4.6km。

（3）非汛期淤积形态。小浪底水库初期拦沙运用前10年，非汛期蓄水运用，受分期移民水位265.00m限制，水位于243.20～265.00m之间变化，来沙全部淤积在库内。其中70%的泥沙形成三角洲淤积体，其余30%的泥沙淤积在三角洲以下库段。

根据水库联合运用的设计，在有小浪底水库后，三门峡水库非汛期按315.00m水位蓄水运用，三门峡水库大禹渡以下库区仍有淤积，故小浪底水库非汛期来沙量减少，且来沙颗粒较细。在初期10年非汛期平均来沙量0.51亿t，水库尾部段淤积70%，淤积泥沙0.36亿t，淤积物干容重按1.3t/m^{3}计，则尾部段淤积体积为0.27亿m^3。

经铺沙计算，非汛期三角洲顶坡顶点高程为263.00m，距坝92.5km，三角洲淤积末端高程为267.50m，距坝126.9km，淤积末端不影响三门峡电站尾水位。

2. 支流淤积形态

建库后，水库回水延伸到支流，支流的砂卵石推移质在回水末端淤积，不进入干流。由于支流水沙很少，而干流水沙很大，支流的淤积主要是干流水沙倒灌形成。干流异重流和浑水明流倒灌支流，挟带大量泥沙进入支流，首先在河口段淤积较粗泥沙，形成拦门沙坎，并向支流内淤积。

倒灌淤积有两个特点：①在支流河口段形成倒锥体淤积形态；②在支流回水区形成接近水平的淤积。

根据小浪底水库初期拦沙运用前10年的干流河床淤积纵剖面及支流倒锥体淤积的计算，得到小浪底水库初期拦沙运用前10年支流淤积形态成果，见表2.11-1。其中，库尾段的支流五福涧、老鸦石河由于在库区上段泥沙较粗，河口段倒锥体淤积比降采用$i=52‰$，较其他支流增大1倍。

表 2.11-1 小浪底水库拦沙运用初期前10年主要支流淤积形态

支流名称	距坝里程/km	天然河口高程/m	河口淤积高程/m	河口淤积厚度/m	河口拦门沙坎高度/m	河口段倒坡比降/‰	河口段倒锥体长度/m	支流内淤积面高程/m	淤积末端距河口里程/km
大峪河	3.9	140.00	240.70	100.7	4.5	26	1749	236.20	10.1
煤窑沟	6.1	143.00	241.10	98.1	4.5	26	1736	236.60	5.42
白马河	10.4	146.00	241.90	95.9	4.5	26	1725	237.40	5.8
畛水	18	152.00	243.20	91.2	4.4	26	1701	238.80	13.15
南清河	22.7	160.00	244.10	84.1	4.3	26	1663	239.80	6.9
东洋河	31.3	164.00	245.60	81.6	4.3	26	1649	241.30	7.32
高沟	33.1	165.00	246.00	81.0	4.3	26	1645	241.70	3.15
西阳河	41.3	175.00	247.40	72.4	4.1	26	1595	243.30	6.55
峪里河	43.6	175.00	247.80	72.8	4.2	26	1597	243.70	4.75
沇西河	57.6	195.00	250.40	55.4	3.8	26	1479	246.50	4.98
亳清河	57.7	195.00	250.40	55.4	3.8	26	1479	246.50	6.45
板涧河	65.9	205.00	252.00	47.0	3.7	26	1413	248.30	3.56
五福涧	83.5	224.00	256.10	32.1	3.3	52	635	252.80	1.61
老鸦河	97.8	235.00	263.70	28.7	3.2	52	615	260.50	1.75

2.11.1.2 坝前水位

小浪底水库洪水水面线推算的起始水位是坝前洪水位。小浪底水库的坝前洪水位根据黄河干流三门峡水库、小浪底水库和支流陆浑水库、故县水库四库联合防洪运用方式，通过调洪演算求得。设计洪水过程线分别考虑了1933年“上大型洪水”和1958年“下大型洪水”。各水库调洪计算条件见表2.11-2，四库联合防洪运用的库容曲线和泄流曲线分别见表2.11-3～表2.11-5。小浪底水库“上大型洪水”1933年型洪水调洪计算成果见表2.11-6。

表 2.11-2 小浪底水库运用后各水库调洪计算条件

项目		三门峡水库	小浪底水库运用10年	陆浑水库	故县水库
起调	水位/m	305.00	240.00	317.00	527.30
	库容/亿 m^3			5.68	2.79
蓄洪限制	水位/m			323.00	548.00
	库容/亿 m^3			8.16	7.62

表 2.11-3 三门峡、陆浑、故县水库库容及泄流曲线表

三门峡水库			陆浑水库			故县水库		
水位/m	库容/亿 m^3	泄量/(m^3/s)	水位/m	库容/亿 m^3	泄量/(m^3/s)	水位/m	库容/亿 m^3	泄量/(m^3/s)
296.00	0.0258		290.00	0.28	91.0	480.00	0.12	213

续表

三门峡水库			陆浑水库			故县水库		
300.00	0.0768	3450	300.00	1.34	594	490.00	0.27	401
306.00	0.4595		310.00	3.38	1129	500.00	0.51	552
310.00	1.276	7416	320.00	6.82	2410	510.00	1.4	659
316.00	3.625		330.00	11.47	5281	520.00	1.8	751
320.00	6.765	10600				530.00	3.25	833
326.00	18.01					540.00	5.35	3699
330.00	30.45	12875				550.00	8.3	11434
335.00	58.36	13879						

表 2.11-4　　小浪底水库运用 10 年库容曲线表

水位/m	240.00	245.00	250.00	255.00	260.00	265.00	265.90	270.00	275.00
库容/亿 m^3	0	3.6	10.7	18.2	27.0	36.2	37.9	48.4	61.9

表 2.11-5　　小浪底水库泄流曲线表

水位/m	210.00	220.00	230.00	240.00	245.00	250.00	255.00	260.00	265.00	270.00	275.00
流量/(m^3/s)	5423	6769	8048	9492	10109	10725	11316	11907	13153	14828	16821

表 2.11-6　　黄河小浪底水库运用 10 年洪水调洪计算成果表

洪水类型	频率 P /%	最大蓄水量时		最大入流时	
		最大蓄水量 /亿 m^3	入库流量 /(m^3/s)	入库流量 /(m^3/s)	相应蓄水量 /亿 m^3
"上大型洪水"（1933 年型）	5	13.21	6100	11560	5.74
	20	3.30	7580	9340	1.95

注　"上大型洪水"是指三门峡以上来的洪水，"下大型洪水"是指三门峡以下来的洪水。频率 5%为 20 年一遇洪水，频率 20%为 5 年一遇洪水。

2.11.1.3　库区洪水水面线及迁移界线

1. 计算方法

采用能量方程推算。

$$Z_1+\frac{a_1v_1^2}{2g}=Z_2+\frac{a_2v_2^2}{2g}+\frac{Q^2\Delta L}{\overline{K}^2}+\xi\left(\frac{v_2^2-v_1^2}{2g}\right) \tag{2.11-1}$$

式中：Z_1、Z_2 为上、下游断面的位能，m；$\frac{a_1v_1^2}{2g}$、$\frac{a_2v_2^2}{2g}$分别为上、下游断面流速水头，m；v_1、v_2 为上、下游断面平均流速，m/s；a_1、a_2 为系数（取 $a=1$）；g 为重力加速度，m/s^2；$\frac{Q^2\Delta L}{\overline{K}^2}$为沿程水头损失，m；$Q$ 为河段平均流量，m^3/s；ΔL 为上、下游断面间距，m；$\overline{K}$ 为河段的上、下断面流量模数平均值，即 $\overline{K}=\overline{C}\cdot\sqrt{\overline{R}}$，$m^2$；$\overline{R}$ 为上、下游断面的水力半径平均值，m；$\overline{C}$ 为谢才系数，即 $C=\frac{1}{\overline{n}}\overline{R}^{1/6}$；$\overline{n}$ 为河段平均糙率系数；

$\xi\left(\frac{v_2^2-v_1^2}{2g}\right)$为局部水头损失；$\xi$为局部损失水头系数。

分析流量6000～12000m³/s的河道糙率：距坝59km以下，天然河道糙率为0.022～0.031，水库淤积后糙率为0.0122～0.0133；距坝59～84km，天然河道糙率为0.031～0.045，水库淤积后糙率为0.0133～0.021；距坝84～115km，天然河道糙率为0.045～0.065，水库淤积后糙率为0.021～0.050；距坝115～130km，天然河道糙率为0.065～0.078，水库淤积后糙率为0.05～0.073。水库下半段河谷较宽；水库上半段河谷狭窄，岸壁糙度影响不同。

按式（2.11-1）由坝前水位向上游逐段推算，可求得各断面的水位。

2. 河道断面选取

按照回水计算的分段要求，由三门峡至小浪底天然河道1/10000地形图，在河道横断面及河宽发生较大变化处，河底高程陡变点，较大支流汇入处，水文站及重点河段处共划分了77个横断面，作为回水计算的控制断面。

水库淤积后的纵横断面是根据小浪底水库初期运用10年的淤积形态确定的。

3. 河道糙率

（1）天然河道糙率的确定。黄河三门峡至小浪底河段的水文、水位站断面有小浪底水文站、八里胡同水文站（现为水位站）、三门峡尾水位断面及三门峡水文站等。根据各水文站、水位站断面实测资料确定的水位-流量关系曲线，试算天然河道糙率。由于三门峡至板涧河口（33～77号断面）为狭谷河段，糙率值较大；三门峡大坝下游河段（75～77号断面），由于三门峡大坝施工期间遗留在河床的大块乱石，实测糙率值可达0.07左右。

（2）水库淤积后河道糙率。根据小浪底水库运用10年库区淤积纵横断面，考虑了库区沿程河床淤积物颗粒组成不同，并参考三门峡库区淤积后实际糙率资料，分析确定了小浪底水库各河段的糙率值。

4. 水面线计算

（1）回水计算起始水位。天然河道水面线计算的起始水位以设计流量在小浪底坝址处的水位流量关系线上查得。

淤积后干流回水计算的起始水位，非汛期为265.00m；汛期由频率$P=5\%$（20年一遇）和$P=20\%$（5年一遇）不同频率洪水的调洪起始水位确定。应计算坝前最高水位相应入库流量以及最大入库流量相应坝前水位两条回水曲线，然后取外包线，作为汛期回水线。经计算，最大入库流量相应的水面线在距坝较短距离就高于坝前最高水位相应的水面线，因此汛期回水曲线仅计算最大入库流量相应的水面线。

（2）天然水面线计算。用试算的天然水面线糙率值，计算频率$P=5\%$和频率$P=20\%$洪水汛期天然河道水面线。

（3）淤积后水面线计算。汛期按设计的锥体淤积纵断面，非汛期由于蓄水淤积，故在汛期锥体淤积纵断面的基础上再叠加非汛期三角洲淤积体纵断面。

水库各断面回水水位是各方案推算出的非汛期回水曲线和汛期最大入流，最高蓄水位的回水曲线，取其外包线作为本次回水曲线推算成果。水库运用10年265.00m水位洪水淹没范围见表2.11-7。

表 2.11-7 黄河小浪底水库运用10年265.00m水位洪水淹没范围表

断面号	距坝里程/m	天然河底高程/m	P=5%			P=20%		
			天然水位/m	回水水位/m	居民迁移界线/m	天然水位/m	回水水位/m	土地征用界线/m
0	0	134.20	141.90	251.80	266.0	140.90	244.70	265.0
1	2600	136.40	144.50	251.80	266.0	143.50	245.00	265.0
2	3600	136.90	145.40	251.80	266.0	144.30	245.10	265.0
3	6500	139.00	148.80	251.80	266.0	147.40	245.20	265.0
5	9020	141.10	151.40	251.80	266.0	149.90	245.20	265.0
8	11640	142.90	153.20	251.80	266.0	151.80	245.40	265.0
10	14300	145.10	154.70	251.80	266.0	153.30	245.70	265.0
12	17240	147.10	156.10	251.80	266.0	154.70	246.00	265.0
14	19380	150.00	156.90	251.80	266.0	155.50	240.50	265.0
16	21610	153.60	158.70	251.80	266.0	157.40	246.80	265.0
18	24240	156.00	164.50	251.80	266.0	163.50	247.10	265.0
20	26380	157.70	168.70	251.90	266.0	167.40	247.80	265.0
22	29370	159.10	171.20	252.00	266.0	169.60	250.30	265.0
23 (1)	31450	159.50	172.60	252.20	266.0	170.90	251.30	265.0
23 (2)	31950	159.70	172.80	252.30	266.0	171.10	251.40	265.0
25	34350	164.90	174.20	252.30	266.0	172.50	251.60	265.0
26	36180	166.60	175.90	252.50	266.0	174.30	251.80	265.0
28	38820	170.20	178.40	252.60	266.0	177.00	252.00	265.0
29	41060	170.80	181.60	252.70	266.0	179.90	252.10	265.0
30	43460	173.80	183.70	253.00	266.0	182.00	252.30	265.0
32	45620	177.60	186.60	253.30	266.0	185.20	252.60	265.0
34	48760	179.60	190.40	253.70	266.0	189.00	253.10	265.0
35	50880	182.60	191.30	254.00	266.0	190.00	253.40	265.0
37	53690	187.20	194.00	254.50	266.0	192.90	253.90	265.0
38	55660	188.80	197.40	254.70	266.0	196.50	254.10	265.0
40	59060	191.00	200.00	254.90	266.0	199.40	254.50	265.0
41	61210	197.50	203.30	255.10	266.0	202.70	254.50	265.0
43	63760	200.40	208.60	255.40	266.0	208.10	254.80	265.0
45	67230	202.20	211.70	256.10	266.0	211.10	255.60	265.0
47	70890	204.20	215.50	258.20	266.0	214.80	257.70	265.0
48	73320	207.10	216.80	259.60	266.0	216.10	259.00	265.0
49	75270	209.70	218.00	260.30	266.0	217.40	259.60	265.0
50	77090	211.00	220.30	260.90	266.0	219.70	260.30	265.0

续表

断面号	距坝里程/m	天然河底高程/m	P=5%			P=20%		
			天然水位/m	回水水位/m	居民迁移界线/m	天然水位/m	回水水位/m	土地征用界线/m
51	78480	213.20	221.70	261.40	26.0	221.20	260.70	265.0
53	81140	218.10	255.80	262.50	266.0	225.00	261.80	265.0
55	83450	222.00	229.10	263.50	266.0	228.50	262.70	265.0
57	85820	223.90	234.40	264.50	266.0	233.10	263.60	265.0
58	88110	226.00	238.50	265.80	266.0	236.50	264.90	265.0
60	91460	229.80	243.80	266.80	266.8	240.60	265.90	265.9
62	94510	232.50	248.10	267.90	267.9	244.50	266.90	266.9
64	96880	235.90	250.80	269.40	269.4	247.50	268.30	268.3
66	99950	240.50	253.00	270.00	270.1	250.00	269.00	269.0
67	102650	245.60	255.60	270.80	270.8	253.00	269.60	269.6
69	107850	251.30	261.40	272.20	272.2	259.80	271.00	271.0
70	112050	256.00	266.10	273.20	273.2	264.60	272.00	272.0
71	114700	257.20	270.20	274.20	274.2	268.50	273.00	273.0
72	117000	259.20	273.00	275.40	275.4	271.00	273.80	273.8
73	120000	262.10	275.80	277.20	277.2	274.00	275.00	275.0
75	124570	265.40	280.10	280.30	280.3	278.30	278.50	278.5
76	126970	268.00	283.30			281.80		

注 居民迁移界线以20年一遇洪水的回水曲线与正常蓄水位的上包线为标准，土地征用界线以5年一遇洪水的回水曲线与正常蓄水位的上包线为标准。在回水影响不显著的库段，居民迁移的界线，采用水库正常蓄水位275.00m加高1m，以策安全。初期多年移民正常蓄水位为265.00m。

（4）回水末端。根据淹没处理设计规范的规定，水库回水末端的位置按回水曲线高于同频率洪水天然水面线的0.1～0.3m范围内分析确定。干流回水末端水位计算成果见表2.11-8。

表2.11-8　　小浪底水库运用10年回水末端水位

项　目	水库运用10年（265.00m水位）	
	P=5%	P=20%
天然水面线水位/m	280.10	278.30
回水末端水位/m	280.30	278.50

由表2.11-8可知，水库10年运用20年一遇洪水的回水曲线末端距小浪底大坝为124.57km，距三门峡大坝尾水断面6.5km。

（5）支流回水计算。小浪底水库库区支流回水计算，采用的汛期和非汛期洪水标准与坝址洪水同频率，计算采用的支流回水起始水位与各支流河口处相应的干流回水水位相同。

由于小浪底库区较大支流位于库区下半段，库区上半段加入的支流流域面积小，河道比降大。根据水库淤积分析计算，支流河口处的淤积高程与干流淤积高程相同，支流内的淤积面低于支流河口处的淤积高程。由小浪底水库运用方式可知，水库汛期降低水位运用，而非汛期蓄水位高。鉴于非汛期支流洪水小，小浪底库区支流回水计算可按支流河口处相应的干流回水水位为准，做水平回水处理。小浪底库区主要支流回水水位成果见表2.11-9。

表 2.11-9　小浪底水库初期运用10年265.00m水位主要支流回水水位

支流	距坝里程/km	水位/m	
		居民迁移界线（$P=5\%$）	土地征用界线（$P=20\%$）
大峪河	3.9	266.00	265.00
煤窑沟	6.1	266.00	265.00
白马河	10.4	266.00	265.00
畛水	18.0	266.00	265.00
南清河	22.7	266.00	265.00
东洋河	31.3	266.00	265.00
高沟	33.1	266.00	265.00
西阳河	41.3	266.00	265.00
峪里河	43.6	266.00	265.00
沇西河	57.6	266.00	265.00
亳清河	57.7	266.00	265.00
板涧河	65.9	266.00	265.00
五福涧	83.5	266.20	265.00
老鸦河	97.8	269.40	268.30
清水河	99.3	270.10	269.00
乾灵河	116	275.40	273.80
细流河	123	280.30	278.50
岳家河	126		

2.11.2 水库后期正常运用洪水水面线计算分析

在水库正常运用期，小浪底水库进行“蓄清排浑、调水调沙”运用。水库正常蓄水位为275.00m，死水位为230.00m，主汛期限制水位为254.00m。水库已形成高滩深槽平衡形态，坝前滩面高程为254.00m，河底高程为226.30m，保持有效库容51亿m^3。其中槽库容为10亿m^3，滩库容为41亿m^3。主汛期在预留滩面以上41亿m^3库容对大洪水（50年一遇以上）进行防洪运用条件下，利用槽库容进行调水调沙和多年调沙；调节期重复利用滩面以上41亿m^3库容进行蓄水、调节径流兴利运用。在多年调沙周期内，槽库容内有冲淤变化，在保留3亿m^3调水库容条件下，允许多年调沙，最大淤积为7亿m^3，冲淤平衡时，恢复槽库容。因此，按多年调沙周期内槽库容平均淤积3.5亿m^3，其中70%的泥沙淤积体分布在高程240.00m以下。采用频率$P=5\%$和$P=20\%$洪水的防洪起调水位为244.00m。

2.11.2.1 干流淤积形态

1. 水库淤积纵剖面

（1）河床淤积纵比降。根据小浪底水库多年调沙运用槽库容内平均淤积3.5亿m^3，河床淤积抬高的特点，分析计算河床淤积纵剖面形态如下：

第一段（坝前段）：长33km，河床淤积比降$i=1.8‰$；第二段：长33km，河床淤积比降$i=2.4‰$；第三段：长63.8km，河床淤积比降$i=3‰$。库区悬移质泥沙淤积河床纵剖面平均比降约为2.5‰。

在水库尾部段砂卵石推移质堆积体被水库多年调沙平均淤积物覆盖，此时库区只有悬移质泥沙淤积河床纵剖面形态。

（2）滩地淤积纵比降。小浪底水库上半段为峡谷段，不能形成滩地，水库下半段较宽阔，除八里胡同外，均可以形成滩地。由于水库采取逐步抬高主汛期水位拦沙和调水调沙淤积形成高滩高槽的运用方式，滩地淤积与河槽淤积的造床条件基本相似，故滩地淤积比降比较大，计算分析滩地淤积比降为$i=1.7‰$。

2. 河槽形态

小浪底水库正常运用期主汛期调水调沙，采用小浪底水库正常运用期多年调水调沙运用的河槽淤积形态。

3. 非汛期淤积形态

按照设计水平1950—1974年系列，非汛期平均来沙量为0.59亿t，为留有余地，采用0.93亿t作为设计非汛期淤积三角洲的依据。

考虑非汛期泥沙70%淤积在库尾峡谷段形成三角洲淤积体，其余30%泥沙淤积在三角洲下游段。按淤积物干容重1.3t/m^3计算，则非汛期三角洲淤积体体积为0.5亿m^3。

非汛期三角洲顶坡比降采用1.3‰，前坡比降采用18‰，峡谷段三角洲顶点水深按$h=0.108Q^{0.44}$计算，Q为非汛期平均流量，约为600m^3/s，则顶点以上水深为1.8m。经铺沙计算，在小浪底正常运用期非汛期三角洲顶点高程为273.00m，顶点距坝104km，淤积末端距坝约为130.9km，高程为276.50km，淤积末端不影响三门峡尾水。

2.11.2.2 支流淤积形态

在小浪底水库正常运用期，支流淤积形态是在水库初期拦沙运用最大淤积时高滩高槽条件下形成的。由于支流自身来沙量甚少，对支流的淤积不起作用，支流的淤积主要是由于干流的浑水水流倒灌淤积形成，在支流河口段形成倒锥体淤积，在支流内回水区形成接近水平的淤积。支流河口的淤积面与干流淤积的滩面相平。在干流狭谷无滩库段（库区上半段），支流河口淤积面与干流高滩高槽时的槽底线相平。小浪底水库正常运用期主要支流淤积形态见表2.11-10。

表 2.11-10 小浪底水库正常运用期主要支流淤积形态

支流名称	距坝里程/km	天然河口高程/m	河口高程高程/m	河口淤积厚度/m	拦门沙坎高度/m	倒坡比降/‰	倒锥体长度/m	支流内淤积面高程/m	支流淤积末端距河口/km
大峪河	3.9	140.00	254.70	114.7	4.7	26	1814	249.90	11.5
煤窑沟	6.1	143.00	255.00	112.0	4.7	26	1802	250.40	6.1
白马河	10.4	146.00	255.80	109.8	4.7	26	1792	251.10	6.38
畛水	18	152.00	257.10	105.1	4.6	26	1770	252.50	15.15
南清河	22.7	160.00	257.90	97.9	4.5	26	1735	253.30	8.02
东洋河	31.3	164.00	259.30	95.3	4.5	26	1722	254.80	9.78
高沟	33.1	165.00	259.60	94.6	4.5	26	1719	255.20	3.8
西阳河	41.3	175.00	261.00	86.0	4.4	26	1674	256.70	7.9
峪里河	43.6	175.00	261.40	86.4	4.4	26	1676	257.10	5.72
沇西河	57.6	195.00	263.80	68.8	4.1	26	1572	259.70	6.08
亳清河	57.7	195.00	263.80	68.8	4.1	26	1572	259.70	7.94
板涧河	65.9	205.00	265.20	60.2	3.9	26	1514	261.30	4.7
五福涧	83.5	224.00	265.60	41.6	3.6	52	683	262.10	2.18
老鸦河	97.8	235.00	269.20	34.2	3.4	52	646	265.80	2.08

在水库正常运用期，主汛期库水位下降，干流河床要降低，但由于支流河口已形成拦门沙坎的倒锥体淤积形态，支流来水很小，不考虑支流冲开拉槽。支流大水时冲开拉槽，因洪水后小水期又被干流倒灌淤积亦不能维持支流河槽。

2.11.2.3 水库坝前水位

各水库的调洪计算条件见表 2.11-11 和表 2.11-12。

表 2.11-11 小浪底水库运用后各水库调洪计算条件

项目		三门峡水库	小浪底水库正常运用期	陆浑水库	故县水库
起调	水位/m	305.00	244.00	317.00	527.30
	库容/亿 m³			5.68	2.79
蓄洪限制	水位/m			323.00	548.00
	库容/亿 m³			8.16	7.62

表 2.11-12 小浪底水库正常运用期多年调沙平均淤积状态库容曲线表

水位/m	244.00	250.00	255.00	260.00	265.00	270.00	275.00
库容/亿 m³	0.14	2.67	7.53	13.3	21.6	32.9	46.5

2.11.2.4 库区水面线及迁移界线

推算的小浪底水库正常运用期 275.00m 水位运用水库淹没范围见表 2.11-13。水库各断面回水水位仍采用各方案推算出的非汛期回水曲线和汛期最大入流、最高蓄水位的回水曲线的外包线。

表 2.11-13 黄河小浪底水库后期（正常运用期）水位 275.00m 运用淹没范围

序号	断面号（C）	距坝里程/m	天然河底高程/m	P=5%			P=20%		
				天然水位/m	回水水位/m	居民迁移界线相应水位/m	天然水位/m	回水水位/m	土地征用界线相应水位/m
0	0	0	134.20	141.90	257.00	276.00	140.90	244.00	275.00
1	1	2600	136.40	144.50	257.00	276.00	143.50	244.00	275.00
2	2	3600	136.90	145.40	257.00	276.00	144.30	244.00	275.00
3	3	6500	139.00	148.80	257.00	276.00	147.40	244.00	275.00
4	5	9020	141.10	151.40	257.00	276.00	149.90	244.00	275.00
5	8	11640	142.90	153.20	257.00	276.00	151.80	244.00	275.00
6	10	14300	145.10	154.70	257.00	276.00	153.30	244.10	275.00
7	12	17240	147.10	156.10	257.00	276.00	154.70	244.10	275.00
8	14	19380	150.00	156.90	257.00	276.00	155.50	244.10	275.00
9	16	21610	153.60	158.70	257.00	276.00	157.40	244.10	275.00
10	18	24240	156.00	164.50	257.00	276.00	163.50	244.10	275.00
11	20	26380	157.70	168.70	257.00	276.00	167.40	244.10	275.00
12	22	29370	159.10	171.20	257.00	276.00	169.60	244.20	275.00
13	23（1）	31450	159.50	172.60	257.00	276.00	170.90	244.20	275.00
14	23（2）	31950	159.70	172.80	257.00	276.00	171.10	244.20	265.00
15	25	34350	164.90	174.20	257.00	276.00	172.50	244.30	275.00
16	26	36180	166.60	175.90	257.00	276.00	174.30	244.30	275.00
17	28	38820	170.20	178.40	257.00	276.00	177.00	244.30	275.00
18	29	41060	170.80	181.60	257.00	276.00	179.90	244.40	275.00
19	30	43460	173.80	183.70	257.00	276.00	182.00	244.50	275.00
20	32	45620	177.60	186.60	257.00	276.00	185.20	244.60	275.00
21	34	48760	179.60	190.40	257.00	276.00	189.00	244.80	275.00
22	35	50880	182.60	191.30	257.00	276.00	190.00	244.90	275.00
23	37	53690	187.20	194.00	257.00	276.00	192.90	245.10	275.00
24	38	55660	188.80	197.40	254.00	276.00	196.50	245.20	275.00
25	40	59060	191.00	200.00	257.10	276.00	199.40	245.80	275.00
26	41	61210	197.50	203.30	257.10	276.00	202.70	246.50	275.00
27	43	63760	200.40	208.60	257.10	276.00	208.10	247.50	275.00
28	45	67230	202.20	211.70	257.10	276.00	211.10	247.80	275.00
29	47	70890	204.20	215.50	257.10	276.00	214.80	248.90	275.00
30	48	73320	207.10	216.80	257.10	276.00	216.10	250.30	275.00

续表

序号	断面号（C）	距坝里程/m	天然河底高程/m	P=5%			P=20%		
				天然水位/m	回水水位/m	居民迁移界线相应水位/m	天然水位/m	回水水位/m	土地征用界线相应水位/m
31	49	75270	209.70	218.00	257.10	276.00	217.40	251.10	275.00
32	50	77090	211.00	220.30	257.20	276.00	219.70	251.90	275.00
33	51	78480	213.20	221.70	257.20	276.00	221.20	252.40	275.00
34	53	81140	218.10	255.80	257.30	276.00	225.00	253.70	275.00
35	55	83450	222.00	229.10	257.40	276.00	228.50	254.80	275.00
36	57	85820	223.90	234.40	257.60	276.00	233.10	256.10	275.00
37	58	88110	226.00	238.50	258.60	276.00	236.50	257.60	275.00
38	60	91460	229.80	243.80	260.00	276.00	240.60	259.00	275.00
39	62	94510	232.50	248.10	261.30	276.00	244.50	260.30	275.00
40	64	96880	235.90	250.80	263.00	276.00	247.50	261.90	275.00
41	66	99950	240.50	253.00	264.00	276.00	250.00	262.90	275.00
42	67	102650	245.60	255.60	264.80	276.00	253.00	263.70	275.00
43	69	107850	251.30	261.40	266.60	276.00	259.80	265.50	275.00
44	70	112050	256.00	266.10	268.20	276.00	264.60	267.00	275.00
45	71	114700	257.20	270.20	271.00	276.00	268.50	269.70	275.00
46	72	117000	259.20	273.00	274.40	276.00	271.00	272.70	275.00
47	73	120000	262.10	275.80	277.00	277.20	274.00	275.30	275.30
48	75	124570	265.40	280.10	280.90	280.90	278.30	279.10	279.10
49	76	126970	268.00	283.30	283.60	283.60	281.80	282.00	282.00
50		130940	275.00	288.20			287.10		
51		131100	276.70	288.50			287.30		

注 *P* 为频率符号。后期移民正常蓄水位为 275.00m。

干流回水末端位置计算见表 2.11-14，距小浪底大坝 127km，距三门峡大坝 3.1km。浪底水库库区支流回水计算成果见表 2.11-15。

表 2.11-14　　小浪底水库后期（正常运用期）运用回水末端位置

项　目	正　常　运　用	
	P=5%	P=20%
天然水面线水位/m	283.30	281.80
回水末端水位/m	283.60	282.00
回水末端距小浪底大坝里程/km	126.97	126.97

表 2.11-15 小浪底水库后期正常蓄水位 275.00m 运用库区主要支流淹没范围

序号	支流	距坝里程/km	水位/m	
			居民迁移界线（$P=5\%$）	土地征用界线（$P=20\%$）
1	大峪河	3.9	276.00	275.00
2	煤窑沟	6.1	276.00	275.00
3	白马河	10.4	276.00	275.00
4	畛水	18.0	276.00	275.00
5	南清河	22.7	276.00	275.00
6	东洋河	31.3	276.00	275.00
7	高沟	33.1	276.00	275.00
8	西阳河	41.3	276.00	275.00
9	峪里河	43.6	276.00	275.00
10	沇西河	57.6	276.00	275.00
11	亳清河	57.7	276.00	275.00
12	板涧河	65.9	276.00	275.00
13	五福涧	83.5	276.00	275.00
14	老鸦河	97.8	276.00	275.00
15	清水河	99.3	276.00	275.00
16	乾灵河	116	276.00	275.00
17	细流河	123	280.90	279.10
18	岳家河	126	283.60	282.00

第 3 章

黄河三门峡水利枢纽泥沙研究与处理

3.1　三门峡水利枢纽工程建设

3.1.1　1954 年《黄河综合利用规划技术经济报告》阶段

中华人民共和国成立后，中国共产党党中央和国务院非常重视黄河的治理，为了解决黄河洪水的危害，确保人民生命财产安全和国民经济建设顺利进行，1954 年黄河规划委员会提出《黄河综合利用规划技术经济报告》（以下简称《技经报告》），选定三门峡水利枢纽为第一期重点工程。《技经报告》确定，三门峡水库正常高水位（现称正常蓄水位）350.00m，总库容 360 亿 m^3。三门峡水利枢纽的主要任务为：将黄河（三门峡以上）1000 年一遇洪水流量由 37000m^3/s 减至 8000m^3/s，并与伊河、洛河、沁河支流水库配合运用，黄河下游防洪问题将得到全部解决；水库控制了上游全部泥沙来量（占下游泥沙来量的 98%），下泄清水，可使下游河床不再淤高；充分调节黄河水量，可满足初期 2200 万亩、远景 7500 万亩的灌溉用水要求；发电装机 89.6 万 kW，年发电量 46 亿 kW·h；下游河道的航运条件得到改善等。《技经报告》指出三门峡水利枢纽存在两个严重问题：①当水库水位为 350.00m 时，要淹没农田 207 万亩，移民 60 万人，赔偿费用 6.58 亿元，占总投资的 52%，巨大的淹没是兴建三门峡水利枢纽的困难问题之一。为了减轻移民困难，库水位拟分期抬高，1962 年前运用水位按 336.00m 考虑，仍需迁移 27.2 万人，淹没耕地 94 万亩。②水库淤积，计划预留拦沙库容 147 亿 m^3，不计上游减沙效益，估计水库寿命为 25～30 年，为了减少进入三门峡水库的泥沙，规划拟定除大力进行水土保持工作外，近期还要在渭河支流葫芦河、泾河、北洛河、无定河、延河，修建 5 座大型拦泥库，到 1967 年进入三门峡水库的泥沙估计可减少约 50%，加上异重流排沙，则三门峡水库的寿命可维持 50～70 年。《技经报告》还指出，“三门峡水库内泥沙淤积和水库寿命的估算是一个很复杂的问题”，需要进一步研究，关于长期和根本解决泥沙问题的办法，需要依靠全面的水土保持工作。

3.1.2 《黄河三门峡水利枢纽技术设计任务书》阶段

《黄河三门峡水利枢纽技术设计任务书》审查时提出3点意见：①考虑到三门峡水库的淤积速度和中上游水土保持效果尚未完全判明，为延长水库寿命，要求提出正常高水位在350.00～370.00m间，每隔5m一个方案，以供选择；②由于三门峡以下伊河、洛河、沁河支流水库的防洪效果尚未判明，为保证下游防洪安全，在初步设计中应考虑将允许泄量由8000m^3/s降至6000m^3/s；③应考虑进一步扩大灌溉面积的可能性。

根据《黄河三门峡水利枢纽设计任务书》要求，《三门峡工程初步设计要点》提出：推荐下坝轴线，混凝土重力坝和坝内式厂房方案；选定水库正常高水位不应低于355.00m；如50年后，尚须满足相当数量的灌溉、发电要求，正常高水位抬高到370.00m；设计最大泄流量为6000m^3/s。

3.1.3 《黄河三门峡水电站初步设计》阶段

1956年，《黄河三门峡水电站初步设计》提出修建三门峡水利枢纽是为解决黄河下游及与它邻接的陕、晋、豫、鲁省内人口稠密的平原上建设的综合性的任务。这些综合性的任务也就是防止水灾、发展灌溉，供电，航运。

三门峡水库库容为360亿m^3（水位350.00m），能把1000年一遇的洪峰流量，由35000m^3/s削减至6000m^3/s，也就是削减到黄河下游的安全泄量。在沁河与伊洛河修建水库后，将完全地消除下游决堤和闹水灾的危害。水库可以调节水量，能够把灌溉季节的最低流量从360m^3/s提高到950m^3/s，保证平原地区4000万亩计划灌溉面积的用水。水电站的容量为110万kW，年发电量为60亿kW·h。由于三门峡水库进行调节，并把最小流量由280m^3/s提高至700m^3/s，这样就保证了黄河下游河床的水深不小于1m，从而允许从邙山到河口全长790km通航。

根据35年的实测资料，三门峡坝址多年平均年径流量422亿m^3，多年平均年输沙量为13.6亿t，悬移质年平均粒径为0.025mm，粒径小于0.01mm平均占35%。

大坝和水电站一次筑到正常高水位360.00m，但是由于从库区移民的条件，水库正常高水位在1967年以前应维持在350.00m。

保证下泄下游安全泄量值为6000m^3/s。修建伊河、洛河和沁河水库后，仍有相当大面积的径流未被水库控制。为了避免三门峡水库最大下泄流量与下游区间洪水遭遇时决堤，设计委托者要求在6～7d内减小下泄流量到1000m^3/s。为了调节1000年一遇洪水需要100亿m^3的库容，其中72亿m^3是为了拦蓄6～7d中泄量减少到1000m^3/s时的库容。当水库正常高水位在360.00m时，汛前水位为357.00m，其相应的防洪库容高度为3.0m；在水库初期运用正常高水位为350.00m时，防洪库容高度为4.7m，其相应汛前水位为345.30m。10000年一遇的非常洪水是在正常高水位以上的强制水位下通过的。当水库正常运转，正常高水位为360.00m，考虑到下游限制流量，非常洪水在非常洪水位363.00m时下泄，即比正常高水位高出3m。当水利枢纽初期运转，正常高水位为350.00m时，非常洪水在非常洪水位354.00m下泄。

关于水库泥沙淤积的计算，初步设计报告分析：考虑到本水库的特性，国内外若干水库的运用经验以及一些理论的和实验室的研究，在设计中按黄河天然水沙条件下对未来水库的淤积特点进行细心的理论和实验研究。在设计中认为粒径大于0.01mm（占泥沙量的65%）的大颗粒泥沙将沉降于水库的上游，粒径小于0.01mm（占泥沙量的35%）的泥沙形成异重流并将带到坝前，这些泥沙的很大部分（占55%）将随水流穿过水电站和坝孔泄入下游。因此，进库泥沙总量中约有80%，或者是每年平均有11亿t（入库年沙量13.6亿t）应沉积于水库内，而约有20%，或者是每年平均约2.6亿t泥沙将泄入下游。对水土保持措施的效果估计得低些，在计算中采用：到1967年比现有情况减少入库沙量20%，而到水库运用50年的末期减少50%。三门峡水库淤积计算成果见表3.1-1。

表3.1-1　　三门峡水库淤积计算成果

泥沙类别	水库运用					
	运用8年（1959年7月—1967年6月）			运用50年		
粒径	淤积重量/亿t	淤积体积/亿m^3	淤积土干容重/(t/m^3)	淤积重量/亿t	淤积体积/亿m^3	淤积土干容重/(t/m^3)
粗沙（>0.01mm）	54	49	1.10	299	253	1.20
细沙（<0.01mm）	13	16	0.80	73	83	0.90
共计	67	65	1.03	372	336	1.11

因此，水库运用50年后淤积了泥沙340亿m^3。此时死库容98亿m^3全被淤满，而有效库容则淤积了约250亿m^3。

在远景计算中，应考虑到由于水土保持措施所引致的径流减少。根据初步估计可以预料，到1967年平均年径流减少50亿m^3，而远景完成全面水土保持工作以后年径流将减少100亿m^3。如果水量的减少及水库经过30～40年运行后的淤积确实和现在预计的一样，那就不能不认真考虑到提高坝高5～10m，并自长江流域增引水量过来的可能性。

关于正常高水位的选定，为了选定三门峡水库的正常高水位，在高程350.00～370.00m之间每隔5m进行水能计算。选择正常高水位时所用的水能基本数据是河流的保证出力及多年平均发电量。随着水库的逐渐淤积，水库的有效库容及水电站的发电量也将逐渐减少。正常高水位360.00m是为保证水利枢纽正常工作40～50年的最小必需高程。

三门峡水库淤积过程的一般说明：

水库在平面上具有复杂的外形，可分为3个部分：①黄河干流水库；②渭河水库区；③渭河及黄河汇合后的下部水库区。

黄河及渭河泥沙细，泥沙粒径大于0.1mm的占总量的0.4%，泥沙粒径小于0.01mm占总量的40%，泥沙粒径0.01～0.02mm的占总量的20%，泥沙粒径0.02～0.10mm的占总量的39.6%。

水流含沙量在很大范围内变化，日平均含沙量从冬、春季的8kg/m^3到洪水期的600kg/m^3，汛期平均含沙量为40～50kg/m^3。

在水库内就形成底部浑水异重流，到达坝前并通过水电站及坝上的泄水孔（主要是通过底部泄水孔）泄入下游。底部异重流挟运的颗粒最大不超过0.02～0.01mm，采用最大粒径为0.01mm。

在汛期，粒径小于0.01mm的泥沙大部分将被带到下游，在其他时间，由于流速很小，所有悬移质泥沙将淤积在库内。

水流进入水库后，粗的悬移质泥沙将淤成纵坡甚陡的淤积三角洲，含沙水流将沿三角洲的下部斜坡下沉并继续沿库底向下流动。淤积三角洲的坡度决定于粗泥沙（$d>0.04\sim0.05$mm）的含量。$d=0.01\sim0.05$mm的泥沙颗粒将在底部异重流运动沿程沉积下来。淤积三角洲及细粒泥沙（$d<0.01$mm）的淤积将逐渐沿水库向下游推移。经过一定年份以后，在上游形成等于临界值J_{kp}的比降。但因渭河输沙量远小于黄河的输沙量，而渭河河谷宽度很大，因此，渭河河谷区的淤积三角洲的下移速度将远比黄河河谷淤积的三角洲的下移速度缓。

考虑最细泥沙的沉积条件。开始时，底部异重流将自由的到达坝前，在水库充水期内，底部异重流的一部分将泄到下游，而另一部分由于坝身引起反射的结果将向上升高。由于细泥沙的淤积，下段的河底将逐渐抬高，这些淤积能够向上游扩展并开始淤于渭河河谷区下部。

因此，水库的淤积将自上而下以及自下而上进行。但后者将进行得缓慢。

关于三门峡水库对黄河下游的影响的估计。由黄河流域规划委员会于1956年3月的水文说明书中做出估计。

三门峡水库下泄清水和细泥沙小含沙量浑水（异重流排沙），将会造成下游河道的冲刷。三门峡—小浪底以下的东河清间，河底为砾卵石，河床不会有显著的变形。东河清—桃花峪间，估计河道可引起较大的冲刷，但桃花峪水利枢纽建成后（考虑方案），又将在水库内淤积，自桃花峪水利枢纽下泄仍为清水水流。河宽固定为500m，冲刷时不扩展两岸，则预期9年内冲刷的结果如下。

（1）在郑州京汉铁路桥的下游前两年冲刷9m以上，至第9年将冲深达27m。

（2）下游河道的冲刷是沿着河道逐渐向下游发展，并不是一开始全河段都是普遍冲刷的，前9年中高村以下河道尚未大量冲刷。

（3）向下冲刷的速度是逐年减弱的。

（4）水库下泄的清水又在河床上冲刷携带一部分泥沙，其中一小部分淤积在下段比降较缓的河道中，其余都输送入海。位山断面各年输沙量计算结果见表3.1-2，9年中平均每年为1.18亿t。

表3.1-2　　黄河下游位山断面的输沙量　　单位：亿t

年序	1	2	3	4	5	6	7	8	9	备注
输沙量	1.34	2.99	1.71	0.73	1.48	0.38	0.42	1.09	0.45	位山上距桃花峪约390km

三门峡水库建库后，下游水流含沙量大为减少，以洛口（上距桃花峪约520km）的年输沙量比较，建库后仅为建库前的10%，以年含沙量比较，亦仅为建库前的10%～20%，建库前泥沙组成较细，建库后泥沙颗粒较粗，与河床质的颗粒大小相近。

根据官厅水库建成后下游河道的冲刷情况看，除河道冲深外，主流摆动得很厉害，淘刷河湾，随主流的摆动河面亦随之展宽，原来的滩地坍塌后不复淤新滩，河道展宽又使河道分汊等。

上述计算是很粗略的，某些假定与实际尚有出入，而且也只估算 9 年的情况，未做 50 年估算。

3.1.4 《三门峡水利枢纽初步设计》讨论阶段

1957 年年初，三门峡水利枢纽初步设计审查会召开时，仍存有较多争论，经讨论后确定三门峡工程的主要技术指标为：拦河大坝按正常高水位 360.00m 设计，1967 年前最高运用水位不超过 340.00m，死水位降至 325.00m（原设计 335.00m），泄水孔底槛高程降至 300.00m（原设计 320.00m），第一期大坝先修筑至 353.00m，1960 年汛前三门峡水库移民高程为 335.00m，近期水库最高拦洪水位不超过 333.00m。

3.1.5 《三门峡水利枢纽技术设计》阶段

《黄河三门峡水利枢纽技术设计任务书》正式编制并提出后，于 1959 年年底完成了技术设计任务，设计的主要技术指标及工程规模如下：

（1）枢纽正常高水位的选择：从 345.00m 起至 370.00m，每隔 5m 做一方案进行比较。从库区的淹没补偿、水能利用和枢纽投资等方面进行分析研究和比较后，正常高水位不应低于 355.00m，如 50 年后尚需满足相当数量的灌溉、发电要求，则比较合理的正常高水位应为 360.00m。

（2）水库淤积：根据中国方面提供水土保持的减沙效果，在设计中采用水库运用 5 年后，即到 1967 年的入库泥沙量，比原有的多年平均年沙量 13.6 亿 t 减少 20%，水库运用到 50 年减少 50%，按此计算，枢纽运用 5 年库区淤积泥沙为 65 亿 m^3，运用 50 年淤积泥沙 336 亿 m^3。

（3）水库正常高水位 360.00m，相应水库库容为 647 亿 m^3，可将 1000 年一遇洪水（洪峰流量 37000m^3/s）下泄流量减为黄河下游堤防的安全泄量 6000m^3/s。

（4）水电站发电机组 8 台，总容量 116 万 kW，年发电量 60 亿 kW·h。厂房定为坝后式。第一期工程按正常高水位 350.00m 施工，死水位 330.00m，装机 7 台，总装机容量 101.5 万 kW。

（5）上、下游灌溉面积 6500 万亩；调节下游河道水深常年不小于 1.0m，从邙山到入海口通航 500t 拖轮；通过枢纽的航道轴线位置选择在左岸。

1959 年，三门峡水电站技术设计报告对水库淤积的分析计算主要内容如下：

（1）规划拟定水库运用前 8 年（1959 年 7 月—1967 年 6 月）初期运用，为季调节水库，以后为多年调节水库。前 8 年计算用的水文资料是 1936 年 7 月—1944 年 6 月。

（2）为了使泥沙淤积在死库容内，前 8 年采取逐渐抬高水位运用的办法，即随着泥沙在水库内的淤积，水库运用水位逐渐增高。前 8 年水库死水位由 320.00m 逐渐抬高到 330.00m。库水位过程线如图 3.1-1 所示。

（3）水库前 8 年的淤积过程计算见表 3.1-3，至第 15 年水库累计淤积 151.65 亿 m^3。

（4）计算水库运用前 8 年和 15 年的库容变化，前 8 年为逐渐抬高水位，8 年后拟定三个正常高水位方案（见表 3.1-4）。

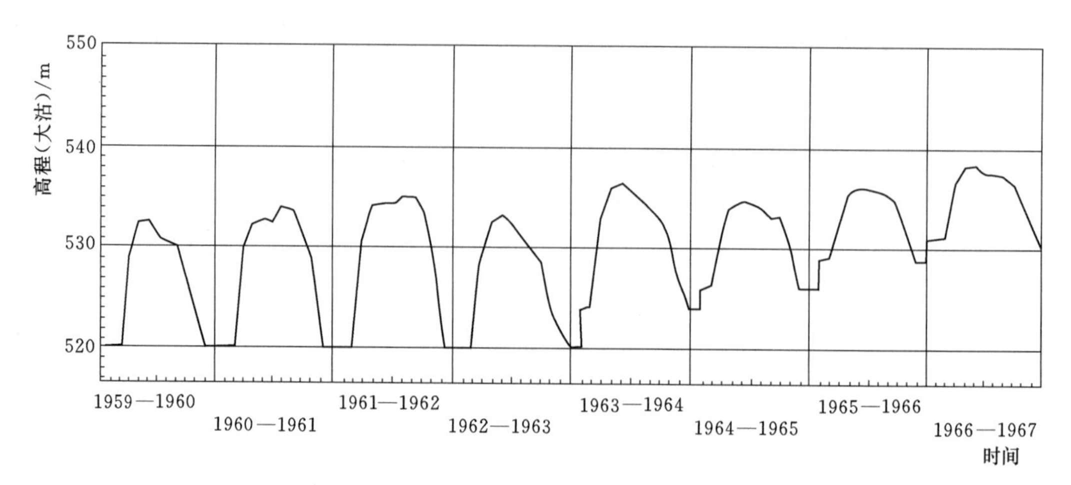

图 3.1-1 三门峡水库水位过程线

表 3.1-3 **三门峡水库运用前8年各年累计淤积量**

年序	1	2	3	4	5	6	7	8
淤积量/亿 m^3	5.96	17.65	10.85	6.63	13.41	4.48	11.33	7.39
累计淤积量/亿 m^3	5.96	23.61	34.46	41.09	54.50	58.98	70.31	77.70

表 3.1-4 **三门峡水库淤积8年、15年后库容变化**

时期	正常高水位/m	项目	高程/m													
			280.00	300.00	305.00	310.00	315.00	320.00	325.00	330.00	335.00	340.00	345.00	350.00	355.00	360.00
淤积前		库容/亿 m^3	0	2.3	4.9	9.6	16.9	27.2	41.4	62.8	103.1	168.2	253.7	359.7	506	647
淤积8年	逐渐抬高								0	7	30	90	185	290	430	
淤积15年	355.00								0	3	21	63	138	240	350	
淤积15年	350.00								0	1	17	53	122	208		
淤积15年	345.00									0	13	41	102			

(5) 水库运用初期前8年的季调节水库逐渐抬高水位运用，水库泥沙淤积在死水位以下的死库容内。干流部分淤积三角洲发展抵达坝前，渭河部分淤积自潼关（渭河河口）上溯渭河淤积。计算中未考虑渭河下游修筑堤防的边界条件。

3.1.6 三门峡水库淤积模型试验研究

关于三门峡水库淤积问题的试验研究工作，遵照上级的指示，1958年9月黄河水利委员会提出了三门峡水库野外大模型设计要点。该项试验研究由黄河水利委员会主持，参加的单位有黄河水利委员会水利科学研究所、水利水电科学研究院河渠研究所、西北水利科学研究所、西安交通大学。模型场地设在陕西省武功，占地10万 m^2，共有三个模型：模型一为整体变态大模型，水平比尺1∶300，垂直比尺1∶50；模型二为整体变态小模型，水平比尺1∶500，垂直比尺1∶150；模型三为渭河局部变态模型，试验范围还包括北洛河库区部分河段，水平比尺1∶220，垂直比尺1∶40。其中，模型一与模型二的试验范围上自黄河小北干流的安昌断面和渭河中游下口的咸阳断面，下至三门峡坝址。模型试验根据三门峡水利枢纽设计指标和异重流运动相似条件设计。模型试验研究的时间过程为水库运用20年，相当于水库1961—1980年水沙条件和运用条件，其中，20年年平均入库水量为219.2亿m^3，年平均入库沙量为5.2亿t（按1963年后黄河水沙量考虑水土保持措施、支流拦沙水库作用及灌溉引水的影响）。水库运用采取逐步提高正常高水位的原则，1961—1968年按340.00m运用，1979年按345.00m运用，1980年按350.00m运用。模型试验于1959年5月1日试水，同年8月开始正式试验，至1960年8月完成了试验。

野外三个大模型的试验结果表明：潼关以上库区淤积量占全库区淤积量的80%～90%，水库运用的20年内，在所给定的来水来沙及库区水位条件下，不考虑推移质泥沙，回水并未影响西安，至于地下水受渭河的影响及其变化问题，则需要进行调查研究。

3.1.7 三门峡库区测验和调查

三门峡库区进行了大规模的测验工作，布置了水文站、水位站和库区大断面，组织了大规模的调查研究，专门建设了三门峡水库实验总站，在坝前和库区设立了水文测验站，配置了专业观测和分析研究的工程技术队伍。从1957年开始就在工程施工期取得了丰富的测验资料和调查研究资料，到1960年水库建成运用后，连续地进行了观测研究，积累了大量的实测资料。

3.1.8 三门峡工程施工建设

1957年4月13日枢纽工程正式开工，1958年10月完成导流工程，同年11月25日实现截流。1959年7月大坝浇筑到310.00m高程，较设计工期提前2年起到部分拦洪作用。1960年6月大坝浇筑到340.00m高程，提前1年拦洪，同年9月15日下闸开始蓄水运用，1960年11月—1961年6月，12个导流底孔全部用混凝土堵塞。1961年4月，大坝修建至第一期坝顶设计高程353.00m高程，枢纽主体工程基本竣工，较设计工期提前1年10月。

建成后工程规模：主坝为混凝土重力坝，第一期工程大坝坝顶高程为353.00m，相应主坝长度713.2m，最大坝高106m。自右岸至左岸分别为：右岸非溢流坝段，长223m，其中电厂安装间48m，安装间以右的坝轴线为弧线型，电站坝段长184m，分8段，每段23m，坝顶宽20m，在300.00m高程处，每段都设有7.5m×1.5m（宽×高）的进水口，进水口外设拦污栅，内设有检修闸门及主闸门各一道，进水口接直径7.5m的发电引水钢管通向厂房，末端与水轮机蜗壳连接。隔墩坝段，长23m，隔墩向上游延伸为混凝土纵向围堰，向下游延伸为隔墙，直达张公岛。张公岛下游有挑水坝，隔墙将溢流坝和电站尾水分开。左岸溢流坝段长124m，280.00m高程处设有12个施工导流底孔，每孔断面尺寸为3m×8m（宽×高），在第1、2段的338.00m高程处设有两个表面溢流孔，每孔断面尺寸为9m×14m（宽×高）。深孔位于溢流坝段坝体的中部，共12个深孔，深孔进口高程300.00m，设有事故检修闸门和工作闸门各一道，孔口尺寸分别为3m×10m（宽×高）和3m×8m（宽×高）。左岸非溢流坝段长111.2m，坝轴线为弧线形。副坝为混凝土心墙大坝，亦称斜丁坝，全长144m，顶部高程为350.00m。副坝最大坝高24m，位于右岸非溢流坝的右侧，插入黄土层内与右岸闪长玢岩岩层相连接。

水电站主厂房位于电站坝段和安装坝段的下游，长223.9m，宽26.2m，高22.5m。右首1段为安装间，左首8段为发电机间，厂房内设有起重量为350t的桥式起重机两台。原设计安装水轮机8台，第一期工程装机7台，每台容量为14.5万kW。11万kV开关站布置在右岸非溢流坝第2～4坝段的下游，22万kV开关站布置在斜丁坝下游。

枢纽的泄流设施只有进水口底槛高程为300.00m的12个深水孔，高程340.00m的设计泄流能力只有6588m³/s，枢纽泄流曲线见表3.1-5。

表3.1-5　三门峡水利枢纽泄流曲线（原设计，1960年至1966年6月）

高程（大沽）/m	300.00	305.00	310.00	315.00	320.00	325.00	330.00	335.00	340.00
泄量（设计）/(m³/s)	0	612	1728	3084	4044	4800	5460	6036	6588
泄量（测验）/(m³/s)	0	576	1692	3180	4152	4944	5628	6240	

3.2　三门峡水库初期运用

3.2.1　水库初始蓄水拦沙运用

水库于1960年9月15日开始蓄水拦沙运用，基本上按原设计的初期运用方式运用。从1960年9月15日—1961年2月9日，最高库水位为332.58m，回水超过潼关（渭河河口），渭河回水达华县附近，距坝约169km，黄河回水距坝约145km。其后水库蓄水位下降，至6月底降至319.13m，7月至8月中旬，水库蓄水位在316.75～321.89m之间。8月下旬后水库蓄水位第二次抬高，至10月21日升至332.53m，此时渭河发生流量为2700m³/s的小洪水，黄河流量2000m³/s，在渭河河口段长达10多km普遍淤高3～5m，回水上延，渭河回水至赤水附近，距坝约187km，黄河回水距坝152km。其后水库蓄水位下降，至12月底水位降至320.00m左右。此后第三次蓄水位抬高，1962年2月17日库水位升至327.96m。其后蓄水位下降，3月20日水位降至312.41m，蓄水运用结束，转为敞开闸门滞洪排沙运用。

在1960年9月15日至1962年3月期间，库水位保持在330.00m以上的天数达200d，汛期异重流排沙，平均排沙比为6.8%，大量的泥沙淤积在库内。在一年半的时间内在库区330.00m高程以下淤积15.4亿m³，有93%的入库泥沙淤积在库内。潼关断面平水流量1000m³/s的水位高程（代表潼关高程），1962年3月比1960年3月升高4.4m，并在渭河河口形成拦门沙，渭河下游河道泄洪能力迅速降低，两岸地下水位升高，水库淤积末端上延，两岸农田受浸没，土地盐碱化面积增大。

3.2.2　水库工程改建前滞洪排沙运用

为了减缓水库淤积和渭河下游洪涝灾害，1962年2月，水利电力部在郑州召开会议决定，并经国务院批准，三门峡水库的运用方式由蓄水拦沙改为拦洪（滞洪）排沙，汛期敞开闸门泄流，只保留防御特大洪水的任务。水库拦洪运用水位 335.00m，陕西省 335.00m 高程以下居民 19.74 万人，均于 1960 年 9 月以前迁移完毕。水库运用后，335.00m 高程以上，受水库回水影响区又迁移居民 8.02 万人，截至 1975 年年底，先后迁移了居民 27.76 万人。水库占用陕西省 335.00m 高程以下土地约 100 万亩，其中耕地约 75 万亩。

渭河下游历史上没有防洪堤，三门峡水库兴建后，库区各县陆续修建了渭河防洪大堤。由于水库淤积，河床抬高，渭河下游两岸地下水位上升，库周 335.00m 高程以上土地浸没盐碱化面积逐渐扩大，排水治碱任务越来越繁重，同时也加强了河槽迁徙摆动和河势流路变化，威胁堤防安全。另外，修筑堤防，缩小了自然河流宽度，河滩变窄，使河道淤积厚度增大，水位升高增多，从而使淤积延伸更远。

水库改变运用方式后，库区淤积有所减缓，渭河口“拦门沙”逐渐冲出一道深槽，但潼关高程并未降低。由于枢纽泄水孔口位置高（12 个深水孔进口底坎高程 300.00m），泄流规模小，入库泥沙仍有 60%淤积在库内，特别是 1964 年汛期丰水丰沙，水库严重滞洪淤积 15.51 亿 m^3，至 1964 年 10 月，335.00m 高程以下的库容减少至 57 亿 m^3，水库淤积继续较快发展。

由于水库泄流能力小，水库滞洪排沙运用期间，涨水时水库滞洪淤积严重，落水时水库小水冲刷，不仅不能缓解水库淤积，而且还加重下游河道淤积，增大黄河下游防洪压力。

3.3 三门峡工程改建

3.3.1 第一次改建的规模

三门峡改建工程主要是增建两条泄洪排沙隧洞和改建四条发电引水钢管（以下简称两洞四管）。增建的两条隧洞，位于左岸，在平面上互相平行，设计水位为 340.00m，其进口分别在坝轴线上游 100m 及 140m 处，出口分别在坝轴线下游 250m 及 388m 处，洞长分别为 393.9m 和 541.5m。两条隧洞直径为 11m，进口底槛高程为 290.00m，出口为挑流鼻坎，鼻坎右端顶高程为 289.00m，左端顶高程为 292.00m。

改建的四条钢管是将进口高程为 300.00m、直径为 7.5m、已安装到厂房内蜗壳进口断面处的 5～8 号机组发电引水钢管，改建为泄流排沙钢管，并将钢管向下游延长至尾水部位，设计的最高运行水位为 335.00m。

1966 年 7 月 29 日改建的四条钢管开始运用，1967 年 8 月 12 日左岸 1 号隧洞投入运用，1968 年 8 月 16 日左岸 2 号隧洞投入运用。上述泄流设施仅在汛期运用，汛后关闭。1966 年及 1967 年属丰水丰沙年，由于一洞四管投入运用，减缓了水库淤积量，但潼关以上仍然发生大量淤积，1967 年汛期渭河河口段淤塞 8.8km。1968 年为丰水枯沙年，潼关高程冲刷降低。1966—1968 年两洞四管先后投入运用，发挥了初步的效应。两洞四管的增大泄流能力见表 3.3-1。

表 3.3-1 两洞四管增大泄流能力对照表

项目	时间	泄流设施	水位								
			295.00m	300.00m	305.00m	310.00m	315.00m	320.00m	325.00m	330.00m	335.00m
设计值流量/(m³/s)	1960年至1966年6月	12个深水孔		0	612	1728	3084	4044	4800	5460	6036
	1968年	12个深水孔+两洞四管	254	712	1924	4376	6064	7312	8326	9226	10016
	1968年	两洞四管增大泄量	254	712	1312	2648	2980	3268	3526	3766	3980

3.3.2 第二次改建的规模

第一次改建工程运用后，水位315.00m下泄流规模增大了一倍，水位335.00m下泄流规模增大了67%。尽管水库泄流排沙能力增大了，但遇丰水丰沙的汛期，水库滞洪淤积依然显著。1967年黄河丰水丰沙，洪峰次数多，由于潼关高程上升和北洛河来沙淤积的影响，黄河倒灌渭河，造成1967年汛期渭河口段被泥沙淤塞8.8km，水流漫滩溢流，渭河淤积上延，威胁关中平原。为了进一步解决库区淤积问题和水库排沙问题，枢纽工程需要进行第二次改建，以进一步增大泄洪排沙能力。

1969年6月在三门峡市召开了晋、陕、鲁、豫四省治黄会议。会议着重讨论了三门峡水库工程改建和黄河近期治理问题。会议将讨论的情况形成报告，主要内容如下。

1. 关于三门峡水库工程改建问题

(1) 1964年在治黄会议上决定了“确保西安、确保下游”的原则，并确定增建两洞四管。现两洞四管已基本完成，其中两洞四管已于1966—1968年先后投入运用，对减轻库区淤积起了一定效果，但还不能根本解决问题。到目前为止，335.00m高程以下库容已损失近半。按两洞四管12个深孔的泄水能力计算，一般洪水年的坝前水位可达320.00～322.50m，仍可能增加潼关河床的淤积。当三门峡以上发生特大洪水时，坝前水位可达327.00～332.00m，将造成渭河较严重的淤积，有可能影响到西安。因此，与会同志一致认为，三门峡水库工程需要进一步改建，改建的原则是在两个确保即确保黄河下游和确保西安的前提下，合理防洪，排沙放淤，径流发电。

(2) 改建规模，要求在一般洪水（10000m³/s）下淤积不影响潼关。泄流要求在坝前水位315.00m时下泄流量10000m³/s，在不影响潼关的前提下，利用低水头径流发电，装机20万kW，并入中原电力系统，并向陕西、山西两省送电。对泄流措施的规模，讨论中有的同志认为还可再小些，有的认为需要再大些。在步骤上，有的认为可分步骤实施，有的认为应尽快完成。最后，四省同志都同意，按上述规模改建，具体的设计施工方案委托水电部军管会主持，有关单位参加，负责审批。三门峡机组的设计试制工作，要求一机部哈尔滨电机厂及有关单位承担，在3年内制成第一台机组。

(3) 三门峡枢纽的运用原则是：当上游发生特大洪水时，敞开闸门泄洪。当下游花园口可能发生超过流量22000m³/s洪水时，应根据上下游来水情况，关闭部分或全部闸门，增建的泄水孔原则上应提前关闭以防增加下游负担；冬季应继续承担下游防凌任务；发电的运用原则，在不影响潼关淤积的前提下，初步计算，汛期的控制水位为305.00m，必要时降到300.00m，非汛期的控制水位为310.00m，在运用中应不断总结经验加以完善。

2. 关于黄河近期治理问题

会议一致认为，单靠三门峡工程不能根本解决黄河问题。要根本改变黄河流域的自然面貌，必须自力更生，奋发图强，打一场治黄的人民战争。

与会同志还认识到：泥沙是黄河问题的症结所在，控制中游地区的水土流失是治黄的根本；必须从改变当地贫瘠干旱面貌出发，依靠人民群众的力量，用“愚公移山”的精神，长期坚持治理；要对治黄显著奏效，需要一个长期艰苦奋斗的过程，因此，在一个较长的时间内，洪水泥沙在下游仍是一个严重问题，必须设法加以控制和利用。

黄河近期治理，在措施上拦（拦蓄洪水泥沙）、排（排洪、排沙入海）、放（引洪放淤改土）相结合，逐步地除害兴利，力争在10年内或更多一点的时间改变面貌。

四省会议后，1969年12月17日水电部〔1963〕水电军生水字第265号文通知：“关于三门峡改建方案，经国务院批准，先开挖表面溢流坝段下3个底孔，改建1～4号钢管为径流电站，并立即进行施工，通过实践到明年上半年再在总结经验的基础上，决定最后方案。”

实际实施的改建项目是：挖开1～8号原施工导流底孔；改建电站坝体的1～5号机组的进水口，将发电进水口高程由原建的300.00m降至287.00m，安装5台轴流转桨式水轮发电机组，总装机容量25万kW。

改建的泄流工程于1971年10月完成并投入运用。第一台发电机组于1973年12月26日并网发电，其余4台机组相继于1975—1979年并网发电。1973年12月26日水库开始按上述原则实行“蓄清排浑”控制运用。

2000年6月15日，原被封堵的剩余的4个底孔也已打开投入运用。12个底孔全部投入运用后，三门峡水利枢纽的总泄流能力为335.00m水位泄量14350m³/s，见表3.3-2。

表3.3-2　　三门峡水利枢纽泄流能力

水位/m	290.00	295.00	300.00	302.00	305.00	310.00	315.00	320.00	325.00	330.00	335.00
泄流量/(m³/s)	1188	2385	3633	4300	5455	7830	9701	11285	12427	13491	14350

注　表中泄流能力不含机组泄量。每台机组泄量200m³/s。

1994年4月和1997年4月又分别增加了6号、7号机组投运，单机容量均为7.5万kW。同时，对原有5台机组进行全面技术改造，共有7台机组，总容量41.0万kW，达到中型水电站的规模。每台机组引水流量为197.5m³/s，设计水头30m，最高水头52m，最低水头15m。三门峡枢纽工程改建的任务之一是要使三门峡水电站能够装机进行低水头发电运行，发挥发电效益。电站自1973年12月—1980年6月实行全年发电运行。机组在汛期发电运行，水头低，运行工况恶劣。高含沙水流对水轮机过流部件的气蚀、磨损破坏十分严重，使机组检修工作量大为增加，检修周期缩短，机组运行不正常。为此，经批准从1980年汛期停止发电。由于汛期不发电，机组运行工况得到改善，但损失了汛期发电效益。从1989年开始，进行汛期发电试验。

1981年2月23日，国务院发出《关于三门峡水库春灌蓄水的意见》，国务院同意水利部建议，为配合黄河下游防凌，三门峡水库凌汛期间，最高水位控制在 326.00m 以下，凌汛后，春灌蓄水位可控制在 324.00m 以下，要求河南、山东两省加强引黄管理工作，水利部要做好水库的调度运用，掌握时机拉沙排沙，尽量减少对库区的不利影响。因此，三门峡水库又承担一定的春灌蓄水任务。

3.4 三门峡工程改建规划设计的预期效果

1969 年 6 月，在三门峡现场召开的四省（晋、陕、鲁、豫）会议上，黄河三门峡工程局向会议提交了两个报告，这两个报告分别是《三门峡水库工程改建规划初步意见汇报提纲》和《三门峡水利枢纽改建规模的分析》。

工程改建规划设计对三门峡工程改建的必要性及其效果做出了分析计算，分别介绍如下。

3.4.1 《三门峡水库改建规划初步意见汇报提纲》

《三门峡水库改建规划初步意见汇报提纲》主要内容包括：①三门峡水库工程必须进一步改建。②改建规模应能使一般洪水对关中平原的危害不再继续恶化，以确保西安。同时，要尽量为下游河道淤滩固槽创造条件，注意防止下游河道突然发生恶化。建议改建规模为：坝前水位 315.00m，下泄流量 10000m^3/s，坝前水位 300.00m 时，下泄流量 3000～4000m^3/s。改建后控制运用，汛期坝前水位控制在 305.00m，非汛期坝前水位控制在 310.00m。如遇多沙年库区发生淤积，则降低水位至 300.00m 冲刷淤积物，待淤积影响消去，即恢复到正常水位运用。③建议利用低水头径流发电，装 4 台 5.0 万 kW 机组，作为低水头发电第一期工程。

三门峡水库工程的进一步改建后，只是在泥沙来源尚未有效控制的情况下，为缓解水库淤积速度的发展，使上下游的泥沙负担得到合理分配，充分利用下游河道的排沙能力，尽量延长水库寿命而采取的措施，并没有也不可能根本解决黄河中下游泥沙淤积的问题，应有相应的配合工作。

（1）关于渭河和小北干流的问题。进一步改建方案实现以后，可改善防洪、排涝现状，但渭河华县河床仍高于建库前，这对渭河长期的影响如何，目前还无法估计，为争取主动，应在进一步改建方案实现的同时，配合进行渭河及小北干流的治理。

（2）对下游河道淤积的问题。经分析计算，进一步改建或者不再改建，下游的淤积问题都存在。进一步改建以后，淤积速度将接近建库前的淤积水平，如何解决河道整治问题也应有相应的安排。

（3）关于下游的防洪问题。对于三门峡以上地区发生的特大洪水，改建后仍然起到拦蓄作用；对于三门峡以下发生的特大洪水，改建后可以考虑采用提前关门和延长关门的天数加以解决。进一步改建以后，三门峡水库对流量为 10000m^3/s 左右的一般洪水，不起滞洪作用，下游洪水出现机会增多，估计 2～3 年即将出现一次，将增加山东河段的防洪负担，应研究适当措施，予以安排。

（4）关于控制泥沙来源问题。库区泥沙来源，多年平均年来沙量为 17 亿 t，这么多的泥沙，对上、下游的负担很重，因此，要从根本上解决黄河治理的问题，必须发动群众大力开展水土保持。

3.4.2 《三门峡水利枢纽改建规模的分析》

《三门峡水利枢纽改建规模的分析》包括以下主要内容：

1. 对黄河的泥沙问题的认识

（1）黄河的泥沙大部分集中在汛期，而在汛期又往往集中在几个大水时段。根据下游多年来输沙资料的分析，水流的输沙能力随着流量增大而成数倍的增加。当流量在3000～4000m^3/s以上时，就可以将大部分泥沙输沙入海，所以应充分利用大水宣泄泥沙。

（2）黄河下游多年来的冲淤情况表明，在一般情况下，大水时淤滩冲槽。因此，三门峡水库在一般洪水时不加滞蓄，对减少库区淤积和下游淤滩刷槽是有利的。

（3）资料表明，渭河来水对降低潼关高程起着重要的作用，应当充分加以利用。因此，使一般洪水壅水不超过潼关，有条件使冲刷得以充分发展，这对改善渭河也是有利的。另外，当泾河来大洪峰时，含沙量高，不仅不发生淤积，而且发生“揭河底”冲刷现象，造成渭河下游全河性的主槽冲刷，这种冲刷作用还可以直到潼关以下河段。但如水库壅水超过潼关，则不仅不发生冲刷，反而会由于含沙量大发生大量淤积。

（4）天然情况下，非汛期下游淤积量为同期来沙量的1/4强，主要来自潼关以上汇流区的冲刷。水库修建后，由于泄流设施不够，汛期水库发生淤积，汛后冲刷，造成下游非汛期淤积量为建库前同期淤积量的3倍，而且这部分泥沙全部淤在主槽内，这对下游是不利的。因此，必须加以控制，同时扩大汛期泄量，利用洪水排沙，使这部分非汛期淤积物能在汛期带出库外。

2. 进一步改建的必要性

（1）从减轻渭河洪、碱灾害看三门峡改建的必要性。建库前华县站流量的5000m^3/s洪水是不出槽的。建库后因滩槽大量淤积，致使洪水位逐年大幅度上升。如华县站1964年、1966年、1968年最大流量分别为5050m^3/s、5190m^3/s、5000m^3/s，而最大流量相应水位分别为338.65m、339.45m、340.54m。华县站3000m^3/s洪水就出槽漫滩。华县附近大堤堤顶高程340.80m，稍高于1968年洪水（相当于3年一遇）水位。因此，堤防只能防御3年一遇的洪水。

由于渭河水位抬高，引起渭河下游两岸，特别是夹槽地带盐碱化、沼泽地面积逐年增大。以华县为例，据调查，1958年以前，华县地下水位埋深7～8m，现在只有2～3m，有的地方已经出露，1958年以前，华县盐碱地5.8万亩，近年来增加到20多万亩。

如三门峡水库工程维持现状，潼关高程还要上升，渭河下游还要大量淤积，洪水位将继续上升，渭河下游防洪负担将更加重。

1967年8月，渭河河口段河槽完全淤死。造成渭河河口段淤死的条件是：潼关高程的抬高，以及黄河来水大，渭河来水小（流量小于100m^3/s），北洛河来沙量大。

潼关高程是渭河的侵蚀基准面，潼关高程的上升直接影响渭河下游的淤积抬高。1964年潼关高程上升2m后，渭河华县—华阴段的排沙比相应减小。1964年华县—华阴段的排沙比是92%，1966年排沙比降低为78.5%，1966年的淤积量为1964年的5.5倍。如果今后潼关河床高程继续上升，则渭河的排沙能力还要降低，淤积的程度比1966年以前更为严重。

为了避免或减少渭河河口段堵塞的机会，增大三门峡水库泄流排沙能力以避免洪水壅水超过潼关直接影响渭河是十分必要的。同时，改建后使潼关高程降低，则黄河对渭河顶托倒灌影响减小，距离短，淤积部位偏下，就比较容易冲开。

分析潼关河床高程的变化规律，从建库前历史资料看，潼关河床高程总的趋势是缓慢抬高的。但随着各年来水来沙的不同，这种上升是不平衡的：一般平水平沙年无大变化，抬高主要是枯水平沙或平水丰沙年份，大水少沙年份还有下切。建库后潼关河床高程变化见表3.4-1。

表3.4-1　建库后潼关河床高程变化

时间	1960年5月	1963年10月	1964年10月	1965年10月	1966年10月	1967年10月	1968年5月	1968年10月	总抬高
滩面/m	323.7	326.0	329.2	329.4	329.4	330.0	330.0	330.0	6.3
槽底高/m	323.3	324.0	327.0	326.4	326.1	326.5	327.0	327.4	5.4
1000m^3/s流量水位	323.40	326.10	328.10	327.80	327.70	328.50	328.70	328.20	4.8

由表3.4-1可见，在坝前壅水长期超过潼关的1961年及1964年，潼关河床出现大幅度的抬高，其他年份变化幅度小。

为了避免潼关高程的大幅度抬高，从而引起渭河下游的更加恶化，首先必须避免洪水期坝前壅水直接超过潼关，至少在一般洪水（1000m^3/s）通过时壅水不过潼关。而为了改善渭河下游情况，还必须要求潼关以下有较大的输沙或冲刷能力，在有利时机使潼关高程冲刷下降。

第一次改建后，二洞四管加12个深水孔的泄流能力还不能保证一般洪水情况下，潼关河床不抬高。经一般洪水年（1954年、1958年、1964年、1937年）调洪演算，坝前最高水位均在320.00m以上。根据多年资料分析，淤积末端为最高水位水平回水长度的1.2倍，这样，坝前水位在320.00m以上时，潼关河床即抬高。这是非常不利的。另外，由于坝前平均水位仍较高，潼关以下没有足够的比降使潼关河床冲刷下降，因而对渭河下游仍存在严重威胁。综上可见，第一次改建不能满足要求，故进一步改建是必要的。

(2) 从充分利用下游河道洪水期排沙能力、减少非汛期淤积看改建的必要性。下游河道洪水期间，有很大的输送泥沙的能力。尽管洪峰期来沙很多，但仍有发生河槽冲刷，或冲槽淤滩的现象，非汛期则输沙能力很小，这是下游河道的自然规律。三门峡水库的现状泄流能力是不符合这一条自然规律的。增建二洞四管，即使在充分发挥作用以后，仍然不能避免洪水期间坝前水位大幅度的提高，不能避免洪水期泥沙在库中大量落淤。按第一次改建后的泄流能力，应用1954—1958年+1957年+1956年+1955年的水文系列年进行了调洪和泥沙冲淤计算。由计算可见，在这样的泄流能力条件下，汛期坝前水位仍然较高，汛期平均水位接近或超过305.00m。在洪水年份（1954m、1958年）坝前水位都超过320.00m，壅水超过潼关，这就不能在洪水时期坝前有足够的流速和比降将泥沙送出库外。

因而，为了增大泄流能力，降低汛期坝前水位，使来沙能在洪水期出库，利用下游河道洪水期的排沙能力输送入海，进一步改建是必要的。

在增大泄流能力，确保汛期库内不发生淤积的前提下，可以在非汛期抬高一定的坝前水位发电，少排泥沙出库，这对减少下游河道非汛期的淤积是有利的。同时，必须合理地选定非汛期的水位，保证库内的少量淤积不致达到潼关，并能在下一年的汛期冲刷出库，避免引起上游河道的恶化。在这样的运用条件下，就有可能进行低水头发电。

(3) 从高程 335.00m 以下防洪库容看改建必要性。三门峡水库的主要任务是防御特大洪水。由于水库淤积，至 1968 年 10 月，335.00m 高程以下库容由水库建成运用前（1960 年 4 月）施工期的 97.5 亿 m^3，减少到 53.51 亿 m^3，其在 325.00m 高程以下的库容由 40.73 亿 m^3 减少至 10.85 亿 m^3（潼关以下库区）。因此，必须进一步改建以减少库容损失，满足防御特大洪水的库容要求。潼关以上由于潼关高程的影响，形成二级水库，淤积仍在发展，335.00m 高程以下库容今后还将进一步削减。特别是大水大沙年份，由于坝前水位较高，将使防洪库容损失更快。因此，通过改建，一方面可降低坝前水位，减少潼关以上淤积量，另一方面也可趁有利时机冲刷降低潼关高程。

3. 改建方案和运用方式比较

改建方案指标见表 3.4-2。

表 3.4-2　　改建方案指标

水位/m	泄　量/(m^3/s)		
	第一方案（现状）	第二方案	第三方案
315.00	6050	8050	10140
300.00	730	2190	3760

(1) 降低坝前水位比较。对 1933 年型 100 年一遇洪水和一般洪水年 1937 年、1954 年、1958 年、1964 年，进行各方案的调洪计算（按 1968 年 10 月库容计算），比较其坝前水位和最大泄量。结果显示：对一般洪水年，最高水位第三方案比第二方案低 2～4m，第二方案比第一方案也低 2.5～5.0m，差别是显著的。黄河泥沙 80%来自汛期，有时日输沙量竟达 4.0 亿 t，而坝前水位抬高将减少排沙量，增加库区淤积。汛期平均水位各方案之间相差 3～5m，汛期平均水位降低，比降大。故第三方案比第二方案输沙能力强。

(2) 不同改建方案对改善渭河下游的效果。采用 1954—1958 年+1957 年+1956 年+1955 年的系列年的水沙条件计算不同改建方案对改善渭河水位的效果，计算结果见表 3.4-3。以黄河潼关站常水量流 1000m^3/s 的水位和渭河下游常水流量 200m^3/s 的水位的升降值关系表示不同改建方案对改善渭河下游的效果。

以 1968 年 10 月黄河潼关站 1000m^3/s 流量的水位和渭河华县站 200m^3/s 流量的水位为现状条件，经过不同改建方案的 8 年冲淤计算后，求得潼关 8 年后 1000m^3/s 流量的水位比 1968 年 10 月 1000m^3/s 流量的水位的降低值，然后按实测资料得到的华县站 200m^3/s 流量水位升降值为潼关站 1000m^3/s 流量水位升降值的 0.6 倍，求得华县 8 年后 200m^3/s 流量的水位的降低值。

表 3.4-3　　不同改建方案对改善渭河水位的效果估算

流量/(m^3/s)	1000	200	
站名	潼关	华阴	华县
建库前水位/m	323.40	326.10	333.20
1964 年汛前水位/m	326.10	327.50	334.00
1968 年汛后水位/m	328.30		336.10
改建第一方案 8 年后的水位/m	328.60		326.30
改建第二方案 8 年后的水位/m	327.40	328.50	335.60
改建第三方案 8 年后的水位/m	325.90	327.60	334.70

表 3.4-3 中第三方案，潼关高程（以 1000m^3/s 流量水位表示）下降 2.4m，相应华县高程（以 200m^3/s 流量水位表示）下降 1.4m，华县以下河床基本上与潼关河床同步下降。华县站冲刷后 200m^3/s 流量水位，基本上恢复到 1964 年汛前水平，平滩流量可达 4000m^3/s，这就减轻渭河下游防洪负担，改善南山支流排水条件，减轻碱涝灾害。而第二方案，华县站水位下降不多，尚高于 1964 年汛前水位 1.0m，对渭河改善不大。第一方案，潼关高程抬高 0.3m，华县无法下降，还有上升，而华县以上，由于前期淤积影响，还可能进一步淤积发展。

据渭河下游 1962 年 9—10 月的溯源冲刷资料分析，最大洪峰流量 1500～2000m^3/s，含沙量较小，冲刷前水面比降为 0.6‰，冲刷稳定后水面比降为 1.3‰，溯源冲刷过程中溯源冲刷比降由 3‰减小到 1.3‰，冲刷末端在华县。

1967 年汛期，黄河倒灌渭河，淤塞渭河河口段河槽 8.8km，1968 年汛期开挖引河，在引河段发生溯源冲刷。溯源冲刷过程中，引河河口段最大水面比降为 4‰，冲刷稳定后水面比降减少为 1.2‰。7 月、8 月引河上游继续淤积，华县站 200m^3/s 流量水位上升 1.6m，经 9 月、10 月洪水冲刷，引河迅速刷深展宽，进口断面较汛前同流量水位下降 3m，将 7 月、8 月河槽淤积物冲刷掉，水位猛降，恢复到 1968 年汛前水位，但仍高于河口淤塞前水位。

这两次溯源冲刷资料表明，如果潼关高程下降 2～3m，则渭河河口段水面比降可达 4‰，这样，当渭河 9 月、10 月来洪水，含沙量较小，则可产生溯源冲刷，冲刷末端可到华县附近。

所以，改建第三方案，潼关高程下降 2.4m，可改善渭河下游情况。

（3）不同改建方案对调节控制水沙的效果。根据实测资料分析，三门峡水库非汛期小水泄流排沙，对下游河道非常不利。控制非汛期水位 310.00m 进行发电，可减少下游河道淤积，也不使库区淤积恶化。经分析计算，库区非汛期淤积的泥沙不会影响潼关高程抬高，淤积物可利用汛期大水排大沙的特性带出库外。如遇到丰沙年份，潼关高程淤积抬高，必须降低坝前水位冲刷。这就要求三门峡水库有较大的泄流设施，保证在低水位时，要足够的泄量，既可冲刷库区非汛期的淤积物，又有利于下游输沙入海。根据黄河下游山东阿段的资料分析，当流量在 3000～4000m^3/s 以上时，可使大部分泥沙输送入海。为了满足上述要求，第三方案比第二方案为好。第三方案坝前水位 300.00m，可下泄 3700m^3/s。

即使潼关高程下降至324.00～325.00m以后，也能保持潼关以下有2.2‰左右的比降，可以冲淤平衡。而第二方案在坝前水位300.00m时，只能下泄2200m³/s，这对下游输沙入海非常不利。同时，由于第三方案泄量大，在汛期的一般洪水情况下，坝前水位低，有利于库区输沙，而下泄的大水大沙又有利于下游淤滩刷槽。这对库区和下游都有利。

各改建方案敞泄运用的防洪排沙效果综合比较见表3.4-4。

表3.4-4　三门峡工程各改建方案敞泄运用防洪排沙效果比较（潼关—大坝段的库区）

项目		改建方案			
		一	二	三	备注
坝前水位/m	一般洪水（10000m³/s）年最高水位	320.00～322.50	317.00～320.00	313.00～317.00	采用实测水文系列陕县站、1954—1958年+1957年+1956年+1955年水沙进行水库泥沙冲淤计算
	1933年型洪水最高水位	327.30	325.80	324.50	
	一般洪水年汛期平均水位（敞泄）	307.00～311.00（平均309）	303.00～305.00（平均304）	298.00～300.00（平均299）	
输沙量/亿t	8年入库总沙量	133.9	133.9	133.9	陕县站天然沙量
	8年出库总沙量	127.6	128.64	130.82	经8年泥沙冲淤计算
潼关高程/m	8年泥沙冲淤后潼关1000m³/s流量水位	327.30（比目前低0.3m）	326.00～326.50（比目前低0.5～1.0m）	324.00～325.00（比目前低2～3m）	水库8年泥沙冲淤计算后潼关高程变化
洪水淤积/亿t	1933年型洪水45d淤积	17	14	11	水库敞泄滞洪运用
渭河下游华县	平滩流量/(m³/s)	3000	3000～3500	4000	按华县水位升降与潼关水位升降同步关系$\Delta H_{华} = 0.6\Delta H_{潼}$进行估算
	常水流量200m³/s的水位/m	336.10（不能降低）	335.60（比目前低0.5m）	334.70（比目前低1.4m）	
水库敞泄运用平均比降/‰	8年泥沙冲淤后库区输沙比降（敞泄）	1.60	1.97	2.26	按潼关1000m³/s流量水位和坝前汛期平均水位的落差除以潼关—大坝里程而得
潼关1000m³/s流量水位/m		327.00	327.00	327.00	控制运用后，潼关水位设计值
汛期径流发电控制运用水位及平均比降	坝前控制运用水位/m	307.00～311.00（平均309）	305.00	305.00	第一方案坝前水位不能降低
	代表冲刷能力平均比降/‰	1.60	1.95	1.95	第一方案比降小，潼关水位要升高

综上所述，可以看出不同改建方案的比较：①三门峡工程改建是必要的。若不改建，不能保证潼关高程不再抬高，渭河下游也无法得到改善；由于汛期比降小，冲刷能力差，发电也无法保证。②改建第三方案比第二方案有显著的优越性。它有利于减少一般洪水年水库淤积，有利于调节水沙，有利于下游淤滩冲槽，而且可趁有利水沙时机降低潼关高程，达到1964年汛前水平，这就对改善渭河下游目前的防洪、排涝问题是有保证的。第二方案则对渭河下游改善不大。

关于水库运用方式比较：①工程改建第三方案泄流规模大，利用低水位泄流能力大的优势，在工程改建期间降低坝前水位敞泄冲刷排沙，发生较强烈溯源冲刷，溯源冲刷可发展到潼关以上，降低潼关高程，冲刷下切河床和扩大槽库容，为进行低水头发电运用创造泄流排沙和调水调沙有利条件；②在工程改建期间降低坝前水位敞泄冲刷排沙、降低潼关高程、恢复槽库容基础上，实行低水头发电正常运用，汛期控制水位305.00m泄流排沙和径流发电，非汛期控制水位310.00m低壅水发电，汛期降低水位冲刷非汛期拦沙的淤积物，保持库区冲淤相对平衡，稳定潼关高程，这样运用对渭河和黄河下游有利。

只有进行第三方案的工程改建，才能实现水库正常运用。改建工程方案和水库运行方式以不影响潼关淤积为前提。

4. 关于黄河下游洪水和泥沙淤积问题

(1) 下游河道泥沙淤积问题。三门峡水库扩大泄量以后增加了下游发生漫滩洪水的机会，下游河道的淤积将要恢复到建库前的水平。建库前，5000～7000m^3/s流量漫滩，洪水漫滩，一般发生淤滩刷槽，下游河道能够保持一定的滩槽高差，可以进行河道整治和发展滩地生产。

洛口—利津河段，在水库扩大泄量以后，亦将继续淤积。但从历史上的长期变化看，洛口—利津段河段具有周期性冲淤交替变化的特性，在较长时期内河床缓慢地淤积抬高。洛口流量3000～4000m^3/s水位升降变化见表3.4-5。其中有河口淤积延伸的溯源淤积和河口改道的溯源冲刷等影响。

表3.4-5　　洛口流量3000～4000m^3/s水位升降变化

项　目	1919—1973年	1937—1950年	1950—1953年	1953—1958年	1958—1960年	1960—1964年	1964—1967年	1919—1950年	1950—1967年	1919—1967年
水位升降值/m	+1.58	−0.73	+0.43	−1.07	+1.07	−0.50	+0.12			
水位升降累计值/m	+1.58	+0.85	+1.28	+0.21	+1.28	+0.78	+0.90	+0.85	+0.05	+0.90

三门峡水库扩大泄量后，如果下游在淤积基础上重现1958年型洪水，洪水位将要提高，个别河段将有较大的升高，因此，必须继续提高大堤的防洪能力。

应该结合洪水排沙、淤滩刷槽、堤外放淤和有计划进行河口改道等项措施，使洛口—利津河段保持周期性冲淤交替的特性，以减缓河床淤积抬高速度。

(2) 下游防洪问题。三门峡水库进一步改建后，仍能拦蓄三门峡以上特大洪水，对下游起重要的防洪作用。1933年型洪水调洪成果见表3.4-6。

表 3.4-6　　三门峡水库1933年型洪水调洪成果（敞泄滞洪运用）

频率/%	三门峡最大洪峰流量/(m^3/s)	改建方案	下泄最大流量/(m^3/s)	削减流量/m^3/s
1.0	22000	三	12800	9200
1.0	22000	二	10700	11300
0.1	29700	三	13400	16300
0.1	29700	二	11500	18200

可见，三门峡以上特大洪水，经过三门峡水库敞泄滞洪后，削减很大。视下游洪水遭遇情况，还可以进一步考虑控制运用，以控制泄量。

对三门峡以下来水为主的花园口大于22000m^3/s各级特大洪水，根据气象预报，三门峡水库提前关门，使下泄洪水同三门峡—秦厂间洪峰错开，以削减洪峰，同时控制下泄，以削减洪量。

初步计算了花园口1000年一遇特大洪水，三门峡水库运用方式为提前关闭闸门20h，并且关闸门三天后控制下泄流量6000～7000m^3/s，时间为3～4d。这样，花园口1000年一遇特大洪水，改建第三方案流量为28600m^3/s，改建第二方案流量为28150m^3/s，均比改建第一方案流量28850m^3/s（现状）略少，按艾山允许通过流量10000m^3/s考虑，需要分洪水量，现有分洪措施已能满足。但三门峡关闸门时间提前20h，这个问题有待进一步研究解决。

5. 结论

根据以上分析，得出结论如下：

(1) 为了改善渭河下游目前的防洪和排涝状况并确保西安，为了充分利用下游洪水排沙能力，以减少洪水时水库淤积，使水库有一定库容（延长寿命），能在下游需要拦洪时发挥其作用，三门峡工程改建是完全必要的。据初步分析计算表明，改建第三方案为优，因为此方案基本上可以改善渭河的情况。建议采用改建第三方案。

(2) 为了减少水库非汛期下排泥沙，减少下游的河道淤积，建议水库非汛期水位按310.00m控制，为了有利于大水期排沙，水库汛期水位按305.00m控制，在遇到特大沙年，按300.00m控制，还可利用20～30m水头进行低水头发电。

(3) 从对黄河下游的作用来说，下游河道的河床淤积速度将接近建库前的淤积水平，河床将继续抬高，因此必须进行相应的安排。

(4) 关于渭河下游的问题，通过三门峡工程第三方案的改建，可以改善防洪、排涝的状况，但即使改建第三方案实现，渭河下游河床仍高于建库前，所以为了争取主动，在实现本规划的同时，宜配合进行渭河下游的治理。

(5) 三门峡工程改建，只能使黄河中下游的泥沙做到合理分配，但是不能根本解决黄河中下游的泥沙淤积问题，因此必须进行水土保持并研究其他泥沙出路的措施。

3.5　三门峡工程改建的实际效果

三门峡水利枢纽是经国务院批准进行改建的，改建工程是成功的，改建的原则得到贯彻执行，运用方式在实践中不断总结经验，加以完善，产生了防洪、防凌、水库和下游减淤、供水、灌溉、发电等一定的综合利用效益。三门峡水库工程改建规划和改建规模的分析被改建后三门峡水库运用的实际效果证明是正确的。

三门峡水利枢纽的兴建和改建，从根本上说是缘由泥沙问题。洪水问题的严重性在于河床不断淤积抬高，河道排洪能力不断降低。对此，三门峡水利枢纽的“确保西安、确保下游”的战略地位十分重要，不能动摇。黄河泥沙问题在相当长的时期内仍然严重，黄河仍然是一条世界上最难治的河流，在此环境下，三门峡水利枢纽仍然有其独特的举足轻重的作用，仍然会有用武之地。

以下概要叙述三门峡水库工程改建的实际效果。

3.5.1 控制水库淤积

1. 效果

扭转水库淤积的局面，使潼关以下库区的库容得到一定的恢复，并保持相对稳定；使潼关以上库区的库容不受一般洪水年水库运用的影响，恢复河道自然淤积状态，但受水库前期淤积和潼关高程升高的影响，发生调整河床纵剖面和横断面形态的趋向新平衡的过渡性质的淤积，这个过程将历时较长。

表3.5-1列出三门峡水库历年各高程库容量。

表3.5-1　三门峡水库历年各高程库容量　单位：亿 m^3

时间	高程									
	280.00m	290.00m	300.00m	305.00m	310.00m	315.00m	320.00m	325.00m	330.00m	335.00m
1955年	0.01	0.3	2.4	5.1	9.5	17	28.2	41	60.5	98.5
1956年7月			1.75	4.07	8.54	16.35	27.56	41.15	59.58	97.50
1960-4-30			0.06	0.49	2.75	7.95	16.09	27.60	43.57	80.13
1965-5-20			0	0	0.13	1.40	6.82	17.9	34.39	71.05
1964-6-11			0	0.02	0.06	0.25	1.70	7.80	22.10	57.00
1964-10-11			0	0.03	0.35	1.40	5.11	12.80	27.52	62.57
1966-5-15			0	0.001	0.10	0.65	3.18	10.85	25.13	53.51
1968-10-12			0.01	0.12	0.55	1.80	4.67	12.45	26.63	55.40
1970-6-4			0.43	1.03	2.36	4.74	8.73	17.50	32.57	60.55
1973-9-26			0.04	0.48	1.53	3.90	7.89	16.50	31.65	60.12
1974-10-5			0.12	0.41	1.04	2.90	6.65	15.00	30.17	58.83
1975-6-21			0.02	0.25	1.08	2.90	7.09	16.25	31.24	59.22
1979-10-10			0.001	0.16	0.81	2.35	5.94	14.70	29.68	57.84
1980-6-25			0.13	0.48	1.42	3.35	7.26	16.80	32.19	60.68
1985-10-31			0.13	0.42	1.16	2.80	6.44	15.90	31.35	59.92
1986-6-11			0.15	0.54	1.52	3.45	7.31	16.20	31.23	59.05
1989-10-12			0.14	0.44	1.11	2.65	5.94	14.50	29.49	57.48

续表

时间	高程									
	280.00m	290.00m	300.00m	305.00m	310.00m	315.00m	320.00m	325.00m	330.00m	335.00m
1990-6-7			0.29	0.74	1.59	3.22	7.18	16.11	30.90	55.22
2005-10-15			0.19	0.53	1.12	2.49	6.40	15.38	30.25	54.68
2006-4-19		0.0012	0.24	0.62	1.40	2.98	6.95	15.94	30.83	55.27

(1) 设以1960年4月（施工期）库容为水库建成运用前库容代表，自1960年9月15日水库开始蓄水拦沙运用至1962年3月20日的一年半时间，水库淤积严重，水库异重流排沙比小于10%。在1962年3月20日以后，水库实行敞开闸门泄水排沙，但因泄流设施的泄流排沙能力小，水库汛期滞洪淤积严重。从1962年5月—1964年10月，高程335.00m以下库容又淤积损失23.13亿m^3。从1964年汛后至1966年汛前，水库小水流量降低水位冲刷前期滞洪淤积物，高程335.00m以下库容冲刷恢复5.57亿m^3。1966年5月—1968年10月，三门峡水库工程第一次改建工程先后投入运用，一定程度地增大了泄流排沙能力，但仍因泄流排沙能力小，水库滞洪淤积仍然严重，高程335.00m以下库容又淤积损失9.06亿m^3。至此，自1960年4月—1968年10月，水库淤积损失高程335.00m以下库容44亿m^3。

(2) 三门峡工程第二次改建于1970年汛前开始，在1970年7月—1973年期间，改建工程先后投入使用。改建期间，水库实行敞开闸门降低水位敞泄排沙运用，自坝前向上游发展溯源冲刷至潼关以上，长达120km以上。1968年10月—1973年9月，高程335.00m以下库容冲刷恢复7.04亿m^3，扭转了水库强烈淤积损失库容的局面。其中潼关以下库区的库容（以高程330.00m以下库容计），1968年10月—1973年9月，冲刷恢复7.44亿m^3。在高程330.00～335.00m的潼关以上库区的库容，在5年内只淤积损失库容0.4亿m^3，也得到很大的缓解，潼关以上附近区域也发生了冲刷恢复库容的变化。

(3) 在水库完成改建工程，并取得改建效果后，证明水库具有低水头发电运用条件下的泄洪排沙能力和冲刷能力，遂于1973年12月开始，水库实行改建规划拟定的"合理防洪、排沙放淤、径流发电"的控制运用，即汛期305.00m水位运用，非汛期310.00m水位运用。此后，水库进入"蓄清排浑"运用的控制运用时期。1981年后，水库非汛期增加了控制水位324.00m以下的春灌蓄水任务，调节径流灌溉。

(4) 在1973年12月—1974年10月，高程335.00m以下库容减少0.43亿m^3，其中，高程330.00m以下库容减少0.92亿m^3，高程330.00～335.00m间的库容增加0.49亿m^3。这就表明，由于1974年汛期水库提高水位至排沙水位305.00m进行低水头发电运用，潼关以下库区河床提高，形成与之相适应的河床纵剖面和横断面形态，故潼关以下库区的库容有所减少，潼关以上库区库容因受潼关高程下降影响，有所冲刷而增大。

(5) 在1974年10月—1985年10月的11年水库"蓄清排浑"运用期间，黄河来水来沙情况较好，多数年汛期来水较多，来沙较少，还有汛期出现高含沙洪水（1977年），因此，潼关以下库区高程330.00m以下库容还增加0.54亿m^3，潼关以上库区高程

330.00～335.00m间库容也增加0.02亿m^3，保持相对稳定。可见，实现了三门峡工程改建规划所预期的保持库容相对稳定的效果，三门峡水电站也可以进行低水头发电运行。

(6) 在1985年10月—1989年10月的4年期间，上游龙羊峡水库下闸蓄水，黄河汛期来水减少，有1988年汛期平水丰沙，来水来沙较为不利，高程330.00m以下库容减少0.96亿m^3，高程330.00～335.00m间库容减少0.67亿m^3。1989年10月—2006年9月的17年期间，枯水年和小水年持续较长，高程330.00m以下库容减少0.40亿m^3，高程330.00～335.00m间库容减少3.38亿m^3，可见在潼关以下库区库容减少不多，而潼关以上库区库容仍减少较多。这就说明，即使遇上较长时期的连续枯水和小水年段，潼关以下库区库容保持相对稳定，水库的改建规模是合适的，水库改建后的运用方式是合适的。至于潼关以上库区，在较长时期的枯水和小水年段，淤积损失库容持续缓慢地进行，但累计损失库容较多，并且淤积损失的是供特大洪水调蓄运用的高水位的防洪库容，若继续损失，蓄洪水位要突破高程335.00m。现在潼关以上库区已经不受水库运用的直接影响，潼关以上库区已经是处于自然河道淤积调整状态，一方面受河流来水来沙条件的冲淤影响；另一方面受水库前期淤积和潼关高程升高的影响，需要调整河床纵剖面和河床横断面形态，发生趋向新平衡的过渡性质淤积，这个过程将会历时较长。尤其是对渭河下游而言，由于直接受前期潼关高程升高的影响，使渭河的侵蚀基准面升高，发生向渭河溯源淤积调整河床和滩地纵剖面的淤积过程，再加上黄河小北干流的纵向淤积向下游潼关方向延展，又要升高潼关河床高程，又要进一步抬高渭河侵蚀基准面，又加重向渭河溯源淤积的调整。这种局面只有来水来沙条件有较大改善，使潼关高程得到较大下降后，才会有所改善。

2. 结论

(1) 三门峡水库保持库容的首要措施是合理的泄流规模和排沙运用水位，使一般洪水年不淤积损失库容。根据河流来水来沙特性，进行“蓄清排浑、调水调沙”控制运用，合理地发挥水库综合利用效益，水库可以长期运用。

(2) 为了确保西安、确保下游的战略地位要求，提出的三门峡工程改建规划和改建规模的分析符合实际，其预期改建工程效果得到改建工程实施后和水库长期运用后的实际效果验证，三门峡工程改建和改建后的水库运用是成功的。

(3) 水库运用到2006年9月，高程335.00m以下库容为55.27亿m^3，比1968年10月库容55.40亿m^3减少0.13亿m^3，其中330.00m高程以下库容30.83亿m^3，比1968年10月库容26.63亿m^3增多4.2亿m^3，潼关以下库区发生冲刷恢复库容，而潼关以上库区高程330.00～335.00m间的库容减少3.33亿m^3。这就说明，潼关以上库区，变为自然河道淤积状态，受来水来沙影响，但仍受潼关高程升高影响，发生调整河床纵剖面和河床横断面形态趋向新平衡的过渡性质淤积，这个调整过程历时较长。因此，潼关以上库区高程330.00～335.00m间库容还要继续减少，可能会较多地淤积损失水库防御特大洪水的防洪库容，根据防洪要求，可能突破高程335.00m蓄洪水位。因此，需要研究相应的有效对策措施。

3.5.2 控制潼关高程

控制潼关河床高程［以潼关水文站（六）断面代表］相对稳定，也就是控制渭河下游（咸阳以下）河道侵蚀基准面高程相对稳定，它是渭河下游河道相对稳定的基础。三门峡水利枢纽工程改建的目的之一，就是要在水库“蓄清排浑”控制运用的低水头径流发电中，具有足够的泄流排沙能力，能在“合理防洪、排沙放淤、径流发电”的汛期控制水位为305.00m，必要时降到300.00m，非汛期运用水位为310.00m的运用原则下，实现不淤积影响潼关，保持潼关高程相对稳定。

由于水库非汛期蓄水拦沙，非汛期的淤积物需要在汛期降低水位排泄入库泥沙的同时将其冲刷出库，实现水库冲淤平衡。这就要求水库在汛期冲刷排沙水位305.00m运用下形成的水库河床纵剖面比降满足冲刷排沙能力要求。对此，按下式计算冲刷排沙平衡比降。

$$i = k\frac{Q_{s出}^{0.5}d_{50}n^2}{B^{0.5}h^{1.33}} \tag{3.5-1}$$

式中：i 为比降；k 为系数，与汛期平均来沙系数 $(S/Q)_{汛入}$ 成反比关系，见表3.5-2；d_{50} 为汛期平均悬移质泥沙中数粒径，mm；n 为满宁糙率系数；$Q_{s出}$ 汛期平均出库输沙率，t/s；B 为汛期平均流量的水面宽，m；h 为汛期平均流量的平均水深。计算和实测结果见表3.5-3，求得潼关—大坝平衡比降为2.0‰。

表3.5-2　平衡比降公式 $i=kQ_{s出}^{0.5}d_{50}n^2/(B^{0.5}h^{1.33})$ 的系数 k 值表

$\left(\frac{S}{Q}\right)_{汛入}$	<0.0007	0.0007~0.001	0.001~0.003	0.003~0.007	0.007~0.010	0.010~0.050	0.050~0.10	0.10~0.20	0.20~0.40	0.40~0.60	0.60~1.4	1.4~2.8	2.8~6.2	6.2~10	10~20	>20
k	1200	980	840	510	310	176	140	112	84	62	45	34	22	17	13	8

对照三门峡水库工程1970—1973年降低水位冲刷运用和1974—1979年“蓄清排浑”控制运用时期的潼关—大坝库段的河床纵剖面比降和相应的坝前汛期平均水位及潼关1000m³/s流量的水位可以看出，计算和实际是基本符合的。这就证明，三门峡工程改建所取得的效果是符合客观规律，按三门峡工程改建规划设计的原则要求运用，即汛期水位305.00m运用，潼关—大坝库段平衡比降为2‰，可以控制潼关高程相对稳定，流量1000m³/s水位［潼关（六）断面］为326.50m。对照成果见表3.5-3中1974—1975年所列，符合1974—1986年的实际。

从表3.5-4为的潼关—大坝的库区的淤积量也知：1974—1986年，水库的“蓄清排浑”控制水位运用，控制了潼关以下库区累计淤积量28.5亿～29.5亿m³相对稳定。这说明，控制潼关以下库区淤积不发展，就能够控制潼关高程相对稳定。

根据改建后的泄流规模分析，在排沙水位305.00m运用时，来水流量6000m³/s水库基本不滞洪。因此，在来水6000m³/s流量以下的潼关流量水位，可按下式计算：

$$H_{潼} = a\lg Q + 321 + b\Delta V_s \tag{3.5-2}$$

式中：a 为系数，潼关以下河床平均淤积物相对较细（$D_{50}<0.1$mm）时，$a=1.93$；潼关以下河床平均淤积物相对较粗（$D_{50}>0.1$mm）时，$a=2.0$，按平均考虑时，$a=1.965$；Q 为流量，m³/s；b 为系数，当潼关以下库区新淤积体部位主要靠上（大禹渡以上）时，$b=0.48$，当潼关以下库区新淤积体主要靠下（大禹渡以下）时，$b=0.36$；ΔV_s 为潼关—大坝平衡河底线以上新淤积量，亿m³。

若潼关以下库区冲淤相对平衡，则水库在水位305.00m运用下，按式（3.5-2）计算潼关1000m³/s流量水位为326.80～327.00m，潼关以下库区平均比降为1.93‰～1.95‰，与按式（3.5-1）计算的列于表3.5-3中的1974年、1975年的冲淤平衡比降2‰接近，符合实际情况。

表3.5-3　　三门峡水库1964—1975年潼关—大坝段的库区比降变化

水库库段	年份	$Q_入$ /(m³/s)	$S_入$ /(kg³/m³)	$Q_{s入}$ /(t/s)	$\left(\frac{S}{Q}\right)_{汛入}$	$Q_出$ /(m³/s)	$S_出$ /(kg/m³)	$Q_{s出}$ /(t/s)	B /m	h /m	d_{50} /mm	n	K	$i_测$ /‰	$i_计$ /‰
三门峡水库潼关—大坝段的库区	1964	4120	48.4	199.5	0.012	3930	19.8	78.0	550	3.20	0.034	0.0145	176	1.10	1.09
	1967	3797	46.2	175.6	0.012	3887	42.4	164.7	540	3.15	0.039	0.0145	176	1.70	1.73
	1970	1600	95.3	152.5	0.060	1570	107.8	169.2	433	2.08	0.037	0.0145	140	2.54	2.57
	1971	1270	80.5	102.0	0.064	1290	87.0	112.2	410	1.87	0.039	0.0145	140	2.62	2.61
	1972	1160	32.0	37.1	0.028	1190	43.2	51.4	400	1.80	0.044	0.0150	176	2.70	2.67
	1973	1710	77.0	131.0	0.045	1735	87.6	152.0	440	2.15	0.039	0.0150	140	2.68	2.61
	1974	1145	48.1	55.2	0.042	1140	53.8	61.3	400	1.80	0.031	0.0155	140	2.02	1.87
	1975	2850	34.1	97.2	0.012	2880	43.1	124.0	500	2.77	0.037	0.0155	176	2.01	2.01

这里讲的潼关以下库区的平衡河底线，是指水库1974年“蓄清排浑”运用以来，1974年—1986年期间汛期平均情况的相对平衡河底线，是以1974—1986年期间潼关—大坝段的库区平均累计淤积量29.0亿m³作为相对平衡淤积量。

1990—2005年期间潼关—大坝段的库区累计淤积量平均值为30.06亿m³，比1974—1986年期间29.0亿m³增加1.10亿m³，这对潼关高程（以1000m³/s流量水位代表）由1000m³/s流量水位326.50m升高至327.98m产生一定的作用。

但是，在1990—2005年期间，潼关1000m³/s流量平均水位为327.98m，比相对平衡水位326.50m升高1.48m，则主要是由于潼关以上龙门—潼关河段的淤积纵剖面延展至潼关以下淤积造成的，见表3.5-4。在三门峡建库后的1960—1970年，由于水库拦沙运用造成的龙门—潼关库区的累计淤积量为18.505亿m³，在三门峡工程第二次改建时的1970—1973年，龙门—潼关河段的累计淤积量为18.544亿m³，维持相对稳定状态。在1974年实行“蓄清排浑”运用后至1985年，龙门—潼关河段的累计淤积量为18.858亿m³，变化也不大。这一时期黄河来水来沙条件较为有利，龙门—潼关河段冲淤相对平衡。这说明龙门—潼关河段已恢复自然河道的冲淤特性，不受三门峡水库运用的影响。在1986—2005年的20年，黄河来水显著减少，尤其是汛期来水减少多，来沙虽也减少，但不如来水减少幅度大，由于减水多减沙少，使得汛期流量变小而含沙量增大，高含沙量小洪水机遇增多。在此时期，龙门—潼关河段累计淤积量增大到25.022亿m³，20年的小水小沙年，龙门—潼关河段年平均淤积0.3082亿m³，河床淤积抬高下延发展到潼关以下河段，影响潼关河床的升高。据此分析认为：在潼关1000m³/s流量水位相对平衡高程为326.50m，由于1986—2005年黄河来水来沙不利使龙门—潼关河段淤积河床纵剖面下延发展到潼关以下河段，使潼关1000m³/s流量水位升高到327.98m，增高0.48m。所以，在来水来沙条件不利时，三门峡水库“蓄清排浑”控制运用应适当降低汛期运行水位至

305.00～300.00m，以增大汛期冲刷排沙能力，并适当降低非汛期蓄水发电运行水位至305.00～310.00m，以控制淤积部位主要靠近北村以下库段，减少非汛期蓄水淤积量。基本上按照1969年6月四省会议的关于三门峡水库运用方式运用，只要坚持低水头径流发电，则可以解决潼关高程的升高问题。

表3.5-4　　三门峡水库运用水位、水库淤积、潼关（六）高程变化统计表

水库运用年	非汛期坝前水位/m		汛期坝前水位/m		潼关（六）1000m³/s流量水位/m		累计淤积量/亿m³（龙门、咸阳—大坝）					
	最高	>320.00m的天数/d	最高	平均	最低	最高	潼关—大坝	龙门—潼关	渭拦	渭淤断面1～37	北洛河断面1～23	全库区
1959年3月16日—1960年4月30日			304.65		323.26	323.58	0.703		0	0		
1960年4月30—1960.11月30	290.10		326.74	301.63	323.40	323.87	4.051	0.537	0	0.0115	0.0407	4.640
1960年11月30日—1961年10月31日	332.58	242	332.53	324.02	325.54	329.66	14.308	3.181	0	0.8045	0.1213	18.415
1961年10月31日—1962年10月20日	330.95	132	315.11	310.16	325.21	329.10	19.886	2.644	0	1.3693	0.2152	24.115
1962年10月20日—1963年10月16	317.15	0	319.25	312.30	325.00	325.58	24.578	2.603	0	1.5856	0.4089	29.176
1963年10月16日—1964年10月11日	321.93	19	325.93	320.24	325.82	326.52	37.222	6.516	0.1791	1.6939	0.4810	46.092
1964年10月11日—1965年10月12日	316.07	0	318.21	308.55	327.60	328.08	32.712	6.289	0.1828	1.9250	0.5276	41.646
1965年10月12日—1966年10月7日	308.53	0	319.52	311.35	327.93	328.47	33.483	10.402	0.2282	4.5299	1.1813	49.824
1966年10月7日—1967年10月9日	325.20	35	320.13	314.48	327.70	328.07	34.302	13.938	0.3287	4.2032	1.2531	56.025
1967年10月9日—1968年10月12日	327.91	60	318.91	311.35	328.15	329.11	33.498	14.873	0.3365	8.1511	1.3955	58.254
1968年10月12日—1969年10月6日	327.72	57	311.39	302.83	328.10	328.80	31.715	16.433	0.431	8.6357	1.3104	58.525
1969年10月6日—1970年10月6日	323.31	62	313.31	299.54	327.40	328.93	30.461	18.505	0.4195	8.5072	1.3222	59.215
1970年10月6日—1971年11月25日	323.42	33	312.84	297.94	327.14	327.88	29.099	18.875	0.4952	8.8694	1.2735	58.612
1971年11月25日—1972年10月6日	319.98	0	309.68	297.24	327.36	327.73	28.672	18.663	0.4865	8.8714	1.2986	57.992

续表

水库运用年	非汛期坝前水位/m		汛期坝前水位/m		潼关（六）$1000m^3/s$ 流量水位/m		累计淤积量/亿 m^3（龙门、咸阳—大坝）					
	最高	>320.00m的天数/d	最高	平均	最低	最高	潼关—大坝	龙门—潼关	渭拦	渭淤断面1～37	北洛河断面1～23	全库区
1972年10月6日—1973年9月26日	326.05	121	312.05	296.96	326.36	328.44	27.997	18.544	0.4178	9.9453	1.2810	58.185
1973年9月26日—1974年11月1日	324.81	63	308.30	303.56	326.48	327.40	28.603	18.316	0.3779	9.9827	1.3364	58.616
1974年11月1日—1975年10月21日	324.03	121	318.47	304.97	323.64	327.18	28.461	17.615	0.3511	8.8537	1.4963	56.777
1975年10月21日—1976年10月5日	324.53	73	317.97	306.73	325.93	326.71	28.754	17.033	0.3898	8.8522	1.4245	56.454
1976年10月5日—1977年10月2日	325.99	118	317.18	305.53	326.23	327.57	30.241	17.898	0.4562	9.4866	1.4051	59.487
1977年10月2日—1978年10月8日	324.26	102	311.21	305.88	326.82	327.34	29.791	18.485	0.4583	9.6316	1.4023	59.768
1978年10月18日—1979年10月7日	324.56	132	312.20	304.59	327.13	327.97	29.293	18.720	0.4648	9.8784	1.3860	59.742
1979年10月7日—1980年10月2日	324.03	100	311.22	301.87	327.33	327.99	29.473	18.677	0.4511	9.7517	1.4894	59.842
1980年10月2日—1981年10月29日	323.59	94	310.38	304.84	327.37	327.75	28.577	18.923	0.4012	9.9540	1.4754	59.331
1981年10月29日—1982年10月12日	323.99	101	309.93	304.10	326.93	327.49	28.943	19.076	0.438	10.1830	1.4563	60.096
1982年10月12日—1983年10月21日	323.73	80	310.74	304.66	327.04	327.41	28.883	18.761	0.4085	9.5167	1.3422	58.911
1983年10月21日—1984年10月1日	324.58	94	315.02	304.15	326.25	326.95	28.725	18.474	0.4147	9.1268	1.3303	58.021
1984年10月1日—1985年10月31日	324.94	49	314.73	304.07	326.68	327.19	28.441	18.858	0.4201	9.4735	1.3799	58.573
1985年10月31日—1986年10月4日	322.63	25	313.15	302.85	326.68	327.30	28.551	19.106	0.4183	9.6305	1.4290	59.135
1986年10月4日—1987年10月1日	323.73	66	307.71	303.13	327.16	327.20	29.053	19.567	0.4392	9.7838	1.5082	60.351
1987年10月1日—1988年9月21日	324.09	77	308.79	302.30	327.08	327.30	28.706	21.22	0.4207	9.7752	1.3282	61.451
1988年9月21日—1989年10月12日	324.11	66	310.54	304.21	327.36	327.32	28.793	20.767	0.4248	10.0035	1.3637	61.352

续表

水库运用年	非汛期坝前水位/m		汛期坝前水位/m		潼关（六）1000m³/s流量水位/m		累计淤积量/亿 m³（龙门、咸阳—大坝）					
	最高	>320.00m的天数/d	最高	平均	最低	最高	潼关—大坝	龙门—潼关	渭拦	渭淤断面1～37	北洛河断面1～23	全库区
1989年10月12日—1990年10月2日	323.99	81	308.22	301.61	327.60	327.60	29.535	21.402	0.4369	10.2093	1.3964	62.980
1990年10月2日—1991年9月3日	323.84	47	305.86	302.03	328.02	327.90	30.446	22.189	0.4488	10.1938	1.3847	64.662
1991年9月3日—1992年9月14日	323.91	89	311.93	302.68	327.36	328.28	29.520	22.701	0.4523	11.3507*	1.7573*	65.781
1992年9月14日—1993年10月3日	321.61	34	310.82	303.14	327.70	327.58	29.799	22.553	0.4776	10.9860	1.7129	63.816
1993年10月3日—1994年10月2日	322.66	43	318.82	306.63	327.94	328.00	29.626	23.608	0.4915	11.7561	1.7935	67.275
1994年10月2日—1995年10月22日	321.80	23	311.56	303.74	328.10	328.34	30.004	24.15	0.5043	12.4984	1.8608	69.018
1995年10月22日—1996年9月18日	321.71	62	306.88	303.37	328.07	328.42	29.141	24.613	0.5009	12.582	1.820	68.657
1996年9月18日—1997年10月8日	321.81	61	306.86	303.56	328.05	328.40	29.841	24.861	0.4937	12.794	1.904	69.894
1997年10月8日—1998年10月5日	323.80	72	308.67	303.56	328.28	328.40	29.935	25.746	0.4931	13.052	1.944	71.170
1998年10月5日—1999年10月11日	320.78	20	318.22	306.09	328.12	328.43	30.531	25.220	0.4859	13.324	1.999	71.560
1999年10月11日—2000年10月6日	321.93	37	314.90	305.40	328.33	328.43	31.145	25.112	0.4971	13.606	2.099	72.459
2000年10月6日—2001年10月15日	320.62	25	313.45	304.46	328.33	328.56	31.049	25.454	0.5002	13.765	2.187	72.955
2001年10月15日—2002年10月7日	320.31			304.51	327.90	328.80	31.086	25.744	0.5251	13.957	2.222	73.534
2002年10月7日—2003年10月21日	317.98			304.05	327.95	328.11	29.660	25.473	0.4780	13.830	2.341	71.782
2003年10月21日—2004年9月30日	317.99			304.78	328.02	328.20	30.151	25.365	0.4961	13.882	2.336	72.230
2004年9月30日—2005年10月	317.98			303.07	328.10	328.15	29.471	25.022	0.4575	14.021	2.357	71.329

潼关水文站1974—2005年各年段水、沙量特征值见表3.5－5。

表3.5-5 潼关水文站1974—2005年各年段（水文年）水、沙量特征值

年份/水文年	水量/亿 m^3			输沙量/亿 t			平均含沙量/(kg/m^3)		
	非汛期	汛期	全年	非汛期	汛期	全年	非汛期	汛期	全年
1974—1985	164.6	236.3	400.9	1.610	8.871	10.481	9.78	37.5	26.1
1986—2005	137.9	110.6	248.5	1.833	5.238	7.071	13.3	47.4	28.5
1977	167.2	166.9	334.1	1.400	21.01	22.41	8	126	67
2005	117.5	113.3	230.8	0.846	2.499	3.345	7.2	22.1	14.5

注 水文年系指当年7月1日至次年6月30日。

由表3.5-5可见，在1974—1985年年段潼关来水来沙为水多沙少有利于稳定潼关水位高程，而1986—2005年年段潼关来水来沙为水少沙多不利于稳定潼关高程。一方面因黄河汛期来水来沙条件对水库"蓄清排浑"运用保持潼关—大坝段的库区冲淤平衡不利；另一方面又因水库非汛期蓄水位高，使非汛期的淤积部位靠近潼关，而且淤积量大，在汛期降低水位冲刷排沙时，不能完全冲刷非汛期蓄水淤积体，以致产生累积性淤积。

三门峡工程改建后的泄流规模增大有两个主要作用：

(1) 控制潼关以下库区淤积无累计性增加，保持潼关高程相对稳定，维持1000m^3/s流量水位为326.50m左右。

(2) 来水流量超过汛期排沙水位305.00m的泄流规模5600m^3/s时，当发生一般洪水10000m^3/s流量，较低的壅水水位315.00m的滞洪淤积和回水，在大禹渡以下，不影响潼关断面；而在洪水后，滞洪淤积物能够迅速被冲刷排出水库。如果遇到来水洪峰流量为10000m^3/s或以上的较大洪水，坝前水位升至315.00～317.00m，回水淤积末端，距离潼关断面尚有23～35km，潼关以下仍有相当长的自由河段，不受水库滞洪淤积影响。

潼关断面汛期各级流量的水位计算，其按式（3.5-2）计算的结果，列于表3.5-6。

表3.5-6 潼关（六）断面汛期流量水位关系计算

潼关以下的平衡河底线以上淤积		流量										
		500 m^3/s	1000 m^3/s	2000 m^3/s	3000 m^3/s	4000 m^3/s	5000 m^3/s	6000 m^3/s	7000 m^3/s	8000 m^3/s	9000 m^3/s	10000 m^3/s
1.00亿 m^3（主要在大禹渡以下淤积）	水位（大沽）/m	326.66	327.26	327.85	328.19	328.44	328.63	328.78	328.92	329.03	329.13	329.22
1.00亿 m^3（主要在大禹渡以上淤积）	水位（大沽）/m	326.78	327.38	327.97	328.31	328.56	328.75	328.90	329.04	329.15	329.25	329.34
0（相对平衡）	水位（大沽）/m	326.30	326.90	327.49	327.83	327.08	328.27	328.42	328.56	328.67	328.77	328.86

表3.5-6中的潼关以下库区汛期冲淤相对平衡下潼关（六）断面汛期水位流量关系

计算，是维持三门峡工程改建效果条件下的水位流量关系。在汛期平均水位 305.00m 排沙运用下，潼关（六）流量 5000m^3/s 水位为 328.27m，潼关—大坝平衡比降为 2.05‱；流量大于 6000m^3/s 滞洪运用，坝前水位升高；流量 10000m^3/s 坝前水位为 315.00m，潼关（六）水位为 328.86m，潼关—大坝平均水面比降为 1.22‱。但是，由于在 1990—2005 年时期，潼关高程已升高，要恢复到工程改建效果时期即 1974—1986 年时期的水位流量关系，要有以下 3 个条件来促成其实现。

（1）按照三门峡工程改建规划设计的运用方式，即汛期运用水位 305.00m，必要时降低至 300.00m，非汛期运用水位 310.00m，短时可抬高至 315.00m，可以冲刷降低已经升高的潼关高程，恢复至 1974—1986 年时的水位。

（2）黄河和渭河来水大来沙少时，或来高含沙洪水时，龙门—潼关河段和渭河下游转向冲刷，有可能降低已经升高的潼关高程，恢复至 1974—1986 年时潼关水位。

（3）为了进行水库溯源冲刷降低潼关高程，可在 2～3 个汛期内敞开闸门泄流，实现溯源冲刷，当潼关水位恢复至 1974—1986 年时期的水平后，维持三门峡工程改建规划设计的水库运用方式。

三门峡水库工程改建后，1974—1979 年“蓄清排浑”控制运用，全年低水头发电运行，见表 3.5-4，汛期坝前平均库水位为 305.21m，潼关—大坝段的库区累计淤积量平均为 29.19 亿 m^3；潼关 1000m^3/s 流量水位平均为 326.54m，潼关站年平均径流量 385 亿 m^3，汛期平均径流量 225.1 亿 m^3，多年平均年输沙量 12.81 亿 t，汛期平均输沙量 11.19 亿 t，多年平均年含沙量 33.3kg/m^3，汛期平均含沙量 49.7kg/m^3。在这种来水来沙条件下，水库运用实现了潼关—大坝段的库区冲淤相对平衡，潼关高程相对稳定，达到了三门峡工程改建规划设计的预期效益的目的。今后来水来沙条件若不如 1974—1986 年，只要按三门峡工程改建规划设计的运用方式运用，仍有条件降低潼关高程，只是要坚持低水头发电，电调服从水调，服从三门峡工程改建的目的要求。

3.5.3 控制渭河下游河道不淤积

1. 渭河下游河道的历史性转变

三门峡水库 1960 年 9 月 15 日开始蓄水运用后，将渭河下游河道（咸阳以下）变成三门峡水库的库区的一部分。历史上渭河下游河道的冲淤相对平衡状态被三门峡水库淤积抬高所取代。历史上无堤防的河流变为有堤防的河流，并淤积发展成为防洪大堤内的地上悬河，使渭河下游处于洪水威胁之下。为了两岸的防洪安全，多次加高大堤，并陆续向上下游延伸大堤。三门峡水库工程 1970—1973 年大改建，其改建目的是增大水库泄流排沙能力，使在库水位（坝前水位）315.00m 时的泄流规模，达到排泄一般洪水 10000m^3/s 流量（陕县站多年平均洪峰流量为 8080m^3/s），使水库滞洪回水淤积范围控制在大禹渡附近，只有水库遇更大洪水时滞洪运用才回水影响潼关。由于三门峡水库 1970 年大改建以前的淤积，已经使渭河河口的潼关河床大幅度地抬高，并使渭河下游河道发生严重淤积，抬高了渭河下游滩地和河床。在三门峡工程 1970—1973 年大改建时期，利用增大的泄流排沙能力降低水库水位运用，全年（除为黄河下游防凌蓄水运用外）敞开闸门泄流冲刷排沙，并使溯源冲刷发展到潼关以上的黄河—渭河汇流区，从而显著降低潼关高程，使潼关流量 1000m³/s 水位降低至 326.00～326.50m。在渭河河口侵蚀基准面降低条件下，向渭河下游河道发生溯源冲刷，降低渭河下游河床纵剖面，并在有利的来水来沙条件下，在沿程冲刷和溯源冲刷的共同作用下，塑造新的河床纵剖面和河槽横断面形态。

控制渭河下游河道不淤积，这是三门峡工程 1970—1973 年大改建和运用方针的基本目的。因为渭河自身的水沙特性决定了渭河下游河道历史上是相对稳定的平衡河流。只要使潼关高程即流量 1000m³/s 的水位能够稳定地维持在 326.00～326.50m 之间，就可以在新的侵蚀基准面作用下，逐步调整新的河床纵剖面和横断面形态形成新的平衡，改善渭河下游河道。

2. 黄河小北干流对渭河下游河道的影响

据叶清超主编的《黄河流域环境演变与水沙运行规律》（山东科学技术出版社，1994 年）的研究资料：在 1960 年以前，黄河小北干流的年平均实际沉积厚度为 0.019m，潼关河床在同时期的年平均实际沉积厚度为 0.006m，只为小北干流年平均沉积厚度的 31.6%。渭河下游河道，在咸阳—渭南河段 2500 年来的滩、槽淤高在 1.0m 以下。又据李昭淑研究，在此时期华县—潼关河段淤高 4.0m，年均淤高 0.0016m，只为潼关河床年均淤高的 26.7%。由此推断，先是由黄河小北干流淤积抬高影响潼关淤积抬高，再由潼关淤积抬高影响渭河下游的淤积抬高，三者之间的沉积相联系。而潼关河床的淤积抬高对渭河下游产生的溯源淤积影响只到达渭南，而咸阳—渭南河段则是由渭河自身轻微的沿程淤积所致。这是三门峡建库前渭河下游河道的自然沉积特性。

3. 黄河和渭河的来水来沙

三门峡建库前潼关平水流量 1000m³/s 的水位为 323.40m。三门峡水库于 1960 年 9 月 15 日蓄水运用后至 1968 年 10 月潼关流量 1000m³/s 的水位升高至 328.15m，抬高了 4.75m。渭河下游受三门峡水库直接蓄水拦沙淤积和滞洪淤积及潼关高程升高的溯源淤积等三方面的综合影响。三门峡工程于 1970—1973 年大改建，增大泄洪排沙能力，并敞泄运用降低水位冲刷排沙，至 1973 年 10 月潼关 1000m³/s 流量的水位高程降为 326.36m。以后三门峡水库增加春灌蓄水任务，至 1986 年 10 月潼关 1000m³/s 流量的水位高程回升至 326.68m，仍比 1968 年 10 月低 1.47m。可见三门峡工程大改建和水库“蓄清排浑”控制运用是成功的。渭河下游（咸阳以下）1960 年 4 月—1969 年 10 月的累计淤积量为 9.0667 亿 m³，至 1973 年 10 月累计淤积量为 10.3631 亿 m³，也减缓了渭河下游的淤积。当然和这时期的渭河来水来沙和黄河来水来沙有利也有密切关系。在 1970 年 7 月—1985 年 6 月的 15 年，华县年平均径流量为 70.9 亿 m³，年平均输沙量为 3.548 亿 t，年平均含沙量为 50.1kg/m³，其中汛期平均径流量为 47.33 亿 m³，汛期平均输沙量为 3.033 亿 t，汛期平均含沙量为 69.8kg/m³，有 10 年汛期最大流量在 3150m³/s 以上，有 7 年汛期，最大流量在 4010～5380m³/s 之间，汛期洪水次数多，洪峰流量大。按三门峡建库前 1919—1960 年统计，华县多年平均年径流量为 78.69 亿 m³，年输沙量为 4.20 亿 t，多年平均年含沙量为 53.0kg/m³，在 1935—1960 年有洪峰流量资料记载的 20 年中，华县多年平均洪峰流量为 4351m³/s，华县平滩流量为 4500～5000m³/s。所以，在研究渭河下游淤积问题时，要充分认识到：潼关高程的稳定降低和渭河下游有利的来水来沙条件是渭河下游河道获得长时期微淤的相对稳定的主要因素。

4. 影响渭河下游河道淤积的要素

三门峡水库运用条件是影响渭河下游河道淤积的第一要素，三门峡水库泄洪排沙能力是影响渭河下游河道淤积的第二要素，黄河和渭河来水来沙条件是影响渭河下游河道淤积的第三要素。三门峡工程大改建后增大的泄洪排沙能力和水库“蓄清排浑”的控制运用，控制了水库淤积，并发生一定的冲刷，表明改建和运用是成功的。

5. 三门峡水电站的发电效益要服从潼关高程不再升高问题的解决

在1986年汛后至2002年汛后的16年，华县多年平均年径流量为45.73亿m^3，多年平均年输沙量为2.529亿t，多年平均年含沙量为55.3kg/m^3，仅有7年汛期出现2000～3980m^3/s的洪峰流量，洪水减少，洪峰流量减小，与此同时，黄河洪水也减少，洪峰流量也减小。由于小北干流淤积继续发展并向潼关断面以下河段延伸致使潼关高程升高，从而又向渭河下游发生新的溯源淤积，而潼关以下库区淤积亦相应增加。从1985年11月—2002年10月，全库区累计淤积量73.5341亿m^3，增加淤积14.9611亿m^3，其中潼关—大坝累计淤积量为31.086亿m^3，增加淤积2.645亿m^3，潼关高程升至328.72m，升高了2.04m，将三门峡工程大改建后潼关高程降低的数值损失殆尽后还有升高，渭河下游累计淤积量14.4821亿m^3，增加淤积4.5885亿m^3，黄河小北干流累计淤积量为25.744亿m^3，增加淤积6.886亿m^3，北洛河累计淤积量为2.222亿m^3，增加淤积0.8421亿m^3。在这时期造成三门峡水库各库段普遍增加淤积的主要原因是黄河和渭河汛期来水水量小、流量小，更缺少洪水，洪峰流量小，水流挟沙力小；加上三门峡水库汛期和非汛期运用水位偏高，水库“蓄清排浑”运用不能做到年内和多年内泥沙冲淤平衡，增加了泥沙淤积量，而且在潼关以下库区泥沙淤积部位靠上，造成了潼关高程升高而不能降低。如果按照四省会议规定的水库运用方式，即使有时出现黄河和渭河不利水沙条件，也是可以控制水库淤积不再发展和潼关高程不再升高的。

3.5.4 水库淤积形态和有效库容的控制问题

1. 保持水库淤积形态相对稳定和有效库容相对稳定是三门峡水库工程改建效果的重要方面

在表3.5-1中列出了三门峡水库历年各高程库容量，以1960年4月库容代表水库运用前的库容。可以看出，在三门峡工程改建前，水库仅在1960年9月15日—1962年3月20日蓄水拦沙运用，而在水位335.00m高程以下损失库容17.37亿m^3，水库淤积严重。虽然很快就在1962年3月20日改变水库运用方式为全年敞开闸门泄流，进行滞洪排沙运用，但是由于原设计水库泄流能力小，仍然滞洪淤积严重。尤其在1964年汛期大水的滞洪淤积后，库区全断面平行淤高，基本上无河槽，淤积比降仅为1.10‱，至1964年10月在高程335.00m以下库容为57亿m^3，损失库容40.5亿m^3。鉴于水库全年敞泄的滞洪排沙运用，不能控制水库淤积，1966—1968年就着手进行三门峡工程的第一次改建，水库泄流能力有所增大，但仍缓和不了水库的淤积，至1968年10月在高程335.00m以下库容为53.51亿m^3，损失库容43.99亿m^3，尤其是在水位315.00m以下仅剩有库容0.65亿m^3，基本上无调节库容调节泥沙，使潼关高程急剧升高。为了解决水库淤积形态和有效库容的控制问题，1969年6月召开“晋、陕、鲁、豫”四省治黄会议，确定在

1970—1973年三门峡工程进行大改建，即第二次改建，进一步增大水库泄洪排沙能力，并在1970—1973年敞泄降低水库水位冲刷排沙，使水库发生溯源冲刷，恢复低水位的调节库容，降低潼关高程，改善水库淤积形态，增大槽库容。至1973年10月在高程335.00m以下库容为60.55亿m^3，比1968年10月库容增大7.04亿m^3，尤其是水位315.00m以下库容恢复为4.74亿m^3，比1968年10月库容增大4.09亿m^3，水库在高程325.00m以下的库容由1968年10月的10.85亿m^3恢复增大为17.5亿m^3，增大了潼关以下库区的调节库容，改善了潼关以下库区的淤积形态，形成了水库高滩深槽库容形态，增大了槽库容调水调沙。为水库于1973年12月26日开始的实行“蓄清排浑”控制运用调水调沙创造了条件。

1974—1985年水库“蓄清排浑”控制运用12年，1985年10月在335.00m高程以下库容为60.68亿m^3，比1973年10月335.00m高程以下库容60.55亿m^3还多0.13亿m^3，保持了有效库容的相对稳定，水库有效库容得到控制，在水位315.00m以下库容库为3.35亿m^3，比1974年10月在水位315.00m以下库容3.90亿m^3相近，只减少0.55亿m^3，这是因为1974年开始实行“蓄清排浑”控制运用抬高汛期运用水位至305.00m，要调整水库河床纵剖面，经过相应调整后又趋相对稳定。

2. 在1986年以后，有效库容减小，主要减少在高程320.00m以上的调蓄洪水的库容

1985年10月在高程320.00～335.00m区间的库容53.42亿m^3，而2006年10月在高程320.00～335.00m区间的库容为48.32亿m^3，减少5.1亿m^3，在高程320.00m以下的库容约6.95亿m^3，比1985年10月的库容7.26亿m^3只减少0.31亿m^3。表明水库泥沙淤积部位主要在高程320.00m以上，其中淤积损失库容在高程320.00～330.00m范围的为1.05亿m^3，在高程330.00～335.00m范围的为4.05亿m^3，位于潼关以上渭河库区和黄河小北干流库区，因而潼关高程升高和调蓄洪水的防洪库容减小，这种形势是不利的。

三门峡水库的移民水位线是335.00m，三门峡水库防洪库容按55亿m^3考虑。而2006年10月高程335.00m以下库容只有55.27亿m^3。若继续淤积损失高程335.00m以下库容，则水库防御特大洪水的防洪库容还要求55亿m^3的话，势必使水库防洪蓄水位要超过335.00m，这是要高度注意的。

造成高程320.00m以上库容淤积损失的原因主要如下。

（1）水库非汛期运用水位（防凌运用除外）较长时间高于318.00m，造成高程320.00m以上库容淤积损失。

（2）黄河小北干流河道泥沙淤积发展，而且小北干流淤积向潼关以下河段延伸，又造成向渭河下游的溯源淤积，加重了高程320.00m以上库容淤积损失。

（3）渭河下游受潼关高程升高产生溯源淤积的影响。

3. 要使这些方面的原因消除，其可能的途径

（1）降低水库非汛期运用水位（防凌运用除外）至315.00m，必要时低于315.00m，控制泥沙淤积高程不超过320.00m。

（2）要减小黄河来水来沙在小北干流的淤积，控制小北干流河床淤积不延伸到潼关以下河段发展。

(3) 在汛期三门峡水库运用水位不高于305.00m(滞洪除外),必要时降低运用水位至300.00m。促使汛期冲刷潼关以下库区淤积物和冲刷降低潼关高程,从而使渭河下游发生相应的溯源冲刷。

为此,要使潼关(六)断面河床平均高程稳定在325.00m左右,加上平水流量1000 m^3/s的平均水深1.3m,即使潼关(六)断面平水流量1000 m^3/s的平均水位稳定为326.30m。

4. 要在水库合理的运用方式下,解决3个控制问题

(1) 潼关高程控制问题。图3.5-1为三门峡水库黄河干流库区的河床淤积(河底平均高程)纵剖面。潼关河床既是黄河禹门口至三门峡河床纵剖面上的一个中间断面,又是渭河下游河床纵剖面上的一个河口起始断面,它在两河交汇处。在三门峡水库建成运用后,由于水库的运用,改变了两河的自然特性。

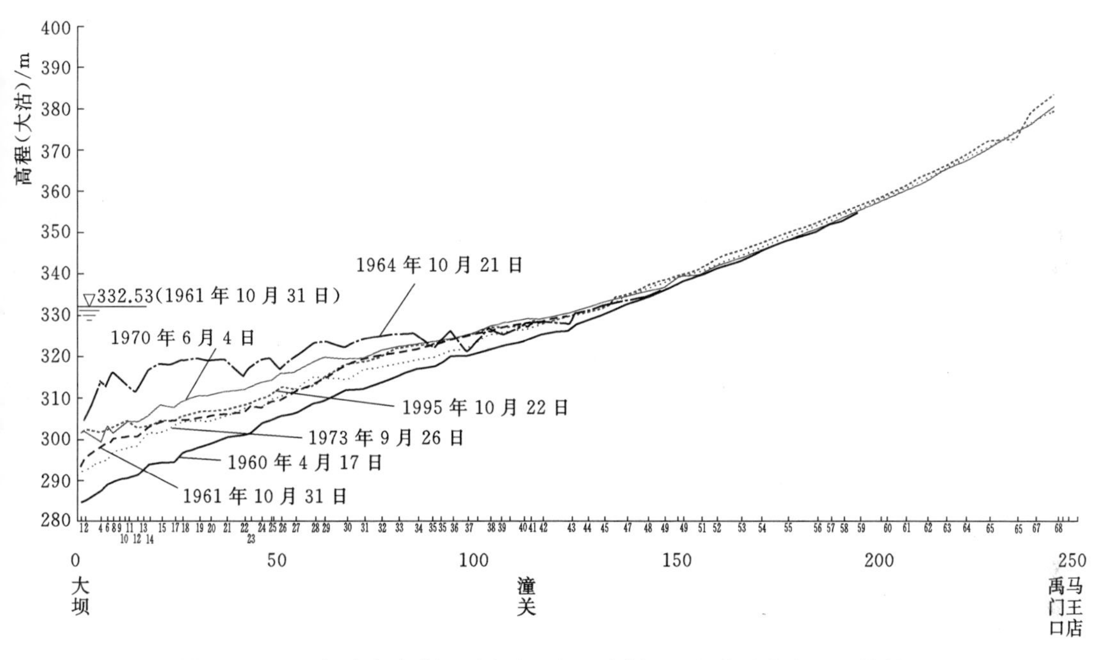

图3.5-1 三门峡水库黄河干流库区的河床淤积(河底平均高程)纵剖面

图3.5-2为潼关—大坝库段的河底线。反映了1970—1973年三门峡工程大改建后于1974—2004年水库"蓄清排浑"控制运用的变化结果。

在表3.5-4中列出三门峡水库1973—1985年潼关(六)1000m^3/s流量的平均最低水位为326.70m,其中有7年的平均最低水位为326.37m,有6年的平均最低水位为327.10m,前者三门峡水库汛期运用平均水位为303.71m,后者三门峡水库汛期运用平均水位为304.32m,基本上按照四省会议要求控制,但水库非汛期运用水位偏高。

1987年以后,潼关河床高程升高。一方面和来水来沙条件有关,另一方面和水库运用有关。为了控制潼关河床高程,首先不使三门峡水库非汛期蓄水运用水位高于315.00m,控制三角洲顶点位置在黄淤26断面(距坝51.5km),则三角洲顶坡段末端在黄淤35断面,距潼关(六)即黄淤41断面23.5km。只有非汛期蓄水位不高于315.00m,

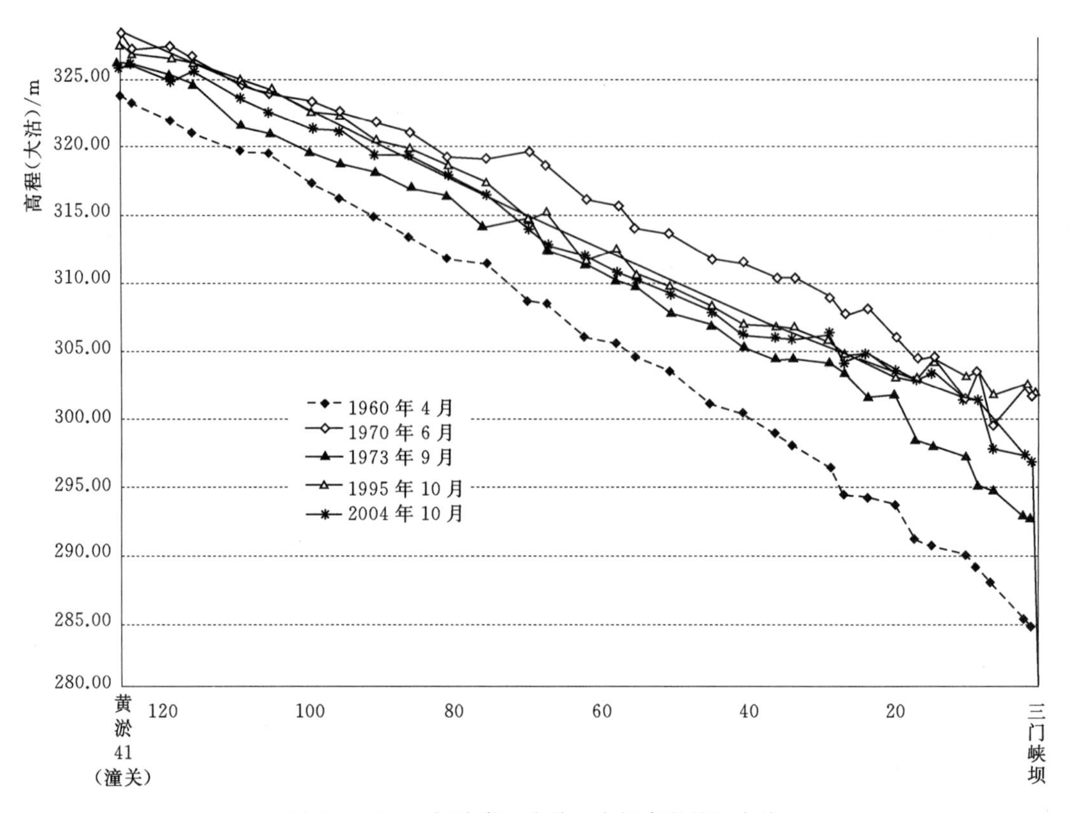

图 3.5-2 三门峡库区潼关—大坝库段的河底线

就能够控制非汛期淤积三角洲顶点高程 312.50m，三角洲末端高程不高于 320.00m，使潼关至三角洲末端有 24km 长的自由河段，有利于利用黄河汛期来水冲刷非汛期淤积三角洲顶坡段，不会发生三角洲顶坡段淤积上延影响潼关河床升高，同时有利于冲刷三角洲顶点以下前坡段以下的非汛期淤积物，使溯源冲刷能发展到三角洲顶坡段。上游沿程冲刷和下游溯源冲刷，就能较快地冲刷非汛期蓄水淤积物，可以保持年内水库冲淤平衡，稳定潼关河床平均高程为 325.00m，这对渭河下游河道十分有利，可以降低渭河下游河床。如果三门峡非汛期蓄水位为 318.00m，则非汛期蓄水淤积三角洲顶点高程在 316.70m，三角洲顶点位置上移至黄淤 31 断面，三角洲顶坡段末端上延至潼关，潼关河床要升高至 327.80m，潼关 1000m^3/s 流量的水位要升高至 329.10～329.30m，这是十分不利于渭河下游河道的，因此，这里需要发电效益服从降低潼关高程的要求。

(2) 渭河下游淤积末端控制问题。图 3.5-3 为渭河下游河床（最低点）纵剖面。1971 年 10 月的渭河下游河底平均高程纵剖面，相应的潼关河底平均高程为 327.80m（大沽），比天然河底平均高程 323.00m 升高 4.8m，淤积末端在渭淤 21 断面，距潼关 107.12km，淤积末端河底平均高程 346.00m（大沽），河床纵剖面平均比降 1.7‱，为天然河床纵剖面平均比降 2.15‱的 0.79 倍。即 $i/i_0=0.79$。这是渭河河口潼关断面河底平均高程抬高至 327.80m 的溯源淤积河床纵剖面的淤积末端。

淤积形成的河床又会在三门峡水库运用方式调整和渭河来水来沙变化的造床作用下，

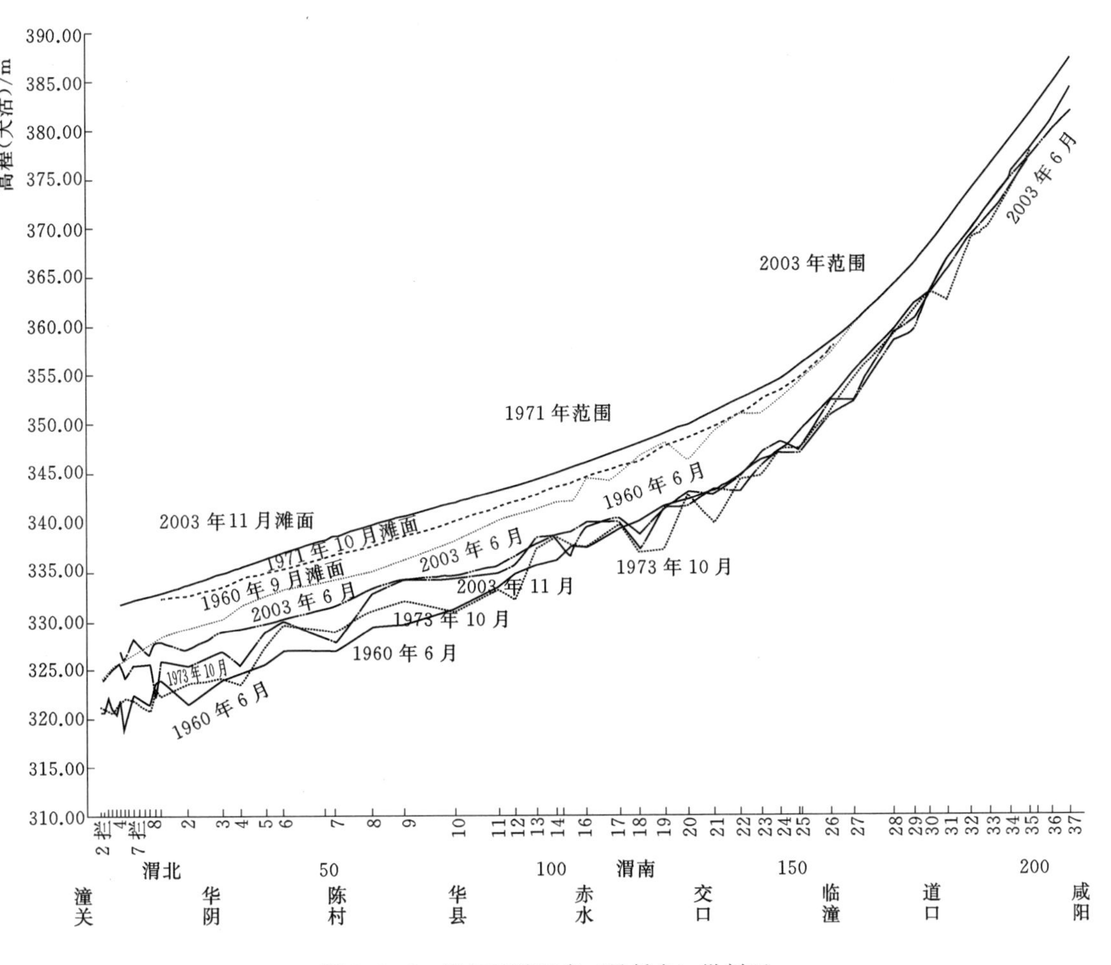

图 3.5-3　渭河下游河床（最低点）纵剖面

调整河床淤积物组成，发生河床淤积物粗化，因而使河床比降调整增大，即使淤积末端向上游延伸，也使渭河河口潼关高程降低。

要求三门峡水库运用能够控制潼关河床平均高程为 325.00m，使潼关 1000m^3/s 流量的水位为 326.30m，至渭河下游淤积河床纵剖面平均比降为 2.13‱，渭河下游控制淤积末端在渭淤 26 断面。这是应该可以力争做到的。

渭河大洪水的回水末端要比河底淤积末端远些，这和渭河下游修筑两岸堤防缩窄洪水的行洪宽度和增大滩地淤积厚有关系。由图 3.5-4 洪水 5000m^3/s 左右的水面线看出，历年相近洪水流量 5000m^3/s 的洪水位升高，回水曲线上延。1973 年 8 月相近洪水流量 5000m^3/s 回水面，而 2005 年 10 月相近洪水流量 5000m^3/s 的回水曲线上延至渭淤 29 断面。预测今后 5000m^3/s 流量的回水曲线还将上延至渭淤 30 断面。但再上延受限制将较大，因为上游河道坡降大至 6.3‱以上。由于渭河下游淤积重心调整上移，故加高堤防重点也要上移。

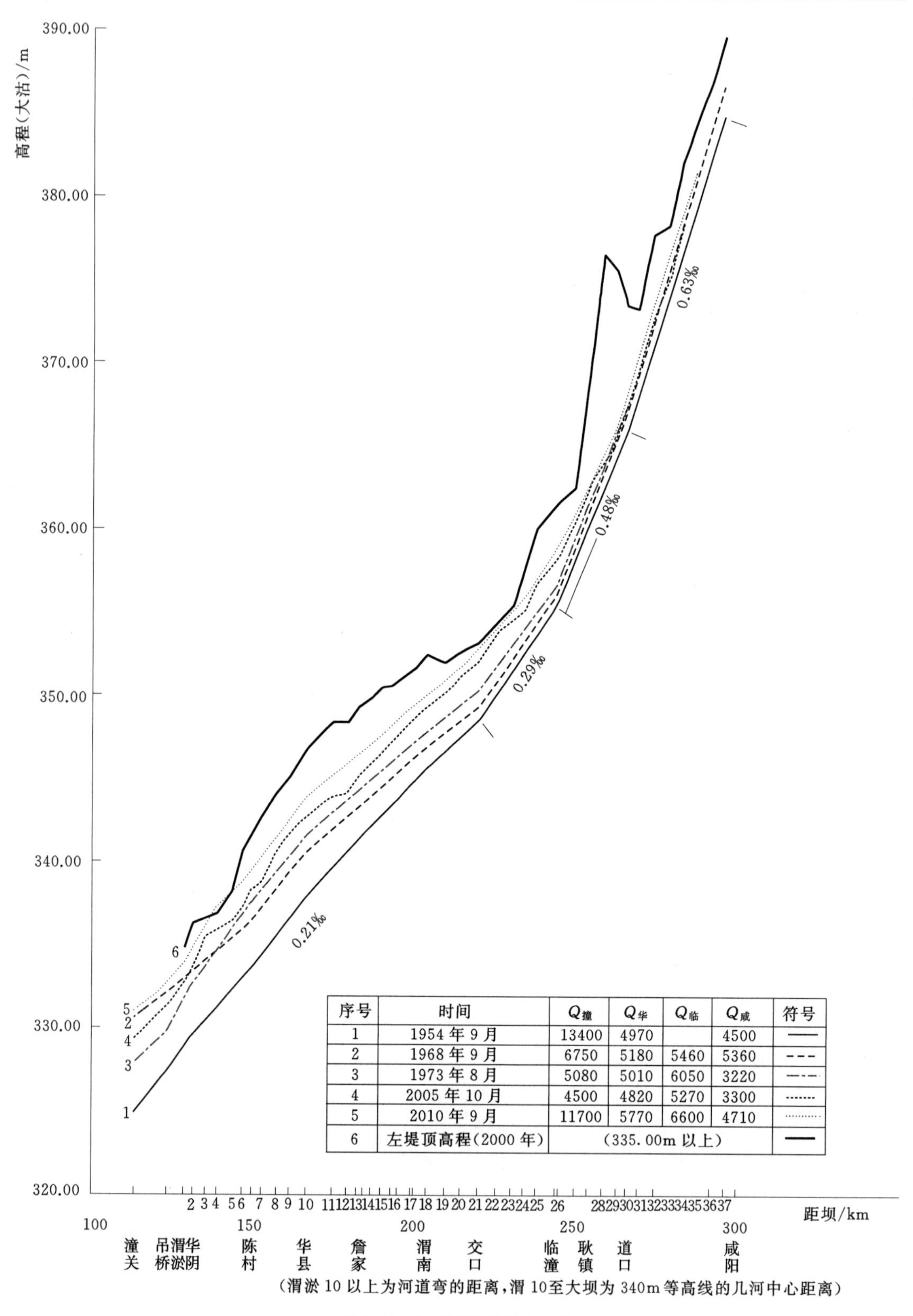

序号	时间	$Q_{\text{潼}}$	$Q_{\text{华}}$	$Q_{\text{临}}$	$Q_{\text{咸}}$	符号
1	1954年9月	13400	4970		4500	——
2	1968年9月	6750	5180	5460	5360	- - -
3	1973年8月	5080	5010	6050	3220	-·-·-
4	2005年10月	4500	4820	5270	3300	······
5	2010年9月	11700	5770	6600	4710	········
6	左堤顶高程(2000年)	(335.00m以上)				━━

图3.5-4 渭河下游水面线

(3) 335.00m 高程以下库容保持问题。三门峡水库在潼关以下库区的库容按水库非汛期水位 315.00m 和汛期水位 305.00m，必要时水位 300.00m 运用，可以得到保持，只在遇大洪水蓄洪和滞洪运用时才会淤积损失一部分库容；由于黄河小北干流河道的自然淤积，以及渭河下游河道溯源淤积调整河底和滩地纵剖面及发生漫滩洪水淤积滩地，都会使潼关以上库区的库容有一定的淤积损失。

图 3.5－5～图 3.5－10 为渭淤 11 断面（距潼关 62.4km）、13 断面（距潼关 70.06km）和 17 断面（距潼关 87.61km）的 1973 年、1981 年、1992 年、1996 年、2003 年、2005 年的断面套绘图，反映了渭河汛期不同来水来沙条件下的断面冲淤形态变化特性。表明渭河下游滩地因洪水漫滩而淤积抬高和河槽因淤积而变窄深。因冲刷而变宽阔是十分显著的。所以，从渭河下游河道讲，来水来沙变化是主要的因素，三门峡水库运用方式和潼关河床升降也是主要的因素。渭河河口潼关的侵蚀基准面降低和渭河汛期来水流量增大是增大渭河库区库容的根本条件。表 3.5－7 为渭河下游冲淤量与华县来水来沙量情况。

表 3.5－7 渭河下游冲淤量与华县来水来沙量（水库运用年）统计表

时段	华县									渭河下游淤积量/亿 m³		
	水量/亿 m³			沙量/亿 t			含沙量/(kg/m³)					
	汛期	非汛期	全年	汛期	非汛期	全年	汛期	非汛期	全年	汛期	非汛期	全年
	7月至次年10月	11月至次年6月	11月至次年10月	7月至次年10月	11月至次年6月	11月至次年10月	7月至次年10月	11月至次年6月	11月至次年10月	7月至次年10月	11月至次年6月	11月至次年10月
1969年11月—1970年10月	58.4995	31.3662	89.8657	7.1467	0.3373	7.4840	122.1669	10.7539	83.2799	−0.11	−0.0172	−0.1319
1970年11月—1971年10月	15.2838	29.7142	44.9980	1.4450	0.2099	1.6548	94.5428	7.0629	36.7759	0.4622	−0.0199	0.4423
1971年11月—1972年10月	13.3247	21.0198	34.3444	0.3847	0.1420	0.5267	28.8738	6.7546	15.3362	0.0332	−0.0401	−0.0069
1972年11月—1973年10月	45.9762	14.9164	60.8926	7.6990	0.6419	8.3409	167.4569	43.0312	136.9774	1.0290	−0.0317	0.9973
1973年11月—1974年10月	28.0848	17.2722	45.3571	1.4998	0.1192	1.6190	53.4042	6.8987	35.6947	−0.0055	0.0816	0.0761
1974年11月—1975年10月	78.1999	20.7788	98.9787	3.6684	0.0699	3.7383	46.9104	3.3648	37.7688	−1.1190	−0.0436	−1.1626
1975年11月—1976年10月	53.3382	42.9730	96.3113	2.6630	0.1694	2.8323	49.9263	3.9412	29.4083	0.0064	0.0318	0.0382
1976年11月—1977年10月	19.2240	19.1292	38.3532	5.4800	0.2005	5.6805	285.0600	10.4804	148.1093	0.6999	0.0090	0.7089
1977年11月—1978年10月	43.0415	8.7343	51.7758	4.2584	0.1587	4.4171	98.9363	18.1724	85.3119	0.1270	0.0210	0.1480
1978年11月—1979年10月	24.0333	13.5079	37.5412	2.0982	0.0200	2.1182	87.3044	1.4824	56.4243	0.2133	0.0419	0.2552

续表

时段	华县									渭河下游淤积量/亿 m^3		
	水量/亿 m^3			沙量/亿 t			含沙量/(kg/m^3)					
	汛期	非汛期	全年	汛期	非汛期	全年	汛期	非汛期	全年	汛期	非汛期	全年
	7月至次年10月	11月至次年6月	11月至次年10月	7月至次年10月	11月至次年6月	11月至次年10月	7月至次年10月	11月至次年6月	11月至次年10月	7月至次年10月	11月至次年6月	11月至次年10月
1979年11月—1980年10月	41.0880	9.6834	50.7715	2.8443	0.1259	2.9702	69.2241	12.9990	58.5005	−0.1451	0.0022	−0.1429
1980年11月—1981年10月	82.4527	12.0476	94.5004	3.3239	0.2938	3.6176	40.3122	24.3842	38.2816	0.0366	0.1103	0.1469
1981年11月—1982年10月	32.6437	23.3525	55.9961	1.3675	0.1399	1.5074	41.8921	5.9914	26.9202	0.3199	−0.0491	0.2708
1982年11月—1983年10月	87.1949	34.0402	121.2351	2.0981	0.4040	2.5020	24.0618	11.8675	20.6379	−0.7256	0.0248	−0.7008
1983年11月—1984年10月	87.4748	43.6872	131.1620	3.5981	0.6170	4.2151	41.1331	14.1226	32.1365	−0.5179	0.1351	−0.3828
1984年11月—1985年10月	43.0706	472.8123	85.8829	2.2323	0.3289	2.5612	51.8281	7.6834	29.8221	0.4042	−0.0493	0.3549
1985年11月—1986年10月	20.4483	24.9059	45.3542	0.6026	1.0198	1.6224	29.4690	40.9453	35.7711	0.1164	0.0385	0.1549
1986年11月—1987年10月	22.1050	28.7489	50.8538	0.7275	0.4568	1.1842	32.9091	15.8882	23.2868	0.1726	0.0047	0.1773
1987年11月—1988年10月	61.9984	22.4082	84.4066	5.2669	0.2845	5.5514	84.9523	12.6944	65.7693	−0.0612	0.0311	−0.0301
1988年11月—1989年10月	33.7836	33.8451	67.6288	1.6157	0.2265	1.8422	47.8253	6.6932	27.2406	0.3614	−0.1263	0.2351
1989年10月—1990年10月	45.1259	31.9602	77.0861	2.7206	0.2131	2.9337	60.2902	6.6664	38.0576	0.3324	−0.1122	0.2202
1990年11月—1991年10月	12.3133	36.9456	49.2589	0.6481	1.5179	2.1660	52.6369	41.0835	43.9715	−0.0066	0.0035	−0.0031
1991年11月—1992年10月	45.6364	13.9542	59.5907	4.5101	0.3501	4.8602	98.8271	25.0900	81.5602	1.1100	0.0504	1.1604
1992年11月—1993年10月	31.8650	30.3474	62.2124	1.3581	0.1344	1.4926	472.6205	4.4303	23.9912	−0.1603	−0.1791	−0.3394
1993年11月—1994年10月	16.8090	19.8124	36.6214	3.5663	0.2400	3.8063	212.1650	12.1124	103.9354	0.8436	−0.0596	0.7840
1994年11月—1995年10月	11.4208	10.9406	22.3614	2.3653	0.0400	2.4053	207.1059	3.6519	107.5633	0.8244	−0.0693	0.7551
1995年10月—1996年10月	22.8974	8.7579	31.6553	4.0341	0.0903	4.1244	176.1829	10.3129	130.2925	0.0767	0.0035	0.0802
1996年11月—1997年10月	6.0611	17.6020	23.6631	1.6104	0.0979	1.7083	265.6927	5.5643	72.1942	0.2310	−0.0261	0.2049

续表

时段	华县									渭河下游淤积量/亿 m³		
	水量/亿 m³			沙量/亿 t			含沙量/(kg/m³)					
	汛期	非汛期	全年	汛期	非汛期	全年	汛期	非汛期	全年	汛期	非汛期	全年
	7月至次年10月	11月至次年6月	11月至次年10月	7月至次年10月	11月至次年6月	11月至次年10月	7月至次年10月	11月至次年6月	11月至次年10月	7月至次年10月	11月至次年6月	11月至次年10月
1997年11月—1998年10月	26.6970	13.3282	40.0252	1.1357	0.7340	1.8697	42.5406	55.0739	46.7142	−0.1868	−0.0719	−0.2587
1998年11月—1999年10月	23.2170	13.9678	37.1848	2.1784	0.0871	2.2655	93.8268	5.2375	60.9254	−0.1020	−0.1773	−0.2793
1999年11月—2000年10月	22.3937	10.2011	32.5949	0.9420	0.5370	1.4790	42.0672	52.6410	45.3764	0.2949	−0.0016	0.2933
2000年11月—2001年10月	15.7694	12.5463	28.3157	1.2683	0.0263	1.2946	80.4277	2.0946	45.7195	0.1919	−0.0302	0.1617
2001年11月—2002年10月	10.8769	17.6245	28.5014	1.6562	0.7436	2.3998	152.2705	42.1891	84.1992	0.1931	0.0234	0.2165
2002年11月—2003年10月	74.9926	9.0952	84.0878	2.9348	0.0333	2.9681	39.1344	3.6569	35.2970	−0.1693	−0.0048	−0.1741
2003年11月—2004年10月	18.2611	24.7644	43.0255	1.0814	0.0266	1.1080	59.2185	1.0749	25.7525	0.1832	−0.1126	0.0706
2004年11月—2005年10月	50.2600	13.8800	64.1400	1.4526	0.0747	1.5273	28.9017	5.3805	23.8117	−0.0433	−0.1342	−0.1775
1970—2005年	36.8295	21.6853	58.5148	2.5967	0.3031	2.8998	70.5070	13.9776	49.5575	0.1363	−0.0206	0.1156

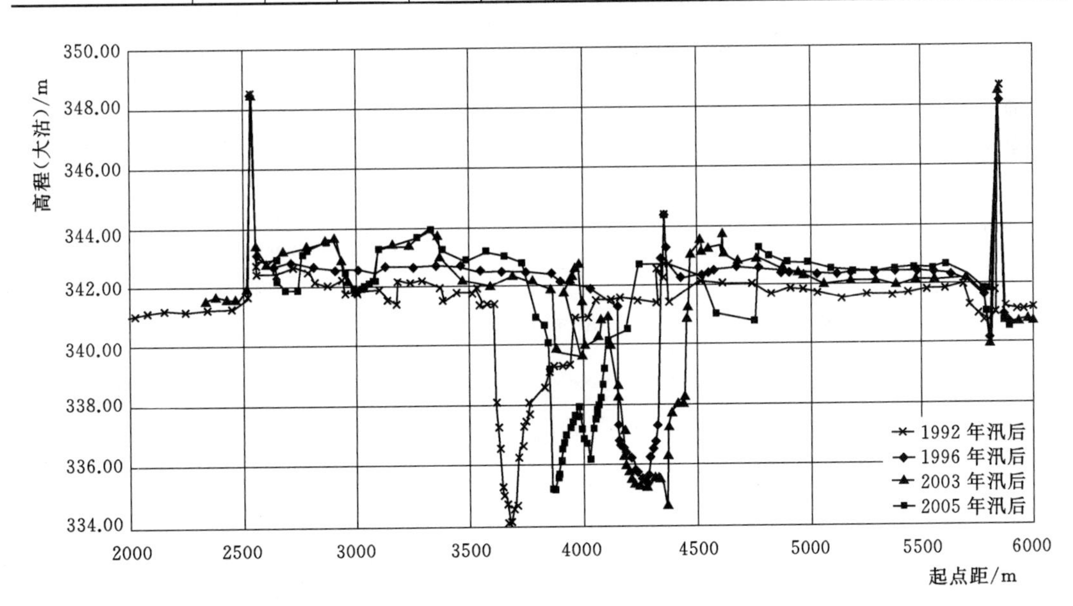

图 3.5-5 渭淤 11 断面（距潼关 62.4km）套绘图

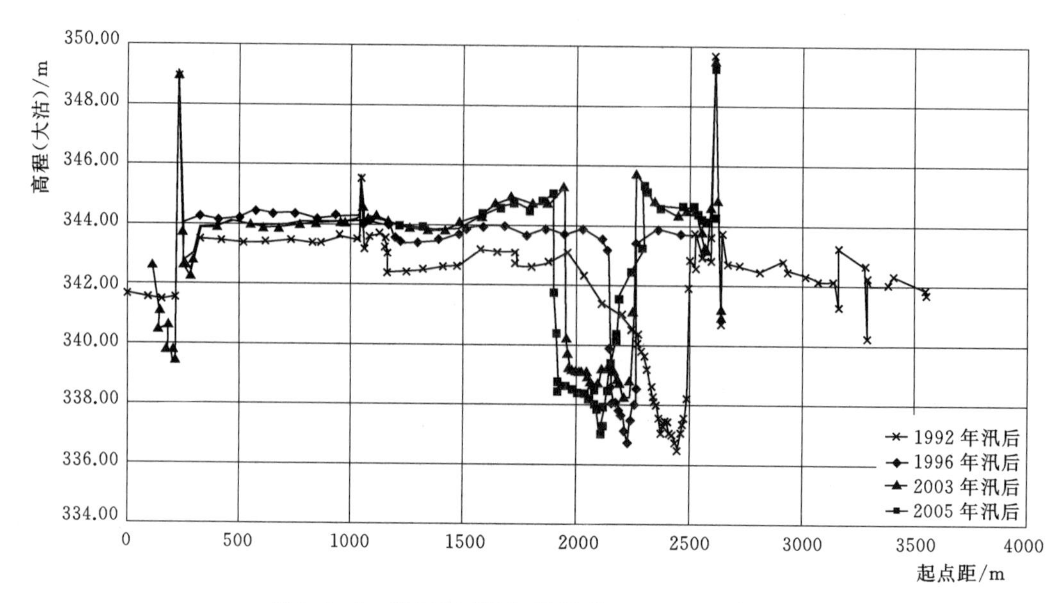

图 3.5-6 渭河 13 断面（距潼关 70.06km）套绘图

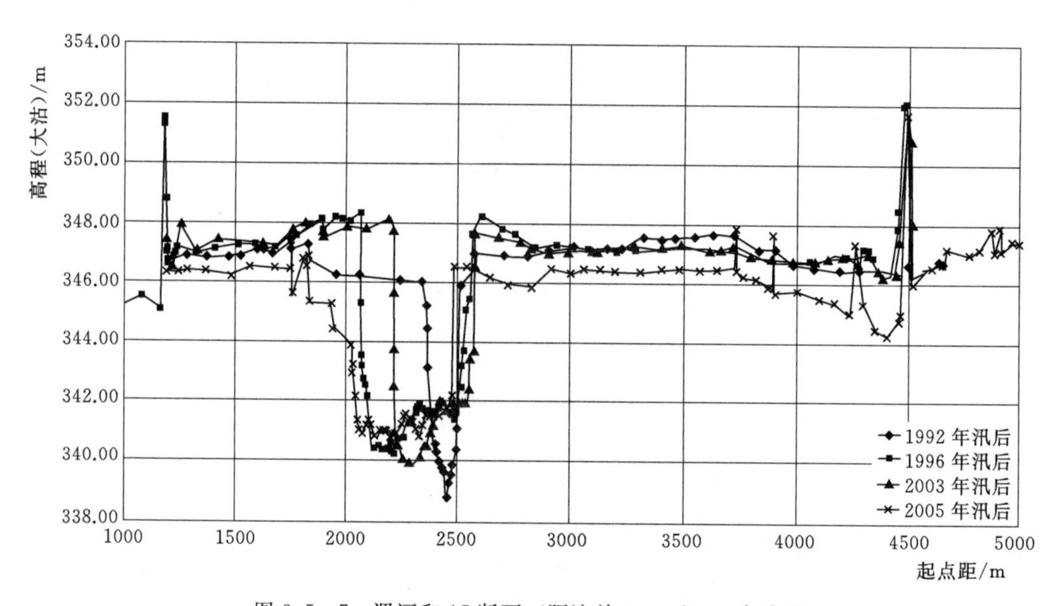

图 3.5-7 渭河和 17 断面（距潼关 87.61km）套绘图

2006 年 9 月 25 日实测的三门峡水库各高程库容量，在高程 335.00m 以下的库容量为 55.27 亿 m^3，若继续淤积损失高程 335.00m 以下库容，就会迫使在水库遇特大洪水时的蓄洪水位高于 335.00m，这是十分不利的，损失库容的速度要引起注意。

从 1960—2005 年，全库区累计淤积量为 71.329 亿 m^3，其中潼关—大坝库段淤积 29.471 亿 m^3，黄河小北干流库段（龙门—潼关）淤积 25.022 亿 m^3，渭河下游库段（咸阳—潼关）淤积 14.479 亿 m^3，北洛河库段淤积 2.357 亿 m^3。全库区累计最大淤积量在 2002 年，达 73.534 亿 m^3，黄河库区（龙门—大坝）累计最大淤积量达到 56.83 亿 m^3，

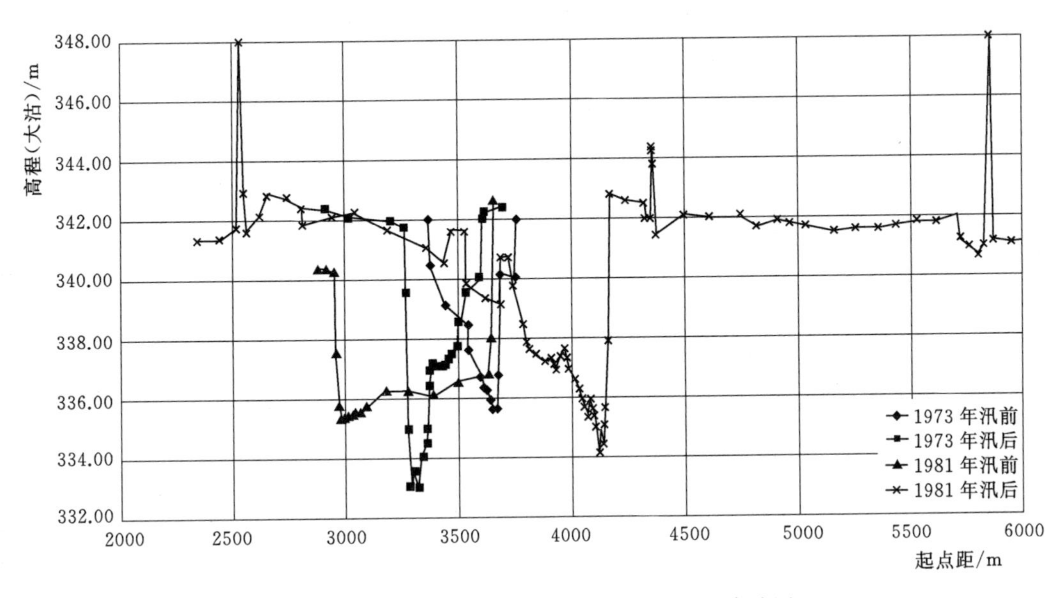

图 3.5-8 渭淤 11 断面（距潼关 62.4km）套绘图

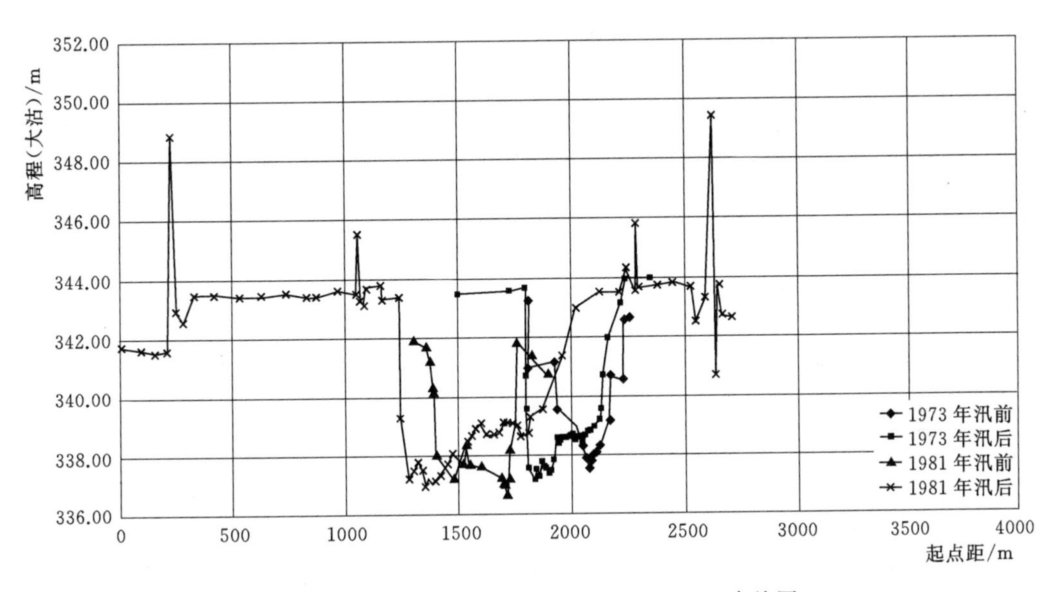

图 3.5-9 渭河 13 断面（距潼关 70.06km）套绘图

占 77.3%，渭河、洛河库区的累计淤积量为 16.704 亿 m^3，占 22.7%。黄河库区累计淤积量 2005 年比 2002 年减少 2.337 亿 m^3，渭河、洛河库区累计淤积量增加 0.132 亿 m^3，增加不多，这是因为 2003—2005 年黄河龙门站年平均径流量 178.06 亿 m^3，年平均输沙量 1.8 亿 t，年平均含沙量 10.1kg/m^3，水流较“清”，河槽发生冲刷；而渭河 2003 年汛期和 2005 年汛期洪水次数较多，洪水流量较大，发生淤滩刷槽和平滩流量增大。所以，在三门峡水库“蓄清排浑”控制运用方式下，黄河和渭河来水来沙条件的改善，可以减少库区淤积甚至发生冲刷，可以减少高程 335.00m 以下库容的淤积损失，甚至有所冲刷而

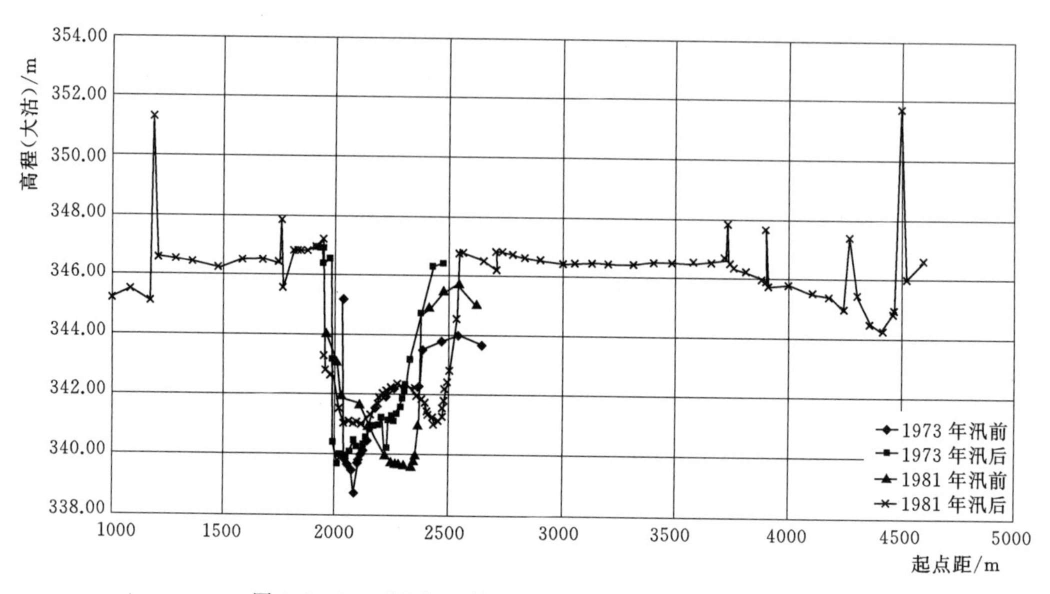

图3.5-10 渭河17断面(距潼关87.61km)套绘图

恢复库容。龙门—三门峡各站逐年水沙量见表3.5-8，1986—1994年段和1995—2000年，多年平均年径流量减少多，而来沙量减少不如径流量减少多，含沙量仍较高，水流输沙能力降低，所以这15年水库淤积量增加，库容损失量增加；2001—2004年，年均径流量进一步减少，但来沙量也进一步减少，库容损失量少。由此可见，来水量大来沙量小最为有利；来水量大来沙量也大，水库敞泄排沙能力大，也为有利；来水量小来沙量小也会淤积量少，也有利；最不利的是减水多而减沙少会使水库淤积增加，水库调水调沙没有多大能力发挥减淤作用。

表3.5-8　　龙门—三门峡各站逐年水沙量统计表

年段	龙门		龙门、华县、河津、洑头		潼关		三门峡	
	径流量/亿m³	输沙量/亿t	径流量/亿m³	输沙量/亿t	径流量/亿m³	输沙量/亿t	径流量/亿m³	输沙量/亿t
1960	241.9	5.81	305.6	8.84	304.3	9.35	229.6	7.21
1961	401.0	11.6	522.9	14.8	464.2	12.0	538.4	1.12
1962	264.8	5.40	368.8	8.86	377.3	9.38	371.6	3.38
1963	329.8	8.64	457.7	12.4	445.3	12.3	439.7	6.45
1964	456.5	17.2	696.8	30.5	699.3	24.5	685.3	14.8
1965	224.4	2.80	322.5	4.82	317.2	4.54	325.3	7.96
1966	315.0	17.1	431.3	29.4	418.7	21.1	430.9	21.1
1967	539.4	24.6	672.8	29.8	627.8	21.8	656.1	22.5
1968	401.2	9.30	517.3	15.9	517.3	15.2	527.1	15.6
1969	191.8	10.7	268.7	14.9	268.7	12.1	269.9	13.6
1970	246.5	13.7	349.1	22.1	349.1	19.0	346.5	21.1

续表

年段	龙门		龙门、华县、河津、洑头		潼关		三门峡	
	径流量/亿 m³	输沙量/亿 t	径流量/亿 m³	输沙量/亿 t	径流量/亿 m³	输沙量/亿 t	径流量/亿 m³	输沙量/亿 t
1971	246.0	10.3	310.6	13.5	309.3	13.4	316.6	15.7
1972	238.5	4.32	278.4	5.21	276.7	6.00	282.7	7.16
1973	251.2	7.57	330.8	17.2	325.7	16.3	326.8	17.7
1974	218.5	5.89	275.5	7.84	274.6	7.45	270.4	6.54
1975	365.3	6.03	492.8	10.9	492.3	12.8	495.9	13.8
1976	399.7	6.45	501.8	9.72	501.8	9.93	502.8	10.9
1977	277.0	16.7	335.9	24.5	333.0	22.1	327.0	20.8
1978	283.0	8.26	351.8	13.6	352.0	13.6	343.0	14.4
1979	320.0	7.68	366.7	10.6	359.0	10.9	359.0	11.5
1980	206.0	2.89	368.0	6.12	269.0	5.83	265.0	6.95
1981	362.0	6.92	470.8	11.1	465.0	11.9	452.0	14.1
1982	293.0	4.36	358.5	6.08	365.0	5.81	350.0	5.56
1983	370.0	4.02	520.8	6.85	526.0	7.92	524.0	9.25
1984	310.0	3.58	455.3	8.21	461.0	8.57	459.0	10.2
1985	303.0	4.84	404.7	8.46	413.0	8.26	408.0	8.75
1986	235.0	2.34	282.2	4.19	279.0	3.96	272.0	3.95
1987	143.0	2.60	201.9	4.19	200.0	3.34	207.0	2.83
1988	202.0	9.10	313.7	16.1	311.0	13.6	214.0	15.4
1989	333.8	6.33	409.6	8.45	401.7	8.84	392.0	8.02
1990	244.7	4.57	335.7	8.40	344.2	7.52	325.0	7.23
1991	185.3	3.90	241.5	6.47	240.5	6.22	228.1	4.86
1992	196.6	6.31	272.7	12.6	260.5	10.0	258.1	11.1
1993	215.9	3.49	290.1	5.45	292.9	5.87	288.5	6.07
1994	249.4	8.51	301.2	15.0	297.0	12.4	286.1	12.3
1995	218.5	6.99	246.2	9.81	239.7	8.52	233.4	8.22
1996	197.2	7.33	256.4	12.5	250.5	11.4	233.2	11.2
1997	132.7	3.00	157.3	5.23	149.4	5.21	135.0	4.27
1998	157.2	4.49	207.7	6.85	200.4	6.61	180.6	5.72
1999	185.3	2.35	231.5	5.44	222.8	5.26	198.4	4.98
2000	157.2	2.19	198.2	4.03	186.0	3.41	163.1	3.57
2001	156.40	3.09	198.92	5.95	183.51	4.58		
2002	131.32	2.67	158.95	4.65	139.39	3.35		
2003	177.92	1.86	298.06	5.06	290.39	6.15		
2004	157.82	2.38	194.01	3.54	192.18	3.17		

3.6 三门峡水库运用对黄河下游河道影响分析

兴建三门峡水利枢纽工程，原来的重要任务是要解决黄河下游河道的洪水问题和泥沙淤积问题。水库蓄洪和拦沙，使下游河道不发生洪水问题，全部水流在河槽内安全下泄，水库下泄的清水和细泥沙异重流浑水，在下游河道内冲刷下切河槽，使下游变为通航河流。由于三门峡—花园口区间还有洪水，兴建伊河、洛河、沁河支流水库和干流桃花峪水库来配套解决三门峡以下的洪水问题，可以消除数千年来的下游洪水和泥沙灾害问题。在此基础上三门峡水利枢纽还有供水灌溉、水力发电等综合利用效益。为了使三门峡水库长期发挥这么巨大的效益，要求在水库上游的黄河干流、支流大量兴建拦沙水库和大力开展水土保持减少入黄河泥沙，也就是减少进入三门峡水库的泥沙。由于还有一定数量的泥沙入库，为了延长水库寿命，将来还需要进一步抬高水库最高运用水位，因此，三门峡水库按高坝大库设计，而对渭河下游河道淤积影响问题，却通过按水平淤积纵剖面来设计，并且未考虑渭河下游河道修建两岸堤防束窄天然宽阔渭河河谷的影响

三门峡水库于1960年9月15日正式按原规划设计蓄水拦沙运用。由于出现的实际情况比原规划设计估计的严重，为了缓解水库严重淤积问题和对渭河下游严重影响问题，于1962年3月20日以后改变水库为敞泄滞洪运用。但是，原规划设计的水库泄流规模小，因此就有1966—1968年的第一次改建，和1970—1973年的第二次大改建扩大泄流规模，使水库开发任务发生根本性转变：①三门峡水库不再承担解决黄河下游河道泥沙淤积问题的任务，只承担合理防洪，遇三门峡以上大洪水不蓄洪而为敞泄滞洪，遇三门峡以下特大洪水为黄河下游进行蓄洪运用；②三门峡水电站低水头发电；③三门峡水库实行“蓄清排浑”运用、冲淤平衡；④不加重黄河下游河道淤积，恢复建库前的淤积水平，争取有所减淤。

但是黄河下游的洪水和泥沙淤积问题仍然要解决，小浪底水利枢纽的兴建应运而生，其开发任务就是以防洪减淤为主，兼顾供水、灌溉、发电，综合利用。

3.6.1 黄河下游河道基本特性

黄河于1855年在下游兰考县境内的铜瓦厢决口后，水流在口门以下泛区自然漫流，至1875年开始在泛区筑堤，沿程淤积逐渐发展至河口，又伴随溯源淤积。河床持续淤高，频繁发生决口。

黄河下游河道形成四个不同河型的河段，即孟津—高村为游荡型河段，水流游荡，河床宽浅，汊流多，河心沙滩消长变化；高村—艾山为由游荡型向弯曲型过渡的过渡型河段，水流摆动，河床趋向窄深，向单一河槽发展，河心沙滩减少；艾山—利津为弯曲型（或称蜿蜒型）河段，水流弯曲，河槽窄深，弯道深槽与过渡段浅滩相间；利津以下为河口河段，进行河口三角洲淤积摆动的河床演变。黄河下游河道，长时期的沿程淤积与溯源淤积相结合，使黄河下游河道呈现河床纵剖面近乎平行升高，河道纵比降变化不大。

（1）孟津—高村河段。游荡型河道，堤距甚宽，一般在6km以上，花园口堤距宽9.5km，石头庄堤距宽15.4km。河床宽浅，河心沙滩多，水流散乱。在1855年铜瓦厢决

口前，在东坝头以上河段，河床宽浅，滩槽高差不大，主流流线游荡摆动幅度大，南、北两岸大堤险工均有靠主流机遇。在1855年铜瓦厢决口后，在决口上游发生溯源冲刷，溯源冲刷至沁河口以上，由于河床冲刷下切，使滩、槽高差增大，平滩流量增大，东坝头以上滩地变成老滩，即使发生1958年洪水，花园口洪峰流量22300m^3/s，亦未上滩，主要水流河槽靠南岸大堤。在东坝头以下则不同，为1855年铜瓦厢决口后新河道。在决口后的初期，为泛区漫流，类似河口三角洲摆动淤积延伸，修筑堤防后，大堤之内淤积形成滩地和河槽，基本上同步淤高。滩地斜向串沟多，滩唇高，堤河低，滩地横比降大，形成水流冲决大堤和顺堤行洪冲刷大堤的严重威胁，河道宽浅，易出现斜河、横河和滚河现象，滩地坍塌迅速。

（2）高村—艾山河段。为过渡型河道，具有一定的游荡型和弯曲型河道特性。堤距仍然很宽，苏泗庄堤距宽8.39km，梁山堤距宽11.17km。河心沙滩明显减少，基本上为单一河槽迂回曲折，摆动幅度仍然较大，主流流路变化仍然较快，仍有较大的滩地坍塌，河槽和滩地同样不断淤高。

（3）艾山—利津河段。弯曲型河道，受人工工程控制较严。河床淤积物颗粒组成较细，滩地淤积物黏性土较多，具有较强的抗冲性，河槽易冲淤变化，滩地坍塌甚少。河道弯曲，具有蜿蜒变化特性，河槽窄深。堤距一般为1～2km，陶城铺堤距宽为0.998km，洛口堤距平均宽为1.403km，宽处达2km以上，窄处仅约0.5km。弯曲型河道的河湾段与顺直段相间，深槽与浅滩交错变化，深泓线位置变化也较迅速，水流顶冲位置亦常变化，河槽和滩地也同样不断淤高。

（4）利津—河口河段。河口三角洲淤积摆动演变特性，进入利津以下的泥沙，长期平均统计约有64%淤积在三角洲及滨海区，由海洋动力作用输往外海的约为36%。通过不断地摆动改道，完成一次横扫三角洲的演变周期约50年。在入海水道完成一次横扫三角洲的大循环之后，受河口延伸影响的下游河道将出现一次抬高。三角洲摆动面积越大，河口延伸越慢，一定程度地抑制下游河道的抬升。

3.6.2 黄河下游河道水沙运行特点

1. 三门峡水库建成运用前黄河下游河道水沙运行特点

（1）黄河下游汛期水少沙多，汛期水量主要由黄河中游的暴雨洪水和上游基流组成，非汛期水量主要由上游的流量组成。汛期7月、8月暴雨洪水多，含沙量大；9月、10月水量比较平稳，含沙量较小；非汛期水量相对平稳，流量相对均匀，流量小，含沙量小。水沙量年际变化幅度大。汛期7月、8月沙量大，洪水期水沙量大，日输沙量最大可达数亿吨。汛期7月、8月有连续洪水出现，非汛期有凌汛洪水。

（2）黄河悬移质泥沙颗粒比较细，全部小于1mm，绝大多数在0.5mm以下，主体在0.25mm以下。以粒径小于0.025mm的泥沙为细颗粒泥沙，粒径0.025～0.05mm的泥沙为中颗粒泥沙，粒径大于0.05mm的泥沙为粗颗粒泥沙。根据平均情况，细沙占来沙的50%左右，中沙和粗沙所占比例相近，各占来沙的25%左右。黄河下游河道参与泥沙冲淤的主要是中、粗颗粒泥沙，细沙参与冲淤造床的数量少，主要参与滩地淤积和河槽缓流区的淤积。流量大时细泥沙不发生淤积，流量小时细泥沙发生淤积。中、粗颗粒泥沙主要在艾山以上河段淤积，淤积物无黏结性；细颗粒泥沙主要在艾山以下河段淤积，淤积物有黏结性。在高村以上河段河床和滩岸可动性大，高村—艾山河段次之，艾山以下河段为小。河道淤积时，中、粗颗粒泥沙淤积得多，河道冲刷时，中、粗颗粒泥沙冲刷得多。黄河下游河道细颗粒泥沙输沙能力大，中、粗颗粒泥沙也有一定的输沙能力。黄河下游自然来沙的泥沙粒径与来水含沙量有一定关系，含沙量大于100kg/m^{3}时，随着含沙量增大泥沙颗粒变大，在含沙量小于50kg/m^{3}时，随着含沙量减小泥沙颗粒变大，在汛期含沙量为50～100kg/m^{3}时，泥沙颗粒较细。

(3) 黄河下游河道汛期输沙能力大，非汛期输沙能力小，大水输沙量大，小水输沙量小。泥沙群体沉速受含沙量的影响大，在含沙量大于19kg/m^{3}后，泥沙群体沉速随含沙量的增大而减小，含沙量小于19kg/m^{3}泥沙群体沉速随含沙量的减小而增大。

(4) 黄河下游河道在非漫滩水流时，小水淤槽，大水冲槽。小水高含沙量时河槽淤积，变为宽浅河床；大水高含沙量时，河槽冲刷变为窄深河床。若在散乱的河床上塑造大水高含沙量窄深河槽时，则因河宽变窄河床刷深而出现输沙平衡。若在前期窄深规顺的河床上塑造大水高含沙量窄深河槽时，则因河宽变窄河床刷深而出现输沙平衡。河槽水力几何形态随流量和含沙量变化而自动调整。

(5) 黄河下游河道在漫滩水流时，发生淤滩刷槽，在河槽与滩地水流泥沙横向交换中，可以形成长距离的滩地淤积和河槽冲刷。

(6) 黄河下游漫滩洪水的洪水演进，在高村以上削峰作用大，高村—孙口次之，孙口—艾山继续削减，艾山以下削峰作用小。在花园口洪峰流量15000m^3/s以上时，花园口—利津洪峰削减40%～60%；在花园口洪峰流量10000～15000m^3/s时，花园口—高村洪峰削减10%～15%，花园口—孙口洪峰削减15%～30%，花园口—艾山洪峰削减20%～35%，花园口—利津洪峰削减30%～40%。随着洪峰削减，泥沙淤积相应增加。

(7) 三门峡建库前，来水流量变化大，变化快，变化频繁，使得水流动力轴线位置变化大，变化快，变化频繁，从而使水流冲刷部位变化大，变化快，变化频繁。冲刷险情发生快，脱险也迅速，抢险岸线长，抢险历时长。由于水流含沙量大，挟沙量多，在一岸塌滩时，在另一岸淤积还滩，塌滩和还滩基本平衡，河宽相对稳定。

(8) 三门峡建库前，黄河下游高村以上游荡型河段，为强烈堆积性河流，以主流河床淤积为主，当主流河床淤高后，便向河床较低的地方迁徙，然后又在新河床淤高，向河床低地迁移，如此摆动淤积，使河床普遍淤高。在如此循环往复摆动淤积过程中，造成两岸堤防险工和护滩工程不断增建和延续，形成两岸密布河防工程，平工变险工、险工变平工是常见的。可以大体呈麻花状的流线，两岸全面防守。在高村—艾山的过渡型河段，水流主流线基本上是呈弯曲形移动变化的，但摆动幅度较大，摆动变化较快，有较大的河槽移位，因此，两岸工程要适应多条流路的防守。艾山以下河段的水流流量和含沙量减小，泥沙颗粒组成变细，河道平面变形和纵向变形已显著减小，河道比降变小，河床和滩地具有黏结力的淤积物抗冲性增强，加上河道整治工程的严密控制，已是两岸工程控制性强的蜿蜒型河道的河床演变。

2. 三门峡水库建成运用后黄河下游河道水沙运行特点

三门峡建库后，运用方式多变，下泄水沙条件多变，主要是使黄河下游河道由浑水的峰型水沙过程和超饱和输沙强烈堆积的河床演变，迅速变为水库下泄“清水”的均匀化水沙过程、非饱和输沙强烈侵蚀的河床演变；不久，又变为水库交替下泄大水小沙和小水大沙的水沙关系不和谐的水沙过程。三门峡水库运用方式多变加剧了下游河道的不稳定性。

(1) 1960 年 9 月 15 日—1962 年 3 月 20 日的蓄水拦沙运用。下泄清水和低含沙量细泥沙异重流，下游河道由浑水强烈堆积造床转为清水强烈冲刷造床的河床演变，并有小水上冲下淤的不利情形。

(2) 1962 年 3 月 21 日—1964 年 10 月 25 日的敞泄滞洪排沙运用。水库泄流能力小，遇来水流量在 1500m^3/s 以上，就壅高水位蓄水拦沙淤积，来水流量在 3000m^3/s 以上，则严重滞洪淤积。下泄水流流量均匀化，含沙量低泥沙颗粒细，将自然来水 2000m^3/s 以上流量和含沙量及泥沙组成呈峰型变化的浑水过程，变成为流量在 2000～3000m^3/s 左右均匀化持续时间很长的低含沙量的“清水”过程。发生河槽冲刷下切与滩地冲刷坍塌同时进行，河床下切与展宽并存。花园口以上为非重点防洪河段以下切为主，花园口以下为重点防洪河段以展宽为主，造成“清水”水流冲刷塌滩，无泥沙还滩的河床演变，与浑水水流有泥沙还滩，保持塌滩与成滩的相对平衡、河槽宽度相对稳定的河床演变迥然不同，引起下游河道河势的重大变化，出现河防平工变险工、险工变平工，冲刷位置稳定，冲刷时间加长，抢险岸线长，抢险时间长，冲刷深度大，抢险难度大，坐弯冲刷，顶冲冲刷严重，不能很快脱险。在来水流量 1500m^3/s 以下时，水库降低水位小水冲刷，下泄的水流流量小而含沙量大和泥沙颗粒粗，下游河槽强烈淤积，加剧了水流的不稳定性，引起新的河势变化和塌滩险情。总的来看，下游河道水位下降，平滩流量增大，但河床更加宽浅散乱。游荡型河段平均展宽 1000m 左右，河势变化大；过渡型河段一般有冲有淤，冲多于淤，也有塌滩和展宽，河势变化也较大；弯曲型河段冲刷少，弯道段冲刷直道段淤积，水位下降较少，河口段河道没有得到改善。河槽水力几何形态迅速调整的结果是水面宽度增加，平均水深减小，过水断面面积增大，流速减小，河床粗化，比降变小，糙率增大，挟沙力降低。

(3) 1964 年 10 月 26 日—1966 年 6 月，来水流量小，水库降低水位大量冲刷滞洪淤积物，下游河槽大量回淤，又引起河势新的变化，河道进一步宽浅散乱。

(4) 1966—1969 年，三门峡水库工程第一次改建，增加两条泄水隧洞和四条钢管泄流，一定程度增大了泄流排沙能力，然而泄流规模仍然小，在来水流量 2500m^3/s 以上，水库壅高水位滞洪淤积，在来水流量 2500m^3/s 以下，水库降低水位冲刷。下游河道则在流量 2500m^3/s 以上的大流量小含沙量细泥沙水流条件下冲刷，在 2500m^3/s 以下的小流量大含沙量粗泥沙水流条件下淤积，并且淤积重点向花园口以下河段转移。

(5) 1970—1973 年来水少来沙多，流量小含沙量大，而三门峡水库工程第二次改建，打开 8 个底孔陆续投入运用，水库敞泄流排沙能力增大，降低水位多，库区发生低水位强烈溯源冲刷，使下游河道河槽淤积，河道更加宽浅散乱，河势又发生新的更大变化。

(6) 1973 年 12 月以后，水库实行“蓄清排浑”运用，非汛期抬高水位蓄水拦沙，汛期降低水位冲刷排沙。1974—1979 年全年发电，汛期控制水位在 305.00m 左右运用，在 2500m^3/s 以上较大流量冲刷排沙，在 2500m^3/s 以下小流量水库微冲微淤，在 5000m^3/s 以上大水流量仍滞洪排沙。下游河道非汛期清水冲刷，汛期淤积，全年减淤。在 1980 年以后，三门峡水电站汛期不发电，非汛期发电，非汛期为下游供水灌溉调节蓄水，使非汛期库区淤积加重，潼关高程升高，而汛期为了尽快冲刷非汛期淤积物和降低潼关高程，采取敞开闸门泄流冲刷排沙，经常发生小水降低水位冲刷，下泄小流量高含沙量粗泥沙水流进入下游河道，使下游河道河槽加重淤积。在黄河连续小水年时期，下游河道小水大沙淤积严重，平滩流量又一次急剧减小，小洪水漫滩。

3.6.3 三门峡水库运用对黄河下游河道影响

3.6.3.1 水库蓄水拦沙和泄流规模小时滞洪排沙运用下游河道河床演变

（1）黄河下游河道长距离清水冲刷。1960年12月1日—1962年5月20日，三门峡水库入库泥沙为15.39亿t，出库泥沙为1.67亿t，水库排沙比为10.9%，库区淤积按断面法为15.26亿m^3，淤积土容重按1.3t/m^3计，则淤积泥沙为19.84亿t，含有区间泥沙和库岸坍塌的泥沙淤积（见表3.6-1）。黄河下游河道发生长距离冲刷，铁谢—高村河段冲刷多，高村—利津河段冲刷少。在这时期，山东河段有位山枢纽投入运用，在杨集—位山的库区，发生蓄水拦沙淤积，在位山以下受位山枢纽下泄清水冲刷的作用。

按断面法，下游河道冲刷6.55亿m^3，其中高村以上冲刷7.59亿m^3，高村以下淤积1.04亿m^3，淤积土干容重若按1.4t/m^3计，则高村以上冲刷为10.6亿t，高村以下淤积为1.46亿t。但因受河口淤积延伸并向上游发生溯源淤积影响，下游的长距离冲刷受限制。

（2）黄河下游河道主要冲刷补给粗泥沙。因为大量泥沙被拦截在库区，水库下泄清水和细泥沙异重流泥沙，下游河道要冲刷河床和侧蚀滩地补给泥沙，恢复一定的水流含沙量，而下游河床淤积的主要为粗颗粒泥沙，滩地细泥沙淤积较多，也有一定的粗泥沙淤积物，所以下游冲刷主要补给粗泥沙。实测资料表明，河床冲刷发生河床组成粗化现象，恢复的悬移质含沙量的泥沙组成变粗。

（3）水库下泄均匀化的中水“清水”流量在下游进行冲刷造床，具有不利影响。

1）均匀化的中水“清水”流量冲刷河槽。它使冲刷滩岸的部位相对稳定，冲刷堤防险工和护滩控导工程的部位相对稳定，坐弯冲刷相对稳定，傍岸环流冲刷强度相对加强。造成持续冲刷坍塌河岸和滩地，使堤防险工和护滩控导工程的冲刷险情持续发展；险情一经发生就不易脱险，抢险时间长，抢险强度大，造成工程冲失、滩地大量坍塌，引发河势流路重大变化。

2）均匀化的中水“清水”流量冲刷河槽，使堤防险工和护滩控导工程环流冲刷持续发展；它使顺坝冲刷深度加大，河槽冲深变窄，环流淘刷河底泥沙加强，在凸岸淤积形成低滩，进一步约束水流折向堤防险工和护滩控导工程的下首弯转，使工程的挑流能力显著减弱，引发河势流路变化连锁反应。

3）均匀化的中水“清水”流量冲刷河槽，侧蚀滩岸发生横向位移后，又因对岸无泥沙淤积还高滩，使河床日益变得宽浅，水流更加散乱。

4）均匀化的中水“清水”流量冲刷河槽，造成黄河下游汛期抢险，非汛期也抢险，险象丛生，抢险岸线长，抢险难度大。

表 3.6-1　三门峡建库前后库区及下游河道冲淤和水位升降情况

时段	时段输沙量		时段平均水库排沙比/%	水库淤积量		下游河道断面法淤积量/亿 m³					下游河道输沙率法淤积量/亿 t				
	入库/亿 t	出库/亿 t		断面法/亿 m³	输沙量法/亿 t	铁谢—花园口	花园口—高村	高村—艾山	艾山—利津	铁谢—利津	铁谢—花园口	花园口—高村	高村—艾山	艾山—利津	铁谢—利津
1950年7月—1960年6月	（三门峡建库前）										6.20	13.70	11.70	4.50	36.10
1960年5月1日—1960年5月30日	8.42	6.70	79.6	3.94	1.72	−0.35	0.73	1.12	0.22	1.71	0.34	0.32	0.73	0.42	1.81
1960年12月1日—1962年5月20日	15.39	1.67	10.9	15.26	13.72	−2.95	−4.64	0.67	0.37	−6.55	−4.07	−3.99	−0.63	−0.58	−9.27
1962年5月21日—1964年10月11日	50.09	19.55	39.0	25.71	30.54	−3.50	−4.78	−3.58	−2.27	−14.13	−4.70	−3.38	−2.43	−2.50	−13.01
1964年10月12日—1966年5月15日	6.28	13.99	223	−5.68	−7.71	1.77	2.15	0.46	1.68	6.06	3.44	2.10	−0.19	1.29	6.64
1965年5月16日—1970年5月20日	90.84	73.27	80.7	15.83	17.57	0.33	4.47	1.58	1.17	7.55	6.92	3.79	0.33	3.58	14.62
1970年5月21日—1973年10月5日	55.76	58.11	104.2	−1.34	−2.35	3.68	7.74	2.82	1.48	15.72	9.59	6.98	2.64	2.39	21.6
1971年10月6日—1980年6月15	78.86	80.31	1014.8	2.3	−1.45	−3.04	3.85	3.61	2.42	6.84	6.77	1.80	4.74	0.98	14.29
1980年6月16日—1985年10月21日	46.02	54.83	119.1	−1.80	−8.81	0.72	−3.06	0.31	−1.84	−3.87	4.89	0.51	−3.97	0.59	2.02
1985年10月22日—1990年9月24日	40.81	37.60	92.1	3.91	3.21	1.62	3.41	0.75	1.19	7.69	4.49	4.18	−0.97	2.78	10.48
1990年9月25日—1999年6月						2.25	7.11	2.48	2.01	13.85					

续表

时段	时段输沙量		时段平均水库排沙比/%	水库淤积量		下游河道断面法淤积量/亿 m³					下游河道输沙率法淤积量/亿 t				
	入库/亿 t	出库/亿 t		断面法/亿 m³	输沙量法/亿 t	铁谢—花园口	花园口—高村	高村—艾山	艾山—利津	铁谢—利津	铁谢—花园口	花园口—高村	高村—艾山	艾山—利津	铁谢—利津
1960年5月1日—1964年10月11日	73.90	24.92	37.8	44.91	45.98	−6.80	−8.69	−1.79	−1.68	−18.96	−8.43	−7.05	−2.33	−2.66	−20.47
1964年10月12日—1970年5月20日	97.12	87.26	89.8	10.15	9.86	2.10	6.62	2.04	2.85	13.61	10.36	5.89	0.14	4.87	21.26
1960年5月1日—1970年5月20日	171.02	115.18	67.3	55.06	55.84	−4.70	−2.07	0.25	1.17	−5.35	1.93	−1.16	−2.19	2.21	0.79
1960年5月1日—1973年10月5日	226.78	173.29	76.4	53.72	53.49	−1.02	5.67	3.07	2.65	10.37					
1960年5月1日—1995年6月						−0.78	12.9	8.65	6.47	27.24	29.71	19.26	−2.02	12.95	59.9
1960年5月1—1999年6月						0.53	16.98	10.22	7.15	34.88					

流量 3000m³/s 水位升降值/m

1950年7月—1960年6月				1960年6月—1964年10月				1960年6月—1973年10月				1960年6月—1995年6月			
花园口	高村	艾山	利津	花园口	高村	艾山	利津	花园口	高村	艾山	利津	花园口	高村	艾山	利津
1.20	1.20	0.56	0.20	−1.30	−1.33	−0.75	0.01	0.63	0.90	1.50	1.65	1.19	2.25	2.71	2.71

注 1. 黄河下游河道淤积土干容重按 1.4t/m³ 计。库区淤积土干容重当时施测的为新淤积土，淤积土干容重按 1.3t/m³ 计。
2. 表内的淤积量中："—"号为冲刷。水位升降中："—"号为水位下降。

5）均匀化的中水“清水”流量冲刷河槽，改变了黄河下游河道长时期的浑水淤积造床的河床演变。当水库恢复大量排沙后，黄河下游河道又生发淤积造床的河床演变，造成了下游河道的不稳定性，在下游河道减淤的同时，出现较大的负面影响，不利于进行河道治理。

（4）黄河下游河道冲刷塌滩严重。黄河下游河道高村以上游荡型河段，河床组成和滩地组成为砂性土，滩岸和河床极易冲刷变形，高村—陶城铺过渡型河段滩岸可动性较弱，陶城铺以下弯曲型河段滩岸抗冲性强。水库下泄清水冲刷下游河道，下游游荡型河段迅速塌滩展宽，过渡型河段有少量塌滩，弯曲型河段滩地坍塌很少。

表 3.6-2 为三门峡水库 1960 年 9 月—1964 年 9 月运用时期黄河下游滩地坍塌情况。由表看出，在清水冲刷下游河道的第一年，1960 年 9 月—1961 年 11 月，杨集以上河段坍塌滩地 17.87 万亩，冲刷塌滩泥沙量 2.11 亿 t，占该河段同时期冲刷沙量的 3.03 亿 t 的 62.4%。在河床冲刷下切的同时，迅速塌滩展宽河道。

表 3.6-2　三门峡水库 1960 年 9 月—1964 年 9 月运用时期黄河下游滩地坍塌情况

河段	时段	滩地坍塌量					河段冲（−）淤（+）量/亿 t	塌滩量占河段冲刷量百分数/%
		面积		高度①	体积			
		万 m^2	万亩	m	万 m^3	亿 t		
花园口—夹河滩	1960 年 9 月—1961 年 11 月	4750	7.14	1.3	6180	0.80	−1.57	51.0
夹河滩—高村		6000	9.03	1.4	8400	1.09	−1.46	74.6
高村—杨集		1150	1.74	1.5	1720	0.22	−0.12	183
合计		11900	17.87	1.4	16300	2.11	−3.15	67.0
花园口—夹河滩	1961 年 12 月—1962 年 10 月	2800	4.20	1.3	3640	0.47	−1.60	29.4
夹河滩—高村		1880	2.82	1.4	2630	0.34	−0.96	35.4
高村—杨集		486	0.73	1.5	730	0.10	−0.66	15.1
合计		5166	7.76	1.4	7000	0.91	−3.23	28.2
花园口—夹河滩	1963 年	4810	7.23	1.3	6250	0.81		
花园口—彭楼		10500	15.77	1.4	14700	1.92		
花园口—夹河滩	1964 年 1 月—1964 年 9 月	6530	9.82	1.3	8265	1.07	+0.02	
夹河滩—高村		1470	2.21	1.4	2069	0.26	−1.40	18.6
高村—位山		877	1.32	1.5	1287	0.17	−1.06	16.0
合计		8877	13.33	1.3	11621	1.50	−2.44	61.5

注　表中资料引自《三门峡水库建成前后水库上下游的河床演变特点及水库增建泄流排沙设施后情况的预估》，水利水电科学研究院河渠研究所，黄委会水利科学研究所，1964 年 11 月。

①　指 3000m^3/s 流量水位以上的部分。

在三门峡建库前的浑水淤积造床时期，黄河下游河道也发生塌滩，但塌滩量较小，且在河槽位移时，同时有大量泥沙淤积还滩，保持塌滩和还滩的相对平衡。

表 3.6-3 为三门峡建库前 1949—1958 年黄河下游京广铁桥—孙口河段塌滩情况，年平均塌滩 7.98 万亩，远小于三门峡水库下泄清水冲刷第一年杨集以上塌滩 17.87 万亩。

建库前的下游塌滩量主要是由于河势流路变化冲刷滩岸造成的。三门峡水库下泄清水冲刷，除了河势流路变化冲刷滩岸外，还与清水造床形成的河槽水力几何形态特性有关系。“清水”水流条件下，同流量的河槽宽度比浑水水流条件下的要展宽，因此，引起侧蚀塌滩展宽河道加剧。

表3.6-3　　三门峡建库前1949—1958年黄河下游塌滩情况

河段	1949—1958年年平均		1954年		附注
	坍塌量/亿 m^3	坍塌面积/万亩	坍塌量/亿 m^3	坍塌面积/万亩	
京广铁桥—东坝头	0.91	4.40	1.78	8.64	滩坎高度在京广铁桥—东坝头按3.1m；东坝头—高村按3.3m，高村—孙口按5.0m估计。表中未计入淤积成滩量
东坝头—高村	0.38	1.72	0.30	1.36	
高村—孙口	0.62	1.86	1.15	3.35	
京广铁桥—孙口	1.91	7.98	3.23	13.35	

（5）黄河下游河道清水冲刷的二滩（指河漫滩）河槽形态调整。黄河下游河道的河槽水力几何形态和水流挟沙力的调整变化与流量和含沙量的关系密切。在清水水流作用下，黄河下游二滩间河槽形态的变化特点见表3.6-4。清水冲刷一年半，铁谢—官庄峪河段二滩之间的河槽以冲刷下切为主，河槽宽度平均缩小30m，河槽深度增加0.74m。秦厂—高村河段二滩之间的河槽宽度平均展宽600m，河槽深度增加0.23m，以展宽为主。苏泗庄—王坡二滩之间的河槽宽度和深度有一定的缩小和加深，（其中有位山枢纽库区淤积河槽变窄深的影响）。艾山—利津河段河槽略有缩小和刷深。

表3.6-4　　三门峡水库下泄清水下游二滩河槽形态调整变化

河段	平均河宽 B/m				平均水深 h/m				$\sqrt{B}/h$			
	1960年11月	1962年5月	1964年4月	1964年8月	1960年11月	1962年5月	1964年4月	1964年8月	1960年11月	1962年5月	1964年4月	1964年8月
铁谢—官庄峪	3850	3820	3440	3460	0.99	1.73	2.25	2.27	62.8	35.7	26.1	25.9
秦厂—高村	2450	3050	3220	3590	1.53	1.76	1.89	1.92	32.4	31.4	30.0	31.1
苏泗庄—王坡	1230	1090	985	1000	1.85	2.83	3.57	3.45	18.9	11.7	8.8	9.2
艾山—利津	492	481	456	485	4.70	1.90	4.35	6.74	4.7	4.5	4.7	3.3

（6）黄河下游河道清水冲刷，水位下降，平滩流量增大。水库蓄水拦沙下泄清水和异重流，下游河道清水冲刷的一年半，下游河槽水位明显下降。流量为3000～3500m^3/s时，花园口水位下降0.63～1.25m，高村水位下降0.44～0.38m，在山东河段，受位山枢纽的影响，艾山水位下降0.32～0.72m，洛口水位下降0.55m。由于河床下切，水位下降，使平滩流量增大。

（7）黄河下游河道清水冲刷，河槽水力几何形态和水流挟沙力发生不利的调整变化（见表3.6-5）。在水库蓄水拦沙下泄清水和异重流泥沙，下游河道冲刷，河槽水力几何形态发生变化，水流流速减小，水深增加，高村以上河段水面宽增加，山东河段水面宽基本没有变化。清水冲刷使河床粗化，糙率系数增大，水流挟沙力降低。黄河下游河道清水冲刷，使河槽水力几何形态和水流挟沙力发生不利的变化。

表 3.6-5 三门峡水库下泄清水和异重流排沙下游河道河槽水力几何形态和水位变化

日期	花园口					日期	高村				
	Q /(m^3/s)	H /m	v /(m/s)	B /m	h /m		Q /(m^3/s)	H /m	v /(m/s)	B /m	h /m
1960-9-8	3040	92.82	2.14	1490	0.95	1960-8-25	3010	60.93	2.35	881	1.45
1960-8-10	3080	92.82	2.10	1540	0.95	1960-8-23	3070	60.95	2.33	942	1.40
1960-9-7	3510	92.93	2.06	1560	1.09	1960-9-9	3490	61.01	2.64	838	1.58
1961-8-14	2990	92.33	1.51	1460	1.36	1961-11-13	2970	60.58	1.90	881	1.77
1961-10-15	3160	92.19	1.65	1350	1.41	1961-12-3	2910	60.51	2.02	778	1.85
1961-11-24	3580	91.68	1.75	1080	1.89	1961-11-29	3610	60.63	2.33	877	1.77
1963-10-26	3110	91.52	1.39	1720	1.30	1963-10-27	3190	60.08	1.97	1080	1.50
1963-10-23	3460	9157	1.57	1630	1.28	1963-10-25	3580	60.13	1.75	1100	1.85
1964-11-7	2980	91.56	1.18	1970	1.51	1964-11-11	3150	59.68	1.93	844	1.93
1964-11-4	4030	91.66	1.33	2000		1964-11-6	4020	59.67	2.28	859	2.05

日期	艾山					日期	洛口				
	Q /(m^3/s)	H /m	v /(m/s)	B /m	h /m		Q /(m^3/s)	H /m	v /(m/s)	B /m	h /m
1960-8-27	3050	38.23	2.88	401	2.64	1960-8-26	3000	27.32	2.50	275	4.36
1960-9-10	2990	38.50	2.72	407	2.70	1960-8-8	3490	28.11	2.22	288	5.50
1960-8-8	3650	39.02	2.74	415	3.20	1961-9-30	3050	27.61	2.35	285	4.56
1961-9-28	3020	38.22	2.67	404	2.8	1961-7-18	3000	27.65	2.24	284	4.72
1961-11-21	3000	37.91	2.34	407	3.14	1961-12-2	3620	27.56	2.30	282	5.6
1961-12-1	3460	38.30	2.60	410	3.51	1963-10-31	2950	26.88	2.06	274	5.2
1963-10-28	3020	37.67	2.40	397	3.44	1963-10-16	3590	27.41	2.19	279	5.9
1963-10-19	3610	38.09	2.65	395	3.03	1964.11-16	3020	26.65	1.89	273	5.9
1964-11-14	2980	37.62	2.48	396	3.10	1964-11-12	3530	26.99	2.09	275	6.1
1964-11-12	3340	37.78	2.65	407							

3.6.3.2 水库泄流规模小时期，下泄清水和异重流排沙下游冲刷特点

水库泄流规模小条件下的滞洪排沙运用的特点是：来水流量在 1500m^3/s 以上，壅高水位蓄水拦沙，下泄清水和异重流排沙，下游河道冲刷；来水流量在 1500m^3/s 以下，降低水位冲刷排沙，下泄小流量大含沙量，下游河道淤积。水库仍以蓄水拦沙下泄“清水”和异重流排沙为主，下游河道仍为“清水”冲刷造床的河床演变。前一阶段水库蓄水拦沙的下游河床演变，在本阶段进一步发展。

1. 库区和下游冲淤特点

在水库泄流规模小条件下的滞洪排沙运用，水库大水壅水淤积，小水降低水位冲刷和下游大水冲刷，小水淤积。

2. 水库和下游水沙运行特点

1962—1964年，年平均潼关来沙量为15.39亿t，其中细泥沙占55.6%，粗泥沙占44.4%；年出库水量为509.6亿m^3，年出库沙量为8.34亿t。水库年平均排沙比为54.2%，在出库沙量中粒径小于0.025mm的细泥沙占74.9%，粒径大于0.025mm的粗泥沙占25.1%。至高村站，多年平均年水量为627.7亿m^3，多年平均年沙量为10.83亿t，多年平均年冲刷补给沙量为2.49亿t，其中多年平均细泥沙冲刷补给为1.12亿t，占冲刷补给沙量的45%，多年平均粗泥沙冲刷补给为1.37亿t，占冲刷补给沙量的55%，冲刷补给粗泥沙占大多数。至利津站，多年平均年水量为692.9亿m^3，多年平均年输沙量为12.54亿t，利津以上河道年平均冲刷补给泥沙为4.2亿t，其中细泥沙冲刷补给为2.17亿t，占冲刷补给泥沙的51.7%，粗泥沙冲刷补给为2.03亿t，占冲刷补给泥沙的48.3%，表明在高村—利津河段，细泥沙冲刷补给增多，见表3.6-6。

3. 下游河床冲刷粗化

在此时期，下游河床冲刷粗化发展，见表3.6-7。1962年8—12月铁谢床沙中数粒径由前阶段1961年7月—1962年5月的0.53mm增大为0.585mm，1964年8月—1964年10月铁谢床沙中数粒径又有所减小，变为0.469mm，这是由于水库1964年汛期滞洪后落峰降水冲刷前期滞洪淤积物，下游河床有所回淤的影响。1962年8—12月下游各站床沙中数粒径比前阶段1961年7月—1962年5月增大。1963—1964年在官庄峪以上河床冲刷粗化相对稳定，在花园口以下河床冲刷粗化继续发展，河床冲刷粗化在艾山—利津河段亦明显。

4. 水库下泄清水中水流量均匀化

在1962—1964年汛期，黄河来水流量峰型过程显著，而水库调蓄下泄清水中水流量均匀化过程显著。例如，1964年8月5—18日，潼关来水日平均流量为3280～9480m^3/s，呈双峰形，而水库下泄清水中水流量均匀化，日平均出库流量为4330m^3/s左右，延长了清水中水流量均匀化持续时间，加剧冲刷塌滩，引发更大的河势变化和险情发展，见表3.6-8。

表3.6-6　三门峡水库潼关—大坝库段和黄河下游泥沙运行情况

站名	水沙量	单位	时段									
			1961年	1962—1964年	1965—1969年	1970—1973年	1974—1979年	1980—1988年	1961—1964年	1961—1973年	1961—1988年	1986—1987年
潼关	W_s	亿t	12	15.39	14.95	13.68	12.85	7.69	14.54	14.43	11.93	3.65
	$W_{sd}<0.025$mm	亿t	5.68	8.56	7.78	6.87	6.94	4.23	7.84	7.52	6.34	2.01
	$W_{sd}>0.025$mm	亿t	6.32	6.83	7.17	6.81	5.91	3.46	6.7	6.91	5.59	1.64
三门峡	W	亿m^3	560.9	509.6	441.9	318.2	384.8	367.8	522.4	428.6	399.7	245.4
	W_s	亿t	1.16	8.34	16.15	15.39	13.04	8.64	6.55	12.96	11.59	3.44
	$W_{sd}<0.025$mm	亿t	1.11	6.25	8.43	7.44	7.11	4.31	4.97	7.06	6.19	1.71
	$W_{sd}>0.025$mm	亿t	0.05	2.09	7.72	7.95	5.93	4.33	1.58	5.9	5.4	1.73
花园口	W	亿m^3	560.1	622.3	486.3	344.3	406.4	410.2	606.8	479.7	441.6	260
	W_s	亿t	4.43	9.75	14.34	13.16	11.83	7.63	8.42	12.16	10.63	2.91
	$W_{sd}<0.025$mm	亿t	2.2	7.2	7.99	7.54	6.82	4.3	5.95	7.22	6.2	1.77
	$W_{sd}>0.025$mm	亿t	2.23	2.55	6.35	5.62	5.01	3.33	2.47	4.94	4.43	1.14

续表

站名	水沙量	单位	时段									
			1961 年	1962—1964 年	1965—1969 年	1970—1973 年	1974—1979 年	1980—1988 年	1961—1964 年	1961—1973 年	1961—1988 年	1986—1987 年
高村	W	亿 m^3	543.2	627.7	478.6	333.4	378.1	374	606.6	473.3	421	223
	W_s	亿 t	7.72	10.83	13.14	11.05	10.74	7	10.05	11.55	9.91	2.29
	$W_{sd}<0.025$mm	亿 t	3.61	7.37	7.75	6.49	6.5	3.89	6.43	6.96	5.87	1.35
	$W_{sd}>0.025$mm	亿 t	4.11	3.46	5.39	4.56	4.24	3.11	3.62	4.59	4.04	0.94
艾山	W	亿 m^3	539.6	678.6	473.4	319.6	361.3	344.4	643.9	478.5	410.3	189
	W_s	亿 t	8.17	11.81	12.94	10	9.57	7.04	10.9	11.41	9.61	2.05
	$W_{sd}<0.025$mm	亿 t	−3.76	7.71	7.67	5.59	5.29	3.86	6.72	6.74	5.5	1.33
	$W_{sd}>0.025$mm	亿 t	−4.41	4.1	5.27	4.41	4.28	3.18	4.18	4.67	4.11	0.72
利津	W	亿 m^3	519.9	692.9	464.3	294.1	322.6	290.9	649.7	469	380.4	133
	W_s	亿 t	8.99	12.54	11.97	9.04	8.94	6.43	11.65	10.97	9.08	1.32
	$W_{sd}<0.025$mm	亿 t	−4.1	8.42	7.35	5.68	5.09	3.37	7.34	6.83	5.35	0.91
	$W_{sd}>0.025$mm	亿 t	−4.89	4.12	4.62	3.36	3.85	3.06	4.31	4.14	3.73	0.41

表 3.6-7　　三门峡水库下泄清水和异重流下游河床冲刷粗化现象

时期		各站床沙中数粒径/mm									备注
		铁谢	官庄峪	花园口	辛寨	高村	杨集	艾山	洛口	利津	
水库运用前平均（1960 年 4—8 月）		0.153	0.095	0.080	0.075	0.059	0.057	0.057	0.057	0.057	1. 粒径计法分析泥沙级配； 2. 杨集以下受位山枢纽影响
水库运用后下泄“清水”冲刷期	1961 年 7 月—1962 年 5 月	0.530	0.175	0.135	0.129	0.095	0.089	0.105	0.086	0.076	
	1962 年 8 月—1962 年 12 月	0.585	0.251	0.168	0.132	0.096	0.095	0.082	0.091	0.080	
	1963 年 5 月—1963 年 11 月	0.565	0.195	0.145	0.173	0.126	0.109	0.091	0.095	0.098	
	1964 年 8 月—1964 年 10 月	0.469	0.241	0.172	0.182	0.124	0.100	0.097	0.097	0.108	

5. *下游清水冲刷坍塌滩地*

下游河道在前阶段 1960 年 9 月—1961 年 11 月大量冲刷塌滩后，1962—1964 年继续冲刷塌滩，1962 年塌滩 7.76 万亩，冲刷坍塌量 0.91 亿 t，1963 年塌滩 15.77 万亩，冲刷塌滩量 1.92 亿 t，1964 年塌滩 13.33 万亩（不完全统计）冲刷塌滩量 1.5 亿 t。1962—1964 年合计塌滩 38.86 万亩，冲刷坍塌量 4.33 亿 t，其中大量塌滩发生在花园口—高村河段，表 3.6-2 中未统计花园口以上河段的冲刷塌滩，所以下游实际冲刷塌滩量比统计的数值要多。

清水冲刷河床，有河床形成粗化层抗冲的条件，而冲刷土质极其松散的滩地，则无形成抗冲的条件，所以险情和抢险不断发生。

表 3.6-8　三门峡水库下泄清水中水流量均匀化情形

日期	$Q_{潼}$ /(m³/s)	$Q_{三}$ /(m³/s)	日期	$Q_{潼}$ /(m³/s)	$Q_{三}$ /(m³/s)	日期	$Q_{潼}$ /(m³/s)	$Q_{三}$ /(m³/s)
1964-7-18	4810	3310	1963-9-20	3930	3300	1961-7-15	3490	2690
1964-7-19	3620	3410	1963-9-21	5120	3720	1961-7-16	3850	3120
1964-7-20	3990	3410	1963-9-22	5010	3960	1961-7-17	3590	3250
1964-7-21	3110	3370	1963-9-23	4100	4020	1961-7-18	4230	3520
1964-7-22	2870	3280	1963-9-24	4200	4120	1961-7-19	3120	3920
1964-7-23	4590	3540	1963-9-25	4170	4120	1961-7-20	2880	3850
1964-7-24	5910	3810	1963-9-26	4140	4020	1961—7—21	2690	3500
1964-7-25	4050	3760	1963-9-27	3650	3910	1961-7-22	3250	3490
1964-8-5	4390	3880	1962-7-27	3150	2150	1961-7-23	3990	3820
1964-8-6	4030	3840	1962-7-28	3380	2380	1961-7-24	2800	3800
1964-8-7	4310	4030	1962-7-29	4000	2620	1961-7-25	5160	3800
1964-8-8	5440	4020	1962-7-30	3980	2810	1961-7-26	2730	3780
1964-8-9	4630	4060	1962-7-31	4290	2980	1961-7-27	2670	3700
1964-8-10	4820	4130	1962-8-1	3770	3000	1961-7-28	3030	3590
1964-8-11	4750	4290	1962-8-2	3250	3000	1961-7-29	2700	3420
1964-8-12	6480	4400	1962-8-3	2940	2950	1961-7-30	3080	2940
1964-8-13	5350	4490	1962-8-4	2600	2880	1961-7-31	2750	2480
1964-8-14	4770	4540	1962-8-5	2420	2830	1961-8-1	2780	2300
1964-8-15	9480	4760	1962-8-6	2980	2900	1961-8-2	5200	2470
1964-8-16	6650	4820	1962-8-7	2960	2920	1961-8-3	5200	2610
1964-8-17	4110	4760	1962-8-8	2690	2830	1961-8-4	4760	2660
1964-8-18	3280	4660	1962-8-9	3040	2760	1961-8-5	3120	2670

注　径流时间为三门峡水文站时间。

6. 清水冲刷下游河道二滩河槽形态变化

在秦厂—高村河段，二滩河槽平均宽度继续展宽，这是清水冲刷塌滩继续发展造成的。只冲刷塌滩，无泥沙淤积成滩，失去平衡，使河道展宽愈益发展。1964 年比 1960 年，秦厂—高村河段槽平均展宽 1140m，比 1962 年展宽 540m。铁谢—官庄峪河段以下切为主，二滩河槽宽度有所缩小，山东河段河宽则变化不大。

7. 下游水位和平滩流量变化

在 1963—1964 年，下游河道同流量水位继续下降，平滩流量继续增大。高村以上河段水位下降较多，艾山—洛口河段水位下降少，利津断面受河口淤积延伸和溯源淤积影响，水位下降不明显。

8. 河槽水力几何形态和水流挟沙力的调整变化

在 1963—1964 年，下游河道清水冲刷继续发展，河槽水力几何形态继续调整。游荡型河段流速继续减小，水深继续增大，水面宽继续增大。山东河段水面宽变化不大，但流速继续减小，水深继续增大。下游随着清水冲刷的发展，水流挟沙力继续降低。

3.6.3.3 水库工程改建增大泄流排沙能力和“蓄清排浑”控制运用下游冲淤特点

1966—1969年，水库工程进行小改建，初步增大泄流排沙能力，但因泄流规模仍小，水库汛期仍滞洪淤积，洪水后小水降水冲刷，出库大水小沙和小水大沙的水沙关系不协调，下游河道大水冲刷小水淤积，河床演变不稳定，下游河道淤积加重，水位升高。1970—1973年水库工程大改建，1973年12月后，水库开始实行“蓄清非浑”控制运用，非汛期蓄水淤积，汛期降低水位冲刷排沙，并有小规模调水调沙，水库年内冲淤相对平衡，下游河道有一定的减淤。

3.6.3.4 三门峡水库运用的减淤作用分析

三门峡水库从1960年施工期自然滞洪排沙开始，历经高水位蓄水拦沙、滞洪排沙、降低水位冲刷排沙和“蓄清排浑”运用。

综合1960年5月1日—1970年5月20日的10年，水库排沙比67.3%，库区淤积，断面法淤积55.06亿m^3。下游河道先冲刷后回淤，断面法冲刷5.35亿m^3。经分析计算，水库拦沙下游减淤的拦沙减淤比为1.6：1，即平均水库拦沙1.6亿t，下游减淤1.0亿t。在此10年，黄河下游河道获得不淤积抬高河床的减淤效益。

1970—1973年，三门峡水利枢纽工程第二次改建，进一步增大泄流排沙能力，进行低水位冲刷排沙，冲刷库区淤积物和降低潼关高程，但下游河道加重了淤积。三门峡水库按照1969年6月陕、晋、鲁、豫四省治黄会议确定的“合理防洪、排沙放淤、径流发电”的运用方针，实行非汛期310.00m水位运用，防凌蓄水位不超过326.00m，汛期305.00m水位运用，必要时降低至300.00m，控制潼关高程，保持库容，水库排沙不加重下游淤积，接近建库前的淤积水平。分析计算表明，这种“蓄清排浑”运用方式，库区（潼关以下，下同）可以保持冲淤平衡和下游河道有所减淤。在1980年以后，水库增加春旱灌溉蓄水任务，非汛期运用水位提高，增加非汛期蓄水淤积量，汛期敞泄冲刷排沙，但来水来沙条件较好，汛期水多，水库大水冲刷排沙，库区冲淤平衡，下游有一定减淤。1989年以后的枯水段，汛期来水量减小，水库非汛期蓄水运用水位高（324.00～320.00m），淤积量多，淤积部位靠上，汛期来水小，小水冲刷，小流量持续冲刷时间长，小流量挟带大含沙量和粗泥沙进入下游，下游河道河槽发生严重淤积，平滩流量急剧减小，而库区淤积增加，潼关高程升高，流量1000m^3/s的水位又升至328.00m以上，最高328.80m和1969年328.80m相同。所以水库的“蓄清排浑”运用要使潼关以下库区淤积不增加，潼关高程不升高，黄河下游河槽不加重淤积，平滩流量不严重减小，只有两个条件：①来水来沙条件有利；②水库非汛期运用水位要低。

3.7 三门峡水库泥沙研究和泥沙处理的经验教训

3.7.1 枢纽工程要解决的下游泥沙问题

三门峡水库1960—2000年的40年运用，积累了丰富的泥沙处理经验，具有积极意义。主要有以下方面：

（1）要解决黄河下游河槽超饱和输沙淤积问题。解决河槽超饱和输沙淤积问题，使黄河下游河道利用大水输大沙进行输沙减淤，要缩短水库蓄水拦沙下泄清水使下游河道清水冲刷的河床演变历时过程。

（2）要妥善处理黄河下游河道上部游荡型河段，中部过渡型河段，下部弯曲型河段，和河口三角洲演变河段的相互依存的整体关系，使黄河下游河道整体性输沙减淤。

（3）水库要拦沙和调水调沙相结合运用，水库主汛期（7—9月）以拦粗排细合理拦沙的水沙两极分化调水调沙减淤运用为主，调节期（10月至次年6月）以蓄水拦沙调节径流兴利运用为主。在主汛期要控制引水规模，在调节期要合理调节径流扩大引水灌溉和提高发电效益。

（4）水库拦沙和调水调沙，发挥下游河道粗沙、中沙、细沙的输沙能力，增大滩槽高差，增大平滩流量，要有较大量的泥沙进入下游，下游河道保持河槽水力几何形态和水流挟沙力相适应的条件，进行长距离输沙减淤，按表3.7-1～表3.7-6总结的各断面河槽水力几何形态计算公式和输沙率计算公式，水库调节流量、含沙量和泥沙级配的出库水沙过程，在河南河段和山东河段进行输沙减淤和改善河槽形态。

（5）水库主汛期调水调沙，要保持河道2000m^3/s以上的流量过程进入下游河道输沙减淤，避免形成均匀化中水“清水”流量在下游冲刷造床。

表3.7-1　花园口断面河槽水力几何形态与流量和含沙量关系及验算

测　时	Q /(m^3/s)	S /(kg/m^3)	A /m^2	v /(m/s)	B /m	h /m	$A_{计}$ /m^2	$v_{计}$ /(m/s)	$B_{计}$ /m	$h_{计}$ /m
1988年7月9日	2080	58.7	1220	1.70	687	1.78	1219	1.71	739	1.65
1964年5月14日	2090	9.14	1699	1.23	1520	1.12	1688	1.24	2324	0.73
1964年5月18日	2800	14.3	2070	1.35	1930	1.07	1914	1.46	2050	0.93
1977年8月11日	2910	254	1160	2.51	444	2.61	1195	2.43	356	3.36
1994年7月10日	3570	21.7	2080	1.72	1450	1.43	2109	1.69	1793	1.18
1988年7月10日	3590	57.1	1810	1.98	1180	1.53	1790	2.00	992	3.73
1977年8月8日	4590	266	1630	2.82	433	3.76	1627	2.82	436	1.18
1964年8月3日	4770	15.9	2880	1.66	2550	1.13	2721	1.77	2516	1.08
1988年8月11日	4900	134	1990	2.46	617	3.23	1918	2.55	688	2.79
1964年8月13日	5620	14.6	3190	1.76	2800	1.14	3095	1.82	2882	1.07
1977年8月7日	5880	192	2080	2.86	821	2.53	2045	2.87	605	3.38
1982年8月4日	7530	36.1	3350	2.25	2020	1.66	3243	2.32	1917	1.69
1958年8月14日	9350	83.5	3260	2.87	1260	2.59	3266	2.87	1278	2.56

表3.7-2　高村断面河槽水力几何形态与流量和含沙量关系及验算

测　时	Q /(m^3/s)	S /(kg/m^3)	A /m^2	v /(m/s)	B /m	h /m	$A_{计}$ /m^2	$v_{计}$ /(m/s)	$B_{计}$ /m	$h_{计}$ /m
1977年8月13日	2200	114	987	2.23	431	2.29	1023	2.15	483	2.19
1958年10月2日	2680	26.3	1530	1.75	1060	1.44	1428	1.88	892	1.60

续表

测时	Q /(m^3/s)	S /(kg/m^3)	A /m^2	v /(m/s)	B /m	h /m	$A_{计}$ /m^2	$v_{计}$ /(m/s)	$B_{计}$ /m	$h_{计}$ /m
1958年4月15日	3000	31.7	1470	2.04	954	1.54	1507	1.99	885	1.70
1964年4月2日	2910	15.7	1610	1.81	1110	1.45	1621	1.80	1114	1.45
1958年10月18日	3970	26.7	1840	2.16	1030	1.79	1873	2.12	1084	1.73
1964年8月4日	4780	22.8	2220	2.15	1220	1.82	2177	2.19	1259	1.73
1958年9月8日	4940	56.3	1940	2.55	1060	1.83	1973	2.50	933	2.11
1964年9月23日	5320	17.8	2490	2.14	1380	1.80	2424	2.19	1450	1.67
1958年7月16日	5690	68.0	2140	2.66	975	2.19	2121	2.68	938	2.26
1958年8月17日	6050	52.7	2340	2.59	1080	2.17	2292	2.64	1059	2.16
1988年8月17日	6040	72.5	2200	2.75	996	2.21	2193	2.75	946	2.32
1958年8月31日	6410	88.6	2240	2.86	1080	2.07	2225	2.88	909	2.45
1988年8月12日	6300	178	2170	2.90	711	3.05	2174	2.90	656	3.31

表3.7-3　艾山断面河槽水力几何形态与流量和含沙量关系及验算

测时	Q /(m^3/s)	S /(kg/m^3)	A /m^2	v /(m/s)	B /m	h /m	$A_{计}$ /m^2	$v_{计}$ /(m/s)	$B_{计}$ /m	$h_{计}$ /m
1977年8月15日	2050	69.3	1110	1.85	403	2.75	1085	1.89	387	2.81
1988年8月5日	2190	41.8	1110	1.97	384	2.89	1107	1.98	390	2.84
1973年9月8日	2630	106	1270	2.07	403	3.15	1302	2.02	384	3.39
1963年8月21日	3060	10.9	1280	2.39	395	3.24	1296	2.36	401	3.23
1977年7月9日	3050	45.9	1370	2.23	403	3.40	1381	2.21	390	3.54
1963年12月9日	3580	22.6	1023	2.50	402	3.56	1485	2.41	396	3.75
1977年7月14日	3830	113	1740	2.20	408	4.26	1670	2.29	384	4.35
1963年9月16日	3840	17.2	1471	2.61	402	3.66	1535	2.50	398	3.86
1977年7月12日	5340	217	2060	2.59	412	5.00	2138	2.62	379	5.37
1958年8月19日	5660	42.6	2100	2.70	415	5.10	2067	2.73	393	5.26
1988年8月14日	5750	114	2150	2.67	404	5.30	2179	2.64	384	5.67
1964年10月24日	5770	16.9	2060	2.80	410	5.00	2002	2.88	399	5.02
1970年9月2日	4680	94.4	1857	2.52	406	4.63	1888	2.48	385	4.90

表3.7-4　利津断面河槽水力几何形态与流量和含沙量关系及验算

测时	Q /(m^3/s)	S /(kg/m^3)	A /m^2	v /(m/s)	B /m	h /m	$A_{计}$ /m^2	$v_{计}$ /(m/s)	$B_{计}$ /m	$h_{计}$ /m
1958年10月15日	2100	17.3	1080	1.94	484	2.23	986	2.11	516	1.91
1988年7月26日	2630	68.4	1300	2.02	462	2.81	1305	2.02	489	2.67
1977年8月11日	3710	141	1660	2.23	519	3.20	1698	2.19	479	3.54
1977年7月14日	3910	186	1750	2.23	520	3.37	1749	2.24	474	3.69

续表

测时	Q /(m³/s)	S /(kg/m³)	A /m²	v /(m/s)	B /m	h /m	$A_{计}$ /m²	$v_{计}$ /(m/s)	$B_{计}$ /m	$h_{计}$ /m
1977年7月15日	4040	129	1800	2.24	518	3.47	1761	2.30	482	3.65
1977年8月12日	4050	200	1710	2.37	520	3.29	1769	2.29	473	3.74
1982年8月3日	4580	64.6	1730	2.65	465	3.72	1728	2.63	498	3.47
1977年7月13日	5250	168	2000	2.63	520	3.85	2064	2.54	480	4.30

表3.7-5　　黄河下游河槽水力几何形态与流量和含沙量关系表

断面	边界条件	流量条件	含沙量条件	$v=bQ^mS^u$			$B=cQ^nS^w$			$H=dQ^rS^x$		
				b	m	u	c	n	w	d	r	x
花园口	水面宽自由变化	$Q>1500$	$S>0$	0.082	0.305	0.173	185	0.509	−0.615	0.066	0.186	0.442
		$Q<1500$		0.082	0.350	0.165	48.2	0.470	−0.230	0.253	0.180	0.065
高村	水面宽自由变化	$Q>1500$	$S>0$	0.109	0.305	0.134	50.4	0.509	−0.350	0.182	0.186	0.216
		$Q<1500$		0.100	0.305	0.200	87.7	0.470	−0.419	0.114	0.225	0.219
艾山	水面宽受限制影响	$Q>1500$	$0<S\leqslant180$	0.163	0.346	−0.046	408	0.004	−0.019	0.015	0.650	0.065
			$S>180$	0.079	0.357	0.080	408	0.004	−0.019	0.031	0.639	−0.061
		$Q<1500$	$0<S\leqslant180$	0.156	0.400	−0.185	166.5	0.144	−0.075	0.0385	0.456	0.260
利津	水面宽受限制影响	$Q>1500$	$0<S\leqslant180$	0.085	0.460	−0.107	467	0.029	−0.043	0.025	0.511	0.150
			$S>180$	0.032	0.463	0.080	467	0.029	−0.043	0.067	0.508	−0.037
		$Q<1500$	$0<S\leqslant180$	0.238	0.340	−0.200	295	0.080	−0.116	0.011	0.580	0.316

注　v为平均流速，m/s；B为水面宽，m；H为平均水深，m；Q为流量，m³/s；S为含沙量，kg/m³。

表3.7-6　　黄河下游河槽输沙率关系 $Q_{s下}=a\left(\frac{S}{Q}\right)^m_{上}\left(\frac{Bv^4}{\omega_s}\right)^n$ 的系数与指数表

河段	$Q<1500$m³/s						$Q\geqslant1500$m³/s					
	$\left(\frac{S}{Q}\right)_{上}<0.03$			$\left(\frac{S}{Q}\right)_{上}\geqslant0.03$			$\left(\frac{S}{Q}\right)_{上}<0.03$			$\left(\frac{S}{Q}\right)_{上}\geqslant0.03$		
	a	m	n	a	m	n	a	m	n	a	m	n
小浪底—花园口	0.042	0.130	0.65	0.890	1.07	0.65	2.57×10^{-4}	0.200	1.225	0.018	1.52	1.225
花园口—高村	0.043	0.175	0.65	0.428	0.887	0.65	3.13×10^{-4}	0.325	1.225	3.18×10^{-3}	1.04	1.225
高村—艾山	0.084	0.313	0.65	0.461	0.800	0.65	7.30×10^{-4}	0.450	1.225	5.06×10^{-3}	1.00	1.225
艾山—利津	0.114	0.313	0.65	0.344	0.625	0.65	7.57×10^{-4}	0.400	1.225	2.16×10^{-3}	0.700	1.225

注　$Q_{s下}$河段下断面输沙率，t/s；$\left(\frac{S}{Q}\right)_{上}$为河段来沙系数；$\left(\frac{Bv^4}{\omega_s}\right)^n$为河段下断面值；$a$、$m$、$n$为河段值。

3.7.2　枢纽工程泥沙问题

三门峡水利枢纽工程于1960年9月15日开始蓄水运行，最高蓄水位为332.58m。由于水库淤积严重，于1962年3月20日改为滞洪排沙运用，接着于1965—1968年和1970—1973年进行两次工程改建增大泄流排沙能力，于1973年12月26日开始实行“蓄清排浑”运用。

第一台机组于1973年12月26日并网发电运行，其余4台机组也相继于1975—1979年并网发电，总装机容量25万kW，后扩建两台7.5万kW机组，总装机容量达40万kW。机组进水口高程287.00m，1973年12月—1980年6月全年发电运行。由于泥沙磨损机组，机组运行不正常，因此，从1980年开始，停止汛期发电，1984年后进行汛期浑水发电试验，主要试验内容有：①水轮机过流部件遭受泥沙磨损破坏的观测研究以及水轮机抗磨材料和防护材料的工艺现场试验；②过机泥沙特性观测研究；③对运行水位调度及泄水建筑物调度以减少过机泥沙进行观测研究。

由于汛期低水位排沙运用，大量泥沙来到坝前，在水位305.00m运用下库容很小，没有调节泥沙的能力，使工程泥沙问题突出，主要有：①底孔门前淤堵。底孔进口底部高程为280.00m，底孔关闭时孔口前严重淤积，影响闸门的开启泄流。如1972年2月6日底孔全部关闭，4月4日测得底孔前淤积面高程达到297.00～298.00m，底孔门前淤积厚度达17～18m。4月27日打开4号底孔后，有半个小时没有过水，随后浑水突然汹涌而出。②闸门前发生大量淤积，最大启门力竟达650t，远远超过启闭设备的容量。③泥沙将机组工作闸门完全淤没。汛期不发电，电站坝段前淤积形成大片滩地，淤积面高程为300.00～302.00m，机组进口底部高程为287.00m，口前淤高为13～15m，闸门完全被淤没，造成开机时提闸门困难。采取增大油泵的工作油压或降低库水位提起闸门。④泄流排沙钢管内淤满泥沙。泄流排沙钢管汛后关闭其检修闸门，但门前发生泥沙淤积，下一年汛前提门时，提不动检修闸门。因此，改为只关闭工作闸门，让检修闸门始终处于开启状态，结果经过非汛期泥沙淤积，钢管内淤满泥沙，汛期提起工作闸门时，却不能及时过流。⑤泄流排沙隧洞检修闸门的旁通管常被泥沙淤堵。⑥水电站出口尾水闸门泥沙淤堵严重。尾水闸门原设计按4m淤泥计算，但运用时实测淤泥高达16m，为此，对尾水闸门进行了加固。而且尾水淤泥回淤速度很快，一旦停机，尾水闸门就关不到底。只好先关尾水闸门，后停机。⑦底孔磨蚀破坏严重。因闸门主导轨被泥沙磨蚀，而底孔进口斜门原设计启门力为200t，而实际启门力最大曾达600t，在门机容量已定情况下，只有将库水位降低至317.00m以下才能运用，影响防洪安全。⑧水电站机组运行受泥沙危害。主要问题是高含沙水流对水轮机过流部件气蚀和磨损联合作用所造成的破坏，以及转轮叶片根部产生裂纹，如1987年4号机叶片在运行中断裂，成为影响正常发电的主要问题。⑨机组进水口拦污栅堵塞严重。污物和淤泥堵塞严重时，出现整片拦污栅被压垮，掉进蜗壳内的严重情况。如1989年汛期浑水发电试验，两个月清污量达800t，由于清污不及，造成拦污栅平均压差1.51m，最大达3.55m，影响发电。⑩尾水渠下游右岸坡不断遭受隧洞出口水流冲刷及波浪的淘刷，岸坡发生多次坍塌，进厂公路局部被冲刷；由于回流，沿右岸至尾水渠出口段，块石堆积2000m^3，部分块石常被带入尾水门槽内，阻碍尾水门正常启闭。

3.7.3 枢纽工程泥沙防治措施

（1）底孔修复设计。由于黄河含沙量大，底孔体型不适应高速含沙水流的要求，造成严重磨蚀。三门峡工程的经验表明，减免磨蚀要控制泄水建筑物内最大流速：对于钢材，不超过10m/s。对于高强混凝土，不超过25m/s；对于一般混凝土不超过12m/s。多年试验成果表明：环氧砂浆、高强混凝土和高强砂浆抗磨效果较好。底孔的抗磨层在高含沙水流作用下，并不能做到一劳永逸，必须加强维修和养护。创造了钢叠梁围堰，解决了底孔修复的技术问题，并为今后维修准备了条件。

（2）坝前泥沙问题研究。三门峡工程运用实践表明，泄水孔口前形成冲刷漏斗，对调度运用中防止工程受泥沙危害影响具有重要作用，要充分地加以利用。

（3）汛期浑水发电试验。取得的主要成果有：①水轮机过流部件磨蚀观测。明确了叶片破坏严重的部位，可以总结提出机型叶片、中环需进行抗磨蚀防护的部位和面积。今后汛期发电，将主要破坏部位进行有效地防护，将大大减轻汛期水轮机的破坏。②水轮机过流部件防护材料试验。试验研究了几种比较好的有应用前景的水轮机过流部件防护材料，如采用环氧砂浆涂层防护、中国水利水电科学研究院的喷焊合金粉末材料等；其中，云南工学院的电镀复合板材料试验，其电镀层表面光洁度高，表面硬度达HRC69，具有较好的抗磨蚀性能。③水情与泥沙资料观测研究。试验资料表明，将汛期发电水位控制在305.00m附近，使机组运行工况有所改善，对减轻水轮机破坏是有利的。④泄水建筑物排沙与过机含沙量观测。从不同进口高程泄流建筑物的排沙效果看出，对于0.05～0.1mm的泥沙，进口高程为280.00m的底孔含沙量可达进口高程为300.00m的深水孔含沙量的2.4倍。由于大部分水库冲刷物质经底孔和其他泄流建筑物下泄，从而进入水电站机组的泥沙较少（平均为出库含沙量的80%左右），且泥沙颗粒较细。⑤避开高含沙洪水时段发电运行的经验。采取避开高沙峰，躲开7月下旬至8月上旬的高含沙洪水频发时段，机组在8月中旬投入运行，可以减轻水轮机过流部件的严重磨蚀破坏。

（4）机组改造研究。为恢复汛期发电，使主要过流部件叶片和转轮室中环的大修周期达到3年以上的部颁标准，并解决叶片根部裂纹问题。采取了4个方面的措施：①机型选择和模型试验。要选择适用于三门峡水头段和泥沙条件的气蚀性能好、能量指标具有现代化水平的模型转轮。哈尔滨电机厂362机型在巴家嘴水电站试验取得较好效果后，已决定将A79型更换为362型机型，于1993年投入运行试验。②水轮机设计参数选择。机组应选择低参数，比转速要选择得合适，以降低叶片出口相对流速，达到减轻水轮机破坏的目的。③过流部件选用的材料。要选用目前抗磨蚀性能最优的材料和处理工艺。④抗磨蚀防护材料及工艺。在过流部件强气蚀区，用试验成果的抗磨蚀材料加以防护。

（5）拦污栅改造研究，为了减少清污量，将拦污栅栅条间距加大，由220mm改为300mm，并研究在坝上游设置导漂浮筒等措施。

3.8 结语

（1）解决黄河下游的洪水和泥沙淤积问题，修建上拦工程拦洪、拦沙和调水调沙势在必行。但是上拦工程的坝址，应选择在黄河中游干支流峡谷河段内。

（2）1969年6月关于三门峡工程改建的晋、陕、鲁、豫四省会议所确定的改建规模和水库运用方式，正确地总结了三门峡水库泥沙研究成果和泥沙处理经验。

（3）修建防洪水库，必须解决水库泥沙淤积问题，保持库容长期运用，并保证水库排沙不加重下游河道淤积。

（4）加强黄河水土保持以减少进入黄河的泥沙量。

第4章

黄河天桥水电站泥沙研究与泥沙处理

4.1 水电站概况

天桥水电站位于黄河干流中游山西保德、陕西府谷境内。水电站于1970年4月始建，1977年开始运用，1978年7月4台机组全部并网发电。水库上游95km有万家寨水利枢纽，上游70km有龙口水电站；水库下游8km有保德和府谷县城，位于黄河两岸。水库长21km，回水末端在黄河多沙支流皇甫川汇入黄河处。水库为峡谷型水库，平均河谷宽300m，天然河床为砂卵石河床，坝址上游1.0km为原义门水文站，建库后下迁至坝下游6km为府谷水文站。下游的山区河谷河床较开阔，建库后两岸县城逐步建有堤防。下游8km右岸有黄河多沙支流孤山川汇入，常有洪水顶托黄河。孤山川河口以下进入黄河较窄的北干流峡谷河段。建库前天然河道冬季有冰凌，上游河曲冰情严重，但不全线封河。建库后，水库和河曲全线封河加剧了冰情，冰塞、冰坝严重，水库有防冰和排冰措施应对。

天桥水电站是一座中型河床式径流电站，水库正常蓄水位为834.00m（黄海高程），原始库容为0.67亿m^3，主汛期7—8月限制水位830.00m。水电站调度服从防洪、防凌调度。

4.1.1 开发任务

天桥水电站原设计开发任务主要是发电，为晋西北的保德、河曲、偏关、岢岚、兴县和陕西省的府谷、神木、榆林等8县革命老区发展高地农田电力灌溉及地方工业供电。

4.1.2 枢纽总体布置

枢纽由电站厂房、泄洪闸、混凝土重力坝、土坝以及两岸灌溉引水洞组成。枢纽建筑物总长752.1m，自左至右为：左岸重力坝段长132m，电站段长118.4m，泄洪闸段长113m，水寨寺岛上重力坝段长58.7m，右岸土坝段长330m。

左岸重力坝坝顶高程838.00m，最大坝高42m，顶宽7.6m。水寨寺岛上重力坝坝顶高程838.00m，最大坝高23m。右岸土坝坝顶高程836.00m，坝顶宽10m，最大坝高23m。

厂房挡水建筑物顶部高程838.00m，最大高度50.4m，共安装4台机组，间距21.3m，靠边机组段长22.4m，机组进水口高程为816.00m。电站机组设计水头18 m，电站总装机容量128MW，其中1号、2号机组单机容量28MW，机型为ZZ105-LH-530（芬兰制造），3号、4号机组单机容量36MW，机型为KVB37-18（罗马尼亚制造）。

4.1.3 泄水建筑物

天桥水电站现状有泄洪闸7孔，每孔净宽12m，闸顶高程838.00m，分上、下两层，下层堰顶高程为811.00m，孔高为6.83m，采用面流消能；上层堰顶高程为829.00m，采用挑流消能。

每台机组进水口下设冲沙底孔2个，绕机组两侧通向下游，进口宽6.5m，进口高程809.50m，出口左孔宽4m，右孔宽3m，出口高程806.40m，高均为2m。

安装间长32m，下设3个宽7.5m、高5.5m（出口高5m）的泄洪排沙洞，其进口高程为811.00m，出口高程为803.00m，采用面流消能。

天桥水电站泄流建筑物泄流能力见表4.1-1。

表4.1-1 天桥水电站泄流设施泄流曲线表

库水位/m	830.00	831.00	832.00	833.00	834.00	835.00	836.00	837.00
泄量/(m^3/s)	10800	11390	12060	12780	13520	14320	15130	16050

4.1.4 工程设计防洪标准

1969年10月《黄河天桥水电站初步设计》提出洪水标准拟采用100年一遇洪水设计，500年一遇洪水校核。在水电部《关于兴建黄河天桥水电站的请示报告》的复文中确定，“泄洪建筑物的规模，考虑天桥径流电站，选用标准不宜过高。原则上可根据历史调查洪水适当留有余地，结合排沙要求研究确定。”当时确定按历史调查洪水（1945年）流量10500m^3/s适当加大为13000m^3/s，作为设计依据，未考虑校核洪水标准。天桥水电站于1970年4月正式开工建设。

1972年7月19日，义门水文站发生有实测记录以来的最大洪水流量10700m^3/s，引起了对工程设计洪水的重视。根据水电部指示，1972年8月组织人员对历史洪水进行复查，复核后1945年历史洪水的洪峰流量为13000m^3/s，将该成果加入洪水资料进行频率分析，计算出100年一遇洪峰流量为15600m^3/s。1973年5月水电部以〔1973〕水电字第63号文同意将设计洪峰流量提高为15600m^3/s，相应设计洪水位835.10m。由于当时工程正在施工，根据设计洪水复核和调洪计算情况，确定混凝土建筑物坝顶高程为838.00m，右岸土坝坝顶高程为836.00m，对于超过100年一遇的洪水，为确保厂房和泄洪闸的安全，可破右侧土坝泄洪。

由于天桥水电站以100年一遇洪水作为设计洪水标准，相应坝前设计洪水位为835.10m，没有考虑防御校核洪水的措施（对超过100年一遇的洪水采取爆破土坝泄洪措施），1991—1994 年电力部对天桥大坝进行安全检查，经电力部批准确定为险坝，要求抓紧除险加固，保证电站正常安全运行。天桥水电站防洪标准为：设计洪水标准为 100 年一遇，校核洪水标准为 1000 年一遇。

4.1.5 天桥水电站现状防洪能力复核

天桥水电站现状泄水建筑物的泄流曲线见表 4.1-1。采用考虑万家寨水库调节影响后的天桥入库洪水过程，经过水库调洪计算，现状天桥水库最高滞洪水位为 835.10m 时相应的洪水频率为 0.8%，现状工程的防洪能力只能达到 125 年一遇洪水；由于近年来库区严重淤积，若按 1997—1998 年汛后平均库容曲线调算，相应最高滞洪水位 835.10m 的洪水频率为 1.0%。因此天桥水电站现状的防洪能力为 100 年一遇左右，远低于《防洪标准》要求的工程校核洪水标准为 1000 年一遇的防洪能力。

4.1.6 天桥水电站除险的必要性

根据天桥水电站的规模和坝型，对照《防洪标准》的工程等级划分及相应的防洪标准，天桥水电站属于Ⅲ等中型水电工程，其大坝及泄洪建筑物的级别为 3 级，防洪标准规定其设计洪水标准为 50～100 年一遇，校核洪水标准混凝土坝为 500～1000 年一遇，土石坝为 1000～2000 年一遇。因此天桥水电站防洪标准应达到：设计洪水标准为 100 年一遇，校核洪水标准为 1000 年一遇。

目前天桥水库现状防洪能力仅为 100 年一遇左右，不能满足要求。若发生大于 100 年一遇的洪水，则会发生破坝（土坝部分）泄洪。土坝破坝后的溃坝洪水，将给天桥下游沿河地区的工农业生产、人民生命财产安全、交通桥梁安全等带来严重威胁，造成巨大的经济损失和不利影响。此外，土坝破坝后，不仅修复工程需要较多的建设费用，还会造成天桥水电站若干年不能发挥效益。同时天桥水电站防洪标准较低，会给当地经济发展宏观决策带来严重不利影响。

因此，进行天桥水电站除险加固，提高工程的防洪标准，对于减少天桥水电站发生溃坝洪水的可能性，稳定坝址下游地区经济发展条件，实现下游地区的长治久安，具有很大的社会效益，是十分必要和迫切的。

4.1.7 天桥水电站除险加固工程的任务

天桥水电站除险加固的主要任务是提高防洪标准。

将天桥水电站的土坝加高到高程 836.70m，同时增加 2 孔泄洪闸（堰顶高程 822.00m，单闸净宽 13.5m）和 4 条排沙洞，不仅可以使天桥水电站的防洪标准提高到 1000 年一遇，而且可以为天桥水电站扩机增容创造条件。

此外，天桥水电站经过 20 多年的运行，建筑物出现一些问题，主要有：泄洪闸、厂房部位等混凝土建筑物的裂缝、溢流面混凝土的气蚀冲刷破坏；金属结构磨蚀、气蚀、漏水严重，检修门槽破坏；灌浆帷幕及排水孔失效；观测设施的损坏和失灵、观测项目不全；泄洪闸下游导墙、护坦及岩面冲刷、导墙下游侧底部及护岸的掏刷、墙面混凝土剥落等。泄水建筑物的损坏已影响到天桥水电站的正常运用，若不及时修复，遇较大洪水，建筑物的安全令人担忧。因此为了工程运行安全，需要对天桥水电站存在的病害进行处理，改善水电站的运行条件。

4.2 水库运用方式

4.2.1 库区河道特性

天桥库区自皇甫川口至大坝长 21km，为峡谷河段，两岸岩壁陡立。断面为 U 形河槽，河宽变化范围在 300～600m 之间，其中在黄淤 9 号断面（距坝 11.83km）以下至大坝河槽较窄，河宽在 300m 左右，黄淤 9 号断面以上至黄淤 14 号断面（距坝 19.50km）河宽展宽到 600m 左右；黄淤 14 号断面以上河宽又缩窄到 300m 左右。

4.2.2 水库运用方式

1985 年 12 月设计运行总结审议会纪要（以下简称“纪要”）对天桥水电站运用方式进行了审议与规定，考虑发电服从安全度汛并适当提高发电经济效益，实行分段控制水位运用，即汛期 7 月、8 月按水位 830.00m，9 月、10 月按水位 832.00m 控制运用，运用中可分别考虑 0.5m 和 1m 的水位浮动。非汛期期正常蓄水位为 834.00m。

4.2.3 1992—1997 年的汛期运用水位

天桥水电站在 1992—1997 年的运用，总体上是根据不同水沙情况分段控制水位运用，防洪与发电同时兼顾，但有时运用水位较高，突破了纪要规定的运用水位。

1992—1997 年 7 月、8 月坝前日平均水位高于 832.00m 的天数占 41.1%，其中水位高于 833.00m 的天数占 14.5%；9 月、10 月坝前日平均水位高于 833.00m 的天数占 64.5%（表 4.2-1）。而 1985—1991 年 7 月、8 月坝前日平均水位高于 832.00m 的天数占 36.63%，其中高于 833.00m 的天数占 11.98%；9 月、10 月坝前日平均水位高于 833.00m 的天数占 63.13%。二者相比，1992—1997 年汛期日平均水位超高机遇比 1992 年前增加。

表 4.2-1　天桥水电站 1992—1997 年汛期各级运用水位天数统计　单位：d

月份	水位（黄海）/m	1992 年	1993 年	1994 年	1995 年	1996 年	1997 年	合计	占总天数/%
7	<832.00	24	23	24	17	21	1	110	59.1
	832.00～833.00	2	7	3	13	9	17	51	27.4
	>833.00	5	1	4	1	1	13	25	13.5
8	<832.00	31	31	27	7	7	6	109	58.6
	832.00～833.00	0	0	4	24	12	8	48	25.8
	>833.00	0	0	0	0	12	17	29	15.6

续表

月份	水位（黄海）/m	1992年	1993年	1994年	1995年	1996年	1997年	合计	占总天数/%
9	<832.00	1	1	10	0	0	0	12	6.7
	832.00～833.00	10	4	4	7	4	2	31	17.2
	>833.00	19	25	16	23	26	28	137	76.1
10	<832.00	4	0	6	1	0	3	14	7.5
	832.00～833.00	13	12	21	12	6	9	73	39.3
	>833.00	14	19	4	18	25	19	99	53.2
7—8	<832.00	55	54	51	24	28	7	219	58.9
	832.00～833.00	2	7	7	37	21	25	99	26.6
	>833.00	5	1	4	1	13	30	54	14.5
9—10	<832.00	5	1	16	1	0	3	26	7.1
	832.00～833.00	23	16	25	19	10	11	104	28.4
	>833.00	33	44	20	41	51	47	236	64.5
7—10	<832.00	6	55	67	25	28	10	245	33.2
	832.00～833.00	25	23	32	56	31	36	203	27.5
	>833.00	38	45	24	42	64	77	290	39.3

从各年情况来看，1996年8月有24d日平均水位超过832.00m，其中有12d超过833.00m；1997年8月有25d日平均水位超过832.00m，而超过833.00m的天数达到17d。汛期超高水位运用是库容损失速度加快、库区上段库容损失较多的主要原因。1996年6月—1997年6月在832m高程以上库容减少714万m^3。1996年7—8月四站（干流河曲和支流皇甫、清水、旧县站）来沙量1.36亿t，由于来沙量大，运用水位高，造成832.00m高程以上库容大量淤损。1997年来沙量少，7—8月入库沙量仅0.336亿t，来沙量虽少，但运用水位高，7月日平均运用水位超过832.00m的有30d，8月有25d。9月日平均运用水位超过833.00m的有28d，10月有19d。整个汛期日平均运用水位低于832.00m的仅有10d，高于832.00m的有113d，超过833.00m的有77d，造成了水库河槽大量淤积，1997年汛后水位834.00m以下库容仅为718.9万m^3。1992—1995年7—8月日平均运用水位多数在830.00～832.00m之间，库容相对稳定。

1992—1997年各月运用最高水位比1985—1991年有所降低，其最高运用水位为834.18m，比1985—1991年的最高水位835.64m降低较多，水位超高运用幅度有所降低。

非汛期运用水位一般控制在834.00m以下，很少超过834.00m。

4.2.4 万家寨、龙口水库生效后天桥水库运用方式分析

1. 万家寨水库运用方式

万家寨水利枢纽工程位于天桥水电站上游94km，其开发任务为：供水结合发电，同

时兼顾防洪、防凌等综合利用。水库最高蓄水位为980.00m，正常蓄水位为977.00m，8—9月排沙运用水位为952.00～957.00m，冲沙水位为948.00m。万家寨水电站于1998年底投入运用。水库运用初期，最高库水位和正常蓄水位均采用975.00m。

万家寨水库采用“蓄清排浑”的运用，概括为“大水冲刷排沙，小水蓄水拦沙”。其运用方式有以下特点。

(1) 8—9月为排沙期，水库保持低水位运行。当入库流量小于800m³/s时，库水位控制在952.00～957.00m间进行日调节发电调峰；当入库流量大于800m³/s时，保持库水位952.00m运行，电站转入基荷或弃水调峰运行。当水库淤积严重，难以保持日调节库容时，抓住流量大于1000m³/s的时机，库水位短时期（5～7d）降到冲沙水位948.00m冲沙。

(2) 10月上半月，运用水位不高于汛期限制水位966.00m；10月底蓄水位为970.00m。

(3) 11月至次年2月，最低运用水位970.00m。内蒙古河段封冻之前运行水位不超过975.00m，封冻之后可提高蓄水位至977.00m。

(4) 3月至4月初是内蒙古河段开河流凌期，降低水位至970.00m运行。春季流凌结束后可蓄水至977.00m，4月底前蓄至980.00m。

(5) 5月至7月供水期水位，由980.00m逐渐降低至排沙期运用水位，其中7月上半月不高于汛期限制水位966.00m。

万家寨水库在此运用条件下，泥沙主要在每年的8—9月排泄。

2. 龙口水库运用方式

龙口水利枢纽上距万家寨水利枢纽25.6km，下距天桥水电站70km，水库采用“蓄清排浑”的运行方式，其运行水位随年内调节期的不同而变化。

龙口水库调节周期划分为8月至次年7月，年内分为排沙期、蓄水期和供水期。

(1) 排沙期。每年8月1日—9月30日为排沙期，为了冲刷排沙，维持低水位运行。

(2) 蓄水期。10月1日至次年4月30日为蓄水期。10月底水库应蓄至894.50m，以使机组能发满额定出力。11月1日以后水库水位在894.50m和正常蓄水位之间，尽量保持高水位运行。

(3) 供水期。5月1日—7月31日为供水期，其中5月、6月为了充分利用水能，水库宜在高水位运行，故该时间内库水位维持在正常蓄水位。7月为汛期，为了保证水库防洪安全，6月底前采用集中或均匀泄流的方式，将库水位降至汛限水位891.00m。

3. 万家寨、龙口水库运用对天桥水电站的影响分析

万家寨、龙口水库年内调节期的划分相似，因此对天桥水电站运用的影响也基本相似。其影响主要是8月、9月冲刷排沙期的影响。

推荐天桥水电站运用方式为：7—8月按限制水位830.00m运用，浮动0.5m；9—10月运用水位832.00m，浮动0.5～1m，非汛期按834.00m水位蓄水运用，浮动0.5m，最高水位不超过834.50m。上游万家寨、龙口水库8月、9月冲刷排沙时，天桥水电站运用水位为830.00m，9月运用水位为832.00m，可以适应排沙要求，必要时控制运用水位为下限水位828.00m排沙。

4.3 水库库容变化

4.3.1 库容变化的特点

天桥水库以1973年6月的库容代表原始库容。1977年汛前水库开始运用，至2005年汛后的库容变化见表4.3-1。在接近30年的库容变化过程中有以下特点。

表4.3-1 **天桥水库历年库容变化表** 单位：万 m^3

时间	高程								
	820.00m	822.00m	824.00m	826.00m	828.00m	830.00m	832.00m	834.00m	836.00m
1973年6月	835		1880		3273	4175	5332	6728	8351
1976年10月	906		2409		3448	4379	5610	7105	8815
1977年10月	267		1011		2301	3171	4231	5659	7335
1978年10月	245		762		1719	2496	3511	4946	6651
1979年6月	205		695		1550	2271	3305	4744	6440
1979年11月	0		30		479	1141	2153	3465	5046
1980年6月	109		553		1331	1901	2805	4091	5798
1980年11月	200		753		1712	2403	3340	4650	6427
1981年5月	33		516		1443	2094	3050	4362	6124
1981年10月	0		139		686	1248	2152	3507	5273
1982年6月	95		618		1547	2133	3061	4337	6065
1982年1月	0		1		126	417	971	2011	3700
1983年6月	9		241		744	1153	1730	2827	4588
1983年10月	0		37		372	845	1622	2805	4663
1984年5月	69		423		1153	1691	2426	3680	5509
1984年10月	0		23		269	649	1223	2230	3944
1985年6月	33		331		893	1345	1938	2906	4632
1986年6月	64		369		1083	1569	2248	3431	5243
1986年9月	0		22		335	719	1364	2540	4386
1987年6月	206		648		1435	1929	2647	3797	5607
1987年11月	6		174		496	804	1314	2303	4017
1988年6月	48		340		1005	1513	2211	3253	4992
1988年10月	22		174		592	916	1313	1975	3105
1989年10月	0		3		204	540	1055	2005	3457
1990年6月	18		176		563	917	1436	2372	3874
1990年10月	54		244		618	900	1380	2204	3573
1991年6月	48		307		816	1216	1729	2658	4184

续表

时间	高程								
	820.00m	822.00m	824.00m	826.00m	828.00m	830.00m	832.00m	834.00m	836.00m
1991年10月	1		35		147	297	646	1348	2554
1992年6月	6.9	53.2	160	331.5	572	926.8	1396	2238	3617
1992年9月	16.6	38.5	75	137.2	214.4	362.3	690.6	1300	2417
1993年9月	0	0	1.4	10.8	62.8	242.6	691.3	1520	2770
1994年6月	16.3	75.6	186.7	382.8	644.9	998.2	1494	2294	3688
1994年9月	18.1	84	232.4	434.5	672.9	1017	1478	2275	3546
1995年6月	1.7	43.2	172.1	389	715.6	1129	1694	2611	4074
1995年9月		0	12.1	55.6	118.3	252.5	643.1	1434	3019
1996年6月	0	133.3	246	450.2	700.3	1062	1537	2375	3838
1997年6月	38	166.3	313.6	537.4	840	1184	1614	2237	3201
1997年9月	63.1	0	0	0.9	8.8	99.4	285.8	718.9	1651
1998年9月	0	53.8	98.4	15.2	242.2	363.9	607.1	1108	1981
1999年6月	14.2	0	25.6	162.1	383.4	603.5	1014	1844	2796
1999年10月			3.101	25.54	116.8	291.1	635.7	1301	2127
2000年10月		0	16.7	64.3	166.0	403	832	1578	2717
2003年9月	14.5	54.4	127	233	413	664	1039	1660	2633
2005年10月				0	16.6	217.5	645.8	1345	2581

（1）一般情况是汛前库容大，汛后库容小。反映水库汛期因泥沙淤积使库容减小，汛前因凌汛时降低水位排冰，冲刷恢复库容，凌汛后蓄水运用，因来沙量小，淤积损失库容少，仍保持较大的库容供汛期运用。有的年份，在汛前也有降低水位冲刷恢复库容，使库容增大。

（2）不少年份汛期水库运用水位超高，未按设计运行水位运用，虽然发电量增加，而库容减少。尤其在1988年以后，为了追求汛期增加发电量，经常发生主汛期7—8月运用水位超过设计控制水位830.00m，达到832.00～833.00m，或大于833.00m；而后汛期9—10月运用水位也超过设计控制水位，达到833.00m以上，使库容显著减少。例如，1999年6月汛前在正常蓄水位834.00m只有库容1844万m^3，比设计正常蓄水位834.00m库容2844万m^3减少1000万m^3，至10月汛后水位834.00m库容进一步减少，只有1301万m^3，这对水库防洪和冰期防凌安全非常不利。

4.3.2 保持库容分析

天桥水库长21km，为峡谷型水库，容易控制泥沙淤积。在来水少来沙多的不利水沙条件下，也能通过调节运用水位保持设计的有效库容。在水库运用方式研究中，充分考虑了保持设计有效库容的调度泥沙冲淤措施，要能够切实做到“电调”服从防洪排沙和防凌排冰的“水调”制度。在1985年的天桥水电站设计运行总结中，总结了经验，进行了泥沙分析，审定了提出的天桥水电站运行方式。在1988年以前还是执行得比较好的。汛后在水位 834.00m 的库容 2300 万～2500 万 m^3，相对稳定，符合设计库容要求。但是在 1988 年以后，水库实际运用并未严格执行设计运行方式，水库库容显著变小。如果不严格执行水库设计运用方式，不保设计有效库容，即使增大泄流规模也不能除险。因此必须要有好的水库运用方式以保库容协同除险。

4.4 水库泥沙分析

4.4.1 进、出库水沙量变化分析

天桥水电站入库站为干流河曲站、支流皇甫川皇甫站、清水川清水站、县川河旧县站；出库站为坝下游 6km 的府谷站。

天桥水库进、出库水沙量见表 4.4-1。

从表 4.4-1 统计可知以下几点。

(1) 多年平均年入库径流量为 197.7 亿 m^3，其中汛期平均入库径流量为 83.3 亿 m^3。非汛期平均入库径流量为 114.4 亿 m^3。年均非汛期来水比汛期来水多 31.1 亿 m^3。这是黄河上游龙羊峡和刘家峡水库调节作用所致。

(2) 多年平均年入库输沙量为 1.498 亿 t，其中汛期平均入库输沙量为 1.213 亿 t。非汛期平均入库输沙量为 0.285 亿 t。

(3) 多年平均入库水流含沙量为 7.58kg/m^3，其中汛期平均入库水流含沙量为 14.55 kg/m^3，非汛期平均入库水流含沙量为 2.49kg/m^3。

(4)、干流来水含沙量小，支流来水含沙量大。支流皇甫川汛期洪峰流量大，沙峰含沙量高，而且洪峰沙峰挟带大量泥沙和水草入库，短时间洪峰沙峰和草峰很快来到坝前，对水电站安全运行构成威胁。在此短时间水库运行水位高，流速减小，水库很快发生大量泥沙淤积，泥沙污草堵塞拦污栅，清污不及时，出现压断拦污栅，被迫停机。支流洪峰沙峰和草峰对水库汛期发电安全运行影响大。要密切注意汛情，迅速采取降低水库运行水位迎洪，甚至短时间主动停机，待支流洪峰沙峰过后恢复发电运行。

(5) 黄河干流入库站河曲站离水库较远。干流洪水流量大、沙量小，入库后可以稀释支流入库的高含沙量洪水，但往往不同时发生。

(6) 出库站府谷站在坝下游 6km。府谷站多年平均年径流量为 202.3 亿 m^3，比多年平均入库站径流量 197.7 亿 m^3 多 4.6 亿 m^3。因坝下—府谷区间还有黄石崖沟汇入和其他支沟汇入。

4.4.2 库区支流水沙特性及其影响分析

(1) 库区支流皇甫川、清水川、县川河的河口距坝近。支流暴雨强度大，历时短、坡陡流急，短时间形成暴雨洪水，洪峰流量大，含沙量高，泥沙颗粒粗，污草多，对水库淤积及水电站运行的威胁较大，尤其是皇甫川的影响大。例如，1972 年（建库前）发生坝址洪峰流量为 10700m^3/s，相应的皇甫川洪峰流量为 8400m^3/s，洪水来自皇甫川。

表 4.4-1　　天桥水库进出库水沙统计表

年份	项　目	黄河干流 河曲站		皇甫川 皇甫站		清水川 清水站		县川河 旧县站		支流合计		入库合计		出库站 （府谷站）	
		非汛期	汛期	非汛期	汛期	非汛期	汛期	非汛期	汛期	非汛期	汛期	非汛期	汛期	非汛期	汛期
1977—1979	径流量年均值/亿 m^3	135.0	101.7	0.3	2.4	0.1	0.6	0.0	0.2	0.4	3.2	135.4	104.9	137.2	104.5
	输沙量年均值/亿 t	0.450	1.277	0.003	0.861	0.000	0.136	0.000	0.175	0.003	1.172	0.453	2.449	0.482	2.053
	含沙量/(kg/m^3)	3.33	12.56	9.66	354.13	2.68	243.76	0.00	742.01	8.16	363.36	3.35	23.34	3.51	19.66
1980—1988	径流量年均值/亿 m^3	127.1	106.8	0.2	1.0	0.0	0.3	0.0	0.1	0.3	1.4	127.3	108.2	130.4	110.2
	输沙量年均值/亿 t	0.435	1.002	0.005	0.400	0.002	0.066	0.000	0.063	0.007	0.528	0.441	1.530	0.567	1.355
	含沙量/(kg/m^3)	3.42	9.38	21.60	404.48	47.26	243.49	0.00	576.48	25.26	386.49	3.47	14.14	4.35	12.29
1989—1998	径流量年均值/亿 m^3	101.2	67.0	0.1	0.9	0.0	0.4	0.0	0.1	0.1	1.4	101.3	68.4	103.7	68.3
	输沙量年均值/亿 t	0.180	0.503	0.002	0.333	0.000	0.057	0.000	0.058	0.002	0.448	0.182	0.951	0.244	0.701
	含沙量/(kg/m^3)	1.78	7.50	17.70	367.85	3.27	160.69	55.56	474.94	16.49	324.08	1.80	13.91	2.35	10.27
1999—2003	径流量年均值/亿 m^3	81.8	38.0	0.0	0.4	0.0	0.3	0.0	0.1	0.0	0.8	81.8	38.8	89.4	40.5
	输沙量年均值/亿 t	0.052	0.021	0.000	0.132	0.000	0.008	0.000	0.020	0.000	0.159	0.052	0.180	0.078	0.145
	含沙量/(kg/m^3)	0.63	0.55	6.83	326.38	0	27.19	0	230.90	6.83	203.20	0.63	4.65	0.87	3.57
1977—2003	径流量年均值/亿 m^3	114.2	81.8	0.16	1.05	0.03	0.35	0.0004	0.13	0.20	1.53	114.4	83.3	118.1	84.2
	输沙量年均值/亿 t	0.282	0.692	0.03	0.391	0.001	0.02	0.000	0.068	0.0035	0.521	0.285	1.213	0.361	1.003
	含沙量/(kg/m^3)	2.47	8.46	18.75	373.07	25.11	176.26	18.69	530.33	18.78	341.05	2.49	14.55	3.06	11.91

注　汛期为7—10月，非汛期为11月至次年6月。

将皇甫川的水沙特性分析如下。

1）水少沙多，含沙量高。支流皇甫川皇甫站的多年平均水沙特征值见表4.4-2。

表4.4-2　皇甫站、义门（坝址）站多年平均水沙特征值表（1954—1983年）

站　名	多年平均			月平均流量/(m^3/s)		月平均含沙量/(kg/m^3)	
	水量/亿 m^3	沙量/亿 t	含沙量/(kg/m^3)	7—8月	7—10月	7—8月	7—10月
皇甫川皇甫站	1.86	0.584	314	21.6	13.7	426	371
坝址（义门站）	262.3	3.120	11.9	1338	1433	24.8	17.5

由表4.4-2可知，皇甫川的年来水量占坝址来水量的0.7%，而年来沙量占坝址来沙量的18.7%。

2）洪峰沙峰主要集中在7月、8月的几场洪水。洪峰历时短（短的几小时，长的53h），洪峰尖瘦，含沙量高，洪峰、沙峰连续发生。据1954—1983年统计，历年最大洪峰流量为8400m^3/s，其含沙量为1200kg/m^3（1972年7月19日）；历年最大含沙量为1570kg/m^3，其相应洪峰流量为1230m^3/s（1974年7月23日）。由皇甫川历年汛期洪峰、沙峰次数统计表4.4-3可知，7—8月流量大于1000m^3/s出现的次数占汛期6—9月出现次数的90%；7—8月含沙量大于400kg/m^3出现的次数占汛期6—9月出现次数的83%。这一特点，对7—8月处理皇甫川的洪峰、沙峰提供了条件。

表4.4-3　皇甫川汛期洪峰、沙峰出现次数统计表（皇甫川的汛期为6—9月）

年份	月份	含沙量/(kg/m^3)				流量/(m^3/s)	
		>400	>600	>800	>1000	>1000	>2000
1954—1983	6	13	9	7	5	1	0
	7	72	60	55	46	15	4
	8	56	41	30	24	23	8
	9	13	11	9	4	3	1
	6—9	154	121	101	79	42	13

3）泥沙粒径粗。含沙量越高，泥沙粒径越粗。据1966—1980年统计，悬移质泥沙中数粒径（多年平均）为0.0918mm；其7月、8月的多年平均泥沙中数粒径分别为0.1106mm和0.0658mm。在多年平均悬移质输沙量中，其粒径大于0.05mm、0.05～0.025mm和小于0.025mm的泥沙分别占全沙的66.7%、12.3%、21%。

（2）皇甫川发生洪水时，易在水库末端发生淤积，尤其当皇甫川流量大于黄河干流的流量时，皇甫川的洪水顶托黄河干流，使皇甫川口以上干流比降变缓，回水远至曲峪或巡镇。历史上曾发生迫使黄河洪水进曲峪、巡镇的情形，并且泥沙在皇甫川口落淤，形成沙坝，使泥沙淤积上延。例如，1979年9月10—12日干流河曲流量为1890～3120m^3/s，而皇甫川9月10日洪峰流量为4960m^3/s，最大含沙量为1400m^3/s；9月12日洪峰流量为5990m^3/s，最大含沙量为1280m^3/s。不仅含沙量高，而且粒径粗，粒径大于0.05mm的占90%以上，粒径大于0.1mm的占70%，含有1～10mm的小石子，致使水库尾部段淤积，并顶托干流，使石梯子、上庄同流量水位升高 0.5～1.5m，淤积上延至距坝 27.7km 以上。

（3）皇甫川 7—8 月发生的洪水，在水库末端造成淤积，但 9—10 月黄河河口镇以上较清的洪水，可冲刷 7—8 月皇甫川入库洪水造成的淤积。例如，1981 年 6 月 1 日—8 月 20 日皇甫川洪水在库区淤积 1401 万 m^3，而 9—10 月，入库水量 155.1 亿 m^3，尽管月平均库水位为 832.90～833.30m，但禹庙以上共冲刷 846 万 m^3，其中皇甫川口以上冲刷 208 万 m^3。

（4）天桥入库水沙年内分布是不均匀的，7 月、8 月水少沙多，来沙系数 S/Q 大，分别为 0.02、0.018；9 月、10 月水多沙少，来沙系数 S/Q 小，分别为 0.0077、0.0065。因此，库区的河道在 7 月、8 月淤积，在 9 月、10 月冲刷。利用这种入库水沙特点和冲淤特点，天桥水库实行“蓄清排浑”运用，非汛期蓄水，汛期排沙，进行不完整的日调节发电运行，可以保持库区年内冲淤平衡。

4.4.3　水库冲淤特性分析

4.4.3.1　水库冲淤纵向分布

水库布置了干流和支流测验断面。干流测验断面最远布设在上游巡镇（22 断面）。

由表 4.4-4 可知，水库自运用以来至 1984 年 10 月，在大坝至巡镇共淤积泥沙 4675 万 m^3，其中在大坝至禹庙的 12km 库段内，淤积量为 3704 万 m^3，占总淤积量的 79.2%；在禹庙至皇甫川口的淤积量为 1082 万 m^3，占总淤积量的 23.1%；在皇甫川口以上冲刷 111 万 m^3。说明在 1984 年以前水电站的运用，控制了水库淤积末端没有超过皇甫川口，满足了设计的要求。

表 4.4-4　天桥库区冲淤量分布表（断面法）　单位：万 m^3

时期		大坝至 C.S.9（L=11.83km）		C.S.9～C.S.15(一)（L=8.77km）		C.S.15(一)～C.S.22（L=10.27km）		大坝至 C.S.22（L=30.87km）	
		本时段	累计	本时段	累计	本时段	累计	本时段	累计
施工期	1973 年 5 月—1975 年 11 月	−285.4	−2854			−2854	−285.4		
施工期	1975 年 11 月—1976 年 10 月	114.5	−1709			114.5	−170.9		
施工期	1976 年 10 月—1977 年 6 月	5813	410.4	59.9	59.9			641.2	470.3
初期运用期	1977 年 6—9 月	565.5	975.9	27.4	334.3			839.9	1310.2
初期运用期	1977 年 9 月—1978 年 5 月 29 日	−391.2	584.7	−9.4	32.49			−400.6	909.6
初期运用期	1978 年 5 月 30 日—10 月 17 日	1120	1704.7	−9.7	315.2	−61.8	−61.8	1048.4	1958.1
初期运用期	1978 年 10 月 18 日—1979 年 6 月 23 日	1869	1891.6	35.2	350.4	65.6	3.8	287.6	2245.7

续表

时期		大坝至 C. S. 9 (L=11. 83km)		C. S. 9～C. S. 15(一) (L=8. 77km)		C. S. 15(一)～C. S. 22 (L=10. 27km)		大坝至 C. S. 22 (L=30. 87km)	
		本时段	累计	本时段	累计	本时段	累计	本时段	累计
正常运用期	1979 年 6 月 24 日—11 月 16 日	1147	30386	238. 4	588. 8	−6. 7	−3. 0	1378. 7	3624. 4
	1979 年 11 月 17 日—1980 年 6 月 5 日	−768	62270	122. 6	711. 4	37. 4	34. 4	−608. 6	3015. 8
	1980 年 6 月 6 日—10 月 16 日	−505	1765	−61. 2	350. 2	−70. 4	−36	636. 6	2379. 2
	1980 年 10 月 17 日—1981 年 5 月 31 日	271. 8	20368	−7. 3	642. 9	38. 4	24	302. 9	2682. 1
	1981 年 6 月 1 日—7 月 16 日	720	2756. 8	47. 0	889. 9	−8	−5. 6	759	3441. 1
	1981 年 7 月 17 日—8 月 20 日	−22. 8	2734	5900	1280. 7	74	68. 4	642	4083. 1
	1981 年 8 月 21 日—10 月 24 日	197	2931	−638	642. 7	−208	−139. 6	−649	3434. 1
	1981 年 10 月 24 日—1982 年 5 月 27 日	−888	2043	75	717. 7	14	−125. 6	−799	2635. 1
	1982 年 5 月 20 日—8 月 22 日	1190	3233	405	1122. 7	176	50. 4	1771	4406. 1
	1982 年 8 月 23 日—10 月 14 日	716	3949	−10	1112. 7	−153	−102. 6	14553	4959. 1
	1982 年 10 月—1983 年 5 月 24 日	−784	3165	−140	972. 7	24	−78. 6	−900	4059. 1
	1983 年 5 月—8 月 10 日	152	3317	−184	788. 7	−70. 4	−149	−102	43956.
	1983 年 8 月 17 日—10 月 11 日	77. 6	3394. 6	−45. 5	743. 2	40	−109	−72. 1	4028. 8
	1983 年 10 月 11 日—1984 年 5 月 31 日	−850	2544. 6	4	747. 2	−18	−127	−864	3164. 8
	1984 年 6 月 1 日—8 月 25 日	188	2732. 6	−24	723. 2	−34	−161	130	3294. 8
	1984 年 8 月 26 日—10 月 15 日	971	3703. 6	359	1082. 2	50	−111	1380	4674. 8

注 负号为冲刷。

淤积主要分布在高程 830. 00m 以下，库容损失 84. 5%；高程 830. 00～832. 00m 间及 832. 00～834. 00m 间库容损失分别为 50. 4%与 27. 8%；高程 834. 00m 以上库容增大约 100 万 m^3。

水库自开始运用至 2003 年汛后，自巡镇（22 断面）—大坝累计淤积总量达 6338 万 m^3，其中坝前段、中部段和尾部段的淤积分别占 22. 2%、45. 2%、30. 5%；库尾—巡镇的自然河道段淤积量占总淤积量的 2. 1%。

4.4.3.2 水库淤积形态

水库淤积形态主要是干流库区纵向淤积形态和横向淤积形态，支流库区范围小，淤积分布在支流河口附近。

1. 纵向淤积形态

统计1976年、1979年、1988年、1998年、2003年各年汛后干流库区各断面的全断面平均河底高程见表4.4-5；并绘出水库1973年、1986年、1991年的平均河底高程纵剖面，见图4.4-1。水库呈现锥体淤积形态，水库平均河底高程受水库运用水位所控制。例如，1979年10月水库运用水位低，水库河底低；1998年9月水库运用水位高，水库河底高。1991年10月和1998年9月水库河底高，对水库和对水库上游不利。1988年10月水位低，水库河底较低。因此，水库主汛期运用水位应当在830.00～832.00m间，有利于控制水库淤积。

表4.4-5　天桥水库各断面的全断面平均河底高程统计表

序号	断面编号	距坝里程/km	计算水位/m	平均河底高程/m				
				1976年10月	1979年10月	1988年10月	1998年9月	2003年9月
1	1	0.58	836.00	816.30	826.50	823.10	822.40	823.30
2	2	1	836.00	816.60	827.10	823.50	826.70	825.10
3	3（二）	1.92	836.00	815.40	826.70	825.80	829.30	825.10
4	4（二）	2.96	836.00	816.80	826.50	824.30	830.60	827.70
5	4-1	3.64	836.00	818.50	827.40	828.60	831.20	829.20
6	5	4.15	836.00	815.80	825.00	825.20	830.10	828.40
7	6-1	5.51	836.00	818.70	827.80	828.70	832.40	830.80
8	7（二）	7.31	836.00	817.60	826.20	831.80	833.10	831.40
9	7-1	9.11	836.00	822.00	827.90	832.60	833.10	832.70
10	8-1	10.06	836.00	823.70	829.40	833.00	834.40	833.20
11	9	11.83	836.00	828.60	830.10	833.70	834.50	834.50
12	10	13.73	840.00	830.30	831.90	835.20	836.10	836.00
13	11	16.75	840.00	831.80	833.40	836.10	837.70	837.40
14	12（二）	17.95	840.00	832.60	833.60	836.80	837.80	837.60
15	13（二）	18.73	840.00	834.40	835.30	837.10	837.90	837.70
16	14（二）	19.5	840.00	834.80	834.80	837.40	838.00	837.60
17	15（二）	20.6	840.00	835.30	835.10	837.50	838.20	837.80
18	16（二）	21.77	842.00	835.90	836.50	837.20	838.30	837.40
19	17（二）	22.92	842.00	837.40	838.30	838.90	838.80	837.70
20	18	23.86	842.00	838.40	838.40	838.10	838.80	837.70
21	19	24.93	842.00	837.40	836.30	838.10	838.20	836.90
22	20（二）	25.8	842.00	837.70	837.40	838.00	838.70	837.70
23	21（二）	27.74	842.00	839.50		839.20	838.70	838.10
24	21-1	29.78	842.00	838.80		840.00	840.00	839.50
25	22	30.87	842.00	838.50		840.00	838.80	838.10

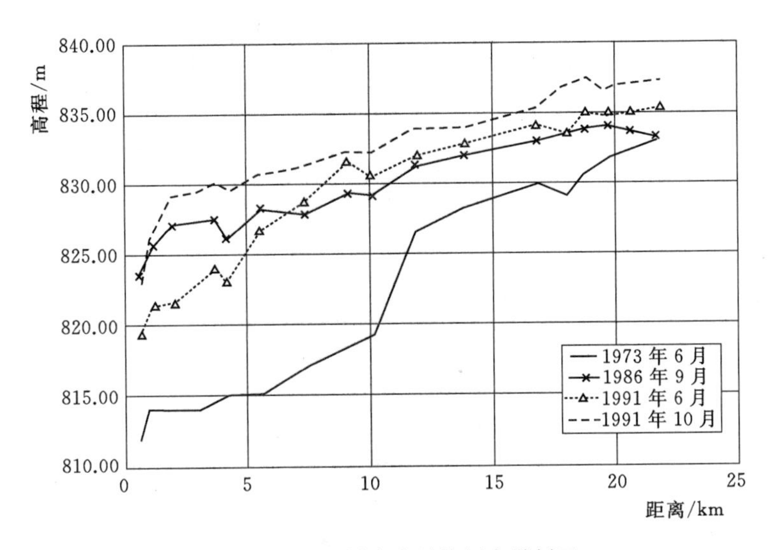

图 4.4-1 天桥水库平均河底纵剖面

2. 横向淤积形态

由水库淤积测验断面套绘分析，可知河床易淤易冲。水库汛期抬高水位运用时则全断面滩槽平行淤积抬高，水库汛期降低水位运用时则河槽冲刷下切（见图 4.4-2 和图4.4-3)。

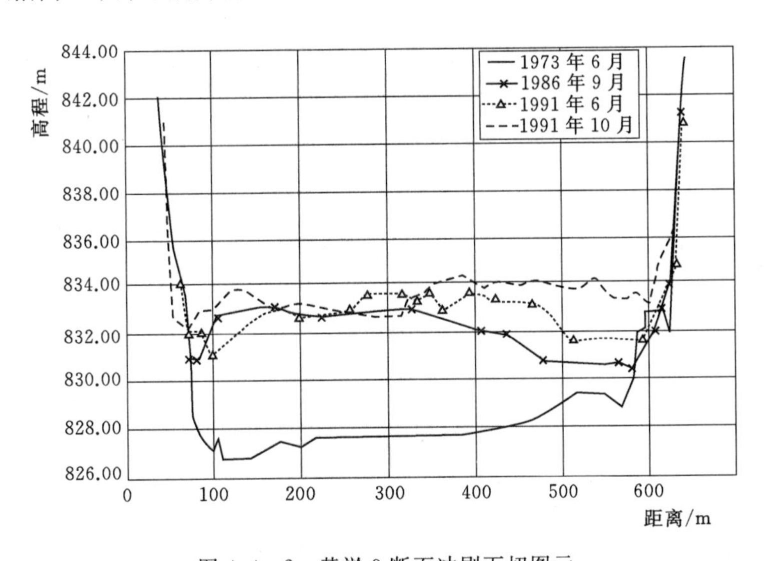

图 4.4-2 黄淤 9 断面冲刷下切图示

例如，在水库尾部段 9 断面和 11 断面，1991 年 10 月河床全断面河床淤积变成平坦，无主流河槽，水流流速变缓，更易促使进一步淤积，这是对水库不利的淤积形态。因此，控制水库汛期运用水位在 830.00～832.00m，对于控制水库河床有主流深槽具有重要作用。

4.4.3.3 影响水库冲淤及保持有效库容的主要因素

1. 来水来沙条件

当上游来水来沙条件较好，尤其是干流与皇甫川来水来沙搭配组合较好时，可减少水

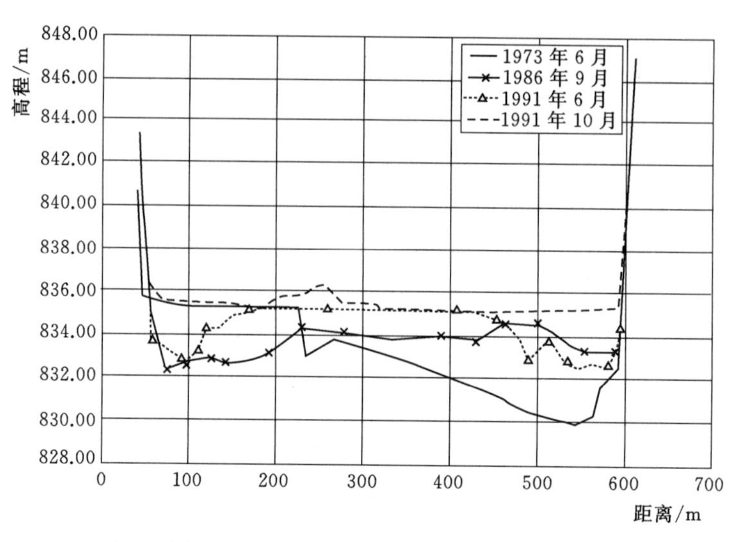

图 4.4-3 黄淤 11 断面冲刷下切图示

库淤积，限制淤积末端上延。例如，1982 年、1983 年水库运用水位相近，但 1982 年水沙条件不利，7 月、8 月淤积后，石梯子、上庄同流量水位上升 1.0～1.5m，至 9—10 月水位未能下降，库容减少 2011 万 m^3；而 1983 年水沙条件有利，9 月、10 月冲刷恢复了库容，库容增大为 2800 万 m^3，石梯子上庄同流量水位下降约 1m。

2. 水库运水位用条件

汛期水库高水位运用，将水库水面比降变缓，水库呈壅水状态，流速减小，挟沙能力降低，尤其是当皇甫川来高含沙量洪水时，使大量泥沙落淤。水库在 1981 年以前，汛期运用水位为 830.00m 左右，在 1973 年 5 月—1981 年 5 月，在高程 836.00m 以下只淤积 2227 万 m^3。而在 1981 年以后，为了多发电，汛期抬高了运用水位，例如，在 1984 年汛期平均水位达 832.16m，7 月最高水位达 833.95m，在 1981 年 5 月—1984 年 10 月，在高程 836.00m 以下淤积 2180 万 m^3。又如，1982 年属枯水枯沙年，汛期来水来沙量是多年平均的 0.77 倍和 0.78 倍，但汛期运用水位抬高，7 月最高水位达 833.85m，7 月月平均水位为 830.37m，比 1981 年同期抬高 1.16m，尽管 1982 年 7—8 月入库沙量比 1981 年同期少 1.13 亿 t，但水库还多淤 370 万 m^3。以上资料说明，水库运用水位的高低对水库冲淤有较大影响。

3. 水库尾部段壅水影响

水库末端支流皇甫川发生高含沙洪水时，若水库尾部段壅水会造成水库尾部段有较大的淤积。由于皇甫川洪水含沙量大，泥沙粒径较粗，所以，更易在水部尾部段壅水区淤积。例如，1981 年 7 月至 8 月上旬，皇甫川连续来 5 次洪峰，其沙峰含沙量均在 1000kg/m^3 以上，其中 7 月 21 日洪峰流量 5120m^3/s，含沙量 1220kg/m^3，8 月 6 日洪峰流量为 1150 m^3/s，含沙量为 1280kg/ m^3，将水库尾部段石梯子断面左股河槽淤塞，使石梯子、上庄同流量水位升高 1～2m。1982 年 7 月 29 日—8 月 8 日，皇甫川瞬时含沙量大于 1000kg/ m^3 的出现 3 次，7 月 30 日最大洪峰流量为 2580m^3/s，相应含沙量为 1250kg/m^3，水库尾部段石梯子断面全河床淤高约 2m，同流量水位升高 1.0～1.5m，并顶托黄河干流，使上游上庄断面同流量水位升高 1m。

4. 水库高水位运用对库区淤积末端的影响

天桥水库 1981 年以前，汛期运用水位较低，各年的汛期平均水位为 828.19～830.60m，回水淤积一般在距坝 18km 附近；非汛期运用水位较高，回水淤积至皇甫川口附近。自 1981 年以后，汛期抬高水位运用，各年的汛期平均水位为 831.28～832.16m，加上皇甫川的高含沙量洪水，使水库淤积末端上延至皇甫川口附近；非汛期淤积末端上延至上庄附近。

例如，1982 年 8 月 17 日与 8 月 24 日，流量为 900～1000m^3/s，两次水面线对比分析：17 日坝前水位为 829.00m 左右，回水影响至距坝 10km 的断面，其水面比降为 1‰，10km 以上水面比降为 7.6‰；8 月 24 日，坝前水位较高，为 833.00m 左右，回水影响至距坝约 19km 的石梯子断面，水面比降变缓，水面比降为 1‰，石梯子以上水面比降 3.1‰。可见，同为小流量，而水库高水位运用，要比水库低水位运用的淤积上延远。又如，1982 年 7 月上旬坝前水位在 832.00～833.00m 之间运用，此时回水末端接近石梯子，但皇甫川来水含沙量高，而黄河来水小，在回水末端发生淤积；此后 7 月中下旬黄河来水流量一直较小，未能冲刷回水末端的淤积物。再如，7 月 29 日至 8 月中旬皇甫川连续来 3 次高含沙洪水，流量为 1000～2000m^3/s，瞬时含沙量高达 1250kg/m^3，而黄河来水仅为 1000m^3/s 左右，虽然 7 月 30—31 日水库降低水位运用（日平均水位为 823.02m，瞬时最低水位为 817.50m），但前期淤积物未全部被冲刷，致使回水末端上下游河段水面比降减小，已不能适应 7 月 29 日至 8 月中旬的皇甫川来高含沙洪水的排沙需要，就造成皇甫川口上下河段淤积 176 万 m^3，是水库运用以来淤积最多的一次，而且淤积的是粗泥沙，距坝 12km 以上的淤积物中数粒径为 0.28～0.35mm。根据上述情况可知，当皇甫川来沙峰时，即使水库在水位 828.00～830.00m 之间运用，也会在库尾段发生淤积，若再抬高水位运用，将使淤积末端超过皇甫川口。综上所述，为了保持较多的有效调节库容，提高防洪能力和调节性能，并使淤积末端不超过皇甫川口，主汛期 7—8 月水库运用水位不宜抬高，宜控制在水位 828.00～832.00m 运用，并监测皇甫川来高含沙洪水的淤积情况，适时调整运用水位。

5. 降低水位冲刷效果分析

（1）冲刷比降。水库打开全部泄流设施敞泄排沙和冲刷时，在流量 1000～3000m^3/s 时，坝上坝下水位相接，接近自然河道水位。不同流量的坝上水位及相应水面比降见表 4.4－6。

由表 4.4－6 可知，水库上游上庄以上河道为冲积型河道，沙质河床，其水面比降与流量的关系，为反比关系，即流量大，比降小；流量小，比降大，平均情况水面比降为 3.5‰。上庄以下至大坝为基岩河床，受峡谷河段地形影响，水面比降大，并从上到下沿程增大，为沿程基岩河床地形条件所决定。

（2）冲刷范围及深度。水库壅水淤积以后，库水位下降时，使坝前段水深减小，水面比降变大，流速加大，发生自下而上的溯源冲刷，冲刷效果以距坝 12km 以下一段（即禹庙—大坝）最为显著，禹庙水位可下降 1.5～2m，坝前可恢复到天然河床。天桥水库溯源冲刷最远至距坝 18.78km 的石梯子。河床纵剖面变化见表 4.4－7。

表 4.4-6 天桥水电站各级流量冲刷水位及水面比降表

项 目	时 间	流量/(m³/s)	坝上水位/m	水面比降/‰				
				大坝—禹庙	禹庙—石梯子	石梯子—上庄	上庄—曲峪	曲峪—河曲
原河道	1973年6月	200	814.40	12.0	9.0	7.0	3.5	3.5
水库敞泄冲刷（基本不壅水）	1980年10月10日	1030	818.75	10.8	7.41	7.89	3.47	3.67
	1980年10月9日	1431	818.16	11.8	7.29	7.79	3.77	
	1978年8月31日	1847	820.05	9.76	9.22	7.62	3.02	
	1980年10月8日	2090	819.18	11.7	6.32	7.69	4.25	3.50
	1979年8月12日	2210	819.45	11.5	9.53	4.41	2.22	3.36
坝前壅高水位冲刷（大流量）	1979年8月11日	5010	824.43	8.37	9.63	5.32	2.17	2.85

表 4.4-7 水库降低水位冲刷时沿程河床高程表

断面	坝上	C.S.1（义门）	C.S.9（禹庙）	C.S.11（火山煤矿）	石梯子
距坝里程/km	0	0.58	11.83	16.75	18.78
水面比降/‰		10.5	7.5	7.0	
可冲刷达到河床高程/m	811.00～812.00	815.00～816.00	826.00～827.00	830.00～835.00	832.00～833.00
建库前1973年6月河床高程/m	811.00～812.00	813.00～814.00	826.00～827.00	830.00～831.00	832.00～833.00

4.4.3.4 水库降低水位进行溯源冲刷形成的出库含沙量

水库降低水位进行溯源冲刷的强度很大，当干流来水含沙量为5～10kg/m³时，出库含沙量可比入库含沙量大20～40倍。例如，1983年11月12日零时为了检修闸门，泄空水库，坝上水位为817.50m，坝下水位为315.00m，历时122.5h，相应入库站河曲的日平均流量为950～1180m³/s，水库下游府谷站11月12日的日平均含沙量为119kg/m³，瞬时最大含沙量达590kg/m³，至11月13—16日府谷日平均含沙量就降低为11.2～23.2kg/m³。这是由于水库短，溯源冲刷距离短，较快地完成冲刷。所以冲刷第一天含沙量最大，随后含沙量迅速减小。

4.4.3.5 降低水位冲刷的效益与影响分析

1981年前历年水库降低水位冲刷情况见表4.4-8。

（1）降低水位冲刷可恢复一部分库容。

（2）降低水位冲刷可形成坝下游（府谷）很大的瞬时含沙量，达300kg/m³。

（3）降低水位冲刷，使坝上水位降低到天然水位，形成坝上游高达1‰水面比降。

（4）对水电站安全运行和坝下游河道防护安全两方面讲，如此降低水位溯源冲刷，有安全风险。

（5）从天桥水电站的效益讲，并不需要水库降低水位至天然河道水位进行溯源冲刷。

（6）凌汛排冰时，不需要库水位降至天然河道水位。只降低库水位至824.00m左右，即可安全排冰。

表 4.4-8　　天桥水库降低水位冲刷情况表（1981 年前）

年份	时间	天数/d	坝上最低水位/m	坝下水位/m	时段平均流量/(m^3/s)	相应水面比降	最大冲刷流量/(m^3/s)	相应水面比降/‱	水库总冲刷量/万 t	水库日平均冲刷量/(万 t/d)	府谷瞬时最大含沙量/(kg/m^3)	发生日期
1973	5 月 13 日 0：00—6 月 25 日 0：00	44	814.90	814.20	202	17.2	621	13.5	−833.7	−19	213	5 月 13 日
	8 月 7—13 日	7	816.20	816.10	889	12.5	4120	8.7	−3472	−496	735	8 月 7 日
	9 月 27 日 11：00—9 月 30 日 8：00	4	818.50	818.20	2153	10.0	3630	8.9	−631	−158	65.7	9 月 27 日
	12 月 1 日 0：30—12 月 10 日 0：00	10	815.50	815.40	406	15.0	1060	11.7	−1309	−131	144	12 月 1 日
1979	3 月 28 日 0：00—3 月 30 日 16：00	3	816.40	816.40	1421	10.8	3380	9.8	−1521	−507	128	3 月 28 日
	8 月 11 日 0：00—6：50	1	823.00	817.50	4930	8.4	9260	5.7	−3401	−3401	1070	8 月 11 日
1980	3 月 28 日 18：10—4 月 2 日 14：25	6	817.90	817.30	1498	10.8	2160	10.0	−1867	−311	135	3 月 28 日
	10 月 7 日 2：10—10 月 10 日 16：00	4	818.00	817.80	1616	10.5	2160	10.0	−1263	−126	124	10 月 7 日
	11 月 19 日 0：00—11 月 23 日 16：00	5	816.00	815.40	468	14.4	1160	11.6	−336.3	−67	149	11 月 19 日
1981	3 月 22 日 11：30—3 月 25 日 1：00	3	818.00	817.50	2083	10.00	4170	8.8	−1128.3	−376	102	3 月 22 日
	8 月 6 日 4：30—21：30	1	821.00	816.80	1940	10.2	5550	7.8	−714.7	−715.0	378	8 月 3 日
	10 月 1 日 0：20—10 月 2 日 4：00	2	818.90	818.00	4560	8.5	5000	8.2	−1319	−659.0	60.4	10 月 1 日

注　1. 时段平均流量系用府谷断面流量；水面比降用禹庙—大坝库段的水面比降。
2. 最大冲刷流量用冲刷期的入库最大流量。
3. “—”为冲刷符号。

综合分析，可见水库不宜降低水位至天然水位进行溯源冲刷，自 1982 年以来，未再进行。

4.5 水库运用经验与存在问题

4.5.1 主要经验

（1）汛期发电服从防洪，控制低水位运用（7—8 月按水位 828.00～832.00m 运行，洪峰沙峰时适当降低水位泄洪排沙），控制了淤积末端不超过皇甫川口。

（2）保持了较大的调节库容，提高了防洪能力。汛期按上述低水位运用，非汛期按水位 834.00m 运用，在高程 834.00m 以下的库容为 2870 万 m^3。

天桥水库运用以来，由于汛期低水位运用，增大了输沙比降，提高了输沙能力，控制了较低的滩面高程，使一般洪水不上滩，减少了淤积，保持了较大的库容。历年汛末在高程 834.00m 以下的库容为 4650 万～2011 万 m^3，平均为 2839 万 m^3。

由于保持了较大的调节库容提高了水电站的防洪能力，使原设计防 100 年一遇洪水提高到防 170 年一遇洪水。根据历年运用经验，主汛期 7—8 月尽可能不高于限制水位 830.00m 运用，否则，发生洪水时，紧急泄空水库，会加大下游洪水，威胁下游保德、府谷县城安全。例如，1977 年 8 月 2 日入库流量 6360m^3/s，9 时 10 分至 9 时 30 分库水位下降 0.6m，使出库流量变大为 9000 多 m^3/s，9 时 30 分至 9 时 50 分继续降低水位 1m，同时下游腰庄沟又发生溃坝洪水，洪水遭遇后府谷断面洪峰流量达 11000m^3/s，使府谷县城部分地区受淹。

（3）按设计水位运用，就能控制淤积末端不超过皇甫川口。从多年汛期平均情况统计，水库淤积平衡比降在距坝 10km 以下为 2.3‰，在距坝 10km 以上为 3.5‰。淤积末端在皇甫川口以下，一般洪水的回水末端接近石梯子。

（4）水库库容小，入库沙量大。水电站的运用，要利用不同水沙特点，采取不同的泄洪排沙方式。如支流皇甫川来洪水，来势迅猛，约 40min 可达坝前，很短时间造成拦污栅压差剧增，甚至压断拦污栅，当皇甫川洪水流量大于 2000m^3/s，含沙量在 600kg/m^3 以上时，可停机泄洪排沙；对于上游支流红河、偏关河来洪水，由于流程远，峰型平缓，沙量较少，可在当河曲出现流量 5000m^3/s 以上或含沙量大于 300kg/m^3 时，可停机泄洪排沙；对于河口镇以上来洪水，在流量大于 7000m^3/s，且有沙峰时，可停机泄洪排沙。

（5）控制水库低水位 824.00～826.00m 运用敞泄排沙。1981 年以前，经常泄空水库进行冲刷排沙，此措施对水库实际效益甚微，而对下游有危害影响。经计算分析，不泄空冲刷，仍可保持水库冲淤平衡，控制淤积末端在皇甫川口以下，并能保持水位 834.00m 库容为 2800 万 m^3 供长期使用。实践表明，当有必要降低水位冲刷排沙时，水位保持在 824.00～826.00m 即可。例如 1981 年 7 月 21 日皇甫川洪水流量 5120m^3/s，控制水位 824.00～826.00m 泄洪排沙，避免了坝下游淤积，坝下水位没有升高，且沙峰过后立即发电运用，提高了水库效益。

（6）防凌控制运用。水库蓄水运用后造成库区提前封河，只影响到巡镇，不改变河曲冰情的状态，河曲的严重冰塞，位置在五花城以上。黄河河道出龙口峡谷后，纵向比降突然变缓，又受河湾阻滞，造成冰块大量堆集阻塞。所以，在流凌期，封河期水库均可按正常蓄水位 834.00m 运用，凌汛开河前先排库内冰，当上游开河后开泄洪闸于水位 824.00～826.00m 排冰，防止武开河。例如，1981 年 3 月 22 日 2 时，河口镇开河，天桥库区冰未融，上游河曲武开河，在库区火山煤矿形成冰坝，壅高 5m 多，当时水库高水位运用，冰坝溃决，使坝前水位在 15min 内升高 2.8m，水位达 835.20m，冰凌几乎漫溢土坝；后紧急开闸排冰，在下游形成流量为 $7570m^3/s$ 的洪峰，比入库凌峰流量增大 60%，加重了坝下冲刷，不利于坝基安全；且在 6h 内水位骤降 17.2m，超过设计限制 24h 内允许降低水位 3m 的要求，危及土坝稳定。此次凌汛威胁，主要是水库运用不当所造成。

4.5.2 存在问题与解决方法

(1) 水库自 1981 年以来，运用水位逐年抬高，水沙条件不利时将增加水库淤积，使淤积末端上延，超过皇甫川口，不利于保持有效库容，从而降低水电站防洪能力，今后汛期应严格按上述分期水位运用。

(2) 设计最大运用水头为 20.2m，最低尾水位为 813.80m。1984 年坝下尾水位最低值为 812.70m，若再抬高坝上水位而小流量下泄，水头将更大，不利于建筑物的安全。因此应控制最大水头为 20.2m，一般按水头 18m 条件运行，应根据坝下尾水位的下线值按水头要求调整坝上水位。1978—1984 年坝下尾水位下线值见表 4.5－1。

表 4.5－1　1978—1984 年坝下尾水位下线值表　单位：m

年份	流量					
	$100m^3/s$	$400m^3/s$	$1000m^3/s$	$2000m^3/s$	$3000m^3/s$	$4000m^3/s$
1978	813.50	814.26	815.13	815.90	816.30	816.61
1981	814.15	814.82	815.62	816.26	816.60	816.83
1983	812.75	813.35	814.00	814.83	815.52	816.16
1984	812.75	813.36	814.15	814.90	815.40	815.80

(3) 1982 年以来停机时间增加，1982 年停机达 1370h，主要是冰期停机时间太长，影响发电。今后应按凌期调度原则运用，在确保防凌安全的前提下，争取多发电。

(4) 水电站原设计洪水标准为 100 年一遇，防洪标准偏低。应提高防洪标准，在安全泄洪排沙的前提下发电。为此，要增加泄流设施，增大泄流规模。

(5) 闸门漏水严重，影响水库蓄水发电。应解决闸门漏水严重问题。

4.6 关于水库调度运用方式的研究

(1) 为保证 1985 年天桥水电站设计运行总结审议会纪要审定的分段控制水位运用的要求和控制水库淤积末端不超过皇甫川口，并保持 830.00m 高程以上有较大的有效调节库容，长期发挥水库的综合效益，水库调度运用方式拟定如下。

1）汛期运用水位。7—8 月河口镇到天桥区间支流高含沙量洪水较多，水位按 828.00～830.00m 运用；9—10 月主要是河口镇以上来水，水多且清，可冲刷恢复库容，水位按 832.00m 运用。并根据水、沙预报，上述水位可以上、下浮动 0.5～1m。

2）非汛期运用水位。一般按 834.00m 运用（包括流凌期和封冻期）。凌汛期上游开河前先排库内冰，控制水位 828.00m 发电运行，上游开河后，停机开闸按水位 828.00m 或 824.00～826.00m 排冰。

3）当预报皇甫川等支流来洪峰、沙峰时，为防止泥沙、污草对机组的影响，可停机排沙，按水位 826.00m 运行，必要时，可控制水位在 824.00～826.00m 泄洪排沙。

（2）1992 年 8 月《黄河天桥水电站首次大坝安全检查》专题“黄河天桥水电站工程库区泥沙淤积分析报告”建议的天桥水库调度运用方案。方案如下。

1）7—8 月水位 830.00m，9 月水位 832.00m，均可上下浮动 0.5m。

2）10 月上半月水位 832.00m，下半月水位 833.00m，均可上下浮动 1m。

3）6 月上半月水位 834.00m，下半月水位 832.00m，月底水位 830.00m，均可上下浮动 0.5m。

4）非汛期水位 834.00m，可上下浮动 0.5m。

5）凌汛期排冰控制水位 818.00m。

6）当预报含沙量大于 150kg/m^3（干流、支流合流后）、控制低水位 825.00m 运用。

此方案与 1985 年设计运行总结的审定方案基本一致，只是将 6 月与 10 月分了上半月和下半月运用水位。

（3）坝下水位流量关系。天桥水电站运用以来，坝下同流量水位变化幅度大，这与河床冲淤有关。根据实测水位变化范围的分析估算，流量 15000m^3/s 的坝下最高水位可能达到 820.40m，流量 100m^3/s 的坝下最低水位可能低于 812.10m，运用中要掌握大坝稳定的安全水头 20.2m 的要求不宜失控。天桥坝下水位流量关系预测见表 4.6－1。

表 4.6－1　天桥坝下水位流量关系预测计算表（黄海高程）

水位	流量												
	100 m^3/s	500 m^3/s	1000 m^3/s	2000 m^3/s	3000 m^3/s	4000 m^3/s	5000 m^3/s	6000 m^3/s	8000 m^3/s	10000 m^3/s	13000 m^3/s	15000 m^3/s	17000 m^3/s
上线水位/m	814.18	815.30	816.10	817.10	817.80	818.25	818.60	818.90	819.37	819.73	820.14	820.40	820.60
中线水位/m	813.14	813.93	814.58	815.53	816.23	816.69	817.03	817.33	817.84	818.26	818.82	819.20	819.54
下线水位/m	812.10	812.55	813.05	813.95	814.65	815.13	815.45	815.75	816.30	816.78	817.50	818.00	818.47

（4）研究结论。

1）设计的运用方案，能够保持较大的调节库容，即在 830.00m 高程有效库容 553 万 m^3，在 834.00m 高程有效库容 2844 万 m^3，在 836.00m 高程有效库容 4554 万 m^3。

2）在调峰运行中保持槽库容具有重要意义，应控制库区河床淤积高程，并避免皇甫川口河段淤高。

3）减少和避免停机敞泄冲刷；避免在坝下游形成人造洪峰，保持水电站正常运用。

4.7 关于水库淤积形态的研究

4.7.1 水库淤积形态设计的条件

(1) 按汛期输沙条件设计。水库“蓄清排浑”运用，非汛期蓄水拦沙，汛期敞泄排沙，汛期要输送全年的泥沙，保持年内淤积和冲刷相对平衡。

(2) 水库在冰期降低水位排冰，将库区淤积物在敞泄排冰时间冲刷出库，恢复库容，在敞泄排冰后又恢复蓄水发电运行。

(3) 泄水建筑物前有冲刷漏斗，河底高程为811.00m，接近天然河床，冲刷漏斗进口按高程850.00m设计，进口断面河床平均高程为827.25m，相应于水库运用水位830.00m的条件。冲刷漏斗河底纵坡$i=0.019$，水面比降为0.2‱。

(4) 冲刷漏斗上游为水库淤积河床纵剖面，比降由下而上为0.2‱～2.2‱～4.1‱～5.5‱。天桥水库淤积形态设计见表4.7-1。

表4.7-1 天桥水库淤积形态设计（汛期）表

汛期平均水沙条件	造床流量/(m³/s)	河槽宽度/m	河槽深度/m	断面	坝上	C.S.1	C.S.9	C.S.11	C.S.14
				距坝/km	0	0.85	11.83	16.75	19.5
$Q=1210m/s$, $Q_s=23.7t/s$, $d_{50}=0.044mm$	4200	360	4.75	糙率系数	0.017	0.017	0.0235	0.027	
				比降/‱	0.2	2.2	4.1	5.5	
				滩面高程/m	832.00	832.01	834.49	836.51	838.02
				河底高程/m	811.00	827.25	829.73	831.75	833.26

(5) 水库汛期河槽形态按造床流量河槽形态设计，造床流量为4200m³/s，河槽水面宽度为360m，河槽平均水深为4.75m。

(6) 水库运用，要控制坝前滩面高程为832.00m，与主汛期7—8月控制运用水位832.00m齐平。水库河槽内泄洪排沙，河槽内泥沙冲淤相对平衡。

(7) 天桥水库泄流能力大，只要水库控制年内分时段运用水位，就可以保持库容。

(8) 天桥水库原设计防洪标准为100年一遇洪水，从防洪安全应提高设计防洪标准。水库除险就是解决提高防洪标准问题。要按校核洪水标准设计满足要求。

(9) 只要水库控制汛期分时段设计运用水位，就可以在泥沙冲淤变化中维持平衡形态。

(10) 不能在主汛期7—8月升高水位运用。若7—8月运用水位升高后，河床和滩地相应淤高，当洪水来时，来不及冲刷，就会使水库洪水位升高，对防洪不安全。

4.7.2 水库淤积形态设计

根据水库运用方式的研究，相应于水库造床流量的淤积形态的设计见表4.7-1。

4.8 水库有效库容研究

要使水库有效库容稳定，必须使汛期分时段运用水位稳定。

根据表4.7-1水库淤积形态的设计，水库有效库容设计见表4.8-1。

表4.8-1 天桥水库有效库容设计（汛前）（黄海高程）

高程/m		824.00	828.00	830.00	832.00	834.00	836.00	830.00～834.00	834.00～836.00
设计有效库容/万 m^3		0	48	553	1548	2844	4554	2291	1710
实测库容/万 m^3	下线	170.7	481.8	756.5	1187	2003	3351	1246.5	1348
	中线	256.9	734.7	1139	1756	2785	4377	1646	1592
	上线	351	968.5	1462	2203	3364	5030	1902	1674

在表4.8-1中，列出设计有效库容和实测的库容对比。它表明，从水库实测的有效库容来看，水库设计的有效库容是可以保持的，前提条件是水库要按照设计的年内分时段运用水位运行。

4.9 结语

（1）只要坚持1985年设计运用总结和1992年《黄河天桥水电站首次大坝安全检查专题》“黄河天桥水电站工程库区泥沙淤积分析报告”所研究的天桥水电站运用方式，就能应对各种水沙条件，安全发电运行。

（2）水库年内分时段运用水位和河底及滩面高程按照表4.9-1的要求执行，就能保持库容，实现发电和排沙双赢。

（3）天桥水库库容小，虽然在小水小沙年来沙不多，但若超高水位运行，因来水小排沙能力小，库区仍淤积严重。因此，天桥水库的运用方式，要注意小水年和枯水段汛期运用水位也不宜过高。否则小水年和枯水段汛期高水位运用造成的淤积亦会损失调节库容，从而失去调节能力。

（4）关于万家寨水库运用对天桥水电站的影响，按其初设报告的运用方式有以下基本特点：

1）8—9月低水位进行。来水流量为800m^3/s及以下时，水位952.00～957.00m调峰运行；来水流量大于800m^3/s、小于1000m^3/s时，水位952.00m运行弃水调峰或担任基荷；当淤积严重影响调节运用时，来水流量大于1000m^3/s时，降至948.00m水位，冲刷5～7d，弃水调峰。

2）7月上半月和10月上半月，水位不高于966.00m；10月底蓄水至水位970.00m；11月至次年4月，水位低于970.00m；凌汛期流凌开始时，水位降至970.00m。

在此运用方式下，泥沙主要在8—9月下排，小水时蓄水，大水时排沙，并有降低水位拉槽冲沙时间。所以，天桥水电站采取汛期分时段控制水位运行，即7—8月运用水位为830.00m，上下浮动0.5m，9月运用水位为832.00m，上下浮动1m，基本上适应万家寨调节水沙的变化，但要注意在万家寨冲刷排沙时，天桥水库应相应低水位排沙。

表 4.9-1　　天桥水电站库区水位和河床及滩面高程沿程变化表

运用水位	时段	平均流量/(m^3/s)	河槽宽度/m	平均水深/m	断面	坝上	C.S.1	C.S.9	C.S.11	C.S.15（一）
					距坝/km	0	0.58	11.03	16.75	20.60
7—8月水位830.00m，9—10月水位832.00m；非汛期水位834.00m	7—8月	856	221	2.36	比降/‱	0.20	2.4	5.7	6.3	
					水位/m	830.00	830.01	832.71	835.51	837.97
					河底平均高程/m	811.00	827.57	830.21	833.01	835.43
					滩面高程/m	832.00	832.01	834.49	836.51	342.40
	9—10月	1370	266	3.00	比降/‱	0.20	2.0	3.3	3.8	
					水位/m	832.00	832.01	834.26	835.88	837.34
					河底平均高程/m	811.00	828.81	831.06	832.68	834.14
					滩面高程/m	832.00	832.01	834.49	836.51	832.40
	11月至次年6月	474	134	1.32	比降/‱	0.20	1.8	2.0	2.1	
					水位/m	834.00	834.01	836.03	837.01	837.02
					河底平均高程/m	831.00	827.01	834.03	835.01	835.02
					滩面高程/m	832.00	832.01	834.49	836.51	842.40

注　C.S.15（一）断面在皇甫川口上游500m处。

（5）保证水库安全运用并适当提高发电效益的运用方式。

1）在汛期日调峰发电运行中要保证库容相对稳定，调峰运行要避免泥沙淤积损失调节库容，因此要控制低水位运行，以避免超高水位运行，避免在洪水到来前库区河床严重淤高。

2）要避免停机敞泄冲刷，使电站正常发电运行。在皇甫川等支流来洪峰沙峰并挟带有大量污物时，为防止拦污栅被堵塞和机组运行不正常，可短时停机，适当降低水位排沙排污。

3）在7—8月控制运行水位为830.00m，避免水库泄水造峰增大坝下游洪水。

4）提高水电站防洪标准，增加泄洪设施，是防洪需要，但提高水电站排沙能力也很为重要，否则不能得到足够大的库容，即使泄洪设施增加，仍不能保证防洪安全。

第 5 章

黄河巴家嘴水库泥沙研究与泥沙处理

5.1 水库概况

巴家嘴水库位于黄河三级支流蒲河的中游，为多泥沙高含沙量水流的水库。坝址位于甘肃省庆阳市赵家川村。坝址控制流域面积 3478km²，占蒲河流域面积的 46.5%。按 1951—1996 年资料统计，入库水沙（含区间）特征值见表 5.1-1。1996 年以后仅有径流测验，无泥沙测验。故缺。

表 5.1-1　巴家嘴水库入库水沙（含区间）特征值表（1951—1996 年）

项目	径流量/亿 m^3		输沙量/亿 t		流量/(m^3/s)		含沙量/(kg/m^3)		悬移质泥沙中数粒径/mm
	全年	7—8 月	全年	7—8 月	全年	7—8 月	全年	7—8 月	全年
多年平均值	1.31	0.61	0.28	0.23	4.14	11.38	218	373	0.22

巴家嘴水库有干流蒲河和支流黑河，黑河入库水量占入库总水量的 15.7%，入库沙量占入库总沙量的 16.9%。

水库洪水特点为洪峰高，历时短，挟沙量大，含沙量高。各频率洪水见表 5.1-2，实测最大洪峰流量为 5650m³/s。

表 5.1-2　巴家嘴水库各频率洪水特征值表

频率 P/%	0.05	0.10	0.20	0.50	1.0	2.0	5.0	10.0	20.0	实测值
洪峰流量/(m^3/s)	20300	17800	15440	12360	10100	7950	5270	3450	1920	5650

巴家嘴水库长 32km，蒲河天然河道纵比降 22.6‰，河谷宽 100～600m；其下段河谷较宽，河谷宽 400～600m，中段河谷宽 200～400m，上段河谷较窄，河谷宽 100～300m。支流黑河河道纵比降 21.9‰，河谷宽 50～400m；其下段河谷宽 200～400m，中段河谷宽 100～300m，上段河谷宽为 50～100m。库区干流和支流河床均为砂、砾、卵石河床，按 1967 年在水库淤积末端实测的天然河床淤积物颗粒级配，其中数粒径为 8.33mm（蒲淤

30 断面)。

坝址天然河床平均高程 1050.70m。水库工程于 1958 年 9 月开工，1960 年 2 月截流，1962 年 7 月竣工，开始蓄水拦沙运用。初建时，坝高 58m，坝顶高程 1108.70m，总库容 2.57 亿 m^3。泄水建筑物有 1 条输水洞，洞径 2m，进口底坎高程 1087.00m，高于天然河床 36.3m；1 条泄洪洞，洞径 4m，进口底坎高程 1085.00m，高于天然河床 34.3m；均为压力流。水库泄流能力小，最大泄量约 $135m^3/s$。在 1962 年 7 月竣工，开始蓄水拦沙运用，库水位逐渐升高，至 1964 年 5 月，库水位升至 1088.23～1089.53m，坝前淤积厚度 28.03m，淤积高程为 1078.73m，低于泄洪洞；1964 年 8 月中旬以后，坝前淤积面超过泄洪洞口高程，自那时至 1969 年汛末，泄洪闸门处于开启状态，滞洪运用，洪水期壅水，平水期敞泄，洪水期排沙比在 50%以上；1969 年汛末以后转入全年蓄水运用，平均排沙比在 33%以下；1974—1977 年又转为滞洪运用，平均排沙比达到 79%，1978 年以后水库“蓄清排浑”运用，多年平均排沙比为 53%～78%。

为在水库进行拦泥试验和利用坝前淤积土加高坝体试验，分别对大坝进行两次加高试验，第一次在大坝背水坡加高 8m，于 1965 年 3 月开工，1966 年 7 月底完工，坝顶高程升至 1116.70m，总库容变为 3.63 亿 m^3。第二次在坝前淤土上加高 8m，于 1973 年 11 月开工，1975 年 6 月完工，坝顶高程升至 1124.34，坝高达到 73.64m，总库容变为 5.11 亿 m^3。

第二次加高大坝时，对泄水建筑物进行改造，输水洞兼发电引水洞，进口底坎高程由 1083.50m 抬高到 1087.00m，为压力流，最大泄流量 35 m^3/s；泄洪洞进口底坎高程由 1085.00m 抬高至 1085.58m，由压力流改为明流，最大泄流量 $102.6m^3/s$。1966 年建成一级电站，装机 3 台，总容量为 884kW。1972 年建二级电站，装机 3 台，总容量为 600kW。发电总流量 $4.5m^3/s$。1980 年建成提灌工程一处，设计提水流量为 $4m^3/s$，灌溉面积为 14.3 万亩。

水库开发任务，几经变化。1954 年《黄河综合利用规划技术经济报告》将巴家嘴水库列为拟定修建的大型拦泥水库。1957 年《泾河流域规划》拟定巴家嘴水为控制性拦泥库，其任务为拦泥，调节水量，兼顾发电和灌溉。1964 年年底，治黄会议同意将巴家嘴水库改为拦泥试验库。1968 年，由于地方政府坚持巴家嘴水库“以发电为主兼顾种地”的任务，从 1968 年 10 月开始，水库实行非汛期蓄水发电、汛期滞洪排沙运用，不继续进行拦泥试验。1980 年 1 月 19 日，黄河水利委员会以〔1980〕黄计字 03 号文《关于巴家嘴水库不再进行淤土加高试验的报告》报水利部：今后水库加固和改建、工程管理，由甘肃省水利局负责实施。

黄委设计院于 1980 年 4 月完成《巴家嘴水库改建规划及增建泄洪洞工程方案比较》报水利部。根据水利部〔1981〕水规字 86 号文《批复关于编制巴家嘴水库增建溢洪道工程的初步设计及概算》的要求，黄委设计院于 1983 年 9 月完成《巴家嘴水库增建泄洪建筑物初步设计报告》，确定水库按“蓄清排浑、滞洪排沙”方式运用，并进行增建泄洪洞和溢洪道方案的比较，推荐明流泄洪洞方案。黄委设计院于 1987 年 3 月完成《巴家嘴水库增建泄洪洞工程初步设计补充报告》。1988 年 6 月 22 日水利部水规〔1988〕5 号文《关于巴家嘴水库增建泄洪洞工程初步设计补充报告的批复》称：经研究我部原则同意初步设计报告，水库运用方式应采取“蓄清排浑、空库迎洪”结合水沙情况研究汛末蓄水的可能性和水库调度方式，同意增建一条5m×7.5m（宽×高）城门洞型泄洪洞。1993年3月和6月，黄委设计院提出《巴家嘴水库增建泄洪洞工程初步设计修正概算》《巴家嘴水库增建泄洪洞工程初步设计洪水复核》《巴家嘴水库泥沙淤积分析计算》等3个报告。水利部在兰州召开会议进行审查，提出审查意见称：“巴家嘴水库属大（2）型水库。根据1990年5月颁发的《水利水电枢纽工程等级划分标准补充规定》，同意洪水标准为100年一遇洪水设计，2000年一遇洪水校核。近几年水库淤积严重，除因来沙量较大外，与调度运用也有一定关系。今后必须坚持蓄清排浑的运用方式”。1994年7月水利部下达水规计〔1994〕137号文称：“增建泄洪洞工程必须抓紧施工。同意暂不加高坝体。坚持蓄清排浑、空库迎洪（汛期限制水位1100.00m），汛后蓄水，发挥水库综合效益”。

新增的一条泄洪洞5m×7.5m（宽×高），进口底坎高程1085.00m，于1993年开工建设，1998年8月投入运用。水库的泄流能力为：水位1090.00m时泄量109.6m^3/s，水位1100.00m时泄量340.7m^3/s，水位1110.00m时泄量468.8m^3/s，水位1120.00m时泄量568.8m^3/s，水位1124.00m时泄量604.1m^3/s。泄流规模虽增大，仍然严重不足，主要是不能抑制库区滩地的淤积抬高，不能满足防洪保坝的库容要求。按2004年6月的实测库容调洪计算，水库水位1123.84m仅防御720年一遇洪水，水库防洪能力降低，威胁大坝安全。在空库迎洪条件下，还要发生库区滩地淤高，淤积损失库容，防洪保坝安全没有保证。

因此，必须采取措施，要增加水库泄洪排沙能力，控制库区滩地不再淤高，库容不再淤积损失。经分析计算，需要迅速采取修建大流量溢洪道，降低水库蓄洪水位，保持库区较低的滩面高程，稳定较大的滩库容，并使其有足够大的槽库容泄流排沙，维持槽库容泥沙冲淤平衡，这是巴家嘴水库需要继续除险加固的目的所在。只有在有防洪保坝安全的条件下，也才能有条件进行供水灌溉综合运用。若延迟此项除险加固工程的兴建，水库滩地大量淤积，就会出现难以避免的重大防洪安全事故，造成溃坝灾害，要防患于未然。

5.2 水库高含沙量水流特性和排沙特性

根据1951—1996年资料统计，干流蒲河多年平均流量为3.49m^3/s，多年平均含沙量215kg/m^3，多年平均悬移质泥沙中数粒径为0.022mm；主汛期7—8月平均流量为9.63m^3/s，平均含沙量为366kg/m^3；支流黑河多年平均流量为0.65m^3/s，多年平均含沙量为236kg/m^3，多年平均悬移质泥沙中数粒径为0.021mm；主汛期7—8月平均流量为1.75m^3/s，平均含沙量为412kg/m^3；巴家嘴水库坝址年平均流量为4.14m^3/s，多年平均含沙量为218kg/m^3；主汛期7—8月平均流量为11.38m^3/s，平均含沙量为373kg/m^3，多年平均悬移质泥沙中数粒径为0.020mm。洪水多发生在7月中旬至9月中旬，一次洪水历时约20h，其涨峰历时约2h。调查历史最大洪峰流量为13800m^3/s（1841年），实测最大洪峰流量为5650m^3/s（1958年7月14日）。入库年平均沙量的96.3%集中在洪水期，其中粒径小于0.01mm的泥沙占总沙量的27.5%，入库洪水含沙量平均达499kg/m^3。据干流蒲河姚新庄入库站多年统计，悬移质泥沙粒径小于0.025mm的占总沙量的21.2%～45.4%，泥沙粒径小于0.10mm的占总沙量的93.4%～98.9%；根据支流黑河太白良入库站多年统计，悬移质泥沙粒径小于0.025mm的占总沙量的32%～39.7%，泥沙粒径小于0.10mm的占总沙量的91.5%～99.0%（均为粒径计法颗粒分析成果，若换算为现今的吸管法颗粒分析成果，则粒径组成更要细小）。

以上资料说明，巴家嘴水库为高含沙量水流水库，主要为洪水高含沙量水库。

一定泥沙颗粒级配的浑水，在其含沙浓度不高时，属于牛顿定律的流体。牛顿提出：流体各层间相对运动产生的单位面积上的切应力，与相邻两层的横向速度坡成正比。该处的单位面积上的切应力应为

$$\tau=\mu\frac{\mathrm{d}u}{\mathrm{d}y} \tag{5.2-1}$$

式中：μ为动力黏滞系数，代表着液体的黏滞性的大小。

切应力与横向速度坡成直线的关系，这样的流体被称为牛顿式流体。

当水流中含沙量（特别是细颗粒含量）超过一定限度以后，切应力和切变速率之间的关系不再符合牛顿定律，这类流体称为非牛顿式流体。非牛顿式流体常见的分为以下3类。

（1）宾汉体。

$$\tau=\tau_B+\eta\frac{\mathrm{d}u}{\mathrm{d}y} \tag{5.2-2}$$

式中：τ为流体内部剪切应力；$\frac{\mathrm{d}u}{\mathrm{d}y}$为流速梯度；$\tau_B$为宾汉极限切应力；$\eta$为黏滞系数，或称刚度系数。

（2）伪塑性体。

$$\tau=k\left(\frac{\mathrm{d}u}{\mathrm{d}y}\right)^m \tag{5.2-3}$$

式中：k为稠度系数；m为塑性指数，$m<1.0$。

（3）膨胀体。

$$\tau=k\left(\frac{\mathrm{d}u}{\mathrm{d}y}\right)^m \tag{5.2-4}$$

式中：$m>1.0$。

常见的为宾汉体高含沙量水流。巴家嘴水库进行过高含沙量水流流变试验（1979—1984年），黄委水文局于1989年8月出版的《黄河高含沙水流流变试验资料汇编》予以发布。根据发布的资料，绘制如图5.2-1所示起始切应力τ_B（宾汉极限切应力）与含沙量的悬移质泥沙中数粒径的关系，规律性明显。

图5.2-1中按悬移质泥沙中数粒径划分5条起始切应力τ_B与含沙量关系的范围，分

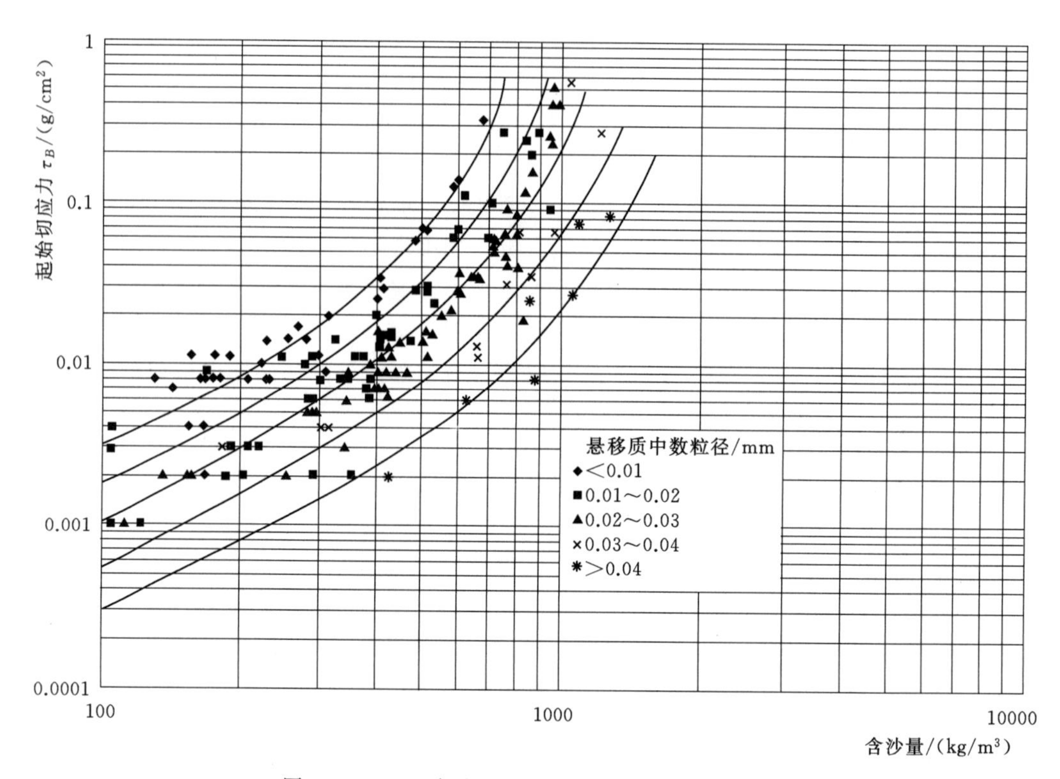

图5.2-1　τ_B 与含沙量和悬移质中数粒径关系图

别为：泥沙中数粒径（d_{50}）<0.01mm、0.01~0.02mm、0.02~0.03mm、0.03~0.04mm、>0.04mm，在同样含沙量值时，细泥沙的 τ_B 值大，粗泥沙的 τ_B 值小，即细泥沙高含沙量流体易形成浆河，粗泥沙高含沙量流体不易形成浆河。根据图5.2-1所示关系，可以研究水库水流底部切应力 $\tau_0=r'hi$ 和起始切应力 τ_B 的对比，从而研究巴家嘴水库高含沙量水流运动。当 $\tau_0>\tau_B$，流体流动；当 $\tau_0<\tau_B$，流体静止；当 τ_0 与 τ_B 相近，出现阵流现象，忽动忽止。

巴家嘴水库原建工程泄流规模小，水库为蓄水拦沙运用和滞洪排沙运用两种情况。由于水库泄流规模小，水库是粗细泥沙淤积的，呈现浑液面沉降，沉降过程缓慢，历时长，排沙量小的现象。

图5.2-2~图5.2-5分别为水库滞洪运用时期1966年7月26—29日、1967年8月3—4日，水库蓄水运用时期1970年8月5—7日、1970年9月17—18日，在距坝80m的固定垂线上实测的含沙量和泥沙中数粒径的垂向分布。其分布特性分析如下。

（1）水库泄流规模小条件下的滞洪运用。

1）一次洪水滞洪历时1~3d，滞洪壅水水位升高，壅水水深增大，坝前淤泥面高达1.10m以上，高含沙量水流滞洪淤积。

2）含沙量和泥沙中数粒径的沿垂线分布形态，在水流表层（相对水深0.2以上）及水流底层（相对水深0.8以下）梯度大，在水流中部（相对水深0.2~0.8范围）梯度小，相对均匀。

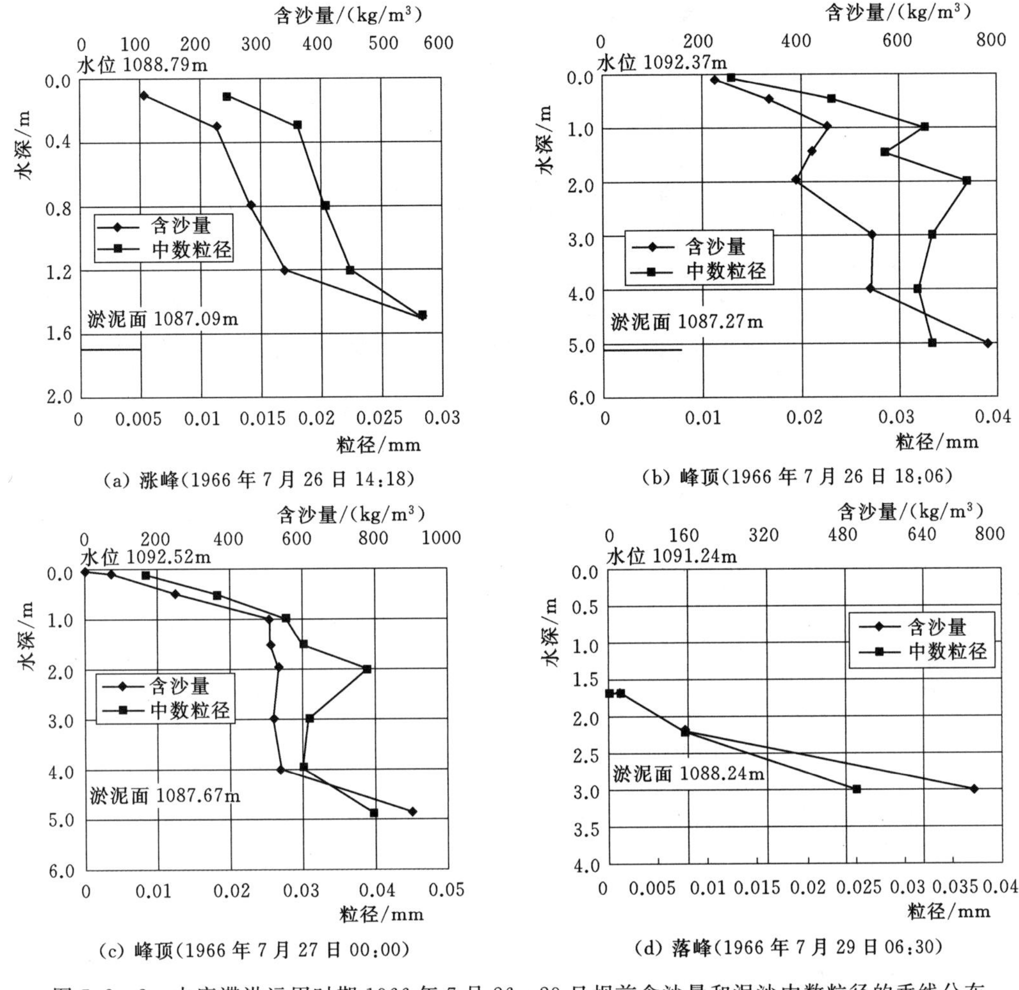

图 5.2-2 水库滞洪运用时期 1966 年 7 月 26—29 日坝前含沙量和泥沙中数粒径的垂线分布

3) 滞洪泥沙淤积以浑液面沉降的形式进行，在涨峰至峰顶时段，全部水深为浑水，在落峰过程中，浑液面逐步下降，浑水层逐步减小，上部清水层逐步增加；最后浑液面接近槽底淤泥面，槽底含沙浓度极大，可达 1000kg/m³ 以上，全部水深几乎为清水。

(2) 水库泄流规模小条件下的蓄水运用。

1) 一场洪水在蓄水运用中有两种流态：一种流态是壅水明流，全部水深为浑水，然后发生浑液面沉降，逐渐出现上层清水，下层浑水，清水层深度增大，浑水层深度减小，最后全部为清水，浑水面贴近淤泥面流动，坝前河底淤高 0.30m，如图 5.2-4 所示；另一种流态为壅水异重流，出现清、浑水交界面，异重流层初始厚度约 3.7m；随后异重流淤积，浑液面下降，清水层增大，浑水层减小；最后浑液面贴近淤泥面流动，坝前河底淤高 0.41m，如图 5.2-5 所示。

2) 水库壅水明流，初始含沙量和泥沙中数粒径的沿垂线分布，在表层相对水深 0.3m 处以上梯度大，在中、下层梯度小，较均匀；随着浑液面下降，清水层增大，浑水层趋均匀，底层梯度增大；最后全水深为清水，沿底层为泥流运动。

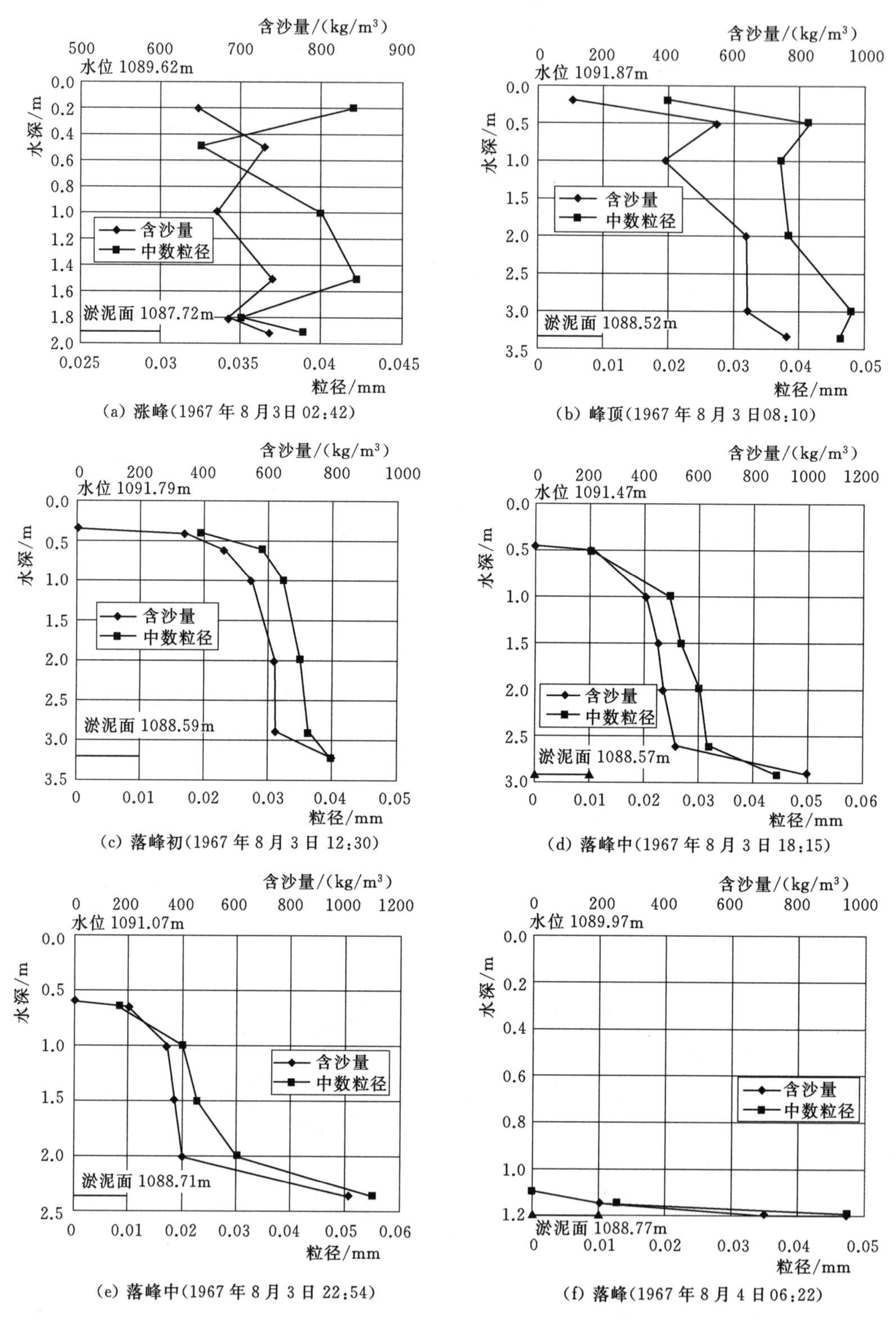

图 5.2-3　水库滞洪运用时期 1967 年 8 月 3—4 日坝前含沙量和泥沙中数粒径的垂线分布

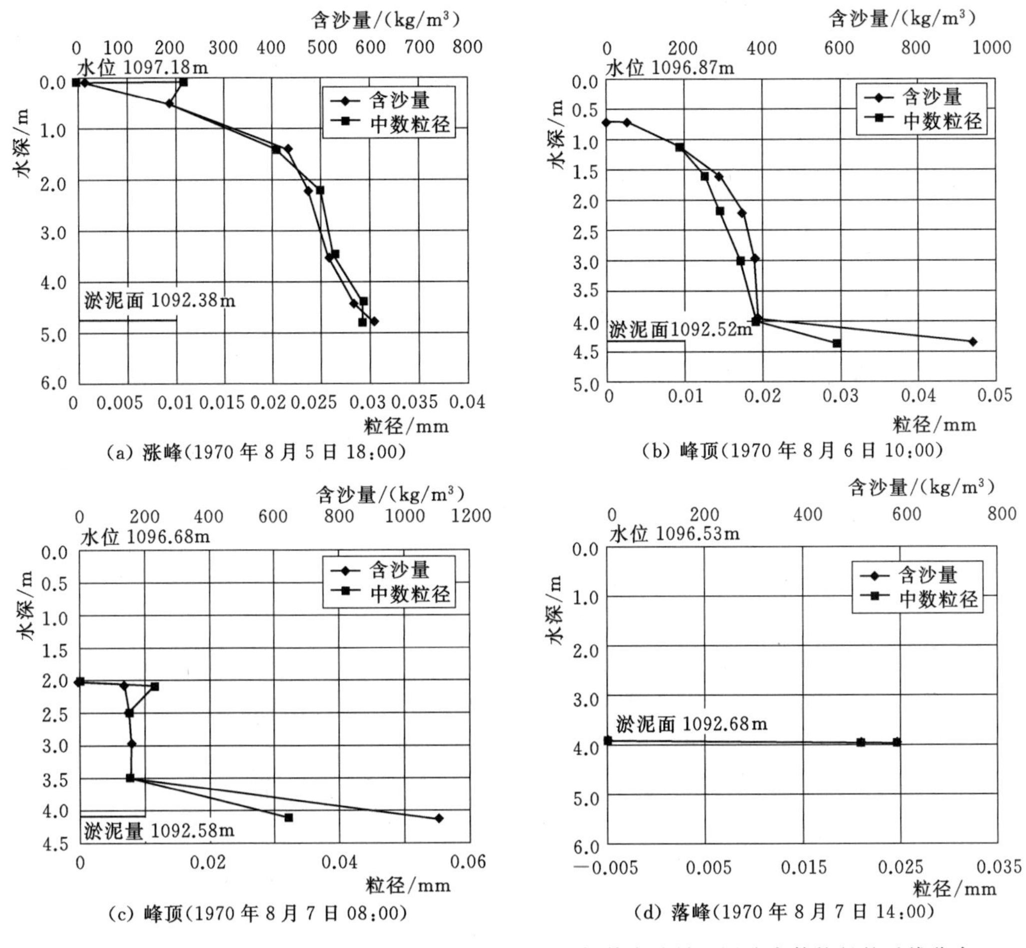

图 5.2-4 水库蓄水运用时期 1970 年 8 月 5—7 日坝前含沙量和泥沙中数粒径的垂线分布

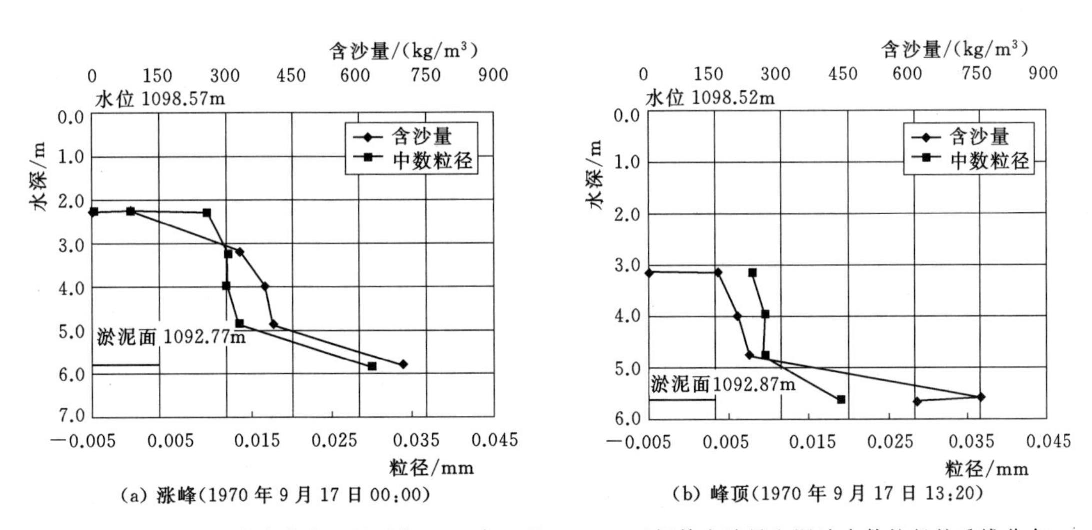

图 5.2-5 (一) 水库蓄水运用时期 1970 年 9 月 17—18 日坝前含沙量和泥沙中数粒径的垂线分布

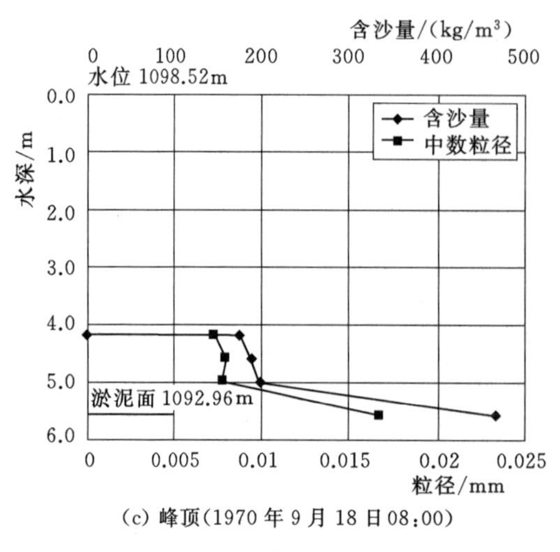

(c) 峰顶(1970 年 9 月 18 日 08:00)

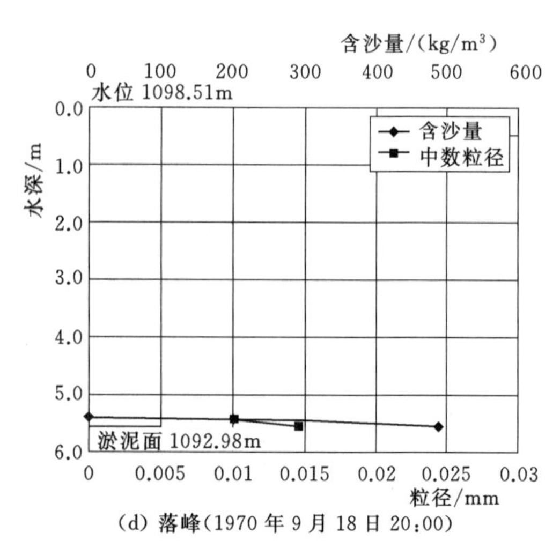

(d) 落峰(1970 年 9 月 18 日 20:00)

图 5.2-5(二) 水库蓄水运用时期 1970 年 9 月 17—18 日坝前含沙量和泥沙中数粒径的垂线分布

(3) 水库壅水异重流,初始中上层梯度较均匀,底层梯度较大;随后浑液面下降,清水层增大,浑水层减小;底层梯度大,泥沙淤积在河床上,河床淤高 0.21m。

从上述滞洪和蓄水运用的含沙量和泥沙中数粒径的垂线分布的分析可知,在水库泄流能力小的条件下,高含沙量水流也发生泥沙沉降淤积。水库滞洪排沙运用在淤积初期,年均排沙比在 40%以下,在淤积床面升高以后,年均排沙比在 50%以上,最大排沙比为 80%。水库"蓄清排浑"运用,年均排沙比也在 50%以上,最大排沙比达 80%;而水库初始为全年蓄水运用,淤积床面低于泄水洞口,排沙比基本为零,淤积面高于泄水洞口以后,年均排沙比在 30%左右。表 5.2-1 所示为水库 1996 年以前的水库排沙比。1996 年以后缺测。

表 5.2-1 巴家嘴水库各运用时期(1996 年以前)水库排沙比表

运用时期	1962 年 7 月—1964 年 6 月	1964 年 7 月—1970 年 6 月	1970 年 7 月—1974 年 6 月	1974 年 7 月—1978 年 6 月	1978 年 7 月—1985 年 6 月	1985 年 7 月—1992 年 6 月	1992 年 7 月—1996 年 9 月
运用方式	全年蓄水	滞洪排沙	全年蓄水	滞洪排沙	蓄清排浑		
年均入库水量/亿 m³	1.055	1.486	1.450	0.978	1.218	1.189	1.376
年均入库沙量/亿 t	0.171	0.396	0.417	0.227	0.221	0.230	0.336
年均出库沙量/亿 t	0.00007	0.174	0.1362	0.180	0.172	0.144	0.212
平均排沙比/%	0.043	43.9	32.6	79.3	77.8	62.6	63.1

1998 年增建的一条泄洪洞投入运用,一定程度地增大了泄流排沙能力,水库"蓄清排浑"运用,年均排沙比提高,但是泄流规模仍很不足,水库淤积还有发展。所以应继续进行水库除险加固工程,增建溢洪道。

综上所述,巴家嘴水库初建因泄流规模很小,洪水入库后,滞洪运用和蓄水运用,高含沙量水流也要在坝前发生泥沙淤积,由浑水层变为清水层。水库初期为拦泥试验坝运用,所以泄流规模小,水库库容损失大,先后两次加高坝体,共加高坝体 16m。当改变水库拦泥试验坝的任务后,水库变为兴利蓄水运用,就要解决水库扩大泄流规模,增大排沙能力，保持有效库容，控制水库减缓泥沙淤积等问题。因此，在 1970 年以后，巴家嘴水库就进行除险加固工程的设计和实施除险加固工程的施工。需要利用巴家嘴水库高含沙量水流排沙能力大的优点，只有在水库低水位泄流能力大的条件下才能发挥作用，加大水库低水位的泄流排沙能力，控制低水位运用泄流排沙，稳定库区滩库容。为此，要控制 20 年一遇洪水淤高的滩地比较低，有较大的槽库容，使得 20 年一遇洪水的水沙运动在槽库容内进行，维持槽库容调水调沙，冲淤相对平衡。将汛期限制水位与 20 年一遇洪水的淤积滩面相平，水库实行“蓄清排浑”运用，20 年一遇洪水不再上滩淤积，汛期洪水时空库迎洪，小水和平水时蓄水在槽库容内，满足一定的供水、灌溉要求，非汛期蓄水运用，做到蓄水上滩而泥沙不上滩淤积，满足一定的供水和灌溉，汛期降低水位冲刷非汛期蓄水的淤积物，使年内库区冲淤平衡。第一次除险加固工程设计采用增建一条泄洪洞扩大泄流能力，但是未能解决水库控制滩地淤积抬高损失滩库容问题。因此，第二次除险加固工程增建溢洪道，扩大水库低水位泄流规模，解决控制滩地淤积抬高问题，能够保持水库长期运用，基本上不再加高大坝。

5.3 水库库容变化特性

巴家嘴水库库容变化过程见表 5.3-1。

表 5.3-1 **巴家嘴水库库容变化过程表** 单位：万 m^3

高程/m	1961 年 6 月	1965 年 5 月	1969 年 9 月	1970 年 10 月	1977 年 5 月	1982 年 5 月	1983 年 10 月	1997 年 11 月	1999 年 10 月	2001 年 12 月	2004 年 6 月	2008 年 8 月
1070.30	0											
1080.00	2260	0										0
1090.00	7490	981.7	0	0	0	0	0	0				4.10
1100.00	15330	8703	5667	2836	326.9	157.4	163.9	10.2	0	0	0	143.2
1110.00	26410	19780	16740	13910	9351	7714	7414	865.7	520	298.3	232	576.4
1112.00	29500	22500	19440	17000	12050	10410	10100	15.0	1500	741.0	536.4	833.1
1116.00	35050	28420	25380	22550	17990	16350	16040	5503	5430	4537	4279	3460.8
1120.00	41740	35110	32070	29240	24680	23040	22730	12200	11560	10840	10700	9105
1122.00	45390	38760	35720	32890	28330	26690	26380	15725.6	15200	14728.8	14399	12181.1
1124.00	49250	42620	39580	36750	32190	30550	30240	19123.5	19070	18166	17797	16829
1126.00	53350	46720	43680	40850	36290	34650	34340	22824.5	22780	21827.7	21498	20680
1128.00	57660	51030	47990	45160	40600	38960	38650	26687.5	26650	25690.7	25361	24543
1130.00	62220	55590	52550	49720	45160	43520	43210	30647.5	30660	30477	29321	28903

由表 5.3-1 看出，水库库容持续减少，因为水库泄流排沙能力没有达到可以使水库不淤积的水平。在 1996 年开始增建一条泄洪洞扩大泄流排沙，于 1998 年生效后，库容仍在继续淤积损失，在 1997 年 11 月—2004 年 6 月间，在水位高程 1124.00m 以下的库容淤积损失 1326.5 万 m^3，年平均淤积损失库容为 221 万 m^3，其中在水位高程 1112.00m 以

下的库容，同期库容淤积损失 953.6 万 m^3，占水位 1124.00m 以下同期库容淤积损失库容的 71.9%，比例相当大，这和水库主汛期蓄水拦沙运用并未完全敞泄滞洪排沙运用有关系。可见，为了减少水库淤积损失库容除了增加扩大水库泄流排沙规模的泄流设施外，还要匹配有增大水库主汛期泄流排沙能力的运用方式才能奏效。例如，在 2005—2008 年期间进行水库第二次除险加固施工中，为了增建溢洪道，水库空库迎汛运用，虽然增建的溢洪道还在施工，仍然由原有泄洪洞（包括原老泄洪洞）敞泄泄流排沙，在低水位 1112.00m（相当于现状前滩面高程）以下的库容从 2004 年 6 月—2008 年 8 月的 4 年间增大了 296.7 万 m^3，库容由 536.4 万 m^3 增加至 833.1 万 m^3，在近坝库段发生了强烈的溯源冲刷，冲刷向上游发展，冲刷河槽横向侧蚀塌滩拓宽。由于泄流排沙能力受限，溯源冲刷受限，河槽拓宽受限，所以在水位 1112.00～1116.00m 区间的库容，在 2004 年 6 月—2008 年 8 月期间仍淤积损失库容 1115 万 m^3。

5.4 水库淤积形态

巴家嘴水库坝址天然河床底部高程为 1050.70m，在距坝 26.5km 范围内干流库区天然河道河床平均比降约为 22.5‱，为砂砾卵石河床。巴家嘴水库为黄土均质坝，原坝长 539m，最大坝高为 58m，坝顶高程为 1108.70m；分别于 1965 年 5 月至 1966 年年底和 1973 年冬至 1975 年 6 月各加高坝体 8m，最大坝高为 73.64m，坝顶高程为 1124.34m，相应库容为 5.112 亿 m^3。原建左岸一条输水洞，洞径 2.0m，进口底坎高程为 1083.50m，1975 年至 1087.00m，最大泄量为 35m^3/s，左岸一条泄洪洞，洞径 4.0m，进口底坎高程为 1085.00m，1975 年抬高至 1085.58m 最大泄量为 102.6m^3/s。水库工程 1958 年 9 月开工，于 1960 年 2 月截流后至 1964 年 7 月底蓄水运用。1966 年建成一级电站，装机 3 台，总容量为 884kW；1972 年改建了二级电站，装机 3 台，总容量为 600kW。总发电引水流量为 4.5m^3/s。1980 年建成提灌工程一处，设计提水流量 4m^3/s，灌溉面积 143 万亩。1993—1998 年进行第一次除险加固工程，新增一条泄洪洞，进口底坎高程 1085.00m，为明流洞，断面 5m×7.5m（宽×高），1998 年 8 月投入运用，至此，水库 1998 年的总泄流能力见表 5.4-1，泄流能力很小。

表 5.4-1　　水库 1998 年总泄流能力表

水位/m	1085.00	1090.00	1095.00	1100.00	1105.00	1110.00	1115.00	1120.00	1124.00
泄量/(m^3/s)	0	109.6	253.4	340.7	409.8	468.8	521.1	568.8	604.1

水库任务，1957 年的《泾河流域规划》拟定为控制性拦泥库，其任务为拦泥、调节水量，兼顾发电、灌溉。1964 年年底，治黄会议改为拦泥试验库。1968 年后因需在非汛期蓄水发电，停止进行拦泥沙试验。水库在 1978 年以前交替进行全年蓄水和滞洪运用，1978 年以后持续进行“蓄清排浑”的非汛期蓄水汛期排沙运用。1960 年 2 月截流后蓄水拦沙运用，至 1961 年 6 月 22 日，坝前水位为 1084.81m，坝前淤积高程为 1070.31m，比天然河床淤高 19.61m，全部泥沙淤积在泄水洞进口高程以下 10 余 m，水库不能排沙。

水库在 1964—1970 年滞洪排沙运用的运用水位见表 5.4-2。

表 5.4-2　水库 1964—1970 年运用水位变化表（滞洪排沙运用）

项目	年份						
	1964	1965	1966	1967	1968	1969	1970
最高水位/m	1093.04	1087.12	1092.52	1091.87	1092.59	1093.77	1098.39
日期	8月13日	8月4日	7月26日	8月3日	8月2日	9月2日	9月17日
最低水位/m	1085.36	1084.71	1084.68	1084.81	1085.00	1084.91	1084.5
日期	7月10日	2月5日	9月5日	6月11日	6月14日	8月5日	8月4日

水库在 1964 年 7 月—1970 年 6 月滞洪排沙运用，在 1970 年 7—10 月汛期蓄水运用。汛期滞洪运用的最高水位还是较低的，而汛期蓄水运用的最高水位却是增高很多。所以汛期滞洪运用的排沙比要大于汛期蓄水运用的排沙比，见表 5.2-1。但也是由于水库泄流能力小，即使水库敞开泄流洞运用，水库滞洪排沙运用的滞蓄洪水的蓄洪运用水位也会比较高，滞洪排沙能力也会比较小，滞洪淤积也会比较严重。

巴家嘴水库的水沙特性是：流量小、含沙量高、悬移质泥沙粒径细。按 1950—1996 年统计，多年平均主汛期（7—9 月）平均流量为 9.17m^3/s，平均含沙量为 337kg/m^3；非汛期（10 月至次年 6 月）平均流量为 2.44m^3/s，平均含沙量为 68kg/m^3；年平均流量为 4.14m^3/s，多年平均含沙量为 218kg/m^3；干流姚新庄入库悬移质泥沙平均中数粒径为 0.022mm，变化于 0.016～0.026mm 之间；多年平均洪峰流量为 1160m^3/s，洪水期来沙量大，占水库总来沙量的 79.3%；洪水陡涨陡落，历时短，一般超过 20h，水库长 35km，入库洪水一般 3h 可至坝前。所以水库空库迎洪要在入库洪水测报后 3h 迎洪。在此水沙特性下，水库从开始运用就形成锥体淤积形态，泥沙淤积到坝前，以坝前淤积厚度最大。水库滩槽平行淤积抬高，在可以形成滩地的库区，淤积滩面宽阔平坦，滩中有流水小河槽，在狭窄河谷，不能淤积形成滩地，只有流水小河槽，见图 5.4-1。当水库水位降低，则形成溯源冲刷，自坝前向上游发展冲刷下切河床，随着水位下降和河床下切，发生横向侧蚀滩地，拓宽河槽，形成高滩深槽，增大滩面以下槽库容。从巴家嘴水库初建时泄流设施少、泄流规模小的条件看，水库降低水位的溯源冲刷距离可达 10km，如图 5.4-1 中的 1977 年 9 月和 1980 年 9 月的降水冲刷。在坝前蒲 1 断面，1980 年 5 月河床淤积平坦，河底宽 150m，河底高程 1097.20m，滩面宽 160m，滩槽高差 2.4m，而降水冲刷后，至 1980 年 9 月，河床下切至河底平均高程 1086.80m，河底宽 10m，滩面高程 1100.00m，基本不变，略淤高 0.2m，滩槽高差增大为 13.2m，槽深增加 10.8m，河槽岸坡约为 1∶5.0。由此可见巴家嘴水库淤积物容易冲刷，降低水位冲刷后容易形成较大的河槽和较低的河底，高滩深槽形态显著。在水库进行第二次除险加固工程，增建洪道扩大泄流能力后，水库低水位泄流流量增大，降低库水位冲刷，将形成更大的槽库容。

巴家嘴水库泥沙淤积物组成颗粒细，在多年蓄水拦沙运用和滞洪淤积运用后，淤积物未形成抗冲性，只要水库水位下降，就能很快冲刷下切河槽，并侧蚀拓宽河槽，恢复槽库容，只要控制低滩面保持较大的滩库容，就能解决保持库容问题。

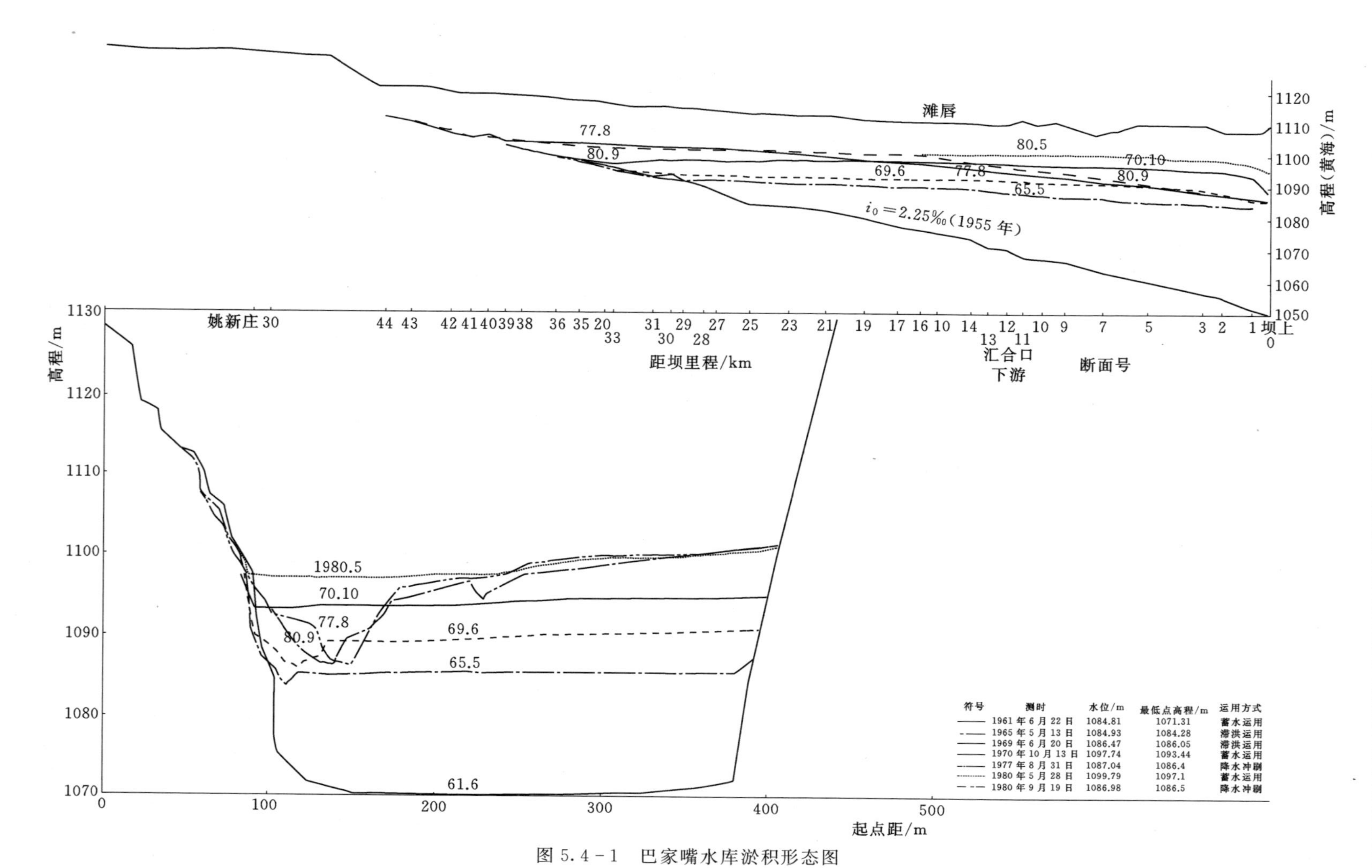

图 5.4-1 巴家嘴水库淤积形态图

5.5 水库除险加固工程泥沙分析

5.5.1 水库运用方式

保持库容是水库防洪保坝安全，发挥兴利效益、长期运用的基础。水库保持库容的条件是水库泄洪排沙减淤，是在满足水库设计的洪水防洪水位和蓄水兴利的正常蓄水位运用条件下，保持足够的调节库容。

（1）水库在主汛期7月1日—9月15日的平水期控制低壅水调蓄水量50万m^3供城市用水，调蓄水位不超过主汛期限制水位；当预报入库洪水大于140m^3/s时，提前泄空水库前期的低壅水蓄水量，空库迎洪，按死水位1095.00m敞开闸门泄流，滞洪排沙；当入库流量小于140m^3/s时，恢复低壅水调蓄水量50万m^3供城市用水，控制蓄水位不超过汛期限制水位。

（2）水库在非汛期9月16日至次年6月30日，调节径流，蓄水位不超过1115.00m，进行灌溉和城市供水。若遇小洪水，拦洪运用，控制拦洪运用水位不超过1115.00m。

水库运用要在设计水位控制下进行。设计水位有校核水位、设计洪水位和正常蓄水位、汛期限制水位、死水位等。要求水库滩地和河床高程相对稳定，水库纵、横断面形态相对稳定，水库滩库容和槽库容相对稳定。这种相对稳定是在年内或多年内的调沙周期内达到泥沙冲淤相对平衡形成的。泥沙仍然有冲有淤的不断变化，周期性冲淤变化的结果是冲淤相对平衡和形态相对稳定。

5.5.2 水库泄流规模

水库要满足排沙减淤，必须要有足够大的泄洪排沙能力。

经过各种方案研究，分别得出需要再加高大坝和基本不需要加高大坝的泄流设计布置方案1～方案8。

巴家嘴水库的泄流规模要控制在现状滩地条件下，允许水库在一定时期内继续淤高滩地，滩面高程达到20年一遇洪水不再上滩，将20年一遇洪水位作为平滩水位，以此控制滩面以下和死水位以上之间的调蓄槽库容进行调水调沙运用，包括在主汛期平水期调节一定的蓄水量满足城市供水和灌溉兴利运用。

巴家嘴水库的泄流规模要满足在水库淤积相对平衡后，遇2000年一遇校核洪水不超过水库最高蓄水位的要求，而这个最高蓄水位不超过安全坝高所允许条件。除险加固工程设计研究的各泄流设施方案特征水位下的泄流能力见表5.5-1。

表5.5-1 各泄流设施方案特征水位下的泄流能力

项　目	方案1	方案2	方案3	方案4	方案5	方案6	方案7	方案8
校核洪水位/m	1134.23	1131.06	1128.32	1126.65	1127.06	1125.74	1124.07	1125.94
相应泄量/(m^3/s)	683	1209	2356	3117	2826	3577	7210	5329
设计洪水位/m	1128.20	1125.54	1122.58	1120.88	1121.32	1119.98	1119.04	1120.95

续表

项　目	方案1	方案2	方案3	方案4	方案5	方案6	方案7	方案8
相应泄量/(m^3/s)	638	1129	2110	2758	2532	3170	4733	3634
汛期限制水位/m	1109.00	1109.00	1109.00	1109.00	1109.00	1109.00	1109.00	1111.00
相应泄量/(m^3/s)	457	835	1331	1768	1709	2145	1108	1069
死水位/m	1095.00	1095.00	1095.00	1095.00	1095.00	1095.00	1095.00	1095.00
相应泄量/(m^3/s)	253	460	253	253	460	460	253	253

注　设计洪水为100年一遇；校核洪水为2000年一遇。

各方案均要求主汛期的平水期蓄水，蓄水量控制为50万m^3，还比较蓄水100万m^3、150万m^3、200万m^3等方案，供城市和工、农业用水。主汛期的洪水期则空库迎洪。

除险加固工程拟设的8个方案，分3种类型：①按现状泄流设施（1条输水洞、1条老泄洪洞、1条新泄洪洞），只加高大坝；②再增建泄洪洞（孔），同时加高大坝；③增建开敞式溢洪道，不加高大坝或稍做加高大坝。除险主要是除去水库不断淤高滩地损失滩库容的危险。巴家嘴水库大坝是土坝，不断靠加高大坝来满足防洪库容的要求，使得大坝本身就存在危险因素。而靠增建泄洪洞（孔）来增大泄流能力，就会使库水位升高过大，相应滩地淤高过多，滩库容损失太多，还要较多的加高大坝，又增加大坝不安全的危险程度。所以，只有增建低位的泄洪能力大的开敞式溢洪道，才能控制库区较低的滩面高程，控制滩库容不再淤积损失，不再加高大坝或少量加高大坝。

方案8比方案7减少一孔溢洪道，经水库运用的泥沙冲淤计算分析和校核洪水的调洪计算，得到水库形成高滩深槽平衡形态后，坝前滩面高程由现状（2004年）1112.00m淤高至1119.24m，汛期限制水位1111.00m，即为防洪起调水位，校核洪水位为1125.94m，需加高大坝约1.9m，对大坝安全无妨碍。溢洪道底槛高程为1106.00m，可以在水位1106.00m以上发挥溢洪道泄流排沙作用，在水位1106.00m以下仍发挥现状已有的新、老泄洪道和输水洞的泄流排沙作用。各方案的泄流量见表5.5-2。

表5.5-2　　除险加固工程方案的泄流量　　单位：m^3/s

水位/m	方案							
	1	2	3	4	5	6	7	8
1085.00	0	0	0	0	0	0	0	0
1090.00	110	192	110	110	192	192	110	110
1095.00	253	460	253	253	460	460	253	253
1106.00	462	770	1075	1402	1423	1750	500	420
1110.00	469	857	1416	1900	1804	2277	1357	890
1120.00	569	1040	1990	2700	2461	3171	5193	3338
1124.00	604	1105	2174	2959	2675	3460	7197	4642
1134.00	681	1247	2575	3521	3140	4087	1312	8520

由表5.5-2可见，方案1，不再增加泄流设施，仅有现状泄流设施，不能控制水库淤积，即使加高大坝，因大坝加高不安全也使水库防洪不安全。方案7为3孔溢洪道，泄

流规模大，可不加高坝，水库防洪安全，但投资大，不经济。方案 8 为 2 孔溢洪道，泄流规模也较大，比方案 7 泄流规模小些，还需加高大坝 1.9m，加高不多，大坝防洪安全，而投资比方案 7 少，较为经济，故宜选择方案 8。以下按方案 8 分析说明。

5.5.3 水库淤积计算分析

1. 水库任务拟定

水库除险加固工程实施后的水库任务为防洪保坝、城市供水为主，兼顾灌溉发电等综合利用。

水库防洪标准为 100 年一遇洪水设计，2000 年一遇洪水校核。100 年一遇设计洪峰流量为 10100m^3/s，3d 洪量为 1.36 亿 m^3；2000 年一遇校核洪峰流量为 20300m^3/s，3d 洪量为 2.55 亿 m^3。洪水典型为 1958 年型洪水，按设计洪水过程线放大。

水库城市供水任务，近期水平为庆阳市城乡日供水 1.5 万 m^3，年供水量为 547.5 万 m^3，其中巴家嘴水库供水为 382 万 m^3，其余开采地下水解决。远期水平为日供水量为 4.38 万 m^3，年供水量为 1599 万 m^3，其中巴家嘴水库供水为 1114 万 m^3，其余开采地下水。可解决庆阳市 10 万人口和城郊 6 万人口的生活和生产用水。

1981 年建成的九级电力提灌工程，设计年引水量 5405 万 m^3，设计灌溉面积 14.4 万亩，目前已配套 9.1 万亩，实灌 4 万亩。1996 年建成的巴家嘴电厂，装机 2084kW，设计年发电量为 625 万 kW·h。

2. 水库运用水位设计

水库运用水位是水库控制运用水位，为实现水库任务和保持库容在运用过程中解决泄洪排沙问题而设置的。水库运用水位是水库特性的组成部分，也是水库的生命线，在水库运用中要贯彻执行，必须守住这些界限。

水库运用水位包括：①最高蓄水位，也称调节期正常蓄水位，为兴利蓄水调节径流服务；②主汛期限制水位，也称防洪起调水位，为防洪运用服务；③死水位，也称侵蚀基准面水位，为泄洪排沙服务；④设计洪水位，为水库淤积平衡后形成的有效库容条件下大坝设计洪水标准的蓄洪水位；⑤校核洪水位，为水库淤积平衡后形成的有效库容条件下，大坝校核洪水标准的蓄洪水位；⑥防洪高水位，为水库淤积平衡后形成的有效库容条件下，水库为下游防洪的蓄洪水位。

巴家嘴水库第二次除险加固工程实施后，要按照制定的水库运用水位运行，实现 3 个要求：①在不再加高坝体条件下水库防洪保坝安全要求；②在不再增加泄流设施条件下，解决水库泄洪排沙保持有效调节库容长期运用要求；③满足水库在保坝安全条件下的兴利运用要求。水库运用方式在水库运用水位控制下进行。以下分析水库运用水位设计。

（1）正常蓄水位（9 月 16 日至次年 6 月 19 日）。根据蓄水调节径流满足供水、灌溉的兴利要求，并考虑泥沙淤积，按最大蓄水容积和最大拦沙容积考虑，并留有一定的蓄水安全余地，结合经济分析，拟定水库调节期最高蓄水位为 1115.00m。

（2）主汛期（7—8 月）限制水位。根据水库造床流量 256m^3/s 以下的泄水建筑物前的冲刷漏斗平衡形态分析计算表明，冲刷漏斗平衡纵剖面的进口断面位置的水位为 1111.00m，在水位 1111.00m 以下的冲刷漏斗最大库容约 600 万 m^3，可以供主汛期的平水期调蓄水量和调节泥沙淤积，满足主汛期的平水期水库蓄水供城市用水（50万 m^3）的需要。而水位1111.00m的泄量（按改建方案8）的泄流能力可达1069m^3/s，相当于3年一遇洪峰流量，因此，选择水库主汛期（7—8月）限制水位为1111.00m。新增的溢洪道堰顶高程1106.00m，可以在主汛期限制水位1111.00m运用下发挥溢洪道的泄洪排沙作用，控制水库20年一遇洪水淤积滩面高程以上的滩库容相对稳定，为防洪保坝安全服务。

（3）死水位（泄洪排沙水位）。巴家嘴水库输水洞为压力流，进口底坎高程为1087.00m，洞径2m，为使压力输水洞进口水流处于淹没流状态，选择水库死水位为1095.00m，可以发挥水库低位泄洪洞和输水洞联合在低水位敞泄进行溯源冲刷排沙的作用，以形成较大的槽库容。水库死水位1095.00m是水库冲淤平衡河床纵剖面的侵蚀基准面。为了保持主汛期限制水位1111.00m以下的冲刷漏斗库容最小有200万 m^3 的要求，需要水库在汛期的平水期进行死水位运用下的敞泄。一般于7月1—15日水库在死水位1095.00m进行敞泄冲刷。

3. 水库除险加固工程方案比选

为了不加高或少加高大坝，要控制水库较低滩面高程，获取较大的滩库容。为此，考虑按第二次除险加固工程实施后，水库运用35年包括20年一遇洪水滞洪淤积，控制较低滩面高程相应平滩水位的泄流规模。即在现状滩面条件下，在除险加固工程方案8的泄流规模下，当水库运用35年其中包括发生20年一遇洪水淤积形成的新滩面后，就作为水库发生100年一遇设计洪水以前的滩面，将较长期存在。经过泥沙计算分析，限定采用主汛期平水期蓄水50万 m^3 方案，在除险加固工程方案8的泄流设施条件下，水库运用35年包括20年一遇洪水的淤积滩面高程为1117.89m，此即为水库100年一遇设计洪水前的滩面，其平滩水位泄量为2720m^3/s，在考虑槽库容调蓄洪水作用后，可以满足约40年一遇洪峰流量不上滩。各方案综合比选成果见表5.5-3。方案7不加高大坝，安全可行，但投资较大，而方案8仅加高坝1.87m，对大坝安全可行，但投资比方案7减少1800万元（2004年计算）。经过综合比较，推荐采用方案8。

表5.5-3　　巴家嘴水库除险加固工程（第二次）方案比选成果表

项目	方案号							
	1	2	3	4	5	6	7	8
方案设计特征	加高坝＋现状泄流设施	加高坝＋新增泄洪洞	加高坝＋新增坝肩埋管（2孔）	加高坝＋增坝肩埋管（3孔）	加高坝＋增泄洞＋坝肩埋管（2孔）	加高坝＋增泄洪洞＋坝肩埋管（3孔）	增建溢洪道（3孔）不加坝	增建溢洪道（2孔）＋少加坝
设计洪水位（$P=1\%$）/m	1128.20	1125.54	1122.58	1120.88	1121.32	1119.98	1119.04	1120.95
校核洪水位（$P=0.2\%$）/m	1134.23	1131.06	1128.32	1126.65	1127.06	1125.74	1124.07	1125.94
正常蓄水位（调节期）/m	1118.00	1117.00	1116.00	1115.00	1115.00	1115.00	1115.00	1115.00
主汛期限制水位/m	1109.00	1109.00	1109.00	1109.00	1109.00	1109.00	1109.00	1111.00
死水位/m	1095.00	1095.00	1095.00	1095.00	1095.00	1095.00	1095.00	1095.00

续表

项目	方案号							
	1	2	3	4	5	6	7	8
调洪库容/亿 m^3	2.10	1.95	1.69	1.55	1.60	1.47	1.10	1.32
大坝加高值/m	10.17	7.07	4.27	2.67	3.07	1.67	0	1.87
施工期4年+水库运用30年合计淤积量/万 m^3	15876	9191	6416	5715	5959	5331	5384	6529
相应坝前滩地淤积高程/m	1124.27	1119.60	1117.86	1117.44	1117.55	1117.14	1117.26	1117.89
34年运用后若遇100年一遇洪水淤积量/万 m^3	3603	3200	2408	1113	1308	682	1055	828
相应坝前滩地的淤积高程/m	1127.29	1122.29	1119.04	1119.04	1119.26	1118.49	1118.18	1119.24

除险加固工程设计方案的比选原则：①从工程安全和投资两方面结合考虑，以较大泄流规模换取较少的加高大坝或不加高大坝，而增大泄流规模的泄流设施的安全可靠性要有保障；②应满足水库大坝100年一遇设计洪水和2000年一遇校核洪水的防洪安全；③除险加固工程实施后，水库运用要达到泥沙冲淤平衡，最终库容要求大于1.0亿 m^3，供长期安全运用；④整个水库工程的除险加固工程的实际运用过程中要安全可靠，不再进行新的除险加固工程；⑤除险加固工程投资要尽量减少，投资财力能够承受；⑥除险加固工程实施后，水库和下游防洪安全要有保障，若水库增大泄洪能力，水库下游防洪安全要有保障措施，若水库洪水水位升高，库区防洪安全要有保障措施。

对照上述的方案比选原则，可以得出几点认识：①不增建泄洪设施，只靠增加坝高不能保障大坝防洪安全，增加坝高不能增大水库泄洪排沙能力，不能控制水库淤积抬高的发展，水库大坝为土坝，已加高大坝16m，尚未经过高水位运行的考验，再加高大坝，高水位运行不安全，故经过分析计算表明，在现状坝高基础上，再加高大坝不宜超过2m；②在坝肩埋管工程方案，不如增建溢洪道工程方案的技术简单和运用安全；③方案7和方案8同为溢洪道，但3孔溢洪道工程投资大，且下泄洪水流量大相应下游防洪工程的投资也增大，而2孔溢洪道工程投资减少，只加高大坝1.87m也安全，且下泄洪水流量减小相应下游防洪工程的投资也减少。鉴于上述比较，推荐采用方案8。

新增溢洪道堰顶高程的选择，要求增大水库低水位的泄洪排沙能力，使水库洪水位降低，洪水淤积滩面降低，形成较大的深槽冲刷漏斗库容。结合坝前地形条件，选择溢洪道堰顶高程为1106.00m。在水位1106.00m以下，则运用现状低位的新、老泄洪洞和输水洞泄流排沙，在主汛期的平水期进行降低水位溯源冲刷。

经过水库运用过程的泥沙冲淤计算分析，采用除险加固工程方案8，从2005年施工起算，施工期4年，淤积2514万 m^3，年平均淤积628.5万 m^3，在竣工后按增大泄流排沙能力后水库运用30年（含20年一遇洪水），共淤积4015万 m^3，年平均淤积134万 m^3，这时水库坝前滩面高程达到1117.89m，河底高程为1109.00m（按冲刷漏斗进口断面），水库形成高滩深槽平衡形态，主汛期可以在槽库容内调水调沙运用，调节期水库蓄水位为1115.00m，也蓄水不上滩，在槽库容内蓄水。因此，水库已可以在滩面以下的槽库容内调蓄运用，坝前及近坝8km库段滩面高程（在利用槽库容调洪作用下）可以使40年一遇洪水也不上滩，但在距坝9km以上库段无滩，为狭谷库段，也无洪水淤滩损失库容问题。这样水库可以长期运用，不淤积损失库容。只考虑在水库运用30年后若遇上100年一遇设计洪水，可以再淤积抬高滩地。经计算，100年一遇洪水淤积828万m^3，相应于坝前滩地的淤积高程升至1119.24m，淤高1.35m，这基本上就是水库的极限滩面高程，可以迎接水库2000年一遇校核洪水的防洪运用，经计算，水库校核洪水位为1125.94m，水库安全坝高可以按此校核洪水位加安全超高设计。所以，巴家嘴水库这一次除险加固工程是最后一次，工程竣工后，水库可以长期安全运用。

5.5.4 水库冲淤预测计算

1. 计算方法

巴家嘴水库水流含沙量高，洪水挟沙量大，洪水历时短，洪峰高，必须按洪峰过程计算，不能按日平均流量过程计算。

水库排沙为壅水排沙和敞泄排沙两种类型，壅水明流排沙和壅水异重流排沙都包括在壅水排沙类型内，统一计算。敞泄排沙包括溯源冲刷和沿程冲刷及沿程淤积，统一计算。

水库调洪和泥沙冲淤计算统一在水库浑水调洪计算方法内。考虑水库泄流方程，反映泥沙冲淤的影响。水库输沙方程，考虑壅水排沙和敞泄排沙。水库冲淤分布方程，考虑泥沙冲淤部位计算，包括滩地淤积和河槽冲淤计算。

（1）水库壅水排沙比计算曲线 $\eta - f\left(\frac{V}{Q_{出}} \times \frac{Q_{入}}{Q_{出}}\right)$ 如图5.5-1所示。

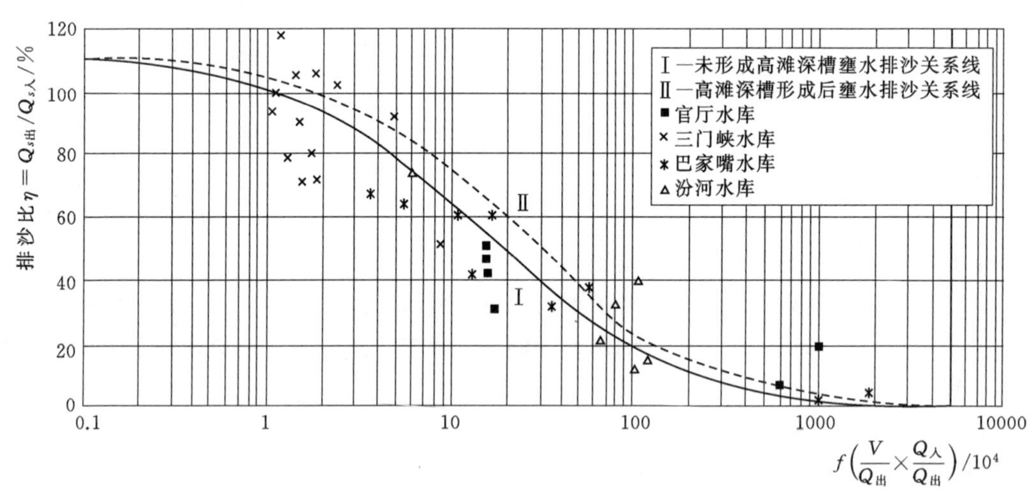

图5.5-1 水库壅水排沙关系

（2）水库敞泄排沙关系式：

$$Q_{s出}=K\left(\frac{S}{Q}\right)_{入}^{0.7}(Q_{出}\,i)^2 \tag{5.5-1}$$

式中：$Q_{s出}$为出库输沙率，t/s；$\left(\frac{S}{Q}\right)_{入}$为入库来沙系数；$S_{入}$、$Q_{入}$分别为入库含沙量和流量，$kg/m^3$、$m^3/s$；$Q_{出}$为出库流量，$m^3/s$；$i$ 为水库水面比降；K 为系数，一般 $K=8800$，当河槽冲刷平均深度大于 0.5m 时，K 值乘以 0.8，反映河床冲刷床面粗化降低挟沙力的影响，当河槽冲刷平均深度大于 1.0m 时，K 值乘以 0.7，反映河床冲刷床面进一步粗化降低挟沙力的影响。

（3）水库泄流方程：

$$\left(\frac{V_2}{\Delta t}+\frac{q_2}{2}\right)=(\overline{Q}-q_1)+\left(\frac{V_1}{\Delta t}+\frac{q_1}{2}\right)-\frac{\Delta V_{sc}}{\Delta t} \tag{5.5-2}$$

式中：$\overline{Q}$为时段平均入库流量，m^3/s；q_1、q_2 为时段始、时段末流量，m^3/s；V_1、V_2 为时段始、时段末水库总充蓄容积（包括浑水和泥沙淤积体积），m^3；ΔV_{sc}为时刻 t_i、t_{i+1} 分布在水库水位水平面以上部位泥沙淤积体积的差值，即

$$\Delta V_{sc}=C_{i+1}\sum_{t_0}^{t_{i+1}}\Delta V_9-C_i\sum_{t_0}^{t_i}\Delta V_s \tag{5.5-3}$$

（4）水库冲淤分布方程：

$$\Delta V_{sx}=\left(\frac{H_X-X_{\min}}{H_{\max}+\Delta Z-Z_{\min}}\right)^m\sum\Delta V_s \tag{5.5-4}$$

式中：$m=0.485n^{1.16}$；n 为库容形态指数，由库容形态方程确定：

$$\frac{\Delta V_x}{\Delta V_{\max}}=\left(\frac{H_x-H_{\min}}{H_{\max}-H_{\min}}\right)^n \tag{5.5-5}$$

式中：ΔV_x 为库水位 ΔH_x 以下的库容，m^3；$\Delta V_{\max}$为最高库水位 $H_{\max}$的库容，m^3；$H_{\min}$为零库容的高程，m。

在水库冲淤计算中，要不断修改库容曲线，计算冲淤分布。

2. 计算方案

（1）方案 1：水库主汛期敞泄，滞洪排沙运用。

（2）方案 2：水库主汛期平水期蓄水 50 万 m^3 供水。当预报入库流量大于 $50m^3/s$ 时，提前 3h 泄空蓄水量空库迎洪，滞洪排沙运用。洪水过后恢复蓄水量 50 万 m^3。

（3）方案 3：水库主汛期平水期蓄水 100 万 m^3 供水，运用方式同方案 2。

（4）方案 4：水库主汛期平水期蓄水 195 万 m^3 供水，运用方式同方案 2。

各方案调节期均为蓄水调节径流供水灌溉运用。

水库泥沙冲淤计算程序。采用实测的系列年 1980—1982 年进行了验证计算，表明计算方法可以应用。

3. 预测计算结果

（1）水库主汛期平水期蓄水 50 万 m^3 方案，可以达到年内和多年内泥沙冲淤相对平衡；而主汛期平水期蓄水 100 万 m^3 和蓄水 195 万 m^3 方案，水库累计淤积量较大，不能

维持冲淤相对平衡。

（2）水库各除险加固工程方案均采用主汛期平水期蓄水 50 万 m^3，各方案的水库淤积量变化过程如图 5.5-2（a）所示，各方案的水库坝前滩面高程变化过程如图 5.5-2（b）。在水库运用 34 年后加了一次 100 年一遇洪水（第 35 年）的淤积。

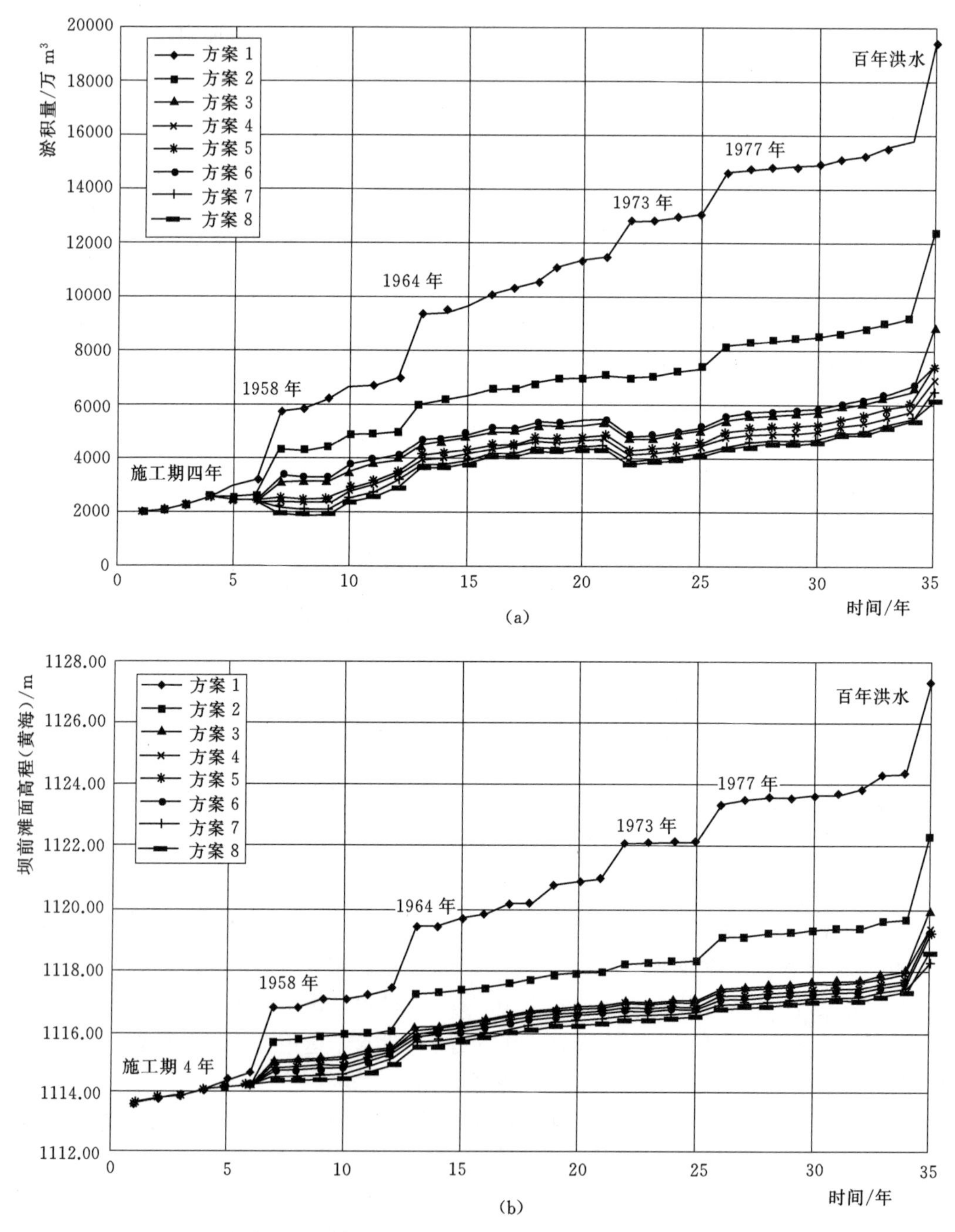

图 5.5-2　除险加固各方案坝前滩面高程变化过程（汛期蓄水 50 万 m^3 方案）

5.5.5 水库淤积形态计算

（1）巴家嘴水库实测的淤积形态表明，纵向淤积形态为锥体淤积，河槽和滩地平行淤高，河底比降和滩地比降相接近，在宽阔滩地上有一个小河槽，在降低库水位后冲刷下切河槽，同时横向拓宽河槽。今后，水库将淤高滩地，而河槽将形成深槽，滩地和河底比降相接近。

河槽比降计算式：

$$i=K\frac{Q_{s出}^{0.5}d_{50}n^{2}}{B^{0.5}h^{1.33}} \tag{5.5-6}$$

式中：i 为比降；Q_s 为汛期平均出库输沙率，t/s，按水库“蓄清排浑”运用，汛期水量输送全年沙量；d_{50} 为多年平均悬移质泥沙中数粒径，mm；n 为曼宁糙率系数，实测资料统计平均 $n=0.020$；B 为汛期平均流量的水面宽，m；h 为汛期平均流量的平均水深，m；K 为系数，与汛期平均来沙系数 $\left(\frac{S}{Q}\right)_{入}$ 成反比关系，在巴家嘴水库，$K=22$。

（2）水库干流淤积平衡纵比降为 $i=2.6‱$，支流黑河淤积平衡比降为 $i=2.35‱$。水库除险加固工程方案 7 的干流、支流纵向淤积形态如图 5.5-3 和图 5.5-4 所示。滩地和河槽比降相近。方案 8 主汛期限制水位 1111.00m，比方案 7 抬高 2m，干、支流淤积纵剖面比方案 7 相应升高，而形态相同。

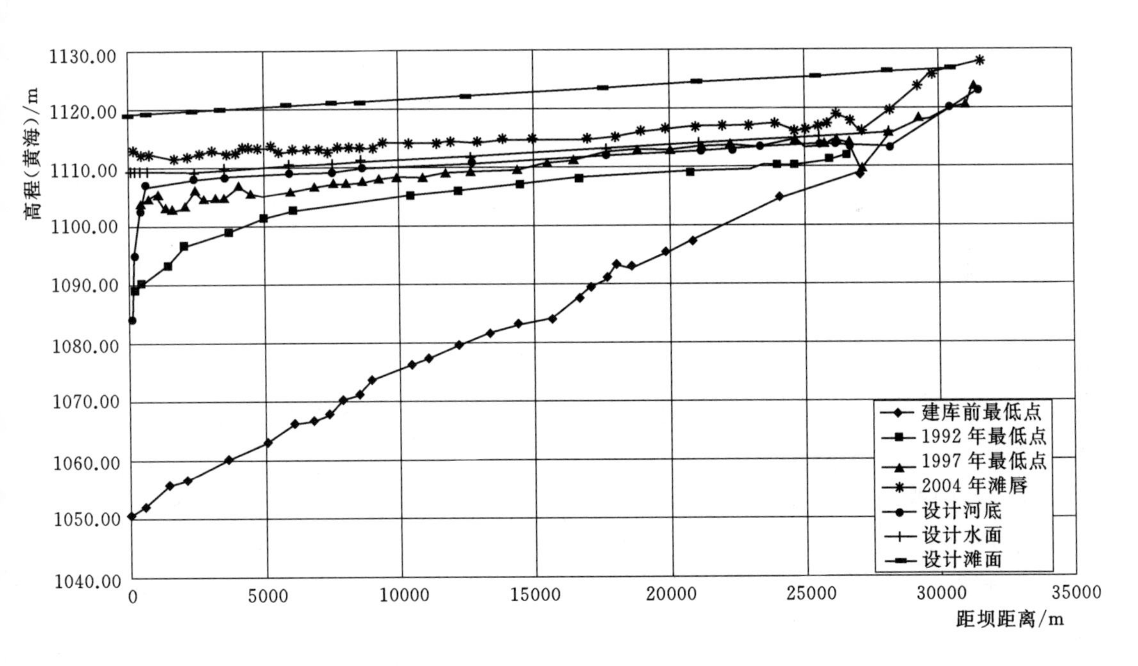

图 5.5-3　干流蒲河淤积纵剖面图（水库除险加固工程方案 7）

水库在降低水位冲刷过程中，发生溯源冲刷，溯源冲刷比降由大到小变化，当冲刷平衡后与淤积平衡比降相近。

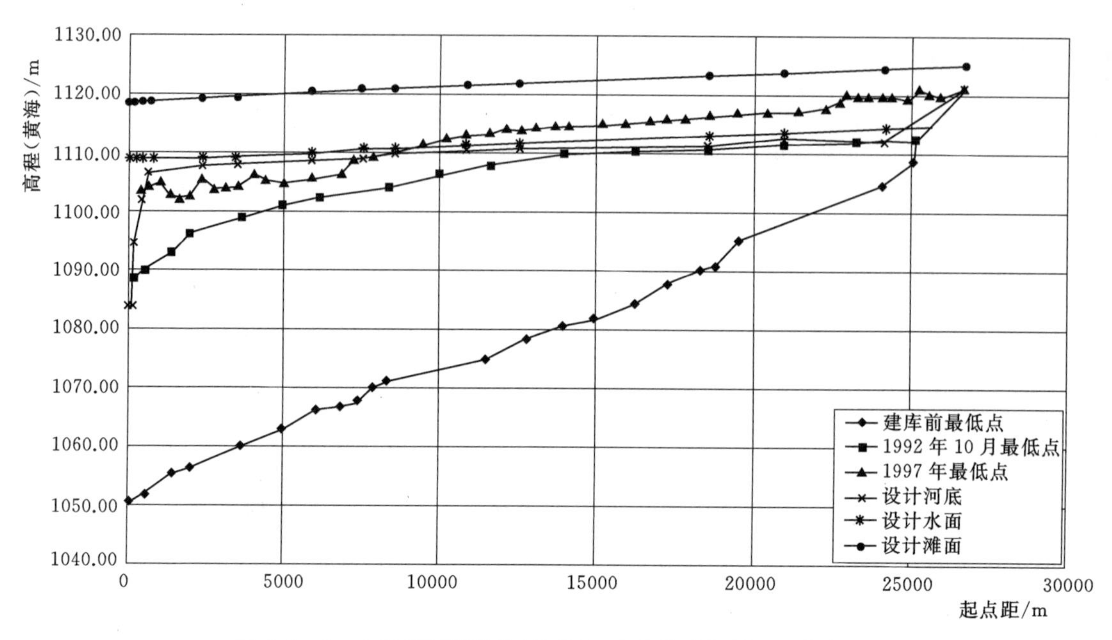

图 5.5-4 支流黑河淤积纵剖面图（水库除险加固工程方案 7）

（3）河槽形态计算式：

$$B=25.8Q^{0.31} \tag{5.5-7}$$

$$h=0.106Q^{0.44} \tag{5.5-8}$$

（4）造床流量计算式：

$$Q_{造}=56.3\overline{Q}_{汛}^{0.61} \tag{5.5-9}$$

式中：$\overline{Q}_{汛}$为汛期平均流量，m^3/s，巴家嘴水库主汛期泄洪排沙，按主汛期平均流量计算。

巴家嘴水库干流蒲河主汛期平均流量为 $9.63m^3/s$，算得造床流量为 $234m^3/s$，造床流量河槽水面宽为 140m，梯形断面水深 1.3m，槽底宽 122m，边坡 1∶7。支流黑河主汛期平均流量为 $1.75m^3/s$，算得造床流量为 $79.2m^3/s$，造床流量河槽水面宽 68m，梯形数面水深 0.8m，槽底宽 57m，边坡 1∶7。

死水位的造床流量河槽水面宽以上按岸坡 1∶5 起坡，直至滩面以下槽底宽 122m，以上岸坡按 1∶12，直到滩面。方案 7，蒲河断面形态（距坝 3.69km、距坝 6.13km）如图 5.5-5 和图 5.5-6 所示。方案 8 主汛期限制水位 1111.00m，比方案 7 高 2m，河底和滩地比方案 7 升高，断面形态相同。

（5）泄水孔洞和溢洪道前冲刷漏斗形态。巴家嘴水库现状有一条输水洞，一条老泄洪洞，一条新泄洪洞（1998 年汛期投入运用），除险加固工程方案 8 竣工后，溢洪道（2 孔）投入运用，堰顶高程 1106.00m。当泄水孔洞和溢洪道全部投入运用时，将形成较大的坝区冲刷漏斗，冲刷漏斗纵剖面和横断面形态的设计如图 5.5-7 所示。

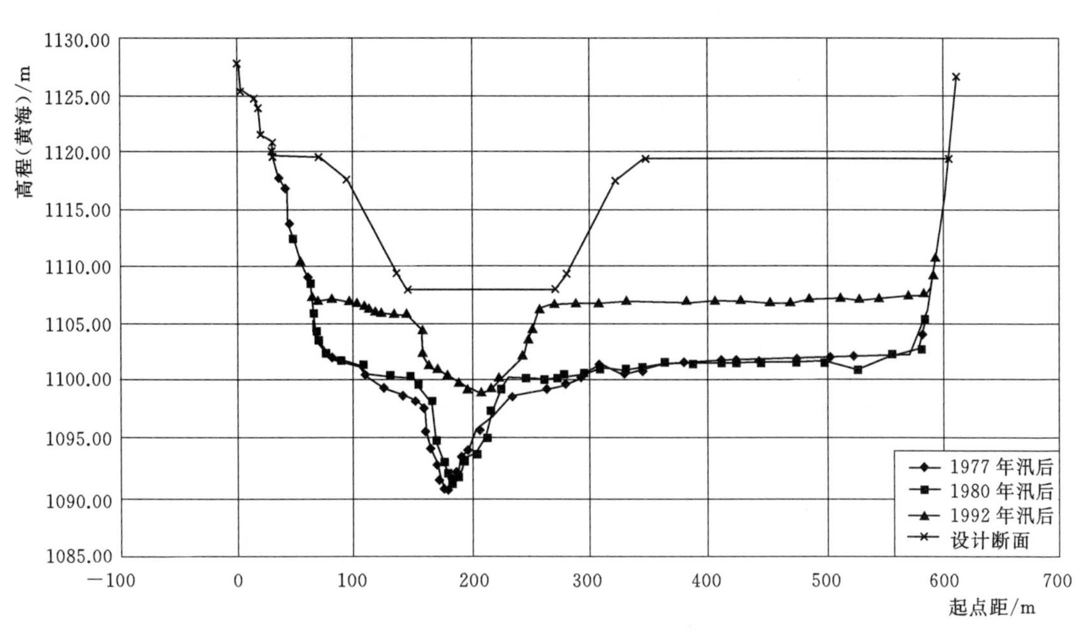

图 5.5-5　蒲河 5 断面套绘图（距坝 3.69km）

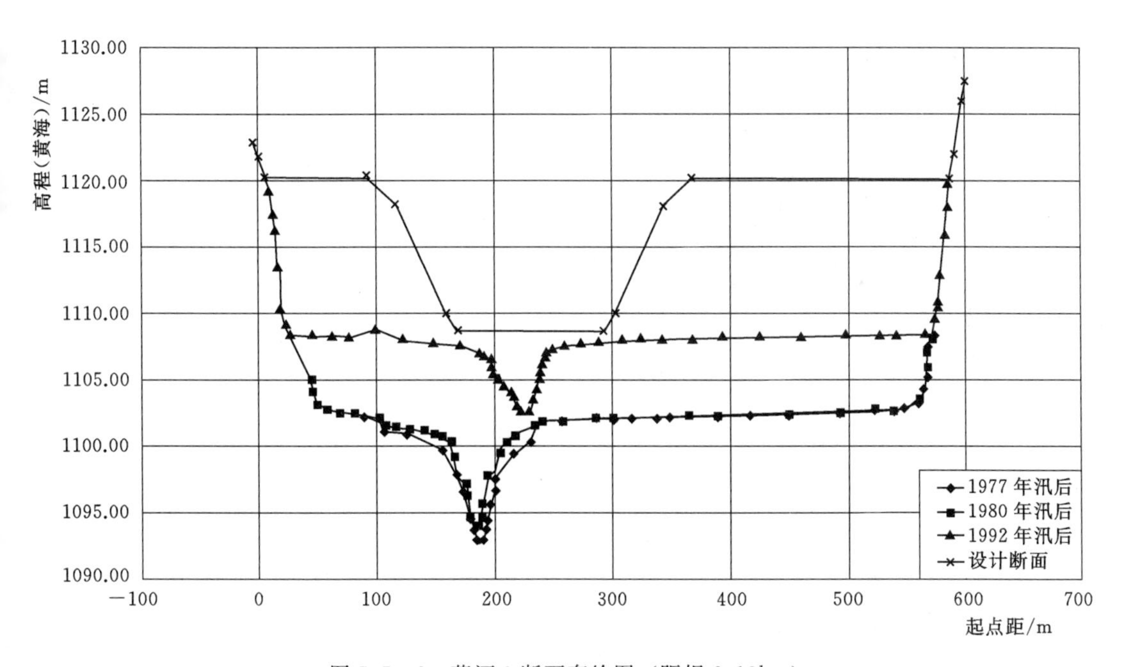

图 5.5-6　蒲河 9 断面套绘图（距坝 6.13km）

5.5.6　水库有效库容设计

巴家嘴水库除险加固工程的 8 个方案，采用主汛期平水期蓄水 50 万 m^3 供城市和灌溉用水，调节期按蓄水位 1116.00m 蓄水供城市和灌溉用水，在主汛期洪水期按敞泄空库迎洪运用。计算水库运用 34 年（其中施工期 4 年）和第 35 年增加一次发生 100 年一遇设计洪水的防洪运用的泥沙淤积，共 35 年的有效库容计算见表 5.5－4。推荐采用方案 8。由表可知，水位 1124.00m 时的库容 1.039 亿 m^3，水位 1126.00m 时的库容 1.378 亿 m^3，坝前滩面高程 1117.89m，有槽库容 0.38 亿 m^3，调水调沙运用，滩面以上有滩库容 1.0 亿 m^3，供防洪运用。

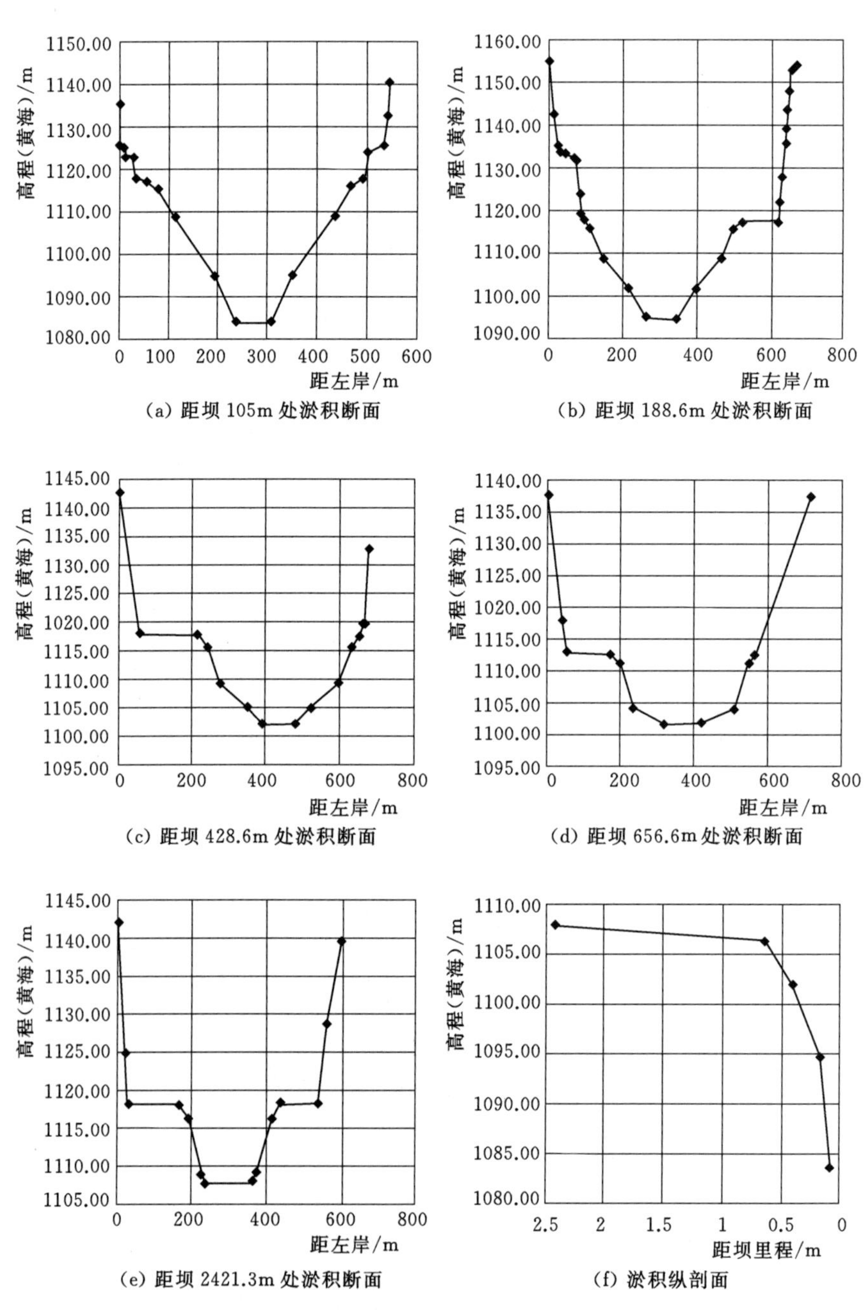

图 5.5－7　坝区冲刷漏斗形态设计图

表 5.5-4　巴家嘴水库除险加固工程各方案运行 35 年后有效库容计算表
（主汛期平水期蓄水 50 万 m^3 方案）

水位/m	方案							
	1	2	3	4	5	6	7	8
	有效库容/亿 m^3							
1085.00	0	0	0	0	0	0	0	0
1095.00	0.001	0.0006	0.0007	0.0008	0.0007	0.0008	0.0007	0.0007
1106.00	0.011	0.011	0.013	0.014	0.014	0.014	0.014	0.014
1110.00	0.029	0.0320	0.037	0.041	0.040	0.043	0.042	0.040
1112.00	0.056	0.066	0.080	0.090	0.087	0.094	0.092	0.087
1116.00	0.152	0.186	0.228	0.259	0.252	0.275	0.267	0.251
1118.00	0.226	0.279	0.345	0.392	0.382	0.416	0.405	0.380
1120.00	0.323	0.401	0.498	0.567	0.552	0.603	0.586	0.549
1124.00	0.603	0.756	0.941	1.073	1.045	1.144	1.112	1.039
1126.00	0.795	1.000	1.247	1.423	1.386	1.549	1.506	1.378
1128.00	1.030	1.299	1.654	1.853	1.809	1.935	1.892	1.801

5.6 结语

巴家嘴水库是细泥沙高含沙量水库，它的细泥沙高含沙量水流特性在水库有足够大的泄洪排沙能力的条件下，配以合适的水库运用方式，就能解决水库防洪保坝安全和兴利效益相统一的长期运用问题。

水库初建是按黄河拦泥试验坝设计泄流规模，水库主要任务是拦泥，不解决排沙问题，所以初建泄流规模很小，也是适应水库初建的任务的。当水库拦泥试验任务完成后，水库要排沙，解决防洪保坝安全和兴利效益，就是迫切的问题。水库除险加固工程的设计，分别研究 8 个方案，通过方案比选，选择方案 8，可以在设计拟定的运用方式下，实现水库长期运用。

水库按方案 8 实施除险加固工程竣工后，水库泄洪排沙能力增大，对于水库下游河道的防洪安全要有相应解决措施。按照下游防洪标准实施防洪工程。巴家嘴水库实施除险加固工程第 8 方案，既保护了水库防洪安全和兴利运用，也对巴家嘴水库下游洪水有很大削减，使下游防洪得到安全保障。甘肃省庆阳市水利局于 2004 年 11 月提出了《巴家嘴水库除险加固工程实施后加大泄流量对下游的影响评价》报告，要求对坝下游蒲河 50.5km 河道进行防洪工程规划，修建防护堤和护岸工程；对于 20 年一遇以上超标准洪水，要制定防洪预案，安排群众转移，并建立洪水报警系统。

第 6 章

新疆头屯河水库泥沙研究与泥沙处理

6.1 水库特性

6.1.1 水库概况

头屯河水库坝址位于乌鲁木齐市及昌吉市以南，距离两市均约 40km 处的头屯河中上游，是一座以灌溉为主，结合城镇生活供水、工业供水、防洪等综合利用的中型水库。头屯河是一条山溪性河流，发源于天山北坡中段天格尔峰，河流跨高、中、低山带，属于雨水和冰雪融水补给的河流。流域最高峰海拔 4562.00m，地势南高北低，河流由南向北汇入各山间支流形成主流，在出山口处上游汇入头屯河水库，水库下游为平原。头屯河流全长 190km，流域总面积为 $2885km^2$，其中，头屯河水库控制流域面积为 $1417km^2$。头屯河流域年平均气温为 2.1℃，年降水量为 535mm，最大积雪深度为 65mm。据 1955 年 6 月—2006 年 5 月径流量资料，统计得头屯河水库多年平均年径流量为 2.40 亿 m^3。另据 1995—2006 年资料统计，多年平均年径流量为 2.44 亿 m^3，多年平均悬移质输沙量为 118.66 万 t，多年平均含沙量为 $4.86kg/m^3$，按推悬比 12%计算，年推移质输沙量 14.24 万 t。实测最大流量 $478m^3/s$，实测最大含沙量 $245kg/m^3$。头屯河水库为一条水少沙多的多泥沙河流水库。

6.1.2 水库工程特性

水库于 1965 年开始修建，1971 年开始给新疆八一钢铁总厂供水，1981 年基本建成，1983 年 10 月竣工验收。水库工程等级为三级，主要建筑物级别为 3 级，大坝为黏土心墙砂石混合坝。设计洪水标准为 100 年一遇，洪峰流量为 $590m^3/s$（2007 年计算），校核洪水标准为 1000 年一遇，洪峰流量为 $1013m^3/s$。校核洪水位 992.54m，原始库容为 2515 万 m^3（990.00m 高程以上库容是按库容曲线顺势外延取得），设计洪水位 991.20m，原始库容为 2315 万 m^3。水库 1980 年的原始库容和水库建成运用后历年库容变化见表 6.1-1。

表 6.1-1　　头屯河水库库容变化表　　单位：万 m^3

水位/m	1980年汛前(原始)	1995年汛前	1999年汛前	1999年11月	2001年汛前	2002年汛前	2003年汛前	2004年汛前	2005年汛前	2006年汛前	2007年10月
954.00	2.0										
955.00	10										1.11
956.00	23							1.31			3.52
957.00	36							2.59			7.23
958.00	50			3.21				4.55			12.23
960.00	82			8.29				10.60			26.12
962.00	120	0.58		16.02			6.18	19.10	6.64		44.16
964.00	170	1.01		26.20			15.04	30.60	16.16		65.97
965.00	200	1.40		33.14			20.55	37.50	22.09		78.30
968.00	296	3.62	0.55	58.53	40.03	20.67	42.60	65.40	45.79	50.04	120.96
970.00	370	6.56	1.81	81.13	58.41	35.49	62.19	90.80	66.85	65.72	154.14
975.00	590	25.0	16.50	152.21	124.82	112.00	166.33	179.00	178.80	181.80	296.81
980.00	940	76.7	62.94	251.26	232.87	285.63	364.88	376.00	392.20	420.40	567.76
982.00	1130	136	91.40	311.13	299.18	391.45	488.99	501.00	525.70	556.90	726.78
984.00	1350	254	145.59	389.30	386.53	523.89	633.89	649.00	681.40	725.50	911.07
986.00	1590	425	244.73	505.22	509.80	690.19	812.12	826.00	873.00	938.60	1119.40
988.00	1830	642	405.50	680.74	690.42	887.55	1025.53	1040.00	1102.00	1179.40	1350.92
989.60	2065	840	575.500	852.00	870.00	1070.00	1210.00	1120.00	1295.00	1390.00	1548.00
990.00	2130	897	626.55	902.90	922.40	1117.92	1259.82	1267.00	1350.00	1441.50	1604.09
992.00	2445			(1180)	1185.49	1369.50	1503.42	1510.00	1601.00	1726.40	1879.00
992.40	2515			(1230)					1656.00	1784.04	1930.6
992.50	2535										

注　2000年4月的《除险加固工程补充初步设计报告》设计的库容未考虑滩地开槽冲刷恢复的库容；2001年6月以后在滩地开槽冲滩投入运用，现已形成大槽，滩地恢复库容约200万 m^3。因此除险加固设计降低水位冲刷恢复库容1700万 m^3，加冲滩库容200万 m^3，合计库容1900万 m^3。

库区天然河道河底宽30～80m，河床纵坡比降平均为9.32‰，其中距坝1000m河床纵坡比降15.9‰，距坝1000～3000m河床纵坡比降7.05‰，距坝3000～5300m河床纵坡比降8.43‰。河床由砂卵石组成，中数粒径约为1.5mm，粒径小于0.5mm的泥沙约占36%，最大粒径为100mm（根据1993年1月库区钻孔取样资料）。

水库正常蓄水位为989.60m，相应原始库容为2065万 m^3。大坝坝体埋设的一条位于主流河床的泄水涵洞，进口底坎高程为949.14m，为天然河床高程。水库正常蓄水位989.60m的淤积前水平回水长度约4500m，泄水涵洞在水库正常蓄水位下的水深为40m。

1993年水库除险加固初步设计报告，计算水库1000年一遇校核洪水位为992.40m，100年一遇设计洪水位为991.20m。为了控制库区滩面以上库容不受一般洪水泥沙上滩淤积影响，拟定水库汛期限制水位为980.00m，以适应坝前滩面高程978.00m、库区滩面高程980.00～986.00m情形，滩槽淤积纵剖面如图6.1-1所示。然而近年为提高水库蓄水位，将汛期限制水位提高为984.00m，而且实际运用中汛期最高水位突破了汛期限制水位984.00m的限制条件。

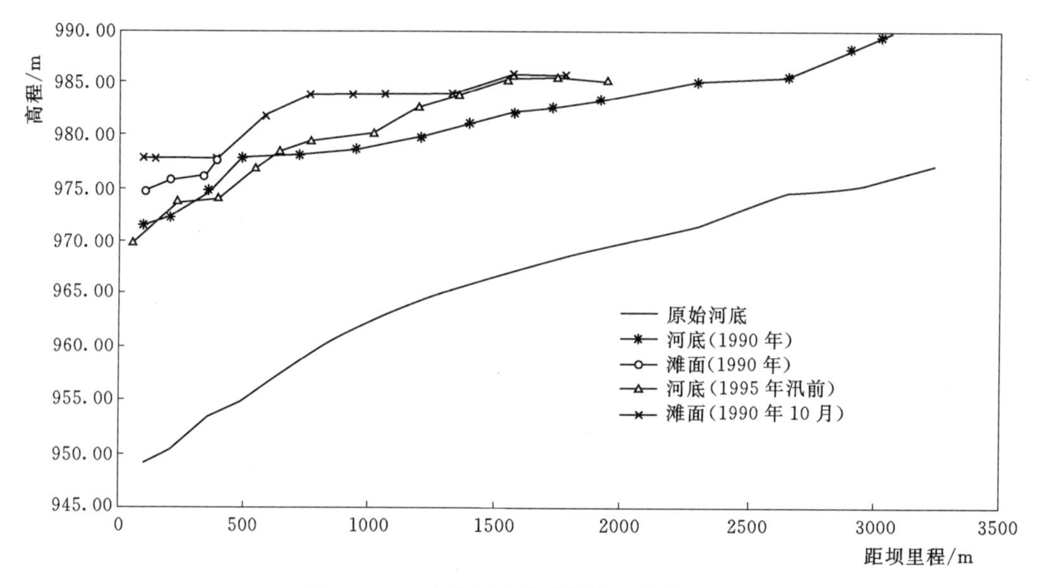

图6.1-1 头屯河水库滩槽淤积纵剖面图

头屯河水库工程效益指标：下游灌溉面积40万亩，最大引水流量为$26m^3/s$，年引水量为1.9亿m^3；城市、工业用水引水流量为$1.2m^3/s$，年引水量为3500万m^3。水库为下游防洪调度：下游防洪标准为100年一遇，洪峰流量$637m^3/s$，如遇超标准洪水，按防洪应急预案执行。近期控制下游河道安全泄量为$120m^3/s$。当上游来水流量小于$120m^3/s$，控制库水位不超过防洪限制水位（汛限水位），当上游来水流量大于$120m^3/s$，水库下泄流量不超过$120m^3/s$，蓄洪运用。水库防洪调度中，泄水涵洞最大泄量$120m^3/s$，引水隧洞最大泄量$30m^3/s$，溢洪道最大泄量$50m^3/s$，这些泄量比设计的泄流能力小，为水库除险加固工程完成前控制的泄量。水库工程特性见表6.1-2。

表6.1-2 **头屯河水库工程特性表**

项目	单位	数量	备注
一、水沙特性			
1. 年均径流量	亿m^3	2.38	1955—1991年
2. 年均悬移质沙量	万t	94.24	
3. 年均悬移质含沙量	kg/m^3	3.96	
4. 年均推移质输沙量	万t	11.31	按推悬比12%推算
5. 实测最大流量	m^3/s	478	
6. 实测最大含沙量	kg/m^3	245	
7. 悬移质泥沙中径	mm	0.028	

续表

项　　目	单位	数量	备　　注
8. 设计 $P=1\%$ 洪峰流量	m^3/s	580.7	
9. 校核 $P=0.1\%$ 洪峰流量	m^3/s	1017.6	
二、设计水库水位			
1. 校核洪水位	m	992.40	
2. 设计洪水位	m	991.20	
3. 正常蓄水位	m	989.60	
4. 最低蓄水位	m	965.00	
5. 泄空排沙水位	m	952.00	
6. 水库回水长度	m	4500	
7. 主汛期限制水位	m	984.00	
8. 防洪起调水位	m	990.30	1000 年一遇洪水
9. 黏土心墙砂石坝			混合坝型
10. 坝顶高程	m	995.20	
三、水库库容			
1. 总原始库容	万 m^3	2515	992.40m 水位
2. 设计有效库容	万 m^3	1700	992.40m 水位（不含滩地开槽）
3. 2007 年 10 月有效库容	万 m^3	1930.6	992.40m 水位（含滩地开槽）
4. 设计正常蓄水位库容	万 m^3	1330	989.60m 水位（不含滩地开槽）
5. 2007 年 10 月正常蓄水位库容	万 m^3	1548	989.60m 水位（含滩地开槽）
6. 设计调节库容	万 m^3	1330	989.60m 水位以下库容
7. 2007 年 10 月调节库容	万 m^3	1548	989.60m 水位以下库容
8. 泄空排沙水位库容	万 m^3	1.20	
四、泄洪排沙设施			
1. 泄水涵洞进口高程	m	949.10	位于大坝河床上
2. 泄水涵洞最大泄量	m^3/s	160	按 $120m^3/s$ 控制
3. 引水隧洞进口高程		961.00	位于大坝上游
4. 引水隧洞最大泄量	m^3/s	58.1	按 $30m^3/s$ 控制
5. 溢洪道堰顶高程	m	989.60	位于大坝右侧
6. 溢洪道设计泄洪流量	m^3/s	207.5	按 $50m^3/s$ 控制
7. 溢洪道校核泄洪流量	m^3/s	507.5	
五、坝后拦河闸			
1. 泄水闸	孔	2	
2. 冲沙闸	孔	1	
3. 进水闸	孔	1	设计流量 $15m^3/s$

注　库前左岸设置供水调节池，池顶高程 997.50m，正常蓄水位 997.00m，水深 12m，兴利供水的蓄水库容 45.8 万 m^3，满足新疆八一钢铁总厂 4d 用水要求。在库岸左侧设置输水暗渠，长 4568.8m，宽 1.2m，高 1.2m。

6.2 水库泥沙问题与泥沙处理经验

水库运用后的泥沙问题与泥沙处理经验的主要分析如下。

(1) 水库为满足新疆八一钢铁总厂供水水质含沙量小于 5kg/m^3 要求，将水库当沉沙池使用，导致库容很快淤积损失，变成险库。水库原设计正常蓄水位为 989.40m，原始库容为 2034 万 m^3。水库于 1971 年开始为下游新疆八一钢铁总厂（以下简称“八钢”）常年供水，逐步抬高蓄水位拦沙运用，至 1979 年汛后，累计已经淤积泥沙 362.70 万 m^3。从 1980 年起，水库正式运用，将 1980 年汛前的库容作为水库运用前的原始库容。水库一直为保证八钢用水水质而蓄水拦沙运用，至 1999 年汛前，水库累计淤积 1503.45 万 m^3，使水库变成险库，不能满足水库防洪和兴利所需调节库容的要求，若不迅速扭转淤积局面，则水库不久将完全失效。

(2) 水库降低水位泄空冲刷恢复库容试验。借鉴邻近（相距 17km 左右）的三屯河水库每年降低水位泄空冲刷淤积物恢复库容的经验，头屯河水库于 1999 年 7 月 8—24 日进行了泄空水库冲刷淤积物恢复库容试验。

分析头屯河水库条件，它具有优越性：库盘狭窄顺直；天然河床纵坡大（1/70～1/100）；泄水涵洞进口高程低，与天然河床同高，泄流规模大，水库来水丰沙期正是下游农业用水的高峰期，此时期水库泄空冲刷排沙能与农业灌溉及防洪相结合，不会因排沙而浪费兴利用水。因此，选择适当时机，头屯河水库降低库水位至泄水涵洞，泄空水库进行溯源冲刷，恢复一定库容后再蓄水运用，使水库变成可以周期性调水调沙、调节泥沙冲淤重复恢复库容的“活性”水库，周期性蓄、泄结合，兴利、排沙两不误，保持较大库容使水库长期有效运用。

为此，水库在 1999 年 7 月选择时机进行了泄空水库冲刷排沙试验，取得了显著效果。

1) 泄空冲刷时机的选择。结合头屯河来水来沙情势和灌区用水特点选择泄空冲刷时机。主汛期洪水季节，头屯河水库利用洪水敞泄排沙，河道洪水下泄至下游猛进水库，不影响下游河道安全。排出的泥沙经下游总干渠排沙漏斗处理后，粗泥沙进入河道，细颗粒泥沙不会在干渠淤积，随水流进入灌区，具有肥田功能。因此选择 7 月 8—24 日进行水库降低水位泄空冲刷淤积物恢复库容试验。

2) 实施泄空冲刷排沙的保障措施。研究了在实施水库泄空冲刷排沙时要有几个保障措施：①要有库外确保向八钢供水的水量和水质要求的措施；②要有防止泄水涵洞泄水排沙时底板严重磨损的保护措施；③要防止泄水涵洞在泄水冲刷排沙时进水口被泥沙堵塞；④要防止在降低水位冲刷排沙时出现大坝失稳滑坡险情。

针对这些问题，采取措施。考虑在泄空水库前水库蓄水位一直在 980.00m 以上，降低水位时黏土心墙砂石坝极易出现管涌和拖拽滑坡现象，因此在降低水位冲刷排沙时，要充分考虑坝体扬压力的释放过程，观测坝坡的渗流情况，严防坝体管涌和拖拽滑坡现象发生。经研究采取分阶段逐步降低水位冲刷排沙运用。

a. 初期阶段：自 7 月 8 日开始，坝前水位由 978.00m 逐步降低至 968.00m。在此阶段的水位降落范围位于坝坡腰部，最易出现管涌和坝坡拖拽滑坡。根据对坝坡渗流状况的观测，通过对出库流量的调度控制，实施缓慢降低水位调度，至7月14日库水位降低至968.00m，平均日降低水位约1.4m。

b. 后期阶段：坝前水位由968.00m逐步降低至952.00m。在此阶段库水位降低对大坝的影响逐渐减少。为了扩大坝前冲刷漏斗，形成冲刷漏斗侧向缓坡，营造滩岸滑塌，进行了较大幅度的较频繁的水位升降调度。最多一日（7月20日）启闭涵洞大闸39次，其中4h内启闭大闸12次，2h内水位升降幅度达8m。至7月22日库水位降至952.00m，泄水涵洞明流过水。这期间，平均日降低水位约1.75m。

3）水库泄空冲刷排沙试验的效果。在这次降低水位泄空冲刷排沙试验中，7月23日出库日平均含沙量为最大达163kg/m³，为入库日平均含沙量4.91kg/m³的33.2倍。1999年7月8—24日进出库流量、含沙量、输沙量及库水位变化过程见表6.2-1。它反映了水库降水冲刷的成果。

表6.2-1 头屯河水库1999年7月8—24日进出库流量、含沙量、输沙量及库水位变化过程

日期	20：00时库水位/m	日平均流量/(m³/s)		日平均输沙量/万t		日平均含沙量/(kg/m³)	
		进库	出库	进库	出库	进库	出库
1999-7-8	978.00	24.9	25.1	1.32	17.9	6.14	82.4
1999-7-9	973.00	32.4	33.2	2.44	20.1	8.71	70.2
1999-7-10	972.00	19.3	19.8	0.23	7.46	1.38	43.6
1999-7-11	971.00	22.3	26.1	0.58	15.9	2.99	70.3
1999-7-12	970.00	22.7	22.5	0.74	12.8	3.77	65.8
1999-7-13	969.00	26.9	27.8	0.51	15.1	2.19	62.9
1999-7-14	968.00	18.6	22.7	0.15	17.8	0.94	90.6
1999-7-15	966.00	19.2	22.2	0.69	23.0	4.14	120
1999-7-16	966.00	20.1	23.4	0.34	14.4	1.94	71.1
1999-7-17	965.00	29.2	35.0	1.91	21.7	7.58	71.9
1999-7-18	963.00	23.4	30.4	1.29	29.2	6.37	111
1999-7-19	961.00	29.0	41.8	8.44	36.5	33.7	101
1999-7-20	959.00	45.6	64.4	15.4	61.8	39.1	111
1999-7-21	956.00	72.1	71.0	18.0	55.2	27.7	77.7
1999-7-22	952.00	44.2	43.6	4.60	53.2	10.4	122
1999-7-23	952.00	36.8	37.0	1.81	60.3	4.91	163
1999-7-24	957.00	43.7	34.6	13.2	32.2	30.3	93.1
合计		水量4582.7万m³	水量5016.4万m³	71.65	494.56	15.6（时段平均）	98.6（时段平均）

为了提高降水冲刷排沙效率，采取了辅助技术措施：在库水位降低前，利用清淤船水泵在坝前扰动；在降低水位过程中，运用高压水枪削坡导流，沿滩地裂隙注水，加速和诱发淤积体的滑塌，这些辅助措施加快了冲刷排沙清淤的进程提高了冲刷恢复库容的效果。

1999年7月8—24日期间，17d入库水量为4582.7万m³，出库水量为5016.4万m³；入库悬移质沙量为71.65万t，出库悬移质沙量为494.56万t（未计推移质沙量），净冲刷沙量为 422.91 万 t，按水库淤积物干容重 1.3t/m³ 计，折合恢复库容 325.3 万 m³。停止降水冲刷后于 7 月 25 日组织实施地形测量，测得增加库容 322.8 万 m³，两者计算数值相近。

（3）水库降低水位冲刷排沙恢复库容分析。水库降低水位冲刷排沙恢复库容，要分析 3 个问题：

1）泄空水库冲刷排沙水位和冲刷流量。利用位于河床上的泄水涵洞敞泄冲刷排沙，可以获得最低的溯源冲沙排沙水位。泄水涵洞进口底部高程为 949.10m，与天然河床齐平。泄水涵洞的泄流能力见表 6.2-2。泄空冲刷排沙水位选定为 952.00m，水位 952.00m 泄量 30.8m³/s，为多年汛期平均流量 14.7m³/s 的 2.1 倍，水库正常蓄水位 989.60m 的天然河道回水（水平）长度 4500m，可以获得冲刷平衡比降 8.35‰，为库区天然河道平均比降 9.7‰的 0.86 倍，接近天然河道平均比降，可以有足够大的冲刷排沙流量和足够大的冲刷平衡比降来冲刷正常蓄水位 989.60m 回水末端以下的库区淤积物，给以足够长的冲刷时间，可以冲刷恢复河槽库容。

表 6.2-2　　头屯河水库水位泄量关系曲线

水位/m	泄水涵洞泄量①/(m³/s)	泄水涵洞泄量②/(m³/s)	泄水隧洞泄量/(m³/s)	溢洪道泄量/(m³/s)	总泄量①/(m³/s)	总泄量②/(m³/s)
950.00	5.1	5.1			5.1	5.1
952.00	30.8	30.8			30.8	30.8
954.00	68.3	68.3			68.3	68.3
956.00	82.8	82.8			82.8	82.8
958.00	97.3	97.3			97.3	97.3
960.00	112.3	112.3			112.3	112.3
961.00	119.1	119.1	0.0		119.1	119.1
963.00	137.0	120	10.0		147.0	130.0
968.00	164.0	120	34.6		198.6	154.6
978.00	207.0	120	42.8		249.8	162.8
980.00	214.5	120	44.1		258.6	164.1
983.00	226.0	120	46.3		272.3	166.3
984.00	230	120	47.1		277.1	167.1
989.60	248.0	120	50.6	0.0	298.6	170.6
991.00	252.6	120	51.5	154.9	459.0	326.4
992.50	257.4	120	52.4	497.0	806.8	669.4
993.50	260.6		53.0	813.5	1127.2	986.6

注　泄量①为自由泄流，泄量②为水位 961.00m 以上控泄 120m³/s，因为除险加固工程尚未完成，要控泄运用。另外为下游防洪安全考虑，也要求控泄。当这两个问题不存在时，则不控泄，按泄水涵洞泄量①自由泄流。

头屯河水库可以实行多年蓄水运用，2～4 年一次汛期短时段降低水位泄空冲刷排沙，恢复库容。分析头屯河来水情况，是具备 2～4 年一次汛期来大水流量条件的。例如，2002 年汛期 6 月和 7 月，进库站日平均流量大于 30m³/s 的天数多达 23d，其中最小日平均流量 30.1m³/s，最大日平均流量为 61.4m³/s，其余 38d，日平均流量在 14.6～29.6m³/s 间变化，水库敞泄冲刷排沙水位为 952.00～954.00m，只要 20d 来水流量 20m³/s 以上低水位冲刷排沙就可以获得冲刷河槽淤积物（包括塌滩）恢复槽库容的效果。1999 年 7 月 8—24 日的降低水位冲刷实验，进库日平均流量为 18.6～45.6m³/s，但分阶段降低库水位，尤其在前 10d 水位降落在 978.00～965.00m 范围，使得冲刷较缓慢，出库日平均含沙量为 70.2～120kg/m³，只有后 6d 水位降落在 963.00～952.00m 范围，使得水库冲刷增强，出库日平均含沙量达 101～163kg/m³。所以在库水位 952.00m 条件下的敞泄冲刷排沙恢复库容的效果大。

2）水库泄空冲刷排沙水位 952.00m 的冲刷河床纵剖面形态。水库降低水位至 952.00m 进行敞泄冲刷排沙，主要由溯源冲刷完成，在溯源冲刷尚未发展到的上游库段还是沿程冲淤，只在冲刷时间足够长时，溯源冲刷才向上游发展到水库蓄水拦沙运时期的淤积末端，当冲刷平衡河床纵剖面形成时，溯源冲刷转化为全库沿程冲淤，形成河床冲淤平衡纵剖面。如果冲刷时间没有足够长时，则溯源冲刷发展不充分，形成三角洲冲刷河床纵剖面形态，这时水库恢复蓄水运用，就由三角洲冲刷形态又转为三角洲淤积形态。由于水库泄空冲刷排沙与兴利的要求有矛盾，所以水库泄空冲刷排沙的历时往往被缩短，降低水位进行溯源冲刷的发展往往受限制，不能达到冲刷平衡状态，而只能冲刷水库蓄水淤积物的一部分，不能完成冲刷河槽淤积物而恢复槽库容。

自从 1999 年 7 月 8—24 日的第一次水库降低水位泄空水库敞泄冲刷，以后几乎每年都有一次结合下游灌溉水库放水降低水位泄空水库敞泄冲刷，但都没有持续长时间进行，所以每一次溯源冲刷都未彻底进行，维持三角洲冲刷形态。2002 年主汛期大水流量天数较多，溯源冲刷和沿程冲刷强度较大，溯源冲刷较远，冲刷河床较低，淤积纵剖面如图 6.2-1 所示，冲刷恢复库容较大，见表 6.1-1 中 2003 年汛前的库容。

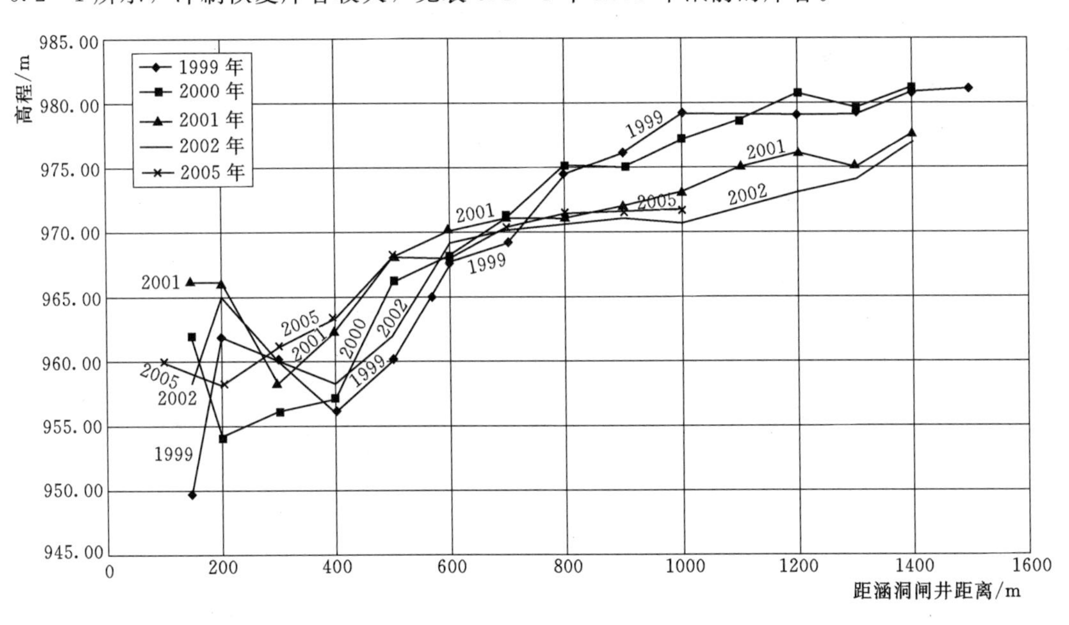

图 6.2-1 头屯河淤积纵剖面图

黄委设计院于 2000 年 3 月提出《新疆头屯河水库降低水位冲刷恢复库容及运用方式研究》报告。该报告分析了水库降低水位至 952.00m 溯源冲刷排沙可以冲刷恢复的河槽纵剖面和横断面形态及可以冲刷恢复槽库容，并提出控制汛期限制水位为 980.00m，使一般洪水不上库区滩地淤积，兴利蓄水运用不淤积损失库区滩地以上的库容的水库运用方式。在采取了降低水位泄空水库冲刷排沙时期有库外调节池和输水暗渠等措施保证八钢供水水量和供水水质要求的条件下，可以结合水库下游灌区灌溉用水季节，实行较短时期的泄空水库冲刷恢复库容。可以冲刷恢复的库容和河床纵剖面形态分别见表 6.1-1、表 6.2-3 和图 6.2-2。

表 6.2-3 水库敞泄冲刷水位 952m 河底纵剖面形态设计

项　目	涵洞前冲刷漏斗平底段		冲刷纵坡第 1 段		冲刷纵坡第 2 段		冲刷纵坡第 3 段	
河段长度/m	100		900		2000		2300	
断面序号	1	2	2	3	3	4	4	5
距涵洞里程/m	0	100	100	1000	1000	3000	3000	5300
天然坡降/‰	15.9		15.9		7.05		8.43	
冲刷坡降/‰	0.0		15.9		7.05		8.43	
河底高程/m	949.10	949.10	949.10	963.41	963.41	977.51	977.51	996.90

注　水库干支流进口上游设置拦截推移质的拦沙堰，定期清淤运走，卵石不入库。

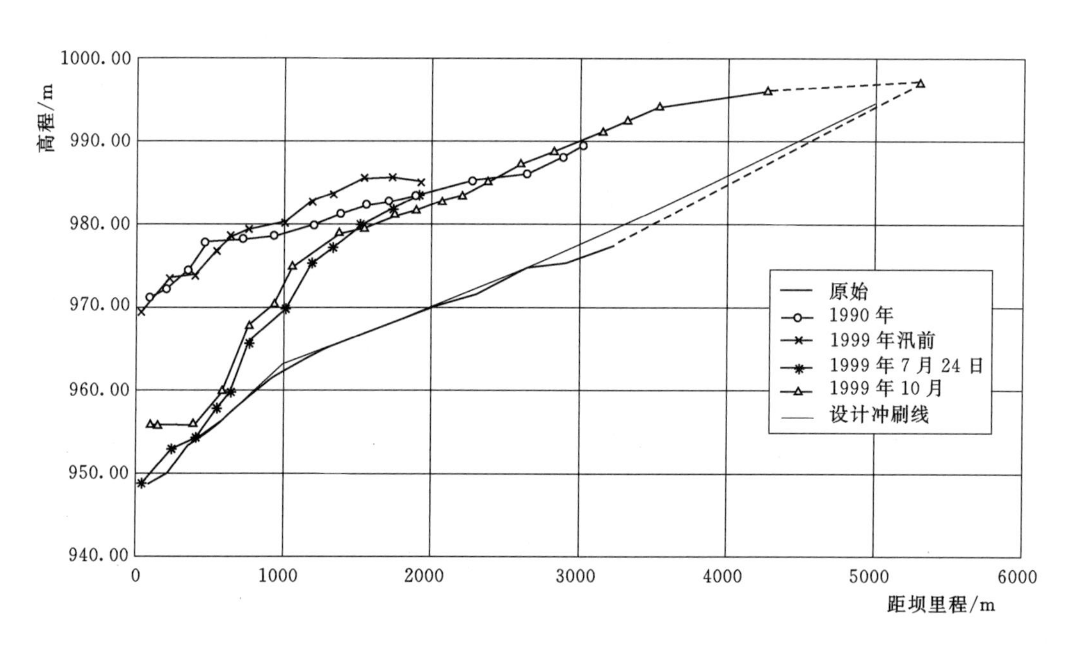

图 6.2-2　头屯河水库河底淤积纵剖面图

由图 6.2-2 的水库河底纵剖面可知，除险加固设计的冲刷河底纵剖面基本上恢复天然河底纵剖面。这种设计的根据是：①泄水涵洞底坎位在天然河床上，水库敞泄冲刷排沙水位是天然河道水位，水位 952.00m 的泄量 30.8m^3/s，为多年汛期平均流量 14.7m^3/s

的2.1倍，只要敞泄冲刷时间足够长，溯源冲刷可以发展到水库正常蓄水位989.60m的淤积末端，即可以冲刷水库回水长度4500m以内的水库淤积物，恢复天然河槽形态，恢复槽库容；②水库淤积物是可以冲刷的，卵石推移质淤积量很少，主要是悬移质泥沙淤积物，夹有少量砾石推移质淤积物，有足够大的水力冲刷比降，只要敞泄冲刷时间足够长，可以冲刷完河槽淤积物，还伴随冲刷坍塌滩地，可以冲刷一部分滩地淤积物；③丰水年汛期连续多日的冲刷流量进行持续冲刷，有足够的冲刷水量来冲刷淤积泥沙量，冲刷效率高；④在完成除险加固工程后，能够满足降低水位冲刷，可在使大坝安全的要求下，加快水位下降，可以获得较大的冲刷效率，缩短敞泄冲刷恢复库容的历时，及早恢复水库蓄水兴利运用。

1999年7月8—24日的降低水位敞泄冲刷和随后几年的降低水位冲刷，每次都没有冲刷发展到恢复天然河床纵剖面形态的状态，从2007年10月实测的库容成果看，在水位992.40m的库容已达1930.6万m^3，有较大库容满足防洪要求和兴利要求。只要水库保持现库容，就能长期运用。

3）水库冲刷排沙水位952.00m形成的高滩深槽河槽形态。当满足了冲刷恢复天然河床纵剖面形态时，可以形成高滩深槽河槽形态，恢复槽库容。图6.2-3～图6.2-5为距坝200m、300m、400m断面形态，滩面高程依次为980.00m、981.00m、982.00m，平滩河槽宽度依次为300m、400m、500m，平滩河槽深度依次约24m、23m、22m，河槽底宽依次约50m、75m、100m，河槽边坡约1∶50，平滩河槽断面面积依次约4200m^2、4888m^2、5750m^2。随着水位下降，河床下切，河槽两岸坍塌，河槽拓宽。河槽加深，河槽库容增大。加上控制滩地不淤积抬高，滩地库容不淤积损失，则水库库容可以有很大的冲刷恢复，见表6.1-1中2007年10月恢复的库容，表明头屯河水库的运用已能保持较大的有效库容。

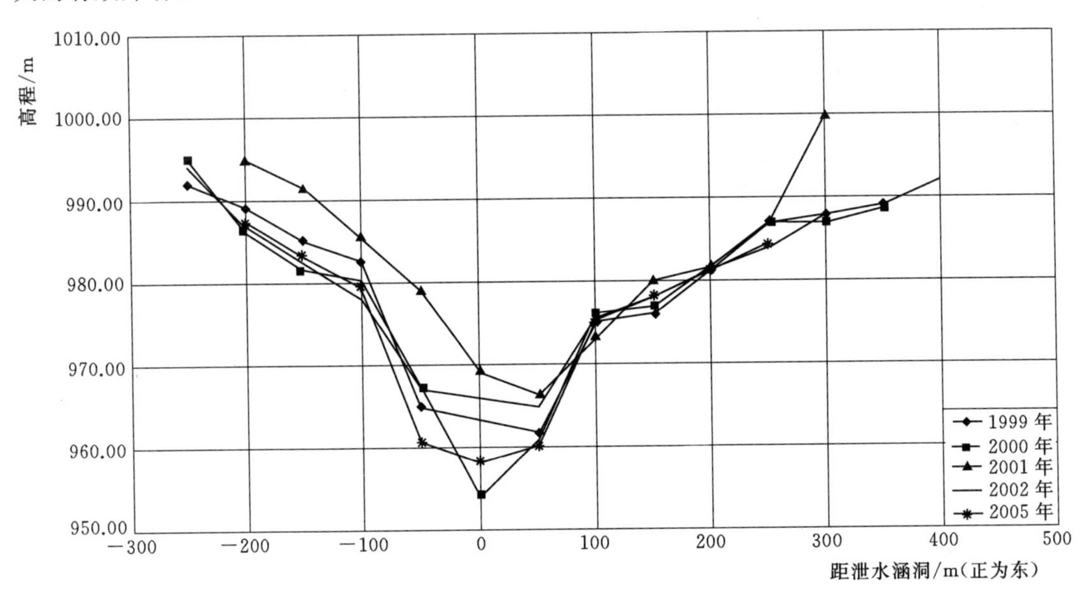

图6.2-3　头屯河水库距坝200m断面套绘图

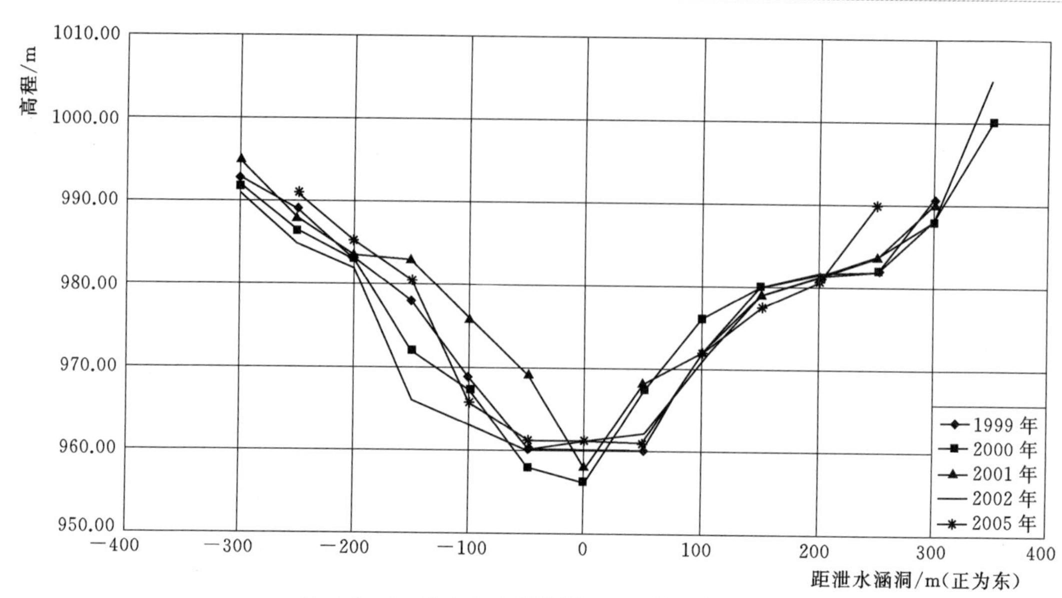

图6.2-4 头屯河水库距坝300m断面套绘图

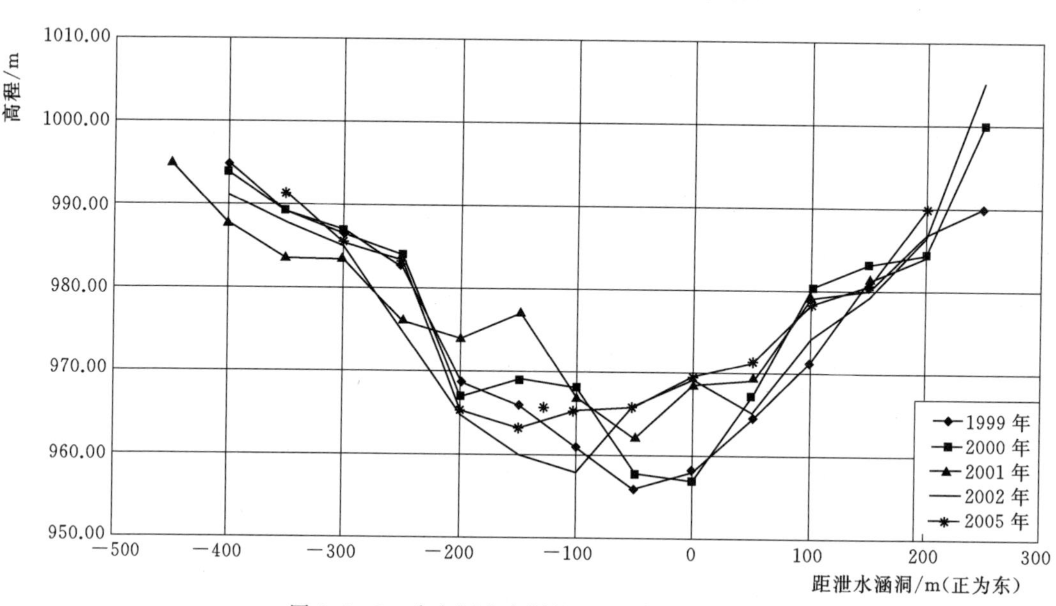

图6.2-5 头屯河水库距坝400m断面套绘图

(4) 水库高滩深槽库容形态。头屯河水库多年平均汛期平均流量为14.7m^3/s，多年平均洪峰流量132m^3/s，造床流量为多年平均洪峰流量132m^3/s。造床流量稳定河宽按$B=A\dfrac{Q_{造}^{0.5}}{i^{0.2}}$计算。水库分三段，上段为游荡型，中段为过渡型，下段为弯曲型。系数A值与河型和河岸土质有关，上段$A=3.4$，中段$A=2.0$，下段$A=1.6$。平衡比降上段为8.43‰，中段为7.05‰，下段为15.9‰。造床流量河槽稳定河宽，上段$B=102$m，中段$B=62$m，下段$B=42$m。河相系数$\dfrac{\sqrt{B}}{h}=K$，上段$K=8$，中段$K=6$，下段$K=4$。河槽平均水深，上段 $h=1.26$m，中段 $h=1.31$m，下段 $h=1.62$m。造床流量河槽过水断面面积，上段 $A=128.52\text{m}^2$，中段 $A=81.22\text{m}^2$，下段 $A=68.04\text{m}^2$。造床流量河槽平均流速，上段为 1.03m/s，中段为 1.625m/s，下段为 1.94m/s。造床流量河槽边坡系数，上段 $m=15$，中段 $m=12$，下段 $m=10$。在造床流量河槽以上为调蓄河槽，调蓄河槽的河底宽即为造床流量河槽水面宽，以上河岸起坡，调蓄河槽岸坡系数为 5.0，由调蓄河槽河底直至滩面。水库形成高滩深槽的槽库容，包括造床流量河槽和调蓄河槽。在滩面以上为滩库容，由槽库容和滩库容构成水库有效库容。

图 6.2-3～图 6.2-5 所示为距坝 200m、300m、400m 的河槽形态。表明冲刷水位 952.00m 形成的水库高滩深槽是可以达到的。

（5）库区东岸淤积滩地高渠冲刷排沙。为了扩大库容，将水库淤积的滩地冲刷成槽库容。在库区滩地开挖河槽引水冲滩形成河槽，以增大库容，具有一定的效果。

1）水库西岸河槽泄空水力冲刷，近坝河床岩石出露，溯源冲刷向上游发展，又受到水库敞泄冲刷时间短的限制，未能充分进行。而库区东岸淤积滩地，是水库清淤恢复库容的重要区域。

库区东岸滩地地势平缓，主要为细颗粒泥沙淤积物，滩面与西岸河槽高差在 10m 以上，为采用高渠水力冲刷排沙提供了有利条件。

2）将高渠布设在库区东岸滩地上，利用西岸河槽调节高渠引水流量进行高渠水力冲刷排沙。当上游河道来水流量较小时，高渠冲刷的泥沙将很难被水库下游河道输送，这时，通过升高库水位蓄水，使泥沙暂时积存在水库坝前区域，待水库蓄水到一定程度时，迅速降低库水位加大泄水流量，将积存在坝前区域的泥沙冲刷出库至水库下游河道输送。当上游河道发生较大洪水时，加大高渠引水流量，增大高渠水力冲刷排沙力度，高渠冲刷的泥沙在水库下泄洪水的作用下，可以在下游河道输送。

3）库区东岸淤积的滩地长约 2000m，将高渠顺河流方向布置，全长 1650m。根据滩面纵比降和淤积物特性，确定高渠纵向底坡坡降为 2‰，过水断面底宽 1.0m，渠深 1.2～2.4m，边坡系数 1.5，初期引水流量为 2.0～2.5m^3/s。高渠前端设引水拦水坝，将河水引入高渠，高渠输水段距西岸河槽约 80m，高渠末端在泄水涵洞前的冲刷漏斗进口处。由于泄水涵洞进口底坎高程低，库水位降低至 965.00m 左右时，就能形成高滩低槽的溯源冲刷排沙条件。

4）高渠冲刷排沙的特点是，渠床和边坡变化迅速，水流走向难以掌控。2001 年 6 月 7 日实施“高渠”冲刷排沙，初期高渠引水流量为 1.10m^3/s，高渠末端渠床急速下切形成溯源冲刷，并快速向上游发展，横向冲蚀逐渐形成，3d 后渠床拓宽形成浅槽，10d 冲刷渠床下切成深槽，同时侧蚀展宽，变成宽而深的河槽，随后槽内引水流量加大，横向拓宽加大，形成深槽库容。高渠岸坡由 1∶1.5 变缓到 1∶70，水流游荡摆动，大量的滩地淤积物被冲刷排出水库进入下游河道。历时 50d，将初始渠底宽 1.0m，渠深 1.2～2.4m 的滩地开挖小渠冲刷下切和拓宽变成槽宽 60～180m、槽深 5～18m 的河槽，库区东岸滩地变成东岸河槽，和西岸河槽并行，形成一库两槽。在东岸滩地高渠引水冲刷过程中，也发生过淤堵大坝坝底泄水涵洞的险情。例如，6 月 15 日 8 时入库流量增大为 19.2m^3/s，西岸河槽输水流量为 15m^3/s，东岸滩地高渠引水流量增大到 3.0m^3/s 以上，迅速将高渠冲刷坍塌的大量泥沙输送到水库泄水涵洞前，导致淤堵泄水涵洞泄水不畅，使水库蓄水水位迅速升高。7 月 20 日继续加大高渠引水流量，高渠内水力冲刷加剧，溯源冲刷迅速向上游推进。7 月 25 日高渠流量加大到 12.4m^3/s，冲刷下切河床强烈，出现了冲刷型高含沙量水流，表 6.2-4 为东岸滩地高渠冲刷排沙河槽水力形态变化。

表 6.2-4　　水库东岸滩地高渠冲刷排沙河槽水力形态变化表

时　间	引水流量/(m^3/s)	进口段		中段		出口段		库水位/m	含沙量/(kg/m^3)
		渠宽/m	渠深/m	渠宽/m	渠深/m	渠宽/m	渠深/m		
2001 年 6 月 8 日 20:00	1.10	7.0	2.0	7.0	2.0	8.0	7.0	空库(952.00)	26.9
2001 年 6 月 9 日 20:00	2.32	7.0	2.0	10.0	2.0	10.0	10.0	空库(952.00)	91.3
2001 年 6 月 13 日 20:00	2.32	7.0	2.0	12.0	1.0	15.0	12.0	空库(952.00)	92.2
2001 年 6 月 15 日 20:00	3.84	8.0	2.5	15.0	1.5	20.0	12.0	964.70	107
2001 年 6 月 30 日 20:00	2.60	8.0	3.0	60.0	2.0	30.0	12.0	966.20	78.8
2001 年 7 月 15 日 20:00	3.27	8.0	3.5	60.0	5.0	35.0	14.0	973.52	1.07
2001 年 7 月 20 日 20:00	12.0	8.0	4.0	60.0	8.0	40.0	16.0	969.20	49.1
2001 年 7 月 25 日 20:00	12.4	8.0	4.0	60.0	10.0	50.0	18.0	空库(952.00)	342.8
2001 年 7 月 30 日 20:00	12.2	8.0	4.0	60.0	10.0	60.0	20.0	965.80	36.7

由表 6.2-4 看出，高渠引水流量大小影响到高渠冲刷排沙的出库含沙量的大小，控制库水位高低可以控制排出含沙量的大小。

5）东岸滩地高渠冲刷排沙，2001 年 6 月 8 日—7 月 31 日，平均冲沙强度为 2 万 m^3/d，平均冲刷效率为 0.048m^3/m^3（每 1.0m^3 水量相应的冲刷量）。到 2001 年 11 月底，水库东岸滩地高渠清淤 220 万 m^3，冲刷滩地淤积恢复的库容约 191 万 m^3。滩地高渠水力冲刷排沙投入资金不大，但滩地高渠冲刷清淤效果显著。此后水库运用中东岸河槽和西岸河槽并用。

（6）水库运用方式。头屯河水库调度运用既要对径流进行调节，满足用水需要，也要对泥沙进行调节，保持调节库容，满足长期运用需要。拟定水库运用方式是：在主要来沙时期降低蓄水位，滞洪排沙运用。春季结合灌溉放水，利用泄水涵洞泄水，降低库水位排沙，直至泄空水库，控制库水位于 952.00m 敞泄冲刷排沙，进行溯源冲刷。当进入汛期，水库要为八钢供水，关闭泄水涵洞，水库蓄水拦沙，控制在汛期限制水位以下运用，利用水库表层“清水”供水。当入库水流含沙量达到 5kg/m^3、流量达到

12m³/s时，可开启泄水涵洞按小流量泄流排沙，避免当异重流到坝前时因未开启泄水涵洞排泄而积聚在坝前壅水形成浑水水库；当异重流已经排泄出库后，再根据入库流量调节出库流量，控制库水位没有大的变化，稳定异重流运动，利用泄水涵洞进行异重流排沙。

2002年以来，结合下游灌溉和向八钢供水的运用方式如下：4月10日开始放水灌溉，至5月底泄空水库，在泄空水库前集中泄水流量30～50m³/s，逐步降低水位冲刷水库淤积物效果较好；之后至6月初为水库空库敞泄冲刷排沙运行，这期间从库外工业供水系统（调蓄池和输水暗管）向八钢供水。进入汛期后（一般在6月中旬以后），水库上游来水含沙量大，不能由库外工业供水系统向八钢供水，因此水库壅高水位至965.00m～984.00m蓄水拦沙运用，以保证向八钢供水的水质要求，通过位于坝上游的引水隧洞引“清水”或用浮船泵在库表面取“清水”供水八钢。

至汛末，在8月20日左右，水库上游自然河流来水含沙量低，可满足八钢供水水质要求，再度由库外工业供水系统向八钢供水，水库则降低水位泄空水库敞泄冲刷排沙，以溯源冲刷的形式冲刷淤积物恢复库容，直至9月底或10月初水库开始再次蓄水。

利用上述运用方式，水库增大了有效库容。2007年10月，在正常蓄水位989.60m以下的库容为1548万m³，比1999年汛前同水位下库容575万m³增大973万m³，比2002年汛前同水位下库容1070万m³增大478万m³。现在已是库内东、西岸两槽平行。

6.3 水库风险分析和调洪计算

6.3.1 目前的库容虽已增大，仍有风险存在

水库风险表现在以下几点：①河流泥沙基本上来自主汛期，且来水含沙量高，供水水质要求水库主汛期蓄水，还将汛期限制水位由980.00m抬高至984.00m，会使水库蓄水拦沙淤积加重；②在非汛期的4月10日—6月10日，和汛后的8月20日至9月底或10月初，河流来水流量小，这段时间放水灌溉泄空水库敞泄冲刷，因来水流量小冲刷水量减少，冲刷水力减弱，不能长距离溯源冲刷至水库淤积末端，只是三角洲前坡段的冲刷，三角洲顶坡段很少冲刷；③汛期会出现较大洪水，水库蓄洪运用，则两槽和滩地淤积，将损失较大库容。

鉴于上述风险，黄委设计院于2008年6月提出的头屯河水库除险加固工程初步设计报告，对库容曲线持慎重态度，推荐采用2001年实测库容曲线进行调洪计算，设计洪水位为991.20m，校核洪水位为992.54m，水库调洪计算成果见表6.3-1。

表6.3-1中方案一为采用2001年库容，方案二为采用2002—2006年的平均库容。水库下游河道防洪标准为20年一遇，设防流量为120m³/s。拟定的水库防洪运用方式为：当入库流量小于当前水位的泄流能力时，按入库流量泄流，当入库流量大于120m³/s时，控制下泄流量不超过120m³/s，当库水位达到防洪高水位（20年一遇或50年一遇标准）时，视来水情况，当入库流量小于当前水位的泄流能力时，按入库流量泄流，反之按最大能力泄流，直至水位回落至起调水位。

表 6.3-1 头屯河水库调洪计算成果表

起调水位/m	项目	$P=5\%$		$P=1\%$		$P=0.1\%$	
		方案一	方案二	方案一	方案二	方案一	方案二
980.00	最大入库流量/(m^3/s)	320	320	590	590	1013	1013
	最大出库流量/(m^3/s)	120	120	296	217	677	631
	最大库容/万 m^3	691.51	826.46	1023.36	1309.14	1257.42	1592.34
	最高库水位/m	988.01	985.99	990.77	990.17	992.52	992.35
984.00	最大入库流量/(m^3/s)	320	320	590	590	1013	1013
	最大出库流量/(m^3/s)	120	120	370	323	684	675
	最大库容/万 m^3	845.17	1101.38	1080.7	1409.05	1261.17	1618.92
	最高库水位/m	989.33	988.46	991.20	990.97	992.54	992.51

6.3.2 修建拦截推移质泥沙的拦沙坝，解决推移质泥沙入库问题

水库短，在降低水位冲刷时，推移质泥沙通过泄水涵洞，发生泥沙磨蚀。而采取泄水涵洞抗磨蚀的保护措施有较好的效果。2002 年 5 月以后陆续修建拦沙坝拦截推移质泥沙，每年机械清除被拦截的砾卵石做建筑材料用。统计各年砾卵石清淤量为：2003 年 26 万 m^3、2004 年 24 万 m^3、2005 年 18 万 m^3、2006 年 17 万 m^3、2007 年 13 万 m^3，5 年合计清淤量为 98 万 m^3，年均清除约 20 万 m^3。减少了水库推移质淤积。

6.4 水库排沙计算

头屯河水库 1999 年以前为蓄水拦沙运用，1999 年开始降低水位冲刷排沙，表 6.4-1 为头屯河水库汛期进出库输沙量统计。总输沙量中主要为悬移质输沙量，考虑了进库仍有约 12%推悬比的推移质输沙量。

表 6.4-1 头屯河水库汛期进出库输沙量统计表 单位：万 t

年份	5月		6月		7月		8月		9月		合计	
	进库	出库	进库	出库	进库	出库	进库	出库	进库	出库	进库	出库
1999			43.2	19.4	78.0	522.3	25.3	34.8		87.4	146.5	663.9
2000			19.5	22.6	27.6	80.9	41.9	16.0			88.9	119.5
2001			17.2	87.4	17.2	131.0	31.8	2.5			66.3	220.9
2002			32.4	146	11.9	51.2	0.8	7.7			45.0	204.9
2003	0	7.6	3.6	3.9	10	58.6	110.1	43.2			120.1	113.3
2004			1.9	0.8	22.5	143	21.2	27.2			43.7	171.0
2005			12.1	13.5	41.1	14.3	55.7	154			108.9	181.8
2006			90.1	22	44.9	19.1	4.1	2.8	0.6	63.8	99.7	107.7
2007			27.4	10	138.8	44.7	14.8	129	36.3	113	217.3	296.7

头屯河水库上游来沙有时出现泥石流，来沙主要集中在汛期（6—8 月），来水含沙量高，水库排沙减淤也应该在这一阶段进行。但是，由于水库要向八钢供水的水质要求（含

沙量不能大于5kg/m³），又要求水库汛期蓄水拦沙运用给八钢供水，为了防洪，又不能蓄水位过高，将汛期限制水位由980.00m（2000年除险加固设计）提高到984.00m，也是为了多蓄水拦沙，向八钢供水，这样将防洪起调水位抬高，就将增加水库洪水泥沙淤积，损失高水位库容，对防洪运用不利。现为两槽输水输沙，水力分散，水库遇洪水时，滞蓄洪水泥沙，淤积加重，两槽也要淤积，滩地还要淤高。所以水库仍然存在泥沙淤积问题，现状的水库纵向、横向淤积形态如图6.4-1～图6.4-4所示，是可能在水库蓄洪淤积中改变，要特别注意警惕。

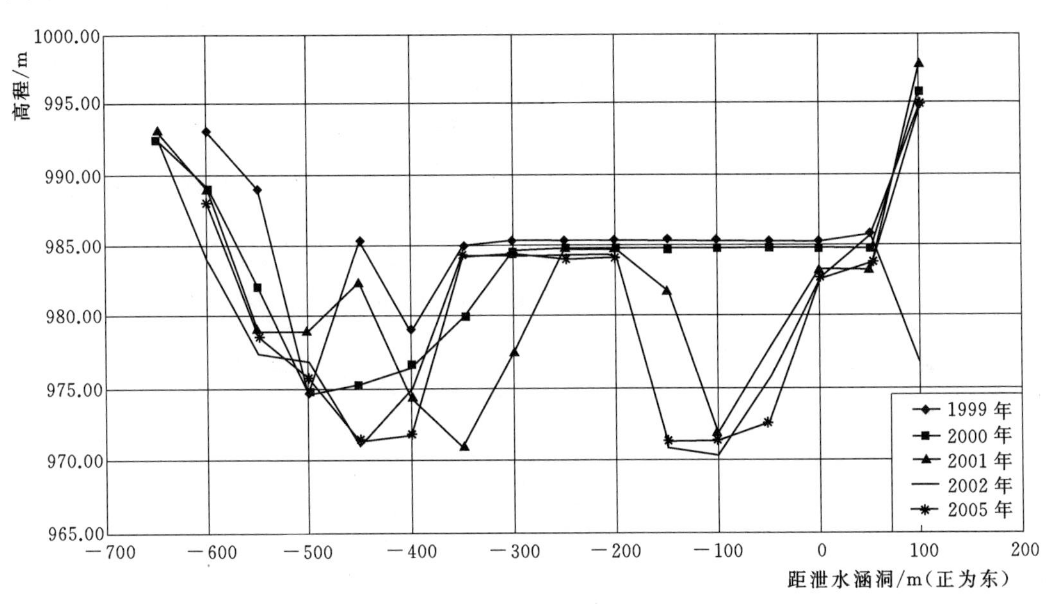

图6.4-1　头屯河水库距离涵洞闸井800m断面套绘图

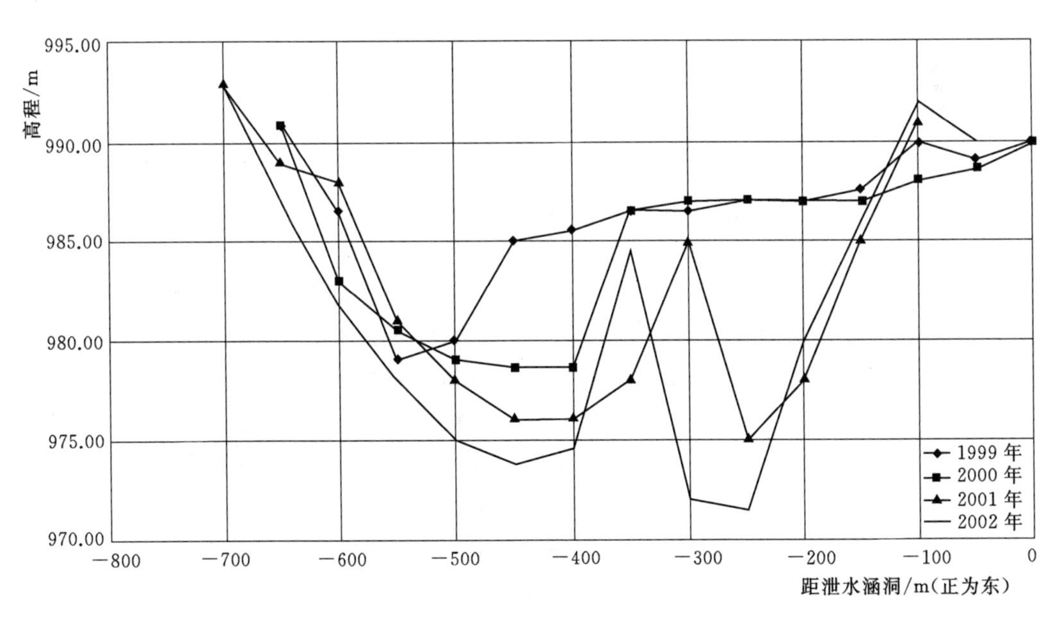

图6.4-2　头屯河水库距离涵洞闸井1100m断面套绘图

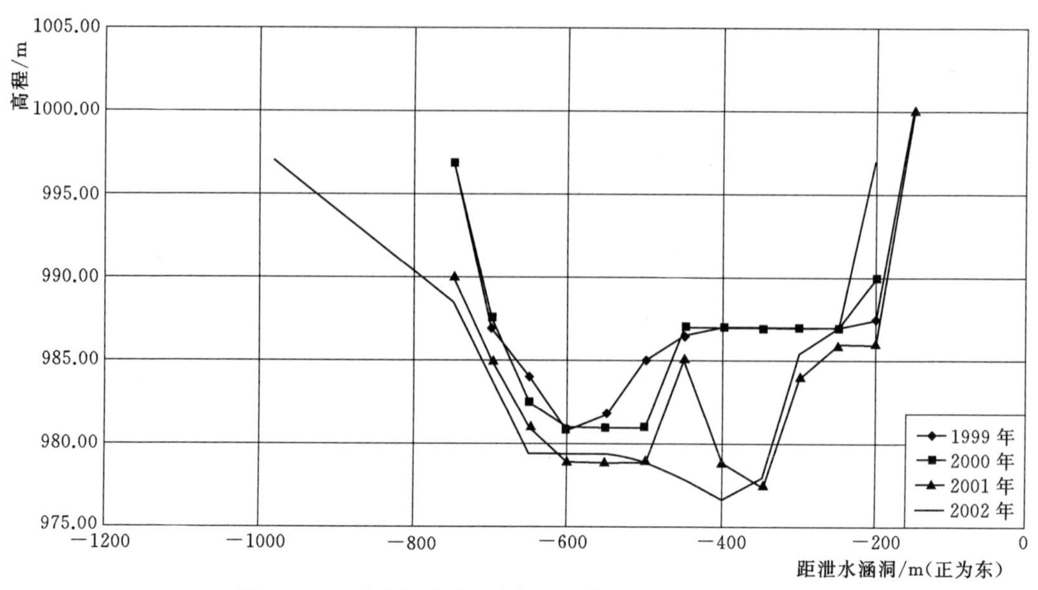

图 6.4-3 头屯河水库距离涵洞闸井 1400m 断面套绘图

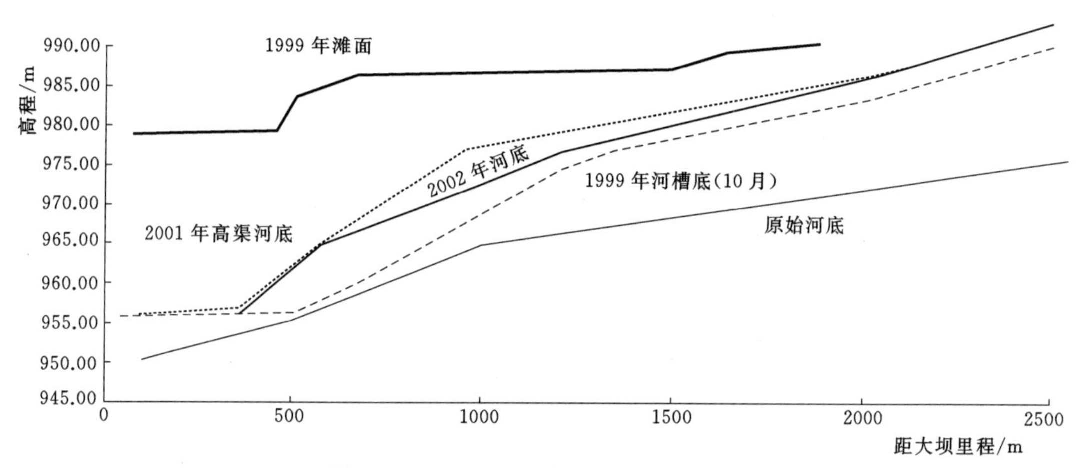

图 6.4-4 头屯河水库滩槽淤积纵剖面图

头屯河水库是一座以灌溉为主，结合城镇生活和工业供水、防洪等综合利用的中型水库。头屯河流域灌区位于天山北坡经济带，在新疆维吾尔自治区区域社会经济发展中起着重要作用。头屯河水库是多泥沙水库，水库排沙减淤保持较大的有效库容长期运用有重要意义。水库的调度运用方式，一般情况下，11 月中旬至次年 4 月中旬是水库蓄水阶段，以供 4 月中旬至 5 月底春灌需要；6 月初至 7 月中旬为控制水库汛限水位蓄水运用阶段，预留汛限水位以上库容用于防洪；7 月中旬至 8 月中旬，在保证防洪的前提下，尽量蓄水以供秋播用水；在秋冬灌溉期，水库放水灌溉，水库基本放空，敞泄冲刷排沙，冲刷蓄水运用时期的水库淤积物恢复库容；11 月中旬又开始蓄水，完成一次年内调节。

水库排沙有壅水排沙、降低水位排沙和泄空水库冲刷排沙 3 种形式。壅水排沙中有浑水异重流排沙和浑水明流排沙，水库为淤积状态；降低水位排沙是在水库泄出蓄水量的水位下降过程中的排沙，水库由淤积状态逐渐转向冲刷状态；泄空水库冲刷排沙是在水库水

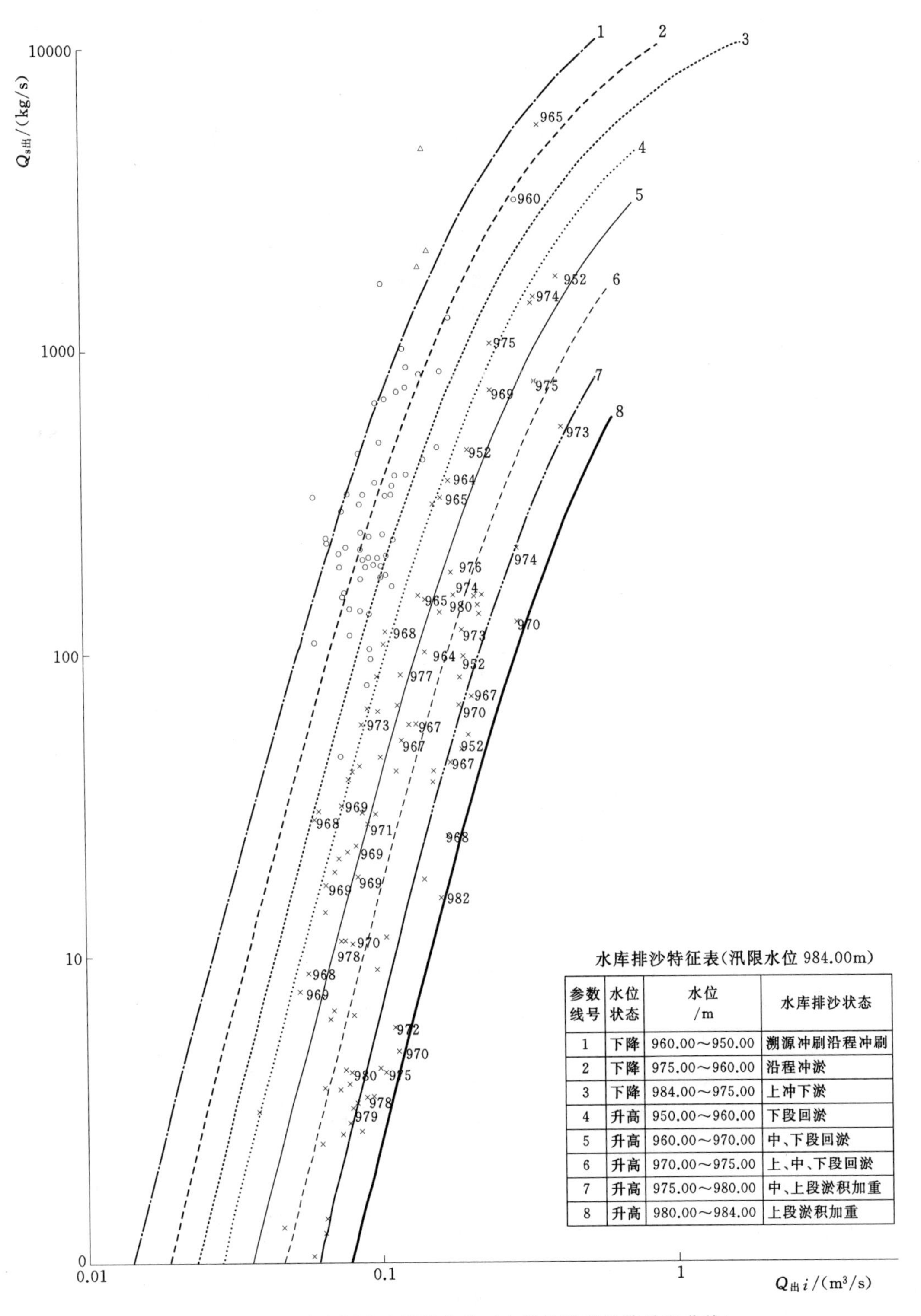

参数线号	水位状态	水位/m	水库排沙状态
1	下降	960.00～950.00	溯源冲刷沿程冲刷
2	下降	975.00～960.00	沿程冲淤
3	下降	984.00～975.00	上冲下淤
4	升高	950.00～960.00	下段回淤
5	升高	960.00～970.00	中、下段回淤
6	升高	970.00～975.00	上、中、下段回淤
7	升高	975.00～980.00	中、上段淤积加重
8	升高	980.00～984.00	上段淤积加重

图 6.4－5　头屯河水库排沙曲线（出库输沙率计算关系曲线）

位降至 952.00m 水位泄空水库蓄水后的敞泄冲刷排沙，有溯源冲刷和沿程冲刷；冲刷前期蓄水拦沙运用的淤积物后，又开始转入水库蓄水运用的壅水排沙。所以水库的年内库水位变化和排沙变化情况是复杂多变的。由于缺乏水库的输沙流态和冲淤地形的观测，为了计算方法的实用起见，以库水位升降为参数，以水库水面比降和出库流量相乘的乘积求得的势能作为排沙水力因素，统计近年的资料，建立水库出库输沙率计算关系曲线 $Q_{s出}=f(Q_{出}i)$，如图 6.4-5 所示。分别以库水位下降过程和库水位升高过程的特征水位作为参数。由图 6.4-5 可知，点据分布呈带状，关系尚好。

(1) 对于头屯河水库连续降低库水位进行冲刷排沙，根据 1999 年 7 月降低水位冲刷和 2002 年、2004 年的水库低水位冲刷排沙的资料，得出以下的出库输沙率计算式：

$$Q_{s出}=0.22\times10^{8}\times(Q_{出}i)^{3.46}/(\Delta H_{降})^{1.79} \qquad (6.4-1)$$

式中：$Q_{s出}$为出库输沙率，kg/s；$i=(H_{尾}-H_{坝})/4000$；$\Delta H_{降}=984-H_{坝}$，m；其中 $H_{坝}$为水库坝上水位，m，$H_{尾}$为水库尾端水位（距坝 4000m），m，984 为水库起冲水位 984.00m。

(2) 对于升高库水位蓄水运用时的壅水排沙计算式：

1) 库水位 979.00m 以下：

$$Q_{s出}=51.86\times10^{12}(Q_{出}i)^{3.46}/(\Delta H_{壅})^{6.41} \qquad (6.4-2)$$

其中

$$\Delta H_{壅}=H_{坝}-949.14$$

2) 库水位 979.00m 以上：

$$Q_{s出}=1\times10^{15}\times(Q_{出}i)^{3.46}/(\Delta H_{壅})^{7.37} \qquad (6.4-3)$$

其中

$$\Delta H_{壅}=H_{坝}-949.14$$

以上各式均进行了验证计算，验算结果尚好，可以和图 6.4-5 出库输沙率计算关系曲线并行应用计算，对计算结果综合分析选用。

6.5 水库泥沙处理技术

(1) 制定水库“排沙与兴利结合”的原则，解决向八钢工业供水的问题。水库以灌溉、城镇生活用水、工业供水和防洪等综合利用。水库提供了可靠的水源，对工农业发展及下游防洪都发挥巨大作用。水库排沙与兴利结合。所以水库“以调水运行为主，兼顾调沙运行”，在一年内进行“两蓄两泄”。水库从上年 11 月中旬至当年 11 月中旬称为水库运用年。上年 11 月中旬至当年 4 月中旬为水库蓄水过程，以供 4 月中旬至 5 月底放水春灌需要；6—7 月为洪水期，控制水库汛期限制水位，用于防洪；7 月下旬至 8 月下旬，在保证防洪的前提下，尽量蓄水，以供应秋播用水；9 月中旬至 11 月中旬为秋冬灌溉期，水库降低水位泄流和调节径流。

(2) 在坝体底部埋设一条位于天然主流河床上的泄水涵洞，在冲刷最低水位 952.00m 的泄流能力为 30.8m^3/s，为多年汛期平均流量的 2.1 倍。水库降低水位至 952.00m，泄空水库敞泄冲刷和排沙，有足够大的冲刷比降和冲刷流量，可以在短时间（15～20d）冲刷较长时间的蓄水拦沙期淤积物，恢复槽库容。

(3) 为了解决水库排沙期间的城镇生活用水和工业用水问题，在库外修建引水系统工程，使水库有条件进行排沙运用。

(4) 2001年6月在水库东岸滩地上开引槽冲滩拉槽，很快形成河槽，与原有西河槽并行运用。恢复东岸滩地淤积的库容约191万m^3，增大了槽库容。

(5) 水库实行“排沙与兴利结合”运用，能够保持较大的有效库容。在1980年水库正式运用时，在库水位992.00m以下的库容为2445万m^3，由于只蓄水淤积，库容持续减少，至1999年汛前，库容减少500多万m^3。在1999年汛期7月进行第一次降低水位泄空水库冲刷，库容增大，在1999年11月库水位992.00m以下的库容为1180万m^3。2001年6月在东岸滩地开引槽引水冲滩拦槽，增大库容，在2002年汛期库水位992.00m以下库容为1369.50万m^3。以后水库在“排沙与兴利结合”的运用中继续增大库容。2007年10月库水位992.00m以下的库容为1879万m^3。表明水库的“排沙与兴利结合”运用，能够保持较大的有效库容。

(6) 为解决出库泥沙问题，采取多种措施减轻泥沙对下游河道的危害。这些措施有：①减少水库集中排沙次数，加大集中排沙强度，缩短集中排沙时间；②在水库坝下游至头屯河引水总干渠之间的9km河道，根据地形条件在总干渠上游4km修建3座拦沙坝；③在靠近总干渠渠首上下游河道附近，开挖采砂坑停淤泥沙，淤满后作为砂石料开采，多年平均采砂料30万m^3；④总干渠引水渠首为底栏栅式，利用排沙闸定期排沙；⑤总干渠修建漏斗式排沙工程，处理粗泥沙后细泥沙进入河道或引入放淤区淤地造地，化害为利；⑥排沙期间的排沙水量还可以调入红岩水库或引入猛进水库用于解决春旱。以上各项措施解决了出库泥沙问题，出库水量的72%得到利用。

(7) 在水库末端和上游附近河道修建拦截推移质泥沙的拦沙坝。每年汛期前后对拦沙坝区域清淤，运走做建筑材料。拦截推移质，减少推移质入库淤积，减少推移质进入泄水涵洞的磨损影响。

(8) 水库蓄水拦沙时，形成三角洲淤积体，水库泄水冲刷时，冲刷三角洲淤积体，水库淤积和冲刷交替。控制水库汛期限制水位运用，滩地不淤积抬高，控制最低冲刷水位运用，槽内不留淤积物。按照为工农业和城市生活用水要求而蓄水拦沙，为农业灌溉用水要求而泄水排沙和泄空水库进行溯源冲刷。在一年内的两蓄两泄的调水调沙运用中，水库成为非淤积平衡水库，可维持有效库容1800万m^3供长期运用。

参 考 文 献

[1] 梅锦山，侯传河，司富安. 水工设计手册：第2卷 规划、水文、地质 [M]. 2版. 北京：中国水利水电出版社，2014.

[2] 涂启华，杨赉斐. 泥沙设计手册 [M]. 北京：中国水利水电出版社，2006.

[3] 涂启华，安催花，曾芹，等. 小浪底水库开发任务的库容要求分析 [J]. 人民黄河，2000 (4)：20-23.

[4] 涂启华，安催花，万占伟，等. 论小浪底水库拦沙和调水调沙运用中的下泄水沙控制指标 [J]. 泥沙研究，2010 (8)：1-5.